뉴클리어 혁명

문명을 위한 에너지 대전환

Nuclear is for Life – A Cultural Revolution

나의 손주 알피, 앨리스, 조스, 미니, 에드워드, 조지 그리고 이후
태어날 후세들을 위해 이 책을 쓴다.
언젠가는 그들이 이해할 수 있게 될 것이다.

- 웨이드 앨리슨

이 책자는 대한민국 발전과 과학문화 창달을 염원했던
故 김팔호 장로님과 정찬례 권사님의 뜻을 받들기 위해
유족인 김영웅·김양숙 님이 〈사실과 과학 네트웍〉에
지원한 기금으로 출간되었습니다.

- (사)사실과 과학 네트웍

뉴클리어 혁명

문명을 위한 에너지 대전환

Nuclear is for Life – A Cultural Revolution

원저
웨이드 엘리슨
Wade Allison MA DPhil

기획
(사)사실과 과학 네트웍

번역
양재영
원자력공학 박사

감수
정동욱
중앙대 에너지공학부 교수

•

조규성
카이스트 원자력 및 양자공학과 교수

도서
출판 **정음서원**

역자의 말

양 재 영 (원자력공학 박사)

번역에 들어가자 당혹감이 밀려왔다. 까다로운 Wade Style 때문이었다. 그러나 그 문체가 더 많은 정보를 함축적으로 독자들에게 전달하기 위한 노력임을 깨달으면서 당혹감은 책 속에 담긴 방대한 자료와 저자의 해박한 지식과 함께 감탄으로 바뀌었다. 원자력 외길을 걸어온 역자도 번역 과정에서 많은 것을 배웠다. 실제 핵 사고 사례와 간단한 계산을 통해 현재의 방사선 안전기준이 얼마나 지나치게 보수적으로 설정되어 있는지를 보여주는 저자의 혜안도 놀라웠다.

삼중수소 방사능 괴담으로 온 나라가 들끓고 있는 지금 이 책은 많은 국민들의 우려를 잠재울 과학적 근거로 큰 몫을 하리라 기대된다. "진리가 너희를 자유롭게 하리라"라는 성경 말씀처럼 이 책에 담긴 과학적 진실이 많은 사람들을 왜곡된 방사선 공포로부터, 그리고 나라를 흔드는 정치적 선동으로부터 해방시켜줄 것으로 믿어 의심하지 않는다.

번역문이 어색한 것은 역자의 능력 부족 탓이니 미리 독자들의 양해를 구한다.

웨이드 앨리슨 교수의 저서 "Nuclear is for life"를 번역하게 된 것은 영광이었다.

참고로 본 책자는 일반인들의 편의를 위하여 난해한 물리학 이론 설명를 생략한 축약본과 전문 연구자들을 위한 완역본 두 종류로 발간되었다. 완역본은 영한대역본으로 원문을 참조할 수 있도록 하였다.

2023년 9월

원자력공학 박사 양 재 영

추천사

방사선 공포증을 치료해야만 원자력으로 지구를 살릴 수 있다.
- 『Nuclear is for Life』한국어판 출간을 축하하며 -

조 규 성
(카이스트 원자력및양자공학과 교수)

지난 몇 개월 간 일본 정부의 후쿠시마 원전 오염 처리수 방류를 앞두고 '우리나라 수산물에 영향이 있느냐, 없느냐' 하는 문제로 연일 TV나 SNS 등에서 여론이 시끌벅적 뜨거웠다. 이러한 와중에 "후쿠시마에 저장된 오염수를 ALPS로 처리할 시 1 리터를 마실 수 있다"는 영국 옥스퍼드대 웨이드 앨리슨 교수의 발언이 한동안 화제가 되었다. 처리수를 방류해도 우리 국민의 건강에 영향이 없다는 점을 단적으로 호소하고자 하셨던 것인데, 정치적으로 구설수에 오르게 되었다.

방사선에 관한 앨리슨 교수의 두 번째 책 〈Nuclear is for Life〉 한국어 출간을 앞두고 지난 5월에 한국을 처음 방문하신 웨이드 교수를 만났다. 짜장면을 너무 맛있게 드셨다. 82세의 연세라고 믿기에는 놀라울 정도로 열정적이고 아이처럼 순수하셨다.

이 책에서 웨이드 교수는 직립보행을 하기 시작한 백만 년 전 즈음부터 불을 사용해온 인류가 지난 백여 년 간 화석연료라는 달콤한 탄소연료를 지나치게 남용한 결과 지구온난화와 이상기후라는 파멸의 위기를 맞이하고 있는데, 우리가 지구 환경 파괴를 막고 지속가능한 미래를 맞이하려면 유일한 대안이 밤하늘에 빛나는 별들의 에너지, 즉 핵에너지임을 역설하고 있다. 하지만 원자력에 대한 대중의 공포는 방사선에 대한 공포에 뿌리를 두고 있어서 이를 어떻게 극복할 수 있는지를 사례와 비유를 통해 설득력 있게 설명하고 있다.

사이비환경주의자 즉 반핵주의자들은 '방사선은 눈곱만큼이라도 위험하다. 언젠가는 암이 생기게 되거나 후손이 기형아를 낳을 수도 있다.'고 주장한다. 과학자는 데이터에 근거하여 '양'을 얘기하지만 선동가는 '상상'을 얘기한다.

파라셀수스의 명언처럼 '독이 아닌 물질은 없다. 독인지 아닌지는 그 양이 결정한다.' 즉 우주 만물은 지나치면 모두 독이 될 수 있다. 커피 100 잔을 마시면 둘 중 한 명은 사망한다. 이를 반수치사량(Lethal dose 50%, LD50)이라 한다. 물은 6 리터, 소금은 300 g이 반수치사량이다. 더 나아가 햇볕, 소금에 절인 생선, 소시지와 햄, 맥주 등 우리가 즐겨 먹는 많은 것들이 모두 세계보건기구(WHO)가 공표한 1급 발암물질이다. 그렇다고 우리가 절대 먹어서는 안되는 것이 아니다. 방사선도 마찬가지이다.

웨이드 앨리슨 교수가 이 책에서 강조하듯이 '위험'은 특정 사물의 본질이 아니다. 독약이라도 그 섭취 양이 문제다. 또 '안전'은 '관리와 교육'을 통해 확보할 수 있다. 인간이 지난 백만 년 간 불을 잘 관리하고 전수하여 발전해 왔듯이 이제는 원자력과 방사선을 잘 관리하고 교육하여야 한다.

불을 두려워하고 거부했던 많은 구석기 종족들이 빙하기에 살아남지 못했듯이 지금 우리가 원자력을 두려워하고 거부하면, 우리의 후손들은 에너지가 부족한 세상에서 고통받으며 살다가 멸종하게 될 수도 있을 것이다!

어쩌면 핵에너지 즉 원자력이야말로 판도라의 신화처럼 상자속에 감춰져 있다가 환경위기를 맞이한 이 시기에 메시아처럼 등장한 지구의 희망이라는 생각이 든다.

2023년 9월
카이스트 원자력및양자공학과 교수 조 규 성

웨이드 앨리슨

이 책은 후쿠시마 사고 이후, 2009년 출판된 『Radiation and Reason』(한국어판 『공포가 과학을 집어삼켰다』, 2021)의 메시지를 확장한 것이다. 이 책은 방사선과 삶의 역사적, 문화적, 과학적 상호작용을 폭넓게 연구한 자료이며, 우선 사회가 왜 핵 기술에 관해 지나치게 신중한 견해를 취하는지 묻는다. 그리고 원자력 사고와 기타 방사선 피폭의 영향과 자연이 마련한 안전 메커니즘과 인위적 규제로 부과된 안전 기능의 효과를 살펴보고 생물학적 진화가 어떻게 생명체를 중·저 준위 방사선 노출로부터 생존할 수 있게 했는지 설명한다. 이 책은, 정상적인 수준의 정보, 교육, 안전 및 설계가 적용 됐을 경우에도 과연 원자력이 고비용 에너지일 것인지 질문하고 있다.

이 질문들은 크게 어렵지 않은데도, 단지 극소수의 사람들만 묻는다. 이 질문의 해답은 사실 대기오염과 그 오염이 기후에 미치는 영향을 고려할 때 지구상의 모든 사람들에게 굉장히 중요하다고 생각한다. 나는 내 손주들이 이 책을 통해 우리의 삶터인 이 놀라운 자연계를 보다 새로운 시각으로 바라보기 바라며 내 손주와 동시대를 살아가는 사람들이 우리 세대보다 자연의 아름다움을 더 잘 이해하고 보살펴 주기를 소망한다.

이 책의 주제는 굉장히 광범위하다. 따라서 너무나 명백하거나 어려운 부분이나, 몇몇 장들을 생략하여 읽고 싶어할 수도 있다. 일부 어려운 구절들의 이해를 돕기 위한 설명은 글상자 안에 기술하였다.

이 책의 끝에 권장하는 도서, 기사, 영상 및 웹 사이트 목록을 [SR1]부터 [SR10]까지 참조번호를 붙여 기술했다. 표와 삽화 및 용어사전 목록도 부록으로 첨부했다. 수량과 관련된 삽화는 도표나 그래프로 표시하였고, 다른 삽화는 단순한 설명용 그림이거나 스케치다.

이 연구는 많은 사람들의 도움 없이는 절대 불가능했을 것이다. 나는 많은 친구들을 사귀었고 그 중 일부는 한번도 만난 적 없지만 너무나 중요하고 존경스러운 의견들로 큰 공헌을 해주었다. 모한 도스, 로드 애덤스, 제리 커틀러 그리고 국제특별단체인 SARI의 다른 멤버들. 그들의 지식과 결단력으로 언젠가 원자력이 인정받게 될 것이라는 큰 희망을 품을 수 있었다. 『Radiation and Reason』의 초안을 읽은 제임스 할로우와 폴 이든은 도쿄에서 끊임없는 도움을 줬다. 또한 데이비드 와그너, 타테이와 상, 다카무라 상, 오이카와 박사, 하시두메 박사, 톰 길 교수 및 쇼지 마사히코 등 일본의 유용한 연락처와 정보를 소개해 주신 모든 분들께 감사를 표한다. 더불어 존 브레너, 이케다 선생 그리고 다카야마 상께 보내준 응원에 감사를 표하며 최근 방문을 환영해 주신 일본의 방사선 정보 협회(SRI) 회원들에게도 감사를 전한다. 내 집필 과정의 처음부터 끝까지 고통을 마다않고 정의의 빨간 펜을 휘둘렀던 존 프리스트랜드, T.R. 클리브 엘스워스, 리차드 크레인, 리차드 워커에게도 깊은 감사를 표한다. 그리고 끊임없는 응원으로 몇 달, 몇 년 동안 이 일을 계속할 수 있도록 도와준 내 아내 케이트에게 깊은 감사를 표한다.

또한, 최근 얼굴을 자주 마주하지 못했던 우리 가족 모두에게도 감사를 전한다. 만화를 그려준 로이스톤 로버트슨, 웹 사이트를 구축해준 리차드 크레인, 미셸 영, 그리고 책의 표지를 디자인해 준 아들 톰과 『Radiation and Reason』을 출판했을 때와 마찬가지로 책의 출판 단계에 가장 도움이 되어준 요크 출판 서비스에 감사를 전한다. 불가피하고 애석하게도 출판 후 발견되는 많은 누락과 당연히 실수도 포함한 잘못은 모두 저자의 책임이다.

2015년 10월 옥스포드에서
웨이드 앨리슨

웨이드 앨리슨

"Radiation and Reason"의 한국어판이 출간된(2021) 이후로, 에너지 위기에 대한 태도가 변하고 있습니다. 우크라이나 전쟁과 명백한 기후 변동으로 인하여 에너지 위기에 대처해야 할 필요성이 더욱 절실해졌습니다.

그러나 안타깝게도 이러한 시대적 요청은 일반적으로 날씨에 종속적인 빈약한 에너지원으로 돌아가자는 신호로 해석되고 있습니다. 이른바 신재생에너지를 말하는데 그것은 이미 산업 혁명 이전에 불충분한 에너지원으로 입증된 것입니다.

중장기적으로 유일한 해결책은 핵 에너지입니다. 하지만 이것을 전 세계적으로 이용하려면 40년은 걸릴 것입니다. 더 높은 기술 발전도 중요하지만, 2015년 출판된 영어판에서 언급한 바와 같이 최상의 길은 문화적 및 교육적 전환에 달려 있습니다.

자신이 직접 연구하려 들지 아니하고 그저 미디어와 같은 권위에 의존하고자 하는 것은 다가오는 혁명적 전환 시대가 요구하는 각 개인들의 자신감을 높이는 방법이 아닙니다.

인공 지능이 일부 업무에 필요한 노력을 줄여 준다면, 젊은이와 노인들을 위한 의료 및 사회 복지 뿐만 아니라 더욱 폭넓고 깊은 교육을 위해 가능한 한 더 많은 시간과 노력을 기울여야 합니다.

이러한 문화적 및 교육적 노력은 핵 에너지로의 혁명적 전환에 필요한 엔지니어와 기술자들을 위한 교육일 뿐만 아니라, 지난 80년간의 오해를 꿰뚫어 볼 수 있는 신세대의 학교 교사, 언론 해설가, 규제 당국자 및 정치인들과 함께 만들어 가는 문화적 개혁입니다.

이 책을 읽음으로써 그러한 일들의 일부라도 시작될 수 있기를 바랍니다.

2023년 9월 옥스포드에서
웨이드 앨리슨

차 례

제3장 생명의 법칙 - 증거와 신뢰

제4장 생명체를 지속시키기 위한 에너지

제5장 흡수방사선과 손상

제6장 다량의 방사선량 효과

제7장 물리 과학의 보호막

제8장 자연 진화의 보호막

제9장 사회 - 신뢰와 안전

제10장 겁먹은 사람들에 의해 왜곡된 과학

뉴클리어혁명

문명을 위한 에너지 대전환

Nuclear is for Life – A Cultural Revolution

Chapter 1:

Many Misunderstandings

Gregory: Is there any other point to which you would wish to draw
my attention?
Sherlock Holmes: To the curious incident of the dog in the night-
time.
Gregory: The dog did nothing in the night-time.
Sherlock Holmes: That was the curious incident.

- Silver Blaze (1892), Sir Arthur Conan Doyle

Summary

The radiation disaster at the Fukushima Daiichi nuclear power station that occurred in March 2011 is curious. There was considerable escape of radioactivity and the incident was ranked in the most serious category possible. That there was not one health casualty from the radiation is a piece of evidence that calls for explanation.

We have got it wrong about the contribution that nuclear science can make to life. We should examine the hard evidence available not only from Fukushima but also from other accidents, clinical medicine and elsewhere in the light of current scientific knowledge. Critical to this conclusion is the way that living tissue responds to radiation (strictly,

제1장

많은 오해들

그레고리 : 내 관심을 끌만한 별다른 문제가 있나?
셜록 홈즈 : 한밤중에 일어난 그 수상한 개 사건 말이야.
그레고리 : 그 개는 밤중에 아무것도 안 했잖아!
셜록 홈즈 : 그게 바로 수상한 점이야.

- 실버 블레이즈(1892년), 아더 코난 도일 경

요약

2011년 3월 발생한 후쿠시마 다이이치 원자력 발전소의 방사선 재앙이 호기심을 자아낸다. 상당한 양의 방사능이 누출되었던 이 사고는 일어날 수 있는 가장 심각한 사고의 범주에 포함됐다. 하지만 방사선으로 인한 사상자가 한 명도 없었기 때문에 설명이 필요하다.

그동안 우리는 핵 과학이 생명에 기여할 수 있는 점에 대해 잘못 이해하고 있었다. 이제 우리는 후쿠시마 뿐만 아니라 다른 사고와 임상 의학 및 기타 여러 곳에서 얻을 수 있는 확실한 증거를 현재의 과학적 지식에 비추어 조사해야 한다. 이 결론에서 중요한 것은 살아 있는 조직이 방사선에 반응하는 방식이다. 이 반응은 지구상의 생명 역사에서 아주 일찍부터 진화해

ionising radiation). This response evolved very early in the story of life on Earth, and without it life would not have survived. But its effectiveness is explicitly ignored in the formulation of current safety provisions, in spite of the paradoxically small loss of life in all nuclear accidents. In drawing up successful safety regulations to control conventional industrial and agricultural hazards, risks are considered calmly and in proportion. However, for historical and cultural reasons, the same is not true for radiation hazards: these reasons are explored and clarified in later chapters.

For nearly a century our understanding of what nuclear technology has to offer has been obscured by ultra-cautious authorities hiding behind fragmented expertise. The broad picture, though muddied by history and assumed to be difficult, is not hard to appreciate in simple common sense terms. Most people are unaware of the large share of the physical world that is nuclear matter, and the amazing contribution that its use can make to prospects for a densely crowded Earth. Indeed, if nuclear energy is not the environmental threat that many suppose, it is the answer to several of the most serious problems faced by mankind: atmospheric pollution, and shortage of clean energy, clean water and food. In any democracy this matters because the electorate should understand the issues. Otherwise, irrational swings of mood or fashion affect decisions.

Our supremacy on Earth has depended on knowledge, confidence and teamwork through openness and mutual trust. However, in the case of nuclear technology these links have been broken and a massive cultural shift is needed to mend them. This is not a matter for top-down committees as much as explanation by individuals, engaging with simple evidence to build people's trust in science and society. Illuminated in this way, nuclear opportunities should become clear and no longer be a source of fear and obscurity.

왔고, 이 반응이 없었다면 생명체는 살아남지 못했을 것이다. 모든 핵 관련 사고에서 역설적으로 생명의 손실이 극히 적음에도 불구하고, 오늘날 안전 규정 수립 과정에서는 이 반응의 효과를 노골적으로 무시해 왔다. 기존의 산업 및 농업 분야에서 안전 규정을 제정할 때는 모든 위험이 냉정하고 균형있게 고려된다. 하지만 역사적이고 문화적인 이유로 방사선 위험에 대해서는 같은 방식이 적용되지 않는다. 다음 장에서 그 이유들을 탐구하고 명확히 설명할 것이다.

거의 한 세기 동안 우리는 핵 기술이 무엇을 제공해야 하는지 명확히 이해할 수가 없었다. 단편화된 전문 지식 뒤에 숨은 극도로 신중한 당국자들이 과학적 사실을 가리고 있었기 때문이다. 그 핵 기술의 개괄적인 내용은 어렵게 생각되지만, 사실은 간단한 상식적 용어로도 쉽게 이해된다. 대부분의 사람들은 물질 세계의 대부분이 핵 물질이고, 그 핵 물질을 잘 사용하면 인구 밀도가 무척 높아질 지구의 미래에 놀라운 기여를 할 수 있다는 사실을 잘 모른다. 참으로 핵 에너지가 많은 사람들이 우려하는 환경 위협이 되지 않는다면, 핵 에너지는 인류가 직면한 가장 심각한 문제들, 즉, 대기 오염 뿐만 아니라 청정 에너지 부족, 깨끗한 물과 식량의 부족 등을 상당 부분 해소할 수 있는 해결책이다. 민주주의에서는 유권자가 문제의 핵심을 이해해야 하기 때문에 이 사실은 매우 중요하다. 그렇지 않으면 분별 없이 편향되기 쉬운 선동에 휩쓸려 스스로 파멸에 이르는 결정을 내릴 수도 있게 된다.

이 지구상에서 인류의 우월성은 우리 인간의 열린 마음과 상호 신뢰를 바탕으로 형성된 지식의 확신과 협력이 있었기에 가능했다. 그러나 핵 기술의 경우 이러한 관계들은 모두 끊어졌으며 이를 회복하기 위해서는 인류 문명사상의 대대적인 전환이 필요하다. 이것은 과학과 사회에 대한 대중의 신뢰 형성을 위한 완전한 증거와 맞물려 있기 때문이다. 개인이 설명해서 될 일도 아니거니와 마찬가지로 명령 하달식 위원회로 해결될 문제도 아니다. 핵 관련 기회들은 투명해져야 하며. 더 이상 두려움과 모호함의 원천이 되어서는 안 된다.

Climate change

Carbon-based fuels are polluting the atmosphere. The concentrations of methane and carbon dioxide are rising fast every year and are now two to four times higher than they have been for several hundred thousand years. Given the known properties of these greenhouse gases, it comes as no surprise that the polar ice caps are melting and the world temperature is rising. However, it might be a coincidence and not be caused by human activity at all.

Yet, just as I should not expect proof that I am going to have a car accident before taking out insurance, so replacing carbon fuels as a matter of urgency is a sensible policy of mitigation. Replacement with the so-called renewables (hydro, geothermal, wind, tidal, waves and solar) is simply not sufficient, and biofuels and biomass release carbon into the atmosphere, almost as much as fossil fuels[see Chapter 3]. Fired by political self-confidence, German policy is to cease use of carbon and nuclear energies. Many other countries take a more scientific view and consider that switching to nuclear energy is the best that can be done to mitigate

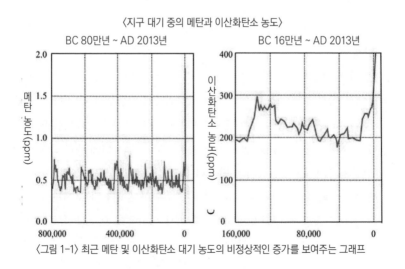

〈지구 대기 중의 메탄과 이산화탄소 농도〉

〈그림 1-1〉 최근 메탄 및 이산화탄소 대기 농도의 비정상적인 증가를 보여주는 그래프

기후 변화

탄소-기반 연료가 대기를 오염시키고 있다. 메탄과 이산화탄소의 농도는 매년 빠르게 증가하고 있으며, 수십 만년 동안 유지되어 오던 농도보다 현재는 2~4배 정도 높다. 온실가스의 알려진 특성을 감안하면, 극지방 만년설이 녹고, 세계적으로 기온이 상승하는 것도 전혀 놀라운 일은 아니다. 그러나 이 현상은 우연의 일치일지도 모르며, 인간의 활동으로 인해 생긴 것이 전혀 아닐지도 모른다.

그러나 보험을 들기 전에 교통사고를 당할 것이라는 증거를 기대해서는 안 되는 것처럼, 최대한 빨리 탄소 연료를 대체하는 것이 합리적인 정책이다. 소위 수력, 지열, 바람, 조류, 파도, 태양 등의 재생 에너지로 대체하는 것으로는 결코 충분하지 않다. 이른바 바이오연료와 동식물 폐기물 연료는 거의 화석 연료만큼 대기 중에 탄소를 배출한다. 독일은 정치적 자신감에 고무되어 탄소와 핵 에너지 사용을 중단하는 어리석은 정책을 선택하였다. 다른 국가들은 좀더 과학적인 관점에 서서, 기후변화를 완화시키기 위해 할 수 있는 최선의 방법은 핵에너지로 전환하는 것이라고 생각한다. 이 정책을 수행하는데 따르는 기술적 장애는 전혀 없지만, 핵 에너지와 그 방사선을 무섭고 위험한 것으로 여기고 있었기 때문에 대중적으로 환영받지 못한다. 대중들은 귀를 닫아버리고 더 이상 알고 싶어하지 않는다. 하지만 이러한 방사선 공포에 대한 과학적 근거는 없다. 그 증거를 명확하게 설명하고 널리 이해시킬 필요가 있다. 왜냐하면 방사선 공포증이 저가의 무탄소 에너지 도입에 유일한 장애물이기 때문이다. 사실 우리는 핵 기술을 기피함으로써 인류 문명에 대한 중대한 실수를 범하고 있다. 실수가 클수록 손실은 더 오래 지속되기 마련이며, 이를 극복하기 위해서는 개인과 정부의 일치된 조치가 필요하다. 그런데 왜 그런 조치가 취해지지 않는 것일까? 우리는 어떻게 이런 실수를 하게 되었을까? 이 문제는 일반적으로 제기되는 몇 가지 견해에 대한 의문을 제기한 후 다시 설명될 것이다.

climate change. This policy has no technical drawback, but it has not been popularly welcomed because nuclear energy and its radiation are seen as frightening and dangerous. This causes people to close their ears and not want to know more. However, this fear of radiation has no scientific basis. The evidence needs to be explained clearly and understood widely, because radiation phobia is the only obstacle to the provision of cheap carbon-free energy[see Chapter 4, and also Chapter 2 of the book Radiation and Reason (2006), see Selected References on page 279, SR3]. The truth is that we have made a major cultural error by shunning nuclear technology. Big errors are the most persistent, and to get over them requires concerted action by individuals and governments. So why is that not happening? And how did we come to commit this error? To explain this, we will have to turn a few more pages and question some commonly held opinions[see Chapters 6, 9 and 10].

Safety and medical care

Does this mean that radiation is safe?

And if so, how safe?

How do we know that for sure?

The short answer is yes: radiation is safe and it has been saving lives by diagnosing disease and curing cancer for over a century as pioneered by Marie Curie. A radiation dose used in a medical scan is far higher than encountered by the public in any nuclear accident, such as Chernobyl or Fukushima. But how do you know? you will say. To feel safe and confident about science, we should study and understand some parts ourselves and then talk to friends and contacts to build up trust in the whole. Without such a network of education and trust, in science as in other fields, mankind is doomed. In brief, if you want to be safe and confident, you need to find out what is going on.

In the case of radiation we should look at the numbers that describe radiation doses, and then ask more questions. During a course of

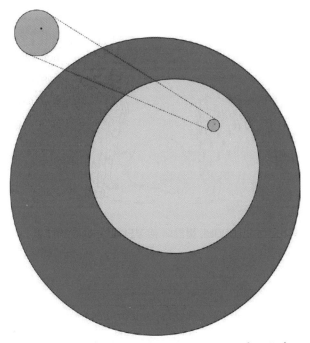

〈그림 1-2〉 원 영역으로 표시한 월간 방사선량 비교[9장 참조]
- 빨간색 원 : 방사선 치료시 종양에 투여된 선량
- 노란색 원 : 치료받은 종양 근처에 있는 건강한 조직에 투여된 회복 가능한 선량
- 녹색 원: 100% 안전하다고 기록된 선량
- 검은색 점 : 일반적으로 현행 규정에서 권장하는 안전 한계
 (검은 점을 좀더 선명하게 확인하기 위해 녹색원과 검은 점을 확대했다.)

안전과 의료

이것은 방사선이 안전하다는 뜻인가요?

그렇다면 얼마나 안전한가요?

그걸 어떻게 확실히 알 수 있죠?

첫 번째 질문에 간단하게 대답하자면 '예'이다. 즉, 방사선은 안전하다. 마리 퀴리가 방사선을 발견한 이래 1세기가 넘도록 질병을 진단하고 암을 치료하여 많은 생명을 구해 왔다. 의료용 촬영에 사용되는 방사선량은 체르노빌이나 후쿠시마 같은 핵 사고에서 대중이 피폭됐던 방사선량보다 훨

기원전 25,000년, 불반대 환경단체와 최후의 대결

〈그림 1-3〉 선사시대 불을 반대하는 환경론자들과 찬성론자들의 최종 대치 상상도

radiotherapy treatment the patient's tumour dies from a daily dose 200 times higher than a typical diagnostic scan. In spite of receiving half this massive dose every day for five or six weeks, nearby organs almost always survive. But safety is always a compromise between engaging some risk to achieve a goal and doing nothing, such as staying in bed. So it is true that radiotherapy may have, perhaps, a 95% chance of curing an existing cancer, but a 5% chance of starting a new one. Only by looking at the evidence and understanding what radiation does, can real safety, and the feeling of confidence that goes with it, be achieved[see Chapter 3, and Illustration 9-2 described further in Chapter 9].

Hundreds of thousands of years ago, some say a million, man had the bright idea of bringing fire into the home. This was not at all safe, but the benefit to his standard of living with hot meals and warm accommodation quickly out- weighed the risks. The choices of fire then and nuclear today are similar, except the risks are very much smaller for nuclear than for fire. In both cases education is key[see Chapter 2]. An example of the need for education about the physical world is protection against

씬 높다. 하지만 '그걸 어떻게 알지요?' 하고 물을 것이다. 과학에 대해 안전하게 느끼고 신뢰를 갖기 위해서는, 몇 가지 부분은 스스로 공부하고 이해해야 하며, 나아가 친구들이나 주변 사람들과 의견을 나누어 광범위하게 신뢰를 쌓아야 한다. 다른 분야와 마찬가지로 과학 분야에 대한 교육과 신뢰의 네트워크가 없으면 인류는 쇠락할 수밖에 없다. 요컨대, 안전하길 바라고 확신을 가지려면, 무슨 일이 일어나고 있는지 스스로 알아야 한다.

방사선에 대해서는 방사선량을 나타내는 숫자를 잘 보고 질문해야 한다. 방사선요법 치료 과정에서 환자의 종양은 일반 진단용 스캔보다 200배 높은 일일 선량으로 사라지고 치유된다. 종양 주변 조직은 이 엄청난 방사선 선량의 절반을 5~6주 동안 매일 받아도 거의 항상 살아남는다. 보통 안전이란 목표 달성을 위해 몇가지 위험을 감수하는 것과 아무것도 하지 않는 것, 가령 그저 침대에 누워 있는 것 사이의 타협이다. 사실 방사선요법은 기존 암을 치료할 확률이 아마도 95%는 되겠지만, 반면에 새로운 암을 발생시킬 확률이 5%가 될 수도 있다. 오로지 증거를 살펴보고 방사선이 무슨 일을 하는지 이해함으로써 비로소 진정한 안전과 그에 따른 확신감을 얻을 수 있다.

수십만 년 전, 또는 백만 년 전, 인간은 불을 집안으로 끌어들인다는 기발한 생각을 해냈다. 이것은 전혀 안전하지 않았다. 그러나 뜨거운 음식과 따뜻한 숙소로 누리게 될 이점은 위험을 감수하고도 남음이 있었다. 그 옛날 불의 선택과 오늘날 핵의 선택은 매우 유사하다. 다만, 불보다 핵의 위험성이 훨씬 적다. 두 경우 모두 교육이 핵심이다. 물질세계에 대해서도 교육이 필요한 이유는 햇빛의 자외선 예방 교육 사례에서 찾아볼 수 있다. 자녀들이 햇볕에 타서 나중에 피부암이 발생하는 일을 막을 수 있도록 부모들은 자녀 교육 방법에 대해 간단한 조언을 받는다. 자외선은 살아 있는 세포를 손상시킬 수 있는 에너지로서 X-선보다 훨씬 강렬하지만 손상은 적게 일으킨다 그러나 실제 효과는 비슷하다. 즉, 처음에는 세포의 죽음(햇볕에 그을림)에 그치지만 나중에는 피부암으로 발전될 수 있다. 이것을 핵 방사선의 효과와 양적으로 비교할 수는 없다. 그러나 자외선으로 인한 암은 흔

〈그림 1-4〉 가족을 위해 자외선에 대한 간단하고 알기 쉬운 조언이 담긴 약국 포장지 안내 문구에 '햇볕이 안전하더라도 적절한 곳에서•적절한 량과•적절한 시간으로(Be Sun Safe Right Factor • Right Amount • Right Time)' 라고 적혀 있다.

UV radiation in sunshine. Parents are given simple advice about how to teach their children to avoid sunburn and resulting skin cancer in later life. As an agent that can damage living cells, UV is much more intense but less damaging than X-rays[see Chapter 5]. But the net effect is similar: early cell death (sun burn) or later cancer (skin cancer). These cannot be compared quantitatively with the effects of nuclear radiation. However, although cancer from UV is common and cancer from nuclear radiation is extremely rare, public concern is the reverse.

At Fukushima there were no casualties from radiation[1] and the doses were so low that there will be none, even in the next 50 years, even among the workers at the plant[see the article SR8]. At Chernobyl radiation-related deaths were limited to 15 fatal cases of child thyroid cancer and 28 workers who fought the initial fire and died over the subsequent few weeks. At Fukushima many casualties were caused by forced evacuation and fear, not radiation. There were similar casualties at Chernobyl including several thousand unnecessary induced abortions performed far away, simply out of panic. Meanwhile the wildlife at Chernobyl today is thriving now that the humans have gone: this has been captured in

〈그림 1-5〉 이솝 우화 〈거북과 토끼의 경주〉처럼 느린 진화를 통해 형성된 자연적인 생명 보호는 최근 인간이 만든 규제를 쉽게 이긴다.

히 볼 수 있고, 핵 방사선으로 인한 암은 극히 드물게 보이는 데도, 대중의 우려는 오히려 그 반대이다.

후쿠시마에서는 방사선으로 인한 사상자가 없었다[1]. 그 방사선량이 매우 낮았기 때문에 앞으로 50년 이내에도, 더우기 발전소 내 노동자들 중에서도, 방사선으로 인한 사상자는 없을 것이다. 체르노빌의 방사선 관련 사망자는 어린이 갑상선암으로 사망한 15명과 초기 화재 진압에 나섰다가 몇 주 이내에 사망한 28명의 근로자들 뿐이다. 후쿠시마에서 발생한 많은 사상자는 방사능이 아니라 강제 대피와 공포로 인해 발생했다. 체르노빌에서도 단순히 공포 때문에 멀리 떨어진 피난처에서 시행된 수천 건의 불필요한 낙태 때문에 많은 희생자가 발생했다, 반면에 인간이 떠나버린 오늘날의 체르노빌에는 야생동물이 크게 번성하고 있다 – 이와 관련한 놀랄만한 비디오가 꽤 있다. (부록 [SR-7] 참조)

그러나 의문의 여지는 여전히 남아 있다. 드물기는 하지만 인간의 신체

---

1) 2015년 10월 백혈병에 걸린 후쿠시마 근로자에 관한 보도가 언론에 유포됐다. 하지만 이러한 무작위 사례는 어떤 집단에서도 예상될 수 있으며 그 어떤 연관성도 제시되지 않았다. 하지만, 근로자는 5 mSv정도 소량의 방사선에 노출되어서 일본에서 제정된 법에 따라 보상받을 자격이 주어졌다. 언론은 이를 잘못 해석했다.

several charming videos[see Chapters 2 and 3, and 3R7].

But that still leaves open the question: What happens on the rare occasions that human tissue is actually exposed to nuclear radiation?[See Chapters 7 and 8]

Simple scientific pictures and the multiplication of some numbers show why nuclear energy is a million times more powerful than chemical energy. However, this energy source is so effectively hidden that its existence was not even suspected until the final years of the nineteenth century.

It appears odd that the extreme power of nuclear radiation should have so little effect on life, given that this is so very frail. We shall see that the answer is that the whole purpose of life has been to survive in the Earth environment, where ionising radiation and oxygen are the two most powerful physical agents to threaten living cells. Providing this protection is what life does – you could even argue that is all that it does, apart from an occasional battle with other cells and viruses. Each element of life's structure is designed to survive these two threats: eating, breathing, sexual reproduction, the partition of life into autonomous individual organisms and the structure of those organisms as a myriad of autonomous reproducible cells. In some 3,000 million years of evolution it has perfected this protection, and a study of modern radiobiology reveals some of the mechanics of how cells cope with attacks by oxygen and radiation through strategies of repair, replacement, adaptation and stockpiling of resources. This leaves any protection offered by bureaucratic regulation way behind by comparison. People sometimes worry about the effect of the radiation dose they receive in medical treatment, as also they do about Chernobyl, Fukushima and other accidents. Instead, they should marvel at the extraordinary natural protection they receive, and then welcome the benefits that radiation has brought to modern medicine and health following the tradition introduced by Marie Curie[see Chapter 8].

조직이 실제로 핵 방사선에 노출되는 경우 무슨 일이 일어날까? 간단한 과학 그림을 살펴보거나 몇가지 숫자를 곱해 보면, 핵 에너지가 화학 에너지보다 어째서 왜 백만 배 이상 강력한 것인지 알 수 있다. 그러나 이 에너지원은 아주 효과적으로 숨겨져 있어서 19세기 마지막 해까지 그 존재조차 알 수 없었다.

생명체가 매우 연약하다는 것을 감안하면, 이처럼 강력한 핵 방사선이 생명체에는 왜 그처럼 미미한 영향력밖에 끼치지 못할까 이상해 보인다. 그 답은 생명체의 가장 기본적인 목적이 지구 환경에서 살아남는 것이라는 데 있다. 지구 환경에서 살아있는 세포를 위협하는 가장 강력한 두가지 물리적 요소는 전리 방사선과 산소다. 이 위협으로부터 보호기능을 제공하는 것이 생명체가 하는 일이다. 가끔 일어나는 다른 세포나 바이러스와의 싸움을 제외하면, 그 일이 생명체가 하는 일의 전부라고 주장할 수도 있다. 생명체 구조의 각 요소는 이 두 가지 위협으로부터 살아남을 수 있도록 설계되어 있다. 생명체는 이러한 보호 체계를 약 30억 년간의 진화를 통해 완성했다. 현대 방사선생물학 연구는 세포가 산소와 방사선의 공격에 대해 수리와 교체, 적응 및 자원 비축이라는 전략을 통해 대처하는 몇 가지 메카니즘을 밝혀냈다. 관료적 규제 방식이 제공하는 그 어떤 보호책도 이 메카니즘과 비교가 되지 못한다. 사람들은 때때로 의료 진료시 받는 방사선량의 영향에 대해 체르노빌이나 후쿠시마 또는 다른 사고에 대해 우려하듯이 걱정한다. 그러나 오히려 자신들이 지니고 있는 엄청난 자연적 보호기능에 경탄해야 할 것이며, 또 마리 퀴리가 도입한 방사선치유법이 현대 의료와 보건에 가져다준 이점을 크게 환영해야 마땅할 것이다.

Historical reasons for nuclear mistrust

The twentieth century was a turbulent time in history and perceptions were distorted by existential fears, even among eminent scientists.

However, these can be seen more calmly now in a historical perspective[see Chapter 10]. During the Cold War, when there was great disquiet about radiation and the nuclear arms race, instead of educating the public, the authorities attempted to appease negative opinion by promising protection from radiation at wholly unnecessarily low levels. This approach was not successful, especially when accidents occurred in which public panic, not radiation risk to life, was the result. The authorities, themselves misinformed, failed to appreciate that safety and confidence are best established by education and trust, not rules and regulations[see Chapter 11].

Education, authority and confidence in society

Like nuclear power, currency needs popular trust and support, and banks achieve this by enlisting pictures of famous figures, many of whom contributed much more to science than to banking. They were broad individual thinkers, not specialist experts or committee members, and we should follow the way in which they won public support. Certainly we should not believe everything we hear from uncritical popular chatter in the way the followers of King Canute did[see Chapter 9].

With proper education and training, the general population is well capable of acting rapidly and intelligently when faced with an accident. The immediate response of the Japanese people to the earthquake and tsunami of March 2011 is a good example of what can be achieved. In such a situation in Japan everyone knows what to do without asking authority. Because of their quick action, the death toll from the tsunami was much smaller than it would have been otherwise. With practice and

핵 불신의 역사적 이유

20세기는 역사상 난폭한 시기였고, 심지어 저명한 과학자들 사이에서조차도 생존 자체의 두려움 때문에 모든 인식이 왜곡되었다.

그러나 이제는 역사적 전망 속에서 차분하게 그 사실을 바라볼 수 있다. 냉전 시기에, 방사선과 핵무기 경쟁에 대한 우려가 컸을 때, 당국자들은 대중을 교육하는 대신 전혀 비현실적인 낮은 수준으로 방사선에 대한 보호를 약속함으로써 대중의 불안한 마음을 달래려고 시도했다. 이 전략은 오히려 방사선에 대한 대중의 공황상태를 부추겼을 뿐으로, 방사선이 우리 문명에 기여할 수 기회를 봉쇄해 버리는 어이없는 결과를 초래했다. 당국자들은, 그들 자신도 잘못 알고 있었지만, 안전과 확신은 규칙과 규정이 아니라 교육과 신뢰를 통해 가장 잘 확립될 수 있다는 것을 이해하지 못했다.

교육과 권위 및 사회적 신뢰

핵 에너지와 마찬가지로 화폐는 대중의 신뢰와 지지가 절대적으로 필요하다. 은행은 유명 인사의 사진을 인쇄함으로써(그림 1-6) 그 목적을 달성했는데, 그 인물들은 대부분 은행보다 과학에 더 기여한 사람들이다. 그들은 전문가나 위원회 구성원이 아닌 광범위한 개별적인 사상가였다. 우리는 은행이 대중의 지지를 받게 된 이 방식을 따라야 할 것이다. 물론 카누트 왕의 신하들처럼(그림 1-7) 비판력 없는 대중이 떠들어 대는 말을 모두 믿어서는 안 된다. 일반 대중들은, 적절한 교육과 훈련을 받은 경우, 사고에 직면했을 때 신속하고 지능적으로 잘 대처할 수 있다. 2011년 3월의 지진과 쓰나미에 대한 일본인들의 즉각적인 대처는 우리가 무엇을 해낼 수 있는지 보여주는 좋은 예다. 당시 상황에서 그들은 당국에 묻지 않고서도 무엇을 해야 하는지 누구나 잘 알고 있었다. 그들의 신속한 행동이 아니었다면 쓰나미로 인한 사망 피해는 훨씬 많았을 것이다. 확신과 신뢰는 어린 시절부터 학교 교육과 실습을 통해 형성되며, 지진과 쓰나미가 닥쳤을 때처럼 실제

〈그림 1-6〉 지폐의 그림; 마리 퀴리, 찰스 다윈, 플로렌스 나이팅게일, 아담 스미스와 같은 독립 사상가들은 위원회 같은 것 없이도 옳은 답을 찾아냈으며 지지를 받았다. 그들은 오늘날 사회적 신뢰의 상징이며, 심지어 지폐에서도 활용되고 있다. 핵 방사능과 같은 문제를 대중에게 알리는 방법을 고려할 때 이들의 사례를 따라야 할 것이다.

study in school from an early age, confidence and trust are established, ready for when a real disaster occurs, as it did when the earthquake and tsunami hit. However, faced with an accident that was not a disaster, but about which they were totally ignorant – the nuclear accident – they could only look to authority, which gave no guidance, being as ill prepared as everyone else. Fanned by the world press a wave of distrust in authority and science then quickly followed[see Chapter 3].

Waste, cost and vested interests

In the popular press it is widely supposed that there is a problem with nuclear waste. If fully burnt, nuclear fuel produces about a million times more energy per kg than carbon fuels, and that means there is very little fuel and so very little waste. It is mostly solid and can be recycled to get closer to complete burn up. After a few years when it has cooled, the residue can be solidified in glass and concrete which can be buried for the few hundred years needed for its excess radioactivity to die away. Of

그림 1-7: 카누트 왕과 아첨꾼 신하들의 전설. 아첨꾼 신하들은 카누트 왕이 무엇이든지 할 수 있을 거라고 믿었지만, 자신들 스스로는 생각할 능력이 없었다. 그래서 카누트 왕은 그의 왕좌를 바닷가에 두게 하고 '파도여 물러가라'고 명령했다. 당연히 그의 명령은 이행되지 않았고 그의 신하들은 크게 놀랐다. 과학과 자연은 규정과 당국의 명령을 따르지 않는다. 사회에서 적어도 몇 사람들은 연구를 통해 자신만의 독립적인 결론에 도달하는 것이 훨씬 나을 것이다.

재난이 발생했을 때 매우 유용하다. 그러나 재난은 아니었지만 그에 대해 전혀 알지 못했던 사고, 즉 핵 사고에 직면하자, 그들은 당국만 쳐다볼 수밖에 없었다. 그러나 당국도 여느 사람들처럼 준비되어 있지 못했기 때문에 아무런 지침도 내려주지 못했다. 당국과 과학에 대한 불신의 물결이 세계 언론의 바람을 타고 빠르게 퍼져갔다.

낭비, 비용 및 기득권

대중 매체에는 핵 폐기물의 위험요소가 매우 크다는 편견이 널리 퍼져 있다. 핵 연료는 완전 연소될 경우 kg당 탄소 연료보다 약 100만 배 더 많은 에너지를 생산한다. 핵연료는 부피가 극히 소량이거니와 그 폐기물도 극히 소량이다. 핵 폐기물은 대부분 고형이며, 완전 연소에 가깝게 재활용될 수 있다. 몇 년 후 완전히 냉각되면, 그 잔여물은 유리나 콘크리트 안에 응고시킬 수 있으며, 잔여물의 과잉 방사능이 사라지기까지 수백년 동안 보존해야 한다. 물론 사회가 충분한 돈을 들여서라도 특별히 정교한 대비책

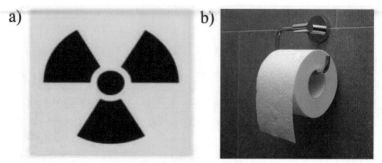

〈그림 1-8〉 폐기물의 상징 기호
a) 핵 폐기물의 방사선 위험 표시 기호   b) 개별 인간의 배설물 상징

하지만, 년간 인명 피해가 더 많은 대규모 위험과 관련된 폐기물은 어느 것일까?

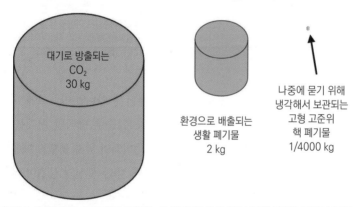

대기로 방출되는
CO_2
30 kg

환경으로 배출되는
생활 폐기물
2 kg

나중에 묻기 위해
냉각해서 보관되는
고형 고준위
핵 폐기물
1/4000 kg

〈그림 1-9〉 영국에서 1인당 하루 배출되는 각 폐기물의 양을 단위 크기가 동일한 용기로 나타낸 그림

course, if society wants to waste good money by making extraordinarily elaborate provision, there is no shortage of contractors who would be happy to step up to give the waste the Tutankhamen burial treatment, a large long-term deep and impregnable geological storage. At present nuclear energy is simply burdened by the prospect of what this would eventually cost and the provision. that has to be made. This should not be the case.

But why pay so much? Unlike the waste from carbon fuel energy production or the personal waste of humans, there has been no known

을 마련하고자 한다면, 그 폐기물을 투탕카멘 무덤 식으로, 곧 아주 오랫동안 깊은 난공불락의 지하 저장고에 곱게 모셔둘 수도 있다. 현재 원자력산업계는 그 폐기물을 처리하는 데 얼마나 많은 대가를 치뤄야 할지, 또 무슨 대책을 세워야 할지 계산하느라 그저 부담만 안고 있을 뿐이다. 그러나 그렇게 되어서는 안 된다.

핵폐기물을 처분하는데 왜 그렇게 많은 돈을 지불해야 하는가? 탄소 연료 에너지 생산의 폐기물이나 개인 폐기물과는 달리, 군사용이 아닌 핵발전소의 핵 폐기물로 인한 인명 손실은 지금까지 알려진 바가 없다. 인간 폐기물의 방출은 질병의 원인이 되어 매년 백만 명 가까이 사망자가 발생한다. 탄소 연료 사용으로 발생하는 이산화탄소나 기타 오염 물질을 대기 중에 방출하는 것도 매우 해롭다. 원자력발전소 건설에는 꽤 많은 비용이 필요하다. 그런데 그 비용은 어디로 가는가? 그 돈의 대부분은 직접 또는 간접적인 급여로 사용된다. 그러면 원자력발전소를 설계하고, 건설하고, 운영하는 데 왜 그렇게 많은 사람들이 필요하고, 그렇게 긴 시간이 걸릴까? 그것은 안전해야 하기 때문이다! 참으로 원자력발전소는 안전하게 가동되어야 한다. 그러나 체르노빌은 그렇지 않았다. 안전을 위해서 최소한 근로시간의 절반, 곧 근로자의 절반 이상이 초-안전 규정과 관련된 업무에 고용되어, 원전 해체 계획을 세우고, 지나치게 과대평가되어 있는 위험에 대비하여 안전 구역을 들락거리는 근로자들을 검사하고 있다. 소비자와 납세자들은 이러한 막대한 과잉-대비책과 그 내막을 이해하려고 하지 않는다.

〈그림 1-10〉은 그 문제의 일부를 시사하고 있다. 그러나 이 만화에는 불합리한 각종 규제로 신규 원전 건설 비용을 터무니 없이 치솟게 만들어 가격경쟁력이 떨어진 원자력 산업계 현실은 나타나 있지 않다. 규제자들의 속박을 덜 받는 나라(예를 들면, 중국, 러시아) 등은 자신들의 미래를 위해 투자할 수 있다. 그들은 점차 경쟁력을 높이게 될 것이며, 에너지 생산과 원전 건설 시장을 지배하게 될 것이다. 서구 국가의 의사결정자들은 현재 원자력발전소에 대한 과도한 규제가 경제적으로 매우 위험하다는 사실을 인식해야 한다.

loss of life from civil nuclear waste. Discharge of human waste into the environment is the cause of a million deaths per year by disease; and the open discharge into the atmosphere of carbon dioxide and the other pollutants that accompany use of carbon fuels of any kind is no less harmful[see Chapters 3 and 9].

Nuclear energy is thought to be expensive, but where does the money go? Most of it goes, directly or indirectly, in salaries. So why does it take so many people so long to design, build and run a nuclear power station? Because it has to be safe! Indeed it does have to be stable in operation – which Chernobyl was not. But at least half of the man-hours, half of the workforce, is employed engaging with super-safe regulations, planning the decommissioning, checking workers in and out of secure areas for risks that have been grossly over-estimated. The consumer and tax payer have an interest in exposing this gross over-provision, but they do not understand.

Part of the problem is suggested in Illustration 1-10. However, the cartoon does not refer to the nuclear industry itself whose ability to construct new plant has been priced and regulated out of the market without good reason. Countries less in thrall to regulators are able to invest for their future. They will become increasingly competitive and will come to dominate the market for the production of energy and the construction of plant. Decision makers in western countries should appreciate that the current regulatory strangulation is economically dangerous[see Chapter 12].

The task ahead

In the Cold War period people demanded safety from the threat of nuclear radiation, but were given regulations instead. This was delivered wrapped in pseudo-science and tied with legal knots. Blessed by committees of the United Nations and enshrined in national laws around the world, these restraints make it hard for the nuclear industry

〈그림 1-10〉일부 정당들은, 비록 대중과 환경 모두에게 전혀 이익이 되지 못하는데도, 원자력 안전에 대해서 비과학적이고 부풀려진 비용으로 이득을 챙기고 있다.

앞으로의 과제

　냉전 시대에, 사람들은 핵 방사선 위협으로부터 안전을 요구했지만 이들이 받은 대답은 안전 대신 규정이었다. 이 규정은 사이비 과학으로 포장되고 법적 매듭으로 묶여서 전달되었다. 유엔의 여러 위원회로부터 권고를 받고, 전 세계 각국의 법에 명시된 이 규정으로 인하여 신규 원전 건설은 매우 어렵게 되었다. 그래서 각국의 입법자들이 시급히 해야 할 일은 그 구속복에서 원자력 산업을 풀어주는 일이다.

　전문가 입장에서 보면, 코페르니쿠스와 갈릴레오가 프톨레마이오스의 주전원(周轉圓], epicycle)을 거부함으로써 행성 운동을 새롭게 이해할 수 있는 길을 열었듯이, LNT(Linear Non-threshold)라는 이름의 사이비 과학을 거부해야 한다. 다행히 LNT를 반박하는 증거는 태양계 역학보다 이해하기 쉽다. 간단히 말하자면, LNT는 '모든 방사선량은 아무리 적을지라도 해롭고, 그 효과는 누적된다'고 주장한다. 이런 주장의 결과가 '모든 방사선 피폭은 〈합리적으로 달성할 수 있는 한 낮게〉유지해야 한다'고 요구하는 '방사선 안전에 관한 정책'이다. 이것이 실제로 의미하는 것은 그 피폭 수준을 자연적으로 발생하는 수준보다도 훨씬 작은 양으로 제한하는

to make any progress towards construction of the new plant required. So legislators have urgent work to do, to release the nuclear industry from its straight-jacket.

On the professional side the pseudo-science, named LNT(Linear No-Threshold), has to be repudiated, just as the epicycles of Ptolemy were discarded to make way for the new understanding of planetary motion. Fortunately, the evidence against LNT is easier to understand than the dynamics of the solar system. Simply put, LNT says that all radiation doses are harmful, however small, and that their effect is cumulative. The result is a policy for radiation safety (sometimes called Radiological Safety) that requires that all radiation exposures be kept As Low As Reasonably Achievable (ALARA), which in practice means within a small fraction of naturally occurring levels. This is unrelated to any risk, but comes from a political wish to say that the effects of radiation have been minimised.

LNT assumes that the damage to cells increases steadily with the radiation dose. This is a correct picture of the immediate impact of radiation, but the effect of subsequent biological reaction is to repair this damage within a few hours or days, unless the dose in that time is very high indeed[see Chapter 8]. The upshot is that the effect of radiation does not build up, and small or moderate doses have no lasting effect at all, like modest exposure to bright sunshine. Current regulations follow guidance given by the UNSCEAR committee (United Nations Scientific Committee for the Effects of Atomic Radiation) that denies the effect of this evolved biological reaction, although this was fully described by a unanimous and critical French joint report of the Académie des Sciences (Paris) and the Académie Nationale de Médecine in 2004[see Chapters 4 and 8].

Safety regulations based on ALARA are not fit for purpose, and are dangerous to the economy, the environment and to life and limb. For example, they can frighten patients into refusing treatment that would benefit their health. In the Fukushima region they have discouraged Japanese parents from letting their children go outside in the fresh air to

것이다. 이것은 어떤 위험과 관련해서 정한 것이 아니며, 다만 방사선의 효과를 최소화했다고 말하고 싶은 정치적 희망에서 나온 것이다.

LNT는 방사선량에 따라 세포의 손상이 비례적으로 증가한다고 가정한다. 이것은 방사선의 즉각적인 충격에 대해서는 올바른 설명이다. 그러나 그때의 피폭 선량이 정말 매우 높지 않다면 그 직후 일어나는 생물학적 반응의 효과로 그 손상은 수시간 또는 수일 이내로 회복된다. 결론을 말하자면, 방사선의 효과는 누적되지 않으며, 소량 또는 적절한 수준의 선량은 마치 밝은 햇빛에 적당히 노출된 것과 같이 지속적인 효과가 전혀 없다는 것이다. 그런데 현재의 규정은 이러한 진화된 생물학적 반응의 효과를 부인하는 유엔 방사선영향과학위원회의 권고안을 따르고 있다. 그러나 2004년 프랑스의 과학 아카데미와 국립 의료 아카데미는 비판적인 공동 보고서를 만장일치로 채택하여 생물학적 반응의 효과를 널리 알렸다.

ALARA(As Low as Reasonably Achievable)에 기초한 안전 규정은 목적에 적합하지 않으며, 경제와 환경 그리고 생명과 신체에도 위험하다. 예를 들면, 이 규정으로 인하여 환자들은 겁을 먹고 그들의 건강에 도움이 될 방사선치료를 거부할 수 있다. 후쿠시마 지역에서는 일본 부모들이 아이들을 밖에 내보내 신선한 공기 속에서 놀게 하는 것을 막았다. 그곳에서 불

그림 1-11: 오염된 상층 표토 사진, 자루에 담겨 어딘가로 옮겨질 것을 헛되이 기다리고 있다.[이타테, 일본, 2013년 12월]

play. The increased mortality of needlessly evacuated old people there shows how these safety regulations can lead to death. The stacks of top-soil removed from fields, now denuded and infertile, show a sad pictorial example of the destruction that unthinking fear can achieve[see Illustration 1-11 and Chapter 2].

Of course, the safety of radiation is important, but new regulations should be based on the threshold for radiation dose rates that can be shown to cause damage to health: there is no shortage of agreed data from the accidents that have occurred, and also from a century of experience of clinical medicine. The latter is particularly appropriate as the general public receive such treatment and are aware that it is beneficial, even though the dose rates are high by any standard.

A justifiable radiation safety threshold should be set as high as to do no harm, or As High As Relatively Safe (AHARS).

A comparison between:

- the ALARA safety standard monthly dose;
- the dose per month experienced by the public in a radiation clinic;
- a suggested safe conservative monthly limit;

is made clearer, when represented by the areas of circles in Illustration 1-2 on page 31. The threshold, shown as the small green circle, is about the same as that set internationally in 1934, but is about 1,000 times the ALARA level, shown as the area of the small black dot that may only be visible on the expanded scale. That is the factor by which current regulations have typically exaggerated any genuine radiation risk.

However, it is right that these ideas should be explored and checked in considerably more detail in the chapters that follow. In particular, possible values for thresholds and the evidence behind them are discussed in Chapter 9.

필요하게 대피시킨 노인들의 사망률이 증가한 것은 이러한 안전 규정들이 사람들을 어떻게 죽음으로 내몰 수 있는지를 보여준다. 후쿠시마 일대에서 표토를 제거해 불모지가 된 풍경과 군데군데 쌓여있는 표토 더미는 분별없는 두려움이 일으킬 수 있는 파괴의 슬픈 증거다.(그림 1-11 참조)

물론 방사선의 안전은 중요하다. 그러나 새로운 규정은 건강에 해를 끼치는 것으로 확인되는 방사선량률의 문턱값을 기준으로 정해져야 한다. 이미 발생한 사고와 한 세기 동안 경험한 임상의학에서 검증된 자료는 결코 부족하지 않다. 임상의학의 경험은 특히 중요하다. 왜냐하면 그 선량률이 안전기준이라고 하는 양에 비해 높을지라도 일반 대중들이 그러한 치료를 받고 그것이 이롭다는 것을 알고 있기 때문이다.

정당한 방사선 안전 문턱값은 해를 끼치지 않을 만큼 높게 설정하거나 또는 상대적으로 안전할 만큼 높게 설정해야 한다. 31쪽에 원 영역으로 표시한 〈그림 1-2〉를 참조하면서 다음 세가지 기준을 비교해 보면 더 명확해진다.

- ALARA 안전 기준 월간 선량;
- 방사선 진료에서 대중이 경험한 월간 선량;
- 권장 안전 추산 월간 한도;

작은 녹색 원으로 표시된 문턱값은 1934년 국제적으로 설정된 값과 거의 같다. 그 값은 작은 검은 점으로 표시된, 배율을 확대해야 겨우 볼 수 있는, ALARA 수준의 약 1,000배에 달한다. 이것이 바로 현재의 규정이 방사선 위험을 무조건 일반적으로 과장해 온 그 배율이다.

그러나 이런 개념은 더 깊이 상세하게 조사하고 검증해 보아야 마땅할 것이며, 뒤에 자세히 설명할 것이다. 특히 가능한 문턱값과 그것을 뒷받침하는 증거들을 논의할 것이다.

Chapter 2:

Intelligence as an Aid to Survival

The most difficult subjects can be explained to the most slow witted man if he has not formed any idea of them already; but the simplest thing cannot be made clear to the most intelligent man if he is firmly persuaded that he knows already, without a shadow of doubt, what is laid before him.

- Leo Tolstoy

It is difficult to get a man to understand something when his salary depends on his not understanding it.

- Upton Sinclair

Facing the problems of civilisation

Democracy and personal understanding

Can the planet support ten billion inhabitants? It almost certainly can, but severe conditions will be imposed by the environment, science, education and human behaviour.

The impact of mankind on the environment is among the world's most pressing problems. It is time to ask questions: do we really understand nature? How can we use nature with minimal effect on its sustainability?

제2장

생존에 도움을 주는 지혜

지식이 없는 사람이라도 어떤 문제에 대한 고정관념이 없다면 그 문제가 아무리 어렵더라도 설명해 줄 수가 있다. 그러나 아무리 지식이 많은 사람이라도 자기 앞에 놓인 문제를 의심할 여지 없이 이미 알고 있다고 확고히 믿는 사람에게는 가장 단순한 문제조차 명확히 설명해 줄 수가 없다.

– 레오 톨스토이

어떤 문제를 이해하지 못하기 때문에 급여를 받는 사람에게 그 문제를 이해시키기란 참으로 어렵다.

– 업톤 싱클레어

문명 문제를 다시 본다

민주주의와 개인의 인식

지구는 과연 100억 가까운 인구를 수용할 수 있을까? 아마도 가능은 할 것이다. 하지만 환경과 과학, 교육, 그리고 인간 행동에 이르기까지 혹독한 조건을 감수해야 할 것이다.

인류가 환경에 미치는 충격은 현재 가장 절박한 문제 가운데 하나다. 지금 당장 질문하지 않으면 안 된다. 우리는 과연 자연을 이해하고 있는가?

Should we just carry on without re-examining earlier decisions and attitudes? There are facts that nobody can deny, even though some still question the causation of climate change:

- the atmosphere is tiny, equal in mass to a layer of water just ten metres thick around the world;
- the steadily increasing concentration of poly-atomic gases in the atmosphere;
- the definite, if erratic, rise in temperatures and melting of ice sheets;
- the increasing consumption of energy that is essential to any socially stable and expanding economy;
- a world population that increases with lengthening lifespans, unmatched by falling birthrates.

It may be late to take sufficient control, but it is never too late to take stock of the position and take action to reduce any serious consequences. Taking stock must allow the possibility that attitudes to major items in our armoury are misunderstood – that should include the historical view of the atomic nucleus and what flows from it. This book is not about climate change but it is such a stock taking.

Every child is taught from an early age that fire is dangerous. If the child fails to get the message, the chances are that the physical pain of a small accident will serve as a reminder, not easily forgotten.

In the same way, each child is trained to cope safely with human waste – potty training comes high and early on the list of educational requirements. These are not options in human society, but young children learn easily. As they grow older, they become more selective about the information they absorb. This selection depends on what they have already learned and accepted, and on new evidence of which they become aware.

However, new evidence may conflict with what was previously understood and then be dismissed out of hand – that is the easy way out.

자연의 지속가능성을 유지하면서 자연을 이용할 방법은 있는가? 예전에 내린 결정과 태도를 재검토하지 않고 이대로 계속 유지해도 되는가? 기후변화의 원인에 대해서는 의견이 다를 수 있지만, 아무도 부인할 수 없는 몇 가지 사실이 있다.

- 대기는 그 질량이 아주 작으며, 겨우 10m 두께의 물로 지구를 둘러싼 것과 같다.
- 대기 중의 온실가스 농도는 꾸준히 증가하고 있다.
- 기온은 변덕스럽지만 꾸준히 상승하고 있고, 빙상(氷床)은 녹고 있다.
- 사회적으로 안정적이고 성장하는 경제를 위해 필수적인 에너지는 소비가 계속 증가하고 있다.
- 출산율 하락에도 불구하고 늘어난 수명으로 세계 인구는 증가하고 있다.

이같은 상황은 충분히 통제하기에 늦은 감이 있지만, 그러나 상황을 재검토하고 또 심각한 결과를 조금이라도 줄이기 위한 조치를 취하지 못할 만큼 늦은 것은 결코 아니다. 상황의 재검토를 위해서는 우리 무기고 안의 주요 항목에 대한 인식 태도가 그릇되어 있을 가능성을 열어 두어야 한다. — 거기에는 원자력에 대한 역사적 관점과 그로부터 파생된 문제들이 포함되어야 한다. 이 책은 기후 변화에 관한 것이 아니라 그러한 현황을 재검토하려는 것이다.

모든 아이들은 어려서부터 불이 위험하다는 것을 배운다. 만약 그것을 제대로 배우지 못한다면 불의 위험성을 직접 체험으로 배워야 할 것이다.

마찬가지로, 아이들은 배설물을 안전하게 처리하는 법을 배운다. 변기사용 훈련은 필수 교육 목록 중에 최우선에 속한다. 이러한 교육은 인간 사회에서 마음대로 선택할 수 있는 사항은 아니지만, 아무튼 어린이들은 쉽게 배운다. 그런데 나이가 들어 갈수록 아이들은 받아들이는 정보에 대해 더욱 선별적인 태도를 갖게 된다. 그 선택 여부는 예전에 이미 배워서 습득한 지식과 그리고 새롭게 알게 된 증거에 따라 달라진다.

그런데 새로운 증거는 예전에 이해한 정보와 상충될 수도 있고 즉각 묵

Alternatively, the conflict must be examined – not a childish process, but one of ongoing self-education. A readiness to re-examine opinions like this is essential to any effective democracy because it allows views to flex as information changes. But such re-examination of opinions depends on sufficient numbers of the electorate being well informed, able to make up their own minds, and ready to change their opinion when evidence indicates. But, if views are long standing and get repeated uncritically, a democracy may be unable to change. Instead, it becomes locked into a semi-permanent misapprehension that leads to ill-advised decisions. Stability is only established when real information is accepted and people are ready to learn afresh, but, as Tolstoy wrote in the paragraph posted at the head of this chapter, this presents a high educational challenge.

The task of this book is first to ask in straightforward terms why so many in society have an aversion to nuclear science; then to explain to them the balance of benefit and risk as it is known today. With the damage apparently inflicted on the environment by carbon combustion – coal, oil, gas, biofuels and biomass – the relevance of comparing nuclear energy to fire is clear.

Many people are reluctant to change their opinion even when faced with evidence that contradicts it. Such rejection of scientific evidence is too easy, especially when the reluctance is supported by a whole industry of experts – from local safety officers to international lawyers – who have jobs with careers and standing that depend on the status quo. The quotation by Upton Sinclair at the head of the chapter makes the point.

Unfortunately, these are the very authorities that the press and politicians tend to consult when they want advice and information. Such consultations are the norm, since few people are prepared to stand up and say that they themselves understand an issue sufficiently. In this way a pass the parcel culture of weak responsibility, stabilised by a fear of litigation, discourages personal judgement and leaves decisions in the hands of expert authorities who are least likely to recommend change.

살될 수도 있다. 이것이 쉬운 길일 것이다. 그렇지 않으면 그 상충되는 모순을 검토해야 한다. 이것은 끊임없는 자기 교육 과정 중의 하나다.

여러 의견들을 재검토하는 태도는 효율적인 민주주의를 위해 필수적이다. 정보의 변화에 따라 유연한 관점을 가질 수 있기 때문이다. 그러나 그러한 견해의 재검토가 가능하기 위해서는 사람들에게 정확한 정보가 제공되어야 하고, 그들이 자기 마음을 스스로 결정할 수 있어야 하며, 또 증거가 나타날 때 자신의 의견을 바꿀 자세가 되어 있는 충분한 수의 유권자가 필요하다. 그러나 어떤 견해가 오랫동안 지속되면서 무비판적으로 반복될 경우 민주주의는 바뀔 수 없을 것이다. 도리어, 민주주의는 잘못된 결정으로 이어지는 반영구적인 착오 속에 갇히게 될 것이다. 안정이란 제대로 된 정보가 받아들여지고 사람들이 새롭게 배울 준비가 되어 있을 때 비로소 확립된다. 하지만 이것은 이 장의 서두에 언급한 톨스토이 이야기처럼, 높은 교육적인 도전을 제기한다.

이 책의 목적은 먼저 왜 그렇게 많은 사람들이 핵 과학에 혐오감을 갖고 있는지 솔직하게 묻고, 오늘날 알려진 대로 그 이익과 위험의 균형을 설명하려는 것이다. 석탄, 석유, 가스, 생물 자원 연료의 연소가 환경에 끼친 피해가 분명하므로, 핵 에너지를 집안에서 사용하는 불과 비교하여 설명하면 그 관련성이 잘 이해될 것이다.

사람들은 대부분 자신의 견해와 상충되는 증거에 직면했을 때조차도 자신의 견해를 바꾸기 꺼려한다. 특히 현상 유지를 통해 그 경력과 지위가 보장되는 직업을 가진 – 곧, 지역 안전 담당 공무원부터 국제 변호사에 이르기까지 – 전체 업계의 전문가들이 주저할 경우, 과학적 증거도 마찬가지로 쉽게 거부된다. 이 장의 서두에 인용한 업톤 싱클레어의 말이 핵심을 짚고 있다.

불행하게도, 이들은 언론과 정치인들이 조언과 정보가 필요할 때 자문하고 싶어하는 바로 그 당국자들이다. 문제를 충분히 이해하고 있다고 똑바로 서서 말할 준비가 된 사람들이 적기 때문에 이들의 의견은 표준이 된다. 이런 식으로 책임감이 약한 소포전달식 떠넘기기 문화는 소송에 대한 두려

We shall go behind such interests to look at the evidence for what was previously claimed to be obvious and settled.

Fear of traumatic change

Deciding to change your opinion can bring an element of shock – an embarrassment that may be avoided by postponing the decision. Visualise a meeting on a very hot day at which a number of people are standing nervously around a swimming pool waiting for someone to dip his toe and announce to all that the water is acceptably warm. A dive into the water would be refreshing in the heat, but the immediate cold shock might be undignified in front of the others – so nobody jumps in. Everybody at the pool sweats uncomfortably, denying themselves the refreshment of the cool water. They remain prisoners of their indecision, unwilling to risk the cool splash of change.

It can take leadership to be the first publicly to express a change of view. Nevertheless, many of those previously active in campaigns against nuclear technology, including leaders of the Greenpeace movement, have actually switched their opinion of nuclear energy[1], in particular Mark Lynas, Patrick Moore, Stephen Tindale, James Lovelock, Stewart Brand and others. These are the exceptions. But how is it then possible to go further and encourage others to change their views, many of whom who are still deeply apprehensive of nuclear technology? Evidence is needed to account for how received opinion has developed since World War II, and an exposition is needed of the science and medicine involved.

움으로 고착되어 개인적 판단을 단념시키고, 변화를 추천할 가능성이 거의 없는 전문 당국자들의 손에 결정을 맡기도록 만든다. 우리는 앞으로 그러한 이해관계의 뒤로 돌아가서 그동안 명백하게 해결되었다고 주장된 사실들의 증거를 살펴볼 것이다.

충격적 변화에 대한 두려움

만약 견해를 바꾸기로 결심한 경우 약간의 충격을 받을 수도 있다. 그 충격은 결심을 미룸으로써 피할 수도 있는 일종의 어색함 같은 것이다. 무척 더운 날 수영장 주변에 여러 사람이 모여 누군가가 먼저 수영장 물에 발가락을 담가 보고 물에 들어가도 괜찮을 만큼 따뜻하다고 이야기해 주길 초조하게 기다리는 모습을 상상해 보자. 무더운 날씨에 수영장 물속으로 뛰어든다면 무척 시원하겠지만, 차가운 물이 주는 순간의 충격으로 다른 사람들 앞에서 품위 없게 보일까 봐 그 누구도 뛰어들지 않는다. 수영장 주변의 모든 사람들은 땀을 뻘뻘 흘리면서도 시원한 물이 주는 상쾌함을 애써 부정한다. 하지만 그들은 변화에 텀벙 뛰어드는 모험을 무릅쓰지 않음으로써 스스로 우유부단함의 포로로 갇혀 있을 뿐이다.

견해를 바꾸기로 제일 먼저 발표할 수 있는 사람이 되기 위해서는 지도력이 필요할 수 있다. 예전에 핵 기술에 반대하는 활동에 참여했던 그린피스 운동의 지도자들을 포함한 많은 사람들이, 특히 마크 리나스, 패트릭 무어, 스티븐 틴데일, 제임스 러브록, 스튜워트 브랜드 등은 실제로 원자력에 대한 자신들의 견해를 바꾸었다. 이들은 매우 예외적인 경우다. 그렇다면, 더 나아가 다른 사람들에게 그 견해를 바꾸도록 어떻게 설득할 수 있을까? 그들 중의 대다수는 여전히 핵 기술에 대해 깊이 우려하고 있다. 제2차 세계 대전 이후 일반적인 통념이 어떻게 발전했는지 설명하기 위한 증거도 필요하고, 또 관련된 과학 및 의학 분야의 설명도 필요하다.

Learning from fable and science

Personal and public opinion

What each of us, personally, knows of the world we inhabit is built on our accumulated experiences and observations, and these we extend by thinking and studying, based on our own learning. Together these form the basis of our personal opinions – meaning that we are able to check and verify them relatively easily. Ideally, this would be the basis of all that we acknowledge, but in a practicable world, we also need to listen to the opinion of others in order to engage with other questions and problems encountered in life. When we seek advice from another in this way, we try to choose someone with personal knowledge. Failing that we may have to follow a majority view. But this can be a bad move if everyone else does the same. We would all know what everyone else believes, but what passes for information is rootless, giving rise to unstable opinion and a potential for panic. To avoid this, a few people at least should actually understand a matter independently. This should not be seen as a recipe for a class of experts or high priests who then become motivated by their own group agenda when giving advice. Rather we should call for such expertise to be filtered through the education of new and younger minds so that ideas can be accepted or rejected by their unbiased studies.

Traditionally children are brought up with fairy tales that encourage them to keep their eyes and ears open and to acknowledge obvious truths. For example, they learn that old people lose their youthful looks but they must cope when their imagination raises a frightening question like Is the apparent grandmother in reality a wicked wolf?

This book asks whether nuclear power is a similarly wicked wolf, which the popular imagination supposes with the help of the press. We should look at the evidence. This story is set, not in a dark and secret enemy research laboratory, nor in a frightening earth-bound forest, but in

우화와 과학에서 배우다

개인적 및 대중적 견해

우리가 살고 있는 이 세계에 대해 각자 개인적으로 알고 있는 것은 자신의 축적된 경험과 관찰을 바탕으로 형성된 것이며 스스로 학습을 통해 생각하고 연구함으로써 확장된 것이다. 이러한 인식들이 모아져 우리 개인적 견해의 근간을 형성한다. 즉, 우리가 비교적 쉽게 확인하고 입증할 수 있다는 것을 의미한다. 이상적으로는 이것이 우리가 인정하는 모든 것의 기초가 되겠지만 현실 세계에서는 삶에서 마주치는 의문이나 문제들을 이해하기 위해 다른 사람들의 의견을 들을 필요도 있다. 다른 사람의 조언을 구할 때 우리는 개인적 지식이 있는 사람을 선택하려고 한다. 그런 사람을 찾지 못할 경우 다수 견해를 따르게 될 것이다. 그러나 다른 사람들도 모두 똑같은 처지라면 이것은 잘못된 선택이 될 수 있다. 누구나 다 다른 사람들이 믿고 있는 것을 알 수는 있겠지만 그 정보로 통하는 것이 근거가 없어서 불안정한 여론을 낳고 공황상태를 초래할 가능성도 있다. 이를 피하기 위해서는 사실 적어도 몇몇 사람은 문제를 독립적으로 이해하고 있어야 한다. 이 방법을 전문가들이나 고위 성직자들을 위한 비법으로 간주해서는 안 된다. 오히려 우리는 교육을 통해 새롭고 젊은 사람들에게 그러한 전문 지식이 널리 알려져서 그들의 편견 없는 연구를 통해 어떤 사상을 수용하거나 거부할 수 있도록 요청해야 한다.

전통적으로 아이들은 눈과 귀를 열어 두고 명백한 진실을 받아들이도록 격려하는 동화를 읽으며 자란다. 예를 들면, 아이들은 노인들이 젊은 시절의 외모를 잃는다고 배운다. 그러나 '겉보기에 할머니로 보이는 저 사람이 실제로는 사악한 늑대가 아닐까?'와 같은 상상력이 제기하는 질문에 잘 대처할 줄도 알아야 한다.

이 책은 언론의 조장 아래 대중의 상상력이 그렇게 추측하고 있듯이, 원자력도 마찬가지로 사악한 늑대인지 묻는다. 우리는 그 증거를 조사해야

the huge natural universe – a universe that is largely benign, principally because we are creatures that have evolved to fit with it. Those who fitted less easily are the ones that already died out, according to Darwin. But the story continues – if we do not fit with our environment and look after it, we too may die out.

Science before Earth began

Before humans, before Earth, before the matter of which Earth is composed, radiation completely dominated everything in the universe. As the universe cooled from its creation in the Big Bang 15.8 thousand million years ago, the radiation subsided leaving clumps of matter to emerge as galaxies of stars. With the exception of hydrogen, this matter was made of nuclear waste left after an orgy of early-exploding stars that created all the chemical elements we see around us today. Earth was formed some 4.5 thousand million years ago, and not long after that the slow development of life began. Much later, a mere million or so years ago, man appeared. Then, a few hundred years ago man began to understand how he himself could engage the power of science, culminating in his ability to work with radiation and generate energy from nuclear matter.

Many speak as if nuclear energy and radiation were man-made, and perhaps compare a decision to use it and its powerful influence to Adam and Eve deciding to eat the forbidden fruit in the Garden of Eden. But man did not make radiation or nuclear energy – it was nuclear radiation in the natural world that was needed to make man, long before. Indeed it is the failure of so many to eat the fruit of this knowledge that has lead to the sorry story of Fukushima Daiichi – a tragedy of ignorance, a tangled web of misunderstanding and undeserved distrust of which Shakespeare would have been proud. The story deserves to be retold in a positive and properly scientific light.

한다. 이 이야기는 어둡고 비밀스러운 적군의 연구실이나 무서운 땅끝 숲속이 아니라 거대한 자연 우주에서 벌어지는 이야기다. 기본적으로 우리는 이 우주에 적응하도록 진화해 온 생명체이기 때문에 이 우주는 우리에게 지극히 자비로운 곳이다. 다윈에 따르면 쉽게 적응하지 못한 생명체는 이미 멸종했다고 한다. 그러나 그 멸종 이야기는 지금도 계속되고 있다. 즉, 만약 우리가 환경에 적응하지 못하고 또 그 환경을 돌보지 않는다면 우리도 역시 멸종될 수 있다.

지구가 시작되기 전에 존재했던 과학

인간이 있기 전, 지구가 생기기 전, 지구를 구성하는 물질이 생기기도 전에, 방사선은 우주에서 모든 것을 완전히 지배했다. 138억년 전에 발생한 빅뱅의 생성물로 우주가 채워졌고 우주가 냉각됨에 따라 방사능이 진정되고 물질 덩어리들은 별들의 집단인 은하로 나타나게 되었다. 수소를 제외하면 이 물질들은 초기에 폭발한 별들의 무질서한 결합 후에 남겨진 핵 폐기물로 구성된 것이며, 오늘날 우리 주변에서 볼 수 있는 모든 화학 원소도 이로부터 생성된 것이다. 약 45억 년 전에 지구가 형성되고, 그 후 오래지 않아 생명의 느린 발달이 시작되었다. 훨씬 후에, 겨우 수백만 년 전에, 인간이 나타났다. 그리고 나서 몇 백 년 전에 인간은 스스로 과학의 힘을 이용할 수 있는 방법을 터득하기 시작했으며, 방사능을 다루고 핵 물질로부터 에너지를 생산하는 데 이르러 그 능력을 절정으로 끌어올렸다.

많은 사람들은 핵 에너지와 방사선을 인간이 만들어낸 것처럼 이야기하기도 하고, 또 그걸 사용하기로 한 결정과 그 강력한 영향력을 에덴 동산의 금지된 열매를 먹기로 결정한 아담과 이브에 비교하기도 한다. 하지만 인간은 방사능이나 핵 에너지를 만들어내지 않았다. 오히려 아주 오래 전에 인간을 창조하기 위해 필요했던 것은 자연계의 핵 방사능이었다. 실로 후쿠시마 다이이치의 슬픈 이야기에 이를 수밖에 없었던 것은 그렇게 많은 사람들이 이 지식의 열매를 먹지 못했기 때문이다. 그 사건은 무지가 낳은 비극이며, 셰

Fire in the home

Decisions about energy affect people's lives and many have strongly held opinions. But those opinions, whether about conventional fuels or nuclear, have to be confronted with evidence, and the right way forward has to be argued out. We may imagine how mankind fared in earlier times when faced by another question at least as momentous as a decision to adopt nuclear energy and to phase out the burning of carbon fuels.

Perhaps many hundred thousand years ago there was consternation among the more conservative environmentalists of the day when radical innovators started building hearths and bringing fire into the home. Obviously, most people were frightened – everyone knows the dangers that come when you start messing with fire – and choosing to do so at home must have seemed irresponsible. The readiness with which fire can catch and spread has been the cause of countless fatal accidents – it is a thermal chain reaction that is difficult to put out. Even today, in spite of regulation, instruction and ever- ready emergency services, fire remains a threat with a substantial annual death toll. When animals see or sense fire, experience tells them to run away, and collectively they are apt to panic. Man usually does the same, but at some point in the early Stone Age – nobody knows quite when – he made a momentous stride for civilisation: overcoming his natural fear of fire he stopped, used his brain and studied the problem. He realised that on balance the benefits of fire outweigh its dangers, provided personal education and training is given to everybody, children included. It was a turning point that gave humans immediate supremacy over all other beings. Civilisation could not have developed without fire, and we would probably have remained animals with a limited population and a short and brutish life if we had heeded the advice of the environmentalists of those days pictured in Illustration 1-3 on page 32.

Initially, no doubt, few shared this enthusiasm, and we may imagine

익스피어가 자랑스러워 할 만한 오해와 터무니없는 불신으로 인해 걸려든 거미줄이다. 이 이야기는 긍정적이고 적절한 과학적 관점에서 다시 거론할 가치가 있다.

불을 집에 들이다

에너지에 관한 결정은 사람들의 삶에 영향을 미치며, 대부분 확고한 견해를 가지고 있다. 그러나 그 견해가 전통적인 연료에 관한 것이든 아니면 핵 연료에 관한 것이든, 모든 주장은 증거로 뒷받침되어야 하며, 앞으로 나아갈 올바른 길이 깊이 논의되어야 한다. 이른 시기의 인류가 오늘날 핵 에너지를 채택하고 탄소 연료의 연소를 단계적으로 감축하려는 결정 못지 않게 중요한 문제에 직면했을 때 어떤 태도를 보였는지 상상해 볼 수 있다.

아마도 수십만 년 전 당시의 다소 보수적인 환경론자들은 급진적 혁신가들이 난로를 제작하고 불을 집안에 들인 것에 대해 경악했을 것이다. 불을 함부로 다루면 위험하다는 사실을 누구나 알고 있었기 때문에 틀림없이 대부분 놀랐을 텐데 그것도 집 안에서 그렇게 하기로 했으니 무책임해 보였을 것이다. 불은 쉽게 붙고 쉽게 번질 수 있기 때문에 수많은 치명적인 사고의 원인이었다. 화재는 끄기 어려운 열적 연쇄반응이다. 오늘날에도 예방 규정과 지침 및 상시적 비상 서비스가 준비되어 있음에도 불구하고, 불은 매년 사망자 수가 상당히 많이 발생하는 위협으로 남아 있다. 동물들은 불을 보거나 감지했을 때 도망쳐야 한다는 사실을 본능적으로 알고 있으며 집단적으로 공황상태에 빠지곤 한다.

보통은 인간도 당황하기는 마찬가지이지만, 그러나 인류는 언제인지 아무도 전혀 모르는 이른 석기시대 어느 순간에 문명의 중대한 진전을 이뤄냈다. 즉, 불에 대한 자연적 두려움을 떨치고 멈춰서서 머리를 이용해 문제를 연구했다. 아이들을 포함한 모든 사람들에게 개별적인 교육과 훈련이 주어진다면, 불의 이점은 그 위험을 능가할 수 있다는 것을 깨달았다. 이것은 인간이 만물의 영장이 되는 전환점이었다. 불이 없었다면 문명은 발달

some noisy demonstrations with members of the Anti-Fire Party opposing the new technology because, as they said, everybody knew that fire was dangerous and they had tales of death and destruction to back their case. But in the end they were over-ruled, and the lure of hot cooked food and warm dry accommodation won the day. Perhaps it did not happen quite like that – perhaps the protesters, afflicted by poor health and inadequate diet, just died of cold and hunger, being uncompetitive with those who embraced the new technology. Anyway, every generation of children to this day has to learn respect for fire, often through the experience of a hot stove and a few tears.

In fact, the advance was not just the introduction of fire into the home but the power to think and act with confidence – to study and control the use of fire and other sources of energy in the environment. As man used his brain and learnt more, his confidence in his scientific studies grew, and cooperation and trust in society at large grew with it. But such trust is fragile and is easily lost or destroyed.

This process of learning has continued, and in the past century there have been two important discoveries suggesting that the decision to use fire liberally should be re-examined. Firstly, fire has consequences even more dangerous than previously understood, namely the effect of its emissions on the global environment[see Selected References on page 279, SR3 Chapter 2]; secondly, there is an alternative energy source to fire that does not have the same drawbacks, neither the tendency to spread and multiply nor the environmental impact. In addition it has more than a million times the energy density of carbon-based combustion.

This alternative is nuclear technology, first made known to the public in a sudden dreadful shock at the end of World War II with the bombing of Hiroshima and Nagasaki. This negative experience was reinforced by the political and military propaganda of the Cold War period.

Notwithstanding this, the public has benefited from nuclear technology for over a century through its use firstly in clinical medicine

하지 못했을 것이며, 〈그림 1-3〉에 그려진 그 시대 환경론자들의 조언에 귀를 기울였더라면 우리는 아마도 지금까지 제한된 인구와 짧은 수명에 미개한 삶을 사는 동물로 남아 있을 것이다.

물론 처음에는 이런 열정을 가진 사람이 거의 없었을 것이다. 상상컨대, 이 새로운 기술을 거부하는 불-반대 단체 회원들의 다소 시끄러운 시위가 벌어졌을 것이다. 그들은 불이 위험하다는 사실은 누구나 알고 있고, 또 이를 뒷받침하는 죽음과 파괴에 관한 사례가 무수히 많다고 주장했을 것이다. 그러나 종국에는 그들의 주장은 기각되었고, 따뜻한 음식과 쾌적한 숙소의 유혹이 승리하게 되었다. 아마도 이런 일은 일어나지 않았겠지만 그 반대자들은 허약해진 건강과 불충분한 식사로 힘들고, 추위와 배고픔으로 죽을 지경인지라 새로운 기술을 받아들인 사람들과는 경쟁조차 할 수 없었을지 모른다. 어쨌든 오늘날까지 모든 세대의 아이들은 뜨거운 난로와 몇번의 잊지못할 일을 경험하면서 불을 소중히 그리고 조심스럽게 다루는 법을 배워야 한다.

사실 그 당시의 진보는 단순히 집안에 불을 들인 것으로 멈추지 않았으며, 불을 비롯한 환경 안에 존재하는 다른 에너지 자원의 사용법을 연구하고 제어하는데 확신을 가지고 생각하고 행동하는 힘으로 확대되었다. 인간은 머리를 쓰고 더 많이 배울수록 자신의 과학적 연구에 더욱 확신을 갖게 되었으며, 이와 함께 사회적 협력과 신뢰가 크게 성장하였다. 그러나 그러한 신뢰는 취약하기 때문에 쉽게 사라지거나 무너지기도 한다.

이러한 학습 과정은 반복되어 왔으며 지난 세기에는 불을 자유롭게 사용하기로 한 결정을 재검토할 필요가 있음을 암시하는 두 가지 중요한 발견이 있었다.

첫째, 불은 지금까지 이해했던 것보다 훨씬 더 위험한 효과, 즉, 지구 환경에 대한 배기가스 효과를 가지고 있다는 점이다.

둘째, 불이 지니는 단점이 없고, 또 불처럼 확산 증폭되는 경향도 없으며 환경에 대한 충격도 없이 불을 대체할 수 있는 다른 에너지원이 있다는 것이다. 게다가 이 에너지원은 탄소-기반 연소 에너지보다 백만 배 이상 높은

to image the internal anatomy of the human body and its functioning, and subsequently to diagnose diseases and cure cancers without surgery. Today the question is whether nuclear technology is really as dangerous as the public has been encouraged to believe. Fire is welcomed in spite of its obvious dangers. Should nuclear energy be rejected? Or should it be accepted as the least bad option to save the endangered climate? Or even, should it be welcomed because nuclear energy is safer than fire and only dangerous under quite exceptional conditions? Whether to use nuclear technology is the new Promethean question. It is a decision as important as the domestication of fire.

Nuclear safety misjudged

The news from Fukushima Daiichi

The accident at Fukushima has shown the answer rather clearly: nuclear power is safe to use. But this has not been appreciated.

Furthermore, the relevant public education and training has not been given, and the guidance given by the authorities, both national and international, has been based on seriously mistaken science. As a result the costs of nuclear energy and its safety have been completely misrepresented.

Later chapters provide discussion and the evidence that nuclear power is safe. Based on this evidence, the authorities from the United Nations down should be urged to reconsider their advice, so that the wider public can make up their own minds. In democracies at least, politicians are likely to continue to appease the fear of radiation and make decisions that lead to a lack of economic competitiveness and environmental damage, locally and globally. However, once public opinion is better informed, leaders will see that there are votes in pursuing the course for the

에너지 밀도를 가지고 있다.

이 대체 에너지원이 바로 핵 에너지이다. 일반 대중에게는 제2차 세계 대전이 끝날 무렵 히로시마와 나가사키의 폭격과 함께 갑작스런 공포의 충격으로 처음 알려졌다. 이 부정적인 경험은 냉전 기간 정치군사적 선동에 의해 더욱 강화되었다.

그럼에도 불구하고 일반 대중은 한 세기가 넘게 핵 기술의 혜택을 받아왔다. 처음에 그것은 임상 의료 분야에서 인간의 신체와 그 기능에 대한 해부학적 영상을 촬영하는데 사용되었으며, 이어서 질병을 진단하고 외과적 수술 없이 암을 치료하는 데 사용되었다. 오늘날 문제가 되는 것은 대중들에게 그 위험성을 믿으라고 강요할 만큼 핵 기술이 과연 위험한 것인가 하는 점이다. 불은 그 명백한 위험에도 불구하고 기꺼이 받아들여졌다. 핵 에너지는 거부되어야 하는가? 아니면 위기에 처한 기후를 구하기 위해 내키지 않는 최소한의 선택으로 받아들여야 하는가? 이것도 아니라면, 핵 에너지는 불보다 안전하고 아주 예외적인 상황에서 위험할 뿐이므로 기꺼이 받아들여야 하는가? 핵 기술을 사용해야 할지 말지는 새로운 프로메테우스적 질문이다. 그것은 불을 집안으로 끌어들인 것만큼이나 중요한 결정이다.

핵 안전을 잘못 판단하다

후쿠시마 다이이치의 소식

후쿠시마에서 발생한 사고는 오히려 명쾌하게 답을 보여준다: 즉, 원자력은 사용하기에 안전하다. 그러나 이 사실은 제대로 평가받지 못했다.

더우기 사고와 관련된 대중 교육이나 훈련도 제공되지 않았으며, 국가나 국제기관이 제시한 지침도 심각하게 잘못된 과학에 근거한 것이었다. 그 결과 핵 에너지와 그 안전을 위한 비용도 완전히 잘못 설명되고 있었다.

다음 장에서 원자력이 안전하다는 것을 논의하고 그 증거를 제시할 것

common good.

The press saw the accident of March 2011 as the start of a new era. For the first time since the man-made nuclear age began, the media were ready and present at the scene of a nuclear accident with their cameras running and ready to stream 24-hour news. They captured pictures of chemical explosions; they speculated about the significance of leaks of gases and water carrying radioactive waste material; making little comment on the deaths of more than 18,800 people from the tsunami, they preferred to keep media attention focussed exclusively on the big story – and they believed that was the nuclear one.

Every day for weeks, then months and years, they described radiation escapes and radiation doses said to be high. But nothing happened – nobody was hurt by radiation or radioactivity. Unable to accept or appreciate that the script was not developing as they had expected, the journalists and reporters continued to rephrase the stories of high radiation readings and escaping radioactivity without being able to show why this mattered, except that it frightened people around the world who then bought their news stories.

On previous occasions when the press had reported from the scene for the first time, the consequences were far reaching. For instance, the open reporting of the Vietnam War with its dramatic pictures and true accounts showed it to be genuinely shocking, and this contributed to turning public opinion against the war, at home in the United States and elsewhere. But never before Fukushima had the story been nuclear. Media interest in getting real nuclear pictures had never been satisfied in the 65 years since the bombing of Hiroshima and Nagasaki.

The 1957 Windscale Fire was much smaller than Fukushima and not openly reported at the time; the Three Mile Island accident was contained and produced neither pictures nor casualties; Chernobyl was inaccessible, hidden behind the Soviet veil that crumbled shortly thereafter. So for the first few days at Fukushima, media reports felt able to indulge in nuclear

이다. 이 증거를 기초로 유엔 산하 당국자들은 자신들의 조언을 재검토하여 더 많은 대중들이 스스로 결정할 수 있도록 해야 한다. 적어도 민주주의 국가에서, 지역적으로나 세계적으로, 정치인들은 방사능 공포를 진정시키려고 하면서 계속해서 경제적 손실과 환경피해를 초래하는 결정을 할 것 같다. 그러나 일단 대중 여론이 더 올바른 정보를 근거로 형성되면, 공공의 선을 추구하는 곳에 표가 있다는 사실을 알게 될 것이다.

언론은 2011년 3월의 사고를 새로운 시대의 시작으로 해석했다. 인공핵 시대가 시작된 이후 처음으로 언론은 24시간 뉴스를 내보낼 준비가 된 카메라를 가지고 핵 사고 현장에 등장하였다. 그들은 화학 폭발 현장을 포착했고, 방사성 폐기물질을 옮길 수 있는 가스와 물 누출의 심각성을 예견하였다. 쓰나미로 인한 1만 8,800명 이상의 사상자에 대해서는 조금도 언급하지 않았고, 언론의 관심을 오로지 대형 사건에 집중시키고자 했다, 그들은 그것이 바로 핵발전소 사고라고 믿었다.

몇 주 동안, 그 후에도 몇 달, 몇 년 동안 매일같이 그들은 방사선 누출과 방사선 선량이 높다는 소문을 보도했다. 그러나 아무 일도 일어나지 않았다. 방사선이나 방사능으로 다친 사람은 아무도 없었다. 예상했던 대본이 실현되지 않는 것을 받아들이지도 못하고 이해할 수도 없게 되자, 기자들과 통신원들은 높은 방사선 수치와 누출되고 있는 방사능에 대한 이야기만 계속 되풀이해서 보도하였다. 그들은 이 사실이 왜 중요한지 도무지 보여줄 수 없었으며, 단지 그들의 뉴스를 접해 본 전세계 사람들을 놀라게 했을 뿐이었다.

예전에 언론이 처음으로 사건 현장에서 보도한 때는 그 파장이 매우 광범위했다. 예를 들면, 베트남 전쟁에 대해 그 극적인 사진들과 사실적인 기사가 함께 공개된 보도는 그 자체가 정말 충격이었으며, 미국과 그 외 많은 지역의 가정에서 여론을 반전 분위기로 돌리는데 크게 기여했다. 그러나 후쿠시마 이전에는 언론 기사에 핵관련 뉴스가 그처럼 대대적으로 떠오른 적이 없었다. 히로시마와 나가사키 폭격 이래 65년동안 그 때만큼 생생한 핵관련 사진을 얻고자 하는 언론의 열정이 충족된 적은 없었다.

superlatives, for the first time after many years of waiting.

But apart from the fear maintained by the reports themselves, it was not like that. Lacking a ready script, the media started to scratch around for a story. Popular reports urged the public to blame the operating company, TEPCO (Tokyo Electric Power Company), and the Japanese government for lying, secrecy and bad management – they could hardly blame them for injury and manslaughter because there had been none. Few, it seemed, looked at what had really happened, or rather had not happened. Around the world the initial collective panic spread, unrestrained, in an atmosphere of global ignorance. Politicians and others drew up instant national policy reactions without fundamental reappraisal, and this was reflected too in official international reports, although these took many months, even years, to appear. But did anyone dare to ask the big question? Was anyone in danger from the radioactivity and its radiation?

All the nuclear power plants in Japan were shut down and put into stand-by. This resulted in electricity shortages and then massive economic and environmental costs, as substitute fossil fuel was imported and burnt. Over 100,000 people were evacuated from the region and many more left voluntarily. Food was condemned by regulation and more rejected by market forces, this in a relatively poor agricultural region where farming businesses were quite fragile anyway. Children were encouraged not to play outside, old people were moved from their sheltered accommodation, often with fatal results. The population showed all the symptoms of extreme social stress – bed-wetting, suicides, family break-up, alcohol dependence. No explanation was given to the local people of what was happening to them. Local discussion degenerated into arguments about blame and compensation. Inevitably those who moved away from the region were the more affluent, leaving an immobile residual population without the youth and ability needed for a viable community. At great expense, work began to remove topsoil, said to be significantly

1957년 영국 윈드스케일 원전 화재사고는 후쿠시마보다 규모가 훨씬 작았으며 당시에는 공개적으로 보도되지 않았다. 미국 드리마일 섬의 사고는 원자력발전소 자체가 봉쇄되어 사진도 없었고 사상자도 발생하지 않았다. 체르노빌 사고는 소비에트의 장막에 가려 접근할 수 없었다. ─ 그 직후 바로 소비에트가 무너지긴 했지만. 그렇기에 후쿠시마에서 처음 며칠동안 언론은 수십년의 기다림 끝에 처음으로 최고의 핵발전소 사건 보도에 몰두할 수 있는 절호의 기회라고 느꼈을 것이다.

그러나 보도 자체로 유지되는 공포와는 별개로, 이 사건은 사실상 그런 사건은 아니었다. 준비된 대본이 부족하자 언론은 기사거리를 주변에서 그러모으기 시작했다. 대중 매체는 대중들에게 운영회사인 도쿄 전력회사와 일본 정부에 대해 거짓말과 은폐 및 부실 경영의 책임을 물어야 한다고 촉구했다. 그러나 언론은 부상과 사망에 대해서는 그것이 전혀 발생하지 않았기 때문에 정부와 회사를 탓할 수 없었다. 실제로 무슨 일이 일어났으며, 아니 오히려 일어나지 말았어야 할 일이 무엇인지 알아차리는 사람은 거의 없는 것 같았다. 초기 집단 공황상태가 전 지구적 무지의 분위기 속에서 걷잡을 수 없이 전파되었다. 정치인들은 근본적인 재검토도 없이 즉각적인 국가 정책 반응을 끌어냈다. 이는 공식 국제 보고서에도 반영되었다. 하지만 이러한 사실이 드러나는 데는 수개월, 심지어 수년이 걸렸다. 그러나 그 당시 다음과 같은 중대한 질문을 감히 제기한 사람이 있었는가? "방사능과 그 방사선으로 인해 위험에 처한 사람이 누가 있는가?"

어이없게도 일본의 모든 원자력 발전소는 폐쇄되고 대기상태로 전환되었다. 이로 인해 전력 부족이 초래되었고, 대체용 화석 연료를 수입하여 연소시켰기 때문에 막대한 경제적 환경적 비용이 발생했다. 10만 명 이상의 사람들을 그 지역에서 대피시켰고, 더 많은 사람들이 자발적으로 그곳을 떠났다. 식량은 규정에 따라 불량품으로 판정되었고 시장에서 거부되었다. 이런 일이 상대적으로 가난한 농업 지역에서 일어났다. 아이들에게는 야외 놀이가 금지되었고, 노인들은 보호 시설에서 옮겨져 종종 치명적인 결과가 발생했다. 주민들은 야뇨증, 자살, 가정 파탄, 알코올 중독 등 극심한 사회적 스

contaminated, from fields in the evacuated regions. But this policy was not thought through and had negative consequences:

- Topsoil removal was found to reduce the radioactivity of the fields 50% at most.
- Fields lost much of their fertility without their topsoil.
- The forests and steeper rocky regions above the fields could not be included in the work, but these covered a wide area, seen in the background in Illustration 1-11 on page 47.

It is difficult to see how this expensive work makes any sense. Later chapters will show why radioactivity in the region, as shown in Illustration 3-2 on page 127, is far from dangerous, so that a 50% reduction does not make a cost- effective difference. Teaching the local population about radiation and why they should genuinely have no worries would be a better investment, but obviously that would take longer. But for a start they would get some immediate hope and encouragement from viewing the professional videos showing wildlife thriving at Chernobyl today[SR7].

Around the world many other nations also panicked. Some withdrew their nationals from Tokyo, even from Japan, and introduced plans to shut down their nuclear plants and rely on renewables, which in practice increased their consumption of carbon. Eminent international bodies met and responded to popular demands for increased nuclear safety. Mandatory standards were raised, large numbers of people eagerly accepted new jobs in nuclear safety, and the quoted capital cost of nuclear power stations and the electricity they produce rose as a result. These funds and jobs became available as a result of the ballyhoo, but few analysed what had actually happened and whether it warranted such a reaction.

In later chapters we explore the worldwide cultural misunderstanding, with its roots going back 70 years, that lies behind this reaction to the accident, why it happened and what should now be done about it.

트레스의 모든 증상을 나타냈다. 주민들에게는 무슨 일이 일어나고 있는지 어떤 설명도 해주지 않았다. 지역 토론은 책임 소재와 보상에 대한 논쟁으로 변질되었다. 당연하지만, 그 지역을 떠난 사람들은 그나마 여유있는 사람들이었고, 고령자와 사회적, 경제적 약자들만이 남게 되었다. 모두 떠난 지역의 벌판에서 심각하게 오염되었다는 이유로 막대한 비용을 들여 표토를 제거하는 작업이 시작되었다. 그러나 이 정책은 철저히 검토되지 않은 매우 섣부른 결정에 따른 것이었다.

- 표토 제거는 그 땅의 방사능을 기껏해야 50% 줄이는 것으로 밝혀졌다.
- 표토가 없는 토양은 비옥함을 거의 잃게 된다.
- 그 벌판 위의 숲과 가파른 암벽 지역은 매우 넓은 구역이지만 작업에 포함되지 않았다. (그림 1-11 참조)

이 값비싼 작업이 얼마나 의미가 있는지는 알 수 없다. 제3장의 〈그림 3-2〉가 보여주는 것처럼 이 지역의 방사능은 결코 위험한 수준은 아니었다. 그래서 방사능을 50% 줄이는 것은 비용대비 효과면에서 아무런 의미가 없다. 지역 주민들에게 방사선을 가르치고 그들이 진실로 걱정하지 않아도 되는 이유를 교육하는 것이, 분명히 시간은 더 오래 걸리겠지만, 훨씬 더 나은 투자일 것이다. 그러나 우선 당장은 그들에게 오늘날 체르노빌에서 번성하고 있는 야생동물의 모습을 담은 다큐멘터리를 보여 주면서 약간의 희망과 용기를 줄 수도 있었을 것이다.

세계적으로 많은 나라에서도 공황상태에 빠졌다. 일부 나라는 도쿄에서, 심지어는 일본 전국에서 자국민들을 철수시켰으며, 자국의 원자력 발전소를 폐쇄하고 재생에너지에 의존하는 계획을 도입했다. 그 결과 실제로 해당 국가의 탄소 소비량은 증대하였다. 권위있는 국제기구들이 회의를 열고 핵 안전 증진을 위한 대중적 요구에 부응했다. 의무 기준이 제정되었고, 많은 사람들이 원자력 안전 분야의 새로운 일자리를 차지했다. 결과적으로 원자력발전소의 상장된 자본 비용과 거기서 생산되는 전기 비용이 올랐다. 이러한 자금과 일자리는 야단법석 끝에 이용할 수 있게 되었지만 실제

Science policy blunders have been made before, but this one has wider consequences because it threatens both the world economy and, at the same time, the best prospect of stabilising the planet's environment for the benefit of all.

Matching evidence and expectations

What happened at Fukushima Daiichi was not what was expected. The supposed terrible tragedy seemed not to match the evidence. There are only two possibilities: either it was simply wrong to expect that such radiation would cause physical harm to the population; or the effects of the radiation will turn out to be much worse in the end than the results have so far suggested. These possibilities are investigated here.

For any experience that complies with common sense our expectations beforehand should match what happens. If this is so, our confidence builds. Otherwise we must admit that we have got something wrong and it is a matter of back to the drawing board to understand how we were wrong. That is the scientific method. We could get mathematical at this point by expressing confidence as betting odds and work out what how expectations should change in the light of new information. Fortunately this can usually be avoided because the conclusion is plain to see. In particular, if the new information completely disagrees with the prior expectation, mathematics should not be used to hide the blatant inconsistency.

So we need to examine our expectations. If something is obviously at odds, we should not accept that some sophisticated statistical analysis or pronouncement from an eminent committee can avoid it.

Such a situation is described in the story of the Emperor's New Clothes by Hans Christian Andersen. If the Emperor is wearing no clothes, then no pronouncement from his officially appointed international tailors carries any weight, and common sense is sufficient to see that. The

로 무슨 일이 일어났는지, 그리고 그 사건에 그렇게 대응해야 했는지 분석하는 사람은 거의 없었다.

다음 장들에서 사고에 대한 이러한 대응의 배후에 있는 범세계적 오해를 70년 전으로 거슬러 올라가 그 뿌리까지 탐구하고, 왜 그런 일이 발생했는지 그리고 현재 시점에서 무슨 일을 해야 하는지 살펴보고자 한다. 과학 정책의 실수는 예전에도 존재했다. 그러나 이번의 실수는 세계 경제 뿐만 아니라 모든 사람의 이익을 위해 지구 환경을 안정시킬 수 있는 최선의 선택을 위협하기 때문에 그 중요성이 훨씬 막중하다.

증거와 기대의 일치

후쿠시마 다이이치에서 일어난 일은 예상된 것은 아니었다. 끔찍한 비극을 예상했지만 증거는 그 예상과 일치하지 않아 보였다. 여기에는 두 가지 가능성밖에 없다: 그 정도의 방사선이라면 주민들에게에 물리적 해를 끼칠 것이라고 예상한 것이 단순히 잘못 됐거나, 또는 방사선의 영향은 그 결과들이 지금까지 시사한 것보다 훨씬 더 나쁜 것으로 최종 판명될 것이라는 점이다. 그 가능성들을 지금 살펴보도록 하자.

상식에 부합하는 경험으로 보면, 사전에 예상된 일은 실제 일어난 일과 일치해야 한다. 그래야 우리에게 확신이 생긴다. 그렇지 않으면, 우리는 뭔가 잘못되었다는 것을 인정해야 하며, 무엇이 잘못되었는지 이해하기 위해 처음부터 다시 시작해야 한다. 그것이 과학적인 방법이다. 우리는 이 시점에서 수학을 활용하여 확신감을 승률로 표현함으로써 새로운 정보에 비추어 기대값이 어떻게 변해야 하는지 알아낼 수 있다. 다행히도 그 결론을 명백히 이해할 수 있기 때문에 보통 그렇게까지 하지 않아도 된다. 특히 새로운 정보가 사전에 예상한 것과 완전히 다를 경우, 뻔한 불일치를 숨기기 위해 수학을 사용해서는 안 될 것이다.

따라서 우리의 예측을 검토할 필요가 있다. 만약 무언가가 분명하게 상충된다면, 어떤 정교한 통계 분석이나 저명한 위원회의 발표일지라도 우리

radiation dangers experienced by the people of Fukushima are like the Emperor's clothes – they are not there! The situation must be reviewed and resolved.

Pseudo-sciences and wishful thinking

By examining other major nuclear accidents, particularly Chernobyl and the one at Goiania, it becomes clear that no incidence of late cancer or other mortality should be expected at Fukushima. So the predictions of disaster were simply wrong. We will need to examine where these came from. The story will go back many decades to the birth of a pseudo-science called the Linear No-Threshold Hypothesis (LNT). It is described as a pseudo-science because it is not based on observation but on a history of ideas, fears and human emotions, quite real in their own terms but not scientific. LNT joins other pseudo-sciences, such as alchemy and astrology, that seemed interesting in their day but were finally brought down by conflicting evidence. How do pseudo-sciences come to be accepted in spite of their erroneous basis? How did alchemy and astrology get their limited acceptance, and did LNT become accepted by authority following a similar route?

Science requires care and attention to detail if wrong turns are to be avoided. Navigation offers a practical example. A boat that sails from A to B on a map on a steady course will arrive happily if the voyage is less than a few hundred miles – that is called plane sailing, as it would seem no different if the Earth were a flat plane[2]. However if the voyage is longer, plane sailing does not offer the most direct route because of the curvature of the Earth: for this, the boat should steer on a great circle with a slowly changing course relative to the points of the compass. That may not be clear to the non scientist, but it shows how a proper understanding of the problem is needed if mistakes are not to be made. Likewise, on the safety of radiation, having found that we were wrong, we should develop

는 검증의 확대경을 들이대야 할 것이다.

유사한 상황은 한스 크리스찬 안데르센의 '벌거벗은 임금님' 이야기에서 볼 수 있다. 만약 임금님이 아무런 옷도 입고 있지 않다면, 그가 공식적으로 임명한 재단사의 말에 아무런 무게도 실리지 못할 것이고, 그것을 확인하는데 상식만 있으면 충분하다. 후쿠시마 사람들이 겪은 방사선 위험은 임금님의 옷과 같다. 사실 방사능은 거기에 없었다! 이 상황을 재검토하여 해명해야 한다.

사이비 과학과 희망적 사고

세계 최악의 핵발전소 사고인 체르노빌 사고를 조사해 보면, 후쿠시마에서 차후에 암이나 다른 사망의 발생이 예상되지 않는다는 것을 분명히 알 수 있다. 핵재난에 대한 이제까지의 예측은 분명히 틀렸다. 이 오류가 어디서 기인하는지 조사할 필요가 있다. 이 이야기는 소위 '문턱값 없는 선형가설(LNT)'이라고 하는 사이비 과학의 탄생까지 수십 년을 거슬러 올라간다. 그것은 관찰에 근거하지 않고, 그들 자신의 용어로는 대단히 실제적이라고 하지만 과학적이지 못한 관념과 공포 및 인간 감정의 역사에 기초하고 있기 때문에 사이비 과학이라고 표현한다. LNT는 연금술이나 점성술 같은 당대에는 굉장한 흥미를 끌었지만 결국 상반된 증거에 의해 무너진 다른 사이비 과학과 유사하다. 사이비 과학들은 그 잘못된 근거에도 불구하고 어떻게 받아들여지게 되는가? LNT는 어떻게 당국자들에게 받아들여졌을까?

잘못된 방향으로 나아가는 것을 피하려면 과학은 세부 사항에 관심과 주의를 기울여야 한다. 네비게이션은 실용적인 예를 보여준다. 지도 상의 일정한 항로를 따라 A에서 B까지 항해하는 보트는 그 항로가 몇 백 마일 미만일 경우 쉽게 도착할 수 있을 것이다. 이것은 지구를 평평한 평면으로 가정한 경우와 전혀 차이가 없기 때문에 이른바 평면 항법이라고 한다. 그러나 항로가 더 길어질 경우 지구의 곡률로 인해 평면 항법은 정확한 항로를 제공하지 못한다. 이를 위해 보트는 나침반의 위치와 비교하여 천천히

a deeper understanding so that we can make better decisions.

Astronomy impressed everyone in the ancient world, as it does also today. It began by describing events of exceptional regularity: the rising of stars, Sun and Moon; their links to tides and seasons; astronomical measurements for navigation with ever greater accuracy; the movement of the planets; finally the prediction of eclipses. The authorities of the ancient world were naturally in awe of the astronomer. No doubt they took the priest of this power into their confidence and asked his advice. The astronomer would be pressed on many urgent questions about which he was certain and others about which he was quite ignorant. But could he refuse the offer of research facilities and substantial grants?

Perhaps he only had to guess whether the King would have a son. It is not surprising if at an incautious moment he accepted the research grant money on offer and agreed to use his astronomical powers to study the probability of the birth of a male heir. If he got the prediction wrong, the result might be fatal for him, but think of the grant and the studentships he said to himself. In this way the pseudo-science of astrology was born.

Predicting the weather was uphill work in ancient times, and it still is today. At that time, everyone's lives depended on what they could grow, given the weather, and what they could make with their tools of wood, stone and metal. The contribution of metalwork to the economic competitiveness of early civilisations was crucial, and the ability of their geologists and chemists to extract metal by heating and treating rocks was simply magic to the majority of the population. While they learnt how to produce base metals from raw minerals, everyone dreamt of producing precious silver and gold by extending the magic. Good research money was always on offer to any charlatan or fool unwise enough to offer to transmute base metals into gold. The pseudo-science of alchemy was driven by greed and ambition, and frustrated by true science. But that did not stop people indulging, and many legends recount the fate of those who used fair means and foul in their pursuit of riches in this

진로를 조정해야 한다. 과학자가 아닌 사람에게는 분명하지 않을 수도 있지만, 실수를 방지하기 위해서는 문제를 정확하게 이해하는 것이 얼마나 필요한지 이 사례는 잘 보여준다. 마찬가지로 방사선의 안전에 관하여 잘못 이해하고 있음을 발견했다면 더 깊이 연구하고 더 나은 결정을 내릴 수 있어야 한다.

천문학은 오늘날도 그렇지만 고대 사람들에게 깊은 인상을 주었다. 고대 천문학은 규칙성에서 벗어난 사건을 기술하는 데서부터 시작되었다. 즉, 별과 태양과 달의 움직임, 이들의 조수 및 계절에 대한 연관성, 좀더 정확한 항해를 위한 천문학적 측정, 그리고 마지막으로 일식의 예측 등이다. 고대 세계의 통치자들은 천문학자를 당연히 경외했다. 의심할 여지 없이 통치자들은 이런 능력을 가진 사제를 신임했고 그의 조언을 물었을 것이다. 천문학자는 자기가 잘 알고 있는 문제 뿐만 아니라 전혀 모르는 다른 문제까지 답하도록 요청받았을 것이다. 그러나 연구시설과 상당한 보조금을 제공하겠다는 제안을 천문학자가 거절할 수 있었을까?

아마도 그 천문학자는 왕이 아들을 낳을 수 있을지 그저 추측만 하면 되었을 것이다. 그가 부지불식간에 제안된 연구 보조금을 수락하고 자신의 천문학적 능력을 사용하여 남아 상속인의 출생 가능성을 연구하는데 동의했다 해도 전혀 놀랄 일은 아니다. 만약 그의 예측이 틀리면 결과가 치명적일지도 모르지만, 그는 '보조금과 학생들을 생각해 봐' 하고 중얼거릴 것이다. 점성술이라는 사이비 과학은 이렇게 탄생됐다.

고대에 날씨를 예측하는 것은, 오늘날도 여전히 그렇듯이, 매우 어려운 일이었다. 그 당시 고대인의 삶은 날씨를 고려해서 무엇을 재배할 수 있을지, 또 나무와 돌과 금속 도구로 무엇을 만들 수 있는지에 달려 있었다. 금속 가공술은 초기 문명의 경제적 경쟁력에 결정적인 기여를 했으며, 암석을 가열하고 처리해 금속을 추출하는 지질학자나 화학자들의 능력은 대다수의 사람들에게는 그저 마법이었다. 이 학자들이 원료 광물에서 비(卑)금속을 생산하는 법을 습득하는 동안 누구나 마법을 펼쳐 귀(貴)금속인 은과 금을 만드는 꿈을 꿨다. 비금속을 금으로 변환하겠다고 떠벌이고 다니는

way. Alchemy's credibility depends on gullibility and ignorance, but, like astrology, its faulty appeal is exposed by education.

Does LNT provide another example of such a pseudo-science, this time drawn from the mid twentieth century instead of the Middle Ages? LNT seemingly justifies a fear of radiation, or radiophobia. This fear may be genuine, but that does not mean that radiation is actually unsafe for low or moderate exposures, and of course fear should not be seen as a sufficient reason for proscriptive regulation. Those with a fear of the dark or of heights (like the author) may be really frightened, but such phobias are not built on science. It is dangerous and irresponsible to inflict on others the false rationalisation of such subjective phobias, however unbearable they may seem personally. Forbidding anyone from going out in the dark or climbing ladders would be wrong, unless there were solid statistical accident data to justify it. Any such restriction would reduce productivity and competitiveness. More generally, our practical superiority over other animals depends on an ability to face any apparent dangers objectively.

어리석은 허풍선이나 바보들에게는 넉넉한 연구비가 늘 제공되었다. 연금술같은 사이비 과학은 탐욕과 야망으로 추동되었지만 진정한 과학에 의해 좌절되었다. 그러나 사람들이 탐닉하는 것을 막지는 못했다. 오늘날 전해오는 많은 전설은 이런 식으로 부정한 수단을 통해 부를 쫓았던 사람들의 운명을 이야기해 준다. 연금술의 신뢰도는 사람들이 잘 속아넘어가고 무지한데서 생겨나지만, 점성술과 마찬가지로 거기에 기대는 것이 잘못되었다는 것은 교육을 통해 폭로된다.

그렇다면 현재의 LNT는, 중세가 아닌 20세기 중반부터 내려온 것인데, 또 다른 사이비 과학의 예가 되는가? LNT는 방사선에 대한 두려움 또는 방사선공포증을 정당화하는 것처럼 보인다. 이 두려움은 진실일 수도 있지만, 그렇다고 해서 저·중준위 노출에도 방사선이 실제로 위험하다는 것을 뜻하지는 않는다. 또한 이 두려움을 법적 금지 조항에 대한 충분한 근거로 간주해서도 안 된다. 어두운 곳이나 또는 (저자처럼) 높은 곳을 두려워하는 사람들은 정말로 겁을 먹을 수 있지만, 그러한 공포증은 과학을 바탕으로 성립된 것이 아니다. 개인에 따라서는 아무리 견딜 수 없어 보일지라도, 그러한 주관적인 공포증을 다른 사람에게 주입하는 것은 위험하고 무책임하다. 아무에게나 어두운 곳에 가지 말라고 하거나, 사다리에 오르지 말라고 금지하는 것은 그것을 정당화할 수 있는 확실한 통계적 자료가 없으면 분명 잘못일 것이다. 어떤 것이든 그러한 제한은 생산성과 경쟁력을 떨어뜨릴 것이다. 좀더 일반적으로 말하자면, 다른 동물에 비해 우리 인간이 실제로 우월한 것은 어떤 명백한 위험에 객관적으로 직면할 수 있는 능력이 있기 때문이다.

Fear of nuclear energy

A zeitgeist reconsidered

Every age has its cultural spirit or zeitgeist. Some are beneficial while others are injurious. Religious ones may hold sway in a region, sometimes for many centuries. Secular ones can be geographical too, but seldom last so long. To adherents, the ideas may seem self evident, that is until they are found wanting and the false confidence they offer implodes.

The persistence of some is stabilized for a time by hate or fear that suppresses study and open discussion. In this way deep examination is effectively prevented for everybody in society, except for a few technical priests. Ideas may appear to be isolated by education if people are made to feel that understanding is beyond them. Similarly, the power of voodoo or the curse of a witch doctor may sustain a primitive belief by a collective intimidation that allows no questions.

In modern times, general improvements in education have prevented or suppressed many instances of false or malignant fashions. Among those that have persisted, few have exerted a widespread inhibiting influence as strong as radiation phobia – the reaction to matters invoking the words nuclear and radiation. In the wake of news of the nuclear bombs of 1945 came a prescribed litany of nuclear awe to which all assented, and still do. But in the twenty-first century the impact of carbon fuels on the environment has brought a fresh need to exorcise public fears of nuclear technology. A simple transparent appreciation of radiation is required to replace the rationalization based on flawed science that has been used in the past to underscore radiation phobia.

The supply of energy and the ability to use it have been responsible for maintaining life on Earth from its beginning well over 3,000 million years ago. In the modern human era this has lead to large populations living under improving conditions.

핵 에너지에 대한 두려움

시대 정신을 재고하다.

시대마다 나름의 문화적 정신 또는 시대 정신이 존재한다. 어떤 것은 유익한 반면 어떤 것은 해롭다. 종교적 정신은 한 지역에서, 때로는 수세기 동안 영향력을 유지하기도 한다. 세속적인 정신도 한 지역을 풍미할 수 있지만 좀처럼 그리 오래 가지 않는다. 지지자들에게는 그 사상이 자명해 보이겠지만, 그 사상에 부족한 점이 밝혀지고 나면 그 사상이 제공한 그릇된 확신은 내부적으로 무너진다.

또 어떤 사상은 증오심이나 공포를 조장하여 그에 대한 연구나 공개 토론을 억압함으로써 한 동안 유지되기도 한다. 이런 식으로 몇몇 전문 사제들을 제외한 사회의 모든 사람들에게는 깊은 성찰이 효과적으로 금지된다. 만약 사람들이 그 사상을 이해할 까닭이 없다고 생각하게 된다면 그 사상은 교육을 통해 고립된 것으로 볼 수 있을 것이다. 비슷하게, 부두교의 권력이나 주술사의 저주도 질문을 허용하지 않는 집단적 협박을 통해 원시적 신앙을 유지하는지도 모른다.

현대에는 교육의 전반적 발전으로 거짓되거나 해로운 풍습들이 대부분 방지되거나 억제되고 있다. 장기간 지속된 풍조 중에 방사선 공포증만큼 강력하게 광범위한 부정적 영향력을 행사한 것은 거의 없었다. 이 공포증은 핵과 방사선이라는 단어가 불러 일으키는 문제에 대한 반작용이다. 1945년 핵폭탄 소식이 알려지자 모든 사람들이 지금도 여전히 인정하는 핵 공포에 대한 탄원서 같은 장황한 규정들이 만들어졌다. 그러나 21세기에 환경에 대한 탄소 연료의 충격으로 인해, 핵 기술에 대한 대중의 공포증을 떨쳐버려야 할 필요성이 새롭게 생겨났다. 방사선 공포증을 강조하기 위해 사용된 잘못된 과학을 대체하기 위해서는 방사선에 대한 간단하고 투명한 인식이 필요하다.

30억년 전 지구상에 생명체가 탄생한 시초부터 에너지 획득과 소비는

Until recent centuries change was dictated through natural selection, a gentle-sounding description of death, but which frequently occurred on a large scale. Today the ability of humans to study and plan provides a more welcome way to bring about change, although to be effective this depends on the education and understanding of decision makers - in a democracy, the electorate and the politicians answerable to them.

Popular opinion about energy is still heavily influenced by fear of nuclear energy. This threatens to restrict not only the supply of energy, but also stable economic growth, food and clean water for a population living in a fragile climate. The remarkable accident at Fukushima challenges this fear and calls for a re-examination of nuclear technology using a coherent modern scientific understanding of the physical, biological, medical, and social issues involved, expressed in a form understandable to a broad readership.

Trust in science is properly established by successful numerical prediction and measurement. Its explanation can be supported by pictorial diagrams and graphical descriptions that help make the truth intuitively obvious. The ability to draw or visualise a scientific result is as important to creating confidence for the scientist as it is for everybody else. So the following chapters use common sense, diagrams and pictures as well as a few numbers to help in reaching conclusions.

Sometimes those numbers may be accurate and carry only a small uncertainty. Just as often the uncertainty may be quite large, but the conclusion will still be unavoidable if the alternative differs by a factor of hundreds or thousands. However, if all numerical comparisons are ignored, any discussions may degenerate into heated debate between parties unable to express their conclusions in clear numerical terms, as is often to be found in the media.

생명체 유지의 기본 매카니즘이다. 인류는 에너지 획득을 가속적으로 확대해 왔고 그 덕분에 현대에 이르러 거대 인구가 개선된 조건에서 살 수 있게 되었다. 최근 몇 세기 전까지 변화는 '자연 선택'을 통해 좌우되었고, 그 '자연 선택'이란 '죽음'을 부드럽게 표현한 말이지만, 자주 대규모로 발생하였다. 오늘날에는 연구하고 계획을 세울 수 있는 인간의 능력 덕분에 좀더 환영할 만한 방식으로 변화를 이끌어낼 수도 있다. 다만, 그것이 효과적으로 되려면, 의사 결정자들의 교육과 이해가 중요하다. 민주주의 사회에서 의사 결정자들은 유권자와 정치인들이다.

에너지에 대한 대중 여론은 여전히 핵 에너지에 대한 두려움에 심각한 영향을 받고 있다. 이 공포 때문에 열악한 기후 환경에 살고 있는 주민들은 에너지 뿐만 아니라, 식량과 물조차 얻기 어려운 상황에 처해 있다. 후쿠시마 사고는 이 공포를 떨쳐내고, 현대 핵 기술을 재검토할 것을 요구한다. 그것은 관련된 물리적, 생물학적, 의학적 및 사회적 제반 문제를 현대의 일관된 과학적 이해방식으로 검토되어야 하며, 광범위한 독자층이 이해할 수 있는 형식으로 표현되어야 할 것이다.

과학에 대한 신뢰는 수치 예측과 측정이 성공적으로 이루어져야 올바르게 확립된다. 그러한 과학적 설명은 사실을 직관적으로 이해하는데 도움이 되는 도표나 그림 묘사로 보충할 수 있다. 과학적 결과를 그리거나 시각화하는 능력은 과학자에 대한 신뢰를 형성하는 데 매우 중요하다. 그래서 다음 장에서는 결론에 이르는데 도움이 되는 몇 가지 수치뿐만 아니라 상식과 도표 및 그림을 사용한다.

보통 그러한 수치들은 정확해서 불확실성이 아주 적다. 수치 비교를 무시할 경우, 언론 보도에서 가끔 발견할 수 있듯이 어떤 토론도 결론을 내리지 못하고 양측의 열띤 논쟁으로 끝나버릴 수 있다. 명확한 수치는 각자의 주장을 비교할 수 있는 가장 합리적인 수단이다.

Chapter 3:

Rules, Evidence and Trust

The great enemy of the truth is very often not the lie – deliberate, contrived and dishonest – but the myth – persistent, persuasive and unrealistic. Too often we hold fast to the cliches of our forebears. We subject all facts to a prefabricated set of interpretations. We enjoy the comfort of opinion without the discomfort of thought.

- John Fitzgerald Kennedy

Energy for civilisation

Natural rules of life

Many questions are only as interesting as their answers. Such a question is: What is the purpose of life? We are not talking just about human life here, but all life, conscious and unconscious, down to the simplest cell. How does life in all its manifestations actually go about living? We may observe how it is intensely concerned with relationships and competition – personal friends and communal enemies, infections and antibodies, political parties and military campaigns. The Darwinian answer to the first question is to survive – and more certainly and prolifically than the competition.

제3장

생명의 법칙 - 증거와 신뢰

진실의 가장 큰 적은 고의적으로 꾸며낸 부정직한 거짓이 아니라, 지속적이고, 설득력이 있지만 비현실적인 신화인 경우가 아주 흔하다. 우리는 너무 자주 조상들의 상투적인 생각에 매달리곤 한다. 모든 사실들을 미리 짜여진 해석의 틀에 끼워 맞춘다. 불편하게 생각해 보느니 차라리 편안하게 대중의 여론에 추종하는 것이다.

– 존 피츠제럴드 케네디

문명을 위한 에너지

생명의 자연법칙

그 대답만큼 흥미로운 질문은 그다지 많지 않다. 가령 생명의 목적은 무엇인가? 이런 질문이 그런 것 중의 하나이다. 여기서 생명이란 단지 인간 생명에 대해서만 말하는 것은 아니다. 의식이 있건 없건 구별하지 않고, 가장 단순한 세포에 이르기까지 모든 생명에 대해서 말하는 것이다. 다양한 실체로 현현하고 있는 생명체는 실제로 어떻게 살아가고 있을까? 우리는 그것이 상호관계와 경쟁에 얼마나 밀접하게 연관되어 있는지 쉽게 알아차릴 수 있다. 예를 들면, 개인적 친구와 공동의 적, 감염과 항체, 정당과 군사 작전 등은 그러한 관계의 한 예이다. 처음 질문에 대한 다윈 진화론자의 대답

But there are rules. Much as the individual may strive to survive personally, that is not the main aim of life in general. The first rule is that all individuals die – survival is only for their progeny. Any personal belief in the sanctity of life that we may harbour is not shared by nature. Frequently, countless individuals are sacrificed in the carelessly inefficient process of finding Darwin's fittest samples. Similar carnage occurs in the competition amongst cells in the microscopic world. Nature offers sanctuary to very few, and continuing life to none.

So the First Rule of Life is that it is limited. Death is certain and there are no exceptions.

Individuals arriving on planet Earth come with nothing except their genes, and when they die they leave behind everything they have built – money, status, personality, education. These may have been useful within their lifespan, but no more. That means the worth of these is far less than the genes left to posterity. So the Second Rule of Life is that you travel light – you bring nothing in when you are born and take nothing with you when you die. There are no exceptions to this rule either.

Life as we know it is confined to the thin shell of the atmosphere at the surface of the Earth – so no wonder it is so easy to pollute. Expeditions from the surface of Earth have been few, limited in range and immensely energy intensive. Attempts to find life elsewhere in the universe have shown no success and, anyway, it is hard to see how life elsewhere could be of much benefit to us. So we should expect to be limited to a small, overpopulated and increasingly polluted planet, effectively alone in the universe. What do we need while we are here? Life needs energy, and energy has a rule: energy is conserved. You cannot make energy. That is a rule of physics. As with the two rules of life, there are no exceptions to the energy rule and its consequences are far reaching.

은 경쟁이라기보다는 생존하는 것이다. 그것도 확실하게 더 많이 번식하면서 생존하는 것이다.

하지만 여기엔 법칙이 있다. 개체들이 개별적으로 생존하기 위해 노력하긴 하지만, 그것은 일반적으로 생명의 주요 목적이 아니다. 첫번째 법칙은 모든 개체는 죽는다는 것이다. 곧, 생존이란 각 개체들이 후손을 남기기 위한 수단일 뿐이다. 우리가 생각하듯이 각 개체의 생명이 신성하다는 믿음은 자연에서는 통하지 않는다. 다윈이 말하는 자연선택 과정에서 무수한 개체들이 무자비하게 희생된다. 이와 유사한 대학살은 미시세계의 세포간 경쟁에서도 일어난다. 자연은 극소수에게 안식처를 제공하지만, 그 누구에게도 영속적인 생명을 제공하지 않는다.

따라서 생명의 첫번째 법칙은 생명은 유한하다는 것이다. 죽음은 확실하며, 예외는 없다.

지구 별에 도착하는 개체들은 유전자 외에는 아무것도 가지고 오지 않으며, 죽을 때 그들이 성취했던 돈, 지위, 개성, 교육 등 모든 것을 그대로 두고 떠난다. 살아 있는 동안은 그런 것들이 유용했을지 몰라도 더 이상은 필요가 없다. 곧 후세에 남긴 유전자보다 가치 있는 것은 없다는 뜻이다.

따라서 생명의 두번째 법칙은 생명체의 삶은 가벼운 여행이라는 것이다. 즉, 태어날 때 아무것도 가지고 오지 않으며, 죽을 때 아무것도 가져가지 않는다. 이 법칙에도 예외는 없다. 우리가 알고 있는 생명체의 활동범위는 지구 표면의 얇은 껍데기와 대기권에 국한되어 있다. 그러므로 의심할 여지 없이, 우리 환경은 오염되기도 쉽다. 지구 표면을 벗어난 탐험은 거의 없었고, 범위가 제한적이었으며, 인간활동은 어마어마하게 에너지 소모적이었다. 우주의 다른 곳에서 생명체를 찾으려는 시도는 성공한 적이 없었고 지구 밖의 생명체가 우리에게 도움이 될 수 있는지, 아닌지도 모른다. 그러므로 우리는 인구가 과잉인데다가 점점 오염되고 있는 작은 행성에 제한되어 있으며, 사실상 우주에 홀로 서있다고 생각해야 한다. 우리가 이곳에 있는 동안 필요한 것은 무엇인가? 생명은 에너지가 필요하며, 에너지는 법칙을 가지고 있다. 즉, 에너지는 보존될 수는 있어도 만들 수는 없다. 그것은 물

Energy and other needs

It is relatively easy to discuss past problems – we may speculate on those of the present day, but we are simply unaware of those of tomorrow. It is hard work seeing current events in perspective, so the best discussion of future problems we can offer is to start with those of today that currently seem to have no prospect of adequate solution. In 2015 that list includes:

- Climate Change. The scientific evidence is now widely accepted[1], although the effect of dynamic exchanges between the small mass of the atmosphere and the large mass of the oceans is still uncertain, quantitatively. Exceptional weather and melting ice sheets have influenced public views. Compared with even a year ago, noticeably fewer sceptical voices are now heard.

- And then there is the role of methane and its release in large quantities from a warming Arctic; the public do not seem to be generally aware of this yet.

- Socio-economic instability. Following the misinterpreted Arab Spring of 2011 instability has spread to a broad swathe of countries. Lawlessness seems to have become endemic in some regions, and the world powers are less willing, financially and politically, to intervene. Perhaps that is because they have become less confident of their own stability than they were in the past. Fracture, if not collapse, of many regimes seems more likely than at any time in the past 50 years.

- Food, water and population. Malthus, an English cleric, famously wrote in 1798 that the world population must necessarily be limited by the means of subsistence, and would be suppressed by misery and vice. His predictions have been delayed in their effect, but their logic remains. Although today birthrates fall as societies develop, the demand for resources rises with an ageing and risk-averse middle class. At the same time, societies with younger populations are unable to satisfy ambitions for food and jobs. The pressures

리학 법칙이다. 생명의 두 가지 법칙과 마찬가지로 에너지 법칙에도 예외는 없으며 그 결과는 광범위하게 영향을 미친다.

에너지와 다른 문제들

지나간 문제를 논의하는 것은 비교적 쉬운 일이다. 현재 문제에 대해서는 예상할 수 있을지 몰라도, 내일의 문제는 전혀 알 수가 없다. 미래의 문제에 대해 우리가 할 수 있는 최선의 논의는 현재로서는 적절히 해결될 가망도 없는 오늘날의 문제로부터 시작하는 것이다.

2015년 현재 이런 문제들은 다음과 같은 사항을 포함하고 있다.

- 기후변화 : 기후변화의 원인이 과연 인류의 활동 때문인가에 대해 의문을 제기하는 사람들이 아직 많지만 기후변화 자체에 대한 과학적 증거가 이제는 널리 인정되고 있다. 이상 기후와 녹아내리는 빙상은 대중의 인식에 영향을 미쳤다. 불과 1년 전과만 비교해 보아도 기후변화에 대한 회의적인 목소리가 현저히 줄어들었다.

- 메탄의 역할 : 따뜻해진 북극에서 대량으로 방출되고 있는 메탄의 역할이 주목된다. 대중이 이 문제를 일반적으로 알고 있는 것 같지는 않다.

- 사회 경제적 불안정성 : 2011년 오도된 아랍의 봄 사건 이후 불안정성은 많은 국가로 광범위하게 확산되었다. 무법 상태는 일부 지역에서 풍토병이 된 것 같지만, 재정적으로나 정치적으로 세계 강대국들이 개입할 가능성은 적다. 그것은 아마도 과거에 비해 강대국들 또한 자국의 안정성을 자신하기 어려워졌기 때문일 것이다. 완전히 붕괴되지는 않더라도 많은 정권이 타격을 받게 될 가능성이 지난 50년 중에서 어느 때 보다 높다.

- 식량, 물, 인구 : 1798년 영국의 성직자 맬더스는 세계 인구는 필연적으로 생계수단에 따라 제한될 수밖에 없으며, 비참함과 타락에 의해 억제될 것이라는 유명한 말을 남겼다. 그의 예측은 결과면에서는 지연되었지만 그 논리는 아직 살아 있다. 오늘날 사회 발전에 따라 출산율

of migration, exacerbated by changes in climate, are evident and likely to trigger increasing conflict. Meanwhile, clean water supplies remain critical, and extra food relies on aid that is inevitably limited.

- The threat of epidemic. The evidence from the Ebola outbreak of 2014 shows that the world is not well prepared and reacts slowly. If Ebola had been a more contagious disease the worldwide escalation would have been severe.

If we are not to find ourselves marooned on a shrinking ice–flow like a polar bear, so to speak, we need to find solutions to these problems.

Solution without carbon dioxide emission

Natural forces shape the future, but so too does human organisation, nationally and internationally. Is it possible that human society, using its collective intelligence and education, might achieve some acceptable degree of equilibrium, at least in the provision of energy?

Atmospheric oxygen and the combustible materials on Earth, including those that are buried as coal, oil and gas, together form an energy store, a kind of battery. Currently this store is being discharged at an ever–increasing rate by human activity, directly and indirectly. Human life itself makes a small contribution by taking in food and oxygen, and releasing carbon dioxide, so too do animals, both wild and the domestic ones kept mostly as sources of food. Although discharges from volcanoes and forest fires may be natural, many other fires are man–made. So too are electricity generation, transport, heating and other industrial activity that use carbon energy.

In earlier decades concern for the future of carbon energy was based on the limited supply of fuel, but that has changed. Now the main concern is the effect on the climate of the discharged carbon dioxide. Direct measurements of the concentrations of greenhouse gases like carbon dioxide, taken anywhere in the world, show how they are increasing every

이 낮아질지라도 고령화와 위험을 싫어하는 중산층으로 인해 자원의 수요는 증가한다. 동시에 젊은층으로 구성된 사회는 식량과 직업에 대한 열망을 충족시킬 수 없다. 기후변화로 악화된 이주 압력은 명백해졌고 점증하는 갈등을 촉발시킬 가능성이 있다. 한편, 깨끗한 물의 공급은 여전히 부족하며, 추가 식량은 제한적인 원조에 의존하고 있다.

• 전염병의 위협 : 2014년 에볼라 발병의 증거는 세계가 충분히 준비되어 있지 않고 대처도 느리다는 사실을 보여준다. 만약 에볼라가 전염성이 강한 질병이었다면 전 세계적인 확산이 심각했을 것이다.

줄어드는 얼음에 고립된 북극곰과 같은 처지가 되고 싶지 않다면, 우리는 이러한 문제에 대한 해결책을 찾아야 한다.

이산화탄소 배출이 없는 해결책

자연의 힘이 미래를 결정하지만 인간의 조직도, 국가적이든 국제적이든, 그렇게 할 수 있다. 인간 사회가 집단 지식과 교육을 사용해 적어도 에너지 공급 면에서 만큼은 일정 정도의 평형을 이뤄낼 수 있지 않을까?

대기중의 산소와 함께, 석탄, 석유, 가스 등 지구상의 가연성 물질은 에너지 저장고, 곧 일종의 배터리 역할을 한다. 현재 이 저장고는 직·간접적인 인간의 행동에 의해 점점 더 빠른 속도로 줄어들고 있다. 인간 자체는 식량과 산소를 섭취하고 이산화탄소를 배출하는 과정에서 자연적인 에너지 저장고 고갈에 기여하는 바가 거의 없다. 동물도 마찬가지다. 야생동물도 그렇고, 주로 식량 자원으로 기르는 가축도 똑같다. 화산과 산불로 인한 이산화탄소 방출은 자연 현상이라고 할 수 있다. 하지만 다른 종류의 많은 불들은 인간이 발생시킨 것이다. 탄소 에너지를 사용하는 전기 생산, 수송, 난방과 냉방 및 기타 산업 활동이 바로 그것이다.

1970년대부터 수십 년 동안 탄소 에너지의 미래에 관한 우려는 한정된 연료 공급에 바탕을 두고 있었지만 지금은 사정이 바뀌었다. 이제 주요 관심사는 방출된 이산화탄소가 기후에 미치는 영향이다. 세계 어느 곳에서든

year, year on year. There are reasons, dependent on the physics of these gases, to suppose that these increasing concentrations should affect the Earth's climate[see Selected References on page 279, SR3 Chapters 2–4].

Mankind needs a supply of energy to be available at all times of day and night. Without it, conditions on Earth would not support a fraction of its population today and its loss would involve death on a worldwide scale. Yet the appetite for energy is too large for any available intermediate storage to make a significant difference. So, it is the source of the energy that matters, and this should not add significantly to pollution, or increase the likelihood of global disease, war, climate instability, water shortage or starvation. But does any available source meet these demanding requirements?

Sources of energy

The carbon fuels – oil, coal, gas and the various forms of biofuels – should all be ruled out because of the carbon dioxide they release. Radiation from the Sun gives solar energy, directly, but it also indirectly drives wind, wave and hydro power.

The gravity and motion of the Earth relative to Sun and Moon is the energy source behind the tides. Another so–called renewable energy source is heat from the inside the Earth. This originates from the radioactive decay of elements scattered through the volume of the Earth. In fact the output of radioactive heat per kg within the Earth is about equal to the natural radioactive heat in the human body (see Chapter 7). In the Earth this heat provides, not only geothermal energy, but also the thermal power for the motion of the tectonic plates and thence earthquakes, tsunamis and volcanoes. Geothermal power is particularly accessible in places at the edges of tectonic plates, such as California, New Zealand and Yellowstone National Park.

Often included in a list of so–called renewable energy sources are

지 이산화탄소와 같은 온실가스의 농도를 직접 측정해 보면, 매년 해를 거듭할수록 그 농도가 얼마나 빠른 속도로 증가하고 있는지 보여준다. 가스 물리학에 따르면, 증가하는 온실가스 농도가 지구 기후에 영향을 미치고 있다고 추정할 만한 이유들이 분명하다. 인류는 밤낮으로 항상 이용할 수 있는 에너지 공급이 필요하다. 이 에너지 공급이 없으면 인류는 생존에 결정적 타격을 받을 것이며 세계적 규모의 대량 인명손실을 피할 수 없을 것이다.

에너지가 인류문명 존속에 필수적이지만 그렇다고 이 에너지 생산과 사용이 우리의 환경을 심각하게 오염시키거나 세계적인 질병이나, 전쟁, 기후 불안, 물 부족 또는 기아 등의 가능성을 증가시켜서는 안 된다. 과연 어떤 에너지 원천이 인류문명을 지속적으로 뒷받침해 줄 수 있을 것인가?

에너지 원천

석유, 석탄, 가스 및 다양한 형태의 탄소 연료는 이산화탄소를 배출하기 때문에 모두 배제되어야 한다. 태양은 직접적으로 태양광 에너지를 제공하지만 간접적으로도 바람, 파도, 수력을 일으킨다. 태양, 달과 연관된 지구의 중력과 운동은 조수를 일으키는 에너지 원천이다. 또 다른 재생 에너지 원천은 지구 내부의 열이다. 이 지열은 지구 내부에 흩어져 있는 방사성 원소들의 붕괴에서 나온다. 사실 지구 내부 방사열의 kg당 출력은 인체 내부의 자연 방사열과 거의 같다. 지구에서 이 열은 지열 에너지 뿐만 아니라 지각판의 운동과 그로 인한 지진, 쓰나미 및 화산 활동에 열동력을 제공한다. 지열 발전소는 특히 캘리포니아, 뉴질랜드, 옐로스톤 국립공원과 같은 지각 판의 가장자리에 위치한 장소에서 찾아볼 수 있다.

이른바 재생 에너지 원천의 목록에 흔히 목재 폐기물과 바이오 연료를 포함시킨다. 하지만 여기에는 이상하게도 솔직한 사고방식이 결여되어 있다. 이 원천들은 자연 광합성을 통해 생성된 식물성 물질을 연소시킴으로써 이산화탄소를 대기 중으로 바로 배출한다. 자연은 대기 중의 이산화탄

biomass and biofuels. However this shows a strange lack of straight thinking. These sources burn the vegetable matter created by natural photosynthesis, thereby discharging the waste carbon dioxide straight back into the atmosphere. Nature works hard to grow trees and other vegetable matter to reduce the carbon dioxide in the atmosphere. This is something that man cannot do himself on a large scale, but the use of biofuels and biomass simply discards the benefits of this natural and successful carbon capture. Their combustion is an amazingly short-sighted development, no better than the use of coal, oil or gas. Furthermore, their production often displaces the growing of food on large areas of agricultural land, and, what is worse, in many parts of the world, forest is destroyed for the purpose.

Stored energy and its safety

Popular discussions of energy supply often conclude that the task would be simpler if we could store energy easily. This is not easy on the scale that would be required — this is fortunate because, if it were easy, it would be dangerous. The problem is the need to control the extraction of the energy from such a storage, efficiently and safely. In the event of an accident any energy store is liable to discharge, releasing large amounts of energy unintentionally. The more easily and completely this energy can be released, the better is the store but the more potent and devastating is any potential accidental discharge. So energy storage appears as a safety hazard as well as a desirable element of an energy utility. The danger of large amounts of stored energy is exemplified by a hydroelectric dam, as discussed further in Chapter 7. The important question is the quantity of stored energy that has to be released safely in the event of an emergency. A coal, oil or gas fired power station can be turned off quickly without releasing stored energy, provided that the fuel supply itself does not start to burn[2]. Interestingly, fusion power has remarkably low stored energy:

소를 줄이기 위해 나무와 많은 식물들을 열심히 기른다. 이것은 인간의 힘으로 할 수 없는 대규모의 일이다. 그런데 목재 폐기물과 바이오 연료를 태우는 행위는 자연적이고 성공적으로 이루어지고 있는 탄소 포획의 혜택을 그냥 낭비하는 것이다. 따라서 목재, 바이오 연료를 연소시키는 것은 석탄, 석유, 가스의 사용보다 나을 것이 없는 아주 근시안적인 행위이다. 심지어 대규모 농경지를 바이오 에너지 생산지로 바꾸고 있다. 더욱 나쁜 것은 그 목적을 위해 세계 곳곳에서 숲이 파괴되고 있다는 것이다.

저장된 에너지와 그 안전성

에너지 공급에 관한 대중 토론은 흔히 '에너지를 쉽게 저장할 수 있다면 문제가 훨씬 수월할 텐데'라는 결론을 내린다. 그러나 현재 필요한 규모로는 이 일이 쉽지 않다. —그것이 다행이긴 하다. 왜냐하면, 쉽게 할 수 있더라도 위험할 것이기 때문이다. 문제는 그러한 저장고에서 에너지의 추출을 효율적이고 안전하게 제어할 필요가 있다는 점이다. 우발적 사고가 날 경우 에너지 저장고는 통제할 수 없는 막대한 에너지가 순간적으로 방출되는 '폭탄'이 될 수가 있다. 에너지 방출이 더 쉽고 완벽하게 가능할수록 더 좋은 저장고일 테지만, 우발적 사고로 인한 방출은 그만큼 더 강력하고 파괴적일 수 있다. 그러므로 에너지 저장은 에너지 사업의 바람직한 요소임과 동시에 치명적인 위험 요소이기도 하다. 대량으로 저장된 에너지의 위험성은 수력발전용 댐이 실증하고 있다. 중요한 문제는 비상시에 안전하게 방출되어야 할 저장된 에너지의 양이다. 석탄, 석유, 가스 화력발전소는 연료 공급 계통 자체가 기능을 유지한다면 필요할 때 저장된 에너지의 방출을 즉각 줄이거나 멈출 수 있다.

흥미롭게도 핵융합 발전은 저장된 에너지가 대단히 낮다. 원자로가 꺼지면 즉각 에너지 생산이 멈춘다. 하지만 이 핵융합 원자로는 아직 상용화되지 않았다. 핵분열 원자로는 다르다. 수력발전의 댐처럼 막대한 저장 에너지를 가지고 있으며, 가동이 중단된 후에도 에너지가 몇 일, 몇 달 동안 계

when the reactor is turned off, energy production ceases immediately, but that is not available yet. A nuclear fission reactor is different – like a hydro-electric dam, it has a large stored energy and some of this continues to leak out in the days and months following turn off. This is the decay heat that has to be dispersed effectively somehow, and the accident at Fukushima Daiichi demonstrated how difficult this can be.

Nuclear energy

For any source of energy there are two important measures, energy density and intermittency. Energy density is the energy available per kg, and this is discussed further in Chapter 7. Some energy sources have such low densities that they cannot deliver the energy needed without an unreasonably large mass of fuel, or moving air or water, etc. Use of an energy source is made increasingly difficult if it is intermittent when the demand is continuous. Then some full scale backup supply or energy storage becomes important. Large scale sharing or averaging of many intermittent sources on a grid seems an attractive alternative but its success depends critically on the distance between sources and their pattern of intermittency. If the distance over which the supply has to be shared becomes large, the capital cost or the success of the sharing may fail. Thus wind, wave and solar power are only available for a fraction of the time, or in particular places, sometimes where fewer people live and work.

Although coal, oil and gas discharge their waste carbon dioxide straight into the atmosphere, they do have a high energy density and are not intermittent unless political forces intervene – they can provide energy at any place and time. Geothermal power, like hydro power and tidal power, is effective where it is available, but that is the exception. Thermonuclear power, that is fusion power on Earth, will be very important when it becomes available, but a few decades of development for the materials and reactor construction are needed first. A pre–prototype reactor, ITER,

속 새어 나온다. 이것이 어떻게 해서든지 효과적으로 차단하고 통제해야 할 붕괴열이며, 후쿠시마 다이이치 사고는 이 작업이 얼마나 어려울 수 있는지를 보여 주었다.

핵 에너지

모든 에너지원에는 에너지 밀도와 간헐성이라는 두 가지 중요한 척도가 있다. 에너지 밀도는 kg 당 사용 가능한 에너지이다. 일부 에너지원은 밀도가 너무 낮아 엄청나게 많은 양의 연료나 흐르는 물, 바람이 없으면 필요한 에너지를 전달할 수 없다.

수요가 지속적일 때 간헐적인 에너지원은 무용지물이다. 그래서 대규모 에너지 공급용 보조설비나 에너지 저장설비가 중요해진다. 배전망을 통해 간헐적인 에너지원을 대규모로 공유하거나 평준화하는 것이 매력적인 대안 같지만 그 성공 여부는 전적으로 에너지원 간의 거리와 각 에너지원의 간헐성 패턴에 달려있다. 공급을 공유해야 하는 거리가 길어지면 그에 따른 비용이 많이 들거나 공유가 실패할 수 있다. 그러므로 **풍력, 파력 및 태양광 전력**은 일부 시간이나 특정 지역, 사람이 거의 없는 특정 지역에서만 사용할 수 있을 뿐이다.

석탄, 석유 및 가스는 연소 과정에서 이산화탄소를 대기 중에 직접 배출함에도 불구하고, 높은 에너지 밀도를 가지고 있으며 정치적 압력이 개입하지 않는 한 간헐성도 없다. 화석연료는 언제 어느 곳이든 에너지를 공급할 수 있다. 지열 발전은 수력이나 조력 발전과 같이 이용할 수 있는 곳에서는 효과적이지만 예외적인 경우이다.

지구상의 핵융합 동력인 **열핵 발전**은 상용화될 경우 매우 중요하겠지만, 우선은 재료 개발과 원자로 건설에 수십 년의 시간이 필요하다. 프랑스에서는 예비 단계 원자로인 ITER(국제 열핵융합 실험로)를 건설 중이며, 그 다음에 실물크기의 시제품이 건설될 것이다. 조금 더 먼 미래에는 도처에 존재하는 열융합발전소에서 소량의 연료로 제한없이 전력을 생산할 수 있

is under construction in France and this will be followed by a full scale prototype. However, for the more distant future it does offer the real prospect of unlimited power using small quantities of ubiquitous fuel.

Nuclear fission has a high energy density – just how high may be illustrated by comparing it with a state-of-the-art lithium battery – the grounding of the Boeing Dreamliner in 2013 was caused by difficulty with the energy retention of these batteries. Fully charged they store 0.2 kWh of energy per kg. That may be compared with the energy stored in 1 kg of thorium–232, that is 100 million times greater. Put more graphically, 100,000 tonnes of fully charged lithium batteries (the mass of the largest super tanker) hold the same energy as 1 kg of thorium–232. Even a nuclear physicist has to marvel at these figures.

As for intermittency, energy from a nuclear fission reactor is as effective as a fossil fuel plant. It can be available at all times and can be built anywhere, even in an earthquake zone. It does not have to wait for the wind, a sunny day or the tide to turn, and its environmental impact, underlying cost and accident record are second to none. Although improvements, like the use of thorium as a fuel, will become available within a few years, the equivalent uranium version is not new technology. It is available now, and has been for half a century.

Two soluble problems of power from nuclear fission

There are just two residual problems: firstly, a widespread public and political phobia attaching to anything described as nuclear or related to radiation; secondly, international regulatory authorities who, instead of working to dispel this radiation phobia, act to enhance it – and have persisted in doing so for 60 years. These problems could be easily overcome, if enough people set their minds to it. However, on the back of these two concerns an impression has been created that nuclear energy is inherently expensive and that its waste is a problem – neither of which

을 것이라는 희망을 준다.

핵분열은 높은 에너지 밀도를 가지고 있다. 그 밀도가 얼마나 높은지 최첨단 리튬 배터리와 비교해서 설명할 수 있다. 2013년 보잉 드림라이너의 운항중단 사고는 리튬 배터리의 에너지 유지 문제로 발생했다. 리튬 배터리는 완전히 충전되었을 때 kg당 0.2kWh의 에너지를 저장한다. 이것을 1kg의 토륨-232와 비교해 보자. 완전 충전된 리튬 배터리 10만 톤은 1kg의 토륨-232와 동일한 에너지를 갖는다. 토륨은 리튬 배터리보다 에너지 밀도가 1억배 높은 것이다. 핵물리학자도 경탄할 만한 수치이다.

간헐성의 측면에서 보면 핵분열 원자로에서 나오는 에너지는 화석연료 발전소만큼 효과적이다. 그것은 언제나 이용가능하고 또 어디든지 심지어 지진이 일어나는 지역에도 건설할 수 있다. 바람이나, 맑은 날이나, 조수가 바뀌기를 기다릴 필요도 없고, 환경에 미치는 영향이나 기본적인 비용 및 사고 기록을 살펴보아도 모든 면에서 압도적으로 뛰어나다. 연료로 토륨을 사용하는 신기술이 몇 년 내에 가능하겠지만, 그와 동등한 우라늄 형태는 신기술이 아니다. 그것은 지금도 이용할 수 있고 반세기동안 사용되어 왔다.

핵분열 에너지에 대해 해결해야 할 두가지 문제

단지 두가지 남은 문제가 있다. 첫번째 문제는 핵이라고 하면 또는 방사선과 관련된 것이라면 무조건 따라붙는 **대중적, 및 정치적 공포증**이다. 두번째 문제는 이러한 방사선 공포증을 떨쳐내는 일 대신에 그것을 강화하기 위해 행동하는 **규제 당국**이다. ─ 그들은 60년 동안을 그렇게 해 왔다.

이 두가지 문제는 많은 사람들이 그렇게 하기로 마음만 먹었다면 쉽게 극복할 수 있었을 것이다. 하지만 문제의 배경에는 핵 에너지는 근본적으로 비싸고 또 그 폐기물이 골치라는 편견과 선입견이 굳게 자리잡고 있다. 정확한 정보가 통용되는 세계라면 그 어느 것도 사실이 아닐텐데도 말이다.

핵 기술과 그것이 생명에 미치는 영향에 대한 올바른 이해는 과학자들 사이에서도 찾아보기 드물며, 일반 대중 사이에서는 절대적으로 결핍되어

would be true in an informed world.

A real understanding of nuclear technology and its effect on life is sparse among scientists, and in the wider population it is lacking altogether. In the following chapters we look at radiation and nuclear technology through the eyes of different disciplines. Although the use of nuclear energy is often described as complex or sophisticated, it is simple to grasp the basic facts sufficiently to appreciate its safety. The phobia continues to fuel stories in the press and popular literature and these have been self-sustaining.

There are new international moves[3] to question the policy of the various international and national safety authorities who have failed to correct dangerous misapprehensions about the safety of radiation. We need to understand the diverse reasons for the reluctance of these authorities to respond so far, but their steadfast adherence to the pseudo-science of LNT cannot continue to withstand the evidence for long.

Widespread myths that should be contested

Though admitted by few, the mass of the human race seeks out irrationality. As President Kennedy says in the quotation at the head of this chapter, although an unreasoned opinion can be comfortably embraced without effort or expense, confronting it takes time, study and even pain. Fortunately, there are people who want to make a difference and leave their mark. It is salutary to read of the experiences that Marie Curie went through to make sense of the mass of tangled observations which led her to the understanding of the atomic nucleus as it stands today. Her story gives an extraordinary example of what can be achieved under adverse conditions.[4, 5]

Unfortunately, many in the affluent world effectively deny her painstaking work, preferring to imagine nuclear energy and its radiation to be part of a malign and irrational game of chance – until, that is, they

있다. 다음 장에서 다른 학문 분야의 눈을 통해 방사선과 핵 기술을 살펴볼 것이다. 흔히 핵 에너지의 사용은 까다롭고 복잡하다고 설명하지만, 그 안전성을 충분히 이해하기 위한 기본적인 사실은 쉽게 파악할 수 있다. 핵 공포증은 언론과 대중 문학에 이야기거리를 계속 제공했고, 그것이 공포증을 더욱 확대하는 자립적 순환고리가 형성됐다.

방사능 안전성에 대한 위험한 오해에 사로잡힌 각종 국제 및 국가적 안전 당국의 정책에 의문을 제기하는 새로운 움직임이 나타나고 있다. 이 안전 당국들이 여태까지 주저하고 대응하지 못한 여러가지 이유를 이해할 필요는 있지만, LNT와 같은 사이비 과학에 변함없이 집착하는 그들의 태도는 속속 발표되는 과학적 증거 앞에서 더 이상 오래 지속될 수는 없을 것이다.

논박해야 할 널리 알려진 신화들

인정하는 사람은 별로 없어도, 인류 집단은 비합리적인 것을 찾아낸다. 케네디 대통령의 말처럼, 불합리한 의견은 아무런 노력이나 비용도 들이지 않고 쉽게 받아들일 수 있지만, 이에 맞서기 위해서는 시간과 연구가 필요하고, 심지어 고통이 따른다.

다행히도 상황을 바꾸고 싶어 하는 사람들이 있다. 뒤얽혀 있는 수많은 관측 결과를 이해하기 위해 마리 퀴리가 수행했던 일을 알아보면 유익하다. 그녀는 스스로의 노력으로 오늘날과 같은 수준으로 원자핵을 이해하게 되었기 때문이다. 그녀의 이야기는 불리한 조건 속에서도 무엇을 해낼 수 있는지 잘 보여준다.

불행하게도, 풍요로운 세상에 사는 많은 사람들은 그녀가 공들여 이루어 놓은 업적을 사실상 부정하고, 핵 에너지와 방사선이 '악의적이고 당치 않는 우연한 장난의 일부'라고 상상하고 싶어한다. 정확하게 말하자면 그들은 방사선을 사용하는 의사의 손에 맡겨져 암을 치료받거나 또는 목숨을 연장하게 될 때까지 그 생각을 버리지 못한다.

조금만 더 연구해 보면 누구나 더 잘 이해할 수 있고, 지난 70년 동안 아

are in the hands of clinicians using it to cure them of cancer or otherwise extend their lives.

With more study, every member of the public could understand more and forsake some of the answers that have been simply repeated and copied, over and over without questioning for the past 70 years. Why? Because those answers do not fit the medical and biological facts: the popular account of nuclear radiation and its effect on life given in the media is mistaken and the real effects are usually harmless and often beneficial, contrary to Hollywood dramas and stories.

So should mankind take the hard decisions of real life, or choose exciting make–believe stories that avoid having to study, just briefly, in the footsteps of Marie Curie? The real problems that threaten the future of mankind in the twenty–first century are not hidden. The need for food, water and a space to live have not changed, but with rising expectations and expanding populations, the requirement for education and real scientific understanding have become paramount. The total misapprehension of nuclear technology at all levels, even among many scientists, should be corrected because, when understood even at a simple level, the ability to contribute solutions to civilisation's larger problems can be appreciated.

What happened at Fukushima Daiichi in 2011

Japan's preparation for the earthquake

The Great East Japan Earthquake, also known as the 2011 Tohoku Earthquake, occurred at 05.46 UTC on 11 March 2011. Its magnitude was 9.0 on the Richter Scale and it generated an exceptionally large tsunami that hit the northeastern coast of Japan. Although this is thought to have been the largest earthquake to hit Japan in a thousand years, the Japanese

무런 의심도 없이 거듭해서 그저 반복되고 복제되던 그 대답들을 버릴 수 있을 텐데.... 그 70년동안 반복된 대답들은 의학적 및 생물학적 사실들과 맞지 않는다. 언론 매체에 게재되는 핵방사선과 그것이 생명에 미치는 영향에 대한 대중적 판단은 잘못된 생각이다. 실제 방사선의 효과는 할리우드의 드라마나 소설과는 반대로 보통 무해하고 때로는 유익하기까지 하다.

그렇다면 인류는 새로운 문명시대를 맞이하는 어려운 결정을 내려야 할까, 아니면 마리 퀴리의 발자취를 따라 간단하게라도 연구해 볼 필요성을 거부하고 자극적인 가상의 이야기를 선택해야 할까? 21세기 인류의 미래를 위협하는 진짜 문제들은 숨겨져 있지 않다. 식량과 물, 그리고 주거 공간에 대한 필요성은 변하지 않았지만, 기대수명이 높아지고 인구가 늘어나면서 교육과 진정한 과학적 이해에 대한 필요성이 중요해졌다. 모든 수준의 핵 기술에 대한 총체적 오해는 특히 많은 과학자들 사이에서조차 수정되어야 한다. 왜냐하면 간단한 수준에서라도 이해될 때, 문명의 주요 문제 해결에 기여할 수 있는 핵 기술의 능력을 제대로 평가할 수 있기 때문이다.

2011년 후쿠시마 다이이치에서 무슨 일이 일어났을까?

지진에 대한 일본의 대비

2011년 3월 11일 05.46 UTC(협정세계시)에 도호쿠 지진으로 알려진 일본 동부 대지진이 발생했다. 그 강도는 리히터 규모 9.0이었으며, 일본 북동부 해안을 강타한 거대한 쓰나미를 일으켰다. 천년 만에 일본을 강타한 가장 큰 지진이었다고 하지만, 일본인들은 지진을 광범위하게 연구해왔고 그들의 건축 법규는 건물이 상당한 파괴력을 견디도록 규정되어 있다. 2011년 10월 내가 이 지역을 방문했을 때 일부 도로는 지반 침하로 여전히 파손된 상태였지만, 이에 비해 피해를 입은 건물은 거의 보이지 않았다. 내가 방문한 후쿠시마시의 학교는 파손되었지만 이미 수리가 완료되어 이용

have studied earthquakes extensively and their building codes dictate that buildings should withstand significant disruptive forces. In October 2011 when I visited the region some roads were still damaged by subsidence, but relatively few buildings appeared affected. A school building that I visited in Fukushima City had been damaged, but its replacement was already completed and ready for use. The preparedness of the buildings was matched by the disciplined and organised reaction of the people; they all knew that after such an earthquake they should expect aftershocks and should prepare immediately for a possible tsunami. Accordingly, as soon as the earthquake was detected, the population took to higher ground and other places of safety from the tsunami. Schools followed practised routines and moved quickly. Inevitably, hospitals and homes for the elderly were not able to react quite as fast.

Reactor shutdown and decay heat

Across Japan the earthquake itself triggered an immediate shut down of all nuclear power reactors that were working at the time. A shut down in the case of a nuclear fission reactor means that all neutrons are absorbed by the control rods, released to drop into the reactor. Consequently as soon as the reactors were shut down in Japan all energy production by nuclear fission ceased immediately, long before the tsunami arrived.

Neutrons are the go–between that enable the fission of one nucleus to cause the fission of more. If a fissile nucleus absorbs a neutron, it is likely itself to undergo fission almost immediately, thereby releasing further free neutrons. This nuclear chain reaction can only be mediated by neutrons; it can be stopped by the control rods, made of non–fissile nuclei which absorb neutrons particularly readily, but do not undergo fission, thereby breaking the chain.

However, although there is no more fission following reactor shut down, there is still some declining residual nuclear activity because

할 수 있었다. 건물안전에 대한 대비는 규율있고 조직적인 일본인들의 재난 대처를 보여준다. 그들은 그런 지진 뒤에는 여진을 예상해야 하며 또 다가올지도 모르는 쓰나미를 즉시 대비해야 한다는 사실을 알고 있었다. 그래서 지진이 감지되자 마자 주민들은 쓰나미로부터 안전한 고지대나 다른 곳으로 이동했다. 학교는 그동안 훈련한 방식을 따라 빠르게 움직였다. 불가피하게도, 노인들이 있는 병원과 집에서는 그렇게 빨리 대응할 수 없었다.

원자로 폐쇄와 붕괴열

지진이 발생하자 그때 일본 전역에 가동되고 있던 모든 원자로가 즉각 폐쇄되었다. 핵분열 원자로의 경우 폐쇄란 제어봉을 원자로 안에 떨어뜨려 모든 중성자를 흡수하는 것이다. 결과적으로는 쓰나미가 도착하기 훨씬 전에 원자로가 폐쇄되자마자 핵분열에 의한 모든 에너지 생산이 즉각 중단되었다.

중성자는 하나의 핵 분열이 더 많은 핵의 분열을 촉발시킬 수 있게 하는 매개체이다. 핵분열성 핵이 중성자를 흡수하면 거의 즉시 핵분열을 일으키게 되고 더 많은 자유 중성자를 방출한다. 이러한 핵의 연쇄 반응은 중성자에 의해서만 매개될 수 있다. 핵 연쇄반응은 중성자를 쉽게 흡수하지만 핵분열을 일으키지 않는 비분성 핵들로 제작한 제어봉으로 멈출 수 있다. 그래서 연쇄반응의 고리를 끊을 수 있다.

원자로가 정지된 후 핵분열은 더 이상 일어나지 않지만, 대다수 핵분열 생성물은 여전히 붕괴될 수 있기 때문에 조금 약해진 잔류 핵 활동이 계속 존재하게 된다. 이로 인해 그 생성물들이 좀더 안정된 원자로 변하면서 붕괴열이라고 알려진 에너지가 방출된다. 이 붕괴열이 초기에 얼마나 빨리 감소하는지를 인식하는 것이 중요하다. 다음 〈그림 3-1〉에서 볼 수 있듯이 붕괴열은 원자로가 정지되는 순간 원자로 열 출력의 7%를 차지하며, 1일 후에는 1%를 약간 넘는 수준으로 아주 빠르게 감소한다. 그러나 이 붕괴열은 그 감소 속도가 시간이 지날수록 점점 느려져, 1년이 지난 후에도 여전히

many of the products of fission are still liable to decay. This releases energy known as decay heat as they change into more stable atoms. It is important to appreciate how quickly this decay heat declines initially. Immediately upon shut down it is 7% of the thermal power of the reactor, falling quite quickly to just over 1% after a day, as shown in Illustration 3-1. However, it falls more slowly as time goes on – after a year it is still 0.08%. Every reactor behaves similarly.

> You can calculate roughly what power such a reactor would produce by decay heat a day after shut-down. If before shut-down it was generating 1,000 MW of electric power with a thermal efficiency of 33%, the answer is just over $1,000 \times 1\% / 33\% = 30$ MW.
> A year later it would be down to 2.4 MW.

The reason for the shape of this curve of declining activity is that it is composed of the independent decay of many different nuclear isotopes, each with its own simple exponential decay and half–life. Initially the activity is dominated by the effect of the species with the shorter lifetimes, while later on, effectively, only the contributions from the longer–lived isotopes remain. At Fukushima Daiichi the concern was the decay heat produced in the early hours and days.

This energy has to be removed by the continued circulation of cooling water, otherwise the whole reactor will heat up rather quickly. But if the reactor was not shut down when the accident occurred, like the one at Chernobyl, the thermal energy production rate would be 2,000 to 3,000 MW, the same as the level of cooling needed in normal operation. In other words the shut down of each reactor at Fukushima reduced the scale of the initial energy available to a few percent of that at Chernobyl, and if that cooling had been maintained, there would have been no accident at all.

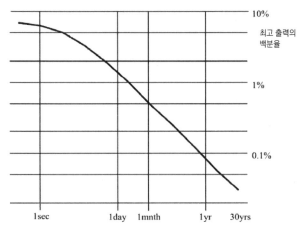

〈그림 3-1〉 원자로 폐쇄 이후 시간이 지남에 따라 원자로에서 방출되는 붕괴열 출력의 감소 추이를 보여주는 그래프. 두 눈금이 모두 로그값이므로 초기에는 높은 출력이 나타나고 나중에는 낮은 출력이 나타나는 것을 주목할 것.

0.08%나 된다. 모든 원자로는 비슷하게 작동한다.

> 원자로 폐쇄 1일 후 붕괴열로 생성되는 열출력은 다음과 같이 대략 계산할 수 있다. 폐쇄 직전 1,000MW전력을 생산하고 있었고 열 효율이 33%라면, (1일 후에는 열출력의 1%로 감소되므로)
>
> 그 답은 대략 1,000 × 1% / 33% = 30 MW 이상이다.
>
> 1년후 그 값은 2.4 MW로 떨어질 것이다.

붕괴열 감소 곡선의 형태가 이렇게 생긴 이유는, 각각 나름의 단순 지수 붕괴와 반감기를 갖는 다양한 핵 동위원소의 독립적인 붕괴가 복합되어 있기 때문이다. 초기에 잔류 핵활동은 반감기가 짧은 원소의 효과가 지배적이지만 나중에는 반감기가 긴 동위 원소의 활동만 남게 된다. 후쿠시마 다이이치에서 우려된 것은 초기 몇 시간 내지 며칠 동안에 발생한 붕괴열이었다.

붕괴열은 지속적인 냉각수 순환으로 반드시 제거되어야 하며 그렇지 않으면 전체 원자로가 빠르게 가열될 수 있다. 그러나 사고가 발생했을 때 원

Tsunami arrival

The movement of the sea bed caused by an earthquake pushes and pulls the water like a hydraulic ram creating a wave on the surface of the ocean above. This wave moves at a speed of several hundred kilometres per hour depending on the depth of the ocean[6]. As it reaches shallower water this tsunami wave moves more slowly but its height increases. Then, like any wave reaching a normal holiday beach, it breaks – in fact, in a trough where the water is shallower the wave moves more slowly, but on a crest where the water is deeper the wave moves faster, until eventually the next crest catches up with the previous trough, causing the wave to break. In the case of a tsunami wave it can rise up and break in a particularly dramatic fashion.

So 50 minutes after the quake such a tsunami wave arrived at Fukushima Daiichi. As the wave height increased it broke, carrying all before it as it rushed inland, smashing boats, houses, cars, shops, factories, power lines, roads and railways along the length of the coastline. Interestingly, the boats that survived were the ones that left port quickly before the tsunami wave arrived at the coast. Out at sea in deeper water the wave had not yet broken and was much smaller.

Reactor damage by tsunami

Thanks to their robust design none of the nuclear reactors in Japan was damaged by the earthquake although many were 40 years old. The Fukushima Daiichi nuclear plant suffered slight peripheral damage from the tsunami, because it had been constructed too low down and close to sea level. Specifically, its ancillary back–up diesel generators were sited in buildings on the seaward side, so that when the tsunami arrived, these were flooded and the main power lines to the plant were also destroyed, thereby leaving the plant without power, once the energy from the short–

자로가 정지되지 않는다면, 체르노빌 사고처럼 열에너지 생산율은 정상 가동시 필요한 냉각 수준과 같은 2,000~3,000MW가 되었을 것이다. 그러나 후쿠시마에서는 원자로를 정지시켜서 초기 붕괴열 발생 규모를 정상 가동시 대비 10% 이하로 감소시켰다. 그리고 만약 냉각이 정상적으로 유지되었더라면 사고는 전혀 일어나지 않았을 것이다.

쓰나미의 도착

지진으로 인한 해저의 움직임은 바다 표면에 파도를 일으키면서 양수기처럼 물을 밀고 당긴다. 이 파도는 바다의 깊이에 따라 시간당 수백 킬로미터의 속도로 움직인다. 물 깊이가 얕은 곳에 이르게 되면 이 쓰나미 파도는 훨씬 느리게 움직이지만 그 높이는 더욱 상승한다. 그리고 마지막에는 보통 휴양지 해변에 밀려오는 여느 파도처럼 부서진다. – 실제로 파도는 물 깊이가 얕은 골에서는 느리게 움직이지만 물 깊이가 깊은 곳에서는 더 빨리 움직이며, 마침내는 뒤의 물마루가 그 앞의 물골을 따라잡아 파도가 부서진다. 쓰나미 파도는 특히 극적인 방식으로 솟구쳐 부서질 수 있다.

지진이 일어난 지 약 50분 후, 그러한 쓰나미 파도가 후쿠시마 다이이치에 다다랐다. 파도는 높이가 증가하면서 내륙으로 돌진하여 그 앞에 있는 모든 것들을 휩쓸고, 해안선을 따라 정박한 배, 집, 자동차, 상점, 공장, 전력선, 도로 및 철도 등을 강타한 다음 부서졌다. 흥미롭게도 쓰나미 파도가 해안에 도착하기 전에 항구를 빨리 떠난 배들은 모두 무사했다. 더 깊은 바다에서 파도는 부서지지 않았고 그 크기도 훨씬 작았다.

쓰나미로 인한 원자로의 피해

일본의 핵 원자로들은 대부분 40년도 더 되었지만 견고한 설계 덕분에 이제까지 지진으로 파손된 원전은 하나도 없었다. 후쿠시마 다이이치 원자력 발전소는 너무 낮은 위치에, 해수면에 가깝게 건설되었기 때문에 쓰나

term battery back up was exhausted. After that three of the six reactors had no means to disperse the decay heat discussed above. In addition, there were water–filled tanks containing spent fuel elements that also needed to be cooled, because they too released decay heat, albeit very much more slowly being further down the curve shown in Illustration 3-1.

The chemical story

What actually then happened to the reactors and fuel ponds at the Fukushima Daiichi plant? The continuing output of heat from the reactors concerned could not be cooled initially and so the temperature of each reactor core rose, and continued to rise. Although nuclear activity itself is not affected by temperature at all, that is not true of chemical reactions.

Each reactor was full of water, designed to moderate or slow down the energetic neutrons and carry away the reactor energy to the generating turbines when the reactor was working, and so also keep the reactor cool. With the reactor shut down, this flow of water is still needed to carry away the decay heat. Within the reactor core with its pressure vessel inside the containment vessel, the uranium fuel is sealed in tubes of zirconium, a metal whose only role is to keep the fuel and its fission products isolated from the water. When re–fuelling becomes necessary these tubes can be withdrawn cleanly, taking all the radioactivity with them, and be replaced or moved to a new position in the core. Zirconium is chosen because it plays no part in the nuclear reactions and is also chemically rather inert.

However, like most metals at sufficiently high temperatures zirconium reacts with water. This chemical reaction produces zirconium oxide and hydrogen gas. The metals sodium and potassium react in a similar way at room temperature, as shown in every school chemistry laboratory. Aluminium and iron effectively do the same when they corrode – so this stage of the story is not nuclear at all, but simply chemical. In the

미로 인해 약간의 주변 손상을 입었다. 구체적으로 말하자면, 바다 쪽 건물에 설치되어 있던 보조 예비 디젤 발전기가 쓰나미로 인해 침수되었고 발전소로 이어지는 주 동력선 또한 파괴되었다. 그래서, 발전소는 단기 예비 배터리가 소진됨에 따라 더 이상 전원이 공급되지 않은 채로 방치되었다. 그 이후 6기의 원자로 중 3기는 앞서 논의한 붕괴열을 제거할 수단이 없었다. 또한 사용 후 연료를 보관하는 물이 채워진 저장조들이 있었는데, 이 저장조들도 냉각할 필요가 있었다. 왜냐하면 이 사용후 연료들도 〈그림 3-1〉의 곡선을 따라 아주 느린 속도로 내려갈지언정 붕괴열을 계속 방출하기 때문이었다.

화학 이야기

실제로 후쿠시마 다이이치 발전소의 원자로와 연료 저장조는 어떻게 되었을까? 냉각작업이 중단된 원자로에서는 지속적으로 열이 방출됐고 노심 온도가 계속 올라갔다. 핵 활동 자체는 그 온도에 전혀 영향을 받지 않았지만, 화학 반응은 그렇지 않았다.

각 원자로에는 물을 가득 채워, (이 물 흐름을 이용하여) 원전 가동시에 활동적인 중성자를 완화 또는 감속시키고 원자로 에너지를 발전 터빈으로 전달하며, 그래서 원자로도 식힐 수 있도록 설계되어 있다. 원자로가 정지될지라도 붕괴열을 분산시키기 위해 이 물 흐름은 여전히 필요하다. 원자로를 냉각하는 격납용기 안에는 압력용기가 있고 그 압력용기 안에 노심이 있다. 우라늄 연료는 이 원자로 노심(爐心) 안에 지르코늄 튜브로 봉인되어 있다. 이 지르코늄 튜브의 유일한 역할은 연료와 그 핵분열 생성물을 물과 격리하는 것이다. 연료 재공급이 필요하면, 이 튜브를 그 안의 방사능물질과 함께 말끔하게 꺼낼 수 있으며, 그것을 교체하거나 노심 안의 새 위치로 옮길 수 있다. 지르코늄 금속은 핵 반응에 아무런 역할도 하지 않고 또 화학적으로도 매우 안정적이다.

그러나 대부분의 금속과 마찬가지로 지르코늄은 충분히 높은 온도에서

case of zirconium in water this reaction to form hydrogen begins if the temperature exceeds 1,200 C. So at Fukushima Daiichi the temperature rose and the zirconium corroded in the water, generating hydrogen gas. The story developed slightly differently in the three reactors, but the effect was qualitatively similar[7].

The pressure inside the containment vessel, already very high because of the temperature and the superheated steam, rose even further with the added hydrogen eventually reaching 8.5 atmospheres. The vessel was designed to withstand 5.3 atmospheres and so was in serious danger of rupture.

Radioactivity released into the air

So it became imperative to release the excess pressure – but something else had happened. The unused fuel and the radioactive actinides and fission products had spilled into the water from the damaged zirconium fuel elements. By releasing the pressure intentionally, steam and hydrogen escaped into the atmosphere but carried with them some volatile fission waste products, in particular the isotopes iodine–131 and caesium–137[8]. (This radioactivity was not released into the environment by any explosion.) The total released activity of these isotopes was measured by several groups and is reported to be about 15% of that released at Chernobyl[9 ,10].

What happened next was really less significant although it seemed dramatic. As every science student knows, a mixture of hydrogen and oxygen can explode making water vapour. It is not clear what triggered the explosion but the hydrogen was very hot, so it would not take much.

Anyway, the released hydrogen became mixed with the air outside the reactor and the resulting explosion was captured on video and transmitted round the world with the graphic description explosion at crippled nuclear reactor. Although true, this generated panic among those who did not

물과 반응한다. 이 화학 반응은 산화지르코늄과 수소 가스를 생성한다. 학교의 화학 실험실에서 볼 수 있듯이, 나트륨과 칼륨은 유사한 방식으로 실온에서 반응한다. 알루미늄과 철도 부식될 때 똑같이 반응을한다. 그러므로 이 단계의 이야기는 전혀 핵과 관련 없는 단순한 화학적인 것이다. 물 속에 담긴 지르코늄의 경우, 수소를 생성하는 이 반응은 온도가 1,200C를 넘을 때 시작된다. 후쿠시마 다이이치에서 결국 온도가 상승했고 지르코늄은 물에 부식되면서 수소 가스를 생성했다. 이 이야기는 3개 원자로에서 약간 다르게 전개되었지만 그 효과는 질적으로 매우 비슷했다.

온도와 과열 증기로 인해 이미 매우 높아진 격납용기 내부의 압력은 추가된 수소로 더욱 상승되어 대기압의 8.5배에 이르렀다. 용기는 대기압의 5.3배를 견딜 수 있도록 설계되었기 때문에 심각한 파열 위험에 처해 있었다.

공기에 방출된 방사능

따라서 과도한 압력을 방출하는 과정에서 상황이 악화되었다. 사용되지 않은 연료와 방사성 악티늄족 원소 및 핵분열 생성물이 손상된 지르코늄 제어봉을 통과해 물 속으로 유출되었다. 압력을 의도적으로 방출함으로써 증기와 수소는 대기로 빠져나갈 수 있었지만, 몇가지 휘발성 핵분열 폐기물, 특히 동위원소 요오드−131 및 세슘−137이 함께 누출되었다. 이 동위원소들의 총 방출 방사능은 여러 그룹에 의해 측정되었으며 체르노빌에서 방출된 량의 약 15%로 보고되었다.

이후 일어난 일은 극적으로 보였지만 사실 그렇게 중요하지 않았다. 과학을 배운 학생들은 수소와 산소의 혼합물은 수증기를 만들면서 폭발할 수 있다는 사실을 잘 알고 있을 것이다. 무엇이 폭발을 촉발시켰는지는 분명하지 않지만 수소가 매우 뜨거웠기 때문에 폭발을 촉진시켰을 것이다.

어쨌든 방출된 수소는 원자로 밖의 공기와 혼합되었고 그 결과 발생한 폭발은 뉴스 카메라에 포착되어 손상된 원자로에서 발생한 폭발이라는 사진 설명과 함께 전 세계에 전송되었다. 이러한 선정적인 언론 보도로 인해

understand that the explosion was not itself nuclear, was wholly outside the reactor and did not result in the release of any extra radioactivity at all – that had happened already when the hydrogen and steam were released. However, the panic, alarm and implosion of trust were real enough and were responsible for the dramatic setting of the major health scare and economic consequences of the Fukushima Daiichi accident.

Re-criticality suppressed

To stop the creation of further hydrogen and disintegration of the fuel rod assemblies the temperature within the reactors had to be reduced. Initially this was achieved by circulating seawater through the cores. At the same time, extra boron was added to the water, in the form of boracic acid.

Naturally occurring boron contains 20% boron–10 which is an exceptionally strong neutron absorber and so boracic acid acts like the control rods suppressing any possible neutron flux[11]. It has been confirmed that as a result there was no restart of nuclear fission, a process called re–criticality.

This was in spite of the damaged fuel rods that melted and fell to the bottom of the 2.6 metre thick concrete containment vessel which they then eroded to a depth of 0.65 metre in reactor 1. In reactors 2 and 3 the depth was 0.12 and 0.20 metres respectively. This meltdown, so graphically described in Hollywood movies, was seized on by the media as a matter for horror, but it was less significant than the actual releases of radioactivity into the air and the cooling water. This meltdown should not be seen as a near–miss major incident. Criticality is hard to achieve in a carefully designed nuclear weapon with weapon–grade high purity fuel. There was no chance of an enhanced neutron flux, let alone an explosion in this case. If the melted fuel or corium, as it is called, had eaten its way through all layers of containment, the residual mess would not have compared with Chernobyl where a large fraction of the core contents

공포심은 극대화됐다. 다이이치 원전의 폭발은 핵폭발이 아니었으며, 전적으로 원자로 밖에서 발생했고 추가 방사능 누출은 전혀 초래되지 않았다는 사실을 모르는 사람들 사이에서 큰 공포를 일으켰다. – 방사능 누출은 수소와 증기가 방출될 때 이미 발생했다. 그러나 그 공포와 불안, 신뢰의 붕괴는 현실이 돼버렸고 후쿠시마 다이이치 사고로 인한 공황상태와 엄청난 경제적 손실의 원인이 되었다.

억제된 재임계

수소의 추가 생성과 연료봉 집합체의 붕괴를 막기 위해선 반드시 원자로 내의 온도를 줄여야 했다. 초기에 이 작업은 원자로 노심에 해수를 순환시킴으로써 가능했다. 동시에 그 물에 붕산의 형태로 붕소를 첨가하였다.

자연에서 발견되는 붕소는 강력한 중성자 흡수제인 붕소-10을 20% 함유하고 있다. 그래서 붕산은 중성자 선속을 억제하는 제어봉과 같은 역할을 한다. 결과적으로 이른바 재임계라고 하는 과정인 핵분열의 재시작은 없었음이 확인되었다. 그럼에도 불구하고 2.6미터 두께의 콘크리트 격납 용기의 바닥까지 녹아 떨어진 손상된 연료봉은 1호기 원자로를 0.65미터 깊이까지 침식했다. 2호기와 3호기의 침식된 깊이는 각각 0.12미터와 0.20미터였다. 이 원자로 노심의 용용은, 헐리우드 영화에서 그래픽으로 묘사되었고, 언론 매체체가 공포의 소재로 이용하였지만, 실제로 대기와 냉각수로 누출된 방사능에 비해 그렇게 중요하지는 않았다. 이 원자로 노심의 용용을 대재앙의 직전 단계로 간주해서는 안 된다. 재임계는 고순도 연료로 세심하게 설계된 핵무기에서도 달성되기 어렵다. 후쿠시마의 경우에는 폭발은 말할 것도 없고 중성자 선속이 증가할 가능성도 없다. 만약 소위 코리움(용용 혼합물)이라고 하는 용용된 연료가 격납용기의 모든 층을 온통 침식했다고 하여도, 그 상황이 초래하게 될 피해는 노심 내용물의 상당 부분이 상층 대기와 지역 환경에 뿌려져 인명 손실을 초래했던 체르노빌의 경우와 비교할 수 없을 정도로 작았을 것이다.

was thrown into the upper atmosphere and the local environment, with remarkably small loss of life.

Radioactivity released into the water

As cooling was re-established, water passed through the reactor with its damaged fuel rods and came into direct contact with fission products, including iodine-131 and caesium-137, which are normally fully contained within the rods. These elements dissolve easily in water so that this became radioactive. In the immediate aftermath of the accident this radioactive cooling water was held in tanks awaiting proper filtration, but in the first few weeks there was inadequate storage capacity.

That is why some of the less radioactive cooling water had to be released into the ocean to make room for that which was more highly contaminated. This was fully and properly announced, but the publicity went seriously awry, as discussed below. In addition, there have been some unintentional leaks and contamination of ground water; again, public perceptions have been misinformed. There were no direct health consequences of this released radiation or radioactivity, itself, for either the workers or the public. We come to the indirect social and psychological consequences later.

Spent fuel ponds

In addition to the cooling water for the reactors themselves, there was the water in the spent fuel ponds. This is intended to act as a radiation shield as well as a coolant; the ponds contained fuel that had been recently unloaded from a reactor undergoing maintenance, as well as long-term used fuel, destined for eventual reprocessing and storage. The fuel in the ponds contained no iodine-131 because nuclear fission had ceased much earlier – that is many times its 8-day half life. Further, because it

물속에 방출된 방사능

냉각이 다시 시작되면서 물은 손상된 연료봉이 있는 원자로를 통과하게 되었고 그 결과 정상시에는 완전히 봉 안에 격납되어 있어야 할 요오드-131과 세슘-137을 포함한 핵분열 생성물과 직접 접촉하게 되었다. 이 원소들은 물에 쉽게 녹아 물이 방사능을 가지게 된다. 사고 직후, 이 방사성 냉각수는 탱크에 보관되어 적절한 여과를 기다리고 있었지만, 처음 몇 주 안에 저장 용량이 부족하게 되었다.

이것이 심하게 오염된 냉각수의 저장 공간을 확보하기 위해 방사능이 낮은 일부 냉각수를 바다에 방출해야 했던 이유이다. 이 내용은 충분하고 적절하게 발표되었지만, 홍보는 완전히 실패했다. 게다가 의도하지 않은 누출과 지하수 오염이 발생했고 또 한편 대중의 인식에 잘못된 정보가 전달되었다. 누출된 방사선이나 방사능 자체는 근로자나 대중에게 직접적인 건강상의 영향을 미치지는 않았지만 이후 간접적으로 사회적, 심리적으로 부정적 영향을 초래했다.

사용후 핵연료 저장조

원자로 자체의 냉각수 외에도 사용후 핵연료 저장조의 물이 있었다. 이 물은 냉각제 뿐만 아니라 방사선을 막는 차폐 역할로 사용된다. 이 저장조에는 최종적으로 재처리하여 보관하려는 사용후 핵연료 뿐만 아니라 보수 중인 원자로에서 최근에 꺼낸 연료를 포함하고 있었다. 이 저장조의 사용후 핵연료에는 요오드-131이 거의 포함되어 있지 않았다. 왜냐하면 요오드-131의 반감기는 8일인데 핵분열이 끝나고 저장된 기간은 이미 오랜 기간이 경과했기 때문이다. 또 최근 정지된 노심의 극심한 열을 받지 않았기 때문에 사용후 핵연료 봉은 그만큼 물을 오염시키지 않았다. 밝혀진 바와 같이 이 저장조 안에 보관된 사용후 연료봉이 손상되기는 했지만 저장조 자체의 안전성은 유지되었고, 일부 관측자들이 우려했던 것처럼 물이 계속

had not suffered the extreme heat of the recently shut–off cores, the spent fuel rods did not contaminate the water to the same extent. As it turned out, there was damage to the stored spent fuel rods in the ponds but the integrity of the ponds themselves was maintained and the water did not boil away, as some observers had speculated.

Nevertheless, early in the accident concern for the spent fuel contributed to the political decision to attach severity 7 on the International Nuclear Event Scale (INES), the same as Chernobyl. This scale is discussed again in Chapter 6: it is not science–based and does not actually measure anything. It seems to be used by the authorities concerned to emphasise to the public the difficulties that they face. Unfortunately, the number looks like quantified science, but, by giving Fukushima parity with Chernobyl, the authorities succeeded in amplifying the problem of public concern, while improving neither trust nor understanding.

Public trust in radiation

Ignorance and lack of plan

Without power for lighting and adequate basic instrumentation, the operating crew at Fukushima Daiichi were in a technically difficult position, but they were also under great personal stress, as was Japanese society as a whole. This was because the planning, education and personal instruction that had proved so effective in reacting to the earthquake and tsunami had never been extended to the possibility of a nuclear accident. When it came to radiation and the release of radioactivity, there was complete ignorance, not only among the general population but at the highest levels of authority too. There was a general understanding that accidents were not possible because of the design and the regulations

끊지는 않았다.

그럼에도 불구하고 사용후 핵연료로 인한 사고 우려 때문에 체르노빌과 똑같이 국제 핵 사고 등급(INES)에 따른 심각도 7을 부여하는 정치적 결정이 일찍이 이루어졌다. 이 등급은 과학에 기반을 두지도 않았고, 실제로 아무것도 측정하지 않은 것이다.(이에 관해서는 제5장의 〈체르노빌 사고의 영향〉에서 다시 설명한다.) 관계 당국은 자신들이 직면한 어려움을 대중에게 강조하기 위해 근거없는 자료를 사용한 것으로 보인다. 불행히도 그 등급 숫자들은 정량화된 과학처럼 보였지만 사실은 그렇지 않았고, 심각도 7이라는 명제로 당국자들은 대중의 공포만 증폭시켰을 뿐 대중의 신뢰나 이해는 조금도 증진시키지 못했다.

방사능에 대한 대중의 신뢰

무지와 계획의 부재

후쿠시마 다이이치 원전 운전원들은 사고 직후 조명에 필요한 전원과 적절한 기본적인 계측설비를 구하지 못해 큰 어려움을 겪었고 일본 사회 전체와 마찬가지로 큰 스트레스를 받고 있었다. 그 이유는 지진과 쓰나미에 대처하는 데는 그토록 효과적이었던 계획과 교육 및 개인적 지침이 핵사고의 가능성까지 확대된 적이 없었기 때문이다. 사실 일반 대중뿐만 아니라 고위 당국자들도 방사선과 방사능 누출에 완전히 무지했다. 설계와 적용 규정 때문에 사고는 발생할 수 없다는 것이 일반적인 생각이었다.

핵 위험에 대한 개인적인 책임이나 이해에서 벗어나려고 하는 것은 국가적인 현상일 뿐만 아니라 국제적인 풍조였다. 어떤 수준에서도 온전하게 책임지는 사람은 없었고 책임은 항상 위쪽으로 전가되곤 하였다. 핵 사건 뿐만 아니라, 이런 수준의 무지와 중앙 집권적 대처로 처리되는 세상사는 어떤 것이든지 불안정의 근원이 된다. 특히 모든 사건이 현대의 24시간 가동

applied[12]

Disengagement from any personal responsibility or understanding of nuclear risks was not just national but international too. The buck was always to be passed upward with no really knowledgeable responsibility being taken at any level. Any aspect of life, not just a nuclear event, that encounters this level of ignorance and centralised reaction is a source for instability, especially when rapidly reported and amplified by modern 24–hour media. Inherent in this reaction was the perception that any understanding of nuclear safety requires a higher level of expertise.

The fallacy of absolute safety and the loss of trust

Among those on the ground in the Fukushima Prefecture, there seems to have been no one with any knowledge of the effect on public health of a nuclear accident and no one who had read the recent UN/WHO reports on Chernobyl and who had the necessary authority and confidence on which to base decisions. There were engineers who could speak of the reactors, but no one in authority to explain the medical implications for real people beyond the words of regulation. When the radioactivity was released, the public had no background knowledge on which to react to the news of the accident. In particular the scale of the danger was hidden from them, and so, for them, the natural reaction was to assume the worst.

The language of extremes carries no guidance or reassurance. In planning for the future, the possibility of a nuclear accident had been dismissed on the basis of assurances that it should not happen and that serious accidents can be prevented with sufficient safety measures. This is a mistake in principle because absolute safety is not possible. Every threshold can be exceeded, every protection overwhelmed, and nature is always capable of overwhelming man's best efforts – it can stage an accident by force majeure. Today, whenever this happens, the media adopt the story and quickly present themselves as being on the side of a mis-

되는 매체를 타고 신속하게 보도되고 증폭될 때는 더욱 그렇다.

절대적 안전에 대한 착각과 신뢰의 상실

후쿠시마 현의 현장에 있던 사람들 중에 원자력사고가 공중보건에 미치는 영향에 대해 아는 사람은 하나도 없었던 것으로 보인다. 체르노빌에 관한 유엔/세계보건기구의 최근 보고서를 읽은 사람도, 결정을 내릴 때 바탕이 되는 필요한 권위와 확신을 가진 사람도 전혀 없었던 것으로 보인다. 원자로에 대해 말할 수 있는 엔지니어들은 있었지만, 법규의 자구에 머물지 않고 실제 사람들에게 의학적 의미를 설명할 수 있는 권위 있는 사람은 아무도 없었다. 대중들은 방사능이 누출되었을 때 그에 대처할 수 있는 배경지식이 전혀 없었다. 특히 그 위험의 규모마저 대중들에게 감추어졌기 때문에 대중들에게 자연스런 반응은 최악의 상태를 가정하는 것이었다.

극단적인 언어는 아무런 지침이나 안심을 주지 못한다. 일본사회는 미래를 계획하는데 있어서, 핵 사고 따위는 일어나서는 안 되며 또 심각한 사고는 충분히 안전 대책으로 예방할 수 있다고 장담하면서 핵 사고 가능성을 아예 일축하였다. 절대적 안전이란 가능할 수 없기 때문에 이런 사고방식은 원칙적으로 착각이다. 모든 문턱은 넘을 수 있으며, 모든 보호장치는 압도될 수 있다. 자연은 언제나 인간의 최선의 노력을 압도할 수 있다. 자연은 인간이 저항할 수 없는 불가항력으로 사고를 무대에 올린다. 오늘날 사고가 일어날 때마다 언론 매체는 그 이야기를 채택하고, 대중의 공포를 반복하고 증폭시키면서 잘못된 정보를 받은 대중의 편에 서있는 것처럼 재빠르게 자신을 과시한다. 이런 점에서 사고 당시 자유로운 현지 언론이 없었던 체르노빌 사건보다 후쿠시마 사고는 훨씬 심각했다. TV방송사들은 쓰나미의 무시무시한 영상을 내보낸 직후, 속편을 기대하는 현대인의 욕구를 충족시키려 하는 듯 후쿠시마 다이이치의 화학 폭발 영상을 반복해서 방영했다.

분명히 쓰나미는 자연의 현상이고 그 누구에게도 책임을 물을 수 없지만, 누출된 방사선은 인간이 만든 것이므로 추측성 정치 이야기로 만들기

informed public, while repeating and amplifying their fears. In this respect the accident at Fukushima was worse than that at Chernobyl, where there was no free local press at the time of the accident. Following straight after the spectacular video of the tsunami, the news from Fukushima Daiichi with its video of the chemical explosions spread around the world, exciting the modern appetite for a sequel.

Obviously the tsunami was natural and could not be blamed on anyone, but the released radiation was man–made and therefore open to speculative political story–making. The media and their customers preferred accounts of reactors spewing radioactive material, generating for the audience horrific visions of dragon–like happenings, seemingly beyond the control of those in charge and the public imagination.

By their repeated use in the daily press, the very meaning of the words spewing and crippled were changed in the language, as reporters exhausted their supply of other words to use.

These reports referred to levels of radiation as high without any attempt to explain what made a level high or otherwise. The consequence was a widespread haemorrhage of popular confidence in social and political structures in Japan and in science worldwide, with very few authorities prepared to staunch the flow in the early days when it mattered most[SR8]. Such a loss of trust is dangerous, as it threatens the cohesion of society itself, especially when it is based on a completely false assessment of the situation ramped up by 24–hour reporting.

Impact on public health

Most of the radioactivity was carried by the wind out to sea or inland to the north–west, in the general direction of the village of Iitate. The dashed circles shown on the maps, Illustration 3-2, at 20 and 30 km from the Fukushima Daiichi power plant itself, were used to define the evacuation zone. Later this was extended in the northwest sector because of the effect

쉬웠다. 언론과 그 고객들은 방사능 물질을 분출하는 원자로에 대한 설명을 더 선호했다. 그 장면들은 청중들에게 무서운 공룡이 불을 내뿜는 듯한 끔찍한 환영을 불러일으켰는데, 아마도 당국의 통제를 벗어났을 뿐 아니라 대중의 상상력마저 초월한 것으로 보인다.

기자들은 쓸 말이 고갈되었는지 매일같이 언론에 '분출(spewing)', '불구가 된(crippled)'이라는 단어를 반복 사용함으로써 일상 용어에서 그 단어들의 실제적 의미마저 바꿔었다.

이러한 보도들은 방사능 수준이 높다고 말하고 있을 뿐, 무엇이 방사능 수치를 높였는지 따위는 설명하려는 시도조차 하지 않았다. 그 결과 일본의 사회 정치 구조와 전세계 과학계에 대한 대중적 신뢰가 광범위하게 실추됐다. 가장 중요한 초기 며칠동안 이 흐름을 멈출 준비를 갖춘 당국자들은 거의 없었다. 이런 신뢰감의 상실은 사회 자체의 결속력을 위협하기 때문에 위험하다. 특히 상황에 대한 완전히 잘못된 평가가 증폭되어 24시간 보도될 때는 더욱 그렇다.

공중 보건에 미치는 영향

방사능의 대부분은 바람을 타고 바다나 또는 북서쪽 내륙으로 이동하여 이타테 마을 전 방향으로 운반되었다. 다음 〈그림 3-2〉의 지도에 점선으로 표시된 원은 후쿠시마 다이이치 발전소에서 20 km와 30 km 떨어진 지점으로 대피 구역을 표시하고 있다. 이후 이 영역은 바람의 영향으로 퇴적된 방사능의 분포가 변함에 따라 북서쪽 방향으로 확장되었다.

여러 색으로 나타난 영역을 간단히 설명하자면, 평생 녹색 지역에 사는 모든 사람은 암 발병률이 미국 평균보다 낮은 지역인 콜로라도의 자연 방사선량(연간 6 mGy)의 약 2배정도의 방사선량을 받게 된다. 진한 적색 영역의 선량률(연간 250 mGy)은 1934년 ICRP(국제방사선보호위원회)가 정한 안전 임계값(연간 730 mGy)의 3분의 1수준이며, 이 수치는 오늘날의 기준에서도 암에 걸릴 알려진 위험이 없다.

of the wind on the pattern of deposited radioactivity. To put the meaning of the coloured areas into simple perspective, anyone living permanently in the green zone would get an extra radiation dose rate equal to twice the natural rate in Colorado (6 mGy per year) where the cancer rate is less than the US average. The dose rate in the dark red regions (250 mGy per year) is a third of the safety threshold set by ICRP in 1934 (730 mGy per year) and, even by today's standards, carries no known risk of cancer. We look at this again in Chapter 9.

The area devastated by the tsunami was along the coastal strip and those areas where radioactivity was higher were mostly inland in the mountainous area beyond the reach of the tsunami. It has therefore been possible to separate the effects of the two accidents, although the situation became slightly more confused when some of those made homeless by the tsunami were accommodated in temporary accommodation in schools and halls inland, some in regions affected by higher radioactive contamination (see also evacuee account in Chapter 12).

The maps show where the radioactivity was carried by the wind, but the related fear spread around the world on the media. In addition to the official evacuation of Iitate and the 20 km zone, there was a larger and more significant voluntary exodus. School attendance by children from better-off families fell as a result. Unofficial news of voluntary evacuation encouraged people not to be left behind and at risk, as they saw it, and those who could flee most easily did so, even from Tokyo, some 150 km away. Many foreigners acted impulsively and caught a plane in search of absolute safety, receiving more radiation on the plane than if they had stayed put. Many foreign embassies set a poor example and encouraged evacuation – some moved their whole staff to cities elsewhere in Japan. Some officials, quite ignorant of what they were running away from, spoke darkly of a possible need to evacuate Tokyo. Most Japanese remained, bolstered by their proverbial stoicism, and the workers at the plant, treated by the world press as condemned men and women, stayed

쓰나미로 타격을 받은 지역은 해안선을 따라 띠를 이루고 있고 방사능이 높은 지역은 주로 쓰나미가 닿지 않았던 내륙의 산악 지대였다. 쓰나미로 집을 잃은 사람들 중 일부는 내륙의 학교와 공공시설에 마련된 임시 숙소에 수용되었고, 일부가 방사능 오염이 더 높은 지역에 수용되면서 상황은 더 혼란스럽게 됐지만, 두 사고의 영향을 분리하는 것은 가능했다.

지도를 보면 바람을 타고 방사능물질이 옮겨진 곳을 알 수 있지만, 방사능에 관련된 공포는 언론을 타고 전세계로 퍼져나갔다. 이타테촌과 그 주

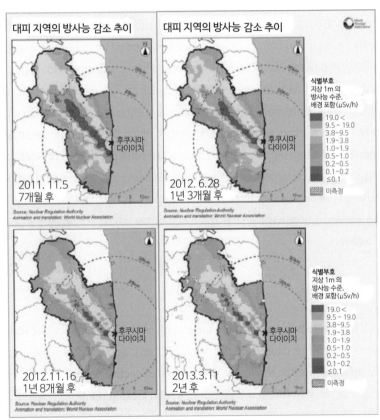

〈그림 3-2〉 후쿠시마 다이이치 주변 지역의 지도는 지상 1m 상공에서 시간당 여러 색으로 보이는 마이크로 그레이 (micro-Gy) 단위의 방사선량 비율을 보여준다. 적색 영역은 시간당 19micro-Gy 또는 월 21mGy 이상을 나타내며 네 개의 지도는 사고 이후 다른 날짜에 대한 것이다. 점선으로 된 원은 발전소에서 20km, 30km 떨어진 곳을 표시한다.[WNA(세계 원자력 협회)의 허락하에 복제]

at their posts. History should find some way to record its thanks to them and their families for their bravery.

Protective suits that frighten or impress

Meanwhile, anxious to impress, officials, visiting dignitaries and press reporters eagerly donned impressive white protective suits and masks,. Such antics may make good television and improve the authoritative image of those who need to be seen doing something about the accident. But they do nothing for a Japanese child and her mother who see the school playground being dug up by workers dressed up in the name of an unseen and unexplained evil called radioactivity or radiation. This is made only worse when this supposed evil actually causes no harm whatever at the doses concerned. The harm comes from the fear that the image of dressed–up workers engenders, and from keeping children indoors rather than letting them out to play naturally. Unfortunately, the majority of the population see their fear confirmed as established fact when workers and officials are dressed up in this way. An open–necked shirt with rolled–up sleeves, a firm hand shake and a cup of tea would be a better way to reassure.

Loss of life

There were two deaths at the nuclear plant in the first hours, but these were drownings caused by the tsunami itself. Some workers who got their feet wet in the basement flooded by radioactive water suffered beta burns to the skin on their legs, but this soon cleared up. Within a couple of weeks of the accident there were enough preliminary measurements to show that the released radioactivity was substantially less than at Chernobyl and it was clear that there were unlikely to be any casualties at all, even in the longer term[SR8]. Regrettably this was only acknowledged

변 반경 20km 구역에 공식적인 대피령이 내려졌고 훨씬 더 넓은 지역에서 상당히 자발적인 탈출이 있었다. 그 결과 부유한 집안 아이들의 학교 출석율이 떨어졌다. 자발적 대피를 조장하는 비공식적 뉴스들은 사람들에게 이 소식을 보는 대로 안전지대로 대피할 것을 권장했으며, 정말로 쉽게 도망칠 수 있는 사람들은 그렇게 했다. 심지어 약 150km 떨어진 도쿄에서도 많은 사람들이 대피했다. 많은 외국인들은 충동적으로 행동했고 절대 안전을 위해 비행기에 탔지만 그대로 머물렀을 경우보다 비행기에서 더 많은 방사능을 받게 되었다. 많은 외국 대사관이 대피를 장려했으며 일부는 직원 전체를 일본의 다른 도시로 옮기는 등 나쁜 사례를 보였다. 일부 관료들은 무엇을 피해 도망가는지 전혀 무지했으며, 은근슬쩍 도쿄에서도 대피해야 할지 모른다는 말을 했다. 대부분의 일본인들은 참고 기다리는 전통의 가르침대로 남아 있었다. 발전소 직원들은 세계 언론의 비난을 감수하면서도 자신들의 자리를 지켰다. 역사는 반드시 그들과 그 가족들의 용기에 감사를 기록해야 할 것이다.

공포를 부추기는 보여주기식 보호복

한편, 감명을 주고 싶어 했는지, 관리들과 시찰나온 고관들, 언론 기자들은 인상적인 흰색 보호복과 마스크를 열심히 착용했다. 그들의 우스운 행동은 텔레비전의 좋은 뉴스거리가 되었고, 사고에 대해 무언가 하고 있다는 것을 보일 필요가 있는 그들의 권위적인 이미지를 돋보여 주었다. 그러나 그들은 학교 운동장을 물끄러미 바라보고 있는 어린이와 그 엄마를 위해서는 아무 일도 하지 않았다. 학교 운동장에서는 방사능이나 방사선이라는 보이지도 않고 설명할 수도 없는 악을 구실로, 보호복을 잘 차려입은 인부들이 표토를 긁어내고 있었다.

악이라고 여겨지는 존재가 실제로 전혀 해를 끼치지 않을 때 상황은 더욱 악화될 뿐이다. 이 피해는 잘 차려입은 인부들의 이미지가 자아내는 두려움에서 오는 것이며, 또한 아이들을 밖에서 자연스럽게 놀도록 두지 않

by the international authorities after a two-year delay during which considerable social and psychological damage continued.

The Press Release by UNSCEAR (United Nations Scientific Committee on the Effects of Atomic Radiation) reads:

31 May 2013 - Radiation leaked after Japan's Fukushima nuclear disaster in 2011 is unlikely to make the general public and the majority of workers sick, a United Nations scientific committee today said previewing a new report..... The committee added that no radiation-related deaths or acute effects have been observed among the nearly 25,000 workers at the accident site, nor it is likely that excess cases of thyroid cancer due to radiation exposure would be detectable.[13]

Recent reports on the Chernobyl accident[14] confirm that there was no evidence for any other cancer types, even there. Given that the release of radioactivity at Fukushima is known to be substantially smaller than at Chernobyl, no cancers of any kind are likely at Fukushima. The same conclusion may be reached by comparing doses to Fukushima workers to survivors of Hiroshima and Nagasaki, and of the Goiania accident described in Chapter 6.

고 실내에 가두어 두는 데서 오는 것이다. 불행하게도 대다수 주민들은 인부들과 관리들이 이런 식으로 잘 차려입고 있을 때 자신들의 공포가 사실이라고 느낀다. 단추를 두어 개 푼 셔츠를 입고 소매를 걷어붙인 채 건네는 굳은 악수와 차 한 잔이 사람들을 안심시키는 더 좋은 방법이었을 것이다.

인명 손실

사고 직후 처음 몇 시간 안에 원자력 발전소에서 두 명의 사망자가 발생했지만 이 사건은 쓰나미로 인한 익사였다. 방사성 물에 침수된 지하실에서 발을 적신 일부 노동자들은 다리에 베타 화상을 입었지만 곧 치료되었다. 사고 발생 2주 이내에 방사능에 대한 예비 측정을 충분히 시행했는데, 그 결과에 따르면 누출된 방사능은 체르노빌의 방사능보다 상당히 적었고, 또 장기적으로도 사상자가 전혀 없을 것임이 분명하였다. 유감스럽게도 이 사실은 2년이나 발표되지 않았고 상당한 사회적, 심리적 피해가 지속되고 나서 국제 당국에 의해 겨우 인정되었다. UNSCEAR(유엔 방사선영향 과학위원회)는 다음 사실을 언론에 공개했다.

> 2013년 5월 31일 – 2011년 일본 후쿠시마 핵 재앙 이후 유출된 방사능은 일반 대중과 대다수의 노동자들을 병들게 하지는 않을 것이다. 오늘 유엔 과학위원회는 이 내용을 시사하는 보고서를 내놨다. 위원회는 사고 현장에 있던 2만 5천여 명의 근로자 가운데 방사선 관련 사망이나 심각한 영향이 관찰되지 않았으며, 방사선 노출로 인한 갑상선암의 추가 발생 사례도 검출될 가능성이 매우 낮다고 덧붙였다.

체르노빌 사고에 대한 최근 보고서는 체르노빌에서도 다른 유형의 암 발병 증거가 없다는 사실을 확인했다. 후쿠시마에서 방출된 방사선량은 체르노빌보다 상당히 적은 것으로 알려져 있으므로 마찬가지로 후쿠시마에서도 어떤 종류의 암도 발생할 것 같지는 않다. 후쿠시마 노동자와 히로시마와 나가사키 피해자들의 선량을 비교해도 동일한 결론에 도달할 수 있다.

Caution that harms people but protects authority

Psychological disaster at Fukushima

Geraldine Thomas, Professor of Molecular Pathology at Imperial College London and Director of Chernobyl Tissue Bank,[15] has described the real damage:

All the scientific evidence suggests that no one is likely to suffer damage from the radiation from Fukushima itself, but concern over what it might do could cause significant psychological problems. It is therefore important to understand that the risk to health from radiation from Fukushima is negligible, and that undue concern over any possible effects could be much worse than the radiation itself

This fear has been caused in large measure by the inept international advice available via the various arms of the United Nations, specifically UNSCEAR and ICRP (International Commission for Radiological Protection). The advice to national governments is intended to manage popular fears by appeasement with an over-cautious safety policy. This is not based on the science of any actual risk, and it fails completely at a psychological and social level in the case of high profile accidents. It should be considered inhumane. The accident at Fukushima was not a radiation disaster, but many died as a result of it, not from radiation but from social stress. Nobody in Japan, or in the international community advising them, seems to have read and understood that the same mistake was made at Chernobyl, as most recently reviewed in a report by UNSCEAR on 28 February 2011, just 11 days before the Fukushima accident.[16] That report repeated that the severe disruption caused by the Chernobyl accident resulted in major social and economic impact and great distress for the affected populations.

As an article in Nature about the May 2013 report on Fukushima said[17]

주민들을 해치고 당국을 보호하는 경고

후쿠시마의 심리적 참사

런던 임페리얼 칼리지의 분자 병리학 교수이자 체르노빌 세포 은행 이사인 제럴딘 토마스는 실제 피해를 다음과 같이 설명했다.

모든 과학적 증거는 아무도 후쿠시마의 방사선 자체로부터 손상를 입을 가능성은 없어 보이지만, 그 방사능이 무슨 일을 할 수 있을지에 대한 우려는 심각한 심리적 문제를 야기할 수도 있다는 것을 시사한다. 그러므로 후쿠시마 방사선으로 인한 건강 위험은 무시할 수 있으며, 어떤 가능한 결과에 대한 과도한 우려가 방사선 자체보다 훨씬 더 위험할 수 있다는 것을 이해하는 것이 중요하다.

이러한 공포는 주로 유엔 산하기구, 특히 UNSCEAR와 ICRP(국제방사선방호위원회)가 내놓은 서투른 국제적 조언으로 야기되었다. 이 기구가 각국 정부에 조언을 한 의도는 대중을 지나치게 신중한 안전 정책으로 달래면서 대중의 공포를 관리하기 위한 것이다. 이것은 실제로 어떤 위험에 관한 과학에 근거를 두고 있는 것이 아니어서 세간의 이목을 끄는 사고인 경우 심리적, 사회적 차원에서 완전히 실패할 수 있다. 이것은 비인간적인 것으로 간주되어야 한다.

후쿠시마 사고는 방사선 재앙은 아니었지만, 그 결과 많은 사람들이 방사선 때문이 아니라 사회적 스트레스로 죽었다. 일본정부에게 조언한 국제기구가 저지른 실수는 이미 체르노빌에서 일어났다는 보고서를 읽어보고 이해한 사람은 아무도 없어 보였다. 이 보고서는 후쿠시마 사고 발생 11일 전인 2011년 2월 28일 UNSCEAR에서 최신판으로 발표한 것이다. 해당 보고서는 체르노빌 사고로 야기된 심각한 혼란은 피해 주민들에게 사회적, 경제적 충격과 큰 고통을 주었다고 거듭 얘기하고 있다.

후쿠시마에 관한 2013년 5월 보고서에 대한 Nature지 기사는 다음과 같다.

A far greater health risk may come from the psychological stress created by the earthquake, tsunami and nuclear disaster. After Chernobyl, evacuees were more likely to experience post-traumatic stress disorder (PTSD) than the population as a whole, according to Evelyn Bromet, a psychiatric epidemiologist at the State University of New York, Stony Brook. The risk may be even greater at Fukushima. "I've never seen PTSD questionnaires like this," she says of a survey being conducted by Fukushima Medical University. People are "utterly fearful and deeply angry. There's nobody that they trust any more for information."

Overall, the reports do lend credibility to the Japanese government's actions immediately after the accident. Shunichi Yamashita, a researcher at Fukushima Medical University who is heading one local health survey, hopes that the findings will help to reduce stress among victims of the accident. But they may not be enough to rebuild trust between the government and local residents.

The conclusion that the reports lend credibility and offer hope are hardly appropriate, given that the danger and the required action was clear within a few days, as posted two years earlier[SR8].

Symbols of hazard

Authorities worldwide have used a symbol to encourage exceptional respect for radiation hazards. When it was first introduced, the tre–foil of radiation, Illustration 1-8-a on page 42, may have been informative, but quickly it became a symbol that frightened people – like a swastika or a skull–and–crossed–bones. Its use as a practical danger signal became misused for purposes of intimidation and politics. It lost any educational benefit long ago and its use should be discontinued. To many people it is seen as some kind of symbolic curse – and a curse is not a reasonable instrument of safety. For instance, when used as a symbol attached to

훨씬 더 큰 건강상 위험이 지진이나 쓰나미, 핵 재앙으로 야기된 심리적 스트레스에서 올 수 있다. 스토니 브룩 뉴욕 주립대 유행병 심리학자인 에블린 브로메트에 따르면, 체르노빌 사고 이후 피난민들은 주민 전체보다 외상 후 스트레스 장애(PTSD)를 경험할 가능성이 더 높았다. 후쿠시마의 경우, 그 위험성은 더욱 클 수도 있다. 후쿠시마 의대에서 주관한 조사 대해서, 에블린은 "나는 이같은 PTSD 설문 결과를 본 적이 없다"고 말했다. 사람들은 "몹시 두려워하고 있으며 깊이 분노하고 있다. 정보에 관한 한 더 이상 주민들은 누구도 신뢰하지 않았다."

전반적으로, 그 보고서는 사고 직후 일본 정부가 취한 행동을 신뢰하고 있다. 지역 보건 조사를 이끌고 있는 후쿠시마 의과대학의 야마시타 슈니치 연구원은 이번 조사 결과가 사고 희생자들의 스트레스를 줄이는 데 도움이 되기를 희망한다고 말했다. 그러나 그것으로 정부와 지역 주민들 간의 신뢰를 다시 세우기에는 충분하지 않을 것이다.

거의 2년 전에 발표된 바와 같이, 위험과 필요한 조치가 며칠 내에 밝혀졌다는 점을 고려하면, 신뢰를 보내고 희망을 준다는 그 보고서의 결론은 거의 적절하지 않다.

위험의 상징들

세계의 관계 당국은 방사선 위험에 대해서 특별한 관심을 끌기 위해 상징을 사용해 왔다. 처음 도입되었을 때의 세잎 클로버 같은 방사선의 상징은 유익했을지 모르지만, 순식간에 그것은 나치를 상징하는 기호와 해적선 기호처럼 사람들을 놀라게 하는 상징이 되었다. 실질적인 위험의 상징으로 사용되던 것이 협박과 정치의 목적으로 오용되었다. 이미 오래전에 그 상징은 교육적 이점을 잃었기 때문에 그 사용은 중단되어야 한다. 많은 사람들에게 기호는 일종의 상징적 저주로 간주된다. 그리고 저주는 안전에 대한 합리적인 도구가 아니다. 예를 들어, 그 상징을 방사성 폐기물에 부착하여 사용할 때 그것은 정보가 아니라 통상 존재하지 않는 큰 위험에 대한 메시

radioactive waste, it conveys, not information, but a message of great danger, usually where none exists.

A far greater hazard responsible for millions of deaths annually through dysentery and other water–borne diseases has no such symbol, probably because it is a Third World, more than a First World, problem. Illustration 1-8-b on page 42 shows a candidate symbol drawn from the First World experience.

Evacuation, clean up and compensation

At Fukushima the lack of trust, so evident on my first visit in October 2011, appeared to be equally strong in December 2013. I was introduced by an evacuee to his empty farmhouse and overgrown fields in the evacuated zone. I visited his cramped temporary accommodation where three generations were still living and enjoyed a meal at the café on the site. I learnt of his earlier alcohol problem and how by then he had a part time job as warden checking the empty houses and farms in the evacuated zone – which is how he was able to take me in through the locked barrier at the zone boundary (Illustration 3-3).

I saw decontamination work in progress in the fields (Illustration

〈그림 3-3〉 2013년 12월에 촬영된 피난 구역 출입구

지를 전달할 수 있다.

매년 수백만 명이 사망하게 되는 이질이나 다른 수인성 질병은 위험이 훨씬 큰데도 불구하고 그러한 상징을 가지고 있지 않다. 아마도 그것은 제1세계의 문제라기 보다는 제3세계의 문제이기 때문일 것이다. 제1장의 〈그림 1-8-b〉는 제1세계의 경험에서 나온 것으로서 나중에 제1세계 문제의 상징 후보가 될 만한 기호이다.

대피, 정화 및 보상

2011년 10월 후쿠시마를 처음 방문했을 때 생생하게 느꼈던 신뢰의 결여는 2013년 12월에도 똑같이 강하게 느껴졌다. 나는 한 피난민의 소개로 그의 빈 농가와 무성하게 자란 대피 구역의 들판을 둘러보았다. 여전히 3대가 살고 있는 비좁은 임시 숙소를 찾아가 그 지역 카페에서 즐겁게 식사를 하였다. 애초에 그에게는 알코올 문제가 있었지만 어떻게 그때까지 대피 구역의 빈 집과 농장을 점검하는 관리자로서 시간제 일을 하게 되었는지 알게 되었다. 그 덕분에 그는 나를 경계 구역의 잠긴 장벽을 지나 내부로 데려갈 수 있었다(그림 3-3). 나는 오염 제거 작업이 진행 중인 현장(그림 3-4)과 제거되길 기다리고 있는 오염된 표토 더미가 있는 감시소를 보았다.[그림 1-11 참조]

〈그림 3-4〉 2013년 12월에 촬영된 오염된 표토의 제거 현장

3 4) and monitoring stations with piles of sheeted contaminated top soil awaiting removal (Illustration 1-11 on page 47).

Later I heard that the evacuee who showed me around had been able to buy himself a sizeable two–storey house outside the zone with the compensation money he had received. Compensation, and those who get it and those who do not, has upset the local housing market and is a source of grievance that has compounded distrust of the authorities for their handling of the evacuation and clean–up.

Fear of artificial radiation

In their attempt to find safety, people seek what they see as familiar and natural, perhaps because it is less likely to have been tampered with for some unknown purpose.

But for community decisions, like sources of energy that affect everyone, such preferences should be justified by evidence. In connection with nuclear energy we should ask whether natural radioactivity in the environment is more benign than any possible artificial radioactivity released from a nuclear power plant.

Radioactivity is present everywhere in the natural world. Modern cosmology teaches that after the Big Bang, 13.8 billion years ago, the universe was dominated by radiation and the only elements present were hydrogen and a small amount of helium. All the other material that we see around us now, and from which we ourselves are made, is the nuclear waste from stellar explosions that happened later. Although nuclear activity has been notably quiet recently, at least in this part of our galaxy, that is certainly not true elsewhere in the universe, where nuclear action is widespread. We can see this in the amazing pictures of prodigious explosions and violent collisions that come from the Hubble and other powerful telescopes.

If that makes us think we have been lucky, we should not forget the

현장을 둘러보고 나서 나를 안내해 준 그 피난민은 정부의 보상금으로 꽤 큰 2층짜리 집을 대피구역 밖에 살 수 있었다는 이야기를 들려주었다. 보상, 그걸 받은 사람도 있고, 받지 않은 사람도 있지만, 그것은 지역 주택 시장을 뒤흔들고, 당국의 대피와 정화 처리에 대한 불신을 가중시킨 불만의 근원이다.

인공 방사선에 대한 공포

사람들은 안전을 찾아 여러가지를 시도하다가 결국은 익숙하고 자연스럽게 보이는 것을 찾게 된다. 아마도, 어떤 알 수 없는 목적으로 변조되었을 가능성이 적어 보이기 때문일 것이다.

그러나 에너지원과 같이 모든 사람에게 영향을 미치는 공동체의 결정을 위해 어떤 선택을 해야 할지는 반드시 증거로써 정당화되어야 한다. 핵 에너지와 관련해서 우리는 환경의 자연 방사능이 원자력 발전소에서 방출될 수 있는 인공 방사능보다 자비로운지 물어봐야 한다.

방사능은 자연계 어디에나 존재한다. 현대 우주론은 138억년 전 빅뱅 이후 우주는 방사선으로 충만했고 유일하게 존재하는 원소는 수소와 소량의 헬륨 뿐이었다고 가르친다. 지금 우리 주변에 보이는 모든 물질들은, 우리 자신도 그러한 물질들로 만들어진 것이지만, 빅뱅 후에 일어난 별들의 폭발로 생긴 핵폐기물이다. 적어도 우리 은하는 최근 핵 활동이 눈에 띄게 조용해졌지만, 우주의 다른 곳에서도 잠잠해진 것은 확실히 아니다. 그곳에서는 핵 활동이 광범위하게 진행되고 있다. 허블 망원경이나 다른 고성능 망원경이 보내주는 거대한 폭발과 격렬한 충돌의 놀라운 사진들에서 이것을 볼 수 있다.

이것을 보고 우리는 운이 좋았다고 생각한다면 60억년보다 훨씬 이전에 모든 화학 원소가 핵폐기물로서 생성된 다음 발생한 붕괴열을 잊어서는 안된다. 오늘날에도 가장 오래 지속되기는 하지만 자연적으로 불안정한 방사성 원소가 아직 있다. 우라늄, 토륨 및 칼륨-40이 바로 그것인데, 수십억

radioactive decay heat that followed the formation of all our chemical elements as nuclear waste more than six billion years ago. Today the longest lasting but naturally unstable radioactive elements are still here – uranium, thorium and potassium–40 – decaying with their half–lives measured in billions of years. Natural and harmless, you might think, after such a long time.

But the energy that they release is the source of the heat inside the Earth–it is decay heat, like the heat that caused the trouble at Fukushima. It is responsible for all geothermal heat sources in Iceland, Yellowstone National Park and elsewhere. It provides the heat and radioactivity for the onsen, the hot springs so important in Japanese culture, as well as the spas in Britain and the Baden in Germany that have been so popular since the time of the Romans. Today it is said that 75,000 patients worldwide seek radon therapy at these facilities[18]. More generally the radioactivity provides the energy that drives the movement of the Earth's tectonic plates – and so the volcanoes, earthquakes and tsunamis. In fact, this nuclear decay heat of the Earth, which is natural, killed 18,800 people in Japan in March 2011, while radiation emanating from the man–made reactors at Fukushima Daiichi killed not a single person. This shows how that which is man–made or artificial may be safer than what is found in nature, benefiting as it does from being designed and matched to the scale of human need. However, the distinction is only one of scale, since there is no real intrinsic difference between natural and artificial sources of radiation.

Questions about the danger of internal radioactivity

Domestically, the Japanese people are particularly concerned about cleanliness, so the possibility of radioactive contamination around the home causes much worry.

But the thought of indelible contamination within your own body,

년으로 측정되는 반감기를 통해 붕괴하고 있다. 그렇게 오랜 시간이 흘렀으니 이 원소들은 자연적이고 무해하다고 생각할 수도 있다, 하지만 그들이 방출하는 에너지는 지구 내부의 열원이다. 이것이 바로 후쿠시마에서 문제를 일으킨 열과 같은 붕괴열이다. 그것은 아이슬란드, 옐로스톤 국립공원 등지의 모든 지열의 원인이기도 하다. 그것은 로마시대부터 매우 유명했던 영국과 독일 바덴의 온천 뿐만 아니라 일본 문화에 매우 중요한 뜨거운 샘물인 온천에 열과 방사능을 제공한다. 오늘날 전 세계 7만 5천 명의 환자들이 이러한 시설에서 라돈 치료를 받고 있다고 한다. 좀 더 일반적으로 말하자면, 방사능은 지구의 지각판의 운동을 일으키는 에너지를 제공한다. 그 결과 또 화산과 지진과 쓰나미를 일으킨다.

사실 이러한 지구의 핵 붕괴열은 자연적이기는 하지만 2011년 3월 일본에서 1만 8800명의 사망을 초래했다. 반면에 인간이 만든 후쿠시마 다이이치 원자로에서 방출된 방사능은 단 한 명의 사망자도 발생시키지 않았다. 이것은 인간이 만든 또는 인공적인 것이 자연에서 생성된 것보다 얼마나 더 안전할 수 있는지를 보여준다. 더우기 인공적인 것은 인간에게 필요한 규모에 맞추어 설계하여 나름대로 혜택을 누릴 수가 있다. 그렇지만 방사선의 원천이 자연이냐, 인공이냐 하는 것 사이에 진정한 본질적인 차이는 없다. 유일한 차이가 있다면 단 하나, 규모일 뿐이다.

신체 내부 방사능 위험에 대한 질문들

일본 사람들은 가정에서 특히 청결에 많은 신경을 쓰기 때문에, 집 주변의 방사능 오염 가능성에 대해 염려를 많이 한다.

더구나 정상적으로 씻어낼 수 없는 몸 속의 방사능 오염을 생각하면 더욱 불안해진다. 내부 피폭 방사능이 암 발생의 원인이 되지 않을까 우려하는 것이다. 일본 사람들은 후쿠시마 사고로 피폭된 방사선량에 대해 과연 어떤 생각을 하고 있는 것일까? 내부 피폭이 위험하다고 하는데 그에 따른 피해자는 왜 나타나지 않는 것일까? 방사선 피폭 희생자에 대해 왜 아무 소

beyond the reach of normal washing, is even more disturbing. So internal radioactivity and the cancer that such radiation might cause in years to come makes for deep concern. How can the Japanese people be sure that the internal radiation from the doses experienced at Fukushima is safe? Why is it unexpectedly harmless? Why have the Japanese people not been told anything about this? These questions are answered fully in Chapters 5 and 6, where we discuss how cancer therapy works and what happened in the town of Goiania in Brazil in 1987, when a redundant radiotherapy source was taken from a medical clinic.

Comparison of the accidents at Goiania and Fukushima Daiichi tells us what we need to know about the chances of cancer caused by the radioactivity released in the power station accident. This comparison uses measurements taken in a very large survey of public internal contamination at Fukushima, discussed in Chapter 6. Many of those measurements were taken by the mobile whole–body radioactivity measurement unit. This is shown in Illustration 3-5 outside the General Hospital at Minamisoma, photographed when I visited there in October 2011.

Radiation safety is inter-disciplinary

The social and economic consequences of the Fukushima accident have been severe but avoidable, for the world, as for Japan. So why have both the Japanese and the international authorities been spooked by this accident, if the radiation has no serious medical effect on life? Firstly there is need to confirm that this really is generally true, and not some special case. Given the extreme energy of individual nuclear processes, how can it be that the effect of nuclear radiation on human health is modest – or even beneficial at low rates? This is a source of genuine surprise, even disbelief, to many physicists and engineers, who are familiar with these energies and the principles of their physical effect – though few are versed

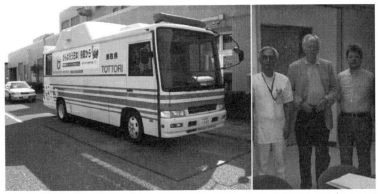

〈그림 3-5〉 2011년 10월 미나미소마 종합병원에서 촬영한 새로운 전신 측정 장치 (우측 사진 중앙 인물이 필자)

식도 듣지 못했을까?

후쿠시마 다이이치 핵발전소 사고를 깊이 살펴 보면, 발전소 사고에서 유출된 방사능으로 인한 암 발생 가능성에 대해 알아야 할 것이 무엇인지 드러난다. 후쿠시마 사고 이후 지역주민의 방사선 내부 오염 조사를 위해 광범위한 촬영이 시행됐다. 대부분의 측정 활동은 이동식 전신 방사능 측정 장치로 이뤄졌다. 〈그림 3-5〉는 내가 2011년 10월 미나미소마 종합병원을 방문하여 찍은 사진이다.

방사선 안전은 여러 학문 분야와 관련되어 있다

후쿠시마 사고의 사회적 경제적 결과는 심각했지만, 일본뿐만 아니라 세계적으로도 충분히 막을 수 있는 재난이었다. 방사능이 생명에 심각한 의학적 영향을 미치지 않음에도 불구하고 왜 일본과 국제 당국자들은 이 사고에 그토록 겁을 먹었을까? 먼저 방사능이 심각한 의학적 영향을 끼치지 않는다는 사실이 어떤 특별한 경우가 아니라 일반적으로 타당한 것인지 확인할 필요가 있다. 핵발전소 운영 과정에서 나오는 어마어마한 에너지를 감안하면, 건강에 미치는 방사선의 영향이 아주 미미하다는 사실, 심지어 낮은 선량의 경우 방사선이 도리어 유익하다는 사실은 매우 경이로운 것이다.

in the medicine and biology involved. This cross–disciplinary fault line is a part of the problem. It is one reason for the extreme caution applied to standards of radiation protection for the past 60 years.

Marie Curie died in 1934 and the safety standards used then have been superseded by others, a thousand times more cautious in response to pressures from the public with the acquiescence of physical scientists. The wide divergence of these perspectives needs to be resolved with data and simple scientific understanding, as set out in later chapters.

Fear of the radiation from a CT scan

Ever since its discovery the penetrating powers of ionising radiation have been used to picture the inside of patients' bodies, initially as simple X–ray examinations and more recently as CT scans. These are now complementary to MRI (Magnetic Resonance Imaging) and ultrasound scans, neither of which uses ionising radiation at all. Together these methods have contributed to the early diagnosis of many conditions, including cancers, as part of the modern medical care that has increased life expectancy for so many. Fractured bones, dental cavities and foreign bodies can often be seen with quite small doses of ionising radiation, safely and effectively at modest expense. If the clinician requires better resolution or discrimination in the image, the radiation dose is increased. Over the years the method has been extended to make 3D anatomical pictures with a resolution of a fraction of a millimetre. Functional images, also in 3D, are given by PET (Positron Emission Tomography) and SPECT (Single Photon Emission Computed Tomography) scans in which a short–lived radioisotope is injected into the patient – these are both described as nuclear medicine and deliver a radiation dose similar to a CT scan.

Today many cancers are cured without the trauma of surgery, and the usual treatment combines chemotherapy with high–dose radiotherapy (HDRT), often simply called radiotherapy (RT). In many cases this has a

이것은 핵 에너지와 그 물리적 효과에 전문지식을 가진 대다수 물리학자나 공학자들에게도 정말 놀랄만한 일이며, 쉽게 수긍될 수 없는 일이다. – 물론 이런 현상은 관련 의학이나 방사선 생물학에 정통한 사람이 거의 없기 때문이다. 바로 이 학문간의 단절이 문제의 일부이다. 이것이 지난 60년간 방사선 보호 기준에 극도의 신중함을 유지해 온 한가지 이유이다.

마리 퀴리는 1934년에 사망했고, 당시 사용된 안전 기준은 다른 기준으로 대체되었다. 즉 그 기준은 대중의 우려를 감안해서 물리학자들의 묵인 아래 합리적인 기준보다 천 배나 더 엄격하게 설정되었다. 이러한 관점들 간의 극명한 차이는 뒷 장에 제시된 자료와 간단한 과학적 이해를 통해 해결되어야만 한다.

CT 촬영으로 인한 방사선 공포

전리 방사선의 투과력은 그것이 발견된 이래 지금까지 환자의 신체 내부를 촬영하는 데 사용되어 왔다. 그 예로 초기의 간단한 X선 검사와 최근의 CT 촬영을 들 수 있다. 이제 이것들은 전리 방사선을 사용하지 않는 자기 공명영상(MRI)과 초음파 스캔에 보조적으로 사용된다. 이러한 방법들이 서로 어우러져 암을 포함한 많은 증상들의 조기 진단에 기여했으며, 기대 수명을 크게 증가시킨 현대 의료 체제의 일부를 이루고 있다. 골절된 뼈나 충치, 이물질 등은 대부분 아주 소량의 전리 방사선을 이용해 안전하고 또 적은 비용으로도 쉽게 발견할 수 있다. 좀 더 뚜렷한 영상이나 식별이 필요할 경우에는 방사선량을 늘리면 된다.

수년에 걸쳐 이 방법은 몇분의 1 밀리미터의 해상도로 3D 해부 사진을 구현하는 정도까지 발전되었다. 3D 기능성 영상들은 환자에게 수명이 짧은 방사성 동위원소를 주사하여 촬영하는 장치인 PET 및 SPECT 스캔으로 만들어진다. 이 장치들은 모두 핵 의학으로 분류되며, CT촬영과 거의 같은 방사선량을 전달한다.

오늘날 많은 암들이 외과적 수술없이 치료되고 있으며, 일반적인 치료는

good prognosis, although the radiation doses used are hundreds of times higher than used during a CT scan and may be given every day for a month or more.

The scares that appear in the popular press about the dangers of the low doses used in diagnostic CT scans, as opposed to therapy treatment, are without foundation, typically they are based on analyses of data that have been discredited in the medical literature[19]. In later chapters we look at the LNT hypothesis used in attempts to substantiate these scare–stories, why it is discredited, and the history that explains why it was ever taken seriously by scientists who had other motives (see Chapter 10). Here we note that patients receiving the much higher doses in a radiotherapy course, usually thank the clinical staff on completion of their treatment, and go home with a good chance of enjoying further years of life. Such are the benefits of modern medicine, and to refuse the much lower doses of a CT scan out of fear, makes little sense. The risk from an undiagnosed tumour, missed by not accepting a scan when symptoms suggested one, far outweighs the tiny risk from the scan itself. Of course the expense of a scan should not be accepted without reason, just as saying that a pedestrian crossing is safe to use should not be seen as an invitation to stop and sit down half way across the highway. Common sense should always be applied, but we all know that, and it applies to the safety of radiation.

화학요법과 고선량 방사선 치료(HDRT, 보통 간략히 방사선 치료(RT)라고 한다)를 병행한다. 많은 경우에 여기에 사용되는 방사선량은 CT 촬영보다 수백 배 높고 한 달 또는 몇 달 동안 매일 조사(照射)할 수도 있지만, 치료 후 경과는 아주 좋다.

진단용 CT 촬영에 사용되는 저선량 방사선의 위험에 대한 대중매체의 공포는 근거가 없으며, 일반적으로 의학 전문가들이 신뢰하지 않는 자료에 근거한 것이다.

앞으로 우리는 이 허위로 꾸며낸 방사능 괴담을 뒷받침하는데 이용된 LNT 가설을 살펴볼 것이다. 이 가설이 왜 전문가들에게 신뢰받지 못하는지, 그런데도 왜 여태까지 특정 부류의 과학자들에게는 심각하게 받아들여지고 있는지에 대해서도 살펴볼 것이다. 여기서는 방사선 치료 과정에서 매우 높은 선량을 투여 받은 환자들이 대개 치료가 끝난 후 의료진들에게 감사함을 표하며, 남은 여생을 즐길 수 있는 좋은 기회를 안고 집으로 돌아간다는 점을 지적해 둔다.

현대 의학의 장점이 이러할진대 두려움 때문에 훨씬 낮은 선량의 CT 촬영을 거부하는 것은 매우 어리석은 일이다. 증상이 나타났을 때 CT촬영을 거부함으로써 진단을 놓친 종양의 위험은 촬영 자체의 작은 위험보다 훨씬 크다. 물론 CT촬영 비용도 아무 이유 없이 받아들여져서는 안 된다. 이것은 마치 걸어서 건너도 안전하다고 한 말을 고속도로를 반쯤 건너가서 앉아 있어도 된다는 뜻으로 여겨서는 안 되는 것과 같다. 우리가 알고 있듯이 상식은 항상 적용되어야 한다. 그리고 그 상식은 방사선의 안전에도 마찬가지다.

Wastes, costs and conflicting interests

Comparison of waste products

For many people, concern about high–level nuclear waste tops their list of worries about nuclear energy, although with a little examination this can be seen as unreasonable. Like other technologies, nuclear power produces waste, and so strategies are needed to prevent safety being compromised or the environment being spoiled. Technologies and their wastes may be compared:

- whether the waste is toxic or contagious;
- whether the quantity is large;
- whether it can be reprocessed;
- whether the toxicity decays away in time;
- whether it is a gas or liquid that has been traditionally discharged into the environment;
- whether it is soluble and easily dispersed;
- whether it is solid and easily stored;
- whether it has other valuable uses.

For simplicity, let's compare three types of waste produced by human activity: combustion waste, personal biological waste and high–level nuclear waste[SR1].

Combustion waste consists of ash and carbon dioxide. In Illustration 1-9 on page 42 the canister on the left shows the mass released into the atmosphere every day for each person – the product of burning gas, oil and coal, including their contribution to transport, heating and electricity generation. The steady build–up of this carbon dioxide in the atmosphere is well established, even if the precise time scale of the consequences is less certain[SR3]. Anyway, the release of such pollutants from fossil fuel combustion is out of control and threatens life on Earth.

폐기물, 비용 그리고 상충되는 관심사들

폐기물의 비교

조금만 조사해 보면 불합리하다는 것을 알 수 있음에도 불구하고 고준위 핵폐기물에 대한 우려는 핵 에너지에 대한 전반적인 우려 항목 중에 상위에 자리잡고 있다. 다른 기술과 마찬가지로 원자력 발전은 폐기물을 발생시키기 때문에 안전 훼손이나 환경 파괴를 방지하기 위한 전략이 필요하다. 여러가지 기술과 그 폐기물은 다음과 같은 기준으로 비교할 수 있다 :

- 폐기물은 독성이나 전염성이 있는가;
- 그 양은 많은가;
- 폐기물은 재처리 가능한가;
- 독성은 시간 경과에 따라 사라지는가;
- 통상적으로 환경에 배출되는 폐기물은 가스인가 아니면 액체인가;
- 용해성이 있고, 쉽게 분산되는가;
- 그것이 고체라면 쉽게 보관할 수 있는가;
- 다른 가치 있는 용도는 없는가 등이다.

좀 더 간단히 말해서, 인간 활동으로 생성된 세가지 폐기물 유형을 비교해 보자. 즉, 연소성 폐기물, 개인적 생물학적 폐기물 그리고 고준위 방사성 폐기물을 비교해 보자.

연소성 폐기물은 재와 이산화탄소로 구성되어 있다. 제1장 〈그림 1-9〉에서 왼쪽 금속용기는 각 개인이 매일 대기로 방출하는 질량이다. 여기에는 가스, 기름, 석탄의 연소 부산물과, 운송, 난방 및 전기발전에 사용된 후 나오는 부산물도 포함된다. 그 결과에 대한 정확한 시간 척도가 다소 불확실하지만 대기 중의 이산화탄소가 꾸준히 축적되고 있다는 것을 잘 보여준다. 어쨌든 화석연료의 연소로 인한 오염물질의 방출은 통제를 벗어나 지구상의 모든 생명체를 위협하고 있다.

Biological waste is closer to home and its management is an individual and personal responsibility taught to children at an early age. Public discussion is unwelcome, but nature encourages everybody (and animals likewise) to control the release of waste into the environment by making it foul smelling – presumably as selected by evolution. Where the resources are available, the waste is washed away with water. However, where this fails and the waste reaches drinking water or the food chain, a closed biological loop results which, once infected, can lead to a biological chain reaction incubating disease. A recent well–publicised example was the cholera epidemic in Haiti, although in truth nearly a million children die every year from diarrhoeal disease spread by polluted water.

Where the necessary investment is made, this waste problem is contained by recycling and engaging the process of natural decay. The effluent is passed through filter beds and the solids aerated to rot or decay naturally before being spread on arable or pastureland as a valuable natural fertiliser. In this way simple treatment of a dangerous waste product on a huge scale gives a valuable but safe product. This is accepted without comment in the press.

Nuclear waste

Nuclear waste is another waste like biological and combustion waste. However, unlike the latter two types, it has not caused any fatal accident. Specifically, there has been no radiation fatality from waste at any nuclear power plant. The quantity of waste is tiny by comparison, as illustrated by the canister on the right in Illustration 1-9 on page 42. This is directly related to the energy density of nuclear compared to carbon fuels – undiluted, a millionth of the fuel is needed to generate one kilowatt–hour of electrical energy, but that also leaves a millionth of the waste – the precise ratio depends on the choice of fossil fuel and whether the nuclear fuel is fully burnt (the size of the canister in Illustration 1-9 assumes that

생물학적 폐기물은 가정과 더 밀접하며 아이들에게 어릴 때부터 가르쳐왔다. 그 처리는 개인의 책임이다. 그 폐기물에 악취를 풍기게 함으로써 - 아마도 진화 과정에서 선택된 것 같다 - 누구에게나 (동물도 마찬가지다) 환경에 함부로 방출하지 못하도록 선을 긋는다. 재원이 있는 곳에서는, 이 폐기물을 물로 씻어낸다. 그러나 이 방법이 실패하고 그 폐기물이 식수나 먹이 사슬에 도달하게 되면, 폐쇄적인 생물학적 순환고리가 발생한다. 그것은 일단 감염되면 질병을 배양하는 생물학적 연쇄 반응으로 이어질 수 있다. 최근 잘 알려진 예로는 아이티에서 발생한 콜레라 전염병이 있다. 실제로 오염된 물로 전염된 설사 질환 때문에 매년 백만 명에 가까운 어린이가 사망한다. 필요한 투자가 이루어지는 곳에서는, 이 폐기물 처리에 재활용과 자연 부패 과정을 이용한다. 폐수는 여과층에 통과시키고 고형물은 공기 중에 두어 자연적으로 부패시킨 다음 경작지나 목초지에 천연 비료로 뿌린다. 이와 같이 대량의 위험한 폐기물을 간단하게 처리함으로써 귀중하고 안전한 부산물을 얻게 된다. 언론에서도 이를 아무런 논평 없이 받아들인다.

핵 폐기물

핵 폐기물은 생물학적 및 연소 폐기물과 같은 또 다른 폐기물이다. 하지만 핵 폐기물은 두 유형의 폐기물과 달리 치명적인 사고를 일으키지 않았다. 특히 원자력 발전소의 폐기물로 인한 방사능 사망자는 없었다. 그 폐기물 양은 제1장 〈그림 1-9〉의 오른쪽 금속용기 그림처럼 비교적 아주 적다. 그 이유는 탄소 연료와 비교한 핵의 에너지 밀도와 직접 관련된다. 희석하지 않은 상태에서, 핵은 전기 에너지 1kwh를 생성하는데 탄소연료의 100만분의 1이 필요하며, 폐기물도 100만분의 1을 남긴다. 정확한 비율은 화석 연료의 선택과 핵 연료의 완전 연소 여부에 달려 있다. (그림 1-9의 금속용기 크기는 현재 대부분의 원자로에 해당하는 약 1%의 연소율을 가정한 것이다.) 그 폐기물은 주로 고형이며 조밀하게 저장할 수 있다. 또 그것은 탄소와 생물학적 폐기물처럼 기본적으로 자연환경에 배출되지 않는다. 핵 폐기물은

about 1% is burnt which is true in most current reactors). The waste is mainly solid and can be compactly stored; it is not discharged into the environment by default like carbon dioxide and biological waste.

Like biological waste, it can be reprocessed, the valuable unused fuel recovered and reused, and other by-products used in the manufacture of all kinds of useful devices from smoke alarms to sources for sterilisation and vital medical scans.

The reusable fuel, uranium and transuranics including plutonium, have long life times, but the residual fission products decay naturally with half lives of 30 years or less. So these can be chemically separated and embedded in glass or concrete, and then buried. Within 300 years the activity falls by a factor of a thousand, and within 600 years by a million, becoming no more active than natural ores. The technology to vitrify the waste in this way is not new and has been employed for several decades. (If, instead, the unused fuel is not recovered or reused, the residual radioactivity lasts much longer – but that is a waste of valuable unused fuel.) Buried in a mine, waste can stay put securely for very much longer than 600 years, as demonstrated by the story of the waste left by the 2,000–million–year–old natural Oklo Reactor. However, we postpone a description of that story until Chapter 7. We also delay drawing conclusions about proliferation and plutonium until Chapter 12. Terrorists and rogue states are dangerous whatever means they use, but how hazardous is plutonium?

Nuclear waste has had a bad press, but that is nothing to do with safety. Compared to other wastes, it rates very well. What is the worst that can be said of high–level nuclear waste? That it does not smell? Actually that is not such a stupid question. The ability of life to detect radiation is important, and we study that in Chapter 5.

생물학적 폐기물과 마찬가지로 재처리가 가능하고, 미사용 연료는 재사용할 수 있으며, 기타 부산물은 화재 경보기에서부터 살균 및 중요한 의료 스캔용 시스템에 이르기까지 모든 종류의 유용한 장치를 제조하는데 사용할 수 있다.

재사용 가능한 연료, 즉 우라늄과, 플루토늄을 포함한 초우라늄은 원소의 수명이 길지만 잔여 핵분열 생성물은 30년 이하의 반감기를 가지고 자연적으로 붕괴된다. 그리고 이것들은 화학적으로 분리가 가능하므로 유리나 콘크리트에 매립해 묻어둘 수 있다. 방사능은 300년 이내에 천분의 1까지 600년 이내에는 100만분의 1까지 감소하여 천연 광석보다 더 안정적인 상태로 변한다. 이러한 방식으로 폐기물을 유리질로 바꾸는 기술은 새로운 기술이 아니며, 수십 년 동안 사용되어온 기술이다.

20억년 된 오클로의 자연 원자로가 남긴 폐기물에서 볼 수 있듯이, 핵폐기물은 광산에 매립하면 600년이 지나도록 안전하게 보관할 수 있다. 테러리스트와 불량국가는 그들이 어떤 수단을 사용하든 위험하다. 그러나 플루토늄은 얼마나 위험할까?

핵 폐기물은 여론에서 혹평을 받았지만 그것은 안전과는 전혀 상관이 없다. 다른 폐기물과 비교해 보아도 매우 좋은 평가를 받는다. 고준위 핵폐기물에 대해 말할 수 있는 최악의 상황은 무엇일까? 냄새가 나지 않는다고? 사실 그건 그렇게 멍청한 질문은 아니다. 방사선을 탐지하는 생명체의 능력은 중요하며, 우리는 이 내용을 제4장의 〈방사선에 대한 감지〉 절에서 다룰 것이다.

The cost of nuclear energy

What about the cost? the media exclaim, and people nod their heads in agreement. But think about it: where does the money go? It goes on safety, insurance, public enquiries, working practices that ensure safety – on a grand scale without equal! Well, if half the work force in the nuclear industry is engaged working on safety, waste and decommissioning, and, if those requirements were to be drastically scaled back without risk of any kind, the cost of nuclear energy should fall substantially. By 30%, at least. But there is no escaping the fact that the public clamour for even greater safety after Fukushima has increased costs yet further, even though the fears are groundless and the increased costs are not in the public interest. The ultimate problem is a regulatory regime that demands that nuclear plant designs are over–engineered in the name of safety. Behind that there is always a thirst for employment, a readiness by business to secure a contract to do a job, and a campaign by the press for increased safety.

In the Fukushima accident there was no loss of life at all due to radiation and, apart from the need to ensure that emergency generators are better sited, no major changes should have been required. Actually, the only substantial task should be one of education – the authorities should wake up to that, and the public should appreciate it. Education would address the real problem, be relatively cheap, and the cost of electricity should fall dramatically, not rise.

But the story has wider dimensions. Japan has no native supply of fossil fuel and its need for energy contributed to the causes of war in the twentieth century. This problem had appeared solved with its introduction of nuclear energy in the 1960s. However, currently (August 2015) all but one of its 50 nuclear power plants still remain shut down in response to public protest following the breakdown in public trust after the Fukushima accident. The impact on both the country's trade

핵 에너지의 비용

비용은 어떨까? 언론은 환호하고 사람들은 바로 그거라고 고개를 끄덕인다. 하지만 한번 생각해 보자 : 그 돈은 다 어디에 쓰이는 걸까? 바로 안전, 보험, 공공 조사 그리고 안전보장 업무 실습 등에 쓰인다. —그것도 견줄데가 없는 대규모로!

자, 원자력 산업의 절반에 가까운 인력이 안전과 폐기물 및 해체 작업에 종사하고 있으며, 만약 어떤 종류의 위험도 없이 이 사항들을 대폭 축소할수 있다면 핵 에너지의 비용은 실질적으로 적어도 30%까지 축소될 수 있을 것이다. 그러나 핵에 대한 공포가 전혀 근거가 없고 증가되는 비용이 공익은 아님에도 불구하고, 후쿠시마 사건 이후 더 큰 안전에 대한 대중적 요구로 인하여 비용이 한층 더 증가되었다는 게 사실이다. 궁극적인 문제는 안전이라는 명분으로 원자력 발전소의 과잉 설계를 요구하는 규제 체제이다. 그 이면에는 항상 고용에 대한 갈망, 작업 계약을 확보하려는 기업의 열의, 안전 강화를 위한 언론의 캠페인 등이 있다.

후쿠시마 사고에서 방사선으로 인한 인명 손실은 전혀 없었으며, 비상발전기를 좀 더 적절한 장소에 설치해야 할 필요성 외에 큰 변화가 필요하지 않았다. 사실, 유일한 실질적 과제는 교육이어야 한다. — 당국은 이것을 깨달아야 하며 대중은 이를 인식해야 한다. 교육은 현실적인 문제를 해결할 것이며 상대적으로 비용도 저렴할 것이다. 그러면 전기 요금은 상승하지 않고 극적으로 하락할 것이다.

하지만 설명을 다 하자면 범위가 꽤 넓다. 일본은 자체 공급되는 화석 연료가 없으며, 그 에너지의 필요성은 20세기 전쟁 원인 중의 하나였다. 이문제는 1960년대 핵 에너지 도입으로 해결된 것처럼 보였다. 그러나 현재(2015년 8월) 후쿠시마 사고 이후 대중의 신뢰 붕괴에 따른 저항에 따라 50개 핵발전소 중 1개를 제외하고 모두 여전히 폐쇄되어 있다. 이것이 일본의 무역적자와 온실가스 배출에 미치는 영향은 심각하다. 수입한 화석 연료가 감당하는 일본 전기 생산의 비중은 2010년 62%에서 2013년 88%

deficit and greenhouse gas emissions is severe. Japan imported fossil fuels for 88% of its electricity in 2013, compared with 62% in 2010. The additional fuel cost was ¥3.6 trillion ($35.2 billion). Japan reported a trade deficit of ¥11.5 trillion ($112 billion) for 2013, largely due, directly and indirectly, to additional fuel costs. This is much more than the 2012 trade deficit and follows a ¥6.6 trillion ($65 billion) surplus in 2010. Electricity consumption has decreased since 2010 and tariffs for industrial users have increased by 28%.

Emissions from electricity generation accounted for 486 million tonnes CO_2, 36.2% of the country's total in fiscal 2012, compared with 377 million tonnes, 30% of total in 2010[20]. Although on 11 August 2015 the first Japanese reactor was restarted and others will follow, many have been permanently shut down because of the costs of compliance with unreasonable regulations. The situation is both needless and dire, but that is reflected to a considerable extent around the world where other nuclear programmes have been shut down, reduced or not started. This is less evident in countries where the authorities are not at the mercy of short term popular opinion. In a democracy having to conform to popular nuclear restrictions can reduce economic competitiveness. Authoritarian regimes need not be so encumbered, and this will give them a major competitive edge in future, both for electrical energy itself and for the ability to deliver new plants. Over the next century this will give them an economic advantage that many in the free world have denied themselves.

The scale of a nuclear reactor

As a rule, when costs increase unreasonably, something is wrong, either with the objective or the way that it has been set. Evidently the general apprehension about nuclear technology has driven absurd increases in costs. There are ways to reduce costs beyond simply addressing this apprehension. Current nuclear reactor designs are very

로 증가하였다. 추가로 지출된 연료비는 3조 6000억 엔(352억 달러)이었다. 2013년 무역적자는 11조5000억 엔(1120억 달러)으로 보고되었다. 주로 직·간접적인 추가 연료비 때문이다. 이는 2012년 무역 적자보다 훨씬 많으며 반면에 2010년에는 6조6000억 엔(650억 달러)의 흑자를 기록했었다. 2010년 이후 전기 소비량은 감소했지만 산업용 전력 사용자에 대한 관세부담이 28% 증가했다. 2012 회계년도에 전기 생산으로 인한 CO_2 배출량은 4억 8600만 톤으로 국가 전체 배출량의 36.2%를 차지했다. 2010년에는 3억 7700만 톤으로 전체의 30%였다.

2015년 8월 11일 일본의 1호 원자로가 재가동된 후 다른 원자로들의 재가동이 뒤따를 것으로 예상됐지만, 불합리한 규정의 준수 비용 때문에 대부분 영구 폐쇄되었다. 이러한 상황은 불필요하고 불행한 일이었지만, 주변 세계에도 상당히 큰 영향을 미쳐 다른 나라의 핵 프로그램들이 중단되거나 축소됐다. 이 현상은 관계 당국이 단기적인 여론에 좌우되지 않는 나라에서는 별로 나타나지 않았다. 민주주의 체제에서는 인기에 영합하려는 정치인들의 근시안적 선택으로 핵 규제를 매우 엄격하게 강화하는 경향이 있는데 이는 해당 국가의 경제적 경쟁력을 나락으로 떨어뜨릴 수 있다. 권위주의적 체제에서는 핵발전소에 대한 여론에 그다지 구애받을 필요가 없기 때문에 전기 에너지 자체 뿐만 아니라 새로운 발전소 공급 능력에서도 매우 유리한 위치에 있으며 미래의 경제적 경쟁력에서 큰 이점을 가질 수 있다. 그리고 다음 세기에는 자유 세계의 많은 나라들이 스스로 거부한 경제적 우위를 권위주의 국가들이 차지하게 될 것이다.

핵 원자로의 규모

일반적으로 비용이 비합리적으로 증가한다면, 그 목표나 목표 설정 방식이 잘못된 것이다. 분명, 핵 기술에 대한 비합리적 우려 때문에 비용이 터무니없이 증가됐다. 불안감을 해소하는 것뿐만 아니라 비용까지 절감할 수 있는 방법이 있다. 현재의 핵 원자로 설계는 두가지 이유로 즉, 기술적 및

large for two reasons, one social and one technical, but there are separate reasons why costs might be substantially reduced if they were smaller.

The scale of a nuclear plant is set in part by the level in society prepared to take responsibility for it. We may imagine a tiny plant supplying a village, a small plant for a town, and a large plant for a region. But if responsibility is not accepted locally it is referred upwards to a higher authority, although the idea that authority improves with such centralisation is questionable. Responsibility for the supply of electricity from nuclear energy has been passed up the line, all the way to the top with the involvement of international authorities. With some measure of dispersed responsibility, nuclear plants might be smaller, less expensive and have faster time scales for decision making and construction. Clearly, then, to reduce costs, much devolved responsibility should be considered. Nuclear energy is not a special case or category on its own. On what grounds would it be? That is precisely the kind of pleading that should be avoided.

A second reason for nuclear plants being large concerns how they work. Nuclear submarines are propelled by smaller nuclear reactors[21], but these use more highly enriched uranium than civilian electric utilities. The technical details concern the neutrons in the reactor; if the fissile uranium density is not high enough, too many neutrons may escape from the reactor core or get absorbed by fission products called poisons. By making the core larger the number escaping is reduced and the efficiency is increased, and that is what is done in a large traditional civil reactor.

However, it is not clear that this is essential and new designs for small modular reactors (SMR) may be viable and cheaper. This is a matter of ongoing engineering debate.

SMRs would avoid the large in situ construction methods that have caused difficulties for new plants. An important scale is the experience of the builders. If nobody on site has ever built such a plant before, there will be setbacks, overruns and delays. If on the other hand there

사회적 이유로 규모가 매우 크다. 그러나 그 규모를 줄인다면 당연히 그 비용을 절감할 수 있다.

핵 발전소의 규모는 대체로 그 규모를 감당할 준비가 된 사회의 수준에 따라 결정된다. 한 마을에 전력을 공급할 소형 발전소와 한 도시용 중형 발전소, 그리고 한 지역용 대형 발전소를 생각해 볼 수 있다. 그러나 해당 지역에서 발전소를 책임지려고 하지 않으면, 그 책임은 상위 당국으로 넘어간다. 하지만 그러한 중앙집중화로 권위가 강화될 것이라는 생각은 잘못이다. 핵 에너지로 생산된 전기의 공급 책임은 계속 상향 이동되고 결국 국제기관이 개입하는 최고 수준까지 올라갔다. 분산된 책임 정도에 따라, 핵 발전소는 더 작아질 수 있고, 더 저렴해질 수 있으며, 의사 결정과 건설에 필요한 시간도 더 단축될 수 있다. 그러므로 분명히 말하건대, 비용을 줄이기 위해서는 더 많은 책임을 지방자치단체에 위임해야 한다. 핵 에너지는 국제기구까지 나서서 규제해야 할 특별한 경우나 범주가 아니다. 어떤 근거로 그런가? 그것은 정확히 말하자면, 하지 말아야 할 일종의 변명이다.

핵 발전소의 규모가 커진 두번째 이유는 그 작동원리와 관계가 있다. 핵잠수함은 소형 원자로로 추진되지만, 민간 전기 설비보다 밀도가 높은 고농축 우라늄을 사용한다. 기술적인 세부 사항은 원자로의 중성자와 관련이 있는데, 만약 핵분열성 우라늄의 밀도가 충분히 높지 않을 경우 너무 많은 중성자가 원자로 노심에서 빠져 나오거나 핵분열 생성물에 흡수될 수 있다. 그래서 노심을 더 크게 제작하면 누출되는 중성자 수는 줄어들고 효율은 높아진다. 이것이 전통적인 대형 민간 원자로에서 해온 방식이다. 그러나 이 방식이 필수적인지 그리고 소형의 모듈형 원자로(SMR)를 새로 설계하는 것이 실현 가능하고 더 저렴할 것인지는 분명하지 않다. 이것은 현재에도 진행 중인 공학적 논쟁 대상이다.

SMR은 신규 발전소 건설을 어렵게 했던 대규모 현장 건축 공법을 피해갈 수 있을 것이다. 중요한 기준은 건설자들의 경험이다. 만약 현장에 그러한 발전소를 건설해 본 사람이 아무도 없다면, 설계와 시공의 차질, 예산 초과 및 공사기간 지연 등이 발생할 것이다. 반면에 이전 프로젝트에 참여

is personal experience from previous projects, and, in addition, much of the construction involves modules assembled off–site, the economies of repeated production will pay dividends in cost, reliability and safety. That is just economics, Henry Ford style. Production line methods for managing nuclear waste can reduce costs too. When competition and market forces, unfettered by heavy– handed regulations, can get to work, new designs will prove themselves and costs will fall. Proper safety regulation is essential as in other industries, but there is no reason to treat nuclear risks as special or different, provided the workforce is properly informed.

한 개인적 경험이 있고, 게다가 대부분의 건조물이 외부에서 조립된 모듈을 포함하고 있다면, 반복 생산의 경제로 인해 비용과 신뢰성 및 안전성 측면에서 많은 이익이 될 것이다.

핵 폐기물 관리 방식에서도 비용을 줄일 수 있다. 경쟁과 시장 원리가 고압적인 규제에 구속되지 않고 제대로 작동할 때 새로운 디자인이 경쟁력을 확보해 시설 확보 비용을 낮출 수 있을 것이다. 다른 산업과 마찬가지로 적절한 안전 규제는 필수적이지만, 종사자에게 정보를 제대로 제공한다면 핵 위험을 특별하거나 별종으로 취급할 이유가 전혀 없다.

Chapter 4:

Energy to Support Life

Nuclear energy is incomparably greater than the molecular energy which we use to-day. The coal a man can get in a day can easily do 500 times as much work as the man himself. Nuclear energy is at least one million times more powerful still. If the hydrogen atoms in a pound of water could be prevailed upon to combine together and form helium, they would suffice to drive a 1,000 horse-power engine for a whole year.

- Winston S Churchill, in the Strand Magazine (1931)

Escalating stages in the liberation of life

Energy for plants

The surface of the Earth is warmed when the Sun shines on it, but as soon as night comes, the flow is reversed and the Earth cools by radiating its heat into space. The atmosphere blankets the surface, and the heat stored during the day in the rock helps to maintain the surface temperature. Whenever temperature falls, chemical changes slow or stop, including those that constitute the mechanisms of any form of life. When the Sun shines and it is warm, plant life can absorb energy by photosynthesis, so that it grows while also converting carbon dioxide in

제4장

생명체를 지속시키기 위한 에너지

원자력에너지는 오늘날 우리가 사용하는 분자 에너지와 비교할 수 없을 정도로 크다. 한 사람이 하루에 얻을 수 있는 석탄은 한 사람이 하루에 할 수 있는 일의 500배나 많은 일을 쉽게 할 수 있다. 원자력에너지는 석탄 에너지보다 또 다시 적어도 100만배 더 강력하다. 만약 1파운드의 물 속 수소 원자들을 결합하여 헬륨을 형성한다면 이때 나오는 에너지로는 1,000 마력 엔진을 1년 동안 달리게 하기에 충분할 것이다.

- 윈스턴 S 처칠, 스트랜드 매거진 (1931년)

생명체를 자유롭게 하는 상승 단계들

식물을 위한 에너지

지구의 표면은 햇빛이 비칠 때 가열되지만, 밤이 오면 열의 흐름은 역전되어 열은 우주로 방출되고 지구는 식게 된다. 대기는 지표면을 감싸안고 낮 동안 바위에 저장된 열은 지표면 온도 유지를 돕는다. 생명체의 메커니즘을 구성하는 모든 화학변화는 온도가 낮아질 경우 느려지거나 멈춰진다. 식물은 태양이 빛나고 따뜻할 때 광합성을 통해 에너지를 흡수하고 대기중의 이산화탄소를 산소로 전환시키며 성장한다. 이 현상은 다음 방정식으로 표현할 수 있다.

the atmosphere into oxygen. This is summed up in the following equation:

energy + carbon dioxide + water → carbon/hydrogen(vegetable) + oxygen

But at night this energy supply is cut off. In the winter the effect is even more pronounced, and the plant may have to die back and wait for the warmth of spring.

Energy for animals

However, that is only the beginning of the story of life, because evolutionary biology has always striven to find new ways to compete more effectively. If it could take on board the products of photosynthesis by plants, that is food, and combine it with oxygen when required, it could effectively run photosynthesis in reverse and recreate the energy. Such a versatile energy store would act as a battery, storing the Sun's energy to maintain life during the night and in the winter:

vegetable matter + oxygen → energy + carbon dioxide + water.

Within a few hundred million years and with plenty of room to experiment, that is what Darwinian evolution learnt to do. Forms of life using energy from food no longer needed to sit immobilized in the sun all day, but could move around – migrate by land, sea or air in search of the best source of vegetable food and the most pleasant climate. Life could now use its heat source, its energy battery, to keep its temperature optimized, night and day, throughout the year. This food-powered animal life acts as a biologically stabilized combustion engine – a pretty smart job compared to the ill- controlled combustion of vegetation that occasionally catches fire in the open environment.

This sketch of metabolic life has omitted fish, birds and the many forms of parasitic life that hitch a lift at different levels. However, the story of how the energy flows is not upset by these additions.

$$에너지 + 이산화탄소 + 물 \rightarrow 탄소/수소(식물) + 산소$$

그러나 밤에는 에너지 공급이 차단되고 특히 겨울엔 그 영향이 더욱 두드러져 식물은 잎이 지고 뿌리만 남은 채 따뜻한 봄을 기다려야 할지 모른다.

동물을 위한 에너지

하지만, 이 이야기는 생명체 진화 과정의 시작에 불과하다. 진화 생물학에 따르면 더 효과적인 생존 경쟁의 새로운 길을 찾아 끊임없이 나아가는 것이 생물의 진화이기 때문이다. 만약 식물의 광합성 생성물, 즉 음식을 먹고 그것을 필요할 때 산소와 결합할 수 있다면, 효과적으로 광합성 과정을 역으로 실행하여 에너지를 만들어 낼 수 있을 텐데. 밤과 겨울에 생명을 유지하기 위해 태양의 에너지를 저장할 수 있다면, 그러한 다용도 에너지 저장고는 배터리와 같은 역할을 할 것이다.

$$식물성 물질 + 산소 \rightarrow 에너지 + 이산화탄소 + 물$$

이것은 수억년에 걸쳐 또 충분히 실험할 기회를 가지고, 다윈식 진화가 습득한 방법이다. 음식의 에너지를 이용하는 생명체는 더 이상 태양 아래 하루 종일 꼼짝 않고 앉아 있을 필요가 없었으며, 가장 좋은 식물 음식원과 쾌적한 기후를 찾아 육지나 바다, 대기로 이동하거나 이주할 수 있었다. 이제 생명체는 일년 내내 밤이나 낮이나 자기 체온을 최적으로 유지하기 위해 자신의 열원, 즉 에너지 배터리를 사용할 수 있었다. 이렇게 동물의 음식 동력은 생물학적으로 안정된 연소 엔진처럼 작동한다 — 이는 개방된 환경에서 간혹 불이 붙은 식물의 통제하기 어려운 연소에 비해 훨씬 현명한 일이다.

신진대사를 하는 생명체의 에너지 흐름에 대해 대강 설명했지만 여기에는 물고기, 새 그리고 다른 개체에 편승해 사는 다양한 형태의 기생 생물이 포함되지 않았다. 그러나 에너지 흐름에 대한 이야기는 이런 생물체가 포함되어도 크게 달라질 것이 없다.

식물과 마찬가지로 동물도 성장과 생체 유지를 위한 에너지가 필요하다.

Like plant life, animal life needs energy for growth and biological maintenance. By consuming food as fuel, animal life enjoys energy for transport and other motor skills that are denied to plants. Energy is also available for competition between packs of animals of the same or different species. From sport and friendly competition to fighting and war, this is the essence of classical Darwinian selection, but today it is understood that this principle applies further — in fact, in the competition between life forms at every level. For instance, between viruses and their hosts, each player evolves to find defenses against attack by its adversaries. Imagine such a war game in which one adversary never changes strategy, but the other is alive to change and so evolves new strategies of defence and attack. The living player will always find a way to evade the attacks, however long that takes and however powerful the adversary; and he will find a way to attack his more powerful adversary successfully, too. Initially individuals may not win but in the end the selection of a winning strategy is guaranteed. This is the story that is explored in Chapter 8, with radiation cast as the powerful but changeless adversary, and living tissue in the role of the weaker, but artful, defending player that has learnt to survive.

External energy for humans

The advance that lifted mankind above the other animals was the Promethean step discussed in Chapter 2. In this the energy stored in plant growth could be harvested and used now, not just inside, but outside the body, still reversing photosynthesis, but in the process of combustion, ie fire. However, the safety built into the oxidation of vegetation within the body is then no longer available. Mankind had to use his brain and introduce safety rules for himself.

This was a turning point and the beginning of safety through careful thought. From then on, safety was seen to be a matter not only for nature but also for conscious decision-making and discipline, handed down

동물은 음식을 연료처럼 소비함으로써 식물이 할 수 없는 이동이나 기타 운동 기능을 위해 에너지를 사용한다. 또한 에너지는 같은 종이거나 다른 종의 동물 무리 간의 경쟁에도 이용된다. 스포츠와 친선경기에서부터 싸움, 전쟁에 이르기까지 이 모든 것은 다윈의 진화론적 선택의 본질이다. 이 원칙이 모든 수준의 생명체 사이의 생존경쟁에 훨씬 광범위하게 적용된다는 사실은 오늘날 많이 알고 있다. 예를 들면, 바이러스와 숙주는 서로 상대방의 공격에 대한 방어 수단을 찾기 위해 진화한다. 상상컨대 한쪽은 전략을 절대 바꾸지 않고 다른 한쪽은 살아 움직이며 그래서 방어와 공격 전략을 새롭게 진화시키는 전쟁 게임을 가정해보자. 살아 움직이는 선수는 아무리 시간이 오래 걸리고 또 상대가 아무리 강력하더라도 공격을 피할 방법을 반드시 찾아낼 것이다. 또한 자기보다 더 강력한 적을 공격할 방법도 성공적으로 찾아낼 것이다. 비록 초기에는 각 개체들이 이기지 못해도 결국 승리 전략 선택이 보장되어 있는 것이다. 이 이야기는 8장에서 다룰 내용인데, 방사선은 강력하지만 변화가 없는 적수의 역할을 맡고, 생체 조직은 약하지만 생존법을 배워 능숙하게 방어하는 선수로 그려질 것이다.

인간을 위한 외부 에너지

인류를 다른 동물들보다 우월하게 끌어올린 진보는 제2장에서 논의된 프로메테우스적 도정이었다. 이 도정에서 이제는 식물 성장과정에서 저장된 에너지를 수확하여 체내 뿐 아니라 체외에서 사용하게 되었다. 여전히 광합성의 역과정을 이용하지만 연소 과정을 통해, 즉 불을 사용한다. 그러나 신체내에서 식물 산화 과정의 일부로 내재되어 있는 안전성은 더 이상 이용할 수 없다. 그래서 인류는 머리를 써서 스스로 안전 규칙을 도입해야 했다.

이것이 시대적 전환점으로서 신중하게 고려된 안전의 시작이었다. 이때부터 안전은 자연을 위할 뿐만 아니라 의식적인 의사결정과 규율을 위한 중대한 문제로 간주되었다. 그리고 교육의 중요한 분야로서 후대에 전승되

to later generations as an important ingredient of education. Initially this took the form of oft repeated cautionary tales told to children. In recent centuries these appeared in books that wove entertainment with instruction that was then more easily remembered.

Illustration 4-1 a, b shows a page from an English translation of the well-known nineteenth century German children's book Der Struwwelpeter. While her mother is out of the house, the child, Harriet, disobeys her mother's instructions and plays with the matches, accidentally setting her clothes on fire.

As the pictures relate, she is then burnt to death to the dismay of her pet cats, who are left weeping while only her shoes remain. With these dramatic details, children remember the dangers of fire and their parents'

그림 4-1-a: 데르 슈트루웰피터의 "해리엇과 성냥"

었다. 처음에는 아이들에게 반복해서 들려주는 경계성 이야기 형태를 띠었지만 최근 몇 세기에는 아이들이 쉽게 기억할 수 있도록 오락과 설명을 엮은 내용들로 책자를 채우고 있다.

〈그림 4-1 a, b〉는 19세기 유명한 독일 어린이 책인 데르 슈트루벨페터의 영어 번역본이다. 어머니가 집을 비운 사이 아이 해리엣은 어머니의 말을 듣지 않고 성냥을 가지고 놀다 실수로 옷에 불이 붙게 된다.

그림에서 볼 수 있듯, 결국 해리엣은 불에 타 죽고 고양이들은 덩그러니 남겨진 그녀의 신발주위에서 울기만 한다. 아이들은 해리엣의 이야기처럼 극적인 상황을 통해 불의 위험성과 부모님의 지시를 기억하곤 한다.

인류가 에너지를 사용하는 데에 있어서 더 큰 변화는 수백만 년의 광합성 생산물이 석탄, 석유와 가스와 같이 화석화된 형태로 지구에 어마어마

그림 4-1-b: 데르 슈트루웰피터의 "해리엇과 성냥"

instructions.

A further change in mankind's engagement with energy came at the start of the historical era when he discovered that a vast store of the product of many millions of years of photosynthesis lay fossilised in the Earth, both in the form of coal, and also as oil and gas. There was an abundance of energy in this carbon battery – and we have been gorging ourselves on it ever since, while also increasing in population at an unsustainable rate. The most recent expression of this excess is the glee of politicians and industry at the prospect that even more gas can be accessed by fracking whilst ignoring the release of yet more carbon into the environment.

Energy production that damages the environment

Left to itself, nature usually metes out harsh treatment when such excess occurs in the animal kingdom – mass death through disease or starvation is normal, a horrific outcome to anyone with a belief in the sanctity of life. However, the sanctity of individual life has no role in evolution. Through the exhortations of religion, a belief in rights and the pressure of law, mankind has hoped that he might retro-fit the sanctity of life to nature as a principle – but that is an illusion. In good times he is inclined to forget that if he does not study and make the right decisions, nature – known as the Grim Reaper in earlier times – will take those decisions for him without regard to the fate of individuals.

If we are to stop exploiting the carbon battery, where might we find a source of energy to replace it? The question is as momentous as the one that we faced in prehistoric times when we adopted fire for our own use. The answer is nuclear, but society worldwide will have to address some misconceptions before it is likely to accept that.

The burning of coal, oil and gas release carbon dioxide into the atmosphere, and the combustion of waste, biofuels and biomass do the

하게 저장된 것을 발견했을 때 시작되었다. "탄소배터리"라 불리는 이 저장소에는 풍부한 에너지가 존재했고 우리는 이후 에너지를 흥청망청 소비해 왔으며 동시에 인구는 감당할 수 없는 속도로 늘어나고 있었다. 최근, 이러한 과잉현상에 대해 정치인과 관계된 산업들은 더 많은 탄소가 환경에 방출되는 것을 무시하면서, 훨씬 더 많은 가스에 수압파쇄법을 통해 접근할 수 있다는 전망에 희열을 느끼고 있다.

환경을 훼손하는 에너지 생산

그저 내버려둔다면 동물의 왕국에서 과잉현상이 일어날 때처럼 자연은 보통 가혹한 처사를 내린다. ‒ 질병이나 기아로 인한 떼죽음은 지극히 평범한 일이지만 생명의 신성함을 믿는 사람에게는 끔찍한 결과일 것이다. 그러나 개별 생명체의 신성함은 진화에서 아무런 역할도 하지 않는다. 종교적인 훈계, 권리에 대한 믿음, 그리고 법의 압박을 통해, 인류는 삶의 신성함을, 자연의 원칙으로 다시 개조할 수 있기를 바랐지만 이는 환상에 불과하다. 인류는 기회가 있는 호시절에 스스로 연구하지 않고 올바른 결정을 내리지 못한다면, 그 대신 ‒ 옛날엔 죽음의 신으로 알려진 ‒ 자연이 인류의 운명과 관계없이 결정을 내린다는 것을 잊어버리는 경향이 있다.

만약 탄소 배터리 사용을 중지한다면 이를 대체할 에너지원을 어디서 찾을 수 있을까? 이 질문은 선사시대 때 인류가 불을 사용하기로 채택했을 때 마주했던 것만큼 중대한 질문이다. 이 질문의 해답은 원자력이지만, 전세계는 핵을 받아들이기 전에 몇 가지 오해를 풀어야만 한다.

석탄, 석유 그리고 가스는 연소될 때 대기 중으로 이산화탄소를 배출하며 폐기물이나 생체연료, 생체폐기물의 연소도 마찬가지다. 설상가상으로 이산화물로 인해 배출되는 이산화탄소의 양은 실제 연소된 탄소의 무게보다 약 44/12 = 3.7배 더 크다. 대기는 믿을 수 없을 정도로 양이 작다. 비록 지구 표면에서 수 마일이나 위로 뻗어 있지만, 매우 희박해서 제곱 센티미터 당 겨우 1kg밖에 실려 있지 않기 때문에 오염되는데 그렇게 많은 시

same. In fact, to make matters worse, because of the dioxide, the amount of carbon dioxide released is greater than the weight of carbon burnt by a factor $44/12 = 3.7$. Our atmosphere is incredibly small and although it extends upwards from the Earth's surface for several miles, it is very thin, just one kg above each square centimetre, which means it does not take much to pollute it. Illustration 1-1 on page 28 shows how every year since the start of the Industrial Revolution, the concentration of carbon dioxide has risen far above values for the past 160,000 years. A basic description of why this increases the global temperature is given in Chapter 3 of Radiation and Reason[see Selected References on page 279, SR3]. Today, six years after that book was published the concentration has risen to 400 parts per million (ppm) and there is significant evidence that the average temperature, particularly in the Arctic, is rising. Table 4-1 shows how the concentrations of other greenhouse gases have also risen.

	Concentration (ppm) pre-1750	Concentration (ppm) 2013	Lifetime in the environment
Carbon dioxide CO_2	280	395.4	100-300 years
Methane CH_4	0.722	1.893 - 1.762	12 years
Nitrous oxide NO_2	0.280	0.33	121 years

Table 4–1: Atmospheric concentration of the most significant greenhouse gases. IPCC data from http://cdiac.ornl.gov/pns/current_ghg.html

Methane is of particular concern because its greenhouse properties are more pronounced than those of carbon dioxide. Although it is oxidized in the atmosphere in 12 years on average, its concentration has risen by a factor of nearly three, and much of that increase has occurred in the past 50 years[see also Illustration 1-1 on page 28]. Significantly, there are large stores of methane under pressure in the cold of the Arctic in the form of methane hydrates on the seabed along the continental margins. These may become unstable as the ocean warms, which would result in the

간이 필요하지 않는다. 〈그림 1-1〉은 산업 혁명이 시작된 이후 매년 이산화탄소 농도가 지난 16만년 동안의 변화보다 얼마나 급격히 상승해 왔는지를 보여준다. 지구의 온도가 증가하는 이유에 대한 기본적인 설명은, 『방사선과 이성』 제3장에 제시되어 있다.[SR3 참조]. 그 책이 출판된지(2009년) 6년이 지난 오늘(2015년), 이산화탄소 농도는 400ppm으로 상승했으며 특히 북극의 평균 기온이 상승하고 있다는 중요한 증거도 존재한다. 〈표 4-1〉은 다른 온실가스의 농도 또한 상승했음을 보여준다.

	농도 (ppm) 이전 ~ 1750	농도(ppm) 2013	환경내 존속 기간
이산화탄소 CO_2	280	395.4	100-300 년
메탄 CH_4	0.722	1.893 - 1.762	12 년
아산화질소 NO_2	0.280	0.33	121 년

표 4-1: 가장 중요한 온실가스의 대기 농도
http://cdiac.ornl.gov/pns/current_ghg.html의 IPCC 데이터

메탄은 이산화탄소보다 더 뚜렷한 온실 속성을 갖고 있기 때문에 특히 더 우려된다. 평균적으로 12년 내에 대기 중에서 산화됨에도 불구하고, 메탄의 농도는 3배가량 증가했으며 상당 부분은 지난 50년 동안 발생했다.[〈그림 1-1〉 참조] 주목할 만한 것은, 대규모 메탄 저장소가 북극의 추위속에서 압력을 받으며 메탄 수화물의 형태로 해저 대륙 주변부를 따라 해저에 존재한다는 것이다. 메탄 수화물은 바다가 따뜻해지면 불안정해지기 때문에 대기중으로 방출될 수 있다. 또한, 메탄은 북극의 영구 동토층 아래 토양에도 저장되어 있어서 기후 온난화가 메탄 방출을 일으키고 다시 그 메탄이 온난화를 가속하는 기후 시스템 내의 상응순환 효과를 불러올 가능성이 있다[1]. 2013년과 2014년의 가장 최근 보고서는 이러한 메커니즘이 생각했던 것보다 더 빠르게 작용할 수 있음을 시사하고 있다. 시베리아서 발생한 폭발사건에서 메탄이 방출되어 다른 곳보다 북극에서 메탄의 농도가 훨씬 빠르게 상승하고 있다는 증거가 있다.[2, 3, 4]

methane being released into the atmosphere. Methane is also stored in the soil under the Arctic permafrost, and warming increases the likelihood of a positive feedback in the climate system that releases this too[1]. The most recent reports from 2013 and 2014 suggest that these mechanisms may be acting faster than previously supposed. There is evidence that methane is released in explosive events in Siberia and that its concentration is rising much faster in the Arctic than elsewhere.[2,3,4]

The magnitude of the global warming effect is uncertain, but it will probably not be known precisely until it is too late. The uncertainty relates partly to the methane story, and partly to the role of the oceans and how fast they are acidified by absorbing atmospheric carbon dioxide. This book is not concerned with the Earth's climate directly, but it is the expectation of climate change that makes its message urgent, and the consensus of the Intergovernmental Panel on Climate Change (IPCC) supports that expectation.[5] There is every reason to pursue nuclear energy to reduce any impact of anthropogenic climate change. This is an appropriate use of the Precautionary Principle: the extent of global warming is still uncertain and there is no down side to this policy of taking the precaution now.[6] This may be seen as an effective mitigation policy, although it may well take more than a century for the atmosphere to begin to reach a new equilibrium, if there is one.

Energy without harm to the environment

If we are to avoid nature's solution by catastrophe, we will have to start some serious thinking about how life is lived and organised. This should go deeper than simply replacing all fossil fuels. We should study all the disciplines that enable us to live on a crowded planet, instead of lazily engaging in substitute understanding by simply accepting the consensus opinions offered by specialised committees. Generally these are not concerned to see how their different perspectives fit together as a

지구 온난화의 효과가 어떤 규모일지 여전히 불확실하며, 너무 늦어버릴 때까지도 정확히 알 수 없을지도 모른다. 불확실성은 부분적으로 메탄의 거동과 또 부분적으로는 바다의 역할과 대기 중의 이산화탄소 흡수로 바다가 얼마나 빨리 산성화되는지와 관련이 있다. 이 책은 지구의 기후를 직접적으로 다루지 않지만, 기후 변화에 대한 예측과 그 예측을 뒷받침하는 기후 변화에 관한 정부 간 패널(IPCC)의 합의가[5] 이 책의 메시지를 긴박하게 만들고 있다. 인류에 의한 기후변화의 영향을 줄이기 위해 원자력 에너지를 추구해야하는 충분한 이유가 있다. 이는 사전예방원칙(Precautionary Principle) 을 적절히 이용하는 것이다: 지구 온난화의 정도가 불확실한 상황에서 지금 예방 조치를 취하는 정책에는 그 어떤 부정적인 측면도 없기 때문이다.[6] 비록 대기가 새로운 평형이 있다면 그것에 도달하는 시도를 하기까지 한 세기 이상이 걸릴 수도 있지만, 이것은 여전히 효과적인 기후변화 완화정책으로 생각될 수 있다.

환경에 해가 없는 에너지

우리가 자연의 파국적 해법을 피하기 원한다면 생명체가 어떻게 살아남고 어떻게 구성되었는지에 대한 진지한 생각을 시작해야 할 것이다. 이 생각은 단순히 모든 화석 연료를 대체하는 것보다 더 깊이 들어가야 한다. 우리는, 전문 위원회에서 제시한 합의 의견을 단순히 수용한, 대체 이해에 게으르게 참여하는 대신, 혼잡한 지구에서 우리가 살 수 있게 해주는 모든 분야를 연구해야 한다. 일반적으로, 전문 위원회들은 서로 다른 관점이 어떻게 일관된 전체로서 조화를 이루는지에는 관심이 없다.

그런 전문가의 의견이 불을 가정에 들이는 선사시대의 결정에 어떤 역할을 했을 것 같지는 않다!

오늘날, 원자력 기술을 선택하는 결정은 증거와 교육을 기초로 해서 이루어져야 하며 불을 사용하는 것에 찬성했던 이전의 결정보다 훨씬 명확하게 보여야한다. 근본적으로 탄소 연료를 대체하기 위해 대량으로 원자력을

consistent whole.

It is unlikely that such consultant opinions played any part in the prehistoric decision to domesticate fire!

Today, a decision to opt for nuclear technology should be informed by evidence and education and seen as much more clear-cut than the earlier decision in favour of fire. There is essentially no danger to a vast deployment of nuclear power to replace carbon fuels limited only by the speed with which the required education can be provided. But without the education, democratic mechanisms make starting such a major change difficult. If civilisation is not to be overwhelmed by climate change, the choice may lie between a loss of democracy for everybody and a new crash course in science for many.

We have used energy to cook food, improve diet and extend life expectancy through housing and better health. The wear and tear on the human body has been reduced by mechanised transport by water, rail, road and air. In the case of water and rail, there were many fatal accidents in the early days, but it was not until the second half of the nineteenth century that the democratic voice was raised in the name of safety. By the time that mechanised travel by road became possible, more safety was demanded in all aspects of life.

It was important that, rather than banning a new technology, the necessary education and training was provided, as earlier in the case of fire.

Technology has always made some places dangerous, but we all learn not to go there, children included. Scare tactics similar to those used later for road traffic (and today for nuclear energy) were deployed by conservative groups to stop the introduction of railways as early as 1839, as shown in Illustration 4-2. In the case of road traffic, what actually happened in the nineteenth century is interesting. In the UK a series of restrictions was enacted culminating in the infamous Red Flag Act of 1865. This reduced the permitted pace of steam engines on the highway

배치하는 것에는, 얼마나 빨리 필요한 교육을 제공하는 가에 따른 제한 말고는, 위험이 없다. 하지만 민주적 메커니즘은 교육 없는 큰 변화의 시작을 어렵게 하므로, 문명이 기후 변화에 압도되지 않으려면, 모두를 위한 민주주의의 상실과 많은 사람들을 위한 새로운 과학 특강 사이의 선택을 해야 한다.

우리는 에너지를 사용해 음식을 조리하고, 식단을 개선하고, 주거와 건강 증진을 통해서 기대 수명을 연장해왔다. 또한, 기계화된 수운, 철도, 도로, 항공 수송으로 인체의 소모를 줄여왔다. 수운과 철도의 경우 초기에는 치명적인 사고가 많았지만 19세기 후반에는 안전이라는 명분으로 민주적인 목소리가 높아졌다. 자동차로 기계화된 이동이 가능해질 무렵에는, 생활 모든 면에서 더 많은 안전이 요구되었다.

앞선 불의 경우처럼, 새로운 기술을 금지하기보다는 필요한 교육과 훈련

그림 4-2: 1839년의 포스터. 남비(Not In My Back Yard) 혐오시설 기피현상은 철도 시대가 도래하는 것이, 새로운 위협이 될까봐 두려워했다.

to walking pace, and required that a man should walk in front carrying a red flag. The anti lobby who pressed for legislation was concerned about accidents to pedestrians and frightening the horses, so they said.

Later the development of the internal combustion engine and the need to compete with industries in France and Germany provided strong incentives to reconsider these restrictions. With hindsight we can see that modern prosperity with its reliance on road transport would hardly have been possible if the Act had not been repealed in 1896, even though safety concerns persist to this day. The public know that safety restrictions on their own would give insufficient protection in the event of a head-on smash.

Drivers accept personal responsibility to maintain their vehicles to an agreed safety standard and stick to careful driving practices that prevent accidents.

Today, everybody accepts that as speeds are reduced, traffic accident rates fall. But there is no call for all road traffic to move at a speed As Low As Reasonably Achievable because that would take us back to the Red Flag Act. The case of road traffic is interesting – when it began, there was a powerful rail lobby anxious to protect their interests. Similarly today, there are large fossil-fuel interests who have no reason to object to nuclear technology being kept in check by stringent safety regulations – except, of course, in clinical use for their personal health when radiation doses, thousands of times higher, are welcomed by everybody.

If they had realised in time, the shipping companies with their luxurious ocean liners might have challenged the safety of air travel in a similar way. But they did not see the threat coming, and air travel was introduced gradually by the airlines. The romantic era of travel by sea with its ability to handle thousands of passengers must have seemed immune to a few aeroplanes with a handful of daring travellers. But, by the time the shipping companies realised that their business was threatened, it was too late.

을 실시하는 것이 중요했다.

기술은 항상 일부 장소를 위험하게 만들기 때문에 어린이들을 포함한 모든 사람들은 위험한 장소에 가지 않도록 배운다. 요즈음 원자력 에너지에 사용되지만 도로 교통에서도 사용되었던 것과 유사하게 공포 분위기를 조성하는 〈그림 4-2〉의 일명 "공포전술"은 1839년 초기 철도 도입을 중단시키기 위해 보수적인 단체들이 사용한 전술이다. 19세기에는 도로 교통과 관련된 흥미로운 일이 일어났다. 1865년, 영국에서는 적기조례라고 불리는 일련의 제한을 가하는 악명높은 법안이 생겨났다. 이 법은 증기 기관차의 허용 속도를 걷는 속도로 감소시켰고 한 사람이 증기기관차의 앞에서 빨간 깃발을 들고 걷도록 했다. 이 법을 통과시키려고 압력을 행사한 철도반대 로비단체는 보행자의 사고나 증기기관차로 인해 말이 놀라는 것을 우려했다고 한다.

이후, 내연기관의 개발과 불가피한 프랑스와 독일의 산업 경쟁은 이러한 제약을 다시 생각하는 강력한 동기가 되었다. 비록 안전문제는 오늘날까지 지속되고 있지만 1896년 법이 폐지되지 않았다면 도로 수송에 의존하는 현대의 번영은 불가능했을 것이다. 대중들은 스스로 안전제한 조치를 취한다 해도 정면충돌 시 절대 충분한 보호를 할 수 없다는 것을 알고 있다.

따라서 운전자는 합의된 안전기준에 따라 차량을 유지하고 사고를 예방하기 위한 신중한 운전 관행을 고수하는 개인적 책임을 받아들인다.

오늘날, 모든 사람은 속도를 줄이면 교통사고율이 줄어든다는 것을 알고 있다. 하지만 그렇다고 해서 모든 도로교통이 합리적으로 달성 가능한 낮은 (ALARA) 속도로 움직여야 한다는 요구는 존재하지 않는다. 만약 그렇게 한다면, 적기조례법(19세기 말 영국에서 공공도로 에서 자동차의 운용방법을 규정한 법률)을 다시 반복하는 일이 되기 때문이다. 도로 교통이 시작되었을 때에도 그들의 이익을 보호하고자 도로 교통을 강력히 반대하는 철도 로비가 있었다. 마찬가지로, 오늘 날에도 대규모의 화석 연료 이해관계자들은 수천 배 더 높은 방사선량이 의료용으로 개인 건강을 위해 사용되는 경우는 모두 환영면서도, 원자력 기술이 엄격한 안전 규정에 의해 유지되는 것에는 반대하

Externalising the power to think

People have been much exercised by the uses and abuses of energy, but they have had less concern about the consequences of externalising their mental powers. In recent decades they have happily handed over many tasks in their amorous affair with the electronic computer. Do they feel less threatened by its power than by the power of the nucleus? Is this because society has not yet had an existential accident with computers? The protection against different forms of computer virus seem fundamentally weak when compared to the physical and biological protection against a nuclear accident. Perhaps the power of computers has seemed better hidden than nuclear power. But we may come to regret that, by spending time worrying about nuclear, we have neglected the safety of another power, our ability to think and solve problems, that once was exclusively ours, and that we increasingly sub- contract to silicon. Is this lack of vigilance just a matter of laziness, or an inability to imagine a disaster unless of a type that has already occurred?

지 않는다.

만약 그들이 제때 깨달았더라면, 호화로운 해양선을 보유한 해운회사들도 비행기 여행안전에 비슷한 방식으로 도전했을 것이다. 그러나 그들은 위협이 오는 것을 보지 못했고, 항공 여행은 항공사에 의해 점진적으로 도입되었다. 수천 명의 승객들을 태울 수 있었던 해상여행의 낭만적인 시대는 몇 안되는 대담한 여행객들을 응대하는 몇 대의 항공기에 영향을 받지 않을 것처럼 보였다. 하지만, 그들의 해운사업이 위협받고 있다는 것을 깨달았을 때는 이미 너무 늦은 시기였다.

사고력을 구체화하다

사람들은 에너지의 사용과 남용을 걱정해왔지만, 그들의 정신력을 구체화 하는 것의 결과에 관해서는 많이 걱정하지 않았다. 최근 수십 년 동안 사람들은 컴퓨터와 좋은 관계를 가지고 많은 작업을 컴퓨터에 넘겼다. 과연 사람들은 컴퓨터의 힘보다 원자력의 힘에 더 많은 위험을 느낄까? 이는 사회가 아직 컴퓨터에 의해 존재의 위협을 받는 사고를 겪지 않았기 때문이 아닐까? 컴퓨터를 여러 형태의 바이러스로부터 보호하는 것은 원자력 사고를 물리적, 생물학적으로 보호하는 것에 비해 근본적으로 약해 보인다. 컴퓨터의 힘은 원자력보다 더 잘 숨겨져 있는 것 같아 보이지만, 언젠가 우리는 원자력을 걱정하며 시간을 보내는 동안 다른 힘들의 안전과, 전적으로 우리 것이었던, 생각하고 문제를 해결할 수 있는 능력을 간과해서, 우리가 점점 더 많이 실리콘에 하청을 주는 것을 후회하게 될지도 모른다. 이렇게 경계심이 부족한 것은 단지 게으름의 문제일까? 아니면 이미 일어난 종류의 재앙이 아니라면, 다른 재앙은 상상하지 못하는 능력의 문제인가?

Energy for excitement and risk

Need for fun and stimulation

The human reaction to real danger is not simply one of horror and dread. Quite the reverse: to make available the extra emotional energy to engage successfully in dangerous situations, evolution has provided a sense of excitement as a reaction to danger.

It was important to the survival of early humans that this sense of excitement or courage should be a positive and enjoyable experience, without any deep rationalisation.

Entertainment by excitement is a basic human need; it exercises the adrenalin reaction in readiness for a personal face-to-face encounter with real danger. Gladiatorial combats, mediaeval duels, back-street cock fighting, bull fights and boxing bouts, all these provided the ingredients of competition that excite an audience, and the greatest excitement comes in a contest between the most powerful, the champions. Safety, the protection from exposure to actual danger, has improved for almost all humanity in the past century, thanks to the application of science.

Nevertheless the appetite for excitement is undiminished especially when it can be enjoyed vicariously from the reassuring safety of an armchair. Such is the nature of sport for much of the population.

Modern technology has provided the means to offer stimulating entertainment all day and every day – at its most exciting in the form of 24- hour news, for which the outcome is unknown in advance. Modern news media exist by sharing the excitement and thrill of speculation. Any suggestion that a duel has an entirely predictable outcome is a most unwelcome development for those whose business is selling stories to excite. The exciting high that news generates is not related to any desire to understand.

The tsunami of the Great East Japan Earthquake of March 2011, the

흥분과 위험에 대한 에너지

재미와 자극의 필요성

실제 위험에 대한 인간의 반응은 단순한 공포 또는 두려움이 아니다. 이와는 정반대이다: 여분의 감정적인 에너지를 위험한 상황에 관여하게 만들면서, 진화는 위험에 대한 반응으로 흥분감을 마련했다.

이러한 흥분감이나 용기가, 깊은 생각 없이도, 긍정적이고 즐거운 경험이 될 수밖에 없었던 것은 최초 인류의 생존에 아주 중요했다.

흥분을 동반한 오락은 인간의 기본적인 욕구로 흥분은 실제 위험과 직면할 것을 대비해 아드레날린 반응을 촉진한다. 검투사의 경기, 중세의 결투, 뒷골목 닭 싸움, 투우, 권투 시합과 같은 이 모든 것들은 경쟁이라는 요소로 관객들을 흥분시키며 특히 가장 큰 흥분은 가장 강력한 챔피언들 간의 시합에서 발생한다. 실제 위험에 노출되지 않도록 보호하는 안전은 과학이 적용된 덕분으로 지난 세기, 거의 모든 인류를 위해 개선되었다.

그럼에도 불구하고, 안락의자 같이 안전을 보장하는 장소에서 간접적으로 즐길 수 있을 때에도 흥분에 대한 욕구는 식지 않게 된다. 이는 대부분의 사람들에게 적용되는 스포츠의 본성이다.

현대 기술은 하루 종일, 그리고 매일 자극적인 오락거리를 제공하는 수단이다. 특히, 24시간 뉴스는 결과를 미리 알 수 없기 때문에 가장 흥미로운 형태로 손꼽힌다. 현대 뉴스 매체는 추측에 대한 설렘과 흥분을 공유함으로써 존재한다. 결투의 결과가 전적으로 예측 가능하다는 기미를 보이는 것은 흥분을 자아내는 이야기를 판매하는 업체에겐 가장 달갑지 않은 전개일 것이다. 따라서, 뉴스가 만들어 내는 흥미진진함은 어떤 것을 이해하려는 욕구와는 아무런 관련도 없다.

유사이래 최대 규모인 2011년 3월 동일본 대지진의 쓰나미가 자동차, 보트, 선박, 건물 전체를 들어 올리고 멀리 내륙으로 쓸어버리는 모습이 포착됐다. 이치하라의 LPG 저장소는 파괴되어 불이 붙었고 이 드라마틱한 장

biggest of modern times, was shown lifting up cars, boats, ships and whole buildings, and carrying them far inland. The LPG store at Ichihara was shown destroyed and on fire. These dramatic pictures played to worldwide attention, as no other event could do, except the terrorist attack on the Twin Towers in 2001. From a bar stool with a drink amongst friends, or from a sofa with family at home, the excitement of an unfolding powerful physical on- screen event with undisclosed outcome trumps any human contest or even a historical epic, like that of Krakatoa in 1883, the largest explosion ever recorded on Earth. There is nothing logical about this reaction to danger, although it was necessary in primitive times as nature's way to make the task of coping with real danger seem both positive and welcome, when in the cool light of reality it is neither. Humans want to believe in dangers, especially if they do not affect them personally, simply to provide such excitement. This is why the world is reluctant to give up the story of Fukushima and accept that in large part it is false.

The effect of news

Although an essential feature of nature, nuclear energy is frequently depicted as man-made. The accident at Chernobyl (1986) was unseen by the world, shrouded by the largest cover-up that the Soviet Union could mount in its dying days. Among earlier nuclear accidents, the Windscale fire (1957) was much smaller and largely covered up too.

Three Mile Island (1977) produced no dramatic pictures for the media. The action was hidden from view, inside the reactor, the problem was contained and there was no disaster in the streets to cause excitement. But Fukushima Daiichi (2011) was different. Everyone saw the video of the reactors, apparently being overwhelmed by the wave and the explosions at the plant; the cameras pictured the abandoned streets after the evacuations and reported the panicked pronouncements of politicians, the emptying supermarket shelves, the planes filled with frightened

면들은 2001년 테러리스트가 미국 무역센터를 공격했던 사건만큼이나 전 세계적인 관심을 끌었다. 친구들끼리 잔을 기울이는 술집이나 가족들과 집의 소파에서 바라보는 화면에 펼쳐진 폭발의 흥분은, 1883년 인도네시아 크라카토아 화산 폭발처럼 지구상에서 기록된 가장 큰 폭발과 같이 인간이 하는 어떤 대회나 역사적인 서사시에서도 볼수 없을 만큼 강력했다. 위험에 대한 이러한 반응에는 사실 그 어떤 논리도 존재하지 않는다. 원시시대에는 자연적으로 실제 위험에 대처하는 것을 긍정적이고 좋은 것으로 생각할 필요가 있었지만, 냉정한 현실에는 해당되지 않는 얘기이다. 개인적으로 위험이 자신들에게 영향을 미치지 않으면, 사람들은 위험이 단순히 흥분을 제공한다고 믿고 싶어 한다. 이 점이 세계가 후쿠시마의 이야기를 포기하는 것을 망설이면서도 많은 부분이 거짓인 이야기를 받아들이는 이유이다.

뉴스의 영향

원자력은 자연의 본질적인 특징이지만 종종 인간이 만든 것으로 묘사된다. 1986년에 일어났던 체르노빌에서의 사고는 소련의 해체 시기에 가려져 은폐되어 세상에 드러나지 않았다. 이전에 일어났던 원자력 사고 중, 1957년 윈드스케일에서 일어난 화재도 훨씬 더 작은 규모였기는 하지만 대부분은 은폐되었으며 1977년 발생한 쓰리마일 섬 사고는 그 어떤 극적인 사진도 언론에 노출되지 않았다

관련된 모든 활동들은 시야에서 가려져 원자로 내부에 숨겨졌고 그 어떤 흥분을 유발할 만한 재난도 거리에 누출되지 않았다. 그러나 후쿠시마 다이이치(2011년)는 달랐다. 모든 사람들은 원자로가 파도에 휩쓸려 폭발하는 영상을 보았다. 카메라는 대피 후 버려진 거리와 정치인들의 허둥지둥 대는 표정 그리고 텅 빈 슈퍼마켓의 선반, 집으로 놀라 도망가는 외국인들, 버스로 도착하는 보호복과 헬멧으로 온 몸을 둘러싼 남성들을 보도했다. 고군분투하는 노동자들과 원자로가 가스를 뿜어낸다는 기사는 마치 화재

foreigners running for home, and the men enveloped in protective suits and helmets arriving by bus. There was no shortage of fear, for the people themselves had seen the pictures; a fire-storm of reports about workers struggling and reactors spewing fed on one another, day after day. The workers certainly had a rough time, and at home their families were frightened for them; in many cases they had lost homes and relatives, missing presumed dead, in the tsunami. But soon things got even nastier for them, and their employers too, as a whirlwind of blame broke over the news reports. The supposition that in the event of an accident somebody must be at fault, and should be called to account, is an easy one to make, even when invalid. But the resources of nature available to create mayhem are unlimited and it is unreasonable to think that they cannot overwhelm any man-made defence, as the earthquake and tsunami of March 2011 did.

And something did not ring true in the extreme accounts of the nuclear accident at Fukushima Daiichi. Nature seemed to be reading from a different script. Was this a tragedy? Hamlet with no death? Nobody was reported to have died from radiation, but somebody should have asked why not, as the death toll remained firmly at zero. Pursuing the question and getting an answer is not difficult. In fact, technically, it is quite straightforward and simple to understand. However, the answer is unexpected to most people, for it calls into question assumptions that they have lived with all their lives. Learning new truths can be a positive experience, but it is hard to accept that what you previously thought to be true is in fact false. Here in these chapters there is sufficient explanation that the reader can decide for himself whether the tragedy that did not happen at Fukushima Daiichi was a lucky fluke or that nuclear radiation is not such a threat to life, even in an extreme case like this.

How much does this matter? Many of the problems facing mankind need energy, and surmounting misconceptions about radiation may be an important task in the early twenty-first century so we should ensure that

폭풍처럼 연일 번져갔기 때문에 이 장면들을 본 모든 사람들은 극도의 공포를 느끼게 되었다. 노동자들은 분명 힘든 시간을 보냈음에도 불구하고, 정작 그들의 가정에선 가족들이 그들을 두려워했다. 또한 많은 경우, 쓰나미로 인해 그들의 집은 사라졌고 실종된 친인척들은 사망으로 간주되었다. 하지만, 비난의 소용돌이가 뉴스 보도를 덮치면서 노동자들과 그들의 고용주들의 상황은 더욱 끔찍해졌다. 사고가 발생했을 때, 누군가 잘못하고 책임을 져야 한다는 주장은 타당하지 않은 경우에도, 굉장히 만들어지기 쉽다. 하지만, 자연은 대혼란을 일으킬 수 있는 무제한의 자원을 갖고 있어서 2011년 3월에 발생했던 지진과 쓰나미가 그랬듯이, 자연의 자원이 사람이 만든 방어체계를 압도할 수 없다고 생각하는 것은 이치에 맞지 않는다.

그리고 후쿠시마 다이이치 원전사고를 극단적으로 설명하는 것은 뭔가 사실처럼 들리지 않았다. 자연은 다른 대본을 읽고 있는 것 같았다. 이것은 정말 비극이었는가? 죽음이 없는 햄릿? 그 누구도 방사능으로 인해 사망했다고 보고되지 않았지만 누군가는 왜 사망자가 존재하지 않았는지, 왜 여전히 사망자 수가 0에 확고히 머물러 있는지 질문했어야 했다. 질문을 추구하고 답을 얻는 것은 어렵지 않다. 사실, 기술적으로 이는 꽤 간단하고 이해하기 쉽다. 하지만 대부부의 사람들은 이 질문의 해답을 예상하지 못하는데 이 해답이 그들이 평생 갖고 살아온 질문의 가정에 의문을 제기하기 때문이다. 새로운 진리를 배우는 것은 긍정적인 경험이 될 수 있지만, 이전에 진실이라고 생각했던 것이 사실 거짓이라는 것은 받아들이기 어렵다. 이 책에서는 독자들이 후쿠시마 다이이치에서 일어나지 않았던 비극이 요행이었는지, 아니면 이처럼 극단적인 경우라도 핵 방사선이 생명에는 그다지 위협적이지 않는지에 대해 스스로 결정할 수 있도록 충분한 설명을 제공한다.

이것이 과연 얼마나 중요한 걸까? 인류가 직면한 많은 문제들은 에너지를 필요로 하며, 방사능에 대한 잘못된 인식을 극복하는 것은 21세기 초의 중요한 과제가 될 수 있다. 따라서, 우리는 사실에 기반한 해답을 얻도록 해야 한다.

언론에 대해 이야기하자면, 언론은 개인적인 흥분에 관여하고 집단행동

we get a factual answer.

As for the media, they are in the business of engaging with personal excitement and encouraging the collective behaviour that leads from rumour to panic, and so selling copy. In the reporting of Fukushima they certainly succeeded in doing that.

Evolution ensures that people should be alert for the unexpected, although in their modern affluent lives this appears to happen less often and this worries them.

> *Today the threat of nuclear war still speaks to the current state of the world, a voyeuristic, tourist filled culture where catastrophe is viewed as entertainment by increasingly desensitised masses. The iconic mushroom cloud ... serves as a metaphor for larger societal issues such as global warming, nuclear power, industrialisation and pollution. Issues that seemingly breed adopted apathy, where individuals can do little but stand by and watch.*
>
> *- Clay Lipsky[7]*

Separating high from low risks in life

To help reach a more stable view, individuals should distinguish the long odds on some of the risks that they worry about. For other risks with short odds, they should react by working towards solutions, even when the problem is global. In life everyone is a player – there are no real parts for spectators, however excited.

In Illustration 4-3 many such risks are compared in terms of the average lifetime risk for an individual. For a start, the lifetime risk of death, somehow and at sometime, is 100%, and this is drawn as a large circle at the top with black outline. Some risks of death are drawn as red circles with areas in proportion; the ones in green are not risks of death but other probabilities shown for comparison.

It is not possible to show all such risks in this way because some of the

을 부추겨 소문에서 패닉으로 이어지는 기사를 판매한다. 그리고 후쿠시마 사고를 보도할 때, 그들은 확실히 그렇게 하는데 성공했다.

비록 현대의 풍요로운 삶에선 진화가 자주 일어나지 않는 것처럼 보이고 그래서 사람들이 걱정하지만, 진화는 사람들이 예상하지 못한 것에 대한 경각심을 가져야한다고 말한다.

오늘날에도 여전히 핵전쟁의 위협은 관음증 환자와 유람객으로 가득찬 문화 속에서 점점 둔감해진 대중들이 재앙을 오락으로 여기는 현 상태의 세계에 속삭이고 있다. 버섯 구름이 상징하는 것은 … 지구 온난화, 원자력, 산업화, 공해와 같은 더 큰 사회적 문제를 암시하는 게 아니겠냐고. 무성하게 발생할 것 같은 문제들은 무관심에 가려져 사람들이 할 수 있는 것이란 그저 가만히 서서 지켜보는 수 밖에 없다.

- 클레이 립스키[7]

삶에서 낮은 위험과 높은 위험을 분리하다

좀더 안정적인 관점에 도달하기 위해서는 우려되는 위험들 중에서 일어날 가능성이 희박한 위험을 구별해 내야만 한다. 곧 발생할 것 같은 다른 위험들에 대해서는, 그 문제가 세계적인 경우에도, 해결하려는 쪽으로 노력하고 대응해야 한다. 인생에서는 누구나 운동 선수이다 - 관객들에게는 아무리 흥분하더라도 실제적인 역할이 없다. .

다음 〈그림 4-3〉에서는 다양한 위험성을 개인의 평생에 걸친 평균 위험의 측면에서 비교하고 있다. 어떻게 해서든 그리고 어떤 시기이던 죽음의 위험은 언제나 100%이며 이는 상단의 검은 윤곽의 큰 원으로 표시되어 있다. 일부 죽음의 위험은 면적에 비례하여 붉은 원으로 그려지며 녹색은 죽음의 위험성이 아니라 비교를 위해 표시한 다른 확률이다.

일부는 너무 작아 보기 어렵기 때문에 위 방식으로 모든 위험을 보여주는 것은 가능하지 않다. 따라서, 윗부분의 작은 면적은 100만분의 1에서 1,000분의 1의 범위에서 존재하는 사망 확률을 1000배 확대되어 보여주

arcas would be far too small to see. So a small area of the upper circle is shown magnified a thousand times. Within it some probabilities of death in the range 1 in a thousand to 1 in a million are shown magnified. These causes of death in this second circle are unusual today and are compared with the chance for three people at random being born on consecutive days in the year.

But the probability of some causes of death are less than one in a million and their circles would not be visible, even on this expanded scale. So in the lowest black circle of the diagram probabilities have been magnified a further thousand times, making a magnification of a million. This is used to illustrate that, for all the people in the world in 1945, the chance of dying from radiation-induced cancer from the bombs at Hiroshima and Nagasaki was less than the chance that two people at random having been born on February 29, the leap day. The chance of being killed by radiation at a nuclear power plant is 50 times smaller still. It is indeed hard to comprehend how small these risks are compared to other serious hazards that beset us.

Personal experience can be used to put the significance of these numbers into further perspective. Everybody knows someone who died of cancer or heart disease. Perhaps you knew, personally, someone who died in childbirth. But it is unlikely that you knew someone who died in a plane accident or any of the accidents described by the smaller circles. Even the largest nuclear risk is seen to be minute compared with any of the conventional hazards shown. In fact it is partly because nuclear accidents are so very unusual and unfamiliar that they are newsworthy and carry extra dread – rationally, that is perverse.

고 있다. 두번째 원이 나타내는 죽음의 원인은 오늘날 흔치 않은 것이며 이는 무작위로 선정된 3명의 사람들이 한 해에 3일간 연속적으로 태어나는 것과 같은 확률이다.

그러나 일부 사인의 발생 확률은 백만분의 1도 안 되며 확대된 규모에서도 보이지 않을 것이다. 따라서 도표에서 가장 낮은 검정원은 확률을 천 배 더 확대하여 약 100만배의 배율을 만들었다. 이는 1945년 히로시마와 나가사키의 폭탄에서 나온 방사능에 의해서 암으로 사망할 확률이, 윤일인 2월 29일에 무작위로 두 사람이 태어났을 확률보다 낮다는 것을 보여주고 있다. 원자력 발전소에서 방사능에 의해 사망할 가능성은 여전히 50배 더

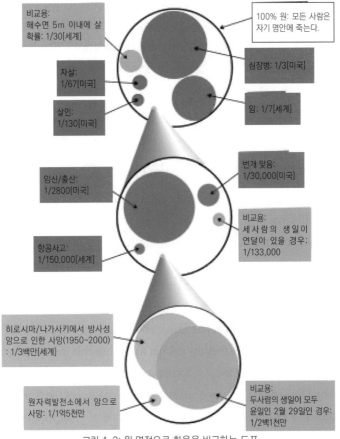

그림 4-3: 원 면적으로 확률을 비교하는 도표

Energy as frightening

Any source of energy able to replace carbon combustion has to be large and powerful to do the job – and such a powerful agent naturally overshadows any personal human effort. Such power may feel intimidating, but this primitive reaction is mistaken. It is not size and strength that determine whether an agent is dangerous; it is the relationship that we have with it, in particular whether it is understood and trusted. So we expect a flu virus to be more of a threat than an elephant, especially if we take the trouble to study the elephant and get to know it. In general people are likely to feel threatened by size and energy, whatever the technology, but it can be countered by sympathetic education if that leads to familiarity and confidence – like learning to drive a powerful car or watching others who are adept at doing so. Just imagine, if you had never been driven at speed in a car before, it would be an alarming experience.

Safety in a natural disaster

A mix of personal training and devolved individual judgement can be very effective in mitigating the effects of natural disasters too. The earthquake and tsunami that struck northeastern Japan on 11 March 2011 are an example. A long history of major earthquakes has ensured that Japanese building codes are rigorously enforced, and on this occasion the quake itself caused remarkably little damage.

Everyone living in Japan has learnt about earthquakes and what they should do. Consequently they are calmer and more able to cope when one hits than would be the case in another country. The earthquake triggered well-practised actions by the population in anticipation of the tsunami and the after-shocks that followed. Such instructions of what to do are to be found everywhere in Japan – Illustration 4-4 shows a simple example seen

적다. 이러한 위험들이 우리를 괴롭히는 다른 심각한 위험들과 비교되는 것은 이해하기 어려운 일이다.

이러한 수치들의 의미를 더 깊이 이해하는데 개인적인 경험을 이용할 수도 있다. 아마 모든 사람들은 암이나 심장병으로 사망한 사람들을 알고 있을 것이다. 아마도 당신은, 분만 중에 사망한 사람을 개인적으로 알지도 모른다. 하지만 당신이 비행기 사고나 작은 원으로 묘사된 사고들 중 하나로 죽은 사람을 알고 있을 것 같지는 않다. 〈그림 4-3〉에서처럼 가장 큰 원자력 위험도 일반적인 위험과 비교했을 때 극히 작게 보인다. 사실, 원자력 사고가 뉴스 거리가 되고 더 큰 두려움을 수반하게 되는 이유는 부분적으로 그 사고가 매우 특이하고 생소하기 때문이다. 그러나 이성적으로 판단할 때 그것은 왜곡된 시각이다.

공포스러운 에너지

탄소 연소를 대체할 수 있는 에너지원은 그 작업을 감당하기 위해 크고 강력해야 한다 – 그러한 강력한 에너지원은 당연히 개인의 노력을 무색하게 만든다. 그런 힘은 위협적으로 느껴질지 모르지만 이런 원시적인 반응은 착각이다. 에너지원이 위험한지를 결정하는 것은 크기와 힘이 아니다; 그것은 우리가 그 에너지원에 대해 갖는 관계, 특히 그것을 이해하고 신뢰하는지의 여부에 달려있다. 그래서 우리는 독감 바이러스가 코끼리보다 더 위협적일 것으로 예상한다. 특히 우리가 그 코끼리, 즉 바이러스를 알기 위해 애를 쓰는 데도 연구하는 데에 어려움을 겪고 있다면, 더욱 그렇다. 일반적으로 어떤 기술이 쓰였나와 상관없이 사람들은 크기와 에너지로 위협을 느끼기 쉽지만, 이 문제에 대해서 호의적인 교육으로 친숙함과 자신감을 얻는다면, 위협을 역전시킬 수 있다. – 강력한 힘을 가진 자동차를 운전하는 법을 배우거나, 그것을 능숙하게 운전하는 사람을 지켜보는 것과 같다. 상상해보라, 만약 당신이 속도가 빠른 차에 한번도 타본 적이 없다면 그것은 놀라운 경험이 될 것이다.

in the street. At the time of the quake, there were 500,000 people in the region that was subsequently inundated[8, p.41]. In the half-hour delay before the tsunami arrived almost everybody found their way to higher ground or another place of refuge. Schools were evacuated quickly following well-rehearsed plans. Inevitably many of those who got caught by the tsunami were the elderly who were unable to

그림 4-4: 포장도로에서 본 쓰나미 대피 경로 안내 사진 [WWMA 사진, 2013년 12월]

react so quickly. As of Sept 2012, 15,870 deaths were recorded with 2,184 still missing. It was an extraordinary accomplishment that 96% of those endangered by the unprecedented inundation were saved in such a short time. On previous occasions when a major tsunami had occurred in Japan, the death toll had often been higher, but experience had taught the importance of training and individual action. Such preparation is effective at giving confidence and in making relatively unusual phenomena more familiar to the population through practice and discussion.

Personal and national engagement with safety

However, when it came to the release of radioactivity the reaction was quite different: nobody knew what to do or what to expect. The danger was unfamiliar and its consequences unknown to almost the entire population. The necessary education and personal confidence were absent at all levels in society. In Japan and around the world, the collapse of confidence that ensued was in sharp contrast to the total absence of fatalities – or even serious casualties – due to the radioactivity itself.

This near panic would not have happened if the population and the authorities had had a similar personally- informed awareness as they had

자연재해에 있어서의 안전

개인의 훈련과 판단력을 혼합하면 자연 재해의 영향을 완화시키는데 매우 효과적일 수 있다. 2011년 3월 11일 일본 동북부를 강타한 지진과 쓰나미가 바로 그 예다. 대지진의 오랜 역사를 가진 일본은 건축 법규를 엄격히 시행하도록 만들었으며 지진으로 인한 피해는 현저히 적었다.

모든 일본사람들은 지진과 지진에 대처하는 방법을 배웠으며 그 결과로 그들은 다른 나라에 비해 더 차분히 지진에 대처할 수 있었다고 한다. 사람들은 지진이후 쓰나미와 여진에 대해 예상했고 그동안 연습해왔던 행동을 취했다. 그들이 취해야하는 행동에 대한 지시 사항은 일본 곳곳에서 찾아볼 수 있으며 〈그림 4-4〉는 거리에서 보이는 간단한 예를 보여준다. 지진 당시 지역에는 약 50만 명이 나중에 침수된 지역에 살고 있었다[8, 41쪽]. 쓰나미가 오기 전 30분 동안 거의 모든 사람들이 더 높은 지대나 다른 피난처로 가는 길을 찾았다. 학교들은 잘 정비된 계획에 따라 신속히 대피했다. 불가피하게도 쓰나미에 빨리 반응할 수 없었던 노인들은 쓰나미로 인해 가장 많이 목숨을 잃었다. 2012년 9월 현재, 15,870명의 사망자가 기록되었고, 2,184명은 여전히 실종상태다. 유례없는 범람으로 위험에 처한 사람들의 96%가 이렇게 짧은 시간에 구조된 것은 놀라운 성과였다. 이전 일본에서 발생했던 큰 쓰나미에서는 종종 굉장한 사망자가 나왔지만 이러한 경험들은 훈련과 개인의 행동의 중요성을 가르쳐 주었다. 준비는 자신감을 심어주며, 연습과 토론을 통해 상대적으로 드문 현상을 국민에게 친숙하게 만드는 데 효과적이라고 할 수 있다.

안전에 대한 개인과 국가의 관여

그러나 방사능 누출의 경우에는 전혀 달랐다. 그 누구도 무엇을 해야 할지 무엇을 기대해야 할지 몰랐으며 방사능의 위험은 생소했고 그 영향 또한 잘 알려지지 않았다. 사회의 모든 단계에서 필요한 교육과 개인적임 신뢰가

when faced by the earthquake and tsunami.

What happened is seen by the Japanese people and their leaders as a failure of both Japanese institutions and individuals[9]. However, only the occurrence of the exceptional earthquake and tsunami were peculiar to Japan. The absence of personal confidence in radiation and all nuclear matters is an educational shortcoming that is equally serious in every country – a failure that springs from a distaste for learning about a matter that is thought unpleasant.

There is no man-made structure that cannot be overwhelmed by nature, and investing in an attempt to ensure 100% safety is a waste of resources, whether a sea wall against a tsunami or an ideal nuclear reactor. For the nuclear case it would be cheaper and more effective to invest in public education and some understanding of why nuclear technology is safe. That is what has been done so successfully over the years in Japan as protection against earthquakes and tsunamis. Regrettably, the Japanese people and their authorities have not seen how to apply this lesson to their nuclear experience.

They have joined in a blind worldwide technical rush to increase physical safety at nuclear power plants, either in anticipation of a popular loss of nerve or in the expectation that safety standards would be raised even higher.

Such work is very expensive, but does it reassure? Unfortunately, the sight of such large-scale protective measures being taken, in any context, only confirms in the public mind that there must have been a miscalculated danger in the first place. The conclusion is then reached that the public were previously inadequately protected, for which they blame the authorities. This raises the further thought – and then the rumour – that the danger might still not be adequately estimated, even after such new protection is made. The result is a lack of confidence that expands and feeds on itself. The miscalculation appears in the media with accusations of incompetence or cover-up, although that was never the

결여되어 있었다. 일본과 전세계에서 자신감이 연달아 붕괴되었고 이는 방사능 그 자체로 인한 사망자나 심각한 사상자 조차없다는 점과 극명하게 대조되었다.

만약 대중과 당국이 지진과 쓰나미에 직면했을 때 그랬던 것처럼 개인들이 정보에 입각한 인식을 가지고 있었었다면 이런 공황에 가까운 상태는 일어나지 않았을 것이다.

일본 국민들과 지도자들은 방사능 누출에 관해서는 일본 기관과 개인이 모두 실패했다고 보고 있다[9]. 예외적인 지진과 쓰나미가 발생한 것은 일본 특유의 상황이었다. 방사능과 원자력 문제에 대한 개인적 신뢰가 결여됐다는 것은 교육의 단점에서 비롯된 것이며, 이는 모든 나라에 공통된 문제이다— 이 실패는 불편하게 생각하는 문제를 알아가는 것을 혐오하기 때문에 일어났다.

자연에 압도되지 않는 인공 구조물은 없다. 따라서, 쓰나미에 맞서는 방파제나 이상적인 원자로나 100% 안전을 보장하는려는 시도에 투자하는 것은 자원의 낭비이다. 오히려 원자력의 경우, 원자력 기술이 왜 안전한지에 대한 공교육과 이해에 투자하는 것이 저렴하고 더욱 효과적일 것이다. 이 방식은 일본에서 지진과 쓰나미로부터 보호하기 위해 수년에 걸쳐 성공적으로 행해졌지만 유감스럽게도, 일본 국민과 그 당국은 이 교훈을 원자력 경험에 어떻게 적용할지 알지 못했다.

그들은 원자력 발전소의 물리적 안전성을 높이기 위해 맹목적으로 기술 발전을 하는 세계적인 대열에 동참했다. 이 시도는 대중들이 기가 죽을 것을 기대하거나 안전 기준이 더욱 높아질 것이란 기대감에서 나왔다,

이런 방법에는 굉장한 비용이 소모된다. 하지만, 정말 안심할 수 있을까? 어떤 맥락 에서든, 이런 대규모의 보호 조치가 취해지는 것은 애초에 계산을 잘못했을 위험이 있었다는 것을 여론에 확인시킬 뿐이다. 대중은 이전엔 충분하지 못한 보호를 받았다는 결론에 도달했다. 그래서 그들은 관계 당국을 비난한다. 이 점은 새로운 보호 조치가 이루어진 후라도 역시 위험을 정확하게 예측할 수 없다는 생각을 – 다음엔 소문을 – 불러일으킨다.

cause of the problem. The real cause was a total inability to handle the public perception of what happens, or might happen in such an accident. But in Japan since 2011 there is nothing to suggest that these lessons have been understood.

Another accident similar to Fukushima is unlikely, but should one happen, there would again be no major health impact from the radiation. Any panic or significant economic impact would be caused by a failure of training and public information, unrelated to radiation safety – as in 2011.

With the appropriate preparation and trust, there would be no serious consequences, as would have been true in 2011 if the Japanese authorities had only read the reports from Chernobyl and shared the information with the people in a programme of public education[10, 11]. This criticism is aimed not just at Japan but at every country that panicked. The lesson of Fukushima is universal and it has not been helpful that each nation has internalised its reaction, allowing it to become a matter for local political controversy and debate.

Education and democracy

In the usual way that history develops, the next major accident will be different from the last, so for any lessons learnt to be useful they should be seen in the broadest terms. If human life on Earth is to be sustainable for ten billion people or more with the benefits and aspirations needed for political stability, we will have to cooperate more than in the past. This will not work effectively unless individuals feel personally and democratically engaged. Future economic progress that provides stability and jobs for an increasing population depends on science and its applications, as it has since the start of the Industrial Revolution. Confidence and informed decision-making will not be forthcoming unless the science is adequately understood by sufficient of the population to engender trust. Without trust, democracy does not function effectively and society becomes unstable.

그 결과는 자신감의 결여로 나타난다. 자신감의 결여는 스스로 확장하고 스스로 자란다. 오산은 비록 문제의 원인이 되지는 않았지만, 언론에게는 무능하거나 은폐하거나 비난하는 것으로 비춰진다. 진짜 원인은 사고에서 어떤 일이 일어났는지, 혹은 날 수 있는지에 대한 대중의 인식을 전혀 감당할 수 없다는 것이었다. 2011년 이후, 지금까지 일본이 이 교훈을 잘 이해했는지 추측할 수 있는 것은 아무것도 없었다.

후쿠시마와 유사한 또 다른 사고는 일어날 것 같지 않지만, 만약 발생하더라도, 방사능으로 인한 건강상의 큰 영향은 없을 것이다. 하지만 2011년과 같이 방사선 안전과 관련 없는 훈련 및 대중에게 정보를 전달하는 것이 실패함으로써 공황이나 경제에 중대한 영향이 생길 수는 있다.

적절한 준비와 신뢰가 있었다면, 일본 당국이 체르노빌의 보고서를 읽고 공교육 프로그램에서 국민과 정보를 공유하기만 했다면 2011년에 일어났던 것처럼 심각한 결과는 없을 것이다[10, 11]. 이 비판은 일본뿐 아니라 패닉에 빠진 모든 나라를 겨냥한 것이다. 후쿠시마의 교훈은 보편적이며, 각국이 후쿠시마에 대한 반응을 주관화해서 그것을 이용하면서 지역의 정치적인 논의과 논쟁의 문제를 만드는 것은 전혀 도움이 되지 않았다.

교육과 민주주의

역사가 발전하는 통상적인 과정에서는, 다음 번 주요 사고는 지난 번 사고와는 다를 것이다. 그렇게 학습된 교훈들이 쓸모 있는 역할을 하려면, 그 교훈들을 넓은 안목으로 보아야 한다. 만일 100억명 이상의 인구가 지구에서 누리는 삶을, 정치의 안정에 필요한 혜택과 열망을 가지고 지속가능하게 하려면, 우리는 과거보다 더 많은 협력을 해야 할 것이다. 개인이 개인적으로 그리고 민주적으로 참여한다고 느끼지 않는 한 이 협력은 효과적으로 작용되지 않을 것이다. 증가하는 인구에게 안정과 일자리를 제공하는 미래의 경제 발전은 산업혁명 시작 이후 그랬던 것처럼 과학과 그 적용에 달려 있다. 신뢰와 정보에 입각한 의사결정은 신뢰를 불러일으킬 만한 충분한 인

The present habit of authorities faced with scientific questions is to call upon experts to whom understanding is subcontracted – this is ineffective. It provides neither the right broad answers, nor does it build trust. Only personal understanding built on deep education and spread through the population, however thinly, can do that. Without such foundations decision- making is easily influenced by groups built around those who are simply frightened, do not understand the science or have lost confidence in the authorities. Over time such groups build up funds and staff with their own careers and mortgages. These then have a personal interest in fomenting distrust for as long as funds continue to roll in to the group.

A Babel of disciplines and conflicting interests

Education in different logical voices

The various disciplines involved in making decisions about energy and nuclear radiation are strangers to one another. They are all open to study, but in a traditional education young people are rarely brought up to establish any personal confidence in more than a few of them. This compartmentalised understanding then persists for the rest of their lives – and that is only for those few with an educational background of any relevance at all.

This is an unfortunate omission in the structure of education, because these various disciplines are remarkably different and there is a need for people to understand how they relate to one another in the areas where they overlap. This is a call for an appreciation of the different perspectives of physical science, medicine, biology, social and economic science. Each may be coherent and logical in its own sphere, but reconciling them with common sense is important.

None of the disciplines is a no-go area to anyone ready to study and

구가 과학을 이해하지 못하면 앞으로 이루어지기 힘들다. 신뢰가 없으면 민주주의는 효과적으로 기능하지 못하고 사회가 불안정해진다.

과학적인 질문에 직면했을 때 현재 당국은 습관적으로, 이해가 제한된 전문가들을 불러들인다. 이 방법은 정확하고 명백한 해답을 제공하지도 못할뿐더러 신뢰 또한 쌓을 수 없기 때문에 사실 굉장히 효과적이지 못하다. 심도있는 교육을 바탕으로 세워지고 많은 사람들에게, 아무리 얇은 층이라도, 널리 퍼진 개인적 이해만이 효과를 만들어낼 수 있다. 이러한 기반이 없는 의사결정은 두려움에 떠는 사람들과 과학을 이해하지 못하는 또는 당국에 대한 신뢰를 잃은 사람들에 의해서 쉽게 영향 받을 수 있다. 시간이 지나면서 이러한 집단들은 자금을 확보하게 되고 그들의 경력과 담보대출을 가지고 달려드는 직원들을 확보하게 된다. 이후 자금이 이 집단에 계속해서 들어오는 한 이 사람들은 불신을 조장하는데 개인적으로 관심을 보인다.

여러 학문 분야의 혼란과 상충되는 이해관계

서로 다른 논리의 목소리로 교육하다

에너지와 핵 방사선에 관한 결정을 내리는 데 관여하는 다양한 학문들은 서로 관계가 없다. 이 모든 학문들을 공부할 수는 있지만 사실 전통적인 교육체계에서 이 중 몇 개 이상의 과목에 대해 개인적 자신감를 확립하도록 배우는 경우는 매우 드물다. 이렇게 조각조각 나누어진 이해는 평생 지속된다. 하지만 이것은 관련이 전혀 없는 교육적 배경을 가진 소수의 사람들에게만 해당되는 일이다.

이는 불행하게도 교육 체제가 누락 시킨 점이다. 왜냐하면 다양한 학문들이 서로 현저히 다르고 사람들은 학문들이 서로 겹치는 영역에서 어떻게 연관되어 있는지 이해할 필요가 있기 때문이다. 이는 물리과학, 의학, 생물학, 사회경제과학의 다양한 관점을 높이 평가하라는 요구이며 각자 자기

reach their own conclusions. Each field has its own intellectual ethos and reasons for it. But there are other more questionable pressures at work too – like the perceived need to defend jobs, career status and professional territory, to maintain budget allocations and to realise a return on previous investment.

Physical science and linearity

In the basic physical sciences the universe is portrayed as surprisingly simple. The descriptions that turn out to be correct are often symmetrical and seen to be more beautiful than the alternatives: being correct in physical science means being able to describe with a few fundamental principles and to predict, unfailingly and precisely. Admittedly there is no reason why physical science and mathematics should have such power, but as time goes on there are ever fewer situations in which they do not deliver.

Symmetry is an important paradigm in the account that physical science gives of the physical world. An inflated party balloon forms itself into a perfect sphere, and so too does a soap bubble. The material of the balloon and the film of a bubble are symmetrical and uniform. If that is not quite true, the difference in shape can be calculated from the extra rubber around the entrance pipe of the balloon or the weight of the drip of excess liquid hanging on the lowest point of the bubble. The near-perfect shape is delightful to child and scientist alike. In fact symmetry is a big subject and sometimes a curious one. Are left and right the same, only different? Similarly, forward and backward in time? What about different places or different times?

Uniqueness is another paradigm. In physical science a well-defined question usually has a single unique answer which is distinguished by its economy of expression – mathematical physicists see this as beautiful. A particular problem has just a single answer, but this is not true in

영역에서는 일관성 있고 논리적일 수 있지만, 이를 상식과 조화시키는 것은 굉장히 중요하다.

연구를 통해 스스로 결론을 내릴 준비가 되어있는 사람에겐 그 어떤 학문도 출입이 금지된 영역이 아니다. 각 분야마다 지적 정신과 이유도 존재한다. 그러나 직장내에서도 의심스러운 압력이 존재한다− 일자리와 경력 및 전문 영역을 보호할 필요를 자각한다거나, 예산 배분을 유지하며 이전 투자에 대한 수익을 실현해야 한다는 것이 거기에 포함된다.

물리과학과 선형성

기본적인 물리과학에서 우주는 놀랄 만큼 단순하게 묘사된다. 우주를 정확히 묘사하면 대칭적이며 다른 것보다 더 아름답게 보이는 경우가 많다. 물리과학에서 정확하다는 것은 몇 가지 기본 원리로 설명할 수 있고, 언제나 변함없이 정확하게 예측할 수 있다는 것을 의미한다. 물론 물리과학과 수학이 그러한 힘을 가져야 할 이유는 없지만, 시간이 흐를수록 이 두 학문이 전달하지 못할 상황은 점점 줄어들고 있다.

물리과학이 주는 물리적인 세계에 대한 설명 중 대칭성은 중요한 인식체계이다. 부풀려진 풍선은 그 자체로 완벽한 구를 형성하며 이는 비누 거품 또한 마찬가지다. 풍선의 재료와 거품의 필름은 대칭적이고 균일하다. 만약 이것이 사실이 아니라면, 우리는 풍선 입구 파이프 주위에 있는 여분의 고무나 기포의 가장 낮은 지점에 달려있는 잉여 액체가 만드는 방울의 무게를 통해 형상의 차이를 계산할 수 있다. 완벽에 가까운 형상은 어린이와 과학자 모두에게 즐거운 일이다. 사실 대칭성은 큰 주제이며 때로는 많은 호기심을 이끌어내는 주제이다. 왼쪽과 오른쪽은 같은가, 다른가? 비슷하게, 시간이 앞뒤로 지났을 때에도 같을까? 다른 장소나 다른 시간은?

독특함은 또 다른 인식체계이다. 물리과학에서 잘 정의된 질문은 보통 하나의 독특한 답을 가지고 있다. 이 답은 답이 가지고 있는 경제성에 의해서 구분된다. 수리 물리학자들은 이를 아름답다고 본다. 하나의 특정한 문

biology, and in fact, uniqueness and symmetry play little part in most other disciplines. So the question is whether the same is true of every principle that is highly significant in physical science and mathematics. In particular, does linearity, an important (though not universal) principle in mathematical physics, apply in biology, in particular to the health effects of radiation?

We should explain what linearity means. For example, linearity usually applies to the way that waves behave, like the sound waves from each instrument in an orchestra. Although these are sent out into the concert

Linearity: If a cause X has an effect x when applied to a system, and a cause Y has an effect y, then what happens when causes X and Y are applied together, that is X+Y? If the effect is x+y, the effect is linear, and the responses to X and Y are independent. If the effect is anything else, the response is non-linear. Simple but very powerful, as it turns out.

Special case: If the response is linear, cause X+X will give effect x+x; and X+X+X, will give effect 3x; etc., and then the cause-effect relation is a straight line, as sketched in Illustration 4-5 on page 211. But it is a mistake to think that linearity is just about the dependence of an effect on its cause being described by a straight line rather than a curved one.

Suppose the occurrence of lung cancer is linearly related to its causes. If X is smoking as a cause and Y is radiation as a cause, then the cancer resulting from both together would be the cancer caused by smoking plus the cancer caused by radiation – that is x+y. But the analysis of lung cancer in populations exposed to smoking and radiation, in particular radon, the radioactive gas in the air, shows that this is not true. According to the data available, smoking on its own is about 25 times more carcinogenic than not smoking, and only in the case of smokers is there any evidence for extra carcinogenesis due to radon. So these causes of cancer are not independent, and so non-linear .

Conventional analyses of radon, smoking and lung cancer use the socalled Linear No-Threshold (LNT) model. This is a non-linear method called relative risk. The data do not show linearity and these analyses fail although they falsely conclude that radon is responsible for much lung cancer. This is discussed in more detail in Chapter 6.

제는 단 하나의 해답만 갖고 있지만 이는 생물학에는 해당되지 않는다. 사실, 독특함과 대칭성은 물리과학을 제외하곤 대부분의 다른 분야에서는 거의 작용되지 않는다. 따라서, 문제는 중요하게 생각되는 모든 원리들이 물리과학과 수학에서 일맥상통하게 적용되는가 하는 것이다. 특히, 수리물리학에서 굉장히 중요하다고 생각되는 (보편적이진 않지만) 선형성원리가 생물학에서, 특히 방사선의 건강 효과에도 적용될 수 있을까?

먼저 우린 선형성이 무엇을 의미하는지 알아야한다. 선형성은 오케스트라의 각각의 악기에서 나오는 음파처럼 파동이 움직이는 방식에 적용된다. 이

선형성: 가령 한 시스템에서 원인 X를 적용하면 결과 x가 따르며, 원인 Y는 결과 y가 따른다고 하자. 그러면 원인 X와 Y를 동시에 적용할 경우, 즉, X + Y를 적용하면 어떻게 되는가? 그 결과가 x + y인 경우 그 결과는 선형적이며, X 및 Y에 대한 반응은 독립적이라고 한다. 그 결과가 이와 다르면, 그 반응은 비선형적이다. 알고 보면 단순하지만 매우 강력하다.

특수 경우: 반응이 선형적인 경우, 원인 X + X의 결과는 x + x가 되고 원인 X + X + X의 결과는 3x가 될 것이다. 즉 그 원인-결과의 관계는 211쪽 <그림 4-5>처럼 직선적이다. 그러나 그 원인에 대한 결과의 종속성이 곡선이 아니라 직선으로 기술되는 것만 선형성이라고 생각하는 것은 잘못이다.

폐암의 발생이 그 원인에 대해 선형적이라고 가정해 보자. 그 원인으로 X를 흡연이라 하고 Y를 방사능이라 할 경우, 그 두가지 원인으로 발생한 암은 흡연으로 발생한 암 더하기 방사능으로 발생한 암 - 즉, x + y일 것이다. 그러나 흡연과 방사능, 특히 공기중의 방사성 가스인 라돈에 노출된 폐암 환자들을 분석해 보면 이 결과가 사실이 아니다. 이용할 수 있는 자료에 따르면, 흡연 자체는 흡연하지 않는 것보다 발암성이 약 25배 높으며, 흡연자인 경우에만 라돈으로 인해서 추가로 암이 발생한다는 증거가 존재한다. 따라서, 이 경우 암의 원인은 비독립적이므로 비선형적인 것이다.

라돈과 흡연, 폐암을 분석하는데 소위 문턱 없는 선형 모델(LNT)을 사용한다. 이는 상대위험도라고 하는 비선형적 방법이다. 이 데이터는 선형성을 나타내지 못하고 분석은 실패했다. 그럼에도 불구하고 그들은 라돈이 폐암의 주 원인이라는 거짓 결론을 내렸다. 더 자세한 내용은 6장에서 기술될 예정이다.

hall all on top of one another, they seem to act quite separately, allowing the ear to distinguish the waves from each instrument, as if the others were not present. This is not a special ability of the ear – it applies to everything affected by the sound, unless the sound is actually distorted. When a number of causes and their respective effects add together in this way, the behaviour is linear, and then apparently complicated things become much simpler to calculate, easier to visualise and think about. It makes the physical world describable, like a structure of LEGO bricks, put together piece by piece.

But even in physical science, not everything is always so easy; there are many cases where linearity does not apply, for instance to the turbulent flow of liquids and gases where following the relationship between cause and effect is much harder. The atmosphere, and so the weather, involves such turbulent flow, and these non-linear aspects make predictions more difficult. So scientists welcome linearity when it applies. Indeed much of mathematical science is concerned with searching for ways to see behaviour in linear terms, either exactly or as a series of converging approximations which make calculations and predictions possible. But scientists need always to keep a sharp eye open for situations in which cause and effect are not related in this way.

Pretending that something is linear when it is not is just wrong and can lead to dangerous misconceptions – as in the health effect of radiation doses

Why does basic physical science so often enjoy the benefits of symmetry, uniqueness and linearity? The answer to this philosophical question is unknown. It is no answer to point out that, otherwise, the physical world would be more irrational and harder to describe. The world might indeed be inexplicable and unpredictable. In fact many in the world do not understand science and see exactly such an inexplicable world. Such people have to build confidence exclusively on a foundation of trust and belief, and that may be fragile and inflexible in the event of

모든 음파들은 차곡차곡 쌓여 공연장 안쪽으로 전달되는 것처럼 들리지만 사실 음파들은 별개로 행동한다. 우리의 귀는 마치 다른 음파들이 존재하지 않는 것처럼 각 악기로부터 나오는 파동을 구별할 수 있게 한다. 이것은 귀의 특별한 능력이 아니며 소리가 실제로 왜곡되지 않는 한, 소리의 영향을 받는 모든 현상에 적용된다. 여러 원인과 각각의 영향이 이런 식으로 더해질 수 있을 때 우리는 이 작용을 선형적이라고 판단할 수 있고 분명히 복잡한 것들을 더 쉽고 간단하게 계산할 수 있으며 시각화해서 생각하기 쉬워진다. 선형성은 마치 레고 블록의 구조처럼 물리적인 세계를 하나하나 조합하여 설명이 가능하게 만든다.

그러나 물리과학에서도 모든 것이 항상 이와 같이 간단한 것은 아니며 실제로 선형성이 적용되지 않는 경우가 많다. 예를 들어, 액체와 기체의 난류같은 경우에는 원인과 효과의 관계를 추적하기 매우 어렵다. 대기, 즉 날씨는 난류를 수반하기 때문에 이런 비 선형적인 측면이 날씨를 예측하기 더욱 어렵게 만든다. 따라서, 과학자들은 선형성을 적용할 수 있을 때 이를 굉장히 환영한다. 실제로 수리학의 많은 부분은 행동을 선형적인 관점에서 정확하게, 아니면 계산과 예측을 가능하게 하는 일련의 수렴하는 근사치로 보는 방법을 찾는데 관심이 있다. 그러나 과학자들은 원인과 효과가 이런 식으로 연관되지 않는 상황에 대해서는 언제나 날카로운 눈을 뜨고 예의 주시할 필요가 있다.

어떤 것이 선형적이 아닐 때 선형적인 척하는 것은 옳지 않을 뿐 아니라 방사선량이 건강에 끼치는 영향처럼, 위험한 오해로 이어질 수 있다.

기초 물리과학은 왜 그렇게 자주 대칭성, 고유성 그리고 선형성의 이점을 누리는가? 이 철학적 질문에 대한 답은 알 수 없다. 대칭성, 고유성, 그리고 선형성이 없다면 물리적 세계가 더 비이성적이고 기술하기가 더 어려워질 것이라고 지적하는 것은 답이 아니다. 세상은 실지로 설명할 수 없고 예측이 불가능하다. 세상의 많은 사람들은 정말로 과학을 이해하지 못하면서 설명할 수 없는 세계를 정확히 본다. 이런 사람들은, 전적으로 신뢰와 믿음의 토대 위에 자신감을 쌓을 수밖에 없다. 그리고 그런 자신감은 변화

change. That is the reason to protect young children: their judgement and confidence lacks the stability that comes with education and experience. Without confidence the world can seem frightening. Engineering and technology are built upon the predictability of the world, and exploit it through mathematics and physical science whenever possible. Naturally, technology inherits this logicality and simplicity, and to scientists and engineers the physical world often seems less dangerous and more predictable as a result.

Therefore, scientists should explain and share, as best they can, while respecting that others may doubt the confidence that physical science provides.

Biology, medicine and the logic of evolution

Although all of its components are simple and physical at an atomic level, life has not been designed using the principles of physical science in the way that the design of a car, bridge or electronic chip might be. It is not simple, symmetrical or unique, but is designed to survive and thrive within a certain range of conditions. Life is a product of evolution, and whenever conditions change the design gets modified too, otherwise it is liable to suffer a disadvantage. Actually, it does not get modified in the way that a computer gets updated by downloading a suitable patch: rather, it effectively modifies itself. As Darwin demonstrated, the design of each species and sub-species evolves locally to match the particular history of survival threats that it has recently experienced. This means that scientific logic, as understood in the biological and medical sciences, looks very different from that in the physical sciences. Each life form is a solution to a local problem and has no general reality at other times or places, unlike the prescriptions of physical science which apply at all times and in all places throughout the universe. The solution to a biological problem of survival, rather than being remarkable for its simplicity, as a physical

에 직면했을 때 깨지기 쉽고 융통성을 상실한다. 이것이 우리가 어린 아이들을 보호해야 하는 이유다; 아이들의 판단력과 자신감은 교육과 경험에서 오는 안정성이 부족하다. 자신감이 없으면 세상이 무섭게 보일 수 있다. 공학 및 기술은 세계가 예측 가능 하다는 것을 기반으로 세워졌으며 가능하면 언제라도 수학과 자연과학을 이용한다. 자연적으로 기술은 이런 논리성과 단순성을 계승하고 있으며, 과학자와 공학자들에게 물리적 세계는 결과적으로 덜 위험하고 더 예측 가능해 보이는 경우가 많다.

그러므로, 과학자들은, 다른 사람들이 물리과학이 주는 자신감을 의심할 수 있다는 것을 존중하면서도, 최선을 다해서 이러한 점들을 설명하고 공유해야 한다.

생물학, 의학 그리고 진화의 논리

비록 모든 요소들이 원자 수준에서는 단순하고 물리적이지만, 생명체는 자동차, 다리 또는 전자 칩을 설계하는 것처럼 물리과학의 원리를 사용하도록 설계되지는 않았다. 이는 단순하고 대칭적이거나 독특한 것이 아니라 일정한 조건의 범위 내에서 생존하고 번성하도록 설계되어 있다. 생명은 진화의 산물이며, 그 조건이 바뀔 때마다 설계는 수정되어야 한다. 그렇지 않을 경우 약점으로 고통받을 수 있다. 또한, 생명체는 컴퓨터가 적절한 패치를 다운로드해 업데이트되는 방식처럼 수정되지 않는다; 오히려 스스로를 효과적으로 수정한다. 다윈이 보여줬듯이, 각 종과 아종의 설계는 특정한 역사속에서 새롭게 경험한 생존 위협에 맞춰서 지역적으로 진화한다. 이는 생물학, 의학에서 이해한 과학적 논리가 물리과학의 논리와 매우 다르게 보일 수 있음을 의미한다. 각 생명체는 지역적인 문제에 대한 해결책이며, 우주 전역의 모든 장소에서 항상 적용되는 물리과학적 처방과 달리, 다른 시기나 장소에서 통하는 일반적 실체는 없는 것이다. 생물학적 문제인 생존에 대한 해결책은, 자연과학의 대답이 단순함에 주목하는 것처럼, 그 복잡함에 주목해야 한다.

science answer might be, is likely to be remarkable for its complexity.

These differences stand out strongly in a description of the effect of radiation on life. This happens in two stages: in the first, the radiation disrupts the atoms and molecules of which the living tissue is made. This is a matter for physical science and is typically linear – the initial damage is in proportion to the energy absorbed in the living tissue, as sketched in Illustration 4-5. The second stage is the story of how that tissue responds to the trail of broken molecules, if it is alive – this is a biological question concerned with the ability of cellular life to survive an attack. This is not at all linear, as will become clear in Chapter 8. In fact the assumption that the net effect of radiation is linear, just because the initial damage is linear, is the basic mistake responsible for the mishandling and misery of the Fukushima accident – and of Chernobyl before that. It is the crux of the message discussed in this book.

So the basis of the physical sciences and of the medical and biological sciences look sharply different for good reasons, but few scientists are familiar with both types of discipline. Consequently, physical scientists and engineers, though able to follow the physical behaviour of radiation, treat the behaviour of living tissue with great caution, it being quite unfamiliar. Most medical scientists are quite unfamiliar with quantum mechanics, where the fundamentals of nuclear physics are played out, though they are respectful of its powerful effects. In clinical medicine the priority is the well-being of the patient, and that comes before concern for the environment. Certainly clinicians are not eager to explain that the radiation dose to be used is tens or even thousands of times higher than any dose received in the environment – that might upset the patient and discourage them from accepting treatment that is clearly in their best interest. So many clinicians distance themselves from discussions of radiation doses in the environment, although they have been improving health and saving lives using moderate and high radiation doses ever since Marie Curie pioneered such work a century ago.

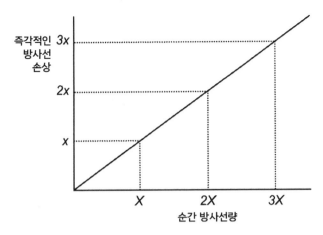

그림 4-5: 방사선량에 따라 즉각적 방사선 손상이 어떻게 달라지는지 선형성을 보여주는 그래프

　이러한 차이는 방사선이 생명에 미치는 영향에서 강하게 두드러진다. 이 영향은 두 단계로 일어난다. 첫째, 방사선은 살아있는 조직에서 만들어지는 원자와 분자를 교란시킨다. 이것은 물리과학의 문제로서 전형적으로 선형성을 띤다. 〈그림 4-5〉에서 볼 수 있는 것처럼, 초기 손상은 살아있는 조직이 흡수한 에너지에 비례한다. 두 번째 단계는 조직이 파괴된 분자의 흔적에 어떻게 반응하는지에 대한 이야기이며, 살아 있는 조직이라면, 이것은 세포성 생명체가 공격에서 살아남는 능력과 관련된 생물학적 질문이다. 이것은 8장에서 명백해지겠지만 전혀 선형적이지 않다. 사실 방사능의 순수한 효과가, 초기에 나타나는 손상이 선형이라고 해서, 선형이라는 가정은, 후쿠시마 사고와 그 이전 체르노빌의 잘못된 조치와 비극에 책임이 있는 기본적인 실수다. 그것은 이 책에서 논의된 메시지의 핵심이다.

　따라서 물리과학의 기초와 의학 및 생물학의 기초는 그럴만한 이유로 분명하게 다르지만, 두 가지 유형의 학문을 모두를 잘 아는 과학자는 거의 없다. 결과적으로, 물리학자들과 공학자들은 방사선의 물리적 거동을 이해함에도 불구하고 매우 생소한 생체 조직의 거동에는 굉장히 조심스럽게 접근한다. 대부분의 의학자들은 핵물리학의 기초가 펼쳐지는 양자역학의 강력한 효과를 존중하지만 이에 익숙하지 못하다. 임상 의학에서 가장 우선

As a result the effect of radiation on life has been treated with unusual caution, even amongst scientists on both the physical and biological sides. This has suppressed the spread of a scientifically robust account, transparent and easy to understand for all concerned. Such an account should be written and explained.

Instead, the story has appeared confused, for the political and historical reasons discussed in Chapters 9 and 10.

On the biological side, a unanimous joint report was published in 2004 by the French Académie Nationale de Médecine and Académie des Sciences[12] that set out a full academic case for a complete change in the regulation of radiation. However, this was written in professional language and never reached the public. As a result it has been effectively suppressed and not yet acted upon. Following the Fukushima accident, international professional opinion is pressing anew for public scientific and legal standards that accord with modern radiobiology.[13]

General public and common sense

Most members of the public are nervous about nuclear power and radiation. They are aware that it involves a very powerful agent that they do not understand and so they suspend their common sense and confidence, thinking that they would not give them useful guidance. That is unfortunate. They are worried by the connection to nuclear weapons, but this is wrong – just as associating a log fire with the explosion of dynamite because both are chemical processes would be wrong.

Such misunderstandings have persisted for 70 years and public apprehension of nuclear technology has been exploited in international politics to apply diplomatic pressure to regimes in various ways.

As the decades go by, the number of states which have sufficient resources to build a nuclear weapon but have not done so continues to rise. Weapons technology is far more demanding and expensive than

순위는 환자의 행복이며 이는 환경에 대한 걱정보다 우선시된다. 따라서, 의사들은 환자들에게 사용할 방사선량이 환경에서 받은 방사선량보다 수십 배 또는 수천 배 더 높다는 것을 설명하기를 꺼려한다. 만약 환자들이 이러한 사실을 알게 된다면, 혼란스러움을 느껴 그들에게 가장 도움이 되는 치료를 거부할 지도 모른다. 마리 퀴리가 1세기 전 방사선을 개척한 이후, 많은 임상의들은 줄곧 중간이나 높은 수준의 고 방사선량을 통해 건강을 개선하고 생명을 구하고 있지만 환경에서 받는 방사선량에 대한 논의에는 거리를 두고 있다.

결과적으로, 물리학과 생물학에 종사하는 과학자들까지도 모두 방사선이 생명체에 끼치는 영향을 전례없이 조심해서 다뤘다. 그래서 관심있는 사람들에게 이해하기 쉽고 투명하게 그리고 과학적으로 확실하게 설명하는 것이 억제되었다. 관련된 설명을 반드시 글로 써서 설명해야 한다.

하지만 그 대신에 이와 관련된 이야기는 정치적 역사적 이유로 혼란을 야기했다. 이것은 9장과 10장에서 논의될것이다.

생물학적 측면에서는 2004년 프랑스의 국립 의학 아카데미와 과학 아카데미[12]가 공동으로 합의한, 방사선 규제를 완전히 변화시키기 위한 학술적 사례를 다룬 보고서가 발간되었다. 하지만 이 보고서들은 전문어로 쓰여 대중적으로 다가가지 못했고 그 결과 잘 실행되지 않았다. 후쿠시마 사고 이후 국제 전문가들은 현대 방사선 생물학에 부합하는, 대중을 위한 과학적 법률적 표준이 필요하다는 의견을 새롭게 주장하고 있다.[13]

일반 대중과 상식

대부분의 사람들은 원자력과 방사선에 대해 불안해하고 있다. 대중은 그들이 이해하지 못하는 매우 강력한 인자가 개입되어 있다는 것을 알고 있으며, 자신들에게 유용한 지침을 주지 않을 것이라고 생각하면서, 사람들은 상식과 자신감을 유예시킨다. 이는 굉장히 유감스러운 일이다. 대중들은 원자력을 핵무기와 연관시켜서 우려하고 있지만 이는, 둘 다 화학적

civil nuclear power (access to which is internationally available), and the leaders of most countries have realised that it would be a waste of resources and valuable manpower to develop a weapon capability[SR4]. While super-powers attempt to dictate who may eat the forbidden fruit of nuclear technology, the public remain ignorant of the science and do not know whom to trust, particularly in those countries with a living memory of being on the front line, like Germany and Japan. In other countries, the public have recently understood that civil nuclear power may be a means to mitigate climate change and so they support the use of nuclear power as the least bad option. But others oppose it, remembering how much they were frightened by the threat of military and political nuclear forces at the time of the Cold War and seeing no reason to repeat that experience.

Universally, people are curious to know more and are ready to discuss the issues, preferably with someone whom they trust, even while disagreeing with them. They refer belief and disbelief in nuclear power, as if it were a religion. They seek someone to trust on the subject, while they learn to look at the evidence themselves and come up with their own judgement – at least that is the hope, and, anyway, the only sure way to build confidence.

Education and trust are critical and it is noticeable how young people are more open, not having personally experienced the threat of the Cold War. But they should think it out again for themselves, and they need the opportunity for open discussion.

Parents take particular care over risks to children, and it is important and natural that they do so. However, authorities should not respond with radiation regulations that are more protective for children, unless it is shown that they are at greater risk. The question whether children are at more or less risk than adults from a given radiation dose is a biological and medical question, not a family one. If family concern, which is quite properly exercised by parents, becomes confused with the biological judgement, caution gets piled on top of caution, without limit. Such

과정이라는 이유로 장작불과 다이너마이트의 폭발을 연관시키는 잘못처럼, 굉장히 잘못된 발상이다.

이러한 오해는 70년 동안 지속되어 왔으며 국민들의 원자력에 대한 이해는 국제정치에 악용되어서, 여러 정권에 여러 가지 방법으로 외교적 압박을 가해왔다.

세월이 흘러감에 따라 핵무기를 만들기에 충분한 자원을 갖고 있음에도 불구하고 이를 만들지 않는 나라의 수는 점차 증가하고 있다. 핵무기와 관련된 기술은, 국제적으로 이용 가능한 민간 원자력 발전에 비해, 훨씬 어렵고 비용도 많이 들기 때문에 많은 국가의 지도자들은 핵무기 능력을 개발하는 것은 자원과 귀중한 인력의 낭비라는 것을 깨닫고 있다. 초강대국은 금단의 열매인 핵 기술을 시도하는 국가를 지배하려 하지만 일본이나 독일처럼 전쟁의 기억을 안고 사는 나라의 사람들은 여전히 과학에 무지하고 누구를 믿어야 할지 모르고 있다. 반면, 다른 나라의 대중들은 최근 민수용 원자력발전이 기후변화를 완화하기 위한 수단임을 이해하고 있으며 원자력발전을 가장 나쁘지 않은 선택사항으로써 지지하고 있다. 하지만, 일부는 냉전 시기 군사·정치적 핵 세력의 위협에 얼마나 많은 두려움을 느꼈던지 그 경험을 되풀이할 까닭이 없다는 이유로 원자력에 반대하고 있다.

일반적으로, 사람들은 더 많은 것을 알고 싶어하며, 어떤 문제에 의견이 일치되지 않더라도, 그들이 신뢰하는 누군가와 이런 주제에 대해서 토론할 준비가 되어 있다. 그들은 마치 종교에서 그러는 것처럼, 원자력에 있어서도 믿음과 불신을 언급한다. 그들은 주제에 대해 신뢰할 수 있는 사람을 찾는다. 동시에 증거를 바탕으로 그들 스스로 자신의 판단을 내리는 법을 배운다. 적어도 이 방법은 희망적이며 어쨌든 자신감을 쌓을 수 있는 유일하고도 확실한 방법이다.

교육과 신뢰는 중요하며 냉전의 위협을 경험하지 못한 젊은이들은 이에 대해 훨씬 개방적이지만 그들은 스스로 다시 한번 생각해볼 수 있는 공개적인 토론의 기회가 필요하다.

부모들은 아이들에게 위험에 대해 각별히 주의시키는데 이는 굉장히 중

multiple caution has been responsible for children near Fukushima not being allowed outside to play in low radiation environments, when it would clearly have been in their interest to do so.

In some respects, children are more at risk than adults and in others, less. Around Chernobyl, some increase in thyroid cancer amongst children was caused by the ingestion of radioactive iodine, whilst adults were largely unaffected. On the other hand, the immune system that protects against pre- cancerous cells is in general more vigorous in young people including children. It is older adults with their weak immune system in their declining years that are most susceptible to cancer.

Cancer among young people is newsworthy because it is relatively unusual, but among the elderly it is not considered remarkable.

It does not seem appropriate that regulations should be pre-loaded with extra medical concern for children without clear evidence. Parents will show extra concern for their children anyway, as they should – but that is family care. Regulations that adopt a parental role can result in overly worried parents and overly protected children. In any case, public policy and regulations have to be built on trust which can only come with education. When this fails, as happened in Japan, children get kept in doors instead of going out to play.

Committees that ensure caution

Politicians have the task of matching energy with other elements of public policy to the satisfaction of the electorate and the requirements of industry. In this they may be watched over by a parliamentary committee whose numbers might include an economist and several lawyers but rarely anybody with the scientific confidence to reach their own independent judgement of the choices to be made[SR9]. They work with models of human behaviour and resources, shaped by inherited historical views and pressures from the electorate. Faced with a more challenging

요하고도 당연한 일이다. 하지만 당국은 방사선에 더 큰 위험이 존재한다는 사실이 드러나지 않는 한 아이들을 지나치게 보호하는 방사선규제를 적용해서는 안된다. 방사선량이 어른들보다 아이들에게 더 또는 덜 위험한지는 생물학이나 의학적 문제이지 가족의 문제는 아니다. 만약 부모들이 마땅히 염려하는 가족 문제가 생물학적 판단과 혼동되면 아무리 주의를 기울여도 조심할 여지는 한없이 쌓일 것이다. 이런 복합적인 주의로 인하여 후쿠시마 인근 어린이들은 방사능이 낮은 환경에서 야외에서 노는 것이 그들에게 분명히 이익이 되었을 것임에도 금지되었다.

어떤 면에선 아이들이 어른들보다 더 위험하고 또 다른 면에서는 덜 위험하기도 하다. 예를 들어, 체르노빌 주변에서 방사성 요오드 섭취로 인해 아이들 사이에서 갑상선암의 발병이 일부 증가한 반면 성인들은 대부분 영향을 받지 않았다. 하지만, 암으로 발전할 가능성이 있는 세포에 대항하는 면역 체계는 일반적으로 어린이를 포함한 젊은이들이 훨씬 왕성한 반면 쇠락하는 시절을 맞아 면역 체계가 약해진 노인들이 가장 암에 취약하다.

젊은이들의 암은 비교적 드물어서 뉴스거리가 되곤 한다. 그러나 노인들의 암은 그다지 주목할 만한 것이 아니다.

명확한 근거가 없는 과도한 의학적 우려가 규제에 미리 반영되어야 한다는 것은 적절해 보이지 않는다. 부모들은 어쨌든 자녀들에게 할 수 있는 모든 우려를 할 것이다. 그러나 그것은 가정사이다. 부모의 역할을 자처하는 규제는 결과적으로 지나치게 걱정하는 부모와 지나치게 보호받는 아이들을 만들 수있다. 어쨌든 공적인 정책과 규제는 반드시 교육을 통해 얻을 수 있는 신뢰를 바탕으로 세워져야 한다. 만약 이것이 실패할 경우, 아이들은 후쿠시마 때처럼 밖에 나가 놀기보단 집 안에 갇히게 될 것이다.

극도로 신중한 위원회들

정치인들은 유권자를 만족시키고 업계의 요구를 들어주기 위해서 에너지 문제를 공공 정책의 다른 요소들과 조화시켜야 할 과제를 안고 있다. 이

technical question they look elsewhere for authority and guidance from experts. If these are not available and the committee lacks confidence, an international body may be consulted.

Such a structure fails to make the required timely decisions in four respects.

- Emergency decisions may be needed in a day or two, but such committees can take years to reach a conclusion[14, 15], even when useful and timely conclusions can be drawn in a few days from early data and some basic knowledge[SR8]. Curiously, nobody remarks on the unnecessary delay and its serious effects.

- The remit and membership of an international committee are focussed in one technical direction. They are prevented from responding to a broad crisis that stretches beyond the span of their terms of reference. For instance, the United Nations Scientific Committee on the Effects of Atomic Radiation (UNSCEAR), established in 1955, is concerned with the effect of radiation itself. It is unable to respond to the social, psychological and educational consequences of the radiological regulations, as applied at Fukushima, for example. The economic and climatic effects of closing power stations and burning imported fossil fuel are beyond the committee's scope too. It was nobody's job to comment on the net response to Fukushima. That, not the effect of the radiation, was the human disaster.

- When a committee has to answer a question, the judgement of individuals, however able they may be, gets compromised by the need to reach a consensus. This averaging obstructs change, especially where members lack knowledge and confidence. The larger the committee, the greater this effect is, so a large international committee is very unlikely to recommend more than glacial change – the speed of decision is slow and each step change piecemeal. In the rare case that a committee chairman is able to overcome this tendency, then he himself would have been a better and faster source of opinion. The likelihood that such a committee would rethink a

경우, 그들은 경제학자 한 사람과 몇몇 법률가의 도움을 받는 의회 위원회의 감시를 받지만 오히려 문제에 대해 스스로 독자적인 판단을 내릴 수 있는 과학적 지식을 가진 사람들의 도움을 받는 것은 굉장히 드문 일이다. 정치가들은 주로 이전부터 전해져 내려온 역사적 견해와 유권자들의 압력이 만든 인간의 행동과 재원을 본보기로 삼아 일한다. 더 어려운 기술적인 문제에 직면할 때, 정치인들은 다른 곳의 전문가들로부터 권위와 지도를 구하지만 만약 이것이 불가능하고 위원회의 신뢰가 부족할 경우 국제기구에 자문하기도 한다.

이런 구조로는 다음 네 가지 측면에서 필요한 결정을 시기적절하게 내리는 것에 실패하게 된다.

- 긴급 결정을 하루나 이틀 안에 내려야할 필요가 있다. 그러나위원회는 초기 자료와 일부 기초지식을 통해 유용하고 시기적절한 결론을 도출할 수 있을 때에도[SR 8] 결론을 내리는데에 몇 년이 걸리기도 한다.[14, 15] 하지만 이상하게도 그 누구도 불필요하게 지연되는 것과 이로 인해 발생하는 심각한 영향에 대해 비평하지 않는다.

- 국제위원회의 소관 업무와 위원은 하나의 기술적 방향에 초점을 맞추어 정해진다. 이러한 위원회는 그 소관 업무를 넘어서는 광범위한 위기에는 대응하지 못한다. 예를 들면, 1955년에 설립된 유엔 방사선 영향 과학위원회(UNSCEAR)는 방사선 자체의 영향은 다룰 수 있지만, 가령 후쿠시마에 적용된 것과 같이 방사능 규제로 인한 교육적, 사회적, 그리고 심리적 결과에는 대응할 수가 없다. 또한, 발전소 폐쇄와 수입 탄소 연료 연소의 경제적, 기후적 영향도 그 소관 범위를 벗어난다. 후쿠시마에 대한 종합적 대응에 대해 논평하는 것은 누구의 업무도 아니었다. 그것은 방사선의 영향이 아니라 인위적인 참사였다.

- 위원회가 질문에 답해야 할 때, 개인의 판단은, 그들이 아무리 능력이 있더라도, 합의에 도달해야 할 필요 때문에 타협을 하게 된다. 이렇게 이루어진 평준화는, 특히 구성원들이 지식과 자신감을 갖추지 못할 때, 필요한 변화를 방해한다. 위원회가 클수록 이러한 영향은 더 크다, 그래서, 빙하처럼 느린 변화 이상의 것을 권고할 가능성이 매우 낮다 – 결정 속도는 느리고 각 단계는 아주 조금씩 변화한다. 정말 드

basic attitude, in this instance, towards nuclear radiation, seems regrettably small. So even with much goodwill, the guidance that politicians receive is heavily weighted to the status quo and can evolve only on a time scale of many years. Few people make this point but it can be otherwise, given leadership. The part played by Richard Feynman as a member of the Rogers Commission on the Challenger Disaster was an exceptional example[16]. The report was published five months after the accident in January 1986 with 's contribution, a triumph of clear investigation in the tradition of Sherlock Holmes[17].

- Over time, a committee can become institutionalised with its own traditions and self-interest that reduce its readiness to consider change and make it slow to respond to any new challenge.

These shortcomings of expert committees act against the public interest, and the large number concerned with radiation safety are no exception. But major change can only be expected when a sizeable fraction of the population sees that energy policy is headed in the wrong direction. The price of a successful democracy is that people should understand the decisions they make. Otherwise democracy is a loose cannon, with decisions based on random unexplored ideas. How long would it take to accomplish such an educational challenge? We have to press hard for it – there is no other way. Certainly, children and young people engage with the subject easily and discussion is very lively, though many of their teachers start with misconceptions that date from when they themselves were educated. The science is not difficult – the hard part is building trust and confidence, and, as with so many other aspects of human activity, that comes best through personal enthusiasm and face-to-face contact.

The public can show themselves to be brighter than media presentation suggests. The speed with which the ban on smoking was adopted and spread around the world gives room for hope. So too does

물게 위원장이 이런 경향을 극복할 수 있다면 그는 훨씬 더 좋고 빠른 의견을 산출할 수 있을 것이다. 하지만 위원회가, 예를 들면, 핵 방사선에 대한 기본적인 태도를 재고할 가능성은 유감스럽게도 굉장히 낮다. 그래서 매우 호의적이더라도 정치인들은 현상유지에 큰 비중을 둔, 몇 년이라는 시간 척도에서 천천히 변할 수밖에 없는 지침을 받게 된다. 이 점을 지적하는 사람은 거의 없지만 리더십에 따라 그렇지 않을 수도 있다. 챌린저 우주 왕복선 참사에 관한 로저스 위원회의 멤버로서 리처드 파인만이 한 역할은 예외적이었다.[16] 이 보고서는 1986년 1월 리처드 파인만의 헌신으로 사고 발생 5개월 후 발간되었는데, 셜록 홈즈의 전통에 따른 명확한 조사의 승리였다.[17]

- 시간이 지남에 따라 위원회는 변화를 고려하는 기민성을 줄이고 새로운 도전에 대한 대응을 더디게 만드는 자기만의 전통과 이기심으로 제도화될 수 있다.

이러한 전문위원회의 단점은 공익과는 반대로 행동한다는 것이다. 방사선 안전을 우려하는 많은 수의 사람들도 예외는 아니다. 하지만, 상당수의 인구가 에너지 정책이 잘못된 방향으로 진행되고 있다는 것을 알아차릴 때 큰 변화를 기대할 수 있다. 성공적인 민주주의의 대가는 사람들이 그들이 내리는 결정을 반드시 이해해야 하는 것이다. 그렇지 않으면 민주주의는 무작위로 충분히 논의되지 않은 생각들에 기초한 결정으로 장착된 예측 불허의 헐거운 대포 꼴이 될 것이다. 이와 같은 교육에서 도전을 달성하려면 얼마나 걸릴까? 여기엔 열심히 압박을 가하는 것 외엔 다른 방법이 없다. 분명히 아이들과 젊은이들은 그 선생들이 애초 배운 그대로 잘못된 개념을 가르치기 시작할지라도 그 주제에 대해 쉽게 접근하고 활기차게 토론을 진행한다. 과학은 사실 어렵지 않다. 어려운 부분은 신뢰와 자신감을 쌓는 것이며 이는 인간활동의 다른 여러 측면들과 마찬가지로 개인적인 열정과 직접적인 접촉을 통해 이뤄낼 수 있다.

대중은 언론이 보여주는 것 보다 더 밝은 모습을 보여줄 수 있다. 금연법이 채택되었을 때 그것을 수용하고 전 세계로 확산되었던 속도는 우리에게 희망의 여지를 제공한다. 일본인들이 지진과 쓰나미의 위험과 함께 살아가

the way in which the Japanese people have learnt to live with the dangers of earthquakes and tsunami. Given proper education and trust, they will respond, but so far this has not happened for nuclear radiation.

Industry and its search for business

The nuclear industry has an interest in presenting a justified view of the contribution that nuclear energy can make to future energy supplies. Unfortunately its voice is often seen by the public as compromised by an involvement in the technology that built nuclear weapons in the past, and by financial self-interest in the present. Weapon development for national defence programmes in the Cold War period was frequently hidden within projects advertised as energy production – and that has not been forgotten. Although today's power plants are designed, built, regulated and run by international, not national, concerns, most individuals in the industry feel that they have no voice and that the public at large sees their personal opinion as compromised, and so they keep silent on the main issue. In addition, although they are naturally the best informed on the physics and engineering hazards, they rarely have any knowledge at all of what modern radio-biology has to say about the health impact of ionising radiation.

Wider industrial interests, that is management and shareholders, are not concerned to question the basis of safety regulations.

Their interest is to secure profitable long-term business for the investment they make, in spite of the changes to regulations and the financial restrictions imposed to fix concerns expressed by politicians and the press. To protect its financial future, industry is always ready to build or decommission whatever the market will pay for, even if the price is unacceptably high when eventually charged to the consumer's utility bill, as it will be. The cynical politician, faced with groups of professionally organised demonstrators, may think that the impact on the consumer will

는 방법을 배운 방식도 마찬가지다. 만약 핵 방사선에 대한 적절한 교육과 신뢰가 제공되었다면 충분히 대응할 수 있었겠지만 안타깝게도 지금까진 제공되지 않았다.

비즈니스를 찾는 원자력 산업

원자력 산업은 원자력이 미래의 에너지 공급에 기여할 수 있다는 정당한 견해를 제시하는 데 관심을 가지고 있다. 불행하게도, 이 목소리는 과거에는 핵무기를 제작하는 기술에 연루되었고 현재에는 재정적인 이기심을 위한 것이라는 대중의 생각에 의해 위협받고 있다. 냉전시대의 국가 방어를 위한 무기 개발 프로그램이 종종 에너지 생산용 프로젝트라는 선전 뒤에 숨어있었던 기억은 아직 잊히지 않았다. 비록 오늘날의 발전소가 각 국가가 아닌 국제적으로 설계되어 건설되고 규제를 받고 운영되지만, 이 분야에 종사하는 대부분 사람들은 자신의 목소리를 낼 수 없다고 느끼고 다수의 대중들은 종사자들의 의견이 타협된 것으로 생각하고 있기 때문에, 모두가 주요 문제에 대해 침묵을 유지하고 있다. 게다가, 그들은 물리학과 공학적인 위험에 대해 가장 잘 알고 있음에도 불구하고, 현대 방사선생물학이, 전리방사선이 건강에 미치는 영향에 대해 얘기해야 하는 것에 대해서 거의 알지 못한다.

더 넓은 산업적 이해 당사자인 경영자와 주주들은 안전 규제의 근간에 대해서 질문을 던지는 것에는 관심이 없다.

그들의 관심은, 정치인과 언론이 표현한 우려를 해결하기 위해 규제 변경과 금융 제한을 시행함에도 불구하고, 그들이 한 투자에 대해 장기적인 이익을 보장하는 데에만 맞춰져있다. 재정적 미래를 보호하기 위해 산업계는 소비자의 공과금에 최종 청구되는 가격이 용납할 수 없을 정도로 높아지더라도 시장이 지불하는 것이면 무엇이든 건설하거나 해체할 준비가 항상 되어 있다. 전문적으로 조직된 시위대와 마주한 냉소적인 정치인은 소비자에게 미치는 영향은 먼 미래에 나타난다고 생각하기도 한다.

be sufficiently far in the future.

Many environmentalists have engaged in some serious thinking, as expressed in books and films[18, SR6, 19] and have now joined the call to expand nuclear power as soon as possible. The rump of anti-nuclear demonstrators are not well informed and prefer slogans to any discussion of medical or scientific facts[20]. The politicians should realise that the demonstrators are in retreat, their case being unsupported by sustainable evidence; and the media who like a debate to be two-sided should appreciate that pitching fear against science is not two-sided – it is irresponsible.

Overseeing and applying regulation of nuclear radiation safety is itself an extensive responsibility. Those who have built careers and status in this international business, with authority handed down from the United Nations, do not take kindly to studies that demonstrate this activity to be over-egged or quite unnecessary on its current scale.

Naturally they resist vigorously any radical change that would upset the present structure, most of them preferring to stick with a religiously observed faith in a conservative view of safety. The cost of this safety provision is an unjustifiably heavy burden for which the consumer pays in one way or another. Those few in the safety business who have kept up to date with the science, not just the regulations, ought to be in a position to guide and contribute towards the re-education required.

Historical view

In retrospect, much of the development of nuclear technology was tainted by the spirit of the time. The political and military pressures of the Cold War period had a pronounced effect on the way nuclear energy was viewed and, unfortunately, that is still true today. Published papers in the best journals should be seen as trustworthy, although under exceptional conditions this may be compromised. In the period in which massive

원자력에 대해 진지하게 생각해 본 많은 환경론자들은 결국 원자력발전을 가능한 한 빨리 확장해야 한다는 요구에 동참하고 있다. 반면 과학을 알지 못하는 반핵 시위대들은 지식 부족으로 의학이나 과학적인 사실에 대한 토론보다는 시위를 선호한다[20]. 정치인들은 시위대들이 점차 줄어들고 있다는 사실과 그들의 주장이 지속 가능한 증거에 의해 뒷받침되지 않는다는 사실을 깨달아야한다. 또한 언론은 과학에 대한 두려움을 표출하는 것은 그들이 선호하는 양면적인 논쟁이 아니라 무책임한 것이라는 사실을 인식해야 한다.

원자력 안전에 대한 규제를 감독하고 적용하는 것 자체가 광범위한 책임이다. 유엔의 권위를 받아 국제 사업에서 경력을 쌓고 지위를 쌓아온 사람들은 원자력안전 규제가 현재 규모에서 과잉이며 전적으로 불필요하다는 사실을 보여주는 연구에 호의적이지 않다.

당연히 그들은 현재의 구조를 뒤엎을 그 어떤 급진적인 변화에도 격렬하게 저항하며, 안전이라는 보수적인 시각에서 믿음을 고수하는 것을 선호한다. 결국 이 안전 조항의 비용은 소비자가 지불하게 되는 부당하고 무거운 부담이다. 안전 사업에 종사하며 과학에 대한 최신정보를 갖고 있는 사람들은 규제뿐만 아니라 필요한 재교육을 지도하고 거기에 기여할 수 있는 위치에 있어야 한다.

역사관

돌이켜 보면, 원자력 개발의 많은 부분은 시대 정신에 의해 더럽혀졌다. 냉전시대의 정치적 군사적 압력은 원자력에너지를 보는 방식에 뚜렷한 영향을 미쳤으며 이는 불행하게도 여전히 지속되고 있다. 최고의 저널에 게재된 논문은, 비록 이례적인 조건에서 타협될 수 있었더라도, 신뢰할 수 있다고 생각한다. 냉전 동안 엄청난 양의 핵무기가 양쪽에 축적되던 시기에, 일부 수석 과학자들은 극도의 압박에 굴복했다; 이 이야기는 10장에서 다뤄질 예정이다. 방사선은 건강에 해롭다는 그들의 우려는 사실이 아님에도 정

numbers of nuclear weapons were accumulated on both sides during the Cold War, some senior scientists yielded to the extreme pressure: a story that is told in Chapter 10. Their concern became the established view that nuclear radiation is injurious to health, although this is untrue. A broader historical account is given in the book by John Mueller[SR4].

Other fauna and flora

But there are others with whom we share the planet and whose interests should be respected. After the Chernobyl accident, it was generally supposed that with genetic changes, if not high death rates, plants and animals would be severely affected in the evacuated region around the remains of the reactor. They have been affected, but in a quite different way. They are radioactive, but spared the human population, they seem to enjoy a new freedom[21, SR7]. The evacuated area around Chernobyl has become a de facto nature reserve with many species re-established and thriving. Evidently the wildlife is better off now, radioactive and without humans, than it was before the accident, not radioactive but hemmed in by humans. There are two lessons here: firstly that the human race has monopolised the planet at the expense of other forms of life; secondly, that the prevailing view that nuclear radiation as deadly is simply wrong. This is surprising: Chapters 5 and 6 provide more insight into the nature of radiation and further evidence of its effect on life; Chapters 7 and 8 explain the science that protects life from radiation.

설이 되었다. 이와 관련된 전반적인 역사적 설명은 존 뮬러의 저서에 제시되어 있다.[SR4]

기타 동식물군

하지만 우리에게는 이 행성을 함께 공유하며 그들의 관심을 존중해줘야 하는 생명체가 있다. 체르노빌 사고 이후, 원자로 잔해 주변 대피 지역의 동식물들은 높은 사망률은 아니더라도 유전적 변화로 인해 심각한 영향을 받을 것으로 추정되었다. 그들은 영향을 받았지만 아주 다른 방식으로 영향을 받았다. 방사능은 존재하지만 오히려 사람들이 거의 없어서, 새로운 자유를 즐기는 것처럼 보인다[21, SR7]. 체르노빌 주변의 대피 지역은 많은 종들이 복구되고 번성하는 사실상 자연보호구역이 되었다. 분명히 야생 동물들에겐 방사능은 존재하지만 사람들이 떠나간 지금이 사고 이전보다 훨씬 나은 환경이다. 그들은 방사능이 아니라 인간에 의해 갇힌 것이며 우리는 여기에서 두 가지 교훈을 얻을 수 있다. 첫째는 인류는 다른 형태의 생명체를 희생시켜 가면서 지구를 독점했다. 그리고 둘째, 핵 방사선이 치명적이라는 이 만연된 생각은 정말 단순히, 잘못된 것이다. 이것은 놀라운 것이다; 5장과 6장에서는 방사능의 본질과 영향에 대해 더 깊은 통찰력과 증거를 제공할 것이며 7장과 8장은 방사능으로부터 생명체를 보호하는 과학을 설명할 것이다.

Chapter 5:

Absorbed Radiation and Damage

Be less curious about people and more curious about ideas

Marie Curie

Sources of ionising radiation

The discovery of radioactivity

When in 1896 Henri Becquerel discovered radioactivity by the radiation it emits, what did he actually observe? He had been looking for radiation emitted by crystals of different salts after exposure to sunlight – called fluorescence. He took a photographic plate, wrapped it in thick black paper and placed it underneath a pierced metal screen with the salts on top. On 26th February and the following days the sun did not shine so he abandoned the experiment and put the plate and salts away together in a dark drawer. On 1st March he developed the plate expecting to find no more than the faintest silhouette of the screen on the plate. What he found were very strong images of the screen, as he reported on the following day. Evidently the sunshine played no part so it could not be the result of fluorescence. Somehow the salts were emitting rays that had

제5장

흡수방사선과 손상

사람에 대한 호기심은 줄이고 발상에 대한 호기심은 늘려라

마리 퀴리

전리방사선의 근원

방사능의 발견

1896년, 앙리 베크렐이 방사선과 방사능을 발견했을 때 그는 실제로 무엇을 관찰했을까? 그는 햇빛에 노출되었던 여러 소금 결정체에서 방사선즉 "형광"이 방출되기를 기대했다. 그는 두꺼운 검은 종이로 싼 사진판 위에 소금을 얹고 구멍이 난 금속판 밑에 놓았다. 2월 26일과 그 다음 날, 그는 태양이 빛나지 않아 실험을 포기하고 사진판과 소금을 어두운 서랍에함께 넣었다. 3월 1일, 그는 희미한 실루엣만 존재할 거라 기대하며 판을 현상했다. 놀랍게도 그가 발견한 것은 그 다음날 발표했던 것처럼 매우 강한화면 이미지였다. 햇빛은 아무런 영향도 끼치지 않아 형광은 아니었다. 하지만 어찌된 일이었을까? 소금은 X선처럼 사진판에 광선을 내뿜고 있었다. 그러나 보통 X선은 전기에너지를 공급받는 정교한 기구같은 근원에서 나온다. 하지만 소금에는 아무 것도 없었다. 앙리 배크렐은 고민 끝에 소금을

an effect on the photographic plate like X-rays, but normal X-rays need a source, an elaborate apparatus supplied with electrical energy. Since there was none he described the salts as the source of radioactivity. Whenever energy seems to appear or disappear without apparent cause, physical scientists get excited. Something quite new must be occurring, and indeed this was the case.

To anyone not already familiar with it, radiation may seem as mysterious today as it was to Becquerel all those years ago, but now we know that it is more a part of everyday experience than was realised. The word radiation covers any kind of energy on the move, often spreading out from a small region where it starts, that we call its source. It could be a sound wave from a musical instrument or someone speaking; or a radio wave transmitted by a mobile phone; or a water wave from a moving boat. These may seem relatively innocuous, but that depends on how big the various waves are. A tsunami wave whose source is the sudden movement of an area of ocean floor is just a water wave, but sufficiently large to be damaging, especially when it reaches the shore. Similarly, sound waves can be so energetic that they break when they reach human tissue – like water waves on a beach, dumping all their energy. Such sound waves at high frequency can be used to break kidney stones and to treat cancer tumours. So weak waves are harmless and strong waves of whatever the kind are damaging.

Charged particle and electromagnetic radiation

However, the radiation that Becquerel detected, often described as ionising or nuclear, is neither a sound wave nor a water wave. Three varieties of these waves are to be found in the environment, called alpha, beta and gamma.

Alpha and beta are streams of charged particles: for alpha the particles are helium nuclei, helium is the gas used in party balloons to make them

'방사선원'이라고 부르기로 했다. 물리학자들은 뚜렷한 원인 없이 에너지가 나타나거나 사라지는 것처럼 보일 때 굉장한 흥미를 느낀다. 분명, 새로운 일이 일어나고 있다고 생각했고 실제로도 그랬다.

100여 년 전 베크렐도 그랬듯이, 익숙하지 않은 사람들에게 방사선은 여전히 신기한 것일 수 있다. 하지만 이제 우리는, 방사선이란 어느 날 불쑥 나타난 것이 아니라 일상적 경험의 일부가 되어 있다는 걸 알고 있다. 방사선이란 운동 중에 있는 에너지를 총칭하는 말이며, 보통은 '선원'이라고 부르는 아주 작은 영역에서부터 퍼져나가는 모든 종류의 에너지를 의미한다.

방사선은 사람들이 말할 때 나오는 음파일 수도 있고 휴대폰의 전파나 움직이는 배 주변의 파동일 수도 있다. 이것들은 무해해 보이지만 사실 위험성은 그 파동이 얼마나 큰가에 달려 있다. 쓰나미는 해저가 갑작스럽게 움직일 때 나오는 물의 파동일 뿐이지만 해안에 도달했을 때 파동은 피해를 입힐만큼 충분히 커진다. 마찬가지로, 높은 에너지를 갖는 음파는 해변의 파도처럼 에너지를 쏟아내어 인간의 세포 조직을 파괴할 수 있다. 신장 결석을 제거하고 종양과 암을 치료하는데 고주파가 사용되기도 한다. 이처럼, 약한 파동은 무해하지만 강한 파동은 어떤 종류이건 상관없이 손상을 일으킬 수 있다.

하전입자와 전자기파

그러나 베크렐이 발견한 전리방사선 또는 핵 방사선이라고 부르는 방사선은 음파도 물의 파동도 아니다. 우리 주변에는 알파선, 베타선, 그리고 감마선이라고 하는 세가지 다른 파동의 방사선이 있다.

좀 엉성한 표현이지만, 알파와 베타는 하전입자의 흐름이다. 알파 입자는 전시용 풍선을 띄울 때 사용하는 가스인 헬륨의 핵과 동일한 핵자로, 즉 양성자 2개와 중성자 2개로 구성된다. 베타 입자는 빠른 전자이고 감마는 빛과 같은 전자기파(EM)이지만 더 큰 에너지를 갖고 있다.

하지만 놀랍게도, 빛을 포함한 모든 방사선의 에너지 흐름은, 에너지 비

float upwards; for beta the particles are fast electrons. The third variety, gamma, is an electromagnetic wave (EM) exactly like light, only more energetic. But that description is a bit sloppy, because for all radiation, including light, surprisingly, the stream of energy is built up in two ways: the number of bits of energy and the energy of each bit. For alpha, this is the number of helium nuclei and the energy each carries. Likewise for beta, there is the number of electrons and the energy of each electron based on its speed (its kinetic energy). Light and gamma radiation are similar; each bit is called a photon, or a quantum (after the Latin for how much). So there is the energy of each quantum and the total energy of these, added up. How the light behaves, including its colour, depends on the quantum energy. A quantum of red light is half the energy of a quantum of blue light, whereas a quantum of X-ray is more than a thousand times greater – and of gamma rays even more. The total energy gives the brightness. This is a little like the energy of a river that depends on how much water is flowing and also how fast it flows.

Radiation is called ionising if each individual photon or charged particle has enough energy on its own to break or ionise a molecule when it hits it. This does not depend on the total brightness, only on the energy of each photon or electron.

Einstein's paper of 1905 gave this explanation using the quantum theory of light, for which he received the Nobel Prize in 1921. Note that this quantum theory is over a hundred years old and thoroughly established, despite often being described in popular media accounts as if it were mysterious and controversial.

Radioactivity as a source of radiation

The radiation that we just described, like X-rays or light rays, is delivered in an instant at the velocity of light and effectively travels in straight lines. It is transitory, passing through and only leaving a persistent

트의 수와 각 비트가 가진 에너지라는 두 가지 요소로 결정된다. 알파의 경우, 헬륨 핵자의 수와 각 핵자가 지닌 에너지의 양이며, 베타는 전자의 수와 각 전자의 속도에 따른 운동에너지이다. 빛과 감마선도 유사한데, 각각의 비트는 광자 또는 양자라고 부르고 각 양자의 에너지를 합하면 총에너지가 된다. 빛의 색상을 포함한 빛의 작용은 양자 에너지에 달려 있다. 예를 들어, 붉은빛 양자의 에너지는 푸른빛의 양자 에너지의 절반인 반면, X선의 양자 에너지는 (푸른빛 양자 에너지보다) 1,000배 이상 크다. 그리고 감마선은 더 크다. 빛의 밝기는 총 에너지에 따라 결정된다. 이는 강물의 에너지가 얼마나 많은 양과 속도로 흐르는지에 따라 달라지는 것과 유사하다.

방사선 각각의 개별 광자나 하전입자가 분자에 부딪쳤을 때 그 분자가 부서지거나 이온화(전리)될 수 있는 충분한 에너지를 가지고 있을 때 전리방사선이라고 한다. 즉, 이온화 여부는 총 밝기가 아니라 개별 광자나 전자의 에너지에 따라 구분된다.

1905에 발표한 아인슈타인의 논문에서는 이런 내용을 빛의 양자 이론으로 설명했고 그는 이 논문으로 1922년 노벨상을 받았다. 이 양자 이론은 발표된지 100년 이상 되어 철저히 확립된 이론임에도 불구하고 대중 매체는 마치 이 이론이 불가사의하며 논란이 남아있는 것처럼 취급하고 있음에 주목할 필요가 있다.

방사선의 근원인 방사능

앞서 설명한 방사선은 X선이나 광선처럼 빛의 속도로 순식간에 전달되며 일직선으로 이동한다. 이는 물체를 통과하는 것이지만 만약 방사선이 어느 지점에서 에너지를 뿌린다면 원자와 분자를 손상시키는 지속적인 효과를 남기게 된다. 우리가 연구해야 할 것은 생명체에 영향을 미치는 바로 이 손상이며, 에너지를 뿌리지 않고 통과하는 방사선은 인체에 무해하다.

방사선이란 이 모호한 용어는 대중매체에서 종종 방사능과 혼동되어 사용된다. 방사능은 베크렐의 소금처럼 방사선을 방출하기 쉬운 원자를 가리

effect if it dumps energy at some point. When it does so, it leaves damaged atoms and molecules, and these are what we need to study – it is this damage alone that can affect life. Radiation that passes through a body without dumping any energy is harmless.

The vague term radiation as used in popular media often confuses the radiation itself and radioactivity. Radioactivity refers to atoms liable to emit radiation, like those in Becquerel's salts. An unstable radioactive atom is almost indistinguishable from a regular quiescent one, except that it emits radiation just once at some random point in time – after that, it has lost its energy and cannot emit that radiation energy again. This randomness in time may appear to suggest that something is unknown.

But this is a general feature of modern physics, known as quantum mechanics, that tells us very precisely the probability of decay per second, but not the time when an individual nucleus will decay. Each nucleus decays, emitting radiation in the process and leaving behind a different daughter nucleus (this is often stable but, in some cases, may be radioactive in its own right). Because each unstable nucleus carries the extra energy to decay once, in a collection of atoms at a given time the number of nuclei available to decay includes only those that have not already decayed. In this way the number decaying falls progressively giving the famous exponential decay curve. The half-life is the time for half of the atoms to decay, so after three half-lives only an eighth remain, and after ten half-lives only a thousandth remain (1/1024, to be precise), and so on.

Carbon-14 : an example of radioactivity

An example of radioactivity is radiocarbon, that is carbon-14. Most carbon atoms are carbon-12, and carbon-14 behaves identically in all but two respects. Firstly it has two extra neutrons in its nucleus so that it is heavier in the ratio 14:12, but this has little effect. Secondly it decays

킨다. 불안정한 방사성 원자는 어느 시점에서 무작위로 한번 방사선을 방출한다는 것을 제외하면 비활성 원자와 거의 구별되지 않는다. 그리고 에너지를 방출한 후에는 에너지 준위가 낮아져서 방사선에너지를 다시 방출할 수 없다. 그런데 방사선 방출 시점의 무작위성은 무언가 알려지지 않은 것이 있다는 것처럼 보인다.

하지만 이는 양자역학 즉 현대 물리학의 일반적인 특징이다. 양자역학은 초당 붕괴 확률을 정확히 알려주지만 붕괴 시점은 알려주지 않는다. 각각의 핵은 붕괴 과정에서 방사선을 방출하고 딸핵을 남긴다. (딸핵은 보통 안정적이지만 일부는 그 자체로 방사능을 띠기도 한다.) 불안정한 핵은 한 번 붕괴할 수 있는 추가 에너지를 가지기 때문에, 특정 시점에서 한 원자 집합 속의 붕괴 가능한 핵의 수는 아직 붕괴하지 않은 핵만 포함된다. 시간이 지남에 따라, 붕괴 회수는 이러한 방식으로 점차 줄어든다. 그 결과 유명한 지수 붕괴 곡선이 만들어진다. 반감기는 원자의 절반이 붕괴하는데 걸리는 시간이므로 세 번의 반감기가 지나면 최초 원자의 8(=2^3)분의 1이, 열 번의 반감기가 지나면 최초 원자의 1천분의 1만 남게 된다.[정확하게는 1024(=2^{10})분의 1이다]

방사능의 예 : 탄소-14

방사능의 한 예로는 방사성 탄소-14가 있다. 대부분의 탄소 원자는 탄소-12이며 탄소-14는 두 가지 차이점을 제외하고, 모든 면에서 탄소-12와 동일하게 작용한다. 그 첫번째 차이점은 탄소-14는 중성자 2개를 추가로 가지고 있어 14:12의 비율로 살짝 더 무거운 것 말고는 다른 영향은 거의 없다. 두번째로, 탄소-14는 일정한 속도로 무작위로 붕괴된다. 즉 5,700년 동안 핵의 절반이 질소-14로 변한다.

우주 입자들이 대기 상층에 부딪힐 때 소량의 새 탄소-14가 생성되어 보통의 비방사성 탄소와 섞인다. 그래서 자라거나, 살아있는 것은 모두 약 10^{12}개의 탄소-12 원자 당 1개의 탄소-14 원자를 가지고 있다. 그러나 석탄

randomly at a steady rate, such that half the nuclei turn into nitrogen-14 in a period of 5,700 years.

Every year a tiny amount of fresh carbon-14 is produced by cosmic particles hitting the upper atmosphere, and this gets mixed in with normal non- radioactive carbon, so that every growing or living thing has about one carbon-14 atom for every 1012 carbon-12 atoms – but coal and oil do not, because having been buried for many millions of years all carbon-14 nuclei have decayed long ago. As soon as living things die, they stop eating or growing and their proportion of carbon-14 starts to fall. In fact, we can measure how old they are from how much carbon-14 remains, and this is how radiocarbon dating works. It was used to measure the age of the Turin Shroud that supposedly dated from the time of Christ, but was shown to be much younger (1275-1290 AD)[1]; then there is the record of the Ice Man frozen in an alpine glacier for 4,000 years[2]; carbon dating can also be used to spot fake vintage wines and whiskeys, if the contribution from nuclear testing, described in Chapter 10, is taken into account[3].

If you are not measurably radioactive because of the carbon-14 you contain, any archaeologist can assure you that you have been dead for over 50,000 years. To that extent, it is healthy to be radioactive and certainly nothing to worry about. So we may calculate how radioactive each of us is.

The human body is more than 50% water and roughly half of the rest is carbon. The number of ordinary carbon atoms per kg in your body is

$1,000$(g in a kg)$\times 6 \times 10^{23}$(atoms in 12g of carbon)$\times 0.25 / 12$
$= 1.25 \times 10^{25}$.

Of these only 10^{-12} is carbon-14,

so the number of carbon-14 is 1.25×10^{13}.

On average they decay in

$5,700 \times 3.1 \times 10^{7}$(sec per year)$ / \ln2 = 2.5 \times 10^{11}$ sec.

So the number decaying per second per kg is

$1.25 \times 10^{13} / 2.5 \times 10^{11} = 50$ decays per second per kg. $= 50$ Bq per kg.

과 석유는 수백만년 동안 매장되어 있던 탓에 탄소-14 핵이 모두 붕괴해 버려 이 비율이 해당되지 않는다. 생물은 죽으면 그 즉시 음식섭취와 성장을 멈추고 탄소-14의 비율은 감소하기 시작한다. 실제로 우리는 남아 있는 탄소-14의 양으로 생명체의 나이를 추정하기도 하는데 이를 방사성 탄소 연대 측정이라고 한다.

예수 그리스도의 유품이라고 추정되었던 토리노 수의의 제작시기를 측정하기 위해서도 이 방법이 사용되었는데 그 결과는 AD1275-1290년 즉, 훨씬 근대의 것으로 판명되었다. 또, 4000년 동안 고산 빙하에 얼어 있었던 아이스맨의 예도 있다. 탄소 연대 측정은 가짜 빈티지 와인과 위스키를 구별하는데도 사용될 수 있다.

만약 당신의 체내에서 탄소-14로 인한 방사능이 측정되지 않는다면, 모든 고고학자들은 당신이 50,000년 이상 죽어 있었다고 확언할 것이다. 그만큼 방사능을 띠는 것은 살아있다는 건강의 증거이지 걱정거리가 아니다. 그러면 우리 각자가 얼마나 방사능을 띠는지 계산해 보자.

인간의 신체는 50% 이상이 물이며, 대략 나머지의 절반, 곧 25%가 탄소이다. 우리 몸 1kg당 보통 탄소원자의 수는

1,000(g, 1 kg) × 6 × 10^{23}(탄소 12g 중의 원자수) × 0.25 / 12

= 1.25×10^{25}개이다.

이중 10^{-12}개만 탄소-14이므로, 탄소-14의 수는 1.25×10^{13}.

평균적으로 이들이 붕괴하는 시간은

5,700×3.1×10^7(1년당 초) / ln2 = 2.5×10^{11} 초. (ln2=0.6931)

따라서 초·kg 당 붕괴하는 회수는

1.25×10^{13} / 2.5×10^{11} = 50 회/초·kg = 50 Bq/kg.

(※ 베크렐(Bq)은 초당 1회 붕괴하는 방사능 단위이다)

이와 같이 우리 몸에서 탄소-14의 붕괴 회수는 대략 "kg당 약 50베크렐"로 계산된다. 체내에서 방출되는 개개의 방사선을 모두 검출할 수 있다면, 체중이 70kg인 경우 계측기에서 초당 약 3,500회 측정될 것이다. 그러나 실제로 탄소-14가 붕괴할 때 나오는 베타선은 도달거리가 매우 짧은 전자여서

Call it roughly 50 becquerel per kg – a becquerel (Bq) is a measure of radioactivity equal to one decay per second. So 50 decays per second for each kg of weight – that would be about 3,500 clicks per second on a counter, if that were able to detect every single emission of radiation in your body (taken as 70 kg). Actually the beta radiation from carbon-14 decay is an electron with very short range, so very few would reach the instrument and few clicks would be measured.

Potassium-40 and tritium

There is another source of radioactivity within everyone's body, potassium- 40, which emits radiation with higher energy that goes further and is easier to detect. What this radioactivity is doing in your body is an older story that we will come back to later in this chapter.

This adds another 61 Bq per kg making a total of about 7,400 Bq in an adult body, meaning 7,400 nuclear disintegrations per second. But this cannot be dangerous because it has been so since life began. The point is that radioactivity is just a latent source of radiation – radiation with delayed delivery spread out over a period of time. Is it more hazardous for being delayed, or less so? As we shall find in Chapter 6, it is actually less so.

Tritium is a radioactive isotope that has been in the news from Fukushima. It is an isotope of hydrogen with two neutrons that would normally be called hydrogen-3, but has acquired a special name of its own. However, until it decays, it behaves exactly like the other isotopes of hydrogen, including deuterium or hydrogen-2, except that it is heavier and so more sluggish in its normal reactions. Concern about tritium has formed part of the media story at Fukushima. As it happens, tritium is a product, both of the nuclear fission process itself and of hydrogen (in water) catching extra neutrons, although neither process can occur in a reactor that is turned off. How hazardous is a dose of tritium? (The measurement of doses in milligray (mGy) is described below on page 254.)

기기에 도달하는 방사선은 거의 없고, 측정도 거의 될 수 없을 것이다.

칼륨-40과 삼중수소

모든 사람의 몸에는 또다른 방사선원인 칼륨-40이 존재한다. 칼륨-40은 높은 에너지의 방사선을 방출하기 때문에 더 멀리 뻗어나가고 탐지하기 쉽다.

칼륨-40은 1kg당 61 Bq의 방사능을 추가하므로 사람 몸의 총 방사능은 성인 기준으로 대략 7,400 Bq이다. 초당 7,400개의 핵분열이 사람 몸에서 일어난다는 것이다. 하지만 이는 생명체가 시작된 이래 계속되어온 것으로 전혀 위험하지 않다. 요점은 방사능은 그저 방사선의 잠재적 근원일 뿐이라는 것이다. 에너지 전달이 지연된 방사선은 더 오래 동안 퍼져 나간다. 그렇다면 전달이 지연될 때와 지연되지 않을 때, 어떤 경우가 더 위험할까? 답은 지연되지 않을 때이다.

삼중수소는 후쿠시마의 뉴스를 장식해온 방사성 동위원소다. 삼중수소는 수소의 동위원소로 두개의 중성자를 가졌으며 정상적으로는 수소-3라고 불러야 하지만 삼중수소라는 특별한 이름을 갖고 있다. 삼중수소는 붕괴 전까지는 정상적인 반응에서 더 무겁고 느리다는 점을 제외하면 중수소(수소-2)나 다른 수소 동위원소와 똑같이 작용한다. 삼중수소에 대한 우려는 후쿠시마에 관한 대중매체의 단골 기사가 되었다. 삼중수소는 핵분열 과정의 부산물이거나, 또는 물 속의 수소가 추가로 중성자를 포획하여 만들어지는 생성물이기 때문에, 원자로가 정지되었을 때에는 절대 만들어지지 않는다.

삼중수소의 선량은 얼마나 위험한가? 월당 mGy로 측정된 방사선량율이 미치는 영향은 방사선원의 종류와는 거의 무관하다. 다만, 알파가 베타, 감마보다 다소 더 큰 손상을 주는 차이가 있을 뿐이다.

265쪽의 〈표 5-1〉에서 보듯이, 삼중수소의 붕괴에너지는 세슘-137의 100분의 1이고 탄소-14에 비해서는 10분의 1에 지나지 않는 적은 베타방

The effect of a radiation dose rate in mGy per month to tissue depends rather little on the source of the radiation (except that alpha is somewhat more damaging than beta or gamma).

As Table 5-1 on page 265 reveals, tritium emits beta radiation for which the energy in each decay is a hundred times smaller than for caesium-137 and ten times smaller than for carbon-14[4]. So it takes a hundred times as much activity of tritium as caesium-137 (in Bq) to deliver the same radiation dose rate (in mGy per month). Since it is difficult to discern the health effect of caesium-137 (as will be shown in Chapter 6), it is even harder to discern the effect of tritium on health.

Atomic analogues

In many ways a proton or neutron bouncing back and forth inside a nucleus behaves in a similar way to an electron doing the same inside an atom, except that the numbers are rather different. Many of the everyday changes that happen around us – light and electronics, electrical and chemical changes, and so on, concern the behaviour of electrons and atoms. So familiarity with how atoms behave gives a window by which we can appreciate some of the actions in which nuclei get involved, but with greater energy.

When the nucleus of an atom decays, it emits ionising radiation, either as a charged particle or a photon. It is the difference in energy between the nucleus before and after that provides the energy for the photon or the particle. This is not an arcane process peculiar to nuclear physics; it is exactly parallel to what happens in a chemical reaction or light emission by electrons in the outer parts of atoms.

Such emission of light is seen, for instance, in a flame or a street light. So the yellow light emitted by each atom in a sodium street lamp has a quantum energy – a photon energy – equal to the difference in energy between two states in a sodium atom. Simple experiments in a student

사선을 방출한다. 따라서 동일한 방사선량율(mGy/월)을 전달하기 위해서는 Bq 단위로 세슘-137보다 100배 많은 삼중수소가 필요하다. 그러므로 세슘-137이 건강에 미치는 영향을 식별하기 어렵다면 삼중수소가 미치는 영향을 파악하기란 더더욱 어려울 것이다.

원자의 유사체

양성자나 중성자가 핵 안에서 앞뒤로 튕기는 방식은 숫자가 다소 다르다는 점을 제외하곤 전자가 원자 안에서 행동하는 방식과 여러모로 유사하다. 빛과 전자, 전기적 및 화학적 변화와 같이 우리 주변의 많은 일상적 변화들은 대부분 전자와 원자에 의해 일어난다. 따라서, 원자가 어떻게 행동하는지 아는 것은 우리가 더 큰 에너지의 원자핵이 관여하는 행동의 일부를 알 수 있는 창을 열어줄 것이다.

원자핵은 붕괴하면서 전하를 띤 입자나 광자로써 전리방사선을 방출한다. 광자나 입자에 에너지를 공급하는 것은 핵 붕괴 전후의 에너지 차이이다. 이 과정은 핵물리학에만 해당되는 신비로운 과정이 아니며 화학반응, 또는 원자 외곽의 전자에 의해 빛이 방출되는 현상과 아주 유사하다.

우리는 불꽃이나 가로등에서 빛이 방출되는 모습을 볼 수 있다. 나트륨 가로등의 노란색 빛은 각 원자가 방출하는 양자 에너지 즉 광자에너지를 갖고 있다. 이 에너지는 나트륨 원자의 두 가지 상태 에너지 차이와 동일하다. 학생들이 실험실에서 진행하는 간단한 수준의 실험으로 높은 에너지 상태의 원자가 약 8-10초의 반감기로 더 안정되게 붕괴하는 것을 볼 수 있다. 정상적으로 방전된 전등에서는 계속 이어지는 전기 공급이 원자를 불안정한 상태로 되돌리기에 충분한 에너지를 제공하고 붕괴 과정이 반복되어 전등은 계속 빛난다. 필라멘트 램프나 불꽃에서는 열이 원자에 에너지를 재공급한다. 나트륨이나 네온광고사인의 특정한 색은 양자에너지와 관련이 있다; 수은의 빛은 몇 개의 불안정한 상태로부터 나오는 에너지가 다른 광자가 혼합되어 더 하얀빛을 띤다.

laboratory show that atoms in the higher energy state decay to the more stable state with a half life of about 10-8 seconds. In a normal discharge lamp the electricity supply then provides enough energy to kick the atom back up into its unstable state so that the process repeats and the lamp keeps shining. In a filament lamp or flame it is the heat that re-supplies the energy to the atoms that emit the light. The characteristic colour of a sodium or neon advertising sign relates to the quantum energy; a mercury light involves several unstable states that then give a mixture of photon energies that appears whiter. In fact any material hot enough for its atoms to get kicked into higher states will emit photons in this way, and this is why hot bodies shine. The hotter they are, the more energetic the photons they emit, and the more photons they emit, too. So, while the dull embers of a dying fire are a pale red, the surface of the Sun, being much hotter, is much brighter and includes yellow and blue too, making a brilliant white with all the colours of the rainbow. The surface of some stars is even hotter still and they shine blue or even violet.

These are examples of the radiation spectrum, whose peak colour rises with temperature and whose overall brightness increases with the fourth power of the temperature.

This was first explained by Max Planck in 1900 when he introduced the first revolutionary idea that grew in the 1920s into the understanding of the physical world that today we call quantum mechanics or quantum theory.

> Calling it quantum theory may give the wrong impression to a general reader. In physical science the word theory does not describe some speculative idea, as it often does in everyday speech, but a quantitative understanding that may be used to make accurate mathematical calculations for what occurs. The account of atoms and light given by quantum theory has not changed since the late 1920s and its extension to nuclei was clear by the late 1930s – and the details had been filled in by the 1950s. There is nothing speculative about today's understanding of nuclear physics – and that includes the numerical value of quantities.

사실 어떤 물질이건, 원자를 더욱 높은 상태로 차올릴 정도로 뜨거우면 앞에 말한 방식으로 광자를 방출한다. 이것이 뜨거운 물체가 빛나는 이유다. 어떤 물질이건 뜨거울수록 그 물질들은 더 활동적인 광자를 방출하며 더 많은 광자도 방출한다. 따라서, 꺼져가는 불의 불씨는 옅은 붉은색이지만 훨씬 뜨거운 태양 표면은 더 밝게 빛나고 노란색과 파란색도 포함하며 무지개의 모든 색깔을 포함한 찬란한 하얀색을 만든다, 훨씬 더 뜨거운 별들의 표면은 파란색이나 보라색으로 빛나기도 한다.

이는 복사 스펙트럼의 예로서, 이 스펙트럼의 꼭대기에 있는 색상은 온도에 따라 상승하고 전체 밝기는 온도의 4제곱에 비례해 증가한다.

이러한 현상은 1900년에 막스 플랑크가 처음 설명했고, 그의 이 최초의 혁신적인 발상이 1920년대에 발전하여 오늘날 물리적 세계를 이해하는 방법론인 양자역학 또는 양자이론이 되었다.

이 이론을 양자이론이라고 지칭하는 것은 독자들에게 잘못된 인상을 줄 수도 있다. 물리학에서 이론이란 일상적인 언어에서와 같이 추측에 근거한 아이디어를 지칭하는 것이 아니라 현상에 대해 정확한 수학 계산을 하기 위해 사용되는 본질적 이해를 의미한다. 양자이론에 기반한 원자와 빛에 대한 설명은 1920년 후반 이후 변하지 않았고 1930년 후반에는 원자핵의 영역으로 확장되었으며 1950년에는 세부적인 내용들이 채워졌다. 오늘날의 핵물리학 이해에 대해 의심할 만한 것은 아무것도 없다, 핵물리학의 양적인 수치까지 포함해서 말이다.

지금 이 시점에서 에너지를 측정하는 방법을 언급하는 것이 좋겠다. 일상 세계에서 에너지는 줄 joules (j)로 측정된다. 그래서 1와트(W)는 초당 1줄의 힘, 또는 에너지율이라고 할 수 있다.

This is a suitable point at which to mention how energies are measured. In the everyday world, energy is measured in joules (J), so that, for example, one watt (W) is a power (or energy rate) of one joule per second.

However, these units are inconveniently large to describe the behaviour of a single atom or nucleus. Atomic energies (for each atom) are measured in electron-volts (eV), where 1 eV is the energy gained by an electron accelerated by 1 volt. Then 1 eV = 1.6×10^{-19} joules because that is the electric charge of an electron. So that a 60,000 volt gun in an X-ray tube produces electrons of 60,000 eV. Nuclear energies, being typically a million times greater than atomic energies, are measure in MeV, where $1 \text{MeV} = 1.6 \times 10^{-13}$ joules. This is still tiny on our every-day scale, but enormous at the scale of a single atom.

The electromagnetic spectrum

The photons and particles, the radiation emitted in nuclear decay, are indistinguishable in principle from those involved in the everyday physics of electrons in the outer part of atoms. The only identity tags that they carry are their energy and type. So the photons emitted in nuclear decay, sometimes called gamma rays, are absolutely identical to those emitted by electrons that have been accelerated from a heated cathode in an electron gun, such as used to produce radiation in a dental clinic and usually called X-rays. In clinical medicine, patients who express concern about radiation are occasionally told that the radiation used in Computed Tomography (CT) scans or in modern cancer therapy does not come from nuclei. This may indeed be true, but it is a bogus argument because there is no distinction based on the source. The descriptions X-ray and gamma ray are used more meaningfully to refer to photons of lower and higher energy with a conventional change of name at around about 100 keV, regardless of their origin.

하지만 이 단위들은 단일 원자나 원자핵의 행동을 설명하기에 지나치게 크다. 원자 에너지(각 원자당)는 전자볼트(eV)로 측정되며, 여기서 1 eV는 1V 가속한 전자가 얻은 에너지다. 그러므로 1 eV = 1.6×10^{-19} 줄이 되는데 왜냐하면 이 값이 전자 하나의 전하량이기 때문이다. X선 튜브의 6만 볼트짜리 전자총은 6만 eV의 전자를 생산한다. 원자핵 에너지는 일반적으로 원자 에너지보다 100만배 더 크므로, MeV로 측정된다. 여기서 1 MeV = 1.6×10^{-13} 줄이다. 이는 여전히 일상적인 규모로는 작지만, 하나의 원자 규모에서는 어마어마한 값이다.

전자기 스펙트럼

핵 붕괴로 인해 방출되는 방사선인 광자와 입자는 원자 외곽의 일상적 물리학 상 전자와 원칙적으로 구별할 수 없다. 그들이 지닌 신분증은 에너지와 종류(type)뿐이다. 핵 붕괴로 방출되는 광자는 때로 감마선이라고도 하는데 보통 치과 방사선 생산용으로 사용되는 전자총의 가열된 음극에서 가속된 전자에 의해 방출되는 광자 (X선이라고도 함)와 절대적으로 동일하다. 방사선에 대해 우려를 표하는 환자들은 종종 컴퓨터 단층촬영(CT)이나 암 치료에 사용되는 방사선이 원자핵에서 나온 것이 아니라고 하는데 이 말은 사실이긴 하지만 방사선은 방사선원에 따라 구분되지 않기 때문에 쓸데없는 주장일 뿐이다. X선과 감마선이라는 이름은 그 선원과 상관없이 약 100keV정도를 경계로 높거나 낮은 에너지의 광자를 지칭하는 의미로 사용된다.

광자의 스펙트럼은 가장 높은 양자 에너지와 가장 높은 주파수 (및 원자핵 크기보다 훨씬 짧은 파장)의 감마선부터 저주파 전자파(및 1 km를 초과하는 파장)까지 존재한다. 〈그림 5-1〉은 이 범위를 도식적으로 나타내고 있으며 중심에는 좁은 띠 모양의 무지개빛 스펙트럼이 존재한다. 조금 더 긴 파장의 영역(오른쪽)에는 적외선 영역이 있고 이 영역에서 방사선은 분자의 자연 회전과 진동 주파수와 일치하기 때문에 쉽게 흡수된다.

The spectrum of photons extends from gamma rays of the highest quantum energy and highest frequency (and wavelength much smaller than nuclear size) down to very low-frequency radio waves (and wavelength exceeding a km). This is shown schematically in Illustration 5-1. In the centre is the spectrum of light with its explicit rainbow in a narrow band. At wavelengths a bit longer (to the right) there is the infrared range; here, radiation is absorbed readily because it matches the natural rotation and vibration frequencies of molecules.

At wavelengths just shorter than visible light is the ultraviolet range where materials absorb radiation strongly at the frequencies with which electrons vibrate in atoms. In between is the optical region, the light we can see; this is the fortunate range for which the energy emitted from the Sun's surface is maximum and also where many materials are transparent. It is no coincidence that this is the only range for which our eyes have evolved some sensitivity.

In the infrared to radio ranges, one photon by itself does not have enough energy to ionise a molecule, and in this range radiation is called non-ionising. Such radiation can only cause damage to atoms and molecules by heating them as a whole through the cumulative absorption of very many photons. However, if the total absorbed energy is high enough – as in a microwave oven – the material will start to get hot and then cook, if it is biological. Similarly, radiation from a mobile phone will warms tissue a little – not much, however, because most of the radiation passes straight through. Non- ionising radiation is harmless because the painful sensation of heat tells you to move out of the hottest sunshine, or take your feet away from the fire. If you cannot feel the heat it creates, it is quite safe. Public worry about the safety of non-ionising radiation only began recently when someone noticed the word radiation!

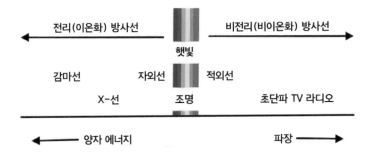

그림 5-1: 방사선 스펙트럼 영역의 도식도; 파장은 오른쪽으로 갈수록 길어지고(양자 에너지는 감소), 주파수는 왼쪽으로 갈수록 증가함(양자 에너지는 증가).

　가시광선보다 조금 짧은 파장의 자외선 영역은 원자의 전자 진동 주파수와 같아서 물질이 방사선을 강하게 흡수한다. 그 중간에는 우리가 볼 수 있는 빛, 즉 광학 영역이 존재한다; 이것은 행운의 영역이다, 여기서 태양 표면에서 방출되는 에너지는 최대가 되며, 많은 물질들이 투명하다. 이 광학 영역이, 우리 눈의 민감성을 발달시킬 수 있는 유일한 영역이라는 것은 우연이 아니다.

　적외선에서 전파에 이르는 범위에서는 하나의 광자로 분자를 이온화하기에 충분한 에너지를 가지지 못하므로 이 범위의 방사선은 비전리방사선이라고 불린다. 비전리방사선은 아주 많은 광자를 누적 흡수해서 원자와 분자를 전체적으로 가열해 원자와 분자에 손상을 입힐 수 있지만 전체적으로 흡수되는 에너지가 지나치게 높으면 전자레인지에서와 같이 물질은 뜨거워지기 시작하고 생물인 경우 익혀진다. 마찬가지로, 휴대 전화의 방사선은 조직을 약간, 많이는 아니고, 따뜻하게 하는데 대부분의 방사선이 바로 통과하기 때문이며, 이런 비전리방사선은 유해하지 않다. 왜냐하면 고통스러운 열감(熱感)은 햇빛에서 벗어나거나, 불에서 발을 떼야함을 알려주기 때문이다. 이 방사선의 열마저 느낄 수 없다면 안전을 논할 필요도 없다. 비전리방사선에 대한 대중의 안전 우려는 최근 누군가가 방사선이라는 단어에 주목한 후 비롯된 것이다.

Linearity and its applicability

Initial radiation damage

In the ionising region of the photon spectrum, that is on the left in Illustration 5-1, two significant changes are evident. Firstly, to the left of the UV absorption region, materials become increasingly transparent, meaning that radiation can penetrate deep into living tissue before being absorbed, and even pass right through and out the other side. This is the essential advantage that X-rays and gamma rays can offer to medicine, and that allows imaging and cancer therapy within the body without invasive surgery and its traumatic effects. The second difference is another consequence of quantum mechanics, noted by Einstein in his work on the photoelectric effect in 1905. The energy of the radiation when it is absorbed is not smoothly spread through the material, but is delivered as a series of distinct events (often called collisions), each such event being the absorption of a single photon. The initial damage at the site of an event depends on the energy of the single absorbed photon and whether it can ionise or break a molecule, not on the brightness of the total radiation flux. As a result, ionising radiation, including UV, can damage materials at lower energy fluxes than non-ionising radiation, and it does so without raising the temperature. This piecemeal action means that the effect of each photon is separate.

The total damage to the material is proportional to the number of photons and quite independent of whether the photons all arrive at once as an acute dose or are spread out in time over an extended period of hours, months or even years. The total damage is also the same if the same radiation is spread out in space over a whole body or concentrated into a small spot: also, if spread over many people or all concentrated on one person.

This implies that the effect of radiation is linear because each photon

선형성과 그 적용가능성

초기 방사선 손상

〈그림 5-1〉의 왼쪽에 있는 광자 스펙트럼의 이온화 영역에서는 두 가지의 중요한 변화가 뚜렷하게 나타난다.

첫째로, 자외선을 흡수하는 영역의 왼쪽에서는 물질이 점점 투명해지는데, 이는 방사선이 흡수되기 전에 살아있는 조직 깊숙이 침투할 수 있고, 심지어 반대쪽으로 바로 통과해 밖으로 나갈 수도 있다는 것을 의미한다. 이는 X선과 감마선이 의학에 제공하는 본질적인 장점이며, 외과적 수술이나 정신적 외상 없이 체내의 영상을 찍거나 암 치료를 가능하게 한다.

두 번째 차이점은 1905년 아인슈타인이 광전효과에 관한 연구에서 주목한 양자역학의 또 다른 결과물이다. 방사선 에너지는 물질 전체에 걸쳐 부드럽게 흡수되지 않고, 일련의 개별적 사건처럼 전달되어 각 사건마다 하나의 광자를 흡수한다. 그래서 흔히 충돌이라고 한다. 초기 손상은 흡수된 단일 광자의 에너지가 분자를 이온화할 수 있는지, 또는 분자를 파괴할 수 있는지에 달려 있으며 총 방사선의 밝기와는 관련이 없다. 결과적으로 자외선을 포함한 전리방사선은 비전리방사선보다 낮은 에너지로도 물질에 손상을 줄 수 있고 또 온도를 올리지 않아도 손상을 준다. 이 개별적인 작용은 각 광자의 효과가 서로 독립적이라는 것을 의미한다.

물질이 받은 전체적인 손상량은 광자의 수에 비례한다. 또한, 물질의 전체적인 손상량은 광자가 모두 급성 선량으로 한번에 도착하는지 아니면 오랜 시간, 수개월 또는 심지어 수년에 걸친 시간 동안 분산되는지와 무관하다. 신체 전반에 퍼져 있거나 작은 영역에 집중되어 있거나, 많은 사람에게 나눠지거나 또는 한 사람에게 집중되는 경우에도 방사선량이 같다면 총 손상량은 동일하다.

이는 각 광자가 독립적으로 작용하기 때문에 방사선의 효과가 선형이라는 것을 의미한다. 따라서, 광자 천 개를 합친 효과는 광자 하나의 효과의

acts independently. So the combined effect of a thousand photons is a thousand times the effect of just one. This is precisely the condition for linearity discussed in Chapter 4. It means that the immediate damage caused by radiation is linearly related to the total absorbed radiation energy, and there is no intensity of radiation so low that there is no such damage. And this conclusion is true for all materials, whether alive or dead.

LNT model of long-term damage

The assumption that this simple picture applies even to the resulting long- term radiation damage to living tissue is called the Linear No-Threshold (LNT) model. Looking at this model, why it is wrong and the evidence that confirms it is wrong, is a major objective of this book. Here is a brief summary of the justification for the LNT model:

The energy of radiation is deposited in an irradiated material as a series of essentially separate collisions. Therefore, the net damage done to the structure of the material can be assessed by just adding up the energy of those separate collisions. Further, since there is no minimum total energy flux for a collision to occur, there is no threshold for damage and any radiation flux, however weak, incurs damage. (The contrary would be the case if, for example, damage only began when the temperature of the material was raised to some threshold.) In the cells of living tissue, the significant damage is genetic damage to the structure of DNA. Such radiation-induced damage may be passed down to successive generations when the DNA is copied.

If this description were complete, a significant implication for society would then follow:

Nobody should countenance leaving such a genetic legacy. Therefore, all ionising radiation exposure should be reduced to a level As Low As Reasonably Achievable (ALARA) and the use of any technology using ionising radiation, including nuclear energy, should

1,000배가 되며 이는 선형성의 조건에 정확하게 일치한다. 방사선에 의한 즉각적인 손상은 흡수된 방사선 에너지의 총량과 선형적으로 관련이 있으며 손상이 존재하지 않을 정도의 낮은 방사선의 강도는 존재하지 않는다는 것이다. 이 결론은 물질이 살아있던 죽었던 관계없이 모든 물질에 적용된다.

장기 방사선 손상에 관한 LNT 모델

이렇게 간단한 개념이 살아있는 생체 조직의 장기적 방사선 손상의 결과에까지 적용된다는 가설을 문턱 없는 선형(LNT) 모델이라고 한다. 이 모델을 검토하고 그것이 틀린 이유와 그것을 확인해 주는 증거를 제시하는 것이 이 책의 주요 목적이다. LNT 모델이 주장하는 내용을 간단히 요약하면 다음과 같다.

방사선의 에너지는 기본적으로 일련의 개별적 충돌로 방사선을 쬔 물질에 축적된다. 따라서 총에너지는 재료 구조에 일어난 개별 충돌의 에너지를 더하기만 하면 계산할 수 있다. 또한 충돌이 일어날 수 있는 총 에너지의 하한선이 없기 때문에 손상의 문턱값도 존재하지 않고 아무리 약한 방사선다발이라도 손상을 유발한다. 살아있는 세포조직에서 중요한 손상은 DNA 구조에 대한 유전적 손상이다. 방사선으로 유발된 손상은 DNA를 복제할 때, 다음 세대로 전해질 수 있다.

이러한 LNT 모델의 기술이 완벽하게 맞다면, 사회에 미칠 중대한 영향은 다음과 같을 것이다.

손상된 유전적 유산을 남기는 것을 반가워 할 사람은 아무도 없다. 따라서 모든 전리방사선에 노출되는 것은 합리적으로 달성 가능한 한 낮은 수준(ALARA)으로 축소해야 하며 가능하다면 원자력 에너지를 포함한 전리방사선을 사용하는 모든 기술의 사용을 피해야 할 것이다.

다음과 같은 질문을 할 수 있을 것이다.

노벨상을 안겨 준 광전 효과에 대한 설명으로 아인슈타인이 입증한

be avoided wherever possible.

It might be asked:

How could such a picture based on the simple concept that was confirmed by Einstein with his Nobel Prize winning explanation of the photoelectric effect, actually be wrong?

Nevertheless, we shall show evidence that it is wrong, and pinpoint how this mistake occurred. This historical tale is recounted in Chapter 10.

Failure of LNT model for live tissue

The basic error is in thinking that any initial damage persists in the longer term, as indeed it would in dead or passive material – in other words, material not actively maintained by biological mechanisms. The LNT model ignores how biological life reacts to damage following a radiation dose. In this discussion we need to understand the effect of this biological reaction, how it works in principle, why it evolved and the evidence that confirms that its effectiveness is not the exception but the rule.

To make sense of the evidence, we shall need to quantify the energy of radiation doses, so that we can compare them for different practical situations. In traditional descriptions of radiation doses and their safety, the LNT model is already taken for granted. Since the evidence will show unequivocally that the LNT model is mistaken in its picture of biological radiation damage, we must take great care not to follow the LNT description of radiation damage. This means that the next section matches only part of what is to be found in traditional radiation safety handbooks.

단순한 개념에 근거한 이 설명이 어떻게 틀릴 수 있었을까?

그럼에도 불구하고, 우리는 이 논리가 잘못되었다는 증거를 제시하고 어떻게 이와 같은 실수가 발생했는지 정확히 지적해야 한다. (이와 관련된 역사적 배경은 제9장 참조)

LNT모델, 생체 조직 적용에 실패하다

LNT모델의 기본적인 오류는 방사선에 의한 초기 손상이 생물학적 매커니즘에 의해 유지되는 세포와 그렇지 않은 물질 즉 사체에서 동일하게 장기적으로 나타난다고 가정한 것이다. LNT 모델은 생명체가 방사선 피폭으로 인한 손상에 어떻게 반응하는지를 무시하고 있다. 우리는 이 논의에서, 생물학적 반응의 효과와 작동원리는 무엇인지, 그리고 왜 그렇게 진화했는지 탐구할 것이다. 또 그 효과가 예외가 아닌 규칙임을 확인시켜주는 증거를 이해할 수 있을 것이다. 증거를 이해하기 위해선 우리는 방사선량의 에너지를 정량화해서 서로 다른 실제 상황에서 비교할 수 있어야 한다.

Quantifying absorbed radiation

Radiation doses and radiation dose rates

Radiation that passes straight through the body is harmless. It is only the energy that is stopped and absorbed that can do any damage, and that is what we need to discuss. Quantitative measurements allow comparison of doses in different situations. They enable meaning to be given to the scale of doses otherwise described simply as high or very high. Such comparisons bring some interesting surprises, for instance, the rate of energy in an ionising radiation exposure and the power from a simple light bulb, or between environmental and medical doses of radiation.

For the high doses used in cancer therapy, the precise dose delivered to the patient is important and mistakes of a few percent in the delivery can have consequences for the success of the treatment or even the survival of the patient. However, at lower doses the need is to note and understand the factors of ten involved – factors of two or three are not usually of practical importance for safety[5].

Energy is a well-defined quantity like mass, distance and time. An electricity meter charges you for measured energy in joules (J), with 1 Unit = 3.6 million J, so a joule is small in everyday terms. Actually the utility meter measures power, that is energy rate, in joules per second and then accumulates the total joules over time.

One joule per second is called a watt (W, named after James Watt, the eighteenth century Scottish inventor). Radiation dose is a measure of the energy absorbed in each kg of tissue – so we have dose in joules per kg, and dose rate in watts per kg. A dose of one joule per kg is called a gray (Gy, named after Louis Harold Gray). Medical doses are often quoted in cGy (1 cGy = 1/100 Gy = 1 rad, an older unit); environmental doses are conveniently given in mGy (1/1000 Gy). These definitions and measurements are unaffected by whether LNT is assumed and that is why we use them here.

흡수된 방사선을 수량화 하기

방사선 선량과 방사선 선량율

몸을 곧바로 통과하는 방사선은 해를 끼치지 않는다. 우리가 논의해야 될, 손상을 입힐 수 있는 것은 정지되어 흡수된 에너지 뿐이다. 정량적 측정을 통해 다양한 상황에서 선량의 비교가 가능해진다. 측정하지 못한 경우 단순히 높거나 매우 높다는 식으로 설명할 수밖에 없었던 선량 규모에 이제는 의미를 부여할 수 있다. 전리방사선 피폭시의 에너지율과 간단한 전구의 위력을 비교하거나 또는 환경 방사선과 의료 방사선의 선량을 비교해 보면 몇가지 흥미롭고 놀라운 사실을 알게 된다.

암 치료에서 사용하는 고선량의 경우, 환자에게 전달되는 정확한 선량이 굉장히 중요하며 몇 퍼센트의 실수가 치료의 성공여부, 심지어는 환자의 생존에도 영향을 미칠 수 있다. 그러나 낮은 선량에서는 10배수의 인자가 관련되어 있기 때문에, 2 또는 3배수의 인자쯤은 안전에 실질적인 영향을 주지 못한다는 것을 알아야 한다.

에너지는 질량, 거리, 시간처럼 잘 정의된 양이다. 전기계량기는 에너지를 줄(J) 단위로 측정해 전기료를 부과하는데 1 단위는 360만 줄이므로 1 줄은 일상적으로 작은 것이다. 실제로 전력계량기는 전력을 에너지율인 초당 줄로 측정하고 총 줄을 시간에 따라 누적해 계산한다.

초당 1줄은 18세기 스코틀랜드의 발명가 제임스 와트의 이름을 따 1 와트(W)라고 하며, 방사선량은 조직 1kg당 흡수된 에너지를 나타내는 척도로 kg당 줄을 나타내는 선량과 kg당 와트를 나타내는 선량률 단위가 있다. kg당 1줄의 선량은 루이스 해럴드 그레이의 이름을 따 그레이(Gy)라고 하며, 의료 선량은 종종 cGy(센티그레이, 1 cGy = 1/100 Gy = 1 rad)로 표시한다. 환경 선량은 mGy(밀리그레이, 1/1000 Gy)로 편리하게 표시한다. 이러한 정의와 양은 LNT를 가정하는지 여부에 영향받지 않는다. 이것이 우리가 여기서 이 정의와 양을 사용하는 이유이다.

For radiation safety what is really of interest is how much harm the absorbed energy causes to living tissue. Can we use the absorbed energy as a surrogate for the biological damage? It will do if we assume that they are directly linked, won't it? As the evidence will show, it will not.

We may think of the scoring in a tennis championship as a parallel. Over the years, to identify the champion beyond reasonable doubt, a scoring scheme has evolved that works very effectively, more so than in many other sports, perhaps. The result is exciting and competitive, but, notably, during a match all of the smaller points within a game are discarded. An LNT-like view of tennis might advocate selecting the champion by simply adding up all the points played and treating that as a surrogate for each player's ability. If that made for the most effective type of tournament, no doubt that would have been chosen years ago.

But that did not happen, probably because it would miss the rise and fall of psychological tension that goes with the more structured scoring scheme. The evidence provides the answer, not an appeal to theoretical simplicity.

In the case of radiation, what kind of harm matters? Much of the damage to the contents of cells in irradiated tissue is of no lasting consequence, as most molecules are replaced regularly as part of the cell cycle. But damage to the DNA is different because it controls the copying process itself – it is the master record for the cell, coordinates its function and itself gets copied in the cell cycle, thereby potentially propagating damage to subsequent cell copies, even creating a flaw that could be passed to subsequent generations. However, this is a theoretical possibility that is only important if it happens – it is a matter for evidence to tell whether damage is actually propagated in this way.

The main question is how the biological damage is related to the energy absorbed. The LNT assumption is that damage is directly proportional to the dose. In the LNT model, after making some modest but poorly defined adjustments for the rate, tissue and type of radiation, the energy dose itself

방사선 안전에서 우리의 관심은 흡수된 에너지가 살아있는 조직에 얼마나 많은 해를 끼치는가이다. 과연 우리는 흡수된 에너지를 생물학적 손상을 나타내는 대용물로 사용할 수 있을까? 만약 손상과 에너지가 직접적으로 연관되어 있다면 가능하지 않겠는가? 그러나 증거는 그렇지 않다는 걸 보여준다.

우리는 테니스 선수권 대회의 득점 체계를 비슷하게 생각할 수 있다. 챔피언을 합리적 의심의 여지없이 가려내기 위해 테니스 대회의 득점 체계는 상당한 시간에 걸쳐 다른 많은 스포츠에 비해 더 효과적으로 진화해왔다. 결과는 흥미진진하고 경쟁적이지만, 한 경기에서 한 게임 동안 얻은 더 작은 점수들은 버려진다.

만약 테니스에 LNT모델을 적용한다면, 우리는 모든 경기의 점수를 합산해 선수들의 능력을 판단하고 챔피언을 선발하는 방식을 지지했을 것이다. 만약 이 방식이 가장 효과적인 토너먼트 방식이었다면 의심할 여지없이 이미 여러 해 전에 채택되었을 것이다.

그렇지만 그런 일은 일어나지 않았다. 왜냐하면 더 잘 구조화된 득점 체계에서 나오는 심리적 긴장감을 놓칠 것이기 때문이다. 증거는 이론적 단순성에 호소하지 않고, 해답을 제공한다.

그렇다면 방사능에서는 어떤 피해가 문제가 될까? 대부분의 분자들은 세포 주기의 일부로 규칙적으로 교체되기 때문에 방사선에 피폭된 세포 조직의 세포 내용물 손상은 지속되지 않는다. 하지만 DNA는 복제 과정 자체를 통제하기 때문에 DNA 손상은 다르다. DNA는 세포의 마스터 레코드이며 세포 기능을 조정하고 그 자체로 세포 주기에서 복제되기 때문에 잠재적으로 후속 세포의 복사본에 손상을 퍼뜨릴 수 있고 심지어 다음 세대에 유전될 수 있는 결함을 만들 수 있다. 하지만, 이것은 실제로 그런 일이 일어나야만 중요성을 갖는 이론적인 가능성이다. — 중요한 것은 실제 손상이 이런 식으로 유전되는가 하는 증거의 문제다.

중요한 질문은 생물학적 손상이 흡수된 에너지와 어떻게 연관되느냐이다. LNT 가정은 손상이 선량에 정비례한다는 것이다. LNT 모델에서는 조

is taken as a surrogate for damage, but given the fresh name of sievert (Sv) instead of gray (Gy). But as will become evident in succeeding chapters, this is not a measure of the damage that we should expect for an active material like living tissue on the basis of modern biology.

Nor does it match what is observed in the natural environment, a patient clinic, an animal laboratory experiment, or the casualties from an accident with radioactivity.

In the LNT model biological damage in sievert (or millisievert, mSv) is not measured but the result of applying assumptions. Without these the sievert is not meaningful. Within LNT the linear relation between Sv and Gy is assumed to be a simple numerical equality for beta, gamma and high-energy X-rays. Of radiation types frequently found in the environment only alpha is much different; it is assumed to deliver 20 times as much damage – that is each Gy of absorbed energy (per kg) gives 20 Sv of damage (per kg). Neutron and proton radiation have been assigned similar weighting factors too, but neither of these is often found outside a research laboratory or the core of a working reactor, so we ignore them here for simplicity.

Considerations that might complicate the simple relation between energy absorbed and final biological damage are ignored in the LNT model. In particular the possibility that patterns of deposited energy overlapping in space or time might influence the final outcome are excluded – incorrectly as evidence shows. In the LNT model a dose spread out chronically over the life of an individual is reckoned to be as damaging as a single acute dose of the same integrated energy received in days or hours within a small factor of about two. (In LNT this factor is called DDREF. If LNT does not apply, DDREF has no meaning.)

By a simple extension of linearity, the LNT model would imply a dose dispersed among many individuals is as damaging as the same total dose given to one individual. This would be administratively convenient, if true, because the total damage could be assessed simply from the dose added up for a population, an estimate called the collective dose.

직과 방사선 종류에 따른 약간의, 그러나 형편없이 정의된 조정계수(가중치)를 넣어 선량을 계산하고 그레이(Gy) 대신 시버트(Sv)라는 새로운 단위를 등장시켜가면서 에너지 선량 자체를 손상의 대용품처럼 간주했다. 후속 장들에서 분명히 밝혀지겠지만, 현대 생물학에 근거해볼 때 이는 살아있는 조직에 대해 우리가 기대하는 손상의 척도가 될 수 없다.

이것은 자연환경, 병원, 동물 실험실 또는 방사능 사고로 인한 사상자에서 볼 수 있는 현상과도 일치하지 않는다.

LNT 모델에서 시버트(또는 밀리시버트, mSv)단위의 생물학적 손상은 측정된 것이 아니라 모델의 가정들을 적용한 결과이다. 따라서 이 가정들이 없다면 시버트는 의미가 없다. LNT 내에서 Sv와 Gy 사이의 선형 관계는 베타, 감마 및 고에너지의 X선에 대해서 단순히 수치적으로 동일하다는 가정에 근거한다. 환경에서 자주 발견되는 방사선 유형 중 알파만 크게 다르다; 알파는, (다른 방사선 대비) 20배의 손상을 준다고 가정한다- 즉 각 Gy의 (kg당) 흡수된 에너지가 (kg당) 20 Sv의 손상을 가져온다. 중성자와 양성자에도 역시 유사한 가중치가 부여되지만, 그러나 이 두 가지 모두 연구실이나 작동 중인 원자로의 노심 밖에서는 발견되지 않는다. 그래서 논의의 단순화를 위해 우리는 그 두 가지를 무시한다.

> LNT모델은 흡수된 에너지와 최종적인 생물학적 손상 사이의 단순한 관계를 복잡하게 만들 수 있는 생각은 무시한다. 특히, 공간이나 시간 상 겹치는, 축적된 에너지의 패턴이 최종 결과에 영향을 미칠 수 있는 가능성은 배제한다 - 이는 증거와 달리 부정확한 것이다. LNT모델은, 개인이 평생에 걸쳐 나누어 받은 선량도 2배 정도의 인자 안에서 하루나 몇 시간 안에 받는 통합에너지의 단일 급성 선량만큼 손상을 준다고 간주한다. (LNT에서는 이를 선량-선량률 효과인자Dose & Dose rate effectiveness factor, DDREF라고 하며, LNT모델이 적용되지 않으면 DDREF는 의미가 없다.)
>
> 선형성을 단순히 확장함으로써, LNT 모델은 개인들에게 분산된 선량이 한 개인에게 주어진 총 선량만큼의 손상을 준다고 추정한다. 만약 이것이 사실이라면 이 추정은 관리면에서 편리하다. 왜냐하면 전체적인 손상은 단순히 인구에 축적된 선량인 '집단선량'으로 평가할 수 있기 때문이다.

The evidence will show that what reflects the biological damage more than the total absorbed energy is the rate at which energy is locally absorbed, that is the dose rate. This may be measured in mGy per month, for example. Obviously, reckoned in mGy per year the number would be 12 times larger, and in mGy per second, correspondingly much smaller. However, the use of an arbitrary period makes no sense. The important choice of time period is one to be made with data.

So what is the reason to choose a repair time of a month? This interval was discussed in Radiation and Reason, Chapter 7[see Selected References on page 283, SR3]. Essentially it is the biological recovery time and so covers a range of values roughly spanning the typical cell cycle time and leading to a month as a conservative choice for safety purposes.

Measurement of radioactivity in becquerel

The dose rate that comes from a radioactive source depends on the activity of that source, and with some assumptions we can relate these two. Radioactivity is measured in becquerel – 1 Bq is one radioactive decay per second. This is a very low rate indeed, and the energy released by each decay is minute. Significant rates may be measured in thousands (kBq), millions (MBq) or even millions of millions (TBq) of decays per second. A technical point is that Bq refers to the total decay rate – to get the rate per kg the number of Bq needs to be divided by the weight in kg. But notice that Bq is already a decay rate per second, so it does not need to be divided by the exposure time. The energy dose in mGy is the other way around – it is defined as the dose per kg, but to get a dose rate it must still be divided by the dose delivery or exposure time. So an annual dose, reckoned in J per kg (or Gy) received over a whole year, has to be divided by 31 million – the number of seconds in a year – to get the dose rate in Gy per second, the same as watts per kg.

It is a matter for the evidence, not pre-conceptions, to decide whether it

이와 관련된 증거로 총흡수에너지보다 생물학적 손상을 더 잘 반영하는 것은 에너지가 국부적으로 흡수되는 속도, 즉 선량률이라는 것을 보여줄 것이다. 선량률은 월간 mGy로 측정될 수 있으며 연간 선량률은 월간 선량률의 mGy보다 12배, 초당 mGy는 그에 상응하여 훨씬 더 작을 것이다. 하지만, 임의의 기간을 사용하는 것은 이치에 맞지 않는다, 기간을 정하는 중요한 선택은 데이터를 기반으로 만들어져야 하기 때문이다.

그렇다면 기간을 한 달로 정한 이유는 무엇일까? 그 이유는 『방사선 과 이성』 7장에서 논의하였다[SR3 참조]. 근본적으로 이 기간은 생물학적 회복기간이며 이 기간은 대략 전형적인 세포 주기 시간의 범위를 포함하고 안전 목적 상 보수적으로 한 달로 정한 것이다.

방사능을 Bq단위로 측정하다

방사선원에서 나오는 선량률은 그 선원의 강도에 달려있다. 그러므로 약간의 가정을 하면 우리는 이 두 가지를 연관시킬 수 있다. 방사능은 베크렐 단위로 측정되며 1 Bq은 초당 1번의 방사성 붕괴를 뜻한다. 이것은 실로 매우 낮은 율이며, 각 붕괴에서 방출되는 에너지도 아주 작다. 높게는 초당 수천(kBq), 수백만(MBq) 또는 수백만의 수백만(TBq)의 붕괴로 측정되기도 한다. 기술적인 점에서 Bq은 총붕괴율을 의미하기 때문에 kg당 Bq를 얻기 위해서는 kg 단위의 무게로 나눠야 한다.

그러나 Bq는 이미 초당 붕괴율이기 때문에 피폭 시간으로 나눌 필요가 없다는 점에 유의해야 한다. 반면 mGy 단위의 에너지 선량은 kg당 선량으로 정의되지만 선량률을 얻으려면 선량 전달 또는 피폭 시간으로 나누어야 한다. 따라서 연간 선량은, 1년 동안 받은 kg당 J(또는 Gy)로 계산되며, kg당 와트와 같은 초당 Gy의 선량률을 얻기위해서 1년을 초단위로 변환하는 3천1백만으로 나누어야 한다.

선량이 더 중요한지, 선량률이 더 중요한지 그 여부를 결정하는 것은 예측이 아닌 증거의 문제이며 선량과 선량률은, 종종 얼버무려지지만, 굉장

is the dose or the dose rate that is more significant, and it certainly makes a lot of difference: a difference that is frequently glossed over.

Finding a dose rate from a measurement of radioactivity

Sometimes the radiation dose received is caused by radioactivity within the body. In that case it is relatively simple to calculate the dose from the radioactivity, or vice versa, by assuming that all of the radiation emitted in the decay is absorbed. With this assumption the dose may be overestimated somewhat. For alpha all of the radiation is absorbed, but for beta about half the released energy escapes as invisible neutrino radiation, and for gamma a fair fraction may escape the body too.

When it decays, a nucleus releases a small amount of energy, call it E. In principle, to get the dose from the decay rate, we add up the energy of all these decays. The number of decays is the rate in Bq multiplied by the number of seconds for which the dose is accumulated. To find the dose, we multiply this number of decays by E and divide by the weight in kg.

The energy E of each radioactive decay, expressed in joules, is a very small number, even for a nuclear decay. Nuclei differ but most of the energies fall within a modest range. Table 5-1 shows the energy for some of the more important decay energies: these are clustered around 1 MeV $= 1.6 \times 10^{-13}$ J. (This number is simply a million times the electric charge of an electron.)

So, assuming that all the energy is absorbed, the conversion from radioactivity (Bq) to dose rate (mGy/month) goes like this:

dose rate (mGy/month) = radioactivity(Bq) × E(MeV) × 1.6×10^{-13} (J/MeV)

× 2.6×10^{6} (secs/month) × 10^{3} (mGy/Gy) / 70 (mass of an adult in kg).

As examples, we apply this calculation to the natural radioactivity in any human body, and then to the ingestion of contaminated water and

한 차이가 존재한다.

방사능 측정에서 선량율을 발견하다

때때로 우리가 받은 방사선량은 체내 방사능에 기인하기도 한다. 이 경우, 붕괴에서 방출된 방사선이 모두 흡수되었다는 가정하에 비교적 간단하게 선량을, 또는 역으로 방사능을 계산할 수 있다. 이 가정에서 선량은 다소 과대평가될 수 있는데 알파의 경우 모든 방사선이 흡수되지만 베타의 경우 방출된 에너지의 절반 정도는 보이지 않는 중성미자 방사선으로 빠져나올 수 있고 감마선도 마찬가지로 상당 부분이 빠져나갈 수 있기 때문이다.

핵이 붕괴할 때 방출하는 작은 양의 에너지를 E라고 하면, 원칙적으로 붕괴율에서 선량을 계산하기 위해서는 모든 붕괴에서 방출되는 에너지를 더해야하는데, 붕괴수는 Bq에 선량이 누적되는 시간인 초 수를 곱한 것이며 선량은 이 붕괴수에 E를 곱하고 무게 (kg)로 나눈 값이다.

각 방사성 붕괴의 에너지 E는 줄로 표현되며, 원자핵 붕괴의 경우도 매우 작은 수이다. 원자핵은 다르지만 대부분의 에너지는 보통 범위 안에 든다. 〈표 5-1〉는 중요한 붕괴 에너지의 일부를 보여준다. 에너지는 $1 \text{ MeV} = 1.6 \times 10^{-13}$ J 주위에 밀집되어 있다,(이 숫자는 전자 전하의 100만 배이다.)

따라서, 모든 에너지가 흡수된다고 가정할 때 방사능(Bq)을 선량률 (mGy/월)로 변환하는 계산식은 다음과 같다.

선량률 (mGy/month) = 방사능(Bq) × E(MeV) × 1.6×10^{-13} (J/MeV)
× 2.6×10^6 (secs/month) × 10^3 (mGy/Gy) / 70 (성인의 체중 kg)

우리는 체내에 존재하는 자연방사능과 후쿠시마에서 오염된 물과 음식을 섭취할 때 이 계산법을 사용할 수 있다. 이 계산은 정확하지 않지만, 2에서 4배 정도로 보정하면 안전하다는 것을 보여 주기에 충분하다.

대부분의 오염의 경우, 방사능은 몸 전체에 퍼지고 방사선 에너지는 번짐 효과에 의해 더 퍼져나가기 때문에 선량은 방사능이 있던 곳에서 흡수

food at Fukushima. Such calculations are not exact but they give answers, often correct to a factor two to four, and sufficient to show what is safe.

In most cases of contamination, radioactivity gets distributed throughout the body and the radiation energy is then further spread out by the smudging effect of its range – the dose is not absorbed where the radioactivity was. This spreading is true for the important cases of potassium-40, caesium-137, tritium and carbon-14. Some radioactive elements accumulate in bone – strontium-90, radium-226, plutonium-239 and other metals – but that still gives rise to a widely spread distribution of absorbed energy. Radon is a gas and its radioactive decay products get caught in lung tissue. Iodine too is a special case because it is concentrated only by the thyroid gland and then decays with a half life of only a week, resulting in a concentrate. As evidence will show later, it is the dose rate that matters to health, much more than the accumulated dose. The length of time for which the flow of radiation persists depends both on the half life of the radioactivity and on the rate at which the radioactivity is expelled from the body, sometimes called the biological half life[6]. If the biological half life is shorter, it will be more important than the radioactive half life given in Table 5-1. Such depletion is important for both caesium isotopes shown in Table 5-1, which have a biological half life of about 100 days, but somewhat less for children who are thus at less risk than adults. This depletion does not apply to potassium-40 because it occurs naturally in the body and persists indefinitely.

If the radioactive source is outside the body altogether, the fraction absorbed is very much lower. Then, most radiation does not enter the body at all and exposure is easily reduced by simply moving away or reducing the time for which radiation is absorbed. Unless the source is very close, the radiation dose to the body falls with the inverse square of the distance. So, for instance, by moving three times further away from the source, the radiation dose is reduced by a factor of nine.

되지 않는다. 이런 확산은 칼륨-40, 세슘-137, 삼중수소와 탄소-14의 경우 중요하다. 또한, 스트론튬-90, 라듐-226, 플루토늄-239 같은 기타 금속의 일부 방사성 원소는 뼈에 축적되지만 흡수된 에너지를 널리 확산시킨다. 특별한 경우, 가스인 라돈은 그 방사성 붕괴 생성물이 폐조직에 잡힌다. 요오드 역시 특별한 경우다. 왜냐하면 갑상선에서만 농축되었다가 일주일도 되지 않는 반감기로 붕괴되어 집중적인 급성선량을 일으키기 때문이다. 사실 건강에 문제가 되는 것은, 증거가 보여주듯, 누적된 선량이 아닌 선량률이다. 방사능의 흐름이 지속되는 시간은 방사능의 반감기와 방사능이 체내에서 배출되는 비율, 즉 생물학적 반감기에 따라 달라진다. 만약 생물학적 반감기가 짧다면, 이는 〈표 5-1〉의 방사성 반감기보다 더 중요할 것이다. 이런 감소는 〈표 5-1〉의 약 100일의 반감기를 가진 두 세슘 동위원소에 중요하지만 이 반감기가 다소 짧은 어린이에게는 성인보다 위험이 작다. 칼륨-40은 체내에서 자연적으로 발생하며 무기한 지속되기 때문에 이런 생물학적 반감기에 의한 감소는 해당되지 않는다.

붕괴	에너지, MeV	주요 붕괴 유형	방사성 반감기, 초
3중수소, H-3	0.018	베타	3.9×10^8 or 12 yrs
탄소-14	0.16	베타	1.8×10^{11} or 58,000 yrs
포타슘-40	1.32	베타, 감마	4.1×10^{16} or 1.3×10^9 yrs
코발트-60	1.17 + 1.33	베타, 감마	1.6×10^8 or 5.3 yrs
스트론튬-90	0.54 + 2.28	베타	8.8×10^8 or 28 yrs
요드-131	0.97	베타	6.9×10^5 or 8 days
세슘-134	2.0	베타, 감마	6.6×10^7 or 2.0 yrs
세슘-137	1.18	베타	9.5×10^8 or 30 yrs
폴로늄-210	5.3	알파	1.2×10^7 or 0.39 yrs
라돈-222	5.5 + 6.0 + 7.7	알파	3.3×10^5 or 0.01 yrs
라듐-226	4.8	알파	5×10^{10} or 1600 yrs
토륨-232	4.0	알파	4.5×10^{17} or 1.4×10^{10} yrs
우라늄-238	4.27	알파	1.4×10^{17} or 4.5×10^9 yrs
플루토늄-239	5.24	알파	7.7×10^{11} or 25,000 yrs

표 5-1: 자주 논의되는 방사성 동위원소. 몇 개의 에너지가 주어진 경우, 차례로 일어나는 붕괴이므로 합하면 된다.

Natural internal dose

The natural internal radioactivity in the body is about 7,400 Bq. This is mostly due to potassium-40 and carbon-14, as used in radiocarbon dating.

However, as shown in Table 5-1, the latter contributes a very small decay energy of less than 0.2 MeV, so that potassium-40 dominates the dose.

We calculate the annual dose that the natural activity of 4,300 Bq potassium- 40 gives to a 70 kg man:

$$4,300(Bq) \times 3.1 \times 10^{7}(sec/year) \times 1.32(MeV \text{ energy per decay})$$
$$\times 1.6 \times 10^{-13}(J/MeV) \times 1,000(mGy/Gy) / 70(kg \text{ per adult}) = 0.4 \text{ mGy/yr}$$

This is an over-estimate because not all the beta-decay energy is absorbed (the neutrino escapes altogether). A better calculation would give an answer just less than 0.3 mGy/yr. This dose rate from internal activity is the same for everybody everywhere, and Illustration 5-2 shows that it accounts for about 18% of the average background dose rate of 1.4 mGy per year.

Note: the numbers in Illustration 5-2 look a little different from those normally quoted. That is because they are shown in mGy, instead of mSv. In mSv according to the LNT model, the contribution from radon is weighted by a factor of 20 as an alpha emitter. This factor has been removed, and so radon no longer dominates the average background and the quoted doses in mGy.

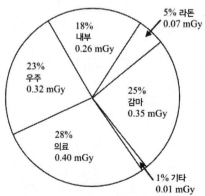

그림 5-2: 영국 인구에 대한 연간 평균 방사선량을 나타낸 도표, 연간 총 1.4 mGy. 2005년 자료 기준.

만약 방사선원이 완전히 몸 밖에 존재한다면 흡수될 비율은 훨씬 더 낮아진다. 이 경우, 대부분의 방사선은 몸에 전혀 흡수되지 않고, 방사선 노출은 단순히 멀리 이동하거나 흡수되는 시간을 줄임으로써 쉽게 줄일 수 있다. 방사선원이 매우 가까이 있지 않은 한, 인체에 대한 방사선량은 거리의 역 제곱에 비례해 감소하기 때문에 선원에서 3배 더 멀리 이동하면 방사선량은 9배 감소한다.

자연 체내방사선량

체내의 기관에 자연적으로 존재하는 내부방사능은 약 7,400 Bq이다 이는 대부분 칼륨-40과 방사성탄소연대측정에 쓰이는 탄소-14 때문이다.

그러나 〈표 5-1〉에 보인 것처럼 후자는 0.2 MeV 미만의 매우 작은 붕괴 에너지를 발생하기 때문에 칼륨-40에 의한 선량이 지배적이다.

70kg정도의 남자가 4300Bq의 칼륨-40의 자연 활동으로 받는 연간 선량은 다음과 같다.

$$4,300(Bq) \times 3.1 \times 10^7 (초/년) \times 1.32(MeV\ 에너지/붕괴)$$
$$\times\ 1.6 \times 10^{-13} (J/MeV) \times 1,000(mGy/Gy)\ /\ 70(kg,\ 성인) = 0.4\ mGy/yr$$

이 값은 베타 붕괴 에너지가 모두 흡수되지 않고 중성미자는 탈출한다는 점에서 다소 과대평가되었다. 더 정확히 계산하면 약 0.3 mGy/년 미만이 되고 내부활동에서 발생하는 선량률은 모두에게 모든 곳에서 동일하다. 〈그림 5-2〉은 이 값이 평균 자연 방사선량률의 약 18%인 연간 1.4mGy에 해당함을 보여준다.

참고: <그림 5-2>의 숫자들은 보통 인용되는 숫자와 다르다. 왜냐하면 이 숫자들이 mSv이 아닌 mGy로 작성되었기 때문이다. LNT 모델에 따른 mSv에서, 라돈은 알파 방사체로서 그 기여도는 20배 인수로 가중되지만 이 인수는 제거되었기 때문에 라돈은 더 이상 평균 배경 선량과 mGy로 인용된 선량에 큰 영향을 주지 않는다.

Other sources of natural background radiation

Other contributions to this average background shown in Illustration 5-2 are more variable. For example, the cosmic flux is partially shielded nearer to the equator by the Earth's magnetic field, but increases by about three times at the Earth's magnetic poles. It also rises with height by a factor of ten at 35,000 feet.

This is caused by the primary cosmic flux from space generating secondary radiation showers at the top of the atmosphere that are absorbed by the denser atmosphere at lower altitudes.

Today a significant contribution to the average annual dose comes from medical procedures. Such doses have been rising yearly as more effective use is made of radiation for diagnostic imaging. This dose is a very long way indeed from being a genuine cause for concern – some two or three whole- body scans per week, every week, for 4 or 5 years would be needed before any negative health effect might become evident. But we return to this question in Chapters 8 and 9 because it is seen to be a source of popular concern.

Illustration 5-2 shows that a major contribution to the annual background radiation dose comes from gamma radiation and the ingestion of radon, both of which emanate from rock, water and soil, and are therefore dependent on the local geology which is very variable.

Interestingly, some of the lowest annual doses are experienced by the crews of nuclear submarines, who are particularly well shielded by the ocean water from cosmic radiation and emissions from geological rocks. Some of the highest are experienced on high-altitude trans-polar flights, such as those taken by many who fled from Japan for Europe and the USA in March 2011. Indeed, on one occasion in 2013 on my way to Japan I omitted to turn off my own radiation monitor and it bleeped an alarm above 25,000 feet, albeit at an irrelevantly low radiation level. For some moments I thought my phone was ringing! Thankfully, nobody on the plane took any notice anyway.

자연 방사능의 다른 근원

〈그림 5-2〉에 제시된 평균 자연 방사능의 기여도는 훨씬 가변적이다. 예를 들어, 우주선속은 적도에 가까운 곳에서는 지구의 자기장에 의해 부분적으로 차폐되지만, 지구의 자기극에서는 우주선속이 약 3배 증가한다. 또한 높이 3만 5천 피트에서는 10배 상승한다.

이러한 현상은 공간으로부터 오는 1차 우주선속 때문에 일어난다. 이 우주선속은 대기 상층부에 2차 방사선 소나기를 발생시키는데 낮은 고도에서는 밀도가 높은 대기에 흡수되어버린다.

오늘날 의료시술은 평균 연간 선량에 많은 기여를 한다. 특히 영상진단에 방사선이 더욱 효과적으로 사용되면서 선량은 매년 증가하고 있지만, 이는 우리가 걱정하는 것의 진정한 원인과는 거리가 멀다. 4~5년에 걸쳐 매주 주당 2~3회 전신 스캔을 받기 전에는 건강에 부정적인 영향을 확인하기 어려울 것이다. 하지만 이와 관련된 내용은 대중들의 관심 사항이므로 8장과 9장에서 다루도록 한다.

〈그림 5-2〉는 연간 자연 방사선량이 주로 감마선과 라돈의 체내흡입에서 발생하며 이 두 가지 모두 암석, 물, 그리고 토양에서 방출되기 때문에 지역 지질에 따라 매우 가변적임을 보여준다.

흥미롭게도, 원자력잠수함 선원들은 가장 낮은 연간 선량을 받는 것으로 나타났는데 이는 바닷물이 그들을 우주방사선과 지질 암석에서 방출된 방사선을 잘 차폐해주었기 때문이었다. 2011년 3월, 일본을 탈출해 유럽과 미국을 향한 많은 사람들은 고고도 극지방 횡단 비행에서 가장 높은 수준의 방사선량을 경험하기도 했다. 실제로, 나는 2013년 일본으로 향하던 비행기의 25,000피트 상공에서 방사선 모니터를 끄는 것을 잊어버려 경보가 울린 적도 있다. 사실 그 수치는 꽝장히 낮았고, 잠시 동안 전화기가 울리는 줄 알았던 나는 매우 당황스러웠지만 다행히도 아무도 내게 주의를 기울이지 않았다.

Food regulations at Fukushima and Chernobyl

On 29 July 2011 the Japanese government published regulations that set the level of radioactive caesium in meat, above which it should be treated as contaminated, at 500 Bq per kg[7]. In April 2012 and April 2013, as a result of public concern, the level was tightened further to 100 Bq per kg[8]. What dose would someone receive if they regularly ate meat contaminated at this level?

The first government announcemnt stated that eating 1 kg of meat contaminated at 500 Bq per kg would give a dose to the whole body of 0.008 mSv, or more correctly 0.008 mGy. However we do not need to believe this – we can try a calculation ourselves.

Both caesium isotopes, caesium-137 and caesium-134, have a biological lifetime in the body of 100 days and we treat them together. Caesium has a chemistry like potassium and if ingested or inhaled, it becomes spread rather uniformly through the body like potassium. The period is 9 million seconds (100 days), so the dose over 100 days from eating 1 kg of meat (at 500 Bq per kilo) would be about:

$$500(\text{Bq}) \times 9 \times 10^6 \text{ (seconds)} \times 1.18(\text{MeV}) \times 1.6 \times 10^{-13}(\text{J/Mev})$$
$$\times 1000 \text{ (mGy/Gy)} / 70(\text{kg adult weight}) = 0.012 \text{ mGy per kg eaten.}$$

This calculation has ignored that some gamma radiation and neutrino energy escapes from the body, and so is expected to be an over estimate. It is quite consistent with the figure of 0.008mGy per kg given in the regulation[7]. Now we can ask a question, and then calculate the answer:

How much contaminated beef would a person need to eat in three months (100 days) to receive a dose equivalent to one medical diagnostic whole-body radiation scan, that is about 8 mGy?

The answer has to be 8 mGy divided by 0.008 mGy per kg, that is 1,000 kg = 1 tonne.

Obviously no one could eat so much meat in that time, and so ever

체르노빌과 후쿠시마의 음식에 대한 규제들

2011년 7월 29일 일본 정부는 방사성 세슘의 오염 판정 기준-이 기준을 넘으면 오염된 것으로 본다-을 고기 1kg당 500 Bq로 하는 규정을 발표했다[7]. 하지만 2012년 4월과 2013년 4월, 이 규정은 대중들의 우려로 인해 kg당 100 Bq로 더욱 강화되었다[8]. 만약 kg당 100 Bq로 오염된 고기를 규칙적으로 먹으면 얼마만큼의 방사능을 받게 될까?

첫 번째 정부 발표에서는 kg당 500 Bq로 오염된 고기를 1kg 먹으면 전신에 0.008 mSv, 즉 0.008 mGy의 선량을 받을 수 있다고 밝혔다. 하지만 우리는 이 결과를 반드시 믿을 필요가 없으며 스스로 선량을 계산해볼 수 있다.

세슘 동위 원소인 세슘-137과 세슘-134는 둘 다 체내에서 생물학적 수명은 100일이므로, 우리는 이 두 원소를 동일하게 취급한다. 세슘은 칼륨과 같은 화학적 성질을 가지고 있고 이를 섭취하거나 흡입하면 칼륨처럼 몸 전체에 균일하게 퍼진다. 기간은 900만 초, 즉 100일이므로 고기 1kg(킬로당 500 Bq)을 섭취한다면 100일 동안 받는 선량은 다음과 같다.

$$500(Bq) \times 9 \times 10^6 (초) \times 1.18(MeV) \times 1.6 \times 10^{-13}(J/Mev)$$
$$\times 1000 \,(mGy/Gy) / 70(성인 체중 kg) = 섭취 kg당 0.012 \,mGy$$

이 계산은 일부 감마선과 중성미립자 에너지가 몸에서 빠져나가는 것을 고려하지 않았기 때문에 과대 추정치일 것으로 예상된다. 이것은 앞서 규정에[7] 제시된 kg당 0.008 mGy의 수치와 일치하며 다음 질문에 대한 해답을 계산할 수 있다.

전신 영상 방사선 촬영 1회에 해당하는 8 mGy의 선량을 받으려면 3개월동안 오염된 소고기를 몇 kg정도 먹어야 하는가?

이 질문의 답은 8 mGy를 kg당 0.008 mGy로 나눈 값인, 1000 kg = 1톤이다.

그 누구도 그 당시 1톤에 가까운 고기를 3개월 안에 먹을 수 없었기 때문에 8 mGy 선량은 어떤 상황에서도 받을 수 없다.

receive such a dose under any circumstances.

Consequently the regulation is ridiculous. Added to which, one such scan in three months is quite harmless – the threshold for any damage to health is at least 30 such scans in that time (on the basis of case made and evidence given in Chapter 9).

Hence the Regulation of July 2011 has no rational basis, while those of April 2012 and April 2013 are even more illogical, as they relate to a personal consumption of five tonnes in three months!

After the Chernobyl accident there were similar concerns about levels of radioactive contamination of meat in Scandinavia. In June 1986 in Norway the maximum activity permitted for food stuffs was set at 600 Bq per kg. The economic effect on the reindeer industry was so severe that in November 1986 this was relaxed to 6,000 Bq per kg[9]. In Sweden, 16 years later, on the 24 April 2002, the Swedish Radiation Protection Authority published an apology in the daily press[10]. They admitted that the intervention level had been set too low and that 78% of all reindeer meat had been destroyed unnecessarily, at great expense to the taxpayer and adversity to the industry. They lamented what had gone wrong, but still seemed unaware that the fault lay with the paternalistic application of ALARA-based principles to the safety of nuclear radiation. They were surprised that at the failure of their policy of setting a tight limit and telling the public that they should not worry. They did not understand that human nature is not set up to accept such a passive role.

Water release at Fukushima

The natural internal radioactivity of the body is 100 Bq per litre, that is close to the limits set for drinking water in Japan as reported in Sept 2011[11]. This shows that the regulation is not related to any risk – it is said to be precautionary and describes a level of radioactivity that exists in nature anyway. It is intended to reassure and pacify public opinion – it

결과적으로 규정은 터무니없다. 추가적으로 3개월에 한번 영상진단을 진행하는 것은 무해하다. 즉, 건강에 해를 끼칠 수 있는 문턱값은 3개월을 기준으로 적어도 30번 정도의 영상진단을 진행했을 경우이다. 이 주장은 9장에 제시된 사례와 증거에 근거한다.

따라서, 2011년 7월에 제시된 규정은 합리적인 근거가 없으며, 2012년 4월과 2013년 4월의 규정은 3개월 동안 5톤의 고기를 소비하는 것과 관련이 있기 때문에 더더욱 비논리적이라고 할 수 있다.

체르노빌 사고 이후 스칸디나비아에서도 고기의 방사능 오염 수준에 대한 비슷한 우려가 있었다. 1986년 6월, 노르웨이는 식품에 허용되는 최대선량을 kg당 600 Bq로 설정했지만 순록 산업에 끼치는 경제적 영향이 매우 심각해 1986년 11월 1kg당 6,000 Bq로 완화했다[9]. 16년 뒤인 2002년 4월 24일, 스웨덴 방사선 방호국은 일간지에 사과문을 게재했다[10]. 그들은 규정이 너무 낮게 설정되어 78%정도의 순록 고기가 불필요하게 처분되었으며 납세자들은 굉장히 많은 비용을 지불했고 순록산업은 역경을 겪었다는 사실을 인정했다. 그들은 무엇이 잘못 되었는지에 대해 탄식했지만 여전히 ALARA에 근거한 원리를 핵 방사선 안전에 가부장적으로 적용하는데 원인이 있다는 것을 모르는 듯했다. 또한, 엄격한 한도를 설정함으로써 국민들의 우려를 완화하려 했던 정책이 실패한 것에 놀라워했다. 그들은 인간의 본성이 그와 같은 수동적인 역할을 받아들이지 않게 설정되어 있다는 것을 이해하지 못했다.

후쿠시마에서 방출된 물

체내에 존재하는 자연 방사능은 1리터 당 100 Bq이므로 2011년 9월 일본에서 보고된 식수에 대해 설정한 제한치에 가깝다. 이 사실은 규제가 어떤 위험과도 관련 없이 그저 예방차원에서 자연에 존재하는 방사능 수준을 설명하고 있음을 보여준다. 여론을 안심시키고 달래기 위한 이 규제는 과학에 기반을 두지 않았을 뿐만 아니라, 유화정책으로도 효과적이지 않

does not depend on science. Worse, this appeasement is not effective and once trust is lost, the public remain disturbed, whatever limit is set.

On 4 April 2011 the Tokyo Electric Power Company (TEPCO), the company operating the Fukushima Daiichi plant, announced that it was releasing 11,500 tonnes of radioactive water into the sea[12]. It was forced to do this because it had built up an excess of contaminated cooling water, and it needed more storage capacity for water with greater contamination. It also said that the activity was about 100 times the regulation safety limit at 100 Bq per litre (at that time), but that it was quite safe. The apparent contradiction between these two statements stretched TEPCO's credibility in the eyes of the public and the press.

A calculation is illuminating. The total activity to be released was 1.5×1011 Bq, that is 13,000 Bq per litre, or 130 times the regulation limit for drinking water. We can calculate what dose would be received by someone who drank a litre of this water every day for three months.

(To make a comparison we assume that the activity was mainly due to caesium since some weeks after the accident any contribution from iodine-131 with its 8-day half life was already much smaller and continuing to fall.) The total imbibed activity would therefore be 1.3 million Bq, and the dose would be

$$1.3 \times 10^6 (Bq) \times 9 \times 10^6 (secs) \times 1.18 (MeV) \times 1.6 \times 10^{-13} (J/MeV) \times$$
$$1,000 (mGy/Gy) / 70 (kg\ adult\ weight) = 32\ mGy\ spread\ over\ 3\ months.$$

Even though nobody should be encouraged to drink this water, day after day, the radiation dose received by anyone who did so would be similar to that from one whole-body CT scan per month. We conclude that both statements made by TEPCO are true. What is false is the understanding that 100 Bq per litre is the limit of safety. Public policies may be factually correct, but, by quoting precautionary levels unrelated to any evidence of risk, such as 10 Bq per litre, they simply encourage a race to the bottom and a demand to ban any additional radiation at all[13]. To

다. 더 나쁜 것은, 한번 대중이 신뢰를 잃게 되면 그 어떤 한계가 설정되든 매우 불안해한다는 것이다.

2011년 4월 4일, 후쿠시마 제1 원자력 발전소를 운영하는 도쿄 전력 회사(TEPCO)는 11,500톤의 방사능 물을 바다로 방출한다고 발표했다[12]. 오염된 냉각수를 과다하게 축적했기 때문에 오염도가 더 심한 물을 저장할 수 있는 용량을 확보하는 방법은 이 방법밖에 없었다. 또한 오염수는 (당시) 규제 안전 제한치인 리터당 100 Bq의 약 100배에 달했지만 도쿄 전력은 그것이 안전하다고 했다. 이 두 진술 사이의 명백한 모순이 (오히려) 대중과 언론의 시각에서 도쿄 전력의 신뢰성을 확대했다.

계산은 굉장히 명료하다. 방출된 총 방사능은 1.5×10^{11} Bq이며, 리터당 13,000 Bq로 식수 제한치의 130배에 이른다. 이 물을 3개월 동안 매일 1리터씩 마신다면, 얼마만큼의 선량을 받을지 계산해보자.

(비교를 위해 방사능은 주로 세슘에서 나오는 것으로 가정한다. 사고 몇 주 후 반감기가 8일인 요오드-131의 기여는 이미 작아지고 지속적으로 감소하기 때문이다.) 1리터씩 3개월 간 총 섭취된 방사능은 130만 Bq이 될 것이며, 선량은 다음과 같다.

$$1.3 \times 10^6 (Bq) \times 9 \times 10^6 (secs) \times 1.18 (MeV) \times 1.6 \times 10^{-13} (J/MeV)$$
$$\times 1,000 (mGy/Gy) / 70 (\text{성인 체중 kg}) = 32 \text{ mGy 3개월 누적 선량}.$$

물론 그 누구에게도 이 물을 마시도록 부추겨서는 안되지만, 매일 이렇게 물을 마신 사람이 받는 방사선량은 한 달에 한 번 전신 CT 촬영에서 받은 것과 비슷할 것이다. 우리는 도쿄 전력의 두 진술이 모두 사실이라고 결론지을 수 있으며 거짓은 리터당 100 Bq이 안전 한계라는 것이다. 공공 정책이 사실 옳을 수도 있지만, 리터 당 10 Bq과 같이 그 어떤 위험성과도 관계가 없는, 염려되는 수준을 인용하는 것은, 그들이, 단순히 바닥 치기 경쟁을 부추기고 어떤 추가 방사선도 금지하는 조치를 장려하는 꼴이 되는 것이다[13]. 대중을 안심시키기 위해, 최근 바다에 방출하는 방사능 제한치를 식수 가이드라인의 몇 분의 1 수준으로 설정했던 표준을 고수하려면 비

reassure the public, recent announcements about discharges to the ocean refer to activities that are a small fraction of drinking water guidelines[14]. Adherence to such standards costs money, but to what purpose?

Good safety is a matter of distinguishing clearly those situations that are safe, from those that are dangerous and should be given a wide berth. is itself a dangerous statement. Saying that all discharges of radioactive water into the sea are hazardous Consider a parallel in road safety: advising children to keep away from the edge of the roadway unless crossing should not be confused with warning them of the fatal consequences of remaining in the fast lane. Neither risk is a reason to close all highways, assuming that an elementary level of education is given. An equivalent simple provision for radiation is not given in any country.

On 2 April 2011 an unintended leak of a much smaller mass of water, 520 tonnes, was discovered with an activity of 4.7×10^{15} Bq and this was reported as successfully sealed off by 6 April. This was more dangerous, but the volume was small and became diluted to negligible levels in the ocean. Nobody was affected and there was no casualty unlike in other major accidents, such as the fire on the Piper Alpha oil rig in 1988 where 167 personnel were caught in the wrong place and died.

Dose rates from external radioactive contamination

The dose received is quite different if the radioactivity is external to the body. It is important to know the dose rate experienced by someone at a place where there is a nearby source of radioactivity. For instance, if the radioactivity on the ground was one million Bq of caesium in each square metre, how many mGy per month would someone receive who stood there? This question is too vague to give a clear answer, but we should try. Where does the radiation get absorbed?

Half of the radiation emitted will go downwards and be absorbed in the ground. Some of that emitted upwards would be absorbed before it

용이 든다[14]. 그러나 어떤 목적을 위해서 지출하는 비용인가?

안전은 안전한 상황과 위험한 상황을 구분해서 충분한 거리를 두는 것이라고 하는 것은 그자체가 위험한 발언이다. 모든 방사선을 띤 물이 바다에 방류되는 것이 위험하다고들 한다. 도로안전에 대한 유사한 예를 생각해보자. 아이들에게 차도를 건널 때 외에는 차도에 가까이 가지말라고 권고하는 것은 고속도로의 추월차선에 남아있을 때 겪을 수 있는 끔찍한 결과를 경고하는 것과 혼동되어선 안된다. 기초적인 수준의 교육만 받아도, 어떤 위험도 모든 고속도로를 폐쇄할만한 이유가 되지 않는다는 것을 알게 된다. 하지만, 그 어느 나라에서도 방사능에 대해서는 동등한, 간단한 대비도 하지 않는다.

2011년 4월 2일, 4.7×10^{15} Bq의 방사능을 띤 520톤 정도의 물이 의도치 않게 누출됐지만 4월 6일까지 성공적으로 봉쇄된 것으로 보고되었다. 이 상황은 더 위험할 수 있었지만 부피가 작아 바다에서 무시할 수 있는 수준으로 희석되었으며 1988년 잘못된 곳에 있던 167명이 사망한 파이퍼 알파 해양 석유 생산 플랜트 화재와 같은 대형 사고와 달리 그 누구도 영향을 받지 않았고 인명피해도 없었다.

외부 방사능 오염으로 인한 선량율

외부 방사선원에서 받는 선량은 내부일 때와 상당히 다르다. 따라서, 방사선원과 가까이 있을 때 겪는 선량률을 아는 것은 중요하다. 예를 들어, 지상의 각 평방미터마다 백만 Bq의 세슘이 있다면, 그곳에 서있는 사람은 한 달에 몇 mGy를 받을까? 이 질문은 명확한 해답을 제공하기엔 다소 애매하지만 그래도 시도할 필요가 있다. 방사능은 어디로 흡수될까?

방출되는 방사선의 절반은 아래로 내려가 땅속에 흡수되며, 위쪽으로 방출되는 방사선의 일부는 누군가에게 도달하기 전에 흡수될 것이다. 방사선이 흡수되는 경로는 방사선이 지상에 있는지 지하에 있는지에 따라 달라지며 그 위치는 알려지지 않을 수 있다. 만일 그것이 알파선이라면 몇 센티

reaches anybody, too. It depends on whether the radioactivity is on top of the ground or lies below the surface – and that may not be known. If it is alpha radiation, it will all be absorbed in a few centimetres of air, so external sources of alpha activity are not a concern unless ingested in some way or absorbed through the skin.

For beta or gamma we can calculate the most pessimistic case in which all the radiation going upwards is absorbed by a human body with horizontal area, half a square metre. The dose that we calculate in this way will be an over-estimate, perhaps by as much as a factor of ten. If we knew more about the kind of activity and where it lay, below or on the ground, we could lower the estimated dose. Here is the calculation for the monthly dose, assuming that the recipient is exposed continuously 24/7 and without clothes – exceptionally pessimistic assumptions.

10^6 (Bq per m^2)×3×10^6 (secs per month) × 0.25 (0.5 m^2, ½ up) × 1.18 (E MeV, for caesium) × $1.6×10^{-13}$ (J per MeV) × 1,000 (mGy per Gy) / 70 (kg) = 2.0 mGy per month.

This is equivalent to having two whole-body CT scans in a year and is a factor of 50 below the level of 100 mGy per month – the dose rate that is a scientifically justifiable safety threshold[see Chapters 1 and 9].

Any actual dose received by an individual is reduced further, unless the person lives on the spot with a million Bq per square metre. Wearing clothes or moving around will tend to reduce an external dose – unlike an internal source of radiation that remains present continuously until it decays, is excreted or exhaled. The highest-dose zones, shown in red on the maps of Fukushima, Illustration 3-2 on page 127, indicate where the dose rate is greater than 166 mGy per year (14 mGy per month) at a height of 1 metre. That is on the safe side of the limit suggested in Chapter 9 by a factor of approximately five.

But this is missing a rather important practical point. It is very difficult to measure the concentration of radioactivity on the ground. Radioactive

미터 내에서 모두 대기 중에 흡수될 것이므로 외부의 알파 방사선원은, 어떤 경로로 섭취하거나 피부를 통해 흡수되지 않는 한 문제가 되지 않는다.

베타나 감마의 경우, 가장 비관적인 계산은 위로 향한 방사선이 0.5 평방미터의 수평 면적을 가진 인체에 모두 흡수된다고 가정하는 경우다. 이경우 선량은 아마도 10배 정도 과대평가될 것이며 만약 방사선의 종류와 선원의 위치, 지표면 위 또는 아래인지를 안다면, 추정 선량을 낮출 수 있을 것이다. 다음의 계산식은, 사람이 옷을 입지 않고 7일 동안 24시간 연속적으로 방사선에 노출된다는 예외적으로 비관적인 가정하에 나온 것이다.

$$10^6 \text{ (Bq/m}^2) \times 3 \times 10^6 \text{ (1개월 당 초)} \times 0.25 \text{ (0.5 m}^2, \text{½ 올림)} \times 1.18 \text{ (세슘 E,}$$
$$\text{MeV)} \times 1.6 \times 10^{-13} \text{ (J/MeV)} \times 1,000 \text{ (mGy/Gy)} / 70 \text{ (kg)} = 1 \text{ 개월 당 2.0 mGy}$$

이는 1년에 두 번의 전신 CT 촬영을 하는 것과 비슷하며, 과학적으로 타당한 안전 문턱값 선량율인 매월 100 mGy 수준 보다 50배나 낮다. (1장과 9장을 참조하라).

실제 개인이 받은 선량은 1평방미터당 100만 Bq인 현장에서 생활하지 않는 한 더 감소한다. 방사선의 근원이 체내에 있으면 소멸, 배설 또는 배출될 때까지 지속적으로 존재하는 반면 옷을 입고 움직이면 외부 선량은 줄어들 것이다. 127쪽의 〈그림 3-2〉는 후쿠시마 지도를 보여주는데, 붉은색으로 표시된 구역은 1미터 높이에서 선량률이 연간 166 mGy(월 14 mGy)보다 더 크다. 9장에서 제시된 한계의 5분의 1로, 비교적 안전한 측에 속한다.

그러나 이것은 꽤 중요한 실질적인 점을 놓치고 있다. 지상의 방사능 농도를 측정하는 것은 매우 어렵다. 방사성 원자는 동일한 화학 원소를 가진 비방사성 원자와 질량과 붕괴만 다르다. 따라서 소량의 방사성 동위원소를 검출할 수 있는 가장 간단한 방법은 그들이 방출하는 방사선을 측정하는 것이다. 그러나 검출기에 도달하는 방출된 소량의 방사선은 방사능이 표면에 있는지 또는 표면 밑 몇밀리미터 아래 묻혀 있는지 여부에 따라 달라

atoms only differ from non radioactive ones of the same chemical element by their decay and their mass. So the simplest practicable way to detect small quantities of radioisotopes is to measure the radiation that they emit. But the fraction of emitted radiation that reaches a detector will depend on whether the radioactivity is just on the surface, or buried a few millimetres below the surface; the latter will often be the case for open ground. Detection will also depend on the energy and type of radiation. Alpha radiation is absorbed by a few cm of air; beta radiation is not easily identified and can be much attenuated before it reaches the sensitive volume of a detector; only gamma radiation is detected, and its source identified reasonably easily and efficiently.

Although measurements are hard to make, exposure to external radiation is easily reduced by limiting exposure time, keeping at a distance from the source and using absorbing materials.

Just as a smoke alarm does not need to be precise to provide reassurance about fire, a radiation alarm can be quite crude and yet provide reliable safety. Simple devices that indicate a dose rate in mGy per hour usually count ionisation pulses in a crystal or gas and assume that these are due to gamma rays of about 1 MeV. To do better, the energy of each pulse should be measured using a crystal like sodium iodide which can trap and measure the energy. Ultimately the radioisotope concerned would have to be separately identified, and the shielding effect of surrounding materials accounted for. But generally, for rough measurements in the environment with a hand-held instrument, this sort of detail is not available.

질 것이다; 후자는 종종 지표면이 개방 되어있는 경우에 해당된다. 또 에너지와 방사선의 종류에 따라 감지되는 것이 달라질 것이다. 알파선은 공기중 몇 센티미터에 의해 흡수되는 반면 베타선은 쉽게 감지되지 않지만 민감한 검출기 부위에 도달하기 전에 상당히 감소될 것이다; 오직 감마선만 감지되며, 선원을 비교적 쉽게, 효과적으로 식별할 수 있다.

비록 측정은 어렵지만, 피폭 시간을 제한하고 선원과 거리를 두며 흡수 물질을 사용함으로써 외부 방사선에 대한 노출을 쉽게 감소시킬 수 있다.

화재에 대해 안심시키기 위해 화재 경보기가 매우 정밀할 필요가 없듯이 방사선 경보기도 조금 어설퍼도 믿을만한 안전성을 보장할 수 있다. 이 단순한 장치들은 시간당 mGy의 선량률을 나타내며 보통 결정이나 가스의 이온화 펄스를 계수하고 이들은 약 1 MeV의 감마선에 기인한다고 가정한다. 더 좋게 하려면, 에너지를 가두거나 측정할 수 있는 요오드화 나트륨 결정체를 사용해 각 펄스의 에너지를 측정하고 방사성 동위원소 또한 별개로 식별하며 주변 물질의 차폐 효과도 고려할 수 있어야 한다. 하지만 일반적으로 휴대용 기구를 사용해서 측정을 대충하면 이러한 종류의 세부사항은 확인할 수 없다.

Comparison of ionising and non-ionising radiation

In the media, radiation fluxes are frequently described as high or very high, without any scale. Only if numbers are given, can any meaning be given to such descriptions. Below are a few examples of non-ionising and ionising radiation energy fluxes – the numbers are not precise, but sufficient to illustrate some differences, since these are large.

1. The energy consumption of the human body at rest, or the metabolic rate, is about 1-2 watt per kg, but this rises to about 6-10 watt per kg with mental or physical activity. Perspiration and convection in the human body are familiar ways in which the extra heat load is dispersed.

2. The safety limit for non-ionising radiation absorbed in live tissue is 4 watt per kg (set by US FDA). This limits the maximum radiofrequency power that is allowed for an MRI scanner or a mobile phone. If the power were higher, live tissue would start to feel hot.

3. A domestic microwave oven delivers about 800 watts, so the food absorbs about 800 watts per kg that heats and cooks it. This is 100 times the metabolic rate, so taking exercise or thinking hard does not release enough heat to cause self-cooking. This is indeed reassuring!

4. Sunshine has an energy flux above the metabolic rate which is why we feel significantly hotter in the sunshine. The solar constant, the flux of radiation reaching the Earth from the Sun, is 1,300 watts per square metre in total. Depending on conditions the flux of ultraviolet (UV) might be 30 watts per square metre, or about 0.1 watts per kg, averaged over a human body[15].

5. Natural internal radioactivity in the body gives a dose rate 0.3 mGy per year, that is 9×10^{-12} watt per kg. The big reduction factor comes from the 31 million seconds in a year. The average total background ionising radiation is between 5 and 100 times larger, depending on location.

6. The absorbed energy dose rate from a PET scan (or from a CT scan notionally spread over an hour) is about 10 mGy per hour – this is 0.01

전리방사선과 비전리방사선의 비교

매체에서 방사선의 흐름은 종종 규모에 상관없이 높거나, 매우 높다고 표현한다. 하지만 모든 설명은 숫자가 제시되었을 때 의미가 부여될 수 있다. 아래에는 비전리 및 전리방사선 에너지 흐름의 몇 가지 예가 수록되어 있으며 정확한 숫자는 아니지만, 숫자가 크기 때문에 어느 정도 차이를 설명하기에 충분하다.

1. 휴식을 취할 때 인체의 에너지 소비량, 대사율은 kg당 약 1-2와트인데 이는 정신적 또는 육체적 활동을 취할 경우 kg당 약 6-10와트까지 상승한다. 체내에서 일어나는 땀과 순환은 여분의 열부하를 분산시키는 흔한 방법이다.

2. 미국 FDA가 설정한 비전리방사선이 살아있는 조직에 흡수될 수 있는 안전 한계는 kg당 4와트이다. 이 수치에 의해서 MRI 스캐너나 휴대 전화에 허용되는 최대 무선 주파수 전력이 제한된다. 더 높으면 생체 조직은 열을 느끼기 시작할 것이다.

3. 국산 전자레인지는 800 와트 정도를 전달하므로 따라서 음식은 kg당 800 와트를 흡수해 데워지고 조리된다. 이는 대사율의 100배에 달한다. 때문에 우리가 운동을 하거나 열심히 생각한다고 해서 우리 스스로를 요리할만한 열을 방출하지 못한다. 정말 안심되는 점이다!

4. 햇빛은 신진대사율보다 에너지선속이 높아서 상당히 덥게 느껴지며 태양 상수(Solar constant)는, 즉 태양으로부터 지구에 도달하는 방사선속은 평방미터당 1,300 와트다. 조건에 따라 달라질 수 있지만, 자외선(UV)의 선속은 인체 평균 평방미터당 30 와트 또는 kg당 약 0.1 와트 정도다[15].

5. 체내 자연 방사능에 의한 선량률은 연간 0.3 mGy이며 kg당 9×10^{-12} 와트이다. 이렇게 감소한 요인은 1년이 약 3100만 초라는 점 때문이다. 총 배경 전리방사선의 평균은 위치에 따라 5배에서 100배 더 커질 수 있다.

6. PET 스캔에서 흡수된 에너지 선량률 (또는 이론적으로 1시간에 걸쳐

joules per kg per hour and an absorbed energy rate of 3×10 6 watts per kg.

7. During a course of high-dose therapy the local healthy tissue receives an absorbed dose of 1,000 mGy, each day for 4-6 weeks – notionally spreading each daily treatment over an hour, that is 3×10-4 watts per kg.

Metabolic rate	Sunshine		Natural internal radiation	Average UK ionising radiation background	CT or PET scan	radio therapy
	total	UV				
1	~ 10	~ 1/10	10^{-11}	5×10^{-11}	3×10^{-6}	3×10^{-4}

Table 5-2: Some approximate energy rates relative to the resting metabolic rate

In Table 5-2 these absorbed energy fluxes are compared. Although the numbers are rough, the energy fluxes of sunshine and the metabolic rate are four orders of magnitude (factor of 10,000) greater than that of radiotherapy and, in turn, that is two orders of magnitude (factor of 100) above a diagnostic radiation scan; that in turn is another four or more orders of magnitude (factor of 10,000) above the average background ionisation energy flux, effectively the baseline for ALARA safety.

Expressed in another way based on the definition of a Gy, exposure to full sunlight gives a total energy flux of about 1,000,000 mGy per second. This indicates just how truly minute is a radiation flux that delivers 1,000 mGy per year.

So any description of a radiation flux as high should be seen in perspective; fluxes of ionising radiation are actually tiny. What happens is not a general macroscopic story, but a microscopic one, concerned only with the tiny fraction of atoms or molecules that get a hit – the rest are not affected in any way. We can find the approximate number of those that are affected quite easily. There are about 5×10^{25} atoms in a kg and to ionise one of them takes a few eV, that is about 5×10^{-19} joules. Then a CT scan of 10 mGy will ionise about 2×10^{16} atoms per kg, that is about 2 out of 5,000 million atoms. That is indeed very few, about the same as

분산 조사되는 CT 촬영)은 시간당 약 10 mGy, 즉 시간당 kg당 0.01 줄이며 에너지 흡수율은 kg당 3×10^{-6} 와트이다.

7. 고선량 치료 과정 동안 건강한 조직은 4-6주에 걸쳐 매일 1,000 mGy의 흡수선량을 받으며, 하루 치료분을 이론적으로 1시간에 걸쳐 분산 조사한다면 1 kg당 3×10^{-4} 와트씩 받게 된다.

신진대사율	햇빛		자연적 체내 방사선	영국의 평균 자연 전리방사선	CT 또는 PET촬영	방사선 치료
	총	자외선				
1	~ 10	~1/10	10^{-11}	5×10^{-11}	3×10^{-6}	3×10^{-4}

표 5-2: 휴식 중의 신진대사 비율에 비례하는 일부 에너지 비율 근사치

〈표 5-2〉는 흡수된 에너지 유량을 비교해 보여준다. 수치는 대략적이지만, 일조량의 에너지 흐름과 대사율은, 방사선 치료보다 10,000배 크고, 진단 방사선 스캔보다 100만배가 크며. ALARA 안전 개념 상 유효 기준치인 총배경 전리방사선의 평균 에너지 흐름보다 100억배 이상 크다

Gy의 정의에 기초한다면 햇빛에 완전히 노출될 경우, 에너지 선속은 초당 약 1,000,000 mGy 정도라고 할 수 있다. 이로써 연간 1,000 mGy를 전달하는 방사선 선속이 얼마나 작은 양인지 알 수 있다.

따라서 방사선속을 높다고 할 때는 전체적인 시각에서 설명해야 한다; 전리방사선속은 실제로 작다. 그래서 여기서 일어나는 일은 거시적인 이야기가 아니라, 원자나 분자가 부딪히는 아주 작은 부분만을 고려하므로, 미시적이다 - 나머지는 어떤 형태로든 영향을 받지 않는다. 우리는 영향을 받는 대략적인 수를 꽤 쉽게 찾을 수 있다. 1kg당 약 5×10^{25}개의 원자가 있으며, 그 중 하나를 이온화하기 위해선 수 eV 즉, 대략 5×10^{-19} 줄이 필요하다. 그렇다면 10 mGy의 CT 촬영은 kg당 약 2×10^{16}개의 원자를 이온화하며 이는 50억 개의 원자 중 약 2개꼴이다. 이는 5톤 트럭에 담긴 모래에서 작은 모래 알갱이가 두 개 정도로 실제로 매우 적은 값이다. 그렇다고 적은 값이 적은 손상을 의미하지 않기 때문에 소수의 손상된 원자나 분자가 살아 있는 유기체에 위협이 되는지는 의료 데이터를 조사함으로써 알 수 있을 것

two small grains in a whole 5 tonne truck load of sand. It does not imply that the damage may not be significant – an examination of medical data will show whether this tiny minority of damaged atoms or molecules is a threat to a living organism or not. Nevertheless, we see that the vast majority of molecules are not influenced at all by a typical flux of ionising radiation. What determines which atoms are affected?

That is chance. It is the essential randomness of quantum mechanics at work!

It is hardly a surprise that it is not possible to feel ionising radiation from a CT scan or even radiotherapy, because the energy rate is only microwatts. The molecules unlucky enough to get hit can feel it – but that is only 1 or 2 in 5,000 million. When the authorities announce to the press that very high radiation levels have been measured as a result of an accident, perhaps they should find out more precisely what that means and explain it to the people before allowing alarm and economic disruption to spread.

Safety and sunshine

We may ask what happens to this tiny minority of damaged molecules. The response to UV in sunshine is not a good example in some respects, but it is familiar and has some interesting things to say. Compared to X-rays or gamma rays, UV is exceptionally inefficient at ionising, but this is off-set by the extremely high flux of photons. Probably the majority of people are familiar with sunbathing and its effects; these are similar to those of nuclear radiation and in practice more serious. As most children learn from their parents, there are two kinds of damage:

- cell death, when layers of skin peel off that we know as sunburn and from which there is usually good recovery in a few days;
- skin cancer that may appear many years later and is often fatal, if not

이다. 그럼에도 불구하고, 우리는 대부분의 분자들이 전형적인 전리방사선 속에 의해 전혀 영향을 받지 않는다고 본다. 그렇다면 원자가 영향을 받는지 여부를 결정하는 것은 무엇인가?

그 해답은 양자역학의 본질적인 무작위성, 즉 운이다.

CT 촬영이나 방사선 치료의 에너지율은 100만분의 1 와트에 불과하기 때문에 전리방사선을 느끼지 못한다는 것은 전혀 놀라운 일이 아니다. 운이 나쁜 분자들은 충돌해 전리방사선을 느낄 수 있겠지만 그 확률은 50억분의 1, 2에 불과하다. 당국은 사고로 인해 매우 높은 방사능 수치가 측정되었다고 언론에 발표해 경보와 경제적 혼란이 확산되기 전에, 방사능 수치가 무엇을 의미하는지 더 정확하게 알아내고 국민들에게 설명해야 한다.

안전과 햇빛

그렇다면 이 소수의 손상된 분자들에겐 무슨 일이 일어나는 걸까? 햇빛 속의 자외선에 대한 반응은 어떤 면에서는 좋은 예는 아니지만, 자외선은 우리에게 익숙하며 꽤 흥미로운 이야기거리가 있다. 자외선은 X선이나 감마선에 비해 예외적으로 이온화에 비효율적이다. 하지만, 이는 광자의 극히 높은 선속으로 상쇄될 수 있다. 우리 대다수에게 익숙한 일광욕과 그 효과는 방사능과 유사하거나, 때로는 더 심각하다. 많은 아이들이 부모로부터 배우듯 여기에는 두 가지 유형의 손상이 존재한다.

- 세포사: 햇볕에 탄 것으로 알려져 있으며 피부 층이 벗겨져 일반적으로 며칠 내에 회복이 잘 되는 경우
- 피부암: 수년 후에 나타날 수 있고 치료하지 않으면 치명적일 수 있는 경우

자외선은 베타와 감마선에 비해 피부 깊이 침투하지 않지만 이에 못지 않게 위험하다. 미국에서는 피부암으로 매년 9,000명이 사망하며[16] 이는 100만 명 당 30명이 사망하는 꼴로, 화재에 의한 100만 명 당 10명의 사망률[17]과 고속도로 사고에 의한 100만 명 당 1000명의 사망률[18]에 필

treated.

Compared to beta and gamma radiation, UV does not penetrate far through the skin, but is no less dangerous for that. There are 9,000 deaths from skin cancer each year in the United States[16]. This is a rate of 30 per million, that may be compared with the death rate of 10 per million from fire[17] and 103 per million from highway accidents[18]. In all three cases public attitudes are reasonably informed, but could be improved. The authorities work to extend awareness, but at least there is no worldwide panic and no social or economic upheaval. In the recent past, however, in the case of nuclear radiation, the authorities have done nothing to inform the public, allowing apprehension to increase. Although the number of deaths from nuclear radiation is 10,000 times smaller than that from UV radiation, the population is not instructed and hangs on every word of ill-advised panic advice readily offered by the media. The result is highly destructive of trust in science and of mutual confidence in society as a whole.

In fact the immediate effects of high doses of radiation appear as skin burns, just as for excess UV. Such burns can be a side effect of a radiotherapy course and can be treated relatively quickly.

Those people caught in some of the accidents to be described in Chapter 6, who received excessive radiation, also recovered. They include the crew aboard the Lucky Dragon fishing boat[Chapter 10], the 28 hospitalised patients at Goiania who underwent surgery[Chapter 6], and the two workers who got their feet wet in the Fukushima basement[Chapter 3].

The public view of the dangers of UV – in spite of the very real risks – is refreshingly different from that of nuclear radiation. People have learnt something about barrier creams and they know that the Vitamin D produced by sunshine prevents rickets. They have been warned of the danger of skin cancer caused by repeated over-exposure. Most are sensible and enjoy their summer vacations in the sun, gently engaging in natural

적한다. 세가지 경우에 대한 국민들의 태도는 알려져 있지만, 이러한 인식은 개선될 수 있다. 당국은 위 세가지 경우에 대해 경각심을 높이기 위해 노력하고 있다. 하지만, 적어도 전 세계적인 공황, 사회적, 경제적 격변은 일어나지 않는다. 그러나 핵 방사선의 경우 당국은 대중에게 정보를 제공하기 위해 그 어떤 조치도 취하지 않았고 국민들의 우려는 커졌다. 핵 방사선으로 인한 사망자 수는 자외선에 비해 1만 배나 적지만, 사람들은 이에 관련된 교육을 받지 못했고 언론이 무분별하게 제공한 충고에 의존하고 있으며 그 결과는 과학에 대한 믿음과 사회에 대한 상호 신뢰의 전체적인 파괴다.

사실, 많은 방사선량의 즉각적 효과는 자외선과 비슷하게 피부 화상으로 나타난다. 이러한 화상은 방사선 치료의 부작용으로 생기기도 하고 비교적 빨리 치료할 수 있다.

방사선 사고 중, 과도한 방사선을 받고 회복된 사람들에 대해서는 6장에서 기술될 예정이다. 이들에는 럭키드래곤 어선[10장]의 선원, 고아니아에서 수술을 받은 28명의 입원환자[6장], 후쿠시마 지하실에 발을 적신 2명의 근로자[3장]가 포함된다.

실질적인 위험에도 불구하고 자외선 위험에 대한 대중들의 견해는 핵 방사선의 위험과 판이하게 다르다. 사람들은 보호 크림과 햇빛에 의해 생성된 비타민 D는 구루병을 예방한다는 사실을 알고 있으며, 반복적인 과다 노출은 피부암을 일으킬 위험성이 존재한다는 사실 또한 알고 있다. 대부분의 사람들은 분별력이 있고 태양 아래에서 여름휴가를 즐기며 첫 며칠동안 차분히 자연 적응을 시도한다. 이러한 시간 적응 과정은 방사선에 대한 조직의 반응에 굉장히 중요하고 방사선 치료의 일정을 관리하는데 결정적이지만 현재의 ALARA 방사선 안전 체계에 의해 명백히 무시되고 있다.

34쪽의 〈그림 1-4〉는 약국에서 자외선과 함께 살아가는 부모와 아이들을 위해 조언이 적힌 비닐봉투를 나눠주는 효과적인 안전 정보의 예를 보여주고 있다. 피부암으로 인한 높은 사망률에도 불구하고, 사회는 UN 위원회의 자문을 서두르기 보다는 일반적인 의학적 조언과 그들이 무엇을 해야 하는지 배우는 것에 만족한다.

acclimatisation in the first few days. This is the very kind of time-adaptive process that is important in the reaction of tissue to nuclear radiation, and crucial to the scheduling of radiotherapy treatment, but explicitly ignored by the current ALARA radiation safety regime.

Illustration 1-4 on page 34 shows an example of effective safety information: a plastic carrier bag given away by a local pharmacy which offers sensible advice to parents and their children on living with ultraviolet radiation. In spite of the high death rate from skin cancer, society is content to take normal medical advice and learn what to do – rather than rushing to consult a committee of the United Nations.

If popular attitudes to UV radiation were to match those to nuclear radiation, travel firms might have a good trade in selling summer vacations deep underground with tours restricted to moonless nights to avoid the horrors of skin cancer. People have learned that the risks and benefits of UV should be balanced, and they should learn to do the same for other forms of radiation too. History is the only reason to single out nuclear radiation for special concern, but the historical story is flawed, as explained in Chapter 10.

What happens to radiation in materials

Range and the hit probability

The effect of radiation on materials, including live tissue, depends on the quantum energy of the radiation and its type – alpha, beta or gamma. There are other types of radiation, but these are seldom met outside a research laboratory and we can omit them without distorting the story. Nuclear photons are the same as the everyday variety emitted by atoms in street lamps, LEDs or red-hot materials. Beta rays and regular electrons are also the same – the different name only distinguishes their source;

만약 사람들이 핵 방사선을 대하는 방식으로 자외선을 대한다면, 여행사들은 피부암의 공포를 피할 수 있는 달이 뜨지 않는 밤에만 하는 관광이 포함된 깊은 지하에서 보내는 여름 휴가 상품을 판매할 수 있을 것이다. 사람들이 자외선의 위험과 이점이 균형을 이뤄야 한다는 것을 배웠듯이 그들은 다른 형태의 방사선에 대해서도 같은 태도를 취해야 한다는 것을 반드시 배워야 한다. 역사는 방사선을 특별하게 취급하는 유일한 근거이지만, 10장에서 설명한 것처럼, 역사에는 결점이 존재한다.

물질 내의 방사선에 일어난 일

범위와 명중확률

살아있는 조직을 포함한 물질에 방사능이 미치는 영향은 방사선의 양자에너지와 그 유형(알파, 베타 또는 감마)에 따라 달라진다. 이 세 가지 방사선을 제외한 다른 종류의 방사선도 있지만 연구소 외부에서는 거의 마주칠 수 없기 때문에 고려하지 않아도 무방하다. 핵 광자는 가로등이나 LED나 빨갛게 달아오른 물질 속의 원자에서 방출된 일상의 다양한 것들과 같다. 베타선과 일반 전자도 마찬가지이다. 이들의 서로 명칭이 다른 것은 그 선원이 다르기 때문이다. 알파 입자와 헬륨-4 원자핵도 마찬가지다. 사실 각 유형의 방사선은 어디에서 나오든 원칙적으로 동일하다. 방출에 대한 기억은 존재하지 않고 에너지와 그 유형만 존재한다.

만약 방사선이 외부 선원에서 한 조각 물질에 비친 외부 방사선이거나, 또는 이미 그 물질 안에 존재하는 원자의 방사성 붕괴로 인해 생성된 내부 방사선인 경우, 그 효과에는 본질적으로 차이가 없다. 우리가 알아야 할 것은 이 그 방사선이 흡수되는 장소이다.

중요한 문제는 방사선 양자가 멈추거나 흡수되기 전에 물질 내부에서 얼마나 멀리 이동하느냐인데, 우리는 이를 투과범위라고 부른다. 일부 방사

the same is true for alpha particles and helium-4 nuclei. In fact each type of radiation is the same in principle wherever it comes from – it has no memory of its emission, only an energy and a type.

If it shines into a piece of material from the outside as an external source, or is produced as internal radiation from the radioactive decay of atoms already within the material, that makes essentially no difference to its effect either. What we need to know is where it is absorbed.

An important question is how far in material a quantum of radiation goes before it is stopped or absorbed – this is called its range. Some radiation quanta or particles may pass clean through the material and out the other side, while others will hit atoms in the material, may stop, or be completely absorbed. Generally there is a considerable difference between types of radiation as to how this happens, but less difference between materials. Similar to the random timing of radioactive decay, the physics of whether a particle hits a particular atom in the material is random, with a probability determined by quantum mechanics. When an atom is hit by radiation in this way, the action is entirely confined to its electron cloud that lies outside the nucleus; the chance that the nucleus of the struck atom plays any significant part is far too small to matter. This has the crucial consequence for radiation safety: radiation shining on a material does not make that material radioactive. This may not hold true at the high energies found only in a research laboratory, or for a beam of neutrons. But neutrons are confined to the core of a working reactor and only those materials that have spent time there become radioactive from the effect of radiation.

Reactor fuel itself is not particularly active until it enters a working reactor and absorbs neutrons. Similarly the cobalt steel that was used in the structure of earlier reactors only becomes radioactive when regular cobalt-59 absorbs an extra neutron and becomes cobalt-60. In the same way, hydrogen in the water used to cool a working reactor core can absorb a neutron making deuterium, which is not radioactive, and that in turn

선의 양자나 입자들은 물질을 깨끗하게 통과하여 반대쪽으로 빠져나갈 수 있고, 또 다른 일부는 그 물질의 원자를 타격해 멈추거나 완전히 흡수될 수 있다. 일반적으로 이러한 현상이 발생하는 방식은 방사선 종류에 따라 상당히 다를 수 있지만, 물질 간에는 차이가 적다. 방사성 붕괴 시간이 무작위한 것처럼, 입자가 그 물질의 특정 원자를 타격할지에 관한 물리학도 무작위하며 양자역학에 의해 결정되는 확률을 가진다. 원자가 이런 식으로 방사선의 타격을 받을 때, 그 작용은 전적으로 원자핵 외부에 있는 전자 구름에 국한된다; 부딪힌 원자의 핵이 중요한 역할을 할 기회는 너무 적어서 중요하지 않다. 이 점은 방사선 안전에 중요한 결과를 가져온다; 즉, 어떤 물질에 비친 방사선은 그 물질을 방사화하지 않는다. 그런데 이것은 연구실에서만 발견되는 고에너지 상태에서나 또는 중성자 빔에 대해서는 그렇지 않을 수도 있다. 중성자는 작동하는 원자로의 노심에 갇혀있으므로 그곳에 체류하는 물질들만 방사선 효과에 의해 방사화된다.

원자로 연료 자체는 작동 중인 원자로에 들어가 중성자를 흡수하기 전까지는 특별히 활성화되지 않는다. 마찬가지로, 초기 원자로 구조에 사용된 코발트 강은 일반 코발트-59가 여분의 중성자를 흡수하여 코발트-60이 될 때만 방사화된다. 같은 방식으로 작동 중인 원자로 노심을 냉각시키기 위해 사용되는 물 속의 수소가 중성자를 흡수하면 방사능을 띄지 않는 중수소가 되는데, 이어서 이 중수소가 또 다른 중성자를 흡수하여 삼중수소가 될 경우 가벼운 방사능을 띠게 된다. 이들 중 그 어떤 것도 원자로 외부에서는 생성되지 않으며 원자로가 정지되면 내부에서도 생성되지 않는다.

광자가 원자를 타격할 때 결과는 알파나 베타 입자가 타격할 때와 사뭇 다르다. 광자의 모든 에너지가 흡수되면 종종 광자는 소멸된다 - 최소한 이전 형태로는 더 이상 존재하지 않게 된다. 감마선이 물질을 깊이 통과하면서 그 물질을 타격할 가능성은 단순히 아직 흡수되지 않은 광자의 수에 따르므로 개별 양자의 투과범위는 지수 분포를 이루게 된다. 이는 〈그림 5-3〉에 도시되어 있고 (시간에 따른) 방사성 붕괴의 지수분포를 연상시키지만 시간보다는 거리에 따른 분포를 보이고 있다. 각 원자에 대한 충돌 확

can absorb another neutron to make tritium, which is mildly radioactive. None of these is made outside the reactor, or even inside when it is shut down.

When a photon hits an atom the result is quite different from when an alpha or beta particle does so. For a photon the whole of its energy is often absorbed and the photon ceases to exist – in its previous form at least. The random chance of a hit as gamma radiation passes deeper into material depends simply on the number of photons that have not already been absorbed, and this leads to an exponential distribution for the range of individual quanta. This is sketched in Illustration 5-3, reminiscent of the exponential distribution of radioactive decay, but in distance rather than time. The probability of collision is the same for each atom, and so the chance of a collision increases with the number of atoms, that is, with the thickness of material that the radiation traverses. In principle this is similar for any material, including living tissue. Incidentally, tissue behaves rather like water, since that is what it is largely composed of, and its average density is about the same.

Charged-particle radiation, including alpha and beta, has a rather different effect on materials. Quantum mechanics shows that compared with gamma radiation, there is a relatively large probability of a hit, but with a small energy deposition when such a hit occurs. After a hit the charged particle then continues on its way with an energy only marginally reduced. However, after thousands of such hits its energy finally runs out and it simply stops. The result is that a group of charged particles with the same energy have almost the same range, and the statistical fluctuations, which are the basis of the exponential distribution for photons, are almost absent. This gives a sharp spike for the range distribution as sketched in Illustration 5-3.

For a given initial energy, alpha radiation has a particularly short range compared with beta because the hit probability is very much higher, simply due to its low speed and higher charge.[19] In fact alpha radiation

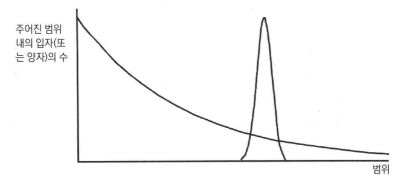

그림 5-3: 두 개의 단순화된 그래프는 광자 또는 감마선에 대한 지수 범위 분포와 알파 또는 베타 같은 하전 입자의 예리한 정점 범위 분포 간의 차이를 보여준다.

률은 일정하기 때문에 원자의 수, 즉 방사선이 통과하는 물질의 두께에 따라 충돌 확률은 증가한다. 원칙적으로 이것은 살아있는 조직을 포함한 모든 물질에서 유사하다. 그런데 조직은 주로 물로 구성되어 있고 평균 밀도가 거의 같기 때문에 물과 비슷한 양상을 보인다.

알파선과 베타선을 포함한 하전입자 방사선은 물질에 다소 다른 영향을 미친다. 양자역학은 이러한 방사선이 감마선에 비해 물질을 타격할 확률은 비교적 크지만, 타격 시 물질에 축적되는 에너지는 비교적 적다는 것을 보여준다. 타격 후 하전입자는 에너지를 아주 조금 잃고 계속 나아가며, 수천 번의 타격으로 에너지를 모두 잃으면 멈추게 된다. 결과적으로 같은 에너지를 가진 하전입자 집단은 거의 같은 투과범위를 가지며 광자의 지수 분포의 기초가 되는 통계적 변동은 거의 나타나지 않는다. 그 결과는 〈그림 5-3〉의 범위 분포에 날카로운 스파이크형태로 나타난다.

같은 초기 에너지를 갖는 경우에도, 알파선은 베타선에 비해 특별히 짧은 범위를 가진다[19]. 왜냐하면 낮은 속도와 높은 전하 때문에 타격 확률이 매우 높기 때문이다. 사실 알파선은 피부나 몇 센티미터의 공기를 지나면 완전히 멈춘다.

엘리자베스 2세 여왕이 집권 초기에 하웰의 핵 실험실을 방문한 사진은 그녀가 플루토늄 한 봉지를 받고 그 따뜻함을 느끼는 모습이 담겨있다.[20]

is stopped completely by skin or a few centimetres of air.

A famous photograph of Queen Elizabeth II on a visit to the nuclear laboratory at Harwell early in her reign shows her receiving a bag of plutonium and being invited to feel its warmth.[20] Her safety depended on the sharply-peaked distribution to the range shown in Illustration 5-3. If alpha particles had an exponential range distribution like photons some penetration of the bag would be expected. In fact she was then, and remains now, perfectly safe from the experience. Thanks to the unreasonably excessive caution of modern safety regulations, such a ceremony would not be allowed today. Now safety authorities are risk-averse and no longer act with science- based confidence.

The well-defined range of alpha radiation that protected Queen Elizabeth was deadly for Alexander Litvinenko[21]. He was assassinated in London in 2006 by being given a pot of tea laced with between 100 million and 300 million Bq of polonium-210 which he ingested. Like plutonium-239, polonium-210 is an alpha emitter (see Table 2). Polonium was named by Marie Curie after her native Poland and she was awarded the Nobel Prize for its discovery in 1898.

The range of the alpha radiation it emits when it decays is only 3.69 cm in air, so all the radiation was absorbed within Litvinenko's body and he died of Acute Radiation Syndrome (ARS) after three weeks, on 23 November.

Lack of discrimination in radiation damage

What happens to the absorbed energy at the point where a hit by ionising radiation occurs? We have already seen that the nuclei of the material are really not involved: it is the electrons which form the outer structure of each atom and bind them into molecules that are affected by the impact. Whether the radiation is a charged particle or gamma, the mayhem that is left at the site of a collision consists of electrons,

그녀의 안전은 〈그림 5-3〉에 표시된 범위에서 급한 봉우리 분포로 결정되었다. 만약 알파 입자가 광자와 같이 지수 범위 분포를 보였다면, 일부 방사선이 그 봉투를 투과했을 것이다. 실제로 그녀는 그 경험에서 그때도 안전했고, 지금도 완벽히 안전하다. 현대 안전 규정의 불합리한 지나친 주의 덕분에, 이러한 행사는 오늘날 허용되지 않을 것이다. 이제 안전 당국은 위험을 회피하고 있으며 더 이상 과학에 근거한 확신을 가지고 행동하지 않는다.

알파선의 명확한 투과범위가 엘리자베스 여왕을 보호할 수 있었지만 알렉산더 리트비엔코에게는 치명적이었다[21]. 그는 2006년 런던에서 1억에서 3억 Bq정도의 폴로늄-210이 든 차 한 병으로 암살당했다. 플루토늄-239와 마찬가지로 폴로늄-210은 알파선을 방출하는 물질이며 폴로늄은 마리 퀴리의 고향 폴란드에서 딴 이름으로 그녀는 1898년 폴로늄을 발견해 노벨상을 수상했다.

붕괴할 때 방출되는 알파선의 투과범위는 공기 중 3.69 cm에 불과했기 때문에 모든 방사선은 알렉산더 리트비엔코의 몸 안에서 흡수됐고 그는 3주 뒤인 11월 23일 급성방사선증후군(ARS)으로 사망했다.

방사선 손상에 대한 차별성의 결여

전리방사선이 타격한 지점에서 흡수된 에너지는 어떻게 될까? 우리는 이미 물질의 원자핵이 이 과정에 관여하지 않는다는 사실을 확인했다. 외부 구조를 형성하고 이들을 한데 묶어 분자로 만드는 전자가 충격에 영향을 받는다. 하전입자건 감마선이건 간에 방사선이 전자와 충돌한 자리는 자유롭게 방황하는 전자와 박살난 분자 조각으로 아수라장이 된다. 난장판에서 전자를 잃거나 얻어 조각난 분자는 전기를 띠기도 한다. 알파, 베타, 감마 등 방사선의 전형적인 에너지는 MeV 범위에 있으며, 이 에너지의 세기는 생물학적 기능 면에서 분자의 상태를 안정되게 결합시키는, 즉 eV의 몇 분의 1밖에 안되는 약한 결합에너지보다 엄청나게 크다. 이것이 방사선으

freed to wander off, and smashed pieces of molecule. These are often electrically charged, having lost or gained electrons in the melee. The energies typical of radiation, whether alpha, beta or gamma, are in the MeV range, considerably larger than the weak bonds of a small fraction of an eV that stabilise the state of molecules in their biological role. This is the reason that radiation damage is indiscriminate and much the same for any material. Atoms and molecules of all types are equally liable to be damaged and there are no special cases.

The immediate damage at each hit is localised, for instance on a single molecule, often with an electron expelled by the impact that then speeds off to stop further away.

After the collision the broken molecule or ion will usually have considerable pent-up energy that is capable of creating further mayhem. Such a molecule is called a reactive oxidant species (ROS). With its energy it can ionise, break or excite other hitherto undamaged molecules, creating a trail that may reach nearby cells before it runs out of energy. This is an entirely chemical process, does not involve the nuclei and is independent of the radiation that started the process. The initial hit probability and everything that happens to the energy deposited in the material in the first fractions of a second are linear – its effects simply add up on top of one another. Any secondary electron or photon produced at the initial hit site with enough energy may be the source of further hits as a radiation track in its own right. With alpha and beta radiation such secondaries are less frequent, but with gamma radiation a secondary photon may carry energy some distance away to further sites until all energy is absorbed. None of this is affected by whether the material is living tissue or not.

Role of oxidants in damage to living tissue

In cellular tissue these secondary chemical effects caused by ROS radicals are especially significant for their effect on DNA. Simply put,

로 인한 손상이 무차별적이고 모든 물질에 똑같이 해당되는 이유이다. 모든 종류의 원자와 분자는 쉽게 손상되며 예외는 없다.

타격이 일어날 때마다 그 즉각적인 손상은 국부적이며, 예를 들면 단일 분자에 국한되며, 종종 충돌에 의해 방출된 전자가 줄행랑쳐 멀리 떨어져 정지한다.

충돌 후, 부서진 분자나 이온은 보통 추가로 신체 손상을 일으킬 수 있는 상당한 량의 억눌린 에너지를 갖게 되는데, 이런 분자를 활성산소(ROS; reactive oxidant species)라고 한다. 활성산소는 그 에너지로 지금까지 손상되지 않은 다른 분자들을 이온화, 파괴 또는 흥분시킬 수 있고 에너지가 고갈되기 전에 근처의 세포로 옮겨가면서 흔적을 남긴다. 이 과정은 완전히 화학적인 과정으로 원자핵과 관련이 없으며 과정을 시작한 방사선과도 독립적이다. 초기 타격 확률과 처음 몇 분의 1초 안에 물질에 축적된 에너지에 발생하는 모든 것은 선형이며 그 영향은 단순히 합산될 뿐이다. 초기 타격 현장에서 생성된 충분한 에너지를 가진 2차 전자 또는 광자는 그 자체의 방사선 궤도를 따라가면서 추가 타격의 원천이 될 수 있다. 알파 및 베타선의 경우 2차 전자나 광자는 자주 일어나지 않지만 감마선의 경우 2차 광자는 모든 에너지가 흡수될 때까지 에너지를 더 먼 곳으로 운반할 수 있다. 이 중 그 어떤 것도 물질이 살아있는 조직인지 아닌지에 영향받지 않는다.

생체조직 손상에 있어서 산화제의 역할

세포 조직에서, 활성산소 기에 의해 발생되는 2차적인 화학적 영향은 그것들이 DNA에 미치는 효과 때문에 특히 중요하다. 간단히 말해서, 살아있는 조직은 생물학적 세포구조를 형성하고 기능적 동력원인 다양한 단백질과 함께 대부분 물로 구성되어 있는 세포들의 집합체이다. 또한 개별 세포 안에는 단백질을 만들고 통제하는 DNA를 포함하고 있는 세포핵이 존재한다.

living tissue is composed of many cells containing mostly water with various proteins that are the structure and functional workhorses of every biological cell. Also within each cell is a nucleus that contains the DNA responsible for creating and controlling the proteins.

Only damage to the DNA is a matter of long- term concern. Provided that the DNA is not disrupted the other molecules that may be damaged by radiation are regenerated by the cell replacement cycle without lasting effect.

Since the effect of radiation is quite indiscriminate, it is water that suffers most from the initial hits, simply because it makes up more than half of the tissue mass. So, although DNA is occasionally damaged by direct hit, most damage is due to the secondary chemical effect of ROS fragments of water (H_2O) attacking DNA. These fragments include such dangerous reagents as hydroxyl (OH), hydrogen peroxide (H_2O_2), oxygen itself and their ions. It is reasonable to assume that this damage is linearly related to the energy absorbed because each physical process is independent and determined by quantum mechanics. Therefore, the combined initial effect can be found by adding up the independent contributions from each molecular hit – that is using the linearity principle.

It is often irrelevant that the damage was initialised by radiation. Other processes that produce these ROS cause damage to living cells in the same way. In particular, since the metabolic process of oxidising food provides the energy source for cells, accidental oxidation is a threat that biological cells have always had to live with. In each cell the mitochondria organelles burn the sugars and produce energy for the cell as a whole – these organelles must prevent any ROS produced in this oxidation from reaching the cell nucleus with its DNA.

Inevitably some of these pollutants leak through and these are just as damaging to DNA as those from ionising radiation. In particular, ROS production increases with the extra energy production needed for normal

DNA 손상만이 유일하게 장기적인 문제를 일으킬 수 있다. DNA가 산산조각나지 않는한 방사선에 의해 손상될 수 있는 다른 분자들의 경우 세포 교체 주기에 의해 지속적인 영향없이 재생산될 수 있기 때문이다.

방사선의 효과는 굉장히 무차별적이므로 초기 타격에 가장 많이 영향받는 것은 조직 질량의 반 이상을 차지하는 물이다. DNA는 종종 직접 타격으로도 손상되지만, 대부분은 물(H_2O)의 활성산소 파편들의 2차 화학적 효과 때문이다. 이 파편에는 히드록실(OH), 과산화수소(H_2O_2) 및 산소와 그 이온 같은 위험한 시약들이 포함되어 있다. 이 손상은 각각의 물리적 과정이 독립적이고 양자역학에 의해 결정되기 때문에 흡수된 에너지와 선형적 관련성을 가정하는 것은 타당하다. 따라서, 결합된 초기 효과는, 선형성 원리를 사용하여, 각 분자 충돌 과정의 독립적 기여를 합산해서 얻을 수 있다.

방사선에 의해 손상이 시작된다는 것은 종종 부적절하다. 활성산소를 생산하는 다른 과정들도 마찬가지로 같은 방법으로 살아있는 세포에 손상을 입힌다. 특히 식품을 산화하는 대사 과정은 세포에 에너지원을 제공하기 때문에 돌발적인 산화는 생물 세포가 늘 함께 살아가야 하는 위협이다. 각 세포에서 미토콘드리아 세포 기관은 당분을 연소시켜 세포 전체를 위한 에너지를 생산한다. 그러므로 이 세포 기관은 산화에서 생성된 모든 활성산소가 DNA를 가지고 있는 세포핵에 도달하는 것을 막아야 한다.

이러한 오염물질 중 일부는 불가피하게 누출되어 전리방사선의 오염물질과 마찬가지로 DNA에 해를 끼친다. 특히, 활성산소 생산량은 정상적인 근육운동과 인지활동에 필요한 추가 에너지 생산에 따라 증가한다[22]. 만성 선량으로 일정 기간 방사선에 노출되어 생성된 활성산소는 이러한 자연 과정에서 생성되는 양에 조금 추가되는 정도일 뿐이기 때문에 일반적으로는 구별하기 어렵다. 하지만 짧은 시간에 흡수된 큰 급성 방사선량은 격렬한 신체운동과 마찬가지로 큰 손상을 입힌다.

muscular exercise and cognitive activity[22]. The ROS produced by an exposure to radiation over a period, a chronic dose, are a small addition to these natural processes and generally not distinguishable from them. However, a large acute radiation dose received in a short time is more damaging, as is excessive physical exertion.

High LET radiation

The damage to any material immediately after the absorption of ionising radiation consists of a distribution of these hits spread in space. Different types of radiation produce characteristic distributions: gamma rays produce a sparse scatter of random hits; beta rays produce sparse hits lying along the paths followed by the energetic electrons; alpha rays give dense lines of hits lying along the track of each ray. This is called high LET radiation, with LET standing for Linear Energy Transfer, also known as dEdx in nuclear and particle physics[19]. The double charge and slow speed of alpha particles cause the high LET. On the other hand the single charge and high speed of beta particles of a similar energy give low LET. Gamma rays give a wide distribution of hits so that they behave as low LET.

Living tissue is different from other materials because it reacts actively to the initial damage. This reaction takes place partly within individual cells and partly organically through the cooperative reaction of many cells. The hits from beta and gamma radiation are sufficiently far from one another that the subsequent biological response of repair and replacement at each hit can proceed independently without saturation. But at high LET the density of initial damage is so high locally that cells run out of the repair and replacement resources required. In particular the density of Double Strand Breaks (DSB) of DNA is enhanced. These are more difficult to repair, and the biological tissue suffers somewhat greater long-term stress than for the same absorbed energy at low LET.

고-LET 방사선

전리방사선이 흡수된 직후 물질에 입힌 손상은 다양한 타격 분포를 이룬다. 각각의 방사선은 특유의 공간적 분포를 만들어내는데, 먼저 감마선은 무작위적인 타격으로 인해 드문드문 흩어진다. 베타선은 활성화된 전자가 뒤따르는 경로상에 타격을 드문드문 일어나게 한다. 알파선은 각 선의 트랙을 따라 촘촘하게 타격을 일어나게 한다. 이를 고-선형 에너지전이 방사선이라고 하며 LET는 선형에너지전이(Linear Energy Transfer)의 줄임말로 원자 및 입자 물리학에서는 dEdx로도 알려져 있다. 알파 입자의 이중 전하와 느린 속도는 고-LET를 초래하며 반대로 비슷한 에너지의 단일 전하와 빠른 속도의 베타입자는 저-LET를 만든다. 감마선은 타격 분포를 광범위하게 만들기 때문에 저-LET와 비슷하게 움직인다.

살아있는 생체 조직은 초기 손상에 능동적으로 반응하기 때문에 다른 물질과 다르다. 이 반응은 부분적으로 개별 세포 내에서, 그리고 부분적으로 많은 세포들의 협력 반응을 통해 유기적으로 일어난다. 베타선과 감마선의 타격은 서로 충분히 멀리 떨어져 있기 때문에 후속 회복과 교체 생체 반응이 포화되지 않고 독립적으로 진행될 수 있다. 그러나 고-LET에서는 초기 손상 밀도가 매우 높아 세포의 회복과 교체에 필요한 자원이 고갈될 수 있다. 특히 DNA의 이중 가닥 절단(DSB) 밀도가 높아진다. 이들은 회복하기 더 어렵고 생물조직은 흡수한 에너지양이 동등한 저-LET에서 보다 더 큰 장기적인 스트레스를 받는다.

In a truly linear theory there would be no such enhancement of the effect of high LET radiation. The acknowledged enhancement at high LET is accommodated in the LNT theory by assigning ad hoc weighting factors built into the calculation of damage in sievert. This arbitrary modification is applied in the LNT theory without explanation.

In a non-linear picture we may understand what happens. The local energy density of high LET is seen to impose a greater load on local repair and replacement mechanisms than the greater spatial uniformity of low LET. This argument suggests a spatial scale – if the repair services were available at any distance, there would be no dependence on LET.

This spatial scale typically extends to groups of cells, signalling and cooperating together – or failing to do so when collectively overloaded. This range for repair in the spatial picture plays a role similar to the repair time in the time domain. Both are characteristic features of an active non- linear response, one localised in space and the other in time.

Detecting radiation

Natural detection in living tissue

Darwinian evolution has provided us with a level of natural sensitivity to some sources of danger but not to others – for these we look to instruments or other strategies. We need to find out whether we are naturally sensitive and act accordingly.

A familiar example is household gas: mixed with air it is explosive, but it is colourless and odourless. In a primitive evolutionary environment, having a sensitivity to natural gas would bring no advantage in the struggle to survive, and so evolution has made no such provision. In the modern world safety is ensured when the utility company adds a trace of another gas, t-butyl mercaptan, that does have a notably strong smell. This makes household gas routinely detectable to the nose, so providing a simple and effective addition to safety.

정확한 선형 이론에서는 고 선형에너지전이 방사선 효과가 향상되지는 않을 것이다. 고-LET에서 확인된 향상효과는 시버트로 손상을 전환하는 계산에 내장된 임의 인자를 배치함으로써 LET 이론에 반영되었다. 이 임의의 변경은 아무런 설명 없이 LET 이론에 적용되었다.

비선형 개념에서 우리는 무슨 일이 일어나는지 이해할 수 있다. 고-LET의 국부 에너지 밀도는 저-LET의 더 큰 공간의 균일성보다 회복및 교체 메커니즘에 더 큰 부하를 가하는 것으로 보인다. 이 주장은 회복 서비스가 어느 거리에서든 가능한 공간적 규모에서는 LET 의존성이 사라짐을 의미한다.

이 공간의 규모는 일반적으로 신호 전달과 함께 협력하거나 집단적으로 과부하가 걸리면 그 기능이 실패하는 세포 그룹까지 확장된다. 공간 개념에서, 회복을 위한 공간의 범위는 시간 영역에서 회복에 걸리는 시간과 유사한 역할을 한다. 두 가지 모두 활성 비선형 반응의 특징이다. 하나는 공간에 위치하며 다른 하나는 시간에 위치한다.

방사선에 대한 감지

생물학적 설계를 통한 자연의 보호 기능

다윈주의의 진화에 따르면 우리는 특정 위험의 근원들에 대해서 본능적으로 민감해졌지만 다른 근원들에 대해서는 그렇지 못했다. 이에 대해 우리는 다른 수단들이나 다른 전략들을 알아봐야 한다. 우리는 스스로 자연적으로 예민한지 또 그에 적절하게 행동하는지 알아볼 필요가 있다.

익숙한 예로 가정용 가스를 들 수 있다. 공기와 혼합된 가스는 폭발성이 있지만, 그 어떤 색이나 향도 띠지 않는다. 원시적인 진화 환경에서 천연가스에 대한 민감성을 갖는 것은 생존을 위한 투쟁에 아무런 이점도 가져오지 못했기 때문에 진화는 이에 대한 대비를 하지 않았다. 반면, 현대 세계에서는 가정용 가스에 강한 냄새를 가진 t-부틸 메르캅탄을 극소량 추가해 코로 감지함으로써 가정용 가스의 안전성을 간단하고 효과적으로 보장하고 있다.

Similar methods help everybody to avoid the dangers of biological waste – in this case courtesy of nature rather than the utility company. Evolution has made human noses peculiarly sensitive to the gases given off by faeces and urine for just this purpose. You might even say that the smell is in the nose of the smeller, not in the polluted air that he breathes. What smells good, bad or indifferent has been tuned by evolution only to enhance human survival prospects. For example, dogs enjoy entirely different ranges of pleasant and unpleasant smells, much to the occasional disgust and social embarrassment of their owners. Vermin and lower biological agents have sensitivities, each tuned to their niche in the hierarchy.

There are many other examples of natural protection: our eyes are safe from the effect of steady bright light as is evident on the occasion of a solar eclipse. There is a natural temptation to look directly at the Sun, and health warnings are broadcast advising the public that this is dangerous. In practice, however, there are few such accidents because pain makes people quickly aware of excessive light in their eyes. Similarly, with non-ionising radiation at high-power levels, its heat is felt before it becomes dangerous.

But what about ionising radiation? May we get a heavy dose from its rays and not even know until it is too late? Why are humans not aware of ionising radiation, naturally? Is the failure to provide sensitivity to ionising radiation a rare oversight of Darwinian evolution? Would it not bring advantages? This is a proper question and the basis of genuine concern for many people. Let's look at the question. Biology would find the task challenging because the energy fluxes are in the microwatt range and any sensitivity would be liable to false alarms. As well as acquiring sensitivity to radiation we would like to be cured of the damage that it does to living tissue. Even though a simple electronic device is sufficient to say when and where ionising radiation is present, it would not provide for the repair of any damage caused. Evolution, it seems, has provided neither detection nor repair.

인공 기구가 아니라 자연의 배려를 통한 유사한 방법으로 우리는 생물학적 폐기물의 위험을 피하고 있다. 생물학적 진화는 인간의 코를 대변과 소변으로 인해 배출되는 기체에 특히 민감하게 반응하도록 만들었다. 냄새는 우리가 숨쉬는 오염된 공기가 아니라 냄새를 맡는 우리의 코에 있다고 생각할 수 있다. 하지만, 좋거나 나쁘거나 그저 그런 냄새에 대한 감각은 모두 인간의 생존 가능성을 높이기 위해 진화를 통해 조정되었다. 예를 들어, 강아지들은 종종 쾌적하기도 하고 불쾌하기도 한 전혀 다른 범위의 냄새를 즐긴다. 해충과 하위 생물학적 존재들은 위계 서열의 틈새에서 그들에게 알맞게 맞춰진 민감성을 가지고 있다.

자연 보호에는 또 다른 많은 예들이 존재한다. 예를 들어, 우리는 특히 일식이 일어날 때 태양을 직접 보고 싶어하는 자연스러운 유혹을 느낀다. 하지만 이것이 위험하다고 충고하는 건강경고 방송이 계속된다. 그러나 고통으로 인하여 실제로 눈 속에 들어오는 과도한 빛을 빠르게 인식하기 때문에 태양빛으로 실명하는 사고는 거의 발생하지 않는다. 마찬가지로, 높은 위력의 비전리방사선의 경우 위험해지기 전에 열기를 느낌으로써 위험을 회피한다.

하지만 전리방사선은 어떨까? 인체는 어째서 많은 선량의 전리방사선을 받아도 이를 너무 늦을 때까지 인식하지 못하는 것일까? 전리방사선에 대해서 반응하지 못 하는 것은 드물게 다윈의 진화론에서 간과된 것일까? 전리방사선에 대한 민감성은 그 어떤 이점도 제공하지 못하는 것일까? 이것은 적절한 질문이며 많은 사람들의 진정한 관심사다. 문제를 살펴보자. 생물학에서는 도전적인 과제임을 발견할 것이다. 왜냐하면 에너지 흐름이 마이크로와트 범위에 존재하며 그 어떤 민감도에서도 자칫하면 잘못된 경고를 보내기 쉽기 때문이다. 우리는 방사능에 대한 민감한 반응을 습득하는 것뿐만 아니라 방사능이 살아 있는 조직에 끼치는 손상을 치료하고 싶어한다. 간단한 전자 장치는 전리방사선이 언제, 어디에서 존재하는지를 알려주기에 충분하지만, 발생한 손상을 회복하게 하진 않는다. 결과적으로, 진화는 언뜻 보기에 검출과 회복 모두를 제공하지 못한 것으로 보인다.

But in fact nature has been cleverer than this discussion has so far suggested. The natural detection of ionising radiation damage by living tissue has been integrated with appropriate repair and replacement mechanisms.

The messages of a radiation attack on life and the subsequent actions are quite subconscious and devolved down to the cellular level. If the body is attacked by ionising radiation – and this is happening all the time to some extent – the brain is not made conscious of it, and does not need to be, because the problems are detected and remedied at the cellular level, at the front end, you might say. We are mistaken if we ignore this biology while imagining that regulations control radiation safety[23].

There are three reasons for this brilliant integrated biological design:

- Life has evolved in many forms from single-cellular organisms through cabbages to primates – and recently humans. From the beginning, radiation and other sources of oxidation have been a source of danger that required detection and repair for all organisms, including those without a brain or even a central nervous system.

- If the central nervous system were made aware of the inter-cellular chemical signals that are triggered by a radiation attack, it would be overwhelmed by the high rate of false alarms caused by other oxidative processes. One may think of a domestic smoke alarm that is sited too close to the kitchen toaster – it causes frequent false alarms, until someone disables it.

- Such an alarm does not give an organism a selective advantage.

- Providing local repair and replacement mechanisms, integrated with local detection for all forms of oxidative attack, makes for devolved robustness and independence of different parts of a large organism with reduced lines of communication.

The result is that this superior devolved cellular safety system makes it simply unnecessary for humans to be alarmed by ionising radiation at low and moderate dose rates. That is as well since for the first 3,000 million

그러나 자연은 지금까지 이 토론이 제시한 것보다 훨씬 영리했다. 생체 조직에 전리방사선이 끼친 손상을 자연적으로 검출하는 것은 회복 및 교체 메커니즘과 통합되어 있었다.

생명체를 공격하는 방사선에 대한 메시지와 그 이후 일어나는 작용들은 상당히 무의식적이며 세포 수준까지 분산되어 있다. 만약 신체가 전리방사선에 의해 공격받는다면 - 이것은 어느 정도 항시 일어난다 - 뇌는 이것을 인식하지 못한다. 또 그럴 필요도 없다. 왜냐하면 이 문제는 세포 수준의, 소위 최전선에서 감지되고 치료되기 때문이다. 만약 이런 생명활동을 무시하고 규제가 방사선 안전을 통제한다고 상상한다면 그건 우리의 착각이다.

이 눈부신 종합 생물학적 설계에는 세가지 이유가 존재한다.

- 생명체는 단세포 유기체로부터 양배추와 영장류, 그리고 최근 인간에 이르기까지 다양한 형태로 진화해 왔다. 태초부터 방사선과 다른 산화원은 뇌나 중추신경계가 없는 유기체를 포함한 모든 생명체에게 탐지와 회복을 필요로 하는 위험의 원천이었다.

- 만약 중추신경계가 방사선 공격에 의해 촉발되는 세포간 화학적 신호를 인식하게 만들어 졌다면, 다른 산화 작용이 일으키는 잘못된 신호에 압도되었을 것이다. 가정용 토스터기에 너무 가까이 있는 화재경보기는 누군가 작동을 멈추기 전까지 잘못된 경보를 자주 울렸을 것이다.

- 이러한 경보는 유기체에 선택적 이점을 주지 않는다.

- 모든 형태의 산화 공격에 대한 국부 검출 기능과 통합된 국부적 회복 및 교체 메커니즘을 마련하는 것은 큰 유기체의 통신 라인을 감소시켜서 서로 다른 부분을 튼튼하게 하고 독립적으로 만드는데 도움이 된다.

결과적으로 뛰어난 분산 세포 안전 시스템은 낮은 선량률과 중간 선량율의 전리방사선에 대한 경고를 인간이 인지할 필요가 없게 만들었다. 또한 이것은 처음 30억 년 동안 방사선 경보에 반응할 인지 능력 자체가 없었기 때문일 수 있다.

years, there was no cognitive ability to respond to a radiation alarm.

Unfortunately official radiological protection policy ignores what nature has provided and tells the public that it should worry about such levels of radiation. Adding a cautious and extreme regulatory regime on top of the natural one is a mistake, similar to ignoring the old adage, Don't keep a dog and learn to bark yourself.

Detection with man-made instruments

But how about instruments that detect radiation? It is not difficult to build such a device and these may be simple or powerful, small or bulky. When Henri Becquerel discovered nuclear radiation he used a photographic plate.

Our eyes are sensitive to colour only from red to violet, but a photographic plate has a sensitivity to much of the spectrum, shown in Illustration 5-1, that extends from visible light onwards through ultraviolet to X-rays and beyond. A modern electronic camera can also be used to detect ionising radiation, although thicker detection materials have to be used if the radiation is not to pass through without giving a signal. An example of this is a clinical X-ray picture in which the radiation passes through the body with only the heavy calcium of the bones casting a shadow. A modern CT scanner uses X-rays in a similar way. If gamma rays with too high an energy are used instead of X-rays, even the bones do not show up much. The answer is to choose a photon energy which shows contrasting absorption in the patient but is captured efficiently in the detector material, whether photographic film, electronic semiconductor or heavy transparent crystal. The best material for this is one with the highest atomic number, in which the electron density is high and the electrons are tightly bound.

불행히도 공식적인 방사선 방호 정책은 자연이 마련한 것을 무시하고 대중에게 어떤 수준의 방사선을 우려해야 한다고 말한다. 자연적인 것 위에 조심스럽고 극단적인 규제 체제를 추가하는 것은 잘못이다. 이것은 마치 '개를 키우면서 스스로 짖는 법은 배우지 말라"라는 옛 격언을('자연이 할 일을 하려고 하지 말라'는 뜻) 무시하는 것과 같다.

인공 기구들을 이용한 방사선 탐지

하지만 방사선을 탐지하는 기구는 어떨까? 이러한 기구를 만드는 것은 어렵지 않으며 단순하거나 강력할 수 있고 작거나 클 수도 있다. 앙리 베크렐은 사진판을 이용해 핵 방사선을 발견했다.

우리 눈은 빨간색부터 보라색까지 한정된 범위의 색에만 민감하지만 사진판은 〈그림 5-1〉처럼 가시 광선에서 자외선, X선과 그 이상의 많은 스펙트럼에 민감하다. 임상 X선 사진은 방사선이 몸을 통과하며 뼈의 무거운 칼슘에만 그림자를 드리워 형상을 나타내며 현대의 CT 스캐너 또한 X선을 유사한 방법으로 사용하고 있다. X선 대신 에너지가 무척 높은 감마선을 사용할 경우 종종 뼈의 형상도 잘 나타나지 않는데, 이럴 경우에 대한 해답은 사진 필름, 전자 반도체 또는 무거운 투명 결정과 같은 검출기 물질에 효율적으로 포착되고 높은 대비 흡수를 보여주는 광자에너지를 선택하는 것이다. 이런데 가장 적절한 물질은 전자의 밀도가 높고 단단하게 묶여 있는 원자번호가 가장 높은 것이다.

> 현대의 검출기는 비스무트 게르마네이트(BGO)와 납 텅스테이트와 같은 특이한 투명 결정체를 사용한다. 이는 광자를 효율적으로 검출할 뿐만 아니라 결정체 내부에 생성된 발광 계조를 조밀하게 잡아낸다.

광자와 마찬가지로 베타선은 가스나 고체 상태의 반도체를 장착한 이온화 검출기에 쉽게 검출된다. 반면 알파선은 종종 공기나, 기구의 창에서 진행을 멈추고 쉽게 흡수되기 때문에 검출하기 쉽지 않다.

Modern detectors use exotic transparent crystals like bismuth germanate (BGO) and lead tungstate. Then, not only are photons detected efficiently, but the light-emitting cascades created within the crystal are tightly confined.

Beta radiation, like photons, is easily detected by an ionisation detector containing gas or a solid-state semiconductor. Alpha radiation is more difficult because it is absorbed so readily. Often it is stopped by air or the window of the instrument before it can be detected.

You may be thinking that you do not have access to such specialised and expensive technology, but that is untrue. For fire safety you probably have a domestic smoke detector. If not you can get one at a hardware store for about US $10. Inside is a radiation detector with a radioactive americium-241 source made from nuclear waste. If you open it up and take a look yourself, you will find the radiation symbol with details of the source. As a smoke detector it is fail-safe because any smoke in the air absorbs the ionisation from the radioactive source – the alarm triggers when it stops detecting radiation from the source. Without the source it could easily be redesigned as a cheap radiation alarm. Radiation is as easy to detect as burnt toast you might justifiably say. Why are most radiation detectors not so cheap to buy? If people wanted to buy them, they would be cheap – it is just a matter of the market. One could be incorporated into every mobile phone – indeed, I believe that such a phone is now available in Japan.

Professionals may say that is not good enough because it does not tell the type of radiation: alpha, beta or gamma. That is true, and most radiation detectors are quite unable to measure doses with any precision. But that misses the point, because all you should need to know for peace of mind is whether there is an excess of radiation of any kind present. That is the same kind of simple question that you ask of your fire alarm. Provided that the alarm is raised promptly and efficiently, further investigations can then be made.

이렇게 전문화되고 값비싼 기술에 접근할 수 없다고 생각할 수 있다. 하지만, 그렇지 않다. 화재 안전을 위해 가정용 연기감지기를 보유하고 있거나 아니더라도 철물점에서 일만 원 정도면 살 수 있다. 연기감지기의 내부에는 원자력발전소 폐기물로 만들어진 아메리슘-241이라는 방사선원이 있는 방사선 검출기가 들어있으며 직접 뜯어보면 방사선 기호와 함께 선원에 대한 세부정보를 확인할 수 있을 것이다. 연기감지기는 공기 중의 연기가 방사선원의 이온화를 흡수해 감지기가 방사선을 탐지하지 못하게 될 때 경고음이 울리도록 만들어져 있다. 방사선은 불에 탄 토스트만큼 탐지하기 쉽다. 대부분의 방사선 탐지기는 왜 저렴하지 않을까? 만약 사람들이 구매하기 원한다면 가격은 저렴해질 것이다. 이는 단지 시장의 문제일 뿐이며 심지어는 휴대용 전화기에 방사선 탐지기능을 탑재할 수도 있다.

전문가들은 방사선 탐지기가 알파, 베타 또는 감마와 같은 방사능 종류를 알려줄 수 없기 때문에 충분하지 않다고 말할 수 있다. 그것은 사실이며 대부분의 방사선 탐지기는 특정 정밀도 이상의 선량을 측정할 수 없다. 하지만 이는 요점을 놓친 것이다. 마음의 평화를 얻기 위해서 알아야 할 것은 지나친 방사능이 존재하는지 여부이며 이는 화재경보기와 같은 맥락이다. 경보가 신속하고 효율적으로 제공된다면, 이에 대한 추가 조사는 쉽게 진행될 수 있다.

Chapter 6:

Effect of Large Radiation Doses

> Brian: Look, you've got it all wrong! You don't need to follow me.
>   You don't need to follow anybody! You've got to think for
>   yourselves! You're all individuals!
> Crowd:[in unison] Yes! We're all individuals!
> Brian: You're all different!
> Crowd:[in unison] Yes, we are all different!
> Man in crowd: I'm not.....
> Crowd: Shhh!
>
> [From Monty Python's Life of Brian]

Weighing scientific evidence

Rise and fall of enthusiasm for science

Nobody knows who did it or when it happened. It may have been in Mesopotamia, or possibly early in the Greek era, that astronomers first successfully predicted a solar eclipse. As a demonstration of the power of mathematical science, it must have impressed the whole population. But respect for the word of science when established through awe and fear is not a sympathetic basis for understanding.

At a practical and political level it became apparent that making

제6장

다량의 방사선량 효과

브라이언: 봐, 너는 다 틀렸어! 날 따라오지 않아도 돼. 아무도 따라갈
　　　　　필요 없어! 스스로 생각해봐! 우린 모두 개개인이야!
군중:[합창으로] 그래! 우린 모두 개인이야!
브라이언: 우린 모두 달라!
군중:[합창으로] 그래, 우리는 모두 달라!
군중속의 남자: 난 아닌…
군중: 쉿!

[몬티 파이튼-브라이언의 삶에서]

과학적 증거로 판단하라

과학에 대한 열정의 흥망성쇠

누구도 누가 그랬는지, 그리고 언제 그 일이 일어났는지 모른다. 천문학자들이 처음으로 일식을 성공적으로 예측한 것은 아마도 메소포타미아, 또는 그리스 시대 초기였을 것이다. 그것은 수학적 과학의 힘을 보여줌으로써 전 주민에게 깊은 인상을 남겼을 것이다. 그러나 경외심과 공포를 통해서 과학을 존중하는 것은 과학을 이해하는 호의적인 근거가 되지 못한다.

실용적, 정치적 수준에서 다른 쓸모 있는 예측을 만드는 것은 어렵다는 사실이 분명해졌고 물리학자들과 천문학자들은 새롭게 발견한 힘을 확장

other useful predictions was not so easy, and physicists and astronomers had to accept defeat when they tried to extend their new-found powers to turning base metals into gold; similarly vain attempts in astrology caused the popularity ratings of science and scientists to wane. Scientific enthusiasm has always coexisted with a primitive awe and apprehension of natural phenomena; it has improved with education and successful prediction, but retreated under the influence of war, accident, pestilence, earthquakes, rumour, ignorance and the vagaries of the weather. So, while science slowly advanced, many natural phenomena became either deified or demonised by the public at large. For example, thunder and lightning remained a source of primitive fear that diminished only slowly as a deeper understanding of science percolated into society from the nineteenth century onwards. However, human prosperity has only really improved since confidence and a command of natural processes have become established.

Examining the strongest evidence

Members of the public are motivated by simple direct questions such as. Is there a danger that could affect me, my family and friends?

They are less impressed by calculations and machinations they are unable to follow, and they are suspicious of regulations and restrictions which they see as a cover for higher prices, taxes, professional career building or political manoeuvring.

But ionising radiation has been in use for over 100 years in medicine, and for over 70 years in other spheres. So there is plenty of experience to draw on. Down-to-earth common sense answers can be given that do not rely on fancy mathematics or science. But it is not sensible to look at every source of evidence. It is better to concentrate only on the most significant; that means the most persuasive. Let's clarify this line of thought a little further.

해 기본 금속을 금으로 변환시키려는 시도에서도 패배를 인정해야했다. 이와 유사하게, 점성술의 헛된 시도는 과학과 과학자들의 인기를 떨어뜨렸다. 과학에 대한 열정은 항상 자연현상에 대한 원시적인 경외심과 불안감과 함께 공존해왔다. 불안감은 교육 및 성공적인 예측을 통해 개선되기도 하고, 전쟁, 사고, 역병, 지진, 소문, 무지, 예측불허한 날씨로 인해 후퇴했다. 과학이 서서히 발전하는 동안, 일반 대중들은 많은 자연현상들을 신격화하거나 악마화했다. 예를 들어, 천둥과 번개는 원시적 공포의 원천이었다. 이러한 현상은 19세기 이후, 과학의 더 깊은 이해가 사회에 스며들면서 천천히 줄어들었지만 인간의 번영은 자연 현상에 대한 자신감과 지배력이 확립된 이후에 향상되었다.

가장 강력한 증거를 조사하다

대중들은 간단하고 직접적인, 예를 들어, 나와 내 가족, 친구들에게 영향을 미칠 위험이 있을까? 하는 질문을 통해 자극을 받는다.

사람들은 이해할 수 없는 계산과 속임수에 감명받지 않는다. 또한, 규제와 제한을 높은 물가, 세금, 전문적 경력 증진 및 정치 공작을 감추기 위한 속임수라 생각하곤 한다.

하지만, 전리방사선은 의학분야에서 100년 이상 사용되어 왔으며 다른 분야에서도, 70년 이상 사용되어 왔고 의지해도 될 만큼 풍부한 경험을 갖고 있다. 복잡한 수학과 과학에 의존하지 않고도 현실적이고, 상식적인 답변이 주어질 수 있다. 하지만, 모든 증거의 출처를 고려하는 것은 비합리적이기 때문에, 가장 설득력 있는, 가장 중요한 요소에만 집중하는 것이 좋다. 이 사고방식을 좀 더 명확히 해보자.

결과의 통계적 중요성에 대한 이해가 부족한데도 그 결과와 섣부른 결론이 미디어에 유입되면 반드시 철회되어야 한다 그러나 더 나쁜 것은 철회되지 못하는 것이다 이런 일은 그 어떤 존경심도 불러일으키지 않으며, 절대 일어나서는 안 될 일이다. 유럽 입자 물리 연구소(CERN)에서 힉스 입자가

The statistical significance of a result is poorly understood, with the result that weak conclusions get into the media and then have to be withdrawn, or worse, fail to be withdrawn. That commands no respect and should not happen. It was notable that prior to the report of the discovery of the Higgs Boson at CERN, there was an information blackout until the significance of the discovery could be confirmed at five standard deviations – a level of 1 in a million and representing confidence beyond reasonable doubt. Unfortunately, putative results in medical and biological sciences are seldom subjected to such strict tests and some conclusions are reported to be firmly established when at the level of only two standard deviations – in everyday language, that means 95% certain, or wrong 1 time in 20.

Claims at such a weak level of confidence, a 5% chance of being mistaken, would lead to a rejection by referees for many scientific journals in other disciplines.

Dubious results when picked up by the press become sources of confusion – what the press like to call matters for debate. But the press do not have the means to engage in such a debate. If the evidence is not strong enough to establish a firm result, all should agree to remain silent until further evidence becomes available. In the remainder of this chapter, we look at results that are widely accepted as beyond reasonable doubt.

When radiation is fatal, sooner and later

At a very high dose rate, radiation can kill not just cells or organs but whole organisms, and by examining data we can find out just how high the rate needs to be for this to happen. Radiation can be fatal in one of two ways. It can destroy the ability of a cell to service itself and engage in the cell cycle; this is called cell death. If too many cells are killed in this way the entire organism may be at risk from Acute Radiation Syndrome (ARS). This has nothing to do with cancer and takes place on the time scale

발견되었다는 보고에 앞서, 발견의 중요성이 5개 표준편차 범위 내로 확인될 때까지 정보의 통제가 있었다는 사실은 주목할 만하다- 이 편차는 100만분의 1 수준이며 합리적인 의심을 넘어서는 자신감을 보여줬다. 불행히도, 의학 및 생물학의 추정상 결과는 엄격한 심사를 거치는 경우가 거의 없다. 그리고 어떤 결론들은 2개의 표준 편차에서만 입증되었다고 보고되었다 -즉 일상의 언어로 말하면 95%가 확실하고 20번 중 1번의 오류를 낸다는 것을 의미한다.

이와 같이, 신뢰도가 낮은 상태에서, 5% 오류가 있다는 주장은 다른 분야에서는 과학 학술지 심사위원으로부터 거절될 수도 있다

의심스러운 결과가 언론에 포착되면, 이는 "논쟁거리"라는 혼란의 근원이 될 수 있다. 하지만 언론은 이 논쟁거리에 참여할 수단이 없다. 만약, 증거가 확실한 결과를 낼만큼 강력하지 않다면, 모든 사람들은 추가 증거가 나올 때까지, 침묵을 지키는데 동의해야 한다. 이 장의 나머지부분에서는 합리적 의심을 넘어서 일반적으로 받아들여지는 결과에 대해 검토할 것이다.

방사능이 치명적인 경우

매우 높은 선량률을 가진 방사선은 세포나 장기뿐만 아니라 전체 유기체를 파괴할 수 있으며, 이러한 일이 일어나기 위해 얼마나 높은 선량율을 필요로 하는지는 데이터 분석을 통해 알아낼 수 있다. 방사선은 인체에 두 가지 방식으로 치명적인 영향을 끼친다. 첫째로, 방사선은 스스로 세포 순환에 관여하는 세포 능력을 파괴할 수 있다. 이를 세포사cell death라 하며, 너무 많은 세포가 이런 식으로 죽는다면 전체 유기체는 급성 방사선 증후군(ARS)의 위험에 처할 수 있다. 이는 암과 관련이 없으며 기껏해야 몇 주 내의 일반적인 세포 주기에서 발생한다.

전신에 조사된 선량과 국부적으로 조사된 선량에는 다소 차이가 있다, 그러나 대부분의 장기는 국부적으로 조사된 선량 때문에 망가진다. 그 세포들은 다른 장기들의 운명과 상관없이 죽는다.

of a typical cell cycle, that is within a few weeks at most. There is some difference between a dose given to the whole body and one applied only locally, but most organs fail due to the local dose when their own cells die independently of the fate of other organs.

Some radiobiologists speak of cell death as a deterministic process, but actually it is a biological reaction described by a probability like any other process – though that probability may be high for a large acute dose. Other historical descriptions: tissue reaction and early reaction, are descriptive and more helpful.

Most cells with damaged DNA are either repaired correctly by enzymes within hours or are repaired with errors such that they are not viable and fail to be reproduced in the cell cycle. However, a few of those that suffer DNA double strand breaks (DSB) are incorrectly repaired and yet survive. These mutations may persist in abnormal chromosomes whose behaviour is kept in check by the immune system. Failure of the immune system may result in runaway cell growth that hijacks the resources of the organism; this is the malignancy that we know as cancer. In its later stages such growth may go on to metastasise or spread through the blood stream to other locations and organs. With advancing age the immune system becomes less vigilant and errors may escape detection. The process is similar whether the error was initiated by radiation or another source of chemical oxidation. The probability that cancer develops is small and therefore apparently rather random, so it is sometimes called a stochastic process, although it does not involve any special kind of chance mechanism at a basic physical and chemical level. The description late reaction is less committal. We concentrate on cancer because data on late reaction for other diseases is usually less clear.

The evidence shows that carcinogenic development is related more to the failure of the immune system than to the presence of an increased number of damaged chromosomes. The period in which the development of malignancy is kept in check by the immune system is called the latency.

일부 방사선생물학자들은 세포사를 결정적 과정이라고 말하지만 사실은 다른 과정들과 마찬가지로, 확률로 설명되는 생체 반응이다. 다만 그 확률은 큰 급성 선량에서 높을 수 있다. 다른 역사적인 설명으로; 조직 반응 및 초기 반응은 서술적이고 더 도움이 된다.

DNA가 손상된 대부분의 세포는 효소에 의해 몇 시간내 올바르게 회복되거나 오류를 포함한 채 잘못 회복되어 독자생존이 불가능하거나 세포 주기내에 재생산되지 못하는 상태가 되기도 한다. DNA 이중 나선 파손(DSB)을 겪는 DNA는 완벽히 복구될 수 없지만 여전히 생존할 수 있다, 이러한 돌연변이는 면역체계에 의해 억제되는 비정상적인 염색체에서 지속될 수 있다. 면역체계의 실패는 유기체의 자원을 가로채 급격한 세포 성장을 초래할 수 있고 결과적으로 악성종양, 즉 암이 생길 수 있다. 또한, 암은 종말단계에서 전이되거나 혈류를 통해 다른 장소와 장기로 확산될 수 있다. 면역체계는 나이가 들수록 경계심이 떨어져 오류를 감지 못할 수도 있다, 그 과정은 오류가 방사능으로 시작되건 화학적 산화 작용의 근원에서 시작되건 모두 유사하다. 암이 발병할 확률은 비교적 낮고 따라서 다소 무작위적이기 때문에, 비록 기본적인 물리적, 화학적 수준에서 특별한 종류의 우연 메커니즘을 포함하지 않지만, 이것을 가끔 확률적 과정이라고 부른다. 후기 반응에 대한 설명은 간결하지 않지만, 다른 질병의 후기 반응은 명확한 데이터가 존재하지 않기 때문에 우리는 암의 후기 반응에 더욱 집중한다.

발암성 물질의 발달이 손상된 염색체의 수가 증가하는 것 보다 면역체계의 붕괴와 더 관련이 있다는 것을 보여주는 증거가 있다. 잠복기는 악성종양의 발달이 면역체계에 의해 억제되는 기간을 의미한다.

종양은 방사선 또는 산화 공격의 지점이나 그 근처에서 발생한다. 예를 들어, 흡연은 폐암을 유발하고 자외선이 피부에서 1차 암을 유발하는 것과 같다. 이는, 전신 건강이 항상 중요한 요소임에도 불구하고 방사선량의 경우, 국소 방사선량이 전신 방사선량보다 더 중요하다는 사실을 시사한다. 이 직관적인 개념을 8장에 기술된 투비아나의 최근 상세 의료 보고서가 뒷받침하고 있다.

Tumours develop at or near the site of the original radiative or oxidative attack – for example, smoking causes primary cancer of the lung and UV radiation causes primary skin cancer, rather than cancers elsewhere. This suggests that, although whole-body health is always an important factor, it is the local radiation dose rather than the whole-body dose that is important. This intuitive picture is supported by recent detailed clinical work reported by Tubiana and described in Chapter 8.

A malignant tumour develops at the expense of the host organism; it hijacks resources and physically invades the local tissue. The resulting disruption of the local blood vessels may be diagnosed with a functional imaging scan. If not removed or its cells killed, the tumour eventually metastasises, migrating through the bloodstream to establish further tumours elsewhere in the body. It may be removed surgically, or its cells treated by targeted radiation or chemical drugs. This may also be achieved with focussed ultrasound that destroys the cells of the tumour tissue by overheating – cooking, in fact. Even after it has spread, the progress of the cancer can still be reduced with radiation or chemotherapy. Such palliative treatment can extend life, even though the cancer survives.

High internal radioactivity: the accident at Goiania

The effect of intense internal radiation

It is not a surprise that particular concern should be expressed about radioactivity inside the body. What data do we have and what can they tell us about any threat that this poses to the residents of Fukushima, now or in the years to come?

There is general agreement among international bodies that there is no significant evidence that radioactive caesium was responsible for any death at Chernobyl, either of identified individuals or of members within

악성 종양은 숙주 유기체를 훼손하면서 발달한다; 즉 국소 조직의 자원을 탈취하고 물리적으로 침범한다. 그 결과 와해된 국소혈관은 기능적 영상 스캔으로 진단될 수 있으며, 혈관이 제거되지 않거나 세포가 사망할 경우, 종양은 혈류를 통해 신체의 다른 곳에 추가적인 종양을 형성하며 전이될 수 있다. 종양은 수술로 제거될 수 있으며, 세포는 표적 방사선이나 화학적 약물로 처리할 수 있다. 또한 종양 조직 세포를 과열시켜서-사실은 익혀서- 제거하는 집속 초음파로도 치료할 수 있다. 암이 퍼진 후에도, 방사선이나 화학요법으로 암의 진행을 늦출 수 있다. 이러한 고통 완화치료는 암이 완벽히 제거되지 않아도, 수명을 연장시킬 수 있다.

높은 신체 내부 방사능: 고이아니아 사고

강력한 신체 내부 방사능의 영향

체내 방사능에 대해 특별한 우려를 표해야 한다는 것은 놀라운 일이 아니다. 우린 이에 관련된 어떤 자료를 가지고 있을까? 과연 이 자료들은 현재, 또는 향후 몇 년 동안 후쿠시마 주민들이 어떤 위협을 겪을지에 대해 말해줄 수 있을까?

여러 국제기구들은 체르노빌에서 확인된 개인이나, 통계적으로 분석된 그룹 내 구성원들 중, 그 어떤 죽음도 방사성 세슘과 관련을 보여주는 의미 있는 증거가 없다는 사실에 동의했다[1]. 하지만, 1987년 브라질 지방 마을인 고이아니아에서 세슘-137으로 여러 명이 사망한 사건이 있었다[2,3,4]. 강력한 세슘 선원은 그곳에서 무슨 일을 한 걸까?

암을 치료하는데 사용되는 방사선은 원자력 발전소에 존재하는 방사선과 다를 바 없지만, 그 강도는 원자로 용기 내부를 제외한 원자로 주변보다 훨씬 강하다. 치료용 방사선은 그 경로 상의 암세포를 직접적으로 제거하며 이를 5~6주 동안 매일 반복한다. 또한, 방사선은 환자의 신체 외부 또는

a group analysed statistically[1]. However, it was responsible for several deaths in an accident with a caesium-137 source in the provincial town of Goiania, Brazil, in 1987[2, 3, 4]. But what was this very intense source doing there?

The radiation used to cure cancer by radiotherapy is no different from that present in a nuclear power plant, although the intensity used for therapy is far greater than that around a reactor except inside the vessel itself. The intensity of the therapy dose is designed to kill the cancer cells directly in its path by repeating the dose every day for 5 to 6 weeks. The radiation used in therapy may come from a radioactive source, either external or internal to the patient's body; alternatively it may come as a beam emitted by an accelerator in the therapy clinic shining onto the patient.

The latter is preferred, simply because the radiation can be turned off by unplugging the accelerator and its beam can be steered in a particular direction. Although a gamma beam cannot be focussed or deliver energy at a specific range, a beam of charged ions used in the most modern radiotherapy can do both, so that the dose is confined very precisely to the tumour[see Selected References on page 279, SR3]. However, away from the world of modern technology a brief exposure to radiation from a powerful radioactive source is cheaper and simpler to provide. Well shielded sources have been used for over a century since pioneered by Marie Curie. As with the accelerator method, a powerful dose must be delivered in a short time.

The accident, 13 September 1987

The gamma source that had been used in the now-abandoned radiotherapy clinic at Goiania was caesium-137, which as a major constituent of radioactive waste, was readily available. Chemically, caesium is like sodium or potassium and relatively volatile. It is the most

그림 6-1: 브라질 지도 – 고이아니아는 브라질의 수도 브라질리아 바로 서쪽에 있는 지방 도시이다.

내부의 방사선원에서 오거나 병원의 가속기에서 방출되는 빔을 환자에게 직접 조사할 수 있다.

가속기의 플러그를 뽑아서 방사선을 끌 수 있고 빔을 특정 방향으로 조정할 수 있기 때문에 후자가 더 선호된다. 감마 빔은 특정 범위에 포커스를 맞추거나 에너지를 전달할 수 없지만 현대 방사선치료에서 가장 많이 사용되는 하전이온은 이 두 가지를 모두 수행할 수 있기 때문에 선량을 매우 정확하게 종양에 집중할 수 있다[SR3]. 하지만, 현대 기술의 세계를 떠나 매우 강한 방사선원에 잠깐 노출하는 것이 훨씬 저렴하고 간단하다. 잘 차폐된 선원들은 마리 퀴리가 개척한 이후, 한 세기 이상 사용되어 왔다. 가속기 치료법에서처럼 강력한 선량은 짧은 시간 내에 전달되어야 한다.

1987년 9월 13일의 사고

현재는 폐기된 고이아니아 방사선 치료 클리닉에서 사용된 감마 선원은 방사성 폐기물의 주요 성분이며 당시 흔히 사용되던 세슘-137이었다. 화학적으로 세슘은 나트륨이나 칼륨처럼 비교적 휘발성이 강하고, 후쿠시마 및

persistent contaminant of food and the environment after an accident such as at Fukushima and Chernobyl. (In fact it is accompanied by another isotope, caesium-134, but we need not worry about that here.) The other contaminant, iodine-131, has a half life of 8 days, whereas caesium-137 has a radioactive half life of 30 years.

But if caesium is inhaled or ingested into the body, it is expelled again with a biological half life of about 100 days because caesium, whether radioactive or not, is not a natural constituent of the body's biology.

The shielded caesium-137 source that had been used to treat cancer at Goiania had an activity of 50.9 TBq. The T of TBq stands for Tera, or a million times a million; that is a trillion. This activity is 500,000 million times the activity of a litre of water described by the Japanese regulations of 2012 as unsafe to drink at 100 Bq.

But in use, the caesium-137 source was held securely in the shielded steel head which, when rotated to the ON position, would deliver 4,600 mGy per hour, suitable to treat a tumour.

By 1987 the source at Goiania was abandoned. It was removed together with its protective housing from the radiotherapy machine by some locals, hoping to make money by selling the steel of the unit for scrap. Having removed the head the gang took it home in a wheelbarrow and broke it open to reveal the source itself – 0.93 kg of caesium chloride powder. The two men were then exposed when they worked on the source and started to feel ill with diarrhoea, vomiting, dizzy spells, and swollen hands. On 18 September they punctured the thin window with a screwdriver and the parts of the rotating source assembly were sold to the owners of the scrapyard next door. In their garage the source was seen to emit a pretty blue light, and over the next three days relations, friends and acquaintances visited to see the curiosity. On 21 September they extracted some powder, and distributed it to friends and visitors, some of whom daubed it on their skin. From 22 to 24 September two employees worked on the head to extract the lead. On 24 September fragments

체르노빌사고 이후 가장 오래 지속되어온 식품과 환경 오염물질이다. (사실 또 다른 동위원소인 세슘-134를 동반하지만, 여기서 우려할 필요는 없다) 또다른 오염 물질인 요오드-131의 반감기는 8일이지만, 세슘-137의 방사성 반감기는 30년이다.

하지만, 세슘을 흡입하거나 섭취하면, 방사성을 띠건 안 띠건 세슘은 인체의 생물학적 구성요소가 아니기 때문에 약 100일의 생물학적 반감기 이후 다시 배출된다.

고이아니아에서 암을 치료하는 데 사용되었던 세슘-137의 방사능은 약 50.9TBq이었다. TBq의 T는 테라로 1조를 나타낸다. 이는 2012년, 1리터 당 100Bq의 방사능을 띠는 물이 식수로 마시기에 위험하다고 제시한 일본 규정의 약 5000억배에 달한다.

차폐된 강철 헤드 안에 안전하게 보관된 세슘-137은 헤드를 회전하여 ON 위치로 놓으면 종양을 치료하기 적합한, 시간당 4,600mGy의 방사선을 방출한다.

1987년, 고이아니아의 방사선원이 버려졌다. 현지인들은 폐품의 고철을 팔아 돈을 벌기 위해, 방사선 치료기에서 선원이 들어있는 헤드와 보호용 하우징을 함께 제거해, 손수레에 담아 집으로 가져갔다. 이를 부수는 과정에서, 방사선원인 0.93kg의 염화 세슘 분말이 나왔다. 작업 도중, 선원에 노출된 두 남자는 설사, 구토, 현기증 그리고 부어오는 손 등 병증을 느끼기 시작했다. 9월 18일, 그들은 스크류 드라이버로 얇은 유리창에 구멍을 내고, 회전선원집합체의 부품들을 옆집 폐품처리장에 판매했다. 차고 안의 선원은 푸른빛을 뿜어내는 것처럼 보였으며, 이후 3일동안 폐품 처리장 주인의 친인척, 친구와 지인들은 이 진기한 것을 구경하러 차고를 방문했다. 9월 21일, 주인은 약간의 가루를 추출해 친구들과 방문객들에게 나누어 주었고, 몇몇 사람들은 가루를 피부에 바르기도 했다. 9월 22부터 24일까지, 두 직원은 헤드에서 납을 추출하기 위해 작업했고 그 조각들을 집에 가져온 9월 24일, 6살 아이가 식사 중 이를 만지기도 했다. 이후, 선원은 다른 폐품처리장에 판매되었다. 이때쯤, 많은 사람들이 아팠고, 방사선원 잔

were taken into the house and handled during a meal, notably by a six year old girl, and then the source was sold to another scrapyard. By this time many people were ill and the remains of the source were taken to a local hospital, where the next day doctors were able to contact a medical physicist, who succeeded in raising the alarm after detecting the radiation with a borrowed detector designed for geological prospecting[2].

Casualties and internal radioactivity measurements

By 28 October eight people had contracted ARS, of whom four were dead. Altogether 249 people were directly affected by the radiation, externally or internally. In 28 cases localised contamination and irradiation gave rise to deep burns on limbs and body, many requiring surgery. However, internal contamination gave the most significant exposures, with protracted or chronic doses persisting over a long period. Once caesium enters the blood stream, it is taken up throughout the body, particularly in muscle. The natural excretion period of caesium is about 100 days. The measured values of the whole-body internal activity for over 70 patients have been published by the IAEA[2, fig. 13 p. 55]. These are shown above in the unshaded bands of Table 6-1, arranged in order of decreasing activity.

Comparison to public measurements at Fukushima

The right-hand column of Table 6-1 shows that all fatalities had a whole-body internal activity exceeding 100 MBq, although half of those between 100 MBq and 1,000 MBq survived.

Notably, in the 25 years since the accident, there has been no case of cancer in any band that could be attributed to radiation[5]. The shaded bands describe other data for chronic internal radiation, in particular those relating to the survey of adults and children in the

해는 지방 병원으로 옮겨졌다. 다음날, 의사들은 의료물리학자들과 연락을 할 수 있었다. 그들은 지질 탐사용 검출기를 빌려서 방사선을 탐지하고 경보를 울리는데 성공했다

사상자와 체내 방사능 측정

10월 28일까지, 8명이 급성방사선증후군(ARS)에 걸렸고 그 중 4명이 사망했다. 249명 모두가 외부 또는 내부 방사선의 직접적인 영향을 받았으며, 28명은 국부적으로 오염되고 팔다리와 몸에 깊은 화상을 입었으며 대부분의 경우 수술이 불가피했다. 그러나, 내부 오염은 오랜 시간 동안 지속되는 만성 선량으로, 가장 심각한 피복을 초래했다. 세슘은 혈류로 들어갈 경우, 몸 전체, 특히 근육에 흡수되며 자연적으로 배설되는데 걸리는 기간은 약 100일 정도이다. IAEA는 70명 이상의 환자의 전신에 걸친 신체 내부 방사능의 측정값을 발표했으며, 이는 〈표 6-1〉에 음영 처리되지 않은 윗부분에 기술되어 있다.

전신 내부 방사능			인원수	방사선 사망
고이아니아[2]	Cs-137	1,000 MBq 이상	1	사망 1, ARS
	Cs-137	100 to 1,000 MBq	7	사망 3, ARS
	Cs-137	10 to 100 MBq	20	암과 사망 사례 부존재
	Cs-137	1 to 10 MBq	23	
	Cs-137	100,000 Bq~1 MBq	15	
	Cs-137	10,000~100,000 Bq	11	
후쿠시마의 성인들[6]	Cs-137	12,000 Bq 이하 2012.8	32811	
보통 사람들 자연 K	K-40	4,300 Bq	모든 사람들	
후쿠시마의 아이들[6]	Cs-137	모두 1,400Bq 이하 2011년-2012년 2월	1491	

표 6-1: 후쿠시마와 비교한 고이아니아에서의 전신 세슘-137 방사능 수치 (세슘과 많이 닮고 모든 생명체에 존재하고, 일생동안 존재하는, 방사성을 띤 칼륨-40방사선과 비교한 수치). 후쿠시마에서 측정된 한계는, 측정 전 시간 차(표에서 주어진 것처럼)를 설명하기 위해서는 5에서 10배로 증가 되었어야 한다.

affected Fukushima region[6]. Evidently, even the highest whole-body measurement of a member of the public recorded in the Fukushima region is at least 10,000 times smaller than the lowest internal dose that was fatal at Goiania, noting that none of those fatalities was due to cancer in any case. Also shown in Table 6-1 is the natural radioactivity due to potassium-40 present in all life. Potassium and caesium have very similar chemistry and therefore circulate around the body in the same way. However, irradiation by potassium-40 is chronic because it is included in all potassium in the environment – most famously in bananas.[7] This underlines how genuinely inconsequential small doses of radiation are – and even much larger ones too.

There are quite proper questions about the effect of internal radiation on pregnancy, but the data from Goiania offers some extraordinary answers too. One woman, already four months pregnant at the time of the accident, had an intake of 200,000 Bq and gave birth normally – both she and her child were radioactive, but this continued to decline by a factor two about every hundred days after the birth.

Another woman who survived and had one of the highest internal intakes, 300 MBq, an activity as great as two of those who died of ARS, gave birth to a healthy child four years and three months after the accident[5, p. 47]. These data are very reassuring. Broadly they support for humans the conclusions found from experiments with mice[8] that pregnancies and foetuses are not as radiation-sensitive as is usually presumed.

The conclusion is that very large internal doses of caesium-137 had no direct carcinogenic effect over a 25-year period and that the possibility of cancer from internal radiation by caesium at Fukushima is negligible. The number of people that were contaminated at Goiania is not high, but the internal activity that many of them received is very large. The woman who had the healthy child after four years had the same internal activity after the accident as she would have received if she had drunk three million litres of water with the contamination of 100 Bq per litre, condemned, without

후쿠시마에서 공식적으로 행해진 측정의 비교

〈표 6-1〉의 오른쪽 열은 100MBq에서 1,000MBq 사이의 전신 신체 내부 방사능을 가진 사람들의 절반은 살아남았지만, 사망자들은 모두 100MBq 이상의 전신 내부 방사능을 가지고 있었음을 보여준다.

특히, 사고 이후 25년 동안 어떤 범위에서도 방사능으로 인한 암 발병 사례가 존재하지 않았다는 것은 주목할만 하다[5]. 〈표 6-1〉의 음영 처리된 부분은 만성 내부 방사선으로부터 영향을 받았던 후쿠시마 지역의 어린이들과 성인을 대상으로 조사한 데이터를 나타낸다[6]. 후쿠시마에서 기록된 가장 높은 전신측정치는 고이아니아에서 실제로 치명적인 영향을 준 내부 선량보다 적어도 1만배 적으며, 그 누구도 암으로 사망한 경우가 없었다. 또한, 〈표 6-1〉는 모든 생명체에 존재하는 칼륨-40으로 인한 자연 방사능을 보여주고 있으며, 칼륨과 세슘은 굉장히 유사한 화학적 성질을 띄고 동일한 방법으로 체내를 순환한다. 그러나, 칼륨-40에 노출되는 것은 만성적이다. 왜냐하면 사람들이 제일 좋아하는 바나나를 포함한 모든 환경에 존재하는 칼륨에 들어있기 때문이다. 이것은 적은 방사선량이 얼마나 하찮은 영향밖에 주지 못하는지 강조하고 있다-심지어 훨씬 더 큰 방사선량도 마찬가지다

내부 방사선이 임신에 미치는 영향에 대해서 많은 적절한 질문이 존재하지만, 고이아니아의 자료 역시 몇 가지 특이한 해답을 준다. 사고 당시 임신 4개월째였던 한 여성은 20만Bq의 방사능을 받고도, 정상적으로 아이를 출산했으며 그녀와 아이는 모두 방사성을 띠었지만, 출산 후, 방사능은 약 100일마다 2배씩 감소하는 추세를 지속적으로 보여줬다.

또 다른 생존여성은 내부 섭취량이 가장 높은 사람 중 한 명으로, ARS로 사망한 두 사람에 못지않은 300MBq의 방사능을 섭취했지만, 사고 발생 4년 3개월 후, 건강한 아이를 출산했다. 이 자료들은 일반적 추측과는 달리 쥐 실험[8]을 통해 내렸던, 임신과 태아가 방사선에 민감하지 않다는 결론을 지지하는 매우 안심할만한 자료들이다.

결론적으로, 매우 높은 세슘-137의 내부 선량도 지난 25년간 직접적인

justification, as unsafe at Fukushima. At 10 Bq per litre, the upper permitted limit for drinking water as at April 2013, the volume of water would be thirty million litres, that is twelve 50-m olympic swimmming pools. For any reasonable person these data should close the book on whether there is any risk at Fukushima from caesium-137, even for foetuses, children and pregnant mothers. There are other sets of data in the scientific literature[9], but none that contradicts the conclusion that there is inadequate evidence for the carcinogenicity of caesium-137 in humans[10].

(For simplicity we have ignored the other isotope, caesium-134, that accompanies caesium-137, although there is no evidence for its carcinogenicity either.)

Civil order and psychological effects

On 26 March 2012 Yukiya Amano, Director General of IAEA, wrote in the Washington Post[11]

In one of the world's worst radiological incidents, radioactive material stolen from a disused clinic in Goiania, Brazil, in 1987 caused the deaths of four people, while nearly 300 suffered radioactive contamination and more than 100,000 sought radiological screening. That incident involved the unintended release of radioactivity, but it remains the best real-world indicator of what could happen on a larger scale if terrorists were to detonate a dirty bomb in a large city or at a major public event.

This Goiania event may have been the world's worst such incident, but the number of fatalities was like a single family car hitting a tree and all four occupants being killed. Not an accident on a world scale. It was most unpleasant for the 249 others involved or for the 100,000 who rushed to receive a reassuring scan, but a general alarm would not have been justified. To be fair, though there was an information vacuum and many were frightened, there was no breakdown of law and order.

발암 효과를 보여주지 않았으며, 따라서 후쿠시마에서 세슘의 신체 내부방사선에 의한 암 발병 가능성은 무시할 수 있다. 고이아니아에서 세슘에 노출되었던 사람들의 수는 많지 않지만, 그들 대부분이 받았던 신체 내부방사능 양은 굉장히 많았다. 리터 당 100Bq의 오염된 물을 약 300만 리터 마신 정도의 체내 방사선 피폭을 받은 여성은 4년후 건강한 아이를 출산했지만, 후쿠시마는 여전히 타당한 이유 없이 리터 당 100Bq의 오염된 물은 안전하지 않다고 비난하고 있다. 2013년 4월 현재, 식수 허용 상한선은 리터 당 10Bq으로, 300MBq에 해당하는 물의 양은 3천만 리터, 50m 올림픽 수영장 12개의 양과 같다. 합리적인 사람이라면, 이 자료들로부터 후쿠시마에 세슘-137의 위험이 있는지, 심지어 태아, 어린이, 임산부에게도 있는지에 대한 논의를 중단해야 한다. 과학 문헌에는 다른 데이터 집합[9]이 있지만, 인체에 세슘-137이 암을 일으킨다는 증거가 충분하지 않다는 결론에 모순되는 자료는 없다[10]. (보다 간단히 설명하기 위해, 발암성에 대한 증거가 존재하지 않는 또다른 동위원소인 세슘-134는 고려하지 않았다.)

시민 질서와 심리적 효과

2012년 3월 26일, 아마노 유키야 IAEA 사무총장은 워싱턴 포스트에 다음과 같이 기고했다[11].

세계 최악의 방사능 사고 중 하나였던, 1987년 브라질 고이아니아에 있는 폐병원의 방사성 물질 도난 사고는 4명의 목숨을 앗아갔으며, 300명에 가까운 사람들을 방사능 오염에 시달리게 하고, 10만 명이 넘는 사람들이 방사능 검사를 받도록 했다. 이 사건은 의도치 않게 방사능을 누출했지만, 테러리스트들이 대도시나 주요 공공 행사에서 방사능 물질이 들어있는 폭탄을 터뜨렸을 때 대규모로 일어날 수 있는 일을 가장 현실적으로 보여주는 지표로 남았다.

고이아니아 사건은 세계 최악의 사건이었을지는 모르지만, 사망자 수는 1대의 자동차가 나무를 들이받아 네 명의 탑승자가 사망한 사고와 비슷했

Neither the Goiania accident nor a terrorist dirty bomb presents a global threat, and the Fukushima accident even less so, but the hysteria so quickly raised by today's 24-hour rolling media over such an incident could precipitate serious civil disorder. Regrettably, that may not be what Dr Amano intended to say. He appears to be talking up the seriousness of the accident itself, whereas it would be in the public interest for the IAEA to concentrate on providing proper education and information to the public in future, to reduce the fear and uncertainty that can easily follow such an accident.

In 2011 a study reported that 42.5% of those who had been exposed at Goiania were suffering symptoms of depression, against 3% to 11% in the general Brazilian population[6]. The damaging effect of psychological stress in the community, so clearly seen at Chernobyl, and then repeated at Fukushima, was evident at Goiania too.

Effect of the accident at Chernobyl

Places where time stood still

At some places on Earth the human imagination is carried away by a single event frozen in time. A visit to Herculaneum or Pompeii, buried by volcanic ash in AD 79, recalls such a time and what was happening then, down to the smallest detail of everyday life, that would normally have been swept away by the onward march of later trivia.

At Portsmouth in the UK the new museum of the Mary Rose houses another example, the flagship of King Henry VIII, that sank in a few minutes in 1546 but was recently raised with so many details of Tudor life preserved on board. In the same way a visit to Chernobyl and the town of Pripyat concerns what happened on a single date, 26 April 1986. It tells a unique story, one that should be preserved although its physical decay is

다. 이는 세계 규모의 사고가 아니었다. 이점이 관련된 249명과 서둘러서 방사능 검사를 진행한 10만명이 넘는 사람들에겐 가장 불쾌한 일이었고 일반 경보를 발령할 명분은 없었다. 공정하게 말해, 정보의 공백이 있었고 많은 사람들이 놀랐지만 법과 질서는 붕괴되지 않았다.

고이아니아 사고나 테러리스트들의 더티봄(방사능 폭탄)은 세계적인 위협이 되지 않으며 후쿠시마는 더더욱 그렇다. 하지만, 이러한 사건들을 둘러싸고 24시간 돌아가는 언론은 심각한 시민 소요를 야기할 수 있는 히스테리를 키웠다. 유감스럽게도 이는 아마노 박사가 의도한 말이 아닐 것이다. 그는 사고 자체의 심각성을 거론했지만, IAEA는 사고 이후 쉽게 뒤따를 수 있는 두려움과 불확실성을 줄이기 위해 적절한 교육과 정보를 제공하는 것에 집중하는 것이 공익에 부합한다고 판단했던 것으로 보였다.

2011년 한 연구는, 브라질 일반 대중의 3~11%가 우울증을 앓고 있는데 반해, 고이아니아에서는 방사능에 노출된 사람들의 42.5%가 우울증 증세를 겪고 있다고 밝혔다[6]. 체르노빌에서 명백하게 볼 수 있는 것처럼, 심리적 스트레스가 지역사회에 끼치는 해로운 영향은 이후 후쿠시마에서도 반복되었으며, 고이아니아에서도 마찬가지였다.

체르노빌 사고의 영향

시간이 멈춰 선 곳들

인간의 상상력은 지구의 곳곳에 있는 시간이 얼어붙은 장소에서 우리의 넋을 잃게 한다. AD 79년 화산재에 묻힌 허큘라네움이나 폼페이를 방문하면, 그 당시 일어났던 무척 일상적인 작은 요소들까지 떠올리게 된다.

영국의 포츠머스에 새로 건립된 메리 로즈 박물관은 또 다른 사례이다. 1546년, 출항 후 몇 분 만에 침몰한 헨리 8세의 기함이 전시되어 있으며, 최근 배의 선상에 튜더 왕가의 삶에 대한 많은 세부 사항들이 보존되어 있

already advanced. The environmentalist, Mark Lynas, recently suggested that it should be a World Heritage Site.

Frozen though these sites may be, the understanding of their message can mature, and so it has at Chernobyl. The site, deserted by human life at short notice and now overgrown, was reported as a waste land and dangerous for many years, but now in reality it is a wildlife park in all but name[SR7]. Flora and fauna are radioactive, but are no longer restricted by the disruptive intervention of man. The animals, birds and plants flourish freely along with the few human beings who stayed behind when others were evacuated[SR11].

Scale of accidents

At Chernobyl the water-cooled graphite-moderated nuclear fission reactor that exploded was designed and built by the Soviet Union[SR3 p. 73 & 141].

Unlike Western designs, including those at Three Mile Island and Fukushima, it had no spherical containment vessel, so any release of radioactivity was free to disperse into the atmosphere, and the control of temperature and rate of energy production was not stabilised by a fail-safe design. On the day of the accident the operators were ill-advisedly testing operating procedures with important safety systems disabled. They lost control and the temperature started to increase quickly. Soon the water, now steam, reacted with the rapidly-heating graphite, creating hydrogen, whose pressure blew the top off the reactor. This hydrogen then exploded in the air and the whole mass of red hot graphite, now open to the sky, burned for days, sending much of the nuclear material upwards. A brave band of 237 workers fought the blaze, exposing themselves to the open reactor core, which was never shut down in the way that those at Fukushima Daiichi and all the others in Japan were. At Chernobyl the extreme heat of this open fire generated a rising column of gases, carrying all but the heaviest nuclear material into the upper atmosphere where

다는 사실이 밝혀졌다.

같은 맥락으로, 체르노빌과 프리피야티 마을을 방문하는 것은 1986년 4월 26일에 어떤 일이 일어났는지 깨닫게 한다. 그곳은 비록 물리적 붕괴가 이미 진행되었지만, 보존되어야 할 이야기를 들려준다. 환경 보호론자 마크 리나스는 최근 이 두 곳이 세계문화유산으로 선정되어야 한다고 주장했다.

비록 그 현장은 사고 당시 그대로 얼어붙었지만, 그들이 주는 메시지에 대한 이해는 점차 성숙되고 있다. 사람들이 떠난 후, 풀과 잡초가 무성하게 자라, 여러 해 동안 황무지이며, 위험 지역으로 알려져왔던 체르노빌은 현재 실질적으로는 야생동물보호지역이 되어 있다. 동식물들은 방사능을 띠지만 더 이상 인간의 파괴적인 개입을 걱정할 필요없이 야생의 생활을 즐기고 있다. 동물들, 새들, 식물들은 다른 사람들이 대피할 때 남았던 몇 안되는 사람들과 함께 자유롭게 번성하고 있다.

사고의 규모

체르노빌에서 폭발한 수냉식 흑연감속 핵분열 원자로는 소련이 설계하고 건설했다.

드리마일 섬과 후쿠시마를 포함한 서구식 원전 설계와는 달리 체르노빌 원전에는 구형(球形) 격납용기가 없었다. 사고 당시 원자로에서 방출된 방사능은 제멋대로 대기로 분산됐으며 온도와 에너지 생산량 제어가 고장-안전 설계에 의해 안정화되지 못했다. 사고 당일, 원자로 운전원들은 중요한 안전 시스템을 불능화시킨 채 문제의 소지가 있는 운전 절차를 시험하고 있었다. 결국 원자로 제어에 실패하자 원자로의 온도는 급상승했고 증기로 변한 냉각수가 가열된 흑연과 급속히 반응해 생성된 수소는 그 압력으로 원자로 상단을 날려버렸다. 이후, 수소는 공중에서 폭발했고 벌겋게 달아올라 이글거리는 흑연 덩어리 전체가 대기에 노출된 채 며칠 동안 타올라 다량의 핵물질을 방출했다. 237명의 용감한 노동자들은, 후쿠시마 다이이치와 일본의 모든 다른 원전과는 달리, 결코 정지된 적 없는 원자로 노

it circulated around the globe. To put the comparison with Fukushima into perspective you might ask what happened to the cooling water. After all, that was the focus of attention at Fukushima. At Chernobyl none remained – it had reacted to form hydrogen or been vaporised. Cooling? There was none.

There is no doubt that Chernobyl was the worst civil nuclear accident, arguably the worst imaginable. The reactor had no containment vessel, unlike most reactors of that era and every one since. At the time the government of the Soviet Union was entering its dysfunctional phase prior to collapse, and information was not made available – in fact it was the detection of the radioactivity in Scandinavia that carried the news that there had been an accident at all. In response to Chernobyl, IAEA introduced the International Nuclear and Radiological Event Scale (INES) in 1989 to describe the severity of an accident, for a purpose that is unclear. Anyway, Chernobyl was retrospectively classified as 7, the maximum on the scale. Unfortunately, a position on this scale is determined by the administrative judgement of the authorities actually involved, rather than by an objective measurement like that used by seismologists in assessing the strength of an earthquake. In the case of Fukushima the Japanese authorities lost their nerve and gave it the maximum, 7, like Chernobyl. This was a basic mistake that simply escalated the public sense of panic. The Fukushima accident was never in the same class as Chernobyl. An unscientific index like INES simply excites instability in public opinion which is in the interest of nobody.

The question is sometimes asked, What should replace the INES scale? The answer is simple, Nothing.

There is no such scale for fossil fuel accidents or the collapse of hydroelectric dams, although these involve the loss of large numbers of lives, which is very rarely the case for nuclear accidents. Scales of this sort fill no beneficial function. Why does anybody think that there is a need for a scale? Perhaps because they still see nuclear radiation as exceptional

심에 노출된 채 직접 화재에 맞섰다. 체르노빌 화재의 극한 열기는 강렬하게 치솟는 가스 기둥을 만들었고, 가장 무거운 핵물질을 제외한 모든 물질을 지구 상공을 순환하는 상층 대기로 솟구쳐 올렸다. 냉각수는 어떻게 됐을까? 실제로 후쿠시마에서는 냉각수가 관심의 초점이었으며, 체르노빌과 후쿠시마를 적절히 비교하기 위해선 냉각수가 어떻게 됐는지 알아야 한다.

체르노빌에서는 아무것도 남아있지 않았다 냉각수는 수소 형성 반응에 소모됐거나 기화했다, 냉각은 존재하지 않았다.

체르노빌이 상상 가능한 최악의 사고였다는데는 논란이 있을지 몰라도, 최악의 민간 원자력 사고였다는 것에는 의심의 여지가 없다. 체르노빌 원자로는 그 당시 대부분의 원자로와 그 이후의 모든 원자로와는 달리 격납용기를 갖추고 있지 않았다. 당시 붕괴 직전의 상황으로 치닫던 소련 정부는, 사고 정보를 제대로 입수할 수 없었고 사고는 스칸디나비아에서 검출된 방사능으로 밝혀졌다. 이후, IAEA는 체르노빌에 대한 대응으로 1989년, 목적이 모호했지만, 사고의 심각성을 설명하기 위해 국제 원자력 사고 등급(INES) 제도를 도입했다. 체르노빌은 가장 높은 등급인 7등급으로 소급 분류되었다. 그러나 지진학자들이 지진 강도 평가 시 객관적 측정에 근거하는 것과 달리, 이 등급은 불행하게도 실제 사고와 관련된 당국의 행정적 판단에 의해 결정되었다. 후쿠시마의 경우 기가 질린 일본 당국은 후쿠시마 사고를 체르노빌과 같은 7등급으로 분류했다! 후쿠시마 사고는 결코 체르노빌과 같은 등급이 아니었으며, 이 등급의 채택은 기본적으로 대중들의 공포를 고조시킨 실수였다. 국제 원자력 사고 등급과 같은 비과학적인 지표는 아무에게도 이익이 되기는커녕 불안정한 여론을 무책임하게 자극할 뿐이었다.

그렇다면, 국제 원자력 사건 척도를 대체할 수 있는 것은 무엇일까? 대답은 간단하다. 아무것도 없다.

화석 연료나 수력 발전소의 댐 붕괴는 원자력 사고와는 달리, 매우 많은 사상자를 수반하지만 이와 같은 척도가 존재하지 않는다. 이러한 척도는 그 어떤 이로운 기능을 하지 못한다. 왜 척도가 필요하다고 생각하는가? 방사능은 예외적이기 때문에 특별한 안전 조항이 필요하다고 생각할 수 있

and needing extraordinary safety provision, but that is a political reaction, unsupported by objective scientific evidence. The worst recent accidents for a number of base-load energy sources are listed in Table 6-2. It shows that nuclear energy is far safer than other competing sources.

hydro	Shimantan, China 1975	171,000 deaths
nuclear	Chernobyl, Ukraine 1986	43 deaths
oil	Jesse, Nigeria 1998	at least 300 deaths
natural gas	Chuandongbei, China 2003	243 deaths
coal mine	Soma, Turkey 2014	301 deaths

Table 6-2: Recent high-mortality accidents for base-load energy sources[12].

Press reactions to such a calm assessment of the Fukushima accident have included, But there was a triple meltdown!! Except in horror movies where the science is adjusted to make the story exciting, a nuclear meltdown is much preferable to a nuclear reactor that blows up, as happened at Chernobyl.

Even there, the effect of the radiation itself on people's lives was very limited compared with accidents from other energy sources (see Table 6-2).

Effect on local mental health

At Chernobyl the local authorities were slow to act until the international alarm forced them to acknowledge what had happened. Chernobyl is in a poor area of Ukraine largely dependent on agriculture. So, unaware of the accident, the country people continued to eat locally produced food, absorbing radioactive fallout from vegetables and dairy products as they did so. Then, suddenly and without notice, many of them were herded into buses and evacuated to unfamiliar accommodation quite unsuited to their way of life. Unemployed and ignorant of what had happened to them, the evacuees and their families developed all the

다. 하지만 이를 뒷받침해 주는 객관적인 과학적 증거는 없으며, 이것은 정치적 반응에 불과하다. 다음 〈표 6-2〉는 다수의 기저부하 에너지원에서 최근 발생한 최악의 사고들을 보여주고 있다. 이는, 원자력이 다른 에너지 공급원보다 훨씬 안전함을 보여준다.

수력	시만탄, 중국 1975	171,000명 사망
원자력	체르노빌, 우크라이나 1986	43명 사망
석유	제시, 나이지리아 1998	적어도 300명 사망
천연가스	촨동베이, 중국 2003	243명 사망
탄광	소마, 터키 2014	301명 사망

표 6-2: 최근 기저부하 에너지원에 의한 높은 사망률을 보여주는 사고들

후쿠시마 사고의 차분한 평가에 대한 언론의 반응은, 다음과 같다.

"그렇지만 거기서 세번이나 원자로가 녹아내렸다구요!!"

노심이 녹아내리는 것은, 공포영화에서 이야기를 흥미진진하게 끌고가기 위해 과학을 변형시키는 경우를 제외하고는, 체르노빌에서 일어났던 원자로 폭발보다 훨씬 작은 사고다. 심지어, 체르노빌에서도 방사선 자체가 사람들의 삶에 미쳤던 영향은 다른 에너지원의 사고에 비해 매우 한정적이었다. (표 6-2 참고)

지역 정신건강에 미치는 영향

국제 사회의 경고가 체르노빌 사고에 대해 심각성을 인정하기를 강요하기 전까지 체르노빌 현지 당국은 사고에 대해 늑장 대응했다. 체르노빌은 농업에 크게 의존하는 우크라이나의 빈곤 지역에 위치해 있다. 우크라이나 사람들은 사고를 알지 못한 채 야채와 유제품 등 현지에서 방사능 낙진을 흡수하며 생산된 음식을 계속 먹었다. 그러다, 예고도 없이, 많은 사람들이 버스에 몸을 실은 채 낯선 곳으로 옮겨졌으며, 무슨 일이 일어났는지도 모르는 상태로 실직한 피난민들과 가족들은 자살, 알코올 중독에 내몰렸다.

usual signs of severe social stress – suicide, alcoholism, family break up, increased smoking and hopelessness.

Mortality from radiation

Accounts of accidents record the details of injuries, lists of fatalities and social consequences, even though these may not be known precisely. Also important is the number of cases that would have happened anyway without an accident. Exposure to radiation can result in eye damage and beta-burns to the skin, similar to sunburn, although recovery from such conditions is usually complete.

However, at the time of the Chernobyl accident and for many years thereafter, there was wild speculation that the number of deaths that it would cause would be high – tens and hundreds of thousands – and the reasons for this expectation were cultural and historical, as discussed on Chapter 10. But after a lapse of 25 years it is now possible to set the record straight and give generally agreed scientific estimates of the number of deaths, and to understand the effect of the radiation in terms of modern biology.

What do such numbers mean and how are they found? There are three types.

- First, there are the deaths of identifiable individuals who would otherwise have lived. We do not need fancy mathematical statistics to get the answer for them; we know who they are, individually by name.

- Second, there may be a group that as a whole shows a significantly larger number of deaths than would have been the case without an accident, but for which it is not possible to distinguish the individual casualties from those cases that would have occurred anyway. To be confident that the radiation accident was a cause, two large groups need to be compared which are similar, except that one

가족이 해체되고, 흡연자가 증가하고 절망감이 널리 퍼지는 등 심각한 사회적 스트레스가 주는 모든 징후를 겪기 시작했다.

방사선으로 인한 사망률

사고 경위 보고서에는, 비록 정확하지 않을 수 있지만, 피해에 대한 세부적 사항, 사망자 명단 및 사회적 결과를 기록한다. 또한 사고와 무관하게 어쨌든 일어났을 경우의 수 또한 중요하다. 방사선에 노출되면 눈 손상과 햇볕에 타는 것과 비슷하게 피부에 베타 손상을 입을 수 있지만, 이는 대부분 완전히 회복된다.

체르노빌 사고 당시와 그 이후 여러 해 동안, 사망자가 - 수만 명, 수십만 명에 이를 정도로 - 많을 것이라는 엉뚱한 추측이 있었다. 25년이 경과한 지금, 사망자 수를 과학적으로 추정하는데 의견 일치가 이루어져 사망자 기록이 바로 세워졌다. 그래서 방사선의 영향을 현대 생물학의 관점에서 보다 정확히 이해하는 것이 가능해졌다. 숫자들은 무엇을 의미하며 어떻게 알아내는가? 세 가지 유형이 있다.

- 첫째, 신원확인이 가능한 사망자들 중, 사고가 발생하지 않았다면 생존했을 사망자들이 있다. 이름을 통해 해당하는 사망자들을 개별적으로 알 수 있기 때문에 복잡한 수학적 통계가 필요하지 않다;

- 둘째, 전체적으로 사고가 발생하지 않았을 경우보다 훨씬 더 많은 수의 사망자가 발생할 수 있지만, 어쨌든 사망했을 사망자의 사례와 이를 구별할 수 없는 그룹이 있을 수 있다. 방사선 사고가 사망의 명확한 이유라고 판단하기 위해선, 방사선에 노출되지 않았다는 점을 제외한 비슷한 두 집단을 비교할 필요가 있다. 추가 사망자 수를 추정하는 것과 그 추정의 불확실성은 통계적 계산과 관련이 있다. 결론은 상당히 확고할 수도, 미약할 수도 있다.

- 마지막으로, 사고로 인해 사망했을 수 있지만 명확한 통계적 증거가 없는 사람들이 있다. 이는 알 수 없는 상황이며, 증거가 존재하지 않

was irradiated by the accident and the other was not. Estimates of the number of extra deaths and its uncertainty involve a statistical calculation. The conclusion may be quite firm or it may be decidedly weak.

- Finally, there are those who might have died from the accident but for whom no clear statistical evidence is available. This is a don't-know situation and the evidence does not exist; it is dangerous just to speculate in the absence of evidence. But in the early years after Chernobyl it was possible to argue that one should wait and see. After 25 years this is no longer reasonable and the conclusions of no evidence are looking final.

Death from Acute Radiation Syndrome

At Chernobyl there was one group of individually identifiable victims. These were the 28 men who died after fighting the fire at the reactor in the first few days. Death was from ARS, not cancer, and the mortality among the 237 fire- fighters in each dose range is shown in Illustration 6-2. The graph shows that for those who received less than 4,000 mGy, labelled point A, the mortality was only 1 in 195. At higher doses the mortality rises steeply and reaches near 100%, point C, at around 7,000 mGy, point B. Evidently there is a threshold in the region of 3,000 to 4,000 mGy and the data for rats described by the smooth curve show a similar effect. All those who died of ARS did so within a few weeks and the others recovered.

A significant question is what happened subsequently to those of the 237 fire fighters who survived early death by ARS. In 25 years in any such group some would die anyway. The questions are whether more of them died than expected, and whether the complaints that they died from have any connection to radiation. The numbers are relatively small and so fluctuations are expected.

Nevertheless, the World Health Organisation has not reported any

는다; 증거없이 섣불리 추측하는 것은 위험하다. 그러나 체르노빌사고 초창기에는 상황을 기다려 봐야 한다고 주장하는 것이 가능했지만, 25년이 지난 후 이것은 더 이상 그럴 이유가 없으며 증거 없음이 최종 결론인 것으로 보인다.

급성 방사선 증후군으로 인한 사망

사고 후 첫 며칠간, 원자로 화재와 싸우다 숨진 28명은 신원확인이 가능한 체르노빌의 희생자 집단이었다. 그들은 암이 아닌 급성 방사선증후군으로 사망했으며, 다음 〈그림 6-2〉는 237명의 소방관들의 각 선량 범위에 따른 사망률을 보여준다. 이 그림은 A지점, 즉 4,000 mGy 미만을 받은 사람들의 사망률이 195분의 1에 불과했음을 보여주며, 사망률은 선량이 높아질 수록 가파르게 상승하고 약 7,000 mGy인 B 지점에서 100%를 나타내는 C지점에 도달한다. 분명, 3,000~4,000 mGy의 범위 내에 문턱값이 존재하며, 쥐를 대상으로 한 실험 자료도 부드러운 곡선으로 나타나 이와 유사한 효과를 보여준다. ARS(급성방사성증후군 Acute Radiation

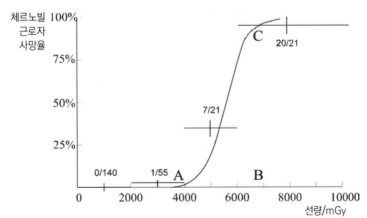

그림 6-2: 초기 소방관 237명에 대한 각 방사선량에 따른 급성 방사선 증후군(ARS)으로 인한 사망률 자료(─┼─ 교차점에 달린 수치는 각 선량 범위에 대한 '총 사망자수/총 피폭자수'를 나타내며, 곡선은 쥐를 대상으로 한 유사 실험 자료의 그래프다)

significant signs or correlations among these closely monitored survivors, suggesting extra cases of leukaemia, for instance[13].

Cases of child thyroid cancer

There was one small group of extra deaths that were identified, though only statistically. The incidence of thyroid cancer in the regions of Ukraine, Belarus and Russia near to Chernobyl showed an increase of about 6,000 among children[14, 15]. Some of these were unrelated to radiation (and so would have occurred in any event) and others were detected prematurely because they were screened intensively. Some may have been caused by the ingestion of radioactive iodine-131 from vegetables and milk contaminated by fallout. Iodine, whether radioactive or not, is concentrated into the thyroid gland, especially in growing children. The uptake of iodine depends on the supply of iodine in the local diet which may be poor, as it is in Ukraine, or rich, as it is in Japan, where iodine-rich sea weed is eaten regularly. Any radioactive iodine is diluted by the presence of regular iodine, whether from normal diet or taken as a supplement. Radioactive atoms decay with a half- life of eight days and then become harmless. So children born since the accident cannot be affected, and indeed they do show that the cancer rate has returned to its normal low level.

Thyroid cancer can be treated making use of the same high efficiency with which iodine is concentrated by the thyroid. In a course of therapy the patient is injected with much more radioactive iodine that then kills the tumour cells. In spite of the increased reported incidence, most cases were successfully treated and, as a result, the number who have died from the radiation is not 6,000 but 15.

The intensive screening process caught some cases that would not have developed and these cases were not caused by radiation. The extent of these false diagnoses is debated. But if normal potassium iodide tablets

Syndrome)로 인한 사망은 모두 몇 주 안에 일어났고 나머지 사람들은 회복되었다.

ARS에 의해서 초기에 일어난 사망에서 살아남은 237명의 소방관들에겐 이후 어떤 일이 일어났을까? 이 의문은 매우 중요하다. 어떤 그룹이던, 일부는 25년 안에 사망했을 것이다. 다만, 문제는 사망자가 예상보다 많은지, 그래서 그 사망자들이 방사능과 연관이 있는지 여부이다. 사망자의 숫자가 상대적으로 작기 때문에, 사망자 집계를 수정해야 할 것이라고 예상됐다.

하지만 그럼에도 불구하고, 세계 보건 기구는 밀접하게 관찰한 생존자들 사이의 상관관계나 중요한, 예를 들면 백혈병 추가 발병 사례같은 징후를 보고하지 않았다.

소아 갑상선 암의 사례

소그룹에서 확인된, 추가 사망자가 있었는데 이는 통계적으로 확인되었다. 사망자들은 바로 체르노빌 근처의 우크라이나, 벨라루스, 러시아 지역에서 6000명의 어린이들 가운데 극히 일부로, 그들은 갑상선 암으로 확인되었다. 이들 중 일부는 방사선과 무관 했고 또 다른 아이들은 집중적인 검진을 통해 암을 조기에 발견할 수 있었다. 물론 일부 아이들은 방사능 요오드-131의 낙진에 의해 오염된 야채와 우유를 섭취했기 때문일 수 있다. 하지만, 요오드는 방사선과 무관하게, 특히 성장기 어린이들의 경우 체내 갑상선에만 집중되는 경향이 있다. 요오드 섭취는 현지 식단의 요오드의 공급에 달려있다. 우크라이나처럼 나쁠 수도 있고 요오드가 풍부한 해조류를 일상적으로 먹는 일본처럼 풍부할 수도 있다. 방사성 요오드는 정상 식이요법이나 보조식품으로 섭취된 일반 요오드로 희석될 수 있으며, 방사성 원자는 8일의 반감기가 지난 후 무해해지기 때문에 사고 이후 태어난 아이들은 영향을 받을 수 없었다. 당연히 암 발병률은 정상적인 낮은 수준으로 돌아왔다.

갑상선암은 갑상선에 농축된 것과 동일한 고효율 요오드를 사용하여 치

had been taken, as they were in many places in Japan, the number of real cases at Chernobyl would certainly have been reduced. Given that the release of iodine-131 at Fukushima was much smaller than at Chernobyl, no real increase in the incidence of child thyroid cancer beyond that which would have occurred without the accident is expected, and certainly no death.

There continues to be no evidence for any other fatality at Chernobyl caused by radiation. In particular, in agreement with findings for the survivors of Hiroshima and Nagasaki after 50 years, there is no evidence for any increased incidence of deformity or inherited genetic effect[16].

Loss of life caused by fear

Fear of the radioactivity released in the Chernobyl accident spread far beyond the evacuation zone and those labelled as sufferers. Concern about any possible risk to later generations was reflected in increased abortion rates in the following months in many countries, even those quite far away. In Greece, for instance, this was evident as a sharp dip in recorded birth statistics, indicating that there were 2,000 extra abortions there[17]. These statistics indicate drastic personal action taken in response to the threat of radiation, when in reality there was no danger at all.

As described in Radiation and Reason[SR3], social stress and fear of radiation is now considered by the World Health Organisation (WHO) to have been responsible for many deaths, although reliable numbers are not available. The rural population near Chernobyl had little education or experience of life in nearby towns and their disorientation was caused by their hurried and unexplained evacuation. Officially labelled as victims of radiation, a description beyond their knowledge and disconnected from their sensory experience. They suffered from the threat of unknown disease, the scramble for compensation and life in an unfamiliar place. These led inevitably to general stress, dependency and hopelessness.

료할 수 있다. 중증 갑상선암 치료는 환자에게 훨씬 더 많은 방사성 요오드를 주입해 종양세포를 제거하는 것이다. 비록 발병률은 보고서상 증가했지만, 대부분의 경우 성공적으로 치료되었으며 결과적으로 방사능으로 사망한 사람의 수는 6,000명이 아닌 15명이었다.

집중 검진 과정으로 인해 암으로 발전하지 않은 사례도 일부 발견했으며, 이는 방사능에 의한 사례가 아닌 것으로 나타났다. 오진의 정도는 논쟁의 대상이 된다. 만약 정상적인 요오드화 칼륨 알약을 복용했다면, 체르노빌의 실제 환자 수는 확실히 줄어들었을 것이다. 후쿠시마의 요오드-131 누출이 체르노빌에 비해 훨씬 적었던 점을 감안할 때, 어린이 갑상선 암 발병률이 다이이치 원전사고로 인해 유의적으로 높아졌다고 볼 수 없으며 갑상선 암으로 숨진 어린이도 분명 없었을 것이다.

체르노빌에서 방사능으로 인한 추가 사망자에 대한 증거는 찾아볼 수 없었다. 이는 특히, 히로시마와 나가사키의 생존자를 대상으로 50년 후 진행한 조사 결과 기형 발생 및 유전적 영향을 증가시켰다는 그 어떤 증거도 찾을 수 없었던 것과 마찬가지였다.

두려움에서 발생한 인명피해

체르노빌 사고에서 방출된 방사능에 대한 공포는 재난지역을 훨씬 넘어 전 세계적으로 확산되었다. 후대에 위험이 미칠 수 있다는 사람들의 우려는 사고 후 몇 달 간 낙태율을 크게 증가시켰다. 심지어 아주 먼 나라인 그리스에서는 약 2,000건의 추가 낙태가 있었고 이는 출생 통계 기록의 급격한 감소로 명백히 나타났다. 이러한 통계는 방사능 위험이 실제로 존재하지 않음에도 불구하고, 이에 대응하기 위해 극단적인 개인적 행동을 취했다는 것을 나타낸다.

많은 죽음에 책임이 있는 세계 보건 기구(WHO)는 현재, 방사능에 대한 사회적 스트레스와 두려움에 대해 고려하고 있다. 체르노빌 근처의 농촌 인구는 교육이나 인근 도시에서의 삶의 경험이 거의 없었고, 그들은 아무런

In 1986 the Cold War was not yet over and for a number of years the international community continued to be so transfixed by the much-hyped dangers of radiation and radioactivity that they overlooked this suffering, which was the most serious health outcome. It was not until 2006 that the truth was fully acknowledged in international reports, the latest draft from UNSCEAR being published less than two weeks before the Fukushima accident[18].

Mistakes at Chernobyl repeated at Fukushima

These reports on Chernobyl by WHO, IAEA and UNSCEAR remained unheeded by the authorities in Japan when the accident at Fukushima occurred, and the mistakes of Chernobyl were repeated there. Why did the authorities in Japan not have a plan of action? Why did they act seemingly unaware of these reports? Their reaction is not uniquely Japanese, and it is probable that the national authority in any other country would have reacted similarly had such an accident occurred there. Instead of thinking for themselves as they do when faced with an earthquake or tsunami, the Japanese authorities turned for advice to the US Nuclear Regulatory Commission (NRC). Why?

Advice is sought from higher authority for any threat that is not understood or trusted, in Japan as elsewhere. Unfortunately the Japanese government lacked both understanding and trust, and so consulted the US NRC.

This was unfortunate because it was headed at the time by Gregory Jaczko, who held long-standing anti-nuclear views. Clearly he had not read and understood the UN reports either, and the Japanese government seems to have received inept and dangerous advice. Jaczko was replaced as head of the US NRC a year later.

The Japanese people would seem to have been victims of their deferential attitude to the US, an unfortunate outcome given the

설명없이 갑작스럽게 대피하게 되어서 굉장한 혼란에 빠졌다. 그들은 공식적으로 방사선의 희생자로 명명되었다. 이 단어는 그들의 지식을 뛰어넘는, 그들이 감각적으로 느끼는 경험과 분리된 묘사였다. 그들은 질병들, 보상을 향한 쟁탈전 그리고 낯선 곳에서의 생활로 고통받았다. 당연히 일반적 스트레스, 의존성 그리고 절망이 이어졌다.

1986년, 끝나지 않은 냉전시대와 과장된 방사능 및 방사선의 위험으로 인해 수년 동안 꼼짝 달싹 못하게 된 국제사회는 아주 심각한 건강상의 문제인 이런 고통들을 간과해 왔다. 이에 대한 진실은 2006년이 되어서야, UNSCEAR의 국제 보고서에서 완전히 인정받았고, 그 보고서는 후쿠시마 사고가 발생하기 채 2주도 남지 않은 시점에 출판되었다.

후쿠시마에서 반복된 체르노빌의 실수

WHO, IAEA, UNSCEAR의 체르노빌에 관한 보고서는 후쿠시마 사고가 일어날 때까지 일본 당국의 주의를 끌지 못했고, 체르노빌의 실수는 거기서 반복되었다. 왜 일본 당국은 대처방안을 세우지 않았을까? 왜 그들은 이러한 보고를 모르는 듯 행동했을까? 이는 일본에만 해당되는 경우가 아니며, 어떤 다른 나라의 당국도 사고가 일어났을 때 이와 비슷하게 대처했을 것이다.

일본 당국은 왜 지진이나 쓰나미에 맞닥뜨렸을 때와 달리 스스로 생각하지 않고 미국 원자력규제위원회(NRC)에 자문을 했을까?

다른 국가와 마찬가지로 일본에서도 이해할 수 없거나 신뢰할 해결 방안이 없는 어떤 위협에 대해서 자문할 기관을 찾았다. 불행히도 일본 정부는 이해와 신뢰 둘 다 부족했고 그래서 미국 원자력규제위원회에 조언을 구했다.

미국 NRC는 당시 오랫동안 반핵 입장을 고수한 그레고리 자스코가 이끌고 있었기 때문에 그는 분명히 유엔 보고서를 이해하지 못했으며 일본 정부는 서툴고 위험한 조언을 받았던 것이다. 그 다음 해 미국 NRC의 수장은 교체되었다.

indigenous expertise in Japan. Much of the finest scientific work on the beneficial effects of radiation at low dose rates comes from Japan, but there is a culture of compartmentalised responsibility, an unwillingness to make public comment on any matter unless required to do so. But Japan is not alone in this and other cultures suffer from the same paralysis of opinion. What distinguishes Japan is its geology, and that is what caused the damage and loss of life, not its use of nuclear energy.

Chronic and protracted doses, radiotherapy

Dose rates, time scales and whole-of-life doses

The permanent damage inflicted by a radiation dose spread out over a period of time is quite different from that inflicted in an acute dose, a single dose all at once. Even when the total dose, that is the energy deposited in joules per kg, is the same, the extension in time alters the effect on the organism in two ways.

Firstly, although in a short period the resources needed by cells to replace or repair temporary damage get rapidly used up, a dose delivered over a longer period allows time for further resources to become available. Secondly, it allows the cell (or cells) to adapt their readiness for any further incident in the light of experience.

Here is an analogy. If an acute dose is like a sprint, a chronic dose is like a long-distance run, and the adaptation is like the improvement over time that a history of regular exercise builds up. Adaptation is least in response to an acute dose, such as the flash of gamma rays and neutrons experienced by the inhabitants of Hiroshima and Nagasaki. So the effect of acute and chronic doses are different. A steady chronic dose rate is measured in mGy per day, for example, while a single acute dose is measured in mGy, full stop.

일본 국민은 미국에 대한 공손한 태도 때문에 희생된 것 같았는데, 이는 일본 고유의 전문성을 감안할 때 매우 불행한 일이었다. 낮은 선량률에서 방사선의 이로운 효과에 관한 훌륭한 과학적 연구의 대부분은 일본으로부터 나오지만, 그들에겐 책임을 구분하는 문화가 있고, 필요하지 않으면, 어떤 문제에 대해서도 공개적으로 논평하기를 꺼리는 경향이 있다. 그러나 일본만 이런 것이 아니고 다른 문화권에서도 이런 일은 비일비재하다. 결론은 일본이 많은 인명 피해와 손실을 본 것은 지질학적 요인 때문이었지 원자력 이용이 문제가 아니라는 것이다.

만성 및 장기 피폭량과 방사선 치료

선량률, 시간 척도 및 전생애에 걸친 선량

일정기간 동안 분산된 방사선량이 일으키는 유기체 손상은 단일 급성 선량이 일으키는 손상과 상당히 다르다. kg당 줄로 측정된 총 선량, 즉 축적된 에너지가 동일한 경우에도, 시간이 길어지면 유기체에 미치는 영향은 두 가지 방식으로 달라진다.

첫째, 단기간 방사선에 피폭된 경우에는 순간의 손상을 대체하거나 회복하기 위해 세포에 필요한 자원이 급속하게 소모되고 말지만, 장기간에 걸쳐 전달된 선량인 경우에는 회복에 필요한 추가 자원을 이용할 수 있도록 시간을 벌어준다.

둘째로, 장기간에 걸친 선량은 세포로 하여금 앞으로의 사고에 대비하여 경험에 비추어 적응할 수 있도록 해 준다.

비유를 하자면, 급성 선량은 단거리 달리기, 만성 선량은 장거리 달리기와 같고, 세포의 적응은 오랜 시간에 걸친 규칙적 운동이 쌓여 생기는 긍정적 변화나 발전과 같다. 방사선에 대한 순조로운 적응은 히로시마와 나가사키의 주민들이 경험했던 감마선과 중성자 섬광과 같은 급성 선량 피폭자

Traffic accidents provide another analogy. These are related principally to the speed at which vehicles travel, and less to the distance they cover. If distance were related to accidents, the police might hand out tickets to motorists travelling more than 15,000 miles, for example. But since distance is less important than speed, and accidents do not accumulate with distance provided the speed is kept low, the highway police only give tickets for the rate of distance (that is the speed) over 70 miles per hour, say. Slower speeds do not accumulate accidents, or speeding tickets.

Similarly, the evidence for the damage due to a radiation dose suggests that it depends primarily on dose rate, not accumulated dose. The difference between an acute and a chronic dose may be as obvious as the difference between miles and miles per hour, but, nevertheless, they are frequently confused.

As argued in Radiation and Reason[SR3], there are reasons to give chronic dose rates a daily or monthly time-scale, for that is the scale of the biological repair and replacement processes, some linked to the cell cycle. To be conservative we consider chronic dose rates in mGy per month. Only for irreparable damage would mGy per life be appropriate, and only by examining data can it be discovered whether this is applicable to any extent. What is the effect of a chronic radiation dose rate? Where does evidence to answer this question come from? The biological response to a radiation dose is the subject of Chapter 8, but it is good scientific practice to let the evidence speak for itself before interpreting it in one way or another.

Experimental data on mice, dogs and humans

We start with the effect of beta and gamma radiation[19]. (The effect of alpha radiation is somewhat different and will be described at the end of this chapter.)

Large-scale radiation experiments on humans, even under controlled

들에게는 기대하기 어려운 것이다. 급성 선량과 만성 선량의 효과는 그만큼 다르다. 지속적인 만성 선량은 1일 당 mGy로 측정되는 반면, 단일 급성 선량은 mGy로만 측정되면 그만일 뿐이다.

교통사고는 또 다른 비유가 될 수 있다. 교통사고는 주로 차량이 이동하는 거리보다 속도와 더 관련이 있다. 만약 주행하는 거리가 사고와 관련성이 있다면, 경찰은 15,000 마일 이상을 이동하는 운전자들에게 위반 딱지를 발부할 것이다. 하지만, 거리는 속도보다 덜 중요하고, 속도가 느릴 때, 사고는 거리에 따라 누적되지 않기 때문에 경찰은 시속 70마일이 넘는 차량에만 속도 위반 딱지를 준다. 느린 속도는 사고를 누적시키거나 속도 위반 딱지와 관련이 없다.

마찬가지로 방사선량으로 인한 손상에 대한 증거는 누적 선량이 아닌 주로 선량률에 달려있음을 시사하고 있다. 급성 선량과 만성 선량의 차이는 속도와 거리만큼 명백하지만, 그럼에도 불구하고 자주 혼동되고 있다.

만성 선량률은 일일 또는 월별 등 시간의 단위로 지정하는 이유가 있다. 왜냐하면 이 사안은 생물학적 복구 및 교체 과정의 규모와 관계가 있고, 어떤 점에서는 세포주기와 연관성이 있기 때문이다. 우리는 만성 선량을 보다 보수적으로 매달 mGy로 나타내지만, 사실상 회복할 수 없는 손상에 한해서만 한 생애 당 mGy로 나타내는 것이 적절하며, 자료조사를 통해 어느 정도 적용할 수 있음을 확인할 수 있는 경우에 국한해야 할 것이다.

그렇다면 만성 선량의 영향은 무엇일까? 이 질문에 답할 수 있는 증거는 어디서 얻을 수 있을까? 방사선량의 생물학적 반응은 그 증거를 여러 방법으로 해석하기 전에 증거가 스스로 증명하도록 지켜보는 것이 가장 합리적인 방법이다.

쥐, 개, 사람의 실험 데이터

베타와 감마선의 효과부터 생각해 보자. (알파선의 효과는 다소 다르기 때문에 이 장의 뒷부분에서 설명될 것이다)

conditions, are frowned upon because they are thought to be dangerous. Instead we have to rely, either on experiments with animals, or on the best human information that is available, by chance or accident. In controlled experiments on animals their number can be large depending on the resources available. Observations may be compared in detail with a control group which is identical in all respects, except that its members did not receive the radiation dose. Results from a relevant experiment were published as early as 1915 and 1920, and are described in Chapter 8. Today genetic variation can be removed as a possible source of confounding by employing a single genetic strain of mice for both the irradiated and the control group. However, mice differ from humans, and dogs are different again. Conclusions found in mice or dog experiments cannot be related directly to humans, most obviously because their life spans and metabolic rates are different. So results can only be indicative, although, for acute experiments at least, the agreement may be fair.

But it is in the effect of chronic doses that such experiments are most useful, for instance to show the different sensitivity of adults and juveniles or foetuses. Some authorities suggest that sensitivity to radiation decreases with age, but others point out that youth is less sensitive, thanks to a more effective immune system. When tested in experiments on mice these questions can be answered quickly and also combined with post-mortem examination.

The short lifespan of mice limits the useful information that such data can give for any prolonged exposure. A better choice is the study of beagles with a natural lifespan of 12 to 15 years. In such studies with various lifelong dose-rates, lifespans and causes of death can be compared with those of a control group who were not irradiated. These data do show significant effects from chronic radiation, but only at high dose rates together with high lifelong doses. The details will be seen in Chapter 8. It is still relevant to ensure that the most significant human data tell a consistent story.

대규모의 인체 방사선 실험은 통제된 조건에서도 위험하다고 생각되기 때문에 많은 사람들은 거부감을 느낀다. 따라서, 우리는 동물실험이나, 우연히 또는 사고로 얻어진 가능한 한 최선의 인체 정보에 의존해야 한다. 통제된 동물 실험은 이용 가능한 동물들에 따라 꽤 다양할 수 있으며, 방사선을 쐬지 않았다는 점을 제외하고, 모든 면에서 동일한 대조군과 상세한 비교를 통해 관찰될 수 있다. 관련 실험 결과는 일찍이 1915년과 1920년에 발표되었다.

그러나 쥐는 인간과 다르고 개 또한 다르기 때문에 쥐나 개 실험에서 얻어진 결론을 인간과 직접적으로 연관지을 수 없다. 가장 확실한 이유는 그들의 수명과 대사율이 다르기 때문이다. 그럼에도 불구하고, 적어도 급성 실험의 경우에서는, 동물, 인간 실험의 자료간의 일치가 나타난다는 것을 확인할 수 있다.

만성 선량의 효과에서 이런 실험들은, 예를 들면 성인, 청소년 그리고 태아가 다른 민감도를 가지고 있다는 것을 보여주는 데에 가장 유용하다. 몇몇 당국은 방사선에 대한 민감도가 나이가 들수록 감소한다고 주장하지만 일부는 면역력은 상승하기 때문에 오히려 젊은 층에서 민감도가 낮다고 지적한다. 쥐 실험에서 검증하는 경우, 위와 같은 문제들에 대한 답을 빠르게 얻을 수 있을 뿐만 아니라, 이 문제를 부검과도 결합시킬 수있다.

하지만 쥐의 수명은 비교적 짧기 때문에 장기적인 노출에 대한 데이터를 제공하기에는 제한적일 수 있다. 따라서, 12년에서 15년의 수명을 갖는 다리가 짧은 사냥개 비글은 더 나은 결과를 제공할 수 있다. 전 생애에 걸친 다양한 일생 선량률의 연구에서, 수명과 사인(死因)이 방사선을 쐬지 않은 대조군과 비교된다. 이 데이터는 만성 방사선의 상당한 영향을 보여주지만, 선량률이 높고 평생 선량 또한 높은 경우에서만 나타난다. 이에 대한 자세한 내용은 8장에서 다뤄진다, 이는 가장 중요한 인적 데이터가 일관된 내용을 말하고 있음을 확인하는데 적절하다.

Cancer caused by radiotherapy for an earlier cancer

The task is to track down evidence for human cancer – carcinogenesis, if you prefer the long name – due to chronic or protracted radiation. This turns out to be surprisingly difficult, in large part because chronic radiation simply does not cause cancer at low and intermediate dose rates as readily as might be expected. What happens at high dose rates, such as used in the medical treatment of cancer? This radiotherapy is given as a course lasting six weeks or so; each day a fraction of the radiation dose is given. This protracted dose is better seen as a chronic rather than as an acute dose, because a day is long enough for the irradiated tissue and its cells to react to the radiation, as confirmed in laboratory test-tube experiments. In practice this fractionation of the treatment turns out to be essential to its success[20].

The point is that, although this very large dose, given every day, may kill the cells of the tumour as intended, it may also itself be a source of new carcinogenesis in the healthy tissue close by. Examined in this way, data on the vast clinical experience of radiotherapy can come close to answering the question of a threshold,

What is the lowest chronic radiation dose rate that is found to give rise to cancer?

There are many details that make a quantitative conclusion difficult. Nevertheless, members of the public undergoing a course of treatment receive up to 1,000 mGy per day to healthy tissue which then recovers. This amounts to a very large total dose over a period of a month or so, and they thank the radiologists for this treatment that is given to kill their cancer, or at least provide palliative relief. As we shall see in Chapters 8 and 9, the chance that the radiation causes a new primary cancer is something like 5%. If it were much higher, the clinicians would scale back the daily dose; if it were much lower, they would increase the dose to be more certain of curing the initial cancer.

초기암에서 방사선 치료로 인해 발병된 암

우리의 과제는 만성, 또는 장기간의 방사선 조사(照射)가 인간의 암 또는 암 발생에 직접적인 영향을 끼치는지 그 증거를 추적하는 것이다. 이는 매우 어려운 것으로 나타났는데 그 이유는 대부분의 만성 방사선이 저·중위 방사선 영역에서 기대하던 것과 달리 암을 유발하지 못하기 때문이다. 그렇다면 암 치료에 사용되는 높은 선량률의 방사선에서는 어떤 일이 일어나는가? 방사선 치료는 6주 정도 지속되며 매일 방사선량의 일부분이 주어진다. 이렇게 분산된 선량은 급성 선량보다는 만성적 선량으로 보는 게 낫다. 왜냐하면 시험관 실험에서 확인된 것처럼, 하루라는 기간은 조사된 조직과 세포가 방사선에 대응하기에 충분한 시간이기 때문이다. 실제로 치료 과정의 방사선 분산 조사(照射)는 성공적인 치료에 필수적인 요건으로 판명되었다.

요점은 매우 높은 선량이 매일 공급되어서 의도한대로 종양세포를 제거할 수도 있음에도 불구하고, 인근의 건강한 조직에 새로운 발암 원인이 될 수도 있다는 것이다. 이와 같은 방식으로 접근한다면, 방사선 치료의 방대한 임상 경험 데이터는 문턱값에 대한 해답에 근접할 수 있다.

그렇다면 지금까지 밝혀진 암을 유발하는 가장 낮은 만성 방사선량은 얼마인가?

양적인 결론을 내리기 어렵게 만드는 여러 세부사항들이 있다. 그럼에도 불구하고, 일반 시민들은 방사선 치료 과정에서 하루에 1,000 mGy까지의 선량을 건강한 세포조직에 받고 이후 회복된다. 한 달 남짓한 기간 동안 매우 높은 총 선량에 달하지만, 환자들은 종양을 제거하거나, 임시적인 증상완화를 제공한 방사선 치료에 대해 의사들에게 감사를 표한다. 방사선이 새로운 1차 암을 유발할 확률은 약 5%이다. 만약, 이 확률이 5%보다 훨씬 높다면, 임상의는 일일 선량을 축소할테지만, 확률이 훨씬 낮다면 초기암을 보다 확실히 치료하기 위해 선량을 증가시킬 것이다.

Indeed, everybody knows a friend or relative who has experienced such a course of radiotherapy treatment with this sequence of high doses. These data do not come from experiments in a concrete bunker hidden away at a secret research laboratory that might be thought unfriendly or untrustworthy.

On the contrary, the public have every reason to accept and acknowledge such information. They should realise where it comes from. A discussion of the doses used is openly available on the website of the Royal College of Radiologists[20].

Living with artificial radioactivity

Are there no data for humans exposed to a constant radiation dose-rate lasting many years? Sources of such data are unusual, even for moderate rates, but they do exist and there is one in particular. In 1982 a development of 1,700 apartments was built for 10,000 residents in Taiwan. The structural steel used was contaminated by cobalt-60 – it must have included scrap structural steel from a fission reactor. This isotope is formed when natural cobalt-59 in structural steel absorbs an extra neutron. Such neutrons do not exist in the wild, because left on their own all neutrons decay with a half-life of 10 minutes. The only place where cobalt-59 might meet a free neutron is inside the vessel of a working fission reactor. Anyway, what were the consequences of the accident?

Cobalt-60 has a half-life of 5.3 years and decays with the emission of a 1.3 MeV gamma; such radiation is very penetrating. In the Taiwan apartments it irradiated the occupants continuously over a period up to 20 years without their knowledge. By the time this was discovered 1,100 people had received an annual dose of more than 15 mGy; 900 had received between 5 and 15 mGy annually.

The residents were quite unaware of their exposure and there seems to be general agreement that the data show no evidence for excess cancer or

실제, 대부분의 사람들은 고선량의 방사선 치료를 받은 친구나 친척을 알고 있을 것이다. 이러한 자료는 비밀 연구소에 숨겨져 있는 콘크리트 벙커에서 진행된 비우호적이거나, 신뢰할 수 없는 실험에서 나온 데이터가 아니다.

오히려 대중들은 정보를 받아들이고 인정해야 하며, 정보의 출처를 명확히 인식해야 한다. 사용된 선량에 대한 논의는 영국 왕립 방사선 전문 대학 웹사이트에서 공개적으로 이용할 수 있다.

인공 방사능과 함께 살아가다

수년간 일정한 방사선 선량률에 노출된 사람들의 데이터는 없을까? 이러한 데이터를 얻을 수 있는 곳은 아주 드물지만, 간간히 존재하기도 하고 특히 여기 두드러지는 한가지 사례가 있다. 1982년, 대만에서 10,000명의 거주자들을 위한 1,700여 채의 아파트가 건설되었다. 하지만, 사용된 구조용 강철은 코발트-60에 의해 오염되었고, 분명 핵분열 원자로의 구조용 고철강을 사용했음이 틀림없었다. 왜냐하면 이 동위원소(코발트-60)는 자연 코발트-59가 여분의 중성자를 흡수할 때 형성되기 때문이다. 이런 자유 중성자들은 자연 상태에 존재하지 않는다. 자연상태에서 중성자는 반감기가 10분인 중성자 붕괴를 통해 모두 붕괴하기 때문이다. 코발트-59가 자유 중성자를 만날 수 있었던 유일한 장소는 작동 중인 핵분열 원자로 용기 내부였을 것이다. 어찌 됐건 이 사고의 결과는 무엇이었을까?

코발트-60의 반감기는 5.3년이고 매우 깊이 투과하는 1.3 MeV 감마선을 방출하며 붕괴한다. 대만 아파트의 거주자들은 이 사실을 알지 못한 채 최대 20년 동안 지속적으로 방사선을 받았으며 1,100명은 연간 15 mGy 이상을, 900명은 매년 5 - 15 mGy의 선량을 받았다.

주민들은 그들이 방사선에 노출되었다는 사실을 알지 못했고 자료는 과도한 방사선이 암이나 다른 부작용을 일으키지 않았음을 보여주는 것에 일반적으로 동의하는 듯 보였다. 이 자료는 낮은 선량의 방사선의 유익한 영향을 조사하는데 사용되었지만, 연간 15mGy는 의미있는 결론을 도출하

any other ill effect[21]. The data have been examined for beneficial effects of low dose rate radiation, but 15 mGy per year is too low a dose rate for any significant conclusion to be drawn. Data for larger chronic dose rates would be needed to show firm evidence of an effect although claims are made.

Living with natural radioactivity

A source of chronic radiation that is occasionally much larger than 15 mGy per year is the ever-present natural background radiation that varies considerably, depending in particular on the local geology and height above sea level (discussed in Chapter 5). The geological dependence comes from local variations in naturally-occurring potassium, uranium and thorium ores. Alpha radiation is absorbed within the minerals, but the gamma escapes to contribute to the environmental background. Radon, the naturally occurring radioactive gas, contributes by escaping too.

Radon-222 was discovered by the German chemist, Frederick Dorner, in 1900. It is a noble gas with complete electron shells and little interest in chemical combination – in fact it is the heaviest in the sequence of such gases that starts from helium and runs through argon to xenon, and finally radon.

It is produced in the alpha decay of radium-226 which is a member of the decay sequence that starts from uranium-238. The concentration of uranium in the Earth's crust is very variable, and so that of radium is too.

Radium-226 has a long half life, but is relatively soluble in water. So when it decays to radon-222, it may already be dissolved; this is significant for the half life of radon-222 is only 3.8 days. (If still in the rock, it would escape into the air much less frequently.) Each atom of radon has a mass 222, eight times heavier than a nitrogen molecule in air, and so the gas naturally accumulates at low level, particularly in mines, cellars and caves.

기에는 너무 낮은 선량률이었다. 비록 여러 주장이 만들어지겠지만, 효과에 관한 확실한 증거를 보여주려면 더 큰 만성 선량률 데이터가 필요할 것이다.

자연 방사능과 함께 살아가다

만성 방사선원으로 때로 연간 15 mGy보다 훨씬 큰, 영구히 존재하는 자연 배경 방사선은 특히 지역의 지질과 해수면 위의 높이에 따라 변동이 심하다. 이와 같은 지질학적 영향은 자연적으로 존재하는 칼륨, 우라늄, 토륨 광석의 지역별 차이 때문이다. 알파선은 광물 내에서 흡수되지만 감마선은 탈출해 환경 배경 방사선에 이바지한다. 자연적으로 발생하는 방사성 가스인 라돈도 환경 배경 방사선에 기여한다.

라돈-222는 1900년 독일 화학자 프레드릭 도너에 의해 발견되었다. 라돈은 완벽한 전자껍질을 갖는 불활성 기체로서, 화학적 결합에 거의 관심이 없다. 불활성 기체는 헬륨, 네온, 아르곤, 크립톤, 크세논, 라돈 등이며 이중 라돈은 가장 무거운 기체이다.

라돈-222는 우라늄-238에서 시작되는 붕괴순서 중 하나인 라듐-226의 알파붕괴에서 생산되며, 지구 지각에 있는 우라늄의 농도는 매우 가변적이기 때문에, 라듐의 농도 또한 가변적이다.

라듐-226은 반감기가 길지만, 상대적으로 물에 잘 녹기 때문에, 라돈-222로 붕괴될 때 이미 용해되었을 가능성이 있다. .

라듐의 용해성은 라돈의 반감기가 3.8일이라는 것을 고려해 볼때 매우 의미가 있다. (만약, 라돈이 암석 내에 위치한다면 공기 중으로 훨씬 적게 방출될 것이다.) 라돈의 각 원자는 공기중의 질소 분자보다 8배나 무거운 질량을 갖고 있기 때문에, 가스는 특히 광산 지하실, 동굴의 낮은 곳에 자연스럽게 축적된다.

라돈 노출은 주택 내 위치, 주택의 건축 방식, 주거 및 환기 방식에 따라 달라질 수 있다. 가스이며 알파 방출체인 라돈은 폐암을 일으킨다고 알려

Exposure to radon may depend on location within a house, how the house is built and the way it is occupied and ventilated. As a gas and alpha-emitter, radon is expected to cause lung cancer. The picture is one in which radon is inhaled from the surrounding air and some atoms decay before it is exhaled again. The products of decay are not gases, and these products themselves decay in a number of sequential alpha and beta emissions that add further dose to the lungs (see Table 5-1 in Chapter 5).

Because radon is a colourless and odourless gas present in the home, it can haunt the imagination of the worried well, just as effectively as any tale of germs round the bend. Many home owners are persuaded to pay for radon remediation, and a radon survey may be recommended by their agent when they sell their property[22]. Such attention to domestic radon has become a profitable industry in affluent countries, bolstered by regulations not amenable to public scrutiny. The concentration of radon in the air is measured in Bq per cubic metre. The Action Level recommended in the UK is 200 Bq m^{-3} with a Target Level set at 100 Bq m^{-3}. These may look reasonable numbers, but the actual radon concentration at this Target Level is truly minute. Even if radon did have an odour or was coloured, it would not be detectable because its proportion at this level is only 1 part in 6×10^{17}.

We can calculate the radon concentration for an activity of 1 Bq per m^3
= 474,000 (secs, mean life radon-222) / 2.68×10^{25} (total molecules per m^3)
= 1.768×10^{-20} radon molecules per air molecule.
At the Target Level the concentration is 100 times larger than that. That is less than 2 parts in 1018, a million times a million times a million - that is not very much!

What radiation dose is received by inhaling air containing 1 Bq m^{-3} radon? Estimates vary within a factor ten. The ICRP says that it gives 0.017 mSv per year[23 p 16]. UNSCEAR says it is equivalent to 9 nSv per hour, or 0.079 mSv per year[24]. Being conservative and taking the UNSCEAR

져있다. 폐암은 주변 공기에서 라돈을 흡입한 뒤 일부 원자가 붕괴되고 공기를 다시 뱉어내는 과정에서 발생한다. 붕괴 생성물들은 가스가 아니며, 폐에 추가 선량을 더하는 다수의 알파 및 베타선을 순차적으로 방출해 폐를 피폭시킨다.(제5장 〈표 5-1〉 참조)

라돈은 무색 무취의 기체로 가정에 존재하기 때문에, 건강 염려증을 앓는 사람들을 마치 세균처럼 따라다니는 상상으로 홀릴 수 있다. 많은 주택 소유자들은 라돈 치료 비용을 지불하라고 설득당하고, 부동산 중개인은 주택소유자가 집을 매각할 때 라돈 조사를 진행하기를 추천한다. 가정내 라돈에 대한 이러한 관심은 여러 선진국에서 수익성 있는 산업을 만들고, 공개조사를 잘 받아들이지 않는 규제가 이에 힘을 실어주었다. 대기 중의 라돈 농도는 입방미터당 Bq로 측정되며, 영국에서 권장되는 수준은 200 $Bq \cdot m^{-3}$이고 목표 수준은 100 $Bq \cdot m^{-3}$ 정도이다. 이 수치는 합리적으로 보일 수 있지만, 목표 수준의 라돈 농도는 극히 적다. 라돈이 냄새가 나거나, 색깔이 있다 하더라도, 이 수준의 라돈의 비율은 6×10^{17}분의 1에 불과하기 때문에 검출은 실질적으로 불가능할 것이다.

> 우리는 m^3당 1Bq의 방사능에 대한 라돈 농도를 계산할 수 있다.
> = 474,000(초, 라돈 평균 수명) / 2.68×10^{25}(m^3당 총 분자 수)
> = 공기 분자당 1.768×10^{-20} 라돈 분자.
> 목표 수준의 농도는 이것보다 100배 더 크다. 10^{18} 중 2개 이하 즉, 백만의 백만배의 백만배 중 2개인데 이것은 많은 숫자라고 할 수 없다!

만약, 1 $Bq \cdot m^{-3}$의 라돈이 함유된 공기를 흡입할 경우 얼마의 방사선량을 받을까? 추정치는 10배 이내로 다양하다. 국제방사선보호위원회(ICRP)는 연간 0.017 mSv를 받는다 하고, UNSCEAR은 시간당 9 nSv 또는 연간 0.079 mSv라고 한다. 보수적으로 UNSCEAR값을 고려한다면, 항상 집안에서 생활하는 사람이 받는 선량은 연간 16 mSv로 2회 미만의 CT진단을 받는 정도일 것이다. 이는 대수롭지 않은 값이다. 하지만, 데이터가 말하는 보통 수준의 선량률이 폐에 미치는 영향은 무엇일까?

valuc, the dosc to someone living 24/7 in an environment at the Action Level would be 16 mSv per year, less than 2 CT scans. That should be of no consequence, but what do the data say is the effect on the lungs of this modest dose rate?

There is no shortage of academic studies that cast doubt on any link between domestic radon and lung cancer[25, 26, 27, 28] and, equally, a number of studies[29, 30, 31] that, by relying on a curious derivative of the LNT model, keep the radon safety industry and the radon mitigation services in business. So should householders worry about domestic radon? The basic question is whether there is a significant measured correlation between the radon environment and the incidence of lung cancer. The published answers to this question are quite unsatisfactory and such a correlation is not established. One may draw the conclusion that spreading concern about natural concentrations of radon deceives the public and that any related remedial work is wasteful, unnecessary and should be discontinued. There are technical but critical points to summarise and we put them in a box so that readers can skip over them if they wish.

This is a brief summary of comments on the case made by those who report a correlation between domestic radon and lung cancer:

1. The effect of radon must be small because the initial local national analyses reported no statistically significant influence. The large continent-wide meta-analyses[29, 30, 31] make identical heavily loaded assumptions in order to show that environmental radon causes lung cancer, a result that they claim to be significant. Because of these contested assumptions the three claims are not independent.

2. The claimed linearity would mean that each cause and its effect is separate from every other cause and its effect. The science behind this was discussed in Chapters 4 and 5, and also in Radiation and Reason, Chapter 7. In other words, if the dependence of the cancer risk (R) on radon concentration (r) and smoking (s) were linear, R would be

$$R = A \times s + B \times r + C$$

with A, B and C being constants. C is a background. But the data say that

집안의 라돈과 폐암 사이의 연관성에 의문을 제기하는 학문적 연구는 부족하지 않다. 마찬가지로 LNT 모델의 특이한 파생 모델에 의존한 다수의 연구들이 라돈 안전 산업과 라돈 완화 서비스를 뒷받침하고 있다. 그렇다면 주택소유자들은 집안의 라돈에 대해 걱정해야 할까? 근본적인 문제는 라돈 환경과 폐암 발병률 사이에 의미 있는 상관관계가 존재하는지 여부이다. 공개된 답변은 만족스럽지 못하며, 이러한 상관관계는 성립되지 않고 있다. 자연적 라돈의 농도에 대한 우려를 확산시키는 것은 대중을 속이는 것이며 이와 관련한 개선책은 낭비이고 불필요하고 반드시 중단되어야 한다는 결론을 끌어낼 수도 있다. 위 내용은 기술적이지만 요약해 둘 중대한 점들을 갖고 있다.

다음은 가정에서 라돈과 폐암의 상관관계를 보고한 사례들에 대한 검토 의견을 간략히 요약한 것이다. 독자들은 이것을 건너뛸 수 있다.

1. 라돈의 영향은 필시 작을 것이다. 왜냐하면 지역 사회가 초기에 시행한 분석에서, 라돈은 통계적으로 의미가 있는 영향이 존재하지 않는다고 보고되었기 때문이다. 대륙에 걸쳐서 이루어진 대규모 메타분석은 환경 라돈이 폐암을 유발한다는 것과 그들이 심각성을 주장하는 결과를 보여주기 위해 동일한 많은 가정들을 사용했다. 이렇게 다툼이 있는 가정들 때문에 위 세가지 주장은 독립적이지 않다.
2. 선형성이라고 주장하는 것은 각각의 원인과 그 효과가 다른 모든 원인과 그 영향과는 별개라는 것을 의미할 것이다. 만약 라돈 농도(r)와 흡연량(s)에 대한 암 위험(R)의 의존도가 선형이라면 R은 다음 식처럼 표현될 것이다.

   $$R = A\times s + B\times r + C$$

   A, B, C는 상수이며 C는 배경이다. 그러나 관련 자료는 라돈과 흡연의 발암성 효과에 대해 이 식이 타당하지 않다는 것을 보여준다.
3. 보고자들은 (C, D, E 상수를 가진) R에 대한 다음과 같은 비선형식을 사용한다

   $$R = (C + D\times s) \times (1 + E\times r).$$

   이 식에서 중요한 것은 라돈 농도 r에 대한 R(암 위험성)의 의존성에 r을 비선형적으로 만드는 흡연이 포함되어 있다는 점이다, 그들은 이것을 상대적 위험 모델이라고 부른다. 그들의 의견에 따르면 흡연은 R(암 위험성)을 25배 증가시

this is not true for the carcinogenic effect of radon and of smoking.

3. The authors of[29, 30, 31] use a non-linear formula for R of the form (with C, D and E constants)

$$R = (C + D \times s) \times (1 + E \times r).$$

Significantly in their formula the dependence of R on radon r also involves smoking s which makes it non-linear. They call this the Relative Risk model. In fact, since smoking increases R by a factor 25 according to them, their analysis forces a radon dependence which is 25 times larger for smokers than non- smokers. They offer no justification for this blatantly non-linear assumption, except to mis-represent it as being linear.

4. All available data in the literature on cancer induced by radon have been re-analysed recently by Fornalski and Dobrzynski[27] using a full range of possible hypotheses. These include constant risk, linear risk and relative risk as applied by the 3 meta-analyses (so called LNT). If this model is forced, their analysis agrees with the results found by the proponents.

However, having compared the likelihood of the different models quantitatively all 28 sets of available data, Fornalski and Dobrzynski conclude[27]

> a Bayesian analysis shows that the radon data published in 28 analyzed studies bear no evidence of the dependence of lung cancer incidence on the dose in the analyzed dose range. It follows from the model selection routine that in order to accept the linear no-threshold (LNT) dose-effect relationship preferred by many researchers, one should a priori have an over 90 times higher degree-of-belief in such a relationship than in a dose- independent model.[27]

In summary, find that betting odds of 90-to-1 in favour of no dependence of lung cancer on radon against the standard safety story. An example of a study that did not assume the relative risk model is the analysis of cancer data on non-smoking women in former East Germany[26]. In the south east region the radon concentration is high, but the data (up to 1,000 Bq per m^3) show no indication of any increase in cancer, in disagreement with the general meta- analyses.

Meanwhile there is an extensive tourist industry based on spas that

키기 때문에, 실제로 그들의 분석이 의미하는 것은 라돈에 대한 의존성이 비흡연자보다 흡연자에게 25배 더 크다는 것을 받아들이라는 것이다. 이렇게 뻔한 비선형적 가정에 대해 그들은 선형이라고 우기는 것 말고는 어떤 타당한 근거도 제시하지 않는다.

4. 라돈에 의해 유발된 암에 관한 문헌에서 사용 가능한 데이터는 최근 포날스키와 도브진스키에 의해 가능한 모든 범위의 가설을 사용하여 재분석되었는데, 여기서는 3개의 메타분석(이른바 LNT라고 한다)에 적용되는 상시 위험, 선형 위험 및 상대 위험이 포함된다. 만약 이 모델이 강요된다면, 그들의 분석은 지지자들이 알아낸 결과와 일치한다.

그러나 공개된 28세트의 모든 데이터에 대해 다른 모델의 가능성을 양적으로 비교한 포날스키와 도브진스키는 다음과 같이 결론짓는다.

베이지안 통계 분석에 따르면 28개 분석 연구에 공개된 라돈 데이터로는 분석된 선량 범위 내에서 선량에 따른 폐암 발생에 대해 신뢰할 만한 어떤 증거도 찾을 수 없다는 것을 보여준다. 그 모델 선정 절차에 따르면, 많은 연구자들이 선호하는 문턱 없는 선형 모델(LNT)의 선량-효과 관계를 인정하기 위해서는, 원래부터 그 관계에 대해 선량-독립 모델보다도 90배 이상 높은 신뢰도를 가져야 한다는 결론에 이르게 된다.

요약하자면, 표준 안전설(說)과 반대로, 폐암이 라돈에 의해서 일어나지 않는다는 이론을 지지하는 내기가 승리할 확률은 90대 1이라는 것이다. 상대적 위험 모델을 가정하지 않은 연구의 예로는 구 동독의 금연 여성에 대한 암의 발생에 대한 데이터 분석이 있다. 남동부 지역의 경우 라돈 농도가 높지만, 일반적인 메타 분석과 달리 그 데이터(m^3 당 최대 1,000Bq)에는 암 증가 징후가 전혀 보이지 않는다.

한편, 뜨거운 방사능 온천을 자랑하는 광범위한 관광사업이 존재한다. 그들은 방사능 온천이 치료상의 이익을 준다고 주장한다. 물론 실제로 그럴 수도 있지만, 어찌됐건 고객들에게는 인기가 있다. 물은 지열로 데워지는데, 지열은 지구의 중심을 뜨겁게 만들고 모든 화산 활동과 지진에 에너지를 공급하는 방사능에 의해 얻어진다. 놀랄 것도 없이, 많은 시설들은 아이슬란드, 캘리포니아, 일본을 포함한 지각판의 경계에 놓여 있으며 이 치

boast of hot radioactive waters that are claimed to provide therapeutic benefits[32]. They may well do so, and at the very least are popular with customers. The water is warmed by geothermal heat, that is fired by the radioactivity that makes the centre of the Earth hot and provides the energy for all volcanic activity and earthquakes. Not surprisingly many such facilities lie at the boundaries of tectonic plates, including Iceland, California and Japan. These therapeutic centres have a strong tradition in Germany which like Japan is a notably radio-phobic country.

The conclusion should be drawn that this radioactivity, either in background radiation or in health spas, certainly does no major harm, although it is not intense enough to show the threshold at which damage to health begins. We should continue our search for evidence of the effect of more intense chronic radiation. And cancel that expensive contract for radon remediation on the house too.

Effect of intense chronic alpha radiation

The life of Marie Curie

For Marie Curie, working with alpha decay was an integral part of disentangling the elements produced in the natural radioactive decay of thorium and uranium. This was a matter of chemistry, as well as physics, and it was through their chemistry that she was able to identify them. Clearly, she was exposed to beta and gamma as well as alpha radiation throughout her career, but nobody has even guessed what dose she must have received. One may speculate that she adapted to radiation as she lived to 66, not far short of the average life span at that time, showing that her life was not drastically foreshortened by her radiation work. Her husband, with whom she shared her first Nobel Prize, died at age 46 in a horse-drawn road traffic accident in Paris, vividly showing how life

료 센터는 일본과 비슷하게 뚜렷한 방사능 공포증을 갖고 있는 독일에서도 특히 강한 전통을 가지고 있다.

자연방사선이나 건강 온천의 방사능이 비록 손상을 일으키기 시작하는 문턱값을 보여줄 만큼 강력하지 않지만, 이 방사선이 큰 해를 끼치지 않는다는 결론은 반드시 공유되어야 한다. 우리는 더욱 강력한 만성 방사선의 효과에 대한 증거를 계속 찾아야 하며, 비싼 주택의 라돈 제거 계약도 취소해야 한다.

강력한 만성 알파 방사선의 영향

마리 퀴리의 일생

마리 퀴리가 알파선 붕괴를 연구 대상으로 삼은 것은 토륨과 우라늄의 자연 방사능 붕괴에서 생성된 원소를 분리하는 데 필수적인 부분이었기 때문이다. 이는 물리학뿐만 아니라 화학의 문제였으며 그녀가 알파 붕괴를 식별할 수 있었던 것은 화학적 성질을 통해서였다. 분명히, 그녀는 경력 내내 알파선 뿐만 아니라 베타, 감마 방사선에 노출되었지만 그 누구도 그녀가 얼마만큼의 방사선을 받았는지 짐작조차 하지 못했다. 그녀는 당시 평균 수명과 비슷한 66세까지 생존했으며 방사선 작업으로 인해서 극적인 수명 단축을 겪지 않았고, 일부는 그녀가 방사능에 적응했다는 추측을 내리기도 한다. 첫 노벨상을 함께 수상한 그녀의 남편은 파리에서 마차에 의한 교통사고를 당해 46세에 사망했으며 그녀의 업적과는 다르게, 삶이 운에 따라 좌우된다는 사실을 보여준다.

알파 방사선의 범위는 매우 짧기 때문에, 방사선의 선량은 선원에 매우 가까운 구역으로 한정된다. 따라서, 멀리 퍼져 나가는 베타, 감마선에 비해 선량을 측정하기 어렵다. 또한 알파 방사선의 LET(선형 에너지 전이)는 높기 때문에 강도(줄/kg)가 높고 베타 또는 감마선보다 가중치에 의해서 유기

depends on chance, but her achievements did not.

Because alpha radiation has a very short range, the dose that it gives is confined to a region very close to the source, and that makes the dose harder to measure than that from beta or gamma radiation, both of which spread out. Alpha radiation is high LET, so it is intense (in joules per kg) and gives more biological damage per joule than beta or gamma radiation by a weighting factor. This factor is the cause of some mumbo-jumbo in the LNT model, as described briefly in Chapter 5. For alpha radiation the factor is taken to be 20.

We ignore this and look for a threshold in mGy per month. Any threshold found for permanent damage by alpha radiation is then an extremely conservative estimate of any threshold for low-LET radiation. This is the strategy we follow.

The Radium Dial Painters and litigation

Practical radiation safety, like safety in other activities, is largely a matter of education, training and overcoming ignorance. A historical instance is the story of the Radium Dial Painters. These were mostly young girls who were employed to paint the faces of watches and instruments with luminous paint early in the twentieth century. The paint contained radium whose radioactive decay provided the energy for it to glow in the dark. Painting the fine lines, numerals and dots was exacting work, and the best workers licked their brushes to keep a fine point. The industry intensified in the First World War, but it was not until 1926 that it was shown that the technique of licking caused bone cancer and the practice was stopped[33]. This action was immediately effective as will be apparent from Illustration 6-3.

Radium has a chemistry like calcium, and once in the body, it finds its way to tooth and bone where it stays for a long time. Radium-226, the isotope concerned, has a half life of 1,200 years, so providing a chronic

체에 더 많은 생물학적 손상을 입힌다. 알파선의 가중치는 20으로 잡는다.

하지만, 우리는 이 값을 무시하고 월간 mGy로 문턱값을 찾는다. 알파선에 의한 영구적 손상의 문턱값은, 낮은 LET의 문턱값을 지극히 보수적으로 추측한 것이다. 이것이 우리의 전략이다.

라듐 눈금판 도장공과 소송

다른 분야에서의 안전과 마찬가지로 실질적인 방사선 안전은 대부분 교육, 훈련 그리고 무지 극복에 대한 문제이다. 역사적인 예로, 라듐 눈금판 도장공들의 사례가 있다. 그들은 20세기 초반, 야광 페인트로 시계와 눈금판을 그리는데 고용된 어린 소녀들이었다. 페인트 속에는 라듐이 들어있었으며 라듐의 방사성 붕괴는 어둠 속에서 빛을 내는 에너지를 제공했다. 미세한 선, 숫자 그리고 점을 칠하는 것은 까다로운 작업이었기 때문에, 일을 가장 잘했던 직원들은 붓끝을 뾰족하게 하려고 붓을 계속 핥았다. 제1차 세계대전에서 이 산업은 더욱 번창했다. 그러나 1926년이 되어서야 붓을 핥는 기술이 뼈암을 유발한다는 사실이 밝혀졌고, 이 관행은 중단되었다. 이 조치는 〈그림 6-3〉에서 명백히 볼 수 있듯이 효과적이었다.

라듐은 칼슘과 같은 화학적 성질을 가지고 있어서, 일단 몸 속에 들어가면 치아와 뼈로 가게 되어 그곳에 오랫동안 남는다. 또한, 문제의 동위원소인 라듐-226은 반감기가 1,200년이기 때문에 남은 생애 동안 만성적인 알파 방사 선원으로 남게 된다.

그 알파 방사선의 범위는 매우 짧아서 인체내부, 뼈에 손상을 입힌다. 뼈암은 형태가 다양하지만 상대적으로 특이하고 그 영향을 인식하는데 통계적 전문지식이 필요하지는 않다. 〈그림 6-3〉는 노동자의 죽음을 나타내는 그래프로, x축은 그들이 작업을 시작한 날짜이며 y축은 그들의 전신 방사능 선량이다. 뼈암으로 사망한 사람들은 '+'로, 이를 제외한 모든 사람들은 'o'로 나타나 있으며, 1926년 이후 작업을 시작한 사람들(수직 점선) 중 뼈암으로 사망한 사례가 없고, 전신 선량 3.7 MBq (수평 점선) 이하에서 사

source of alpha radiation for the remainder of the person's life.

The radiation has a very short range and the damage it causes is to the bone. Bone cancer has various forms, but is relatively unusual and no statistical expertise is needed to appreciate its effect. Illustration 6-3 is a plot where each symbol represents the death of a worker, with the distance across the plot showing the date at which she started in the industry and the distance up the plot showing her whole-body radioactivity count rate in becquerel (on a logarithmic scale). There are two kinds of symbol: '+' for those who died of bone cancer and 'o' for all of the others. Note that there is no case of death from bone cancer among those who started after 1926 (the vertical line) and none either with a whole-body count rate below 3.7 MBq (the horizontal line). In total numbers there were 1,339 painters with count rates below 3.7 Mbq (and no cancers); out of 191 painters with more than 3.7 MBq, there were 46 deaths from bone cancer.

The plot shows a clear threshold for cancer at about 3.7 MBq, whole-body alpha radioactivity. Another message was also clear: there is a need for safety standards and for the public education that should go with them. With these in place from 1926, safety was assured.

However, the incident had mixed consequences and casts a long shadow down the history of radiation safety[34]. The new safety regime was introduced following denial by management and litigation by workers. This engendered a spirit of fear and distrust of nuclear radiation for the first time. In fact, the law is a totally unsuitable instrument that turns science into a set of instructions to be obeyed, instead of guidance to be understood. In the history of radiation the case of the Radium Girls has resulted in safety advisors putting the need for education second to the need for precautionary measures, even where these are unnecessary. For many organisations since that time, safety has become more a matter of protecting those responsible from litigation, than protecting employees from injury. On the employee side, unknown science became distrusted

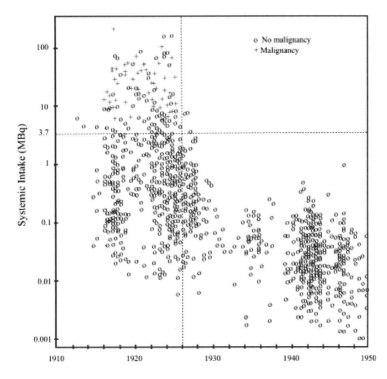

그림 6-3: 라듐 눈금판 도장공들의 사망 및 뼈암(+) 및 기타 (o)에 의한 사망 여부에 대한 데이터, 방사능 섭취 및 진입 연도에 따른 데이터. 수평 점선은 뼈암의 문턱값, 3.7 MBq를 나타낸다.

망 사례도 없다는 점을 유의해야 한다. 전체 숫자 중, 3.7MBq 미만의 노동자는 1339명으로 암 발병은 없었고, 3.7MBq 이상을 받은 191명 가운데 뼈암으로 인한 사망자는 46명이었다.

이 그래프는 전신 알파 방사능의 명확한 암 문턱값이 약 3.7 MBq임을 보여준다. 또 하나의 분명한 메시지는 안전기준들이 필요하고 공교육이 병행되어야 한다는 것이었다. 1926년부터 시행된 이 공교육과 안전기준을 통해 안전이 확보되었다.

하지만, 이 사건은 여러 복잡한 결과와 함께 방사선 안전의 역사에 긴 그림자를 드리웠다. 새로운 안전 체제는 경영진의 책임전가와 노동자들의 소송에 뒤이어 도입되었으나, 핵 방사선에 대한 공포와 불신을 불러일으키는

by default, whereas collaboration and education should have been demanded instead.

On the positive side the incident demonstrates evidence for the existence of a threshold. No statistical gesticulations are needed to see the result, although the processes of litigation ensured that for many years the data in Illustration 6-3 were not freely available.

The threshold in whole-body radioactivity of 3.7 MBq was established in 1941 by US National Bureau of Standards[35]. A practical threshold for a lifelong chronic dose was established by Robley Evans at 10 Gy[33], that is in the region of 1,000 mGy per year[36].

How does this observed threshold for radium compare with the non-observance of cancer at Goiania below 100 MBq for caesium-137? The energy of each radium decay is six times that of caesium (see Table 5-1 in Chapter 5). So the Dial Painter threshold would be compatible with a cancer threshold of 20 MBq or higher for a whole-of-life caesium-137 exposure. At Goiania no cancers were seen for 100 day exposure to 100 MBq and more. We may not conclude very much except that the data are not in obvious conflict. This seems a rather empty statement, but it matters, because in both cases the exposures are very large relative to the usual safety prescription. In Chapter 9 we will pick these numbers up again, checking them against other sources to arrive at a sensible and consistent conservative safety bound for chronic radiation of all types.

최초의 계기가 되었다. 사실 법이란 것은 과학을 이해해야 하는 지침이 아니라 순종해야 하는 지시로 바꾸어 내는 전적으로 부적합한 수단이다. 방사선의 역사에서 라듐 소녀의 사례는 안전 자문가들사이에서 심지어 불필요한 경우에도 교육의 필요성보다 예방 조치의 필요성을 우선시하는 결과를 낳았다. 또한 안전의 목표가 많은 조직의 종업원들을 상해로부터 보호하는 것이 아니라, 소송으로부터 책임자들을 보호하는 문제로 되었다. 종업원들 입장에서는 과학에 대한 협력과 교육이 필요했지만, 미지의 과학은 곧바로 직원들의 불신의 대상이 되었다.

긍정적인 측면은, 이 사건이 문턱값이 존재한다는 증거를 보여준 것이다. 소송 절차에서 수년간 〈그림 6-3〉의 데이터를 자유롭게 이용할 수 없었지만, 결과를 보기 위해서 그렇게 야단스러운 통계가 필요하지는 않았다.

전신 방사능 문턱값 3.7 MBq는 1941년 미국 국가표준국에 의해 제정되었다. 평생 만성 선량에 대한 실제적인 문턱값은 로블리 에반스에 의해 10 Gy로 설정되었으며, 이는 연간 1,000 mGy의 영역에 해당한다.

그렇다면, 라듐에서 관측된 문턱값과 세슘-137의 경우 고이아니아에서 100 MBq 미만에서 관찰되지 않은 암의 발생을 어떻게 비교하는가? 한번의 라듐 붕괴 에너지는 세슘의 6배로(5장의 표 5-1를 보라), 눈금판 도장공의 문턱값은 세슘-137에 일생동안 노출되어서 얻는 20MBq 이상의 암 문턱값과 호환될 수 있다. 고이아니아에서는 100MBq 또는 그 이상의 방사선에 100일 동안 노출되었음에도 어떤 암도 관찰되지 않았다. 우리는 그 자료가 명백하게 모순이 있는 경우를 제외하고는 결론을 내리지 않을 수도 있다. 이것은 다소 공허한 진술처럼 보이지만, 매우 중요하다, 왜냐하면 두 경우 모두 노출이 일반적인 안전 처방에 비해 매우 크기 때문이다. 9장에서 우리는 이 수치를 다시 선택해서 다른 출처와 대조하여 모든 유형의 만성 방사선에 대한 합리적이고 일관된 보수적인 안전 한계에 도달하도록 점검할 것이다.

Safety of plutonium as a new element

The nuclear bomb dropped on Nagasaki in 1945 used plutonium-239, rather than uranium-235, the nuclear explosive used at Hiroshima. Plutonium is an artificial element that only existed in microgram quantities until mass produced by the first nuclear reactors after December 1942.

Plutonium-239 decays by alpha emission with a half life of 24,100 years, and its rate of fission is smaller than its alpha rate by a factor of $4.4 \times 10\text{-}12$. So in effect it does not fission at all, except when artificially stimulated by neutrons. This shows that plutonium-239 is a rather innocuous material, in spite of the character given to it in horror movies. In fact, the reason it acquired a dubious reputation in the early days was rather circumstantial.

After the unpleasant surprise of the carcinogenic effect of radium, as exposed by the Dial Painters, the safety environment for any new unknown alpha emitters was precautionary and suspicious. Nobody wanted to get caught out twice, especially given the possibility of being faced by a clutch of ambitious but un-scientific lawyers.

To set up a sound safety regime for the new element would have required a supply of plutonium and sufficient time in which to conduct tests: for even with animals such experiments take time. But the quantity of plutonium needed and the time scale on which it had to be manufactured and machined, always with the necessary safety in place, was extraordinary. To make a critical mass (several kgs by 1945) the quantities had to be scaled up 1,000 million-fold from the microgramme quantities initially available in 1942 when safety procedures had first to be considered. Such a scale-up for an unknown material would alarm any responsible safety authority!

Nevertheless, safe working practices had to be decided, rapidly and in secret. Experiments with animals were rushed and did not always

새로운 원소, 플루토늄의 안전성

1945년 나가사키에 투하된 핵폭탄은 히로시마에 투하된 우라늄-235 핵폭탄과는 달리 플루토늄-239가 사용됐다. 플루토늄은 1942년 12월 이후 첫 번째 원자로에서 대량 생산되기 전까지 마이크로그램 양으로만 존재했던 인공원소다.

플루토늄-239는 반감기가 2만 4100년으로 알파 방출에 의해 붕괴되며, 핵분열률은 알파방출률에 비해 4.4×10^{-12}배 낮다. 따라서 사실상 중성자에 의해 인위적으로 자극을 받은 경우를 제외하고는 절대 핵분열하지 않는다. 이는 공포영화 속 이미지와는 달리, 플루토늄-239가 오히려 무해한 물질이라는 사실을 보여준다.

라듐 눈금판 도장공에 의해 라듐의 발암효과가 큰 파장을 일으킨 이후, 그동안 알려지지 않았던 알파 방출체에 대해 극도로 경계하고 의심하는 사회적 분위기가 조성됐다. 그 누구도, 야심차지만 비과학적인 변호사 집단에 맞서 곤란한 상황에 직면하기를 원하지 않았다.

새로운 원소에 대해 제대로 된 안전체계를 구축하기 위해 플루토늄의 공급과 실험을 진행하는데 충분한 시간이 필요했을 것이다. 동물로 하는 실험조차도 시간을 잡아먹기는 마찬가지이다. 그러나 적당한 플루토늄의 양을 확보해 가공하고 필요한 안전성을 갖추는데 소요되는 시간은 엄청났다. 임계 질량(1945년에는 수 kg)을 만드는 것은 안전 절차를 처음 고려해야 했던 1942년 당시, 처음 이용 가능했던 마이크로그램 단위 분량을 10억배나 더 많이 늘리는 것이었고 이 과정은 플루토늄의 생산과 관리 책임을 떠맡은 안전당국에 매우 큰 부담이었을 것이다.

그럼에도 불구하고, 안전 작업관행은 비밀리에 신속히 결정되어야 했다. 동물실험을 서둘렀지만 항상 일관적인 결과가 나오지는 않았다. 이러한 불확실성은 인체를 대상으로 한 생체실험을 불가피하게 만들었다. 이 실험들은 비밀리에 수행됐고 실험대상으로 이용된 사람들조차 모르게 진행되었다. 결국 수년 뒤 실험에 동원된 속임수가 드러났고, 대중들의 불신을 가중시켰다.

give consistent results[37]. The uncertainty made some experiments with humans essential. These were carried out necessarily in secret, and without the knowledge of those treated; this deception added to the public distrust, when in later years it was revealed what had been done.

The uncertain conclusions of the tests, the secrecy, the pressure and the obvious lack of confidence at that time led, all too easily, to extra-cautious safety regulations, the antithesis of Marie Curie's advice, Nothing in life is to be feared. It is to be understood. Unfortunately, however, the legacy of distrust has never been reversed, and the reputation of plutonium has never been rewritten, as it should have been. Hollywood and the media have been happy to maintain its reputation as the most dangerous element on Earth, an accolade better deserved by oxygen.

It was established that plutonium is not retained in the body as effectively as radium and, although both elements are found in bones and teeth, plutonium does not penetrate into bone to the same extent as radium. Under the manufacturing conditions of the Manhattan Project, inhalation of plutonium dust caused most concern at the time. But the medical records of all those Los Alamos workers with lung activity greater then 52 Bq showed no negative effect that could be attributed to plutonium when analysed 42 years later in 1991[38].

Lung activities in 1987 (or at death) ranged to 3,180 Bq with a median value of 500 Bq. The highest activity is compared with the threshold found for the Radium Dial Painters in Table 6-3.

Evidently, even the highest level of plutonium activity is substantially less than the threshold for cancer among the Radium Dial Painters. Such a comparison would be ill-advised if the difference were small, but that is not the case. The worst fears of those charged with the safety of plutonium workers in the 1940s were not realised in practice. Nevertheless the reputation of plutonium as the most dangerous substance known to man has never been corrected in the popular mind.

실험에서 도출된 불확실한 결론과 비밀 유지, 압력과 명백한 그 당시의 자신감 결여는, 마리 퀴리의 "삶에서 아무것도 두려워해선 안되고 그것들을 이해해야 한다."라는 충고와는 정반대로, 너무나 쉽게, 지나친 안전 규제로 이어졌다. 그러나, 불행히도 이 불신의 유산은 번복되지 않았고 플루토늄은 최악의 독극물이라는 누명을 벗지 못했다. 할리우드와 언론은 플루토늄이 지구상에서 가장 위험한 원소라고 규정했지만 진실로 가장 위험한 원소는 산소라는 사실을 알지 못했다.

플루토늄과 라듐 두 원소는 모두 뼈와 치아에서 발견되지만 플루토늄은 라듐보다 쉽게 체외로 배출되며 라듐과 같은 정도로 뼈에 침투하지 않는다는 사실이 인정됐다. 맨해튼 프로젝트의 과정에서 플루토늄 분진을 흡입하는 것이 가장 큰 우려를 불러일으켰다. 그러나 당시 폐(허파) 방사능이 52Bq 이상을 보였던 모든 로스 알라모스의 노동자들의 의료 기록은 42년 후인 1991년의 분석에서 플루토늄과 관련된 그 어떤 부정적인 영향도 보여주지 않았다.

로스 알라모스에서 일했던 한 노동자의 경우 1987년(또는 사망 시)의 폐 방사능은 3,180 Bq 범위까지 이르렀고 평균값은 500Bq이었다. 가장 높은 방사선은 〈표 6-3〉의 라듐 눈금판 도장공에게 발견된 문턱값과 비교할 수 있다.

	동위원소	kg 당 방사능(Bq)	비고
라듐 눈금판 도장공	라듐-226	53,000 (흡수)	전신 암발병 문턱값 3.7 MBq
로스알라모스 작업자, 42년 후 최고치	플루토늄- 239	4,540 (흡수)	3,180 Bq 폐 질량~ 0.7 kg 내
라돈, 100 Bq/m3 (또는 4 pCi/리터)	라돈-222	~100 (공기 중)	안전한계 내로 추정
알렉산더 리트비넨코, 2006년 암살	폴로늄- 210	10-40 M (흡수)	1,000-3,000 MBq 전신, 사망[39]
해롤드 맥클루스키, 작업자 사고 1976	아메리슘- 241	0.5 M (흡수)	37 MBq 전신. 11년 간 암 발병 없음

표 6-3: 다양한 알파 방출체에 의한 높은 내부 방사능 인체 사례 비교.

Extreme experiences, Litvinenko and McCluskey

Malicious intent is dangerous, whatever technology is used. The poisoning of the Russian agent, Alexander Litvinenko, in London in November 2006 would have been no less fatal if he had been assassinated by Lucrezia Borgia (1480-1519) with arsenic, administered in a glass of wine. The massive dose of polonium-210 that he was given in a cup of tea, once ingested, could not be treated, although as an alpha emitter the radiation was not dangerous to others. He died after three weeks.

Single cases should be seen only as qualitatively interesting, but the story of Harold McCluskey is at least a happier one. At the Hanford Plutonium Finishing Plant in 1976 he was working through a glove box behind a lead- glass screen.

When there was an explosion he received an intake of at least 37 MBq of Americium-241, 500 times the occupational limit. Americium-241 is an alpha used in a small quantity in domestic smoke alarms; it is a component of nuclear waste. McCluskey survived for another 11 years after the accident, eventually dying from coronary artery disease. A post mortem examination is reported to have revealed no signs of cancer in his body .His activity was a factor ten greater than the threshold seen for the Radium Dial Painters, although an examination of Illustration 6-3 suggests that painters who had an activity similar to his had a 50% chance of dying of cancer. He was fortunate. He died aged 75, continuing to the end to be a vocal supporter of nuclear power.

분명히, 가장 높은 수준의 플루토늄 방사능도 라듐 눈금판 도장공의 발암 문턱값에 현저히 미치지 못한다. 만약 그 차이가 적었다면, 이 비교는 잘못되었겠지만, 이 사례는 그렇지 않았다. 1940년대 플루토늄 작업자들의 안전을 책임졌던 사람들이 우려했던 최악의 공포는 실제로 실현되지 않았다. 그럼에도 불구하고, 플루토늄은 여전히 상상할 수 있는 가장 위험한 물질로 대중의 마음속에 그대로 남아있다.

리트비넨코와 맥클루스키의 극단적인 경험,

악의적인 의도를 가지면 어떤 기술이든 위험하다. 2006년 11월 런던에서 러시아 정보요원 알렉산더 리트비넨코가 (찻잔에 넣은 폴로늄-210으로) 독살되었다. 찻잔 속의 폴로늄-210은 알파 방출체로 그 막대한 선량은 비록 다른 사람들에게 위험을 끼치진 않았지만 그가 마신 후에는 치료가 불가능했고 그는 결국 3주 후 사망했다.

단일 사례는 본질적으로 흥미있게만 보인다. 그러나 해럴드 맥클루스키의 이야기는 적어도 행복한 사례다. 1976년 핸포드 플루토늄 마감 공장에서 그는 납 유리 스크린 뒤의 글러브 박스를 통해 작업하고 있었다.

폭발이 일어났을 때, 그는 아메리슘-241을 직업 한계치의 500배 정도인 최소 37MBq 섭취했다. 아메리슘-241은 가정용 연기경보기에 소량으로 사용되는 알파 방출체로, 원자력폐기물의 구성요소이다. 하지만, 맥클루스키는 사고 후 11년 더 생존했고 관상동맥질환으로 사망했다. 사후 검사 결과 그의 몸에서 암의 징후는 발견되지 않았다. 그가 피폭된 방사선량은 라듐 눈금판 도장공의 문턱값보다 10배 더 큰 값이었고, 〈그림 6-3〉의 검토 결과 그와 비슷한 방사능을 받은 도장공들의 암 사망 확률은 50%나 되었지만 그는 운이 좋았고 75세의 나이로 사망했으며, 최후까지 원자력 발전의 열렬한 지지자로 남아 있었다.

Uranium – natural, enriched and depleted

Like plutonium, uranium is a typical alpha emitter and it does not fission or release much energy. It only comes into its own and starts fissioning when stimulated by free neutrons – and they are not around except inside a working reactor, or a detonating weapon. Consequently it is remarkably safe and easy to handle. Its most obvious property is its density, 19.1 times that of water, and that, with its hardness and high melting point, is the reason for its use in conventional armaments.

Natural uranium is 99.3% uranium-238 (with a half-life of 14.1 billion years) and 0.7% uranium-235 (with a half-life of 0.7 billion years) with trace amounts of uranium-234. Uranium, enriched as a reactor fuel, has a few percent of uranium-235, but handling it is not hazardous. Only when quantities begin to approach the critical conditions of geometry and enrichment does the neutron flux begin to multiply. Otherwise, uranium is a fairly safe material.

Depleted uranium is even safer, the percentage of uranium-235 having been lowered – hence the description depleted. Its lack of risk is the subject of two reports by the Royal Society[40, 41].

천연의 농축된 그리고 열화된 우라늄

플루토늄과 마찬가지로 우라늄은 전형적인 알파 방출체로서 자연상태에서는 핵분열을 하지 않고, 많은 에너지를 방출하지도 않는다. 우라늄은 자유 중성자에 의해 자극을 받았을 때만 핵분열을 시작하며 중성자는 작동 중인 원자로나 폭발 무기를 제외하곤 주변에 존재하지 않는다. 결과적으로, 우라늄은 놀랍도록 안전하고 다루기 쉽다. 우라늄의 가장 명백한 특성은 밀도인데, 그 밀도는 물의 19.1배이고 강도와 녹는 온도가 높다는 점이 살상무기에 사용되는 이유이다.

천연 우라늄은 99.3%의 우라늄-238(반감기 141억년)과 0.7%의 우라늄-235(반감기 7억년), 그리고 미량의 우라늄-234로 이뤄져 있다. 원자로 연료로 사용되는 농축 우라늄은 우라늄-235가 몇 퍼센트를 차지하지만, 취급하는데 전혀 위험하지 않다. 농축된 우라늄의 양이 기하학적 구조와 농축의 임계 조건에 접근하기 시작할 때 비로소 중성자가 증식하기 시작하며, 이를 제외하곤 우라늄은 상당히 안전한 물질이다.

열화 우라늄은 우라늄-235의 비율이 낮아졌기 때문에 훨씬 더 안전하며, 낮아진 비율로 인해 감손 우라늄이라고도 불린다. 이 열화 우라늄에 위험성이 없다는 것은 왕립 협회가 작성한 두 보고서의 주제였다.

Chapter 7:

Protected by Physical Science

In the beginning the universe was created. This has made a lot of people very angry and has been widely regarded as a bad move.

- Douglas Adams (1952 – 2001)

Nucleus at the centre of the atom

Physical science and quantum mechanics

Unlike biological science, which relates to life on Earth, physical science applies everywhere in the universe and at all times. We know this because when new instruments allow us to look in more remote places or reconstruct what happened at earlier times, science finds that the same laws at work as apply here and now. Of course it is the ambition of every young red-blooded scientist to find conditions where predictions based on current knowledge fail. Science aims not to defend its current ideas against attack, as its detractors sometimes suppose, but to mount such attacks itself. A lack of success in this object represents a triumph for the state of the science. The way in which the laws of physics are used to make predictions is what scientists call theory, a description that can give rise to

제7장

물리 과학의 보호막

우주는 태초에 창조되었다. 이 주장은 많은 사람들을 분노하게 했으며, 잘못된 것으로 널리 여겨져 왔다.

― 더글라스 애덤스 (1952 ― 2001)

원자 중심에 위치한 핵

물리학과 양자역학

지구상에 존재하는 생명체와 관련된 생물학과 달리, 물리과학은 우주에 언제, 어디든 적용할 수 있다. 우리는 이 사실을 알고있다. 왜냐하면 새로운 도구를 통해 더 먼 곳을 보거나 이전에 일어났던 일을 재구성할 수 있을 때, 과학은 현시점에서 작용되는 것과 같은 법칙이 과거에도 적용되고 있었다는 것을 발견했기 때문이다. 물론, 젊고 혈기왕성한 과학자들은 현재의 지식을 바탕으로 만들어진 예측이 실패하는 조건을 찾는 야망을 갖고 있다. 과학의 목적은, 과학을 폄하하는 사람들이 때때로 생각하듯, 현재의 생각에 대한 공격을 방어하는 것이 아니라, 공격을 개시하는 것이다. 이 목표가 성공하지 못했다는 것은 현재 과학의 승리를 뜻한다. 과학자들이 예측하기 위해서 사용하는 물리과학의 법칙은 "이론"이라 불리우며, 대중적

some popular misunderstanding. There is nothing iffy about theory.

At the end of the nineteenth century, classical physics, the theory that had been built up on the foundations laid by Galileo and Newton, was found to give wrong predictions, but in the early decades of the twentieth century the laws of quantum mechanics were established, culminating in the work of Paul Dirac, one of the most brilliant physicists of all time[1]. Today quantum theory or quantum mechanics – we use the descriptions interchangeably – appears quite secure in spite of its counter-intuitive results. Some of these are important, even for a brief understanding of the atom and its nucleus.

Here is an everyday example of the strange ways of quantum mechanics. When an electric current passes along a wire, electrons (which are particles of ordinary matter) travel through solid copper with only the smallest hindrance. This is incomprehensible to common sense and to classical physics too, but is quite normal in quantum mechanics. It is not really weird because it happens every time we turn on an electric light! It is the real world and we should take it on board.

In the 1920s some of the more wacky consequences of quantum theory were thought to be quite beyond the reach of actual experiment, but the scientific papers of the day described what should happen in these experiments if you ever could do them – they were called Gedanken or thought experiments.

Physicists in those days were wrong to think that these would be forever impossible to do, and recently such experiments have been carried out and have shown that the theory was correct in its predictions. So there is every reason to be confident in the current theory of the physical world, which means that it can be used productively for the benefit of society, knowing that it is unlikely to fail. In practical applications, it is normal to use a common sense or classical picture of physical science (even though it is technically wrong), referring to quantum theory only where it has something important and significantly different to say – and that is the

인 오해를 불러일으킬 수 있다. 하지만, 이론에 관해 불확실 것은 아무것도 없다.

19세기 말, 갈릴레오와 뉴턴이 세운 기초를 바탕으로 한 고전 물리학 이론은 잘못된 예측을 하는 것으로 밝혀졌으나, 20세기 초에 양자역학의 법칙이 확립되어 전 시대를 통해 가장 뛰어난 물리학자 중 한 사람인 폴 디락의 연구로 절정에 이르렀다[1]. 오늘날 통용되는 양자 이론, 또는 양자 역학은 직관에 반대되는 결과에도 불구하고 상당히 확실한 것으로 보인다. 양자역학의 일부는 원자와 그 핵에 대한 간단한 이해를 위해서라도 중요하다.

여기 양자역학의 이상하면서 일상적인 예가 있다. 전류가 전선을 따라 흐를 때 물질의 입자인 전자는 가장 작은 방해만 받으며 고체 구리를 통과한다. 이 현상은 상식적으로도, 고전 물리학으로도 이해하기 어렵지만 양자역학에서는 꽤나 평범한 일이며, 전등을 켤 때마다 발생하는 지극히 정상적인 현상이므로 우리는 이 현실을 받아들여야 한다.

1920년대, 양자 이론의 별난 결과들 중 일부는 실제 실험이 진행할 수 있는 범위를 상당히 벗어났다고 생각되었지만, 사고 실험, 또는 게단켄(Gedanken)이라는 방법을 도입해 만약 실험이 진행된다면 어떤 결과가 도출될지를 당시의 과학 논문에 기술했다.

당시의 물리학자들은 그들이 상상속 실험이 영원히 불가능할 것이라 생각했지만, 최근 실험들은 진행되었고, 그들의 예언에 담긴 이론이 옳았음이 밝혀졌다. 그러므로, 현재의 물리적 세계의 이론에 확신을 가질 만한 충분한 이유가 존재한다. 이 이론은 실패할 가능성이 굉장히 낮고, 사회의 이익을 위해 생산적으로 사용될 수 있다. 하지만, 이 이론을 실질적으로 응용하는 데에 있어서, 아주 중요하거나 현저히 다른 부분을 이야기할 때만 양자 이론을 언급하면서, 상식이나 자연 물리학의 고전적 개념(기술적으로 잘못되었음에도 불구하고)을 이용하는 것이 정상이다 – 그리고 이 책에서는 단순히 이 경우를 보통 고전적이거나 양자적이라고 묘사한다. 그렇다면, 물리 과학의 요소는 무엇이며, 그들은 어떻게 작용하는가?

case for the simplified descriptions in this book, usually classical, but sometimes quantum. So what are the elements of physical science and how do they behave?

The cast – proton, neutron and electron

The theory is like a play with a cast of characters and a script or plot for how they interact or relate as the story develops. Here is a simplified summary – correct but omitting some characters that do not come into our story of everyday energy and the environment. (These extra characters are well known and have been studied carefully at laboratories like CERN, Geneva.) The cast consists of a colossal number of particles, of which there are only three different kinds: the proton, the neutron and the electron. Every electron has the same negative electric charge, rotates on its axis(spin), has a mass of 9.1×10^{-31} kg, and behaves as a point in space.

It is a principle of quantum mechanics that all electrons are completely indistinguishable from one another. The proton and neutron have positive and neutral electric charge respectively, also rotate, but are some 2,000 times heavier than the electron. The script tells us that, electrically, the electrons and protons attract one another, but that electrons mutually push one another apart with an inverse square law; and any number of protons do likewise. Neutrons, being neutral, are uninfluenced by the electric charge of electrons and protons. But there is another force called the strong force that acts between neutrons and protons when they are very close[2]. If protons and neutrons are further than a few times 10^{-15} metres apart, the strong force is absent – this distance is 100,000 times smaller than an atom. Just as the neutron is oblivious of the electric force, so the electron is oblivious of the strong force. So essentially, electrons and neutrons never collide – it is as if they can pass right through one another.

등장인물 – 양성자, 중성자 그리고 전자

이 이론은 마치 여러 등장 인물들과 원고, 줄거리를 가지고, 이야기가 진행될수록 서로 어떻게 상호작용하는지, 그리고 어떤 관계를 맺는가 하는 것을 이야기하는 연극과 같다. 간단하게 요약하자면 – 일상적인 에너지와 환경에 대한 우리의 이야기와 관련 없는 몇몇 등장인물들을 생략하거나 바로잡는 것이다. (이러한 여분의 등장인물들은 잘 알려져 있고 제네바에 있는 유럽 원자핵 공동 연구소 CERN과 같은 기관에서 이에 대해 세심히 연구해 왔다.) 등장인물들은 양성자, 중성자, 전자의 세 가지 종류의 엄청난 수의 입자들이다. 모든 전자는 동일한 음전하를 가지며 자전축에서 회전하며(스핀), $9.1×10^{-31}$kg의 질량으로 우주에서 점으로 작용한다.

모든 전자는 완전히 서로로부터 구분할 수 없다는 것은 양자역학의 원리 중 하나다. 양성자와 중성자는 각각 양전하와 중성전하를 가지며, 또한 회전하지만, 전자보다 약 2,000배 더 무겁다. 이 대본에서는 전자와 양자는 전기적으로 서로 끌어당기지만, 전자와 전자는 역제곱 법칙으로 서로 밀어내며, 양성자와 양성자도 마찬가지라는 것을 이야기한다. 중성자는 중성을 띄며, 전자와 양성자의 전하에 의해 영향을 받지 않지만, 중성자와 양성자가 매우 가까이 위치할 때 강력이라는 또다른 힘이 작용하게 된다. 강력은 중성자가 양성자로부터 원자보다 약 10만배 작은 정도인 10^{-15}m의 몇 배 이상 떨어져 있으면 사라진다. 중성자가 전기력을 감지하지 못하는 것처럼, 전자도 강력을 감지하지 못하기 때문에, 본질적으로, 전자와 중성자는 결코 충돌하지 않으며 마치 서로를 관통할 수 있는 것과 같다.

Atomic structure of matter

So how do these simple ingredients with their mutual attractions and repulsions determine the structure of matter, that is, the aggregation of very large numbers of electrons, protons and neutrons? There will be much more to say about energy in the next section, but here we just need the principle that the most stable structure should be the arrangement of lowest energy.

That is the structure that you get when these electrons, protons and neutrons just fall in on top of one another, so to speak. The result is many neutral atoms, each composed of a roughly equal number of electrons and protons with some neutrons. Within each atom the neutrons and protons fall inwards to form the very dense nucleus at the centre of each atom. To understand the details we need to look at how the arrangement of lowest energy comes about.

The energy concerned will be made up of simple kinetic energy, $\frac{1}{2}MV^2$ for a mass M with speed V, and the potential energy due to the forces described.

The strong force dominates, so, first of all, the protons and neutrons cling together under their mutual attraction. This ceases to be effective for very large numbers of protons and neutrons when the cumulative mutual electrical repulsion between the protons, with its longer range, becomes larger than the strong attractive but short range force[3]. This limited composite of protons and neutrons is the nucleus; all nuclei are about the same size within a factor 5, that is a few times 10^{-15} metres across. The most stable has about 26 protons and a few more neutrons, but those with up to 90 protons and 150 neutrons are also more or less stable. This is the story behind the nuclear binding energy curve shown in Illustration 7-1, where the heaviest and lightest are the least favoured, energetically. So energy can be released in two different ways: firstly, if a nucleus with the very largest value of A, the number of protons and neutrons, could split

물질의 원자 구조

그렇다면 상호 인력과 상호 반발을 갖춘 이 단순한 성분들은 어떻게 물질의 구조, 즉 아주 많은 수의 전자, 양성자, 중성자의 집합을 결정하는가? 에너지에 관한 더 많은 이야기는 다음 부분에서 다룰 것이며, 이 부분에서는 가장 낮은 에너지의 배열이 가장 안정된 구조라는 원칙만 알고 있으면 된다.

말하자면, 이것은 전자, 양성자, 중성자가 차곡차곡 정렬될 때 얻어지는 구조이다. 결과적으로 각각 많은 중성자는 각각 거의 동일한 수의 전자와 양성자, 그리고 몇몇의 중성자로 구성되어 있다. 각 원자 안에서 중성자와 양성자는 안쪽으로 떨어져 각 원자의 중심에 굉장히 밀집된 핵을 형성하며, 자세한 내용을 이해하기 위해서는 가장 낮은 에너지의 배열이 어떻게 생겨나는지 살펴볼 필요가 있다.

관련된 에너지는 단순한 운동에너지, 즉 속도 V를 갖춘 질량 M의 운동에너지인 $\frac{1}{2}MV^2$ 와 강한 상호 작용으로 형성된 위치에너지로 구성된다.

우선, 양자와 중성자는 서로 끌어당기는 힘인 강력으로 인해 달라붙게 된다. 이 현상은 중성자와 양성자의 수가 아주 많아 강하게 끌어당기는 짧은 범위내에서 작용하는 강력보다 두 양성자 사이의 넓은 범위 사이에 누적된 전기적 반발이 커질 때, 중단된다.[3]. 핵은 양성자와 중성자의 제한적 복합체이며, 모든 핵은 10^{-15}m의 5배수 이내로 크기가 거의 유사하다.

가장 안정된 핵은 약 26개의 양성자와 몇 개 더 많은 중성자를 갖고 있지만, 90개의 양성자와 150개의 중성자를 가진 핵 또한 어느 정도 안정적이다. 〈그림 7-1〉은 가장 무겁거나 가벼운 핵이 선호도가 가장 낮다는 핵 결합에너지(Binding energy) 곡선의 이면을 보여준다. 따라서, 에너지는 두 가지 방법으로 방출될 수 있으며, 여기서 A는 양성자와 중성자의 수를 의미한다. 만약 핵이 가장 큰 A값을 갖는다면 핵은 작은 핵으로 분열될 수 있으며, 이러한 현상을 핵분열이라고 부른다. 두번째로, 만일 가장 작은 A 값을 가진 핵 한 쌍이 어떠한 방법으로 결합될 수 있다면 이것을 핵융합이라고 부른다.

into smaller ones – this is called nuclear fission; secondly, if a pair with the very smallest number A can be combined in some way – this is called nuclear fusion.

That such changes are quite extraordinarily difficult to achieve is closely related to the inherent natural safety of nuclear energy. The effectiveness of this security completely overshadows any regulation that might be imposed by any human safety authority. To see how this happens we need to look further at the structure of matter on a wider scale.

Because of their large positive charge there is a very strong mutual repulsion between nuclei, and consequently they are pushed to positions at a maximum distance apart. What sets the scale of this separation and, therefore, the average density of all normal matter? This is where the electrons play an essential part. To minimise the overall electrical energy their number equals the number of protons. So each nucleus is surrounded by enough electrons to balance the number of its protons, roughly speaking. Indeed the outermost electron should balance the combined charge of the nucleus and all the other electrons further in. This is a single question: how does an electron behave when orbiting around a net equal and opposite charge.

We need quantum mechanics to understand nature's solution to this question. It is a matter of the balance between two effects, the electrical one that pulls the electron and nucleus together and another force that pushes them apart – this is where the quantum wave nature of the electron comes in. You cannot put a wave into a region that is smaller than its wavelength – putting it graphically, the region needs to be at least one wiggle in size, as sketched in Illustration 7-2. Since the work of Louis de Broglie in 1923, it has been known that the momentum wave reflecting back and forth within a box. of a particle (its mass times velocity) when multiplied by its wavelength is a constant, known as Planck's constant – and this is precisely true for all particles at all times.

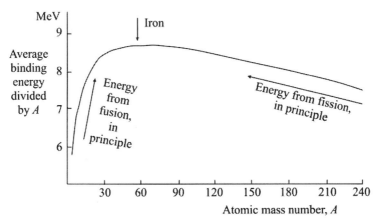

그림 7-1: 핵 결합에너지가 어떻게 양자와 중성자의 수의 합인 A에 따라 변하며 안정적인 핵에 가까워지는지 보여주는 그래프

위 두 현상이 일어나기 상당히 어려운 것은 원자력 에너지의 본질적인 자연적 안전성과 밀접한 관련이 있다. 자연적 안전성의 보안 효율은 인간 안전 당국이 부과할 수 있는 모든 규제를 무색하게 한다. 어떻게 이 일이 일어나는지 알기 위해서는 물질의 구조를 더 넓은 범위에서, 더 자세히 살펴볼 필요가 있다.

원자핵 사이에는 매우 큰 양전하로 인한 강한 상호반발이 존재하며, 결과적으로 그들은 가장 멀리 떨어진 위치로 밀려난다. 그렇다면 무엇이 이런 분리의 척도를 설정하며 모든 정상물질의 평균 밀도를 설정할까? 여기서 전자는 필수적인 역할을 한다. 전체 전기 에너지를 최소화하기 위해, 전자의 수는 양성자의 수와 동일하다. 따라서, 대략적으로, 각 핵은 양자의 수와 균형을 맞추기에 충분한 전자로 둘러싸여 있다. 실제로, 가장 바깥쪽 전자는 핵의 결합전하와 더 먼 곳에 위치한 모든 다른 전자와 균형을 맞춰야 한다. 그렇다면, 전자가 동일한 전하와 반대 전하를 공전할 때, 전자는 어떻게 행동할까?

이 질문에 대한 자연의 해결책을 이해하기 위해선 양자역학이 필요하다. 이는 전자와 핵을 함께 끌어당기는 전기적 효과와, 그들을 밀어내는 또 다

Consequently, it takes kinetic energy, the energy of motion, to keep a particle in a small region, and the smaller the region the more energy it requires. By balancing this energy against the electrical attraction between an electron and a nucleus, the size and energy of an atom is set. We can calculate this ourselves, as given in the

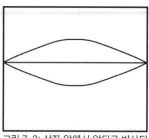

그림 7-2: 상자 안에서 앞뒤로 반사되는 파동의 스케치

boxed discussion below. If you prefer, you can skip this and just pick up that the size of every atom is roughly 10^{-10} metres across.

Notice that if you skipped the calculation in the box, you will have to trust the result. The only alternatives are to turn your back on the whole business or to study it yourself. In general these are the three options: trust, ignore and study. But only the trust and study options lead to better prospects for life.

Nuclear sizes and energies

What happens if a similar argument is applied to the protons and neutrons inside an atomic nucleus? The nuclear size was measured to be some 10^{-15} metres in the early twentieth century by means of Rutherford Scattering experiments. The energy of protons and neutrons inside comes out at about 20 MeV by the same argument as used for the energy of an electron confined to an atom.

What is the energy of a proton (or neutron) in a nucleus, roughly?

Using the same formula $E \approx h^2/8MX^2$ that we used for an electron in an atom, we put in the values for a proton mass ($M = 1.7 \times 10^{-27}$ kg) and a nucleus of size $X \approx 3 \times 10^{-15}$ metres (eg for carbon-12). The calculation gives a value $E \approx 3 \times 10^{-12}$ J, that is 20 MeV.

Actual observed proton and neutron nuclear energies are a few MeV

른 힘의 균형에 관한 문제로, 전자의 양자파 특성이 관여된다. 파장의 주파수보다 더 작은 주파수를 가진 영역에 파장을 넣을 수 없으며, 〈그림 7-2〉에서 보여주는 것처럼, 영역은 흔들릴 수 있을 정도의 크기여야 한다. 1923년 루이 드 부아지에의 연구 이후, 입자의 운동량 (질량 곱하기 속도는)은 입자의 파장과 주파수를 곱한 상수값을 도출한다는 사실이 알려졌다. 이 상수는 플랑크 상수로 모든 입자에 대해 항상 정확하게 적용된다.

결과적으로 작은 영역에 입자를 유지하기 위해서는 운동에너지가 필요하며, 더 작은 영역일수록 필요한 에너지는 더 커진다. 원자의 크기와 에너지는 이 에너지와, 전자 그리고 핵 사이에 존재하는 전기적 인력의 균형을 통해 설정된다. 아래 상자는 원자의 크기를 계산하는 식으로 스스로 계산해보면 더 좋겠지만, 모든 원자의 크기가 대략 10^{-10}미터 정도 된다는 사실만 알고 있어도 무방하다.

만약 다음 쪽에 기술한 계산과정을 건너 뛰었다면, 결과를 꼭 신뢰해야 한다는 점에 유의하길 바란다. 유일한 대안은, 전체 사업을 무시하거나, 스스로 연구하는 것이며 일반적으로 신뢰, 무시, 그리고 공부라는 세가지 선택사항이 있지만 신뢰와 공부만이 더 나은 삶의 전망으로 이끌 수 있다.

핵의 크기와 에너지

원자핵 안에 있는 양성자와 중성자에 유사한 주장을 적용하면 어떻게 될까? 원자핵의 크기는 20세기 초 러더포드 산란 실험을 통해 약 10^{-15}m로 측정되었다. 내부에 있는 양성자와 중성자의 에너지는 원자에 국한된 전자의 에너지에 사용되는 것과 같은 논거에 의해 약 20 MeV로 계산된다.

> 핵의 양성자, 또는 중성자의 에너지는 대략 얼마일까?
> 전자를 계산하는데 사용한 같은 공식 $E \approx h^2/8MX^2$을 이용해, 탄소-12를 예로, 양성자 질량 M = 1.7×10^{-27} kg, 핵의 크기 X $\approx$ 3×10^{-15} 미터를 대입하면, 값은 약 $E \approx 3 \times 10^{-12}$ J로 20 MeV이다.
> 실제 측정된 양성자와 중성자 핵 에너지는 몇 MeV이다.

So there is a factor of a million between the energy of an electron in an atom and the energy of a proton or neutron in a nucleus, as described by simple quantum mechanics. Chemical energy, for instance the energy released by burning carbon fuels, comes from the electrons when atoms are rearranged in molecules. In a similar way, nuclear energy comes from rearranging protons and neutrons in nuclei. So this factor is the basic reason why nuclear energy is about a million times more powerful than carbon fuel combustion. These simple calculations have extraordinary consequences.

Roughly, what is the energy of a mass M held in a box of size X?

In Newton's mechanics any mass M with speed V has kinetic energy $E = \frac{1}{2}MV^2$, and also a momentum $P = MV$. This means that $E = P^2/2M$.

In quantum mechanics information about the momentum P is given by a wave with wavelength $\lambda = h/P$ where h is Planck's constant, 6.6×10^{-34} J s.

If the wave describes the position of M, it cannot be kept in a region X smaller than about half a wavelength, as sketched in Illustration 7-2.

So $h/P \approx 2X$ and $P \approx h/2X$, where the wavy equal sign means we have ignored that space is 3D but the result is still approximately correct.

Using this result we can replace P in the formula $E = P^2/2M$ to get $E \approx h^2/8MX^2$.

This is what we wanted to find, a formula for E given the values of M and X. Now we can put in some numbers and find some answers:

What is the size of an atom, roughly?

For an electron ($M = 9.1\times10^{-31}$ kg) in orbit round a nucleus, this kinetic energy should about match the electrical potential energy $e^2/4\pi\varepsilon_0X$ in standard SI units which means $X \approx 4\pi\varepsilon_0h^2/8Me^2$

So putting in the numbers, the size of the atom is calculated to be about $X = 3\times10^{-10}$ m across. Actual measured sizes are 2 to 3 times smaller.

단순한 양자역학에서 설명되듯이, 원자에 있는 전자의 에너지와 핵에 있는 양성자, 또는 중성자 에너지 사이에는, 백만배의 차이가 존재한다. 예를 들어, 탄소 연료를 태울 때 방출되는 화학에너지는 원자가 분자에서 재배열될 때 전자에서 나오게 된다. 비슷한 방식으로, 핵에너지는 양성자와 중성자를 핵 안에서 재배열할 때 나온다. 이 원리는 왜 원자력이 탄소연료의 연소보다 약 100만배 더 강력한지 설명해주며, 박스 안의 간단한 계산을 통해 놀라운 결과를 얻을 수 있다.

대략적으로 X크기의 상자 안에 들어있는 질량M의 에너지는 얼마정도 될까?

뉴턴의 역학에서, V의 속도를 가진 질량M은 운동에너지 $E = \frac{1}{2}MV^2$와 운동량 $P = MV$를 가지며 이는 $E = P^2/2M$임을 의미한다.

양자역학에서 운동량, P에 대한 정보는 파장 $\lambda = h/P$ 로 주어지며 여기서 h는 플랑크 상수인 6.6×10^{-34} J s이다.

만약 파동이 M의 위치를 설명하는 경우, <그림 7-2>에서 보여주는 바와 같이 파장의 절반 이하는 영역 X에 유지될 수 없다.

따라서, $h/P \approx 2X$, $P \approx h/2X$이며 여기서 물결 등호는 공간이 3D라는 것을 고려하지 않았기 때문에 약간의 오차가 있지만 결과값이 거의 정확하다는 것을 의미한다.

이 결과값을 $E \approx P^2/2M$을 이용해 다시 쓴다면,

$E \approx h^2/8MX^2$라는 값을 얻을 수 있다.

이는 우리가 찾고자 했던 값으로, E는 질량 M과 공간 X로 나타낼 수 있다. 숫자를 대입해 원자의 크기를 대략적으로 계산해 보자.

원자의 크기는 대략 얼마나 될까?

핵 주위를 도는 전자(전자의 질량은 $M = 9.1 \times 10^{-31}$ kg이다)의 궤도에서 운동에너지, $e^2/4\pi\varepsilon_0X$는 전위에너지와 일치해야하므로 $X \approx 4\pi\varepsilon_0h^2/8Me^2$로 정리할 수 있다.

숫자를 대입해 원자의 크기를 계산해 본다면,

X는 약 3×10^{-10} m정도로, 실제 크기는 이보다 2~3배 더 작다.

Putting in numbers for an electron in an atom of size $X \approx 3\times10^{-10}$ m gives kinetic energy $E \approx 7\times10^{-19}$ J, that is 4 eV.

The measured energy of the hydrogen atom, as an example, is 13.8 eV.

These calculations are over-simplified, which is why the answers come out slightly wrong. Using quantum mechanics to calculate the actual wave shape in three dimensions, highly accurate energies are derived. Although the answers then depend on the details, the broad principles are already here. As a study of chemistry relates, these finer details depend on the way in which neighbouring atoms share electrons to form molecules, and a study of condensed matter physics describes how these molecules or atoms configure themselves in a 3D-crystal, or in a liquid or gas. However, within a factor ten, all atoms are of similar size, and the energies of their outer electrons are similar too.

Energy in physical science

Conservation of energy

Energy is a crucial quantity in basic physical science, and hardly less important in everyday life. One of the underlying laws of science is that energy is conserved, so energy cannot be made and can only be transformed from one form to another or moved from one place to another – that is why conservation is important. So whenever reference is made to saving energy or generating energy, that can only mean retaining it in a usable form, or transforming it from a stored to a more readily accessible form.

That is rather an important point. It means that a search for a way to store energy is just a search for another energy source – a source and a store are similar.

The science that describes what you can do in principle when you

그렇다면 원자의 전자 에너지는 대략적으로 얼마일까?

X가 약 3×10^{-10} m일 때, 숫자를 대입해 계산해 보면 전자 에너지는 $E \approx 7 \times 10^{-19}$ J로 4 eV이다.

예를 들어, 측정된 수소원자의 에너지는 약 13.8eV정도 된다.

이 계산은 지나치게 단순화 되어있기 때문에 살짝 잘못된 결과값이 나온다. 양자역학을 이용해 실제 파형을 3차원으로 계산하면, 정확한 에너지 값을 얻을 수 있으며 세부적인 사항에 따라 값은 달라질 수 있지만, 광범위한 원칙은 이미 적용되어 있다. 세부사항들은 화학과 관련되어 있으며, 인접한 원자들이 전자를 공유해 분자를 형성하는 방식에 따라 달라지고 응축 물질에 대한 연구는 분자나 원자들이 어떻게 3D 결정체, 액체 또는 기체에서 스스로를 구성하는지 설명한다. 10배수 이내에서, 모든 원자들은 비슷한 크기를 가지며, 외부 전자의 에너지도 역시 비슷하다.

물리과학에 있어서의 에너지

에너지의 보존

에너지는 기초 물리과학에서 결정적인 수량이며 일상생활에서도 마찬가지다. 과학의 근본적인 법칙 중 한 가지는, 에너지는 보존되기 때문에 생성될 수 없고 한 형태에서 다른 형태로만 변형되거나 한 장소에서 다른 곳으로 이동될 수 있다는 것이다. 이것이 에너지 보존이 중요한 이유이다. 따라서, 에너지 생성, 또는 절약을 언급할 때는 언제나 단지 에너지를 사용가능한 형태로 유지하거나, 더욱 쉽게 접근할 수 있는 형태로 변환하는 것을 의미할 뿐이다.

이것은 상당히 중요한 점이다. 에너지를 저장하는 방법을 탐색하는 것은 단지 다른 에너지원을 찾는 것일 뿐이다. 에너지원과 저장소는 비슷하다.

당신이 에너지를 움직일 때 원칙을 지키면서 당신이 할 수 있는 것을 묘사한 과학을 "열역학" 이라고 한다, 여기서 우리는 에너지가 보존된다는 간

move energy around is called thermodynamics, but we need only its simplest idea here, that energy is conserved. As a consequence, energy stores are potentially just as dangerous as energy sources. Consider the energy stored by a hydroelectric dam. A crack, whether initiated by an earthquake or a design failure, may be a precursor to the release of a wall of water on those who live downstream. To avoid this it is necessary to be able to release the energy stored in the full dam as fast as possible, but without causing loss of life. So the problem of dispersing stored energy in the event of an accident is not peculiar to a nuclear reactor with a rapidly rising temperature, like the ones at Fukushima Daiichi. If a sufficiently large energy store were developed to accumulate energy from wind or solar, it would have a similar problem in the event of an accident – even if the principle of making such a store sufficiently large could be solved. At present there is no such solution, so the problem of its safety has not arisen yet.

A brief discussion of energy should help us to compare different sources.

Kinetic energy – the energy of motion

Material in motion carries energy in a form called kinetic energy. Examples are the movement of wind and water, or the rotation of a turbine.

It is notable that the energy of a moving mass increases with the square of its speed, so, as road safety demonstrations are always keen to point out, a car moving at 40 miles per hour has four times the energy that it has if moving at 20 miles per hour. This energy also increases with the mass of the moving object. Thinking about the energy of wind, the mass of air reaching the blades of a wind turbine each second increases with the wind speed. Therefore, the energy per second available from a perfect wind turbine increases with the cube of the speed. So there is a

단한 아이디어만 알고 있으면 된다. 따라서, 에너지 저장소는 에너지원만큼 잠재적으로 위험하다. 수력 발전 댐이 저장하는 에너지를 생각해보자. 지진에 의한 것이든, 설계고장으로 인한 것이든 균열은 댐의 하류에 사는 사람들에게 물이 방출된다는 전조가 될 수 있다. 이를 방지하기 위해선 전체 댐에 저장된 에너지를 가능한 빨리, 인명손실 없이 방출할 수 있어야 한다. 그러므로, 사고 발생 시 저장된 에너지를 분산시키는 것은 온도가 급격히 상승하는, 후쿠시마 다이이치와 같은 원자력 발전소에만 국한된 것이 아니며, 태양 또는 바람에서 생산되는 에너지를 축적하기 위해서 커다란 에너지 저장소를 만든 경우에도 충분히 큰 에너지 저장소를 만들어야 한다는 원칙은 해결될 수 있었더라도, 사고가 났을 때에는 여전히 비슷한 문제가 생긴다는 말이다. 이에 대해서는 현재로서도 해결책이 없다. 그러므로, 안전성에 대한 문제는 아직 일어나지도 않은 셈이다.

에너지에 관한 간단한 토론은 다른 에너지원들을 비교하는 데 도움이 될 것이다.

운동에너지-에너지의 움직임

움직이는 물질은 운동에너지라는 형태로 에너지를 전달한다. 바람, 물의 움직임과 터빈 회전 등이 그 예들이다.

운동하는 질량의 에너지는 속도의 제곱에 따라 증가한다. 예를 들어, 40마일로 주행하는 자동차는 시속 20마일로 주행하는 자동차보다 4배 높은 에너지를 가지고 있는 것이다. 또한, 운동에너지는 움직이는 물체의 질량에 따라 증가하며 풍력의 경우, 풍력 터빈 날개에 도달하는 공기의 질량은 풍속과 함께 매초마다 증가한다. 따라서 완벽한 풍력 터빈에서 얻을 수 있는 초당 에너지는 속도의 제곱에 따라 증가하며, 시속 50마일의 풍력 터빈은 시속 5마일의 터빈의 수 천배의 에너지를 얻을 수 있다. 풍력발전소의 중요한 문제는 바람이 변동이 심한 조건에서 꾸준한 전기를 공급하는 것이다. 강풍의 에너지는 터빈에 쉽게 손상을 입히며 심지어 파괴할 수도 있기 때문

thousand times as much energy available from a turbine in a wind at 50 miles per hour as at 5 miles per hour. That is a significant problem for a wind farm that is intended to provide a steady supply of electricity in variable wind conditions. In high-wind conditions this energy is liable to damage the turbine, even to destroy it – and therefore much of the cost of a wind turbine goes into ensuring that it is strong enough to withstand the highest wind conditions. This can be done but it is expensive. Wind energy is a poor resource because the mass is low, the wind speed is not great and is highly variable.

Tidal currents are more predictable and water has a higher density than air, but the speeds are very low even in the best isolated locations. Wave power has higher speeds than tidal but all of the unpredictability of wind. The destructive power of wave energy is legendary, and defence against exceptional storms is difficult and expensive.

Thermal energy

Higher energy is available when larger masses move at higher speeds, like the speed of sound. The molecules in a gas move around randomly at such speeds, which is how they are able to transmit the pressure waves of sound so fast. These moving molecules in a hot gas or liquid are therefore a good energy source in principle – and this is what we know as thermal or heat energy. As this way of introducing it suggests, heat is a very powerful source compared to wind, although there are problems because the motion is random in direction. The Second Law of Thermodynamics sets the maximum efficiency with which such random thermal energy can be converted into a more useful form like a rotating turbine or an electric current. This efficiency is seldom good. In a typical oil, gas, coal or nuclear power station this efficiency may be as low as 30%. That means twice as much energy is going to the cooling tower or heating the river as is coming out in the form of electrical energy.

에, 풍력 터빈 비용의 상당 부분은 폭풍을 견딜 수 있는 강도를 갖췄다는 것을 보증하는 데 사용된다. 이러한 설계는 물론 가능하지만 굉장히 많은 비용이 소모되며, 낮은 질량, 느린 속도와 변동이 심한 풍속으로 인해 풍력은 열악한 자원으로 평가된다.

조류는 예측 가능성이 높고, 물의 밀도 또한 공기보다 높지만, 가장 외진 곳에서도 굉장히 속도가 느리다. 반면, 파력은 조력보다 속도가 빠르지만, 바람은 예측할 수가 없다. 파력은 전설적이라 할 만큼 파괴적이지만, 예상치 못한 폭풍에 대비하기란 굉장히 까다롭고 많은 비용이 소모된다.

열 에너지

높은 에너지는 더 큰 질량이 음속처럼 빠른 속도로 이동할 때 얻을 수 있다. 기체의 분자들은 빠른 속도로 무작위로 움직이기 때문에, 소리의 압력파를 빠르게 전달할 수 있다. 이와 같이 뜨거운 가스나 액체 속에 존재하는 움직이는 분자들은 원칙적으로 굉장히 좋은 에너지원이며 이를 열에너지라고 부른다. 열에너지를 소개한 방법에서 알 수 있듯, 열은 비록 무작위한 방향으로 움직이지만, 바람에 비해 굉장히 강력한 에너지원이다. 열역학 제2법칙은 열에너지가 회전 터빈, 전류와 같은 더 유용한 형태로 변환될 수 있는 최대 효율을 설정하는 것이다. 이 효율은 좀처럼 좋아지지 않는다, 일반적인 석유, 가스, 석탄 또는 원자력 발전소의 경우 약 30% 정도로 낮은 편이다. 이는 이런 에너지들이 냉각탑이나 강을 데울 때, 전기 에너지의 형태로 나오는 것보다 2배 더 소비된다는 것을 의미한다.

세부적인 사항을 생략하면, 최대 효율은 $(1 - T_1/T_2)$에 의해 주어진다. 여기서 T_1은 배기의 절대온도, T_2는 열원의 절대온도다. T_1은 주변 온도인 293 K 보다 아주 낮지 않기 때문에, 디젤 자동차 엔진이든, 원자력 발전소에서든 T_2를 최대한 높게 설정하는 것이 유리하다.

이는 화석연료발전소가 예상보다 3배나 많은 이산화탄소를 방출하는 이

We omit the details here, but this maximum efficiency is given by the quantity $(1-T_1/T_2)$ where T_1 is the absolute temperature of the exhaust and T_2 is the absolute temperature of the hot source. T_1 is never much less than ambient temperature, 293 K, so that there is great advantage in having T_2 as high as possible, whether in a diesel car engine or a nuclear power station.

This is the reason that a fossil fuel plant may generate three times as much carbon dioxide as you might expect. For instance, power plants may be described as 3,000 MWth (meaning thermal power) or 1,000 MWe (meaning electrical power). That difference is large and matters. It means that 2,000 MW of energy has to be discarded and this applies to carbon-burning plants as much as to nuclear ones. There are processes that can make good use of discarded heat, such as greenhouses and local combined heat and power (CHP) schemes.

Here is a rough comparison between wind energy and thermal energy. (This refers to the energy per kg and so does Table 7-1. As already pointed out, in terms of the energy per second, light winds come out even worse in the comparison because the mass of air, the number of kgs hitting the turbine, falls as the wind speed drops.)

The energy of mass M moving at speed V is $\frac{1}{2}MV^2$. So air moving at 60 miles an hour, that is 22 ms^{-1}, carries 240 Joules of energy per kg, as wind.

The random motion of the molecules of the same kg at room temperature is 770 miles an hour, that is 345 ms^{-1}, that is 59,500 Joules as heat energy.

So the energy of wind in each kg, even blowing at 60 mph, is smaller than its thermal energy by a factor 200.

Directional energy

There are other forms of directional energy such as gravitational energy that can be converted to electrical energy more efficiently than thermal

유이다. 예를 들어, 발전소의 열출력이 3,000MWth이고, 전력은 1,000 MWe이라면, 이 둘의 차이인 2,000MW는 폐기되는 에너지로 굉장히 중요한 값을 의미한다. 이렇게 폐기되는 에너지, 즉 폐열은 온실 또는 국지 열병합발전소 (CHP)체계에서 활용된다.

풍력에너지와 열에너지를 개략적으로 비교한 것이 있다. (409쪽 〈표 7-1〉과 마찬가지로, kg당 에너지를 의미한다. 이미 지적한 바와 같이, 초당 에너지 측면에서 볼 때, 터빈에 부딪히는 횟수인 kg 수는 풍속이 감소하면 공기의 질량 또한 함께 감소하기 때문에, 비교적으로 가벼운 바람이 불때 더욱 심하게 감소된다.)

> 질량 M이 속도 V로 움직이는 에너지는 ½MV²이다. 따라서 공기는 시속 60마일, 즉 22 ms⁻¹로 움직이며, 킬로그램 당 240줄의 에너지를 바람으로 운반한다.
>
> 상온에서 kg당 분자의 무작위 운동은 시간당 770마일, 즉 345 ms⁻¹이며, 이는 열에너지로 59,500 줄이다.
>
> 따라서, 심지어 시속 60마일의 kg당 풍력 에너지는 풍력의 열에너지보다 200배 더 작다.

방향에너지

중력에너지와 같은 다른 형태의 방향에너지가 존재하는데, 이는 열에너지보다 더 효율적으로 전기에너지로 변환될 수 있다. 일정 거리만큼 질량을 들어올리면 질량의 위치에너지는 증가하고 질량을 떨어뜨리면 여분의 에너지는 운동에너지로 변환된다. 또한, 마찰브레이크의 경우, 에너지는 열에너지에서 끝나게 되고 브레이크는 가열된다. 운동에너지는 중력에너지로 비교적 쉽게 재변환되지만, 에너지가 열에너지로 변환될 경우, 이 에너지는 위치에너지로 다시 효율적으로 되돌아갈 수 없다. 이 현상은 바로 열역학 제2법칙과 관련이 있으며, 수력 발전은 굉장히 중요한 사례이다; 효율성은 저장될 수 있는 에너지를 의미한다; 잉여 에너지는 저수지에 물을 퍼올리기

cncrgy. Lifting a mass upwards by a distance increases its potential energy and dropping it turns this extra energy into directional kinetic energy. If a frictional brake is applied, the energy ends up as thermal energy and the brake will get hot. Note how kinetic energy can be turned back into gravitational energy quite easily, but once the energy becomes thermal, it cannot efficiently revert to potential energy again – this is the influence of the Second Law of Thermodynamics. Hydro-power is the important example; the efficiency means that energy can be stored; that is surplus energy can be used to pump water up into a reservoir, and then reconverted back into electricity at a later time, although the number of sites where this can be done on a grand scale taking advantage of natural land formation is limited. Consequently such storage is insufficient to support a whole national energy policy. The cost is quite high and safety is a concern, as always for energy storage. Directional chemical energy storage – battery storage in fact – is another important solution that is useful, but has limited capacity.

Energy density

A useful measure when discussing energy is energy density[see Selected References on page 279, SR1].

Imagine a waterfall, as an example. You might get the same flow of energy from a very high waterfall with a trickle of water passing over it, as you do from a large flow of water passing over a low waterfall. Nevertheless, the high waterfall provides a more powerful source of energy that could push back the flow of a low waterfall, as it were. We can describe this by looking at the energy per kg instead of the total energy. This energy density is called the potential. Sources of high energy density are much to be preferred; they are compact, require less mass of fuel and generate less waste. Table 7-1 shows the vast difference between the energy density of different sources, even neglecting the poor efficiency

위해 사용될 수 있다, 비록 자연적인 토지 조성을 이용하여 대규모로 이를 수행할 수 있는 현장의 수가 제한되기는 하지만, 이 에너지는 나중에 다시 전기로 전환된다. 결과적으로 이러한 저장소는 국가 에너지 정책 전체를 뒷받침하기엔 불충분하다, 항상 그렇듯 에너지 저장의 비용은 높고 안전 우려는 여전히 존재한다. 방향성을 띠는 화학 에너지 저장소, 즉 배터리 저장은 또다른 중요한 해결책이지만 용량이 제한적인 단점이 있다.

에너지 밀도

에너지에 대해 논의할 때, 유용하게 사용되는 척도는 에너지 밀도이다.[선택한 참조 자료 279쪽, SR1 참조].

폭포를 상상해보자. 낮은 폭포 위를 지나가는 큰 물 흐름에서와 같이 아주 높은 폭포에서도 같은 에너지의 흐름을 얻을 수 있을 것이다. 그럼에도 불구하고 높은 폭포는 말하자면 낮은 폭포의 흐름을 밀어낼 수 있는 보다 강력한 에너지원을 제공한다. 우리는 총 에너지 대신에 kg당 에너지를 보면 이것을 설명할 수 있다. 이 에너지 밀도는 잠재력이라고 불린다. 높은 에너지 밀도의 에너지원은 지금보다 훨씬 우선시되어야 한다; 그것들은 작고, 필요로 하는 연료의 질량도 적으며, 폐기물을 덜 발생시킨다. 〈표 7-1〉은 방향성이 없는 석탄과 핵의 ⅓의 낮은 효율 계수를 무시하더라도, 다양한 에너지원의 에너지 밀도들 사이에 엄청난 차이가 있다는 것을 보여준다.

산화납 밧데리	5 mph 바람	60 mph 바람	100m 높이 폭포	화석연료 (석탄)	5% 농축 우라늄
0.15 백만	1.7	240	1000	24 백만	4 조

표 7-1: 다양한 선원에 대한 에너지 밀도(kg당 줄 단위로 측정).
바람의 에너지 밀도는 시속 60마일일 때 시속 5마일보다 kg당 144배 더 크다. 그러나 초당 에너지는 다시 12배 더 높다 왜냐하면 매초당 더 많은 질량이 시속 60마일로 터빈을 때리기 때문이다.

모든 형태의 에너지는 $E = Mc^2$ 등식의 에너지 E에 기여하며, 여기서 M은 질량 변화를 나타낸다. 대중 매체에서 당신이 찾을 수 있는 것과 달리, 이

factor of ⅓ for coal and nuclear, both being non directional.

Lead-acid battery	5 mph wind	60 mph wind	100m high waterfall	Fossil (coal)	5% enriched uranium
0.15 million	1.7	240	1000	24 million	4 million million

Table 7-1: Energy density for various sources (measured in joules per kg). Note that the energy density of wind is 144 times larger per kg at 60 mph than at 5 mph, but the energy per second is another factor 12 times higher because more kgs hit the turbine in a second at 60 mph.

All forms of energy contribute to the energy E in the equation $E = Mc^2$, where M is the mass change. In spite of what you may find in popular accounts, this famous equation has no special relationship to nuclear energy.

For example, the water at the top of a waterfall has slightly more mass than the same water at the bottom when stationary although the difference is tiny. Because nuclear energies are large, the mass change is measurable when some E is extracted. The exchange rate, c^2, is an impressive 9×1016 joules per kg.

This is how much energy you would get if all the mass were turned into energy, but the entries in Table 7-1 are much smaller. Comparison between the columns shows what really matters. In particular, the number for uranium is larger than that for coal by the same factor as 1 hour of work on one hand, and a lifetime at 60 hours a week on the other[4]. When it comes to the amount of waste produced per unit of energy, the mass of waste produced by nuclear is smaller than that produced by coal by 167,000. This factor is deduced by taking the numbers from the Table, 4 million million divided by 24 million. If the part-used nuclear fuel is recycled, the situation is even more beneficial.

Here is a slightly different comparison. A modern Li-ion battery stores as much as 0.2 kWh of energy in 1 kg of lithium. How does that compare with the nuclear fission energy stored in 1 kg of thorium, for example? In the nuclear fission of a nucleus the energy released is about 200 MeV

유명한 방정식은 원자력과는 특별한 관계가 없다

예를 들자면, 폭포의 꼭대기에 위치한 물은 정지상태에서 바닥보다 더 많은 질량을 갖고 있다. 물론 그 차이는 아주 미미하다. 원자력 에너지는 굉장히 크기 때문에, 에너지를 일부 추출했을 때 질량변화를 측정할 수 있으며, 환산 비율 c^2은 놀랍게도 kg당 $9×10^{16}$ 줄이다.

모든 질량이 에너지로 변환되었을 경우, 얻을 수 있는 에너지는 이 정도지만 〈표 7-1〉의 양은 훨씬 적다. 각 에너지원의 비교는 무엇이 정말 중요한지 잘 보여준다. 특히 우라늄과 석탄을 비교하면 그 비율은, 한 손에 1시간 작업을 놓고 다른 손에 평생 주 60시간의 작업을 놓은 것보다 크다[4]. 에너지 단위당 배출되는 폐기물의 양을 따지면 원자력이 배출하는 폐기물의 질량은 석탄이 생산하는 것보다 16만7000배 적다. 이 값은 〈표 7-1〉 우라늄의 4백만의 백만배를 석탄의 24백만으로 나누면 얻어진다. 만약 부분적으로 사용된 핵연료를 재활용하면 원자력은 훨씬 더 유익해진다.

조금 다른 비교를 생각해보자. 현대의 리튬 이온 배터리는 리튬 1kg에 0.2kWh의 에너지를 저장한다. 그렇다면, 토륨 1kg에 저장된 핵분열 에너지와 어떻게 비교할 수 있을까? 핵분열에서 방출되는 에너지는 약 200 MeV이며, 이는 원자의 총 Mc^2의 1/1000이다. 따라서, 토륨의 kg당 핵분열 에너지는 약 $9×10^{13}$ 줄로 kg당 $2.5×10^7$ kWh인 리튬 이온 배터리 에너지 용량의 1억 배에 달한다.

이 숫자는 화학 배터리와 핵 에너지가 전기 공급원으로서 경쟁이 되지 않는다는 것을 의미한다. 배터리는 단기 휴대용 저장장치의 역할을 할 수 있지만, 기저 부하발전소에서 자주 재충전해야 한다.

– that is 1/1000 of the total Mc^2 of the atom. So there are 9×10^{13} joules of fission energy per kg of thorium. That is 2.5×10^7 kWh per kg, or 100 million times the energy capacity of the Li-ion battery.

That number means there is no contest between a chemical battery and nuclear energy as a source of electricity. A battery can just about serve as short-term portable storage, but it needs to be recharged frequently from a base load power plant.

Natural apprehension

It is natural that without sufficient reassurance large energies cause concern. Standing at the base of a major hydroelectric dam would generate an unpleasant frisson of fear for most people. Tanks of volatile inflammable fossil fuel and stores of chemical explosives are no better. Once ignited, fossil fuels fires are liable to spread without control, especially when the fire escapes into the environment. Mankind has had to face up to living with this risk for many millennia. A question is whether the assurance of safety that cannot be given convincingly for fire can be given for nuclear energy. Since the energy density is very much higher, the assurance needs to be that much more complete.

Surprisingly, this assurance is provided from three separate and independent sources. Firstly, it comes in principle from physical science, as described in the remainder of this chapter. Secondly, it comes in principle from biological science, as described in the next chapter. Finally, it comes in practice from the experience of seventy years of deployment of nuclear energy with a safety record that is better than offered by any other energy source.

자연적 우려

충분한 확신이 없다면 큰 에너지들에 대한 우려는 당연하다. 거대한 수력발전 댐의 아래에 서있는 것은 대부분의 사람들에게 불쾌한 공포의 전율을 불러일으킬 것이다. 휘발성 인화성 화석 연료 탱크나 화학 폭발물 저장소도 더 나을 것이 없다. 한번 점화되면, 화석연료에서 발생한 화재는, 특히 자연환경으로 빠져나갔을 때, 통제불능으로 번지기 쉽다. 인류는 수 천년 동안 이러한 위험을 감수하고 살아가야 했다. 문제는, 화재는 안전성을 설득력 있게 보장하지 못하는데, 원자력은 과연 안전성을 보장할 수 있는지 여부이다. 원자력의 에너지 밀도는 매우 높기 때문에, 안전성 보장은 그만큼 더 완벽해야 한다.

놀랍게도, 세개의 독립되고, 별개의 근원에서 이러한 보장을 얻을 수 있다. 첫번째로, 이 장의 나머지부분에 기술된 것처럼, 물리과학으로부터 이 원칙이 나온다. 두번째로, 다음 장에서 기술되는, 생물학으로부터 원칙이 나온다. 마지막으로, 다른 그 어떤 에너지원보다 더 안전한 70년의 기록을 가진 원자력 에너지의 설치 경험에서 나온다.

Nuclei inviolate

Isolation by the coulomb barrier

Although nuclear energy is immensely powerful on paper, it is far safer than expected. Each nucleus lives an isolated celibate life with its nuclear energy securely locked and the nucleus of one atom never meets the nucleus of another. In fact, on Earth only one nucleus in a million has changed at all since the Earth was formed more than 4,500 million years ago, and then only by decay. The laws of physics that describe the unconditional electrical repulsion between like charges ensures that the nucleus is prevented from doing anything at all. Apart from being carried about passively at the centre of its atom, the only activity possible for some nuclei is rotation – and for more than half of them even that is excluded. (Interestingly, this rotation is the basis of MRI, more fully described as nuclear magnetic resonance (NMR) imaging – the adjective nuclear is usually omitted from the name out of a misguided sensitivity to popular nuclear phobia.) Each nucleus is individually packaged in its own enveloping electronic atomic cloud, 100,000 times its size, and held in position by an intense electrical force. This packaging is extraordinary. It is no wonder that none is ever damaged! One can only marvel at the degree to which nuclei are isolated from one another.

When Rutherford analysed the first experimental data in which two nuclei (helium and gold) were fired at one another, he was able to show that because they could bounced off one another at 180 degrees without penetrating one another, all of their electric charge must be concentrated in a nucleus of tiny dimensions. The inverse square law means that the electric force increases by a factor of 1010 in moving close to the nucleus. This electric defence is called the Coulomb barrier – Coulomb was the pioneer in the unravelling of the physics of electricity who first described the force between electric charges.

존중되어야 할 핵

쿨롱 장벽에 의한 고립

비록 핵에너지는 이론상 굉장히 강력하지만, 생각보다 훨씬 안전하다. 각각의 핵은 안전하게 가두어진 핵에너지를 가지고 고립되어서 단독으로 살아간다. 그리고. 한 개의 원자의 핵은 다른 원자의 핵과 절대 만나지 않는다, 사실, 지구에서 백만 개 중에서 단 1개의 핵만이 45억년 보다 더 오래전에 지구가 형성된 이래, 붕괴에 의해서 변화되었다. 지금까지 같은 전하 사이에서 무조건적으로 전기적 반발이 일어난다는 물리학 법칙은, 핵이 어떤 것도 할 수 없도록 만든다. 원자핵의 중심에서 핵이 수동적으로 운반되는 것을 제외하고, 일부 핵이 할 수 있는 유일한 활동은 회전이며 심지어 절반 이상의 핵은 회전도 하지 못한다. (흥미롭게도, 이 회전은 MRI의 기본 원리이며, NMR 즉, 핵 자기 공명 이미지를 통해서 이 원리가 완벽히 설명된다. 첫글자 'N'은 핵을 뜻하지만, 대중이 가진 그릇된 핵 공포증에 대한 민감성 때문에 보통 생략된다.) 각각의 핵은 10만배 더 큰 크기의 전자 원자 구름 속에 개별적으로 둘러 쌓여 있고 강력한 전기력에 의해 제자리에 고정되어 있다. 이 포장 구조는 굉장히 보기 드문 현상이다. 모든 핵이 손상되지 않은 것은 자명한 사실이다. 우리는 핵들이 얼마나 서로가 서로로부터 잘 고립되어 있는가에 경탄할 수밖에 없다.

러더포드가 헬륨과 금, 두개의 핵이 충돌하도록 서로를 향해 발사한 최초의 실험 데이터를 분석했을 때, 두 핵은 서로를 관통하지 않고 180도로 서로 튕겨져 나갔다. 그는 이를 통해 모든 전하가 작은 크기의 핵에 집중되어야 한다는 사실을 보여줄 수 있었다. 역제곱 법칙은 핵에 가깝게 움직일 수록 전기력이 1010배 증가한다는 것을 의미하며, 우리는 이러한 전기적 방어를 쿨롱 장벽이라고 칭한다. 쿨롱은 전기와 관련된 물리학의 실마리를 풀며 전하 사이의 힘을 처음으로 설명한 선구자이다.

따라서, 가장 활동적인 핵도 서로 튕겨져 나갈 뿐이며 장벽을 침투할 만

So even the most energetic nuclei can only bounce off one another and do not have enough energy to penetrate the barrier. In their isolation they are prevented from releasing their energy under almost any circumstances. Only at the centre of the Sun at a temperature of some 15 million degrees does a nucleus get enough energy to meet and react with another, and even there, only once every few billion years. In the entire life of the Sun such an encounter will happen just once for each hydrogen atom. That is when it reacts with another to form helium, releasing the energy that gives us sunshine and the mainspring of energy for life here on Earth – the details are more complicated, but the idea is that simple.

Nuclei protected from alpha, beta and gamma radiation

This isolation of each nucleus from every other is entirely electrical in origin. But can radiation penetrate this barrier and so react with the nucleus? Alpha particles and other beams of positively charged particles are repelled by the positively charged nucleus and cannot reach it at normal energies. This does not apply to negative and neutral particles, but let's look at each of the candidates: first, energetic electrons and photons – we come back to beams of neutrons and what they might do on page 172.

In the environment, electron and photon radiation (beta and gamma) may have an energy up to about 2 MeV. Within the target nucleus the neutrons and protons are tightly bound, and a certain minimum energy is required to dislodge one. This is analogous to the photoelectric effect in an atom, where a certain minimum energy is required to dislodge an electron, as mentioned in Chapter 5. In the nuclear case the minimum energy varies between about 5 and 7 MeV – similar to the energy of nuclear quantum waves worked out roughly in the box on page 161. As in the photoelectric effect nothing substantial can happen unless the energy given by the electron or photon to the nucleus is greater than this value. So in the environment, alpha, beta and gamma radiation can do no more

큼의 충분한 에너지를 갖고 있지 않다. 고립된 상태의 핵은 거의 모든 상황에서 에너지를 방출하지 못하며, 약 1500만도의 태양 중심에서만 다른 핵과 만나 반응할 수 있는 충분한 에너지를 얻는다, 그마저도 수 십억년에 한 번 정도밖에 되지 않는다. 이와 같은 만남은 태양의 전 생애에서 각각의 수소 원자에 대해 단 한 번 일어난다, 이것은 수소가 헬륨을 형성하기 위해서 다른 것과 반응할 때 일어나면서 우리에게 필요한 햇볕을 주는 에너지와 지구에 있는 생명체를 위한 원동력이 되는 에너지를 방출한다—세부적인 내용은 더 복잡하지만, 아이디어는 간단하다.

알파, 베타 및 감마선 으로부터 보호되는 핵들

각각의 핵이 서로 분리되는 것은 전적으로 전기적인 것이다. 그렇다면, 방사선은 장벽에 침투해 핵과 반응할 수 있을까? 알파 입자와 양전하 입자의 다른 빔은 양전하핵에 의해 서로를 밀어내므로 보통 에너지에서는 도달할 수 없다. 중성입자와 음성입자는 해당되지 않지만, 중성자 빔은 172쪽에서 다시 다루도록 하고, 에너지가 넘치는 전자와 광자부터 살펴보자.

환경에서 전자와 광자 방사선(베타와 감마)은 약 2 MeV만큼의 에너지를 가질 수 있다. 표적 핵 내에서 중성자와 양자는 단단히 결합되어 있으며, 하나를 제거하기 위해서는 일정한 최소 에너지가 필요하다. 이는 5장에서 언급했던, 전자를 제거하기 위해서 일정한 최소 에너지를 필요로 하는 원자의 광전효과와 유사하다. 핵의 경우, 최소 에너지는 약 5–7MeV로 다양하며, 이는 161쪽의 상자에 대략적으로 기입된 핵 양자파의 에너지와 유사하다. 광전 효과에서와 같이 전자 또는 양자의 에너지가 최소 에너지보다 크지 않으면, 실질적으로 어떤 현상도 일어나지 않는다. 따라서, 자연환경 속 알파, 베타, 감마 방사선은 핵에서 튕겨 나오는 것 이상을 할 수 없다. 오직 연구소에서만, 방사선이 충분힌 여분의 양자 에너지를 갖도록 만들 수 있고 이런 방사선만, 핵이 방사능을 띠기 충분할만큼, 표적 핵을 변경할 수 있다,

than just bounce off a nucleus. Only in a research laboratory can radiation be given enough extra quantum energy to tweak a target nucleus enough to make a material radioactive.

This is a crucially important result for nuclear safety. It says that nuclear radiation – that is alpha, beta or gamma – can never make another nucleus radioactive. That means that radioactivity never spreads from material to material: it never catches and increases in the way that fire does. Radioactivity may be carried from place to place, but each individual radioactive nucleus can decay just once, so as time goes by, the radiation emitted must die away. This gives nuclear a degree of safety and proliferation resistance that is qualitatively superior to any fossil fuel hazard. Following the Fukushima accident nobody seems to have told the families in Japan about this. They looked on radioactive material as if it was contaminated by a virus, Ebola for instance. They were frightened of catching its effect, when there was no reason to be. The difference is simple and it should have been explained to them that radioactivity is not contagious. That was negligent.

Radioactive power in nature

Components of background radiation

The nuclear security provided by the Coulomb barrier is so good that it was not until the last years of the nineteenth century that the existence of nuclear energy was stumbled upon.

Nobody guessed the presence of this buried treasure. Its impenetrable bulwark has provided protection from the accidental release of this latent energy, ever since it was breached in the extreme conditions of element-forming nuclear explosions that preceded the formation of the Earth. Everything on Earth today, except hydrogen, is actually nuclear waste

이는 원자력 안전에 결정적으로 중요한 결과다. 이는 핵 방사능, 즉 알파, 베타, 감마선이 다른 핵을 결코 방사화할 수 없다는 뜻이다. 즉, 방사능은 물질에서 물질로 퍼질 수 없으며 화재처럼 불이 붙거나 번지지 않는다는 것을 의미한다. 방사능은 이곳 저곳으로 옮겨질 수 있지만, 각각의 방사성 핵은 한 번 붕괴할 수 있기 때문에 시간이 지날수록 방출되는 방사선은 반드시 잦아들게 된다. 이는, 핵이 어떤 화석 연료보다 안전성과 확산 저항성이 질적으로 우수하다는 것을 의미한다.

후쿠시마 사고 이후, 그 누구도 일본에 있는 그들의 가족에게 이에 대해 알리지 못한 것 같다. 그들은 방사성 물질을 마치 에볼라 바이러스처럼 여겼으며, 그럴 이유가 전혀 없는데도 그런 효과를 받는 것을 두려워했다. 둘의 차이는 간단하고 방사능은 전염성을 띄지 않는다는 사실을 설명했어야 했지만, 도외시했다.

자연에서의 방사능의 힘

자연방사선의 구성 요소

쿨롱 장벽이 제공하는 핵 보안은 너무 훌륭해서 핵 에너지의 존재가 우연히 발견되었던 19세기의 마지막 몇 년까지 알려지지 않았다.

아무도 숨은 보물의 존재를 짐작하지 못했다. 관통할 수 없는 쿨롱 장벽의 방어벽은, 지구가 형성되기 이전에 일어났던 원소를 만드는 핵폭발의 극단적 조건에서 잠재적 에너지가 우발적으로 방출되는 것을 막아왔다. 오늘날 수소를 제외한 모든 것들은 사실 그 시대에서 나온 핵 폐기물이며, 이후 쿨롱 장벽으로 방사능은 급속히 안정됐다. 남아있던 불안정한 핵들은 대부분 안정된 형태로 붕괴됐고, 오늘날 우리 주변에서 발견할 수 있는 특정 원자로 남아있다. 비록 오래전의 일이었지만, 매우 긴 수명을 가진 우라늄-235, 우라늄-238, 토륨-232, 칼륨-40과 같은 몇몇 예외적인 동위원

from that epoch. Since then, thanks to the Coulomb barrier, activity cooled off rapidly. Most of the unstable nuclei that were left decayed to stable forms, leaving the particular atoms that we find around us today. Although that was a long time ago there are a few exceptional isotopes with such long lifetimes that they are still present and decaying today, notably uranium-235, uranium-238, thorium-232 and potassium-40. These are the sources of the radioactivity that we call natural. In reality there is no comfort at all to be attached to this not-made-by-man label. Such make- believe descriptions owe more to man's desire for security than to any objective science. These primordial radioactive isotopes are scattered everywhere at low concentrations. Potassium-40, naturally present in all life, gives most of the internal radiation dose that the human body gives itself, that is 0.24 mGy per year, discussed in Chapter 5. The radioactive nuclei present in rocks, soil and water give much of the external dose to the human body (about 1.2 mGy per year, including gamma rays and radon gas); the rest comes in the form of medical doses and cosmic rays from space. These rays produce showers of secondary particles in collisions at the top of the atmosphere, and some of these reach ground level.

This so-called natural radiation amounts to about 1.0 mGy per year, but varies a lot according to location. The composition of the local rock and the radon that it releases is responsible for the wide variation of tens of mGy per year in places such as Brazil, Cornwall, the Czech Republic, India and Colorado. Reported doses depend on conditions, for instance whether buried in the sand, unventilated in a cellar, or taken in the fresh air. Spas which offer health benefits from radon in their waters are common in these regions, as well as in Japan, Jamaica and Germany.

Closer proximity to the Earth's magnetic polar regions and greater altitude increase exposure to cosmic rays because these are less deflected by the Earth's magnetic field and absorbed by the atmosphere, respectively.

소들은 여전히 남아 붕괴하고 있다. 바로 이 원소들이 우리가 자연 방사능이라 칭하는 방사선원이다. 이 원시 방사성 동위 원소들은 낮은 농도로 사방에 도처에 존재한다. 칼륨-40은 모든 생명체에 자연적으로 존재하며, 연간 0.24 mGy정도로, 인체가 발산하는 내부 방사선량의 대부분을 차지한다. 반면, 암석, 토양 그리고 물에 존재하는 방사성 핵은 감마선과 라돈 가스를 포함해 연간 약 1.2 mGy로 인체 외부 방사선량의 대부분을 제공한다. 이를 제외한 나머지는 의료 선량과 우주에서 나오는 우주 방사선이다. 우주에서 날아오는 이 우주 방사선은 대기의 상단에 충돌할 때 대량의 2차 방사선을 발생시키며 일부 2차 방사선은 지상에 도달하기도 한다.

이른바 자연 방사선이라고 불리는 이 방사선은 연간 약 1.0 mGy이지만, 위치에 따라 많이 달라진다. 지역 암석 구성과 그것들에서 나오는 라돈 방출량의 편차는 브라질, 콘월, 체코, 인도, 콜로라도 등지에서 연간 수십 mGy의 선량 편차를 보이는 원인이다. 보고된 선량은 예를 들어, 모래 속에 묻혀 있거나, 통풍이 되지 않는 지하실에 위치하거나, 신선한 공기를 들이마시는 등 다양한 조건에 따라 변한다. 라돈을 이용해 건강상의 이점을 주는 온천은 일본, 자메이카, 독일 뿐만 아니라 앞서 언급한 지역에서도 매우 흔하다.

지구 자기 극지방에 더 가깝고 고도가 높아질수록, 우주 방사선은 증가한다. 왜냐하면 우주 방사선은 지구 자기장에 의해 덜 굴절되고 대기에 의해 흡수되기 때문이다.

지구의 방사선 역사

지구가 형성되어 냉각되기 시작한 후, 생명은 서서히 감소하는 전리방사선에 내성이 생기도록 진화됐다. 만약 그렇지 않았다면, 생명은 살아남지 못했을 것이다. 지구 초기에 방사선의 흐름은 오늘날처럼 지구의 암석, 토양, 물 안에서 일어나는 국소 방사성 붕괴와 우주에서 지구 표면에 도달하는 방사선 양쪽에서 왔다. 어떤 원소들은 여전히 지각에 남아있고 어떤 것

Radiation history of the Earth

After the Earth formed and started to cool, life evolved to be tolerant of the slowly declining flux of ionising radiation, for if it had not, it would not have survived. In early times the flux of radiation came, as it does today, both from local radioactive decay within the rock, soil and water of the Earth and from radiation reaching the Earth's surface from space. Knowledge of the half- lives of radioactive isotopes, some still in the Earth's crust today, and a few others that decayed away in the past 4,500 million years, comes from laboratory experiments.

This enables us to know the activity of the Earth's crust after the first 1,000 million years, and the dominant change was the gradual decay of uranium-235 (lifetime 700 million years). The lifetimes of the other major isotopes, potassium-40 (1,250 million years), thorium-232 (14,100 million years), and uranium-238 (4,500 million years) are sufficiently long that their activity has not changed much. Neptunium-237 (2 million years) would have died away quite early. It is simple to work out what the activity was 2,000 million years ago. The answer is that it was just over twice what it is now. That is not a larger difference than the variation from one place to another in radiation from rocks today. The big difference between then and now would have been in the energy available to drive the movement of the tectonic plate; this would have been greater by the same factor two. Earth's volcanic activity must have been that much greater. Even today, shifts in the Earth's crust have a greater impact on the safety of life than radiation itself, as was evident in Japan in March 2011.

Today the flux of radiation from space, when filtered by the atmosphere, is the source of only about 10% of the typical natural dose. The composition of the atmosphere varied in the past and changes in the ozone layer affect the flux of UV reaching the surface. In the past it is likely that external events including stellar outbursts, within and beyond the galaxy, altered the flux of cosmic rays.

들은 45억년 동안 붕괴되어 사라졌다. 사라진 방사성 동위원소의 반감기에 대한 지식은 모두 실험실에서 얻어졌다.

연구결과 지구 생성 첫 10억년 동안 지구 지각에 존재하는 방사능의 가장 큰 변화는 우라늄-235(수명 7억년)의 점진적인 붕괴라는 것을 확인했다. 다른 주요 동위원소인, 칼륨-40(12.5억년), 토륨-232(141억년), 우라늄-238(45억년)의 수명은 방사능이 크게 변하지 않을 정도로 아주 길지만, 넵투늄-237(200만년)은 일찍 소멸되었을 것이다. 그때와 지금의 큰 차이는 지각판 운동을 일으키는데 사용 가능한 에너지일 것이다; 과거의 에너지는 지금보다 2배 정도 컸을 것이다. 지구의 화산활동도 그만큼 컸었음에 틀림 없다. 2011년 3월 일본에서 명백히 보았듯이, 오늘날에도 지구 표면의 변화는 방사선 자체보다 생명과 안전에 더 큰 영향을 미친다.

오늘날 대기에 여과된 우주 방사선은 자연선량의 겨우 10%에 해당하는 선원이다. 대기의 구성은 과거에 다양했고, 오존층 변화는 지표면에 도달하는 자외선에 영향을 주었다. 과거에는, 은하계 내외의 별의 폭발을 포함한 외부 사건들이 우주방사선의 흐름에 영향을 끼쳤을 가능성이 높다.

지구에 쏟아진 방사선은 지구의 자기장에 영향을 받았으며, 데이터는 과거에 자기장의 변화도 잦았음을 보여주고 있다.

지금보다 더 많은 이산화탄소와 수증기로 대기가 더 두꺼웠던 시절도 있었지만, 대기 중 방사선 차폐 효과가 약했던 시절이 있었을 가능성이 크다. 그 변화가 어떤 것이든, 이 변화들은 암석으로부터 나오는 방사선의 변화보다 생명체 활동에 더 큰 영향을 미쳤을 것이다. 실제로, 오늘날, 인류는 대기의 심각한 변화에 직면해 있으며 그 영향은 지각 방사선의 영향보다 훨씬 더 강력할 것이다. 그 중요성은 계속해서 방사선보다 두드러질 것이다.

These are also influenced by the Earth's magnetic field, and data show that has changed frequently in the past.

While there were times when the atmosphere was thicker with extra CO2 and water vapour than today, it is probable that there were other times when the atmosphere was a less effective radiation shield. Whatever those variations, it is likely that they were more significant to the viability of life than changes in the flux of radiation from rocks. Indeed, we are faced by such atmospheric changes today and the importance of these will continue to dominate the flux of radiation.

Power for plate tectonics

The main sources of natural radioactivity are listed in Table 7-2 with their abundances in the Earth's crust.

The energy that their decay releases is sufficient to maintain the Earth's high internal temperature, and this generates the slow radial convective circulation of the Earth's mantle. As a result sections of the Earth's crust that float on top of the mantle are moved about. These sections are the tectonic plates whose collision and relative motion are responsible for all volcanic and seismic activity. So the Japanese earthquake and tsunami of 11 March 2011 were caused by the Earth's own natural radioactive decay heat, vastly more damaging than the effects of the man-made decay heat released by the Fukushima reactors.

If we look upwards, our view of the universe is almost unobstructed, but if we look down our ability to see what is happening a few hundred metres into the Earth is almost non-existent. We do know that the temperature in a deep mine is elevated and this increase continues towards the centre of the Earth. The gradient in temperature means that heat is continuously flowing outwards, by convection and conduction, and has been since the Earth was formed. The current heat loss is measured as about 44 TW (terawatt), corresponding to the Earth cooling

	칼륨-40	토륨-232	우라늄-235	우라늄-238
반감기	1.27×10^9 년	14.1×10^9 년	0.5×10^9 년	4.5×10^9 년
절대원소 존재량	20,900 ppm	9.6 ppm	2.7ppm	2.7 ppm
상대적 동위원소 존재량	0.01%	100.00%	0.70%	99.30%

표 7-2: 자연적으로 발생하는 주요 원시 방사성 동위원소(ppm은 백만분율을 의미한다.)

판구조론의 힘

〈표 7-2〉에는 지구 표면에 존재하는 주요 자연 방사능물질들이 나열돼 있다.

이 방사능물질이 붕괴하면서 방출하는 에너지는 지구 내부의 높은 온도를 유지하기에 충분하며, 지구 맨틀의 느린 방사상 대류 순환을 일으킨다. 그 결과, 지구의 맨틀 위에 떠 있는 지구 지각의 덩어리들을 움직인다. 이 지각의 덩어리들을 지각판이라고 하며 이들의 충돌과 상대적 운동이 모든 화산과 지진 활동의 원인이다. 2011년 3월 일본에서 일어난 지진과 쓰나미는 후쿠시마 원자로에서 방출된 인공 붕괴열보다 훨씬 더 광범위한 피해를 주는, 지구 자체의 자연 방사능 붕괴열로 인한 것이다.

우리가 위를 올려다보면, 우리의 시야는 가로막힐 것이 없다, 그러나 지구에서 수백 미터 아래에서 일어나는 일은 알 수가 없다. 우리는 깊은 광산의 온도가 높고, 지구의 중심부를 향해 갈수록 온도가 높아진다는 것을 알고 있다. 지구기온의 장기적인 변화는 지구가 생성된 이후부터 열이 대류 및 전도에 의해 지속적으로 지표로 흘러나갔다는 것을 의미한다. 현재 지구의 열 손실은 약 44 TW(테라와트)로 측정되며, 이 열이 보충되지 않으면 지구는 백만년마다 2도씩 냉각된다. 방사능의 역할을 알지 못한 채 1862년에 처음으로 시도된 캘빈 경의 계산은 지구가 45억년의 수명에 비해 훨씬 더 많이 냉각되었어야 함을 시사했다.

by about 2 degrees every million years (if the heat were not replaced). Such a calculation, first carried out by Lord Kelvin in 1862 without any knowledge of the contribution of radioactivity, suggested that the Earth should have cooled much more than it has in its 4.5 billion year life.

> If the internal radioactivity of the Earth produces a steady 44.2 TW (4.42×10^{13} watts), to what radioactive energy dose does this correspond?
>
> The mass of the Earth is 5.9×10^{24} kg, so in a year it receives 0.23 mGy(that is 2.3×10^{-4} J per kg). This simple calculation shows that the internal dose of the Earth is about the same as the internal dose that every human body receives in a year from his or her own internal radioactivity, in that case mainly carbon-14 and potassium-40.

One large-scale manifestation of the movement of plates on the Earth's surface is the Ring of Fire[5], a line of volcanoes, trenches and earthquake locations that stretches in a huge arc around the Pacific Ocean from New Zealand, crossing the Equator between the islands of Indonesia, north to Japan, across to Canada, along the San Andreas Fault in California and southwards along the Chilean coast of South America.

Darwin and the 1835 Chilean Earthquake

Charles Darwin on his voyage aboard HMS Beagle observed the Great Chilean Earthquake and Tsunami of 1835 that destroyed Concepción and Talcahuano[6, page164-166]. In his journal for 20 February he wrote:

This day has been memorable in the annals of Valdivia, for the most severe earthquake experienced by the oldest inhabitant.

I happened to be on shore, and was lying down in the wood to rest myself. It came on suddenly, and lasted two minutes, but the time appeared much longer. A bad earthquake at once destroys our oldest associations: the earth, the very emblem of solidity, has moved beneath our feet like a thin crust over a fluid;– one second of time has created in the mind a strange idea of insecurity, which hours of reflection would not have produced.

> 만약 지구의 내부 방사능이 44.2 TW (4.42×10^{12}와트)를 꾸준히 생성한다면, 이는 얼마만큼의 방사능 에너지 선량에 해당하는가?
>
> 지구의 질량은 5.9×10^{24} kg이므로, 1년에 0.23 mGy(kg당 2.3×10^{-4} J)를 받는다. 간단한 계산을 통해 탄소-14와 칼륨-40의 경우, 지구의 내부 선량이 모든 사람이 인체 내부 방사능으로부터 1년동안 받는 선량과 거의 같다는 사실을 알 수 있다.

지각판의 움직임을 대규모로 보여주는 징후는 불의 고리이다. 이 고리는 한 줄로 뻗어 있는 화산, 해구들이다. 뉴질랜드부터 태평양, 적도를 지나 인도네시아의 섬들과 일본 북부와 캐나다를 지나 캘리포니아의 산 안드레아스 단층과 남미의 칠레 해안을 따라 남쪽으로 이어지는 거대한 원호를 의미한다.

다윈과 1835년의 칠레 지진

찰스 다윈은 HMS 비글호에 탑승해 항해 중, 1835년 컨셉시온과 탈카후아노를 파괴한 칠레의 지진과 쓰나미를 목격했다. 그는 2월 20일 일기에 이렇게 썼다.

> 이 날은 팔디비아 역사에서 기억할 만한 날이었다. 왜냐하면 가장 나이가 많은 주민들이 겪은 사상 최대의 지진 때문이다.
>
> 마침 나는 해변에 있었고, 휴식을 취하기 위해 숲속에 누워 있었다. 지진은 갑자기 시작되었으며, 2분동안 지속되었지만 훨씬 길게 느껴졌다. 심한 지진은 우리의 지구를 한 순간에 파괴했다; 견고함의 상징인 지구는 마치 액체 위의 얇은 껍질처럼 발 아래에서 움직였다. 1초라는 시간 동안 몇 시간의 심사숙고도 만들어 내지 못할 기이하고도 불안한 마음에 시달렸다.
>
> 그리고 3월 4일, 우리는 지진으로 인해 발생한 쓰나미의 영향을 보았다:
>
> 우리는 컨셉시온 항구로 들어갔다. 배가 닻을 올리는 동안, 나는 퀴리키나 섬에 상륙했다. 20일의 대지진에 대한 끔찍한 소식을 나에게 전하

And on 1 March he saw the effect of the tsunami created by the earthquake:

We entered the harbour of Concepcion. While the ship was beating up to the anchorage, I landed on the island of Quiriquina. The mayor – domo of the estate quickly rode down to tell me the terrible news of the great earthquake of the 20th: "That not a house in Concepcion or Talcahuano (the port) was standing; that seventy villages were destroyed; and that a great wave had almost washed away the ruins of Talcahuano." Of this latter statement I soon saw abundant proofs – the whole coast being strewed over with timber and furniture as if a thousand ships had been wrecked. Besides chairs, tables, book–shelves, etc., in great numbers, there were several roofs of cottages, which had been transported almost whole.

His scientific observations are impressive and show profound physical intuition:

The effect of the vibration on the hard primary slate, which composes the foundation of the island, was still more curious: the superficial parts of some narrow ridges were as completely shivered as if they had been blasted by gunpowder. This effect, which was rendered conspicuous by the fresh fractures and displaced soil, must be confined to near the surface, for otherwise there would not exist a block of solid rock throughout Chile; nor is this improbable, as it is known that the surface of a vibrating body is affected differently from the central part. It is, perhaps, owing to this same reason that earthquakes do not cause quite such terrific havoc within deep mines as would be expected.

But his remarks on the social effects are notable too:

It was, however, exceedingly interesting to observe, how much more active and cheerful all appeared than could have been expected. It was remarked with much truth, that from the destruction being universal, no one individual was humbled more than another, or could suspect his friends of coldness – that most grievous result of the loss of wealth.

기 위해 영지의 촌장이 재빨리 말을 타고 내려왔다:

"지진 때문에 컨셉시온이나 탈카후아노(항구)에 있던 집은 모두 무너졌고 70개의 마을이 파괴되었다. 큰 파도는 탈카후카노의 잔해를 쓸어가 버렸다."

그의 마지막 진술에 대해서 나는 많은 증거들을 볼 수 있었다. 해안 전체는 마치 천 척의 배가 난파된 것처럼 목재와 가구들로 뒤덮였다, 부서진 의자, 탁자, 책꽂이 등등이 수도 없었고 거의 통째로 운반된 몇 개의 오두막 지붕도 볼 수 있었다.

다윈의 과학적 관찰은 인상적이며 심오한 물리적 직관을 보여준다.

섬의 기초를 이루는 딱딱한 기초 점판암에 진동이 미치는 영향은 여전히 호기심을 자아낸다. 일부 좁은 능선의 표면적인 부분들은 마치 화약이 폭발한 것처럼 부르르 떨렸다. 새롭게 금이 가고 제자리를 벗어난 토양으로 두드러지게 눈에 띤 이 현상은 반드시 표면 근처에서만 일어났을 것이다. 그렇지 않을 경우, 칠레 전역에는 단단한 바위덩어리가 존재하지 않게 될 것이다; 이와 같은 이유로, 지진은 깊은 광산내부에서 엄청난 대혼란을 일으키지 않은 것 같았다.

사회적 효과에 대한 그의 언급도 주목할 만하다.

그러나, 사람들이 예상했던 것과 달리 보다, 더 활발하고 명랑하게 보였던 것은 굉장히 흥미로웠다. 진실하게 말하면, 파괴가 보편화 된 곳에서 아무도 다른 사람 이상으로 겸손할 수 없고, 친구들을 냉정하다고 의심할 수 없었다는 사실이-재산의 손실로 인한 가장 비통한 결과이다.

자연재해에 대한 사회의 반응

당시 대중들은 자연재해를 받아들이고 있었지만, 약탈과 불화는 빈번하게 뒤따라 발생했다. 1906년, 샌프란시스코 지진은 심각한 화재로 이어졌

Social reaction to a natural disaster

Though the public may be accepting of natural disaster at the time, looting and dissension often follow. In 1906 the San Francisco Earthquake was followed by a serious fire. While no one could blame the authorities for the quake itself, much dissent surrounded the question of responsibility for the fire[7, page 301].

Five months after the quake the British Consul General of the time wrote of the insurance debacles, about the strikes and riots that he felt were gripping the city, about the fractious and disputatious mood of the place, and of how even the local press was abandoning its eternal optimism and beginning to ask questions about the city's long-term future.

Such a loss of trust in society seems to be the most serious avoidable consequence of a natural disaster. Since nothing can be done about the disaster itself, the distrust is focussed onto a secondary consequence, a human accident around which blame and litigation can continue to rage for many years after. In the case of San Francisco it was the fire, and at Fukushima the release of nuclear radiation. Though precedent says that such human reaction may be expected, the distrust may not be justified by the evidence at all, and twenty-four-hour media enable such distrust to spread around the world, more than in the past. This makes it all the more important that responsible people appreciate this social phenomenon.

The public loss of confidence in nuclear power following Fukushima is the case in point. The public should understand that from a physical point of view, nuclear power is extraordinarily safe at the point of production – in fact so safe that only with considerable large-scale investment and great technical expertise is it possible to realise any nuclear energy at all. Any man-made regulation of nuclear material is a pale shadow of the security with which physical nature has surrounded this energy source.

In his day, Darwin's conclusions about nature were obstructed by the prevailing religious way of thinking – today, realistic attitudes towards nature are obstructed by the popular zeitgeist of radiation phobia.

으며, 아무도 지진 자체에 대해 당국을 탓할 수 없었지만, 화재의 책임을 둘러싸고 많은 이견이 존재했었다.

지진이 발생한 5개월 후, 영국 총영사는 보험 붕괴, 도시를 둘러싼 파업과 폭동, 논쟁과 불평으로 가득한 분위기, 영원할 것 같은 낙관주의를 버리고 도시의 장기적 미래에 대해 의문을 던지기 시작한 지역 언론들에 대해 기록했다.

사회에 대한 신뢰 상실은 자연재해가 줄 수 있는 가장 심각한 결과이다. 재난 그 자체에 대해 무엇도 할 수 없기 때문에, 불신은 2차적인 결과, 즉 인사사고에 집중되며 이를 둘러싼 비난과 소송이 수년 동안 계속 맹위를 떨칠 수 있다. 샌프란시스코의 경우 화재였으며 후쿠시마에서는 핵 방사선의 노출이었다. 비록 선례는 이런 인간의 반응을 예상할 수 있다고 하지만, 불신은 어떤 증거로도 정당화될 수 없는 것이다. 이런 불신은 24시간 활동하는 매체를 통해 과거보다 더 널리 전 세계로 퍼져나간다. 이 점은 담당자들이 이런 사회적 현상을 제대로 인식하는 것이 매우 중요하다는 사실을 말해준다.

후쿠시마 사고 이후에 원자력 발전에 대한 신뢰가 상실되었다는 것이 좋은 예이다. 대중은 물리적인 관점에서 원자력이 생산 시점부터 정말 안전하다는 것을 이해해야 한다. 핵물질에 관해 인간이 만든 규제는 이 에너지원을 둘러싸고 있는 물리적 특성이 제공하는 안전에 비하면 희미한 그림자일 뿐이다.

다원의 시대에 자연에 관한 그의 결론은 만연한 종교적 사고방식에 의해 방해를 받았다. 오늘날 자연을 향한 현실적인 태도는 방사선 공포증이라는 통속적 시대정신에 의해 방해받고 있다.

Physical security of nuclear energy

The neutron, unique key to the nuclear energy lock

In spite of its extraordinary physical security it is just possible to unlock nuclear energy. The key is the neutron whose existence was unknown until 1932 because it too decays (with a half-life of a few minutes) and so does not exist freely in the wild at all. The only place that free neutrons are to be found is inside a working nuclear reactor, and fleetingly in an exploding nuclear weapon[8]. When a nuclear fission reactor is shut down, as was the case for all the reactors in Japan immediately following the earthquake, the neutrons are all absorbed and nuclear fission is halted immediately. The only further energy release is by nuclear decay, that is the decay heat.

The neutron is the brother of the proton from which it differs only in having no electric charge. Oblivious of the electric Coulomb barrier, a neutron can pass freely into a nucleus.

Sometimes it just bounces off the nucleus, which may sound rather unimportant, but it is the way that neutrons in a working reactor transfer their energy to the moderator, often water or graphite. This energy is then carried to the steam turbines to generate electricity.

Sometimes the neutron reacts with a nucleus to make a new isotope which will usually be radioactive. This is the only way that new radioactivity is created. Examples that have been mentioned already are the production of plutonium, americium, cobalt-60 and tritium. When a reactor is shut down, materials of neutron-absorbing elements like cadmium and boron are dropped into the reactor core.

Sometimes a neutron hitting a nucleus can cause it to split in two, to fission. In fact this is truly exceptional. Although the nucleus of iron ($A = 56$) is more stable than any heavier nucleus fission is inhibited by the Coulomb barrier. Without stimulation fission is suppressed[9],

원자력의 물리적 안전

원자력 잠금 장치의 유일한 열쇠, 중성자

원자력 에너지의 비상한 물리적 안전성에도 불구하고 이의 해제는 충분히 가능하다. 그 열쇠는 바로 1932년까지 존재 자체를 알 수 없었던 중성자이다. 중성자는 고작 몇 분의 반감기를 갖기 때문에, 자연상태에서 발견한다는 것은 불가능하다. 자유 중성자가 발견되는 유일한 장소는 운전중인 원자로와 순식간에 폭발하는 핵 무기의 화염이다. 지진 직후, 일본의 모든 핵분열 원자로가 정지되었던 것처럼, 중성자는 원자로가 정지되는 즉시 모두 제어봉에 흡수되며 핵분열은 즉시 중단된다. 그 이상의 에너지는 핵 붕괴, 즉 붕괴열로 방출된다.

중성자는 양성자의 형제이지만 양성자와는 달리 전하를 띄지 않는다. 전기적 쿨롱 장벽을 감지하지 못하는 중성자는 핵 내부로 자유롭게 통과할 수 있다.

다소 중요하지 않아 보일 수 있지만, 중성자는 때때로 핵에서 튕겨 나온다. 이는 작동중인 원자로의 중성자가 감속재에 에너지를 전달하는 방법으로, 감속재로는 주로 물이나 흑연이 사용된다. 이후, 에너지는 전기를 생성하기 위해 증기 터빈으로 운반된다.

또한, 중성자는 때때로 원자핵과 반응해 주로 방사능을 띄는 새로운 동위원소를 만들며 이는 새로운 방사능이 생성되는 유일한 방법이다. 이미 언급한 예로는, 플루토늄, 아메리슘, 코발트-60, 삼중수소의 생산이 있으며 원자로가 정지되면 카드뮴, 붕소 같은 중성자 흡수 원소 물질이 원자로 노심 안으로 삽입된다.

원자핵에 부딪히는 중성자는 때때로 정말 예외적으로 핵분열을 일으킬 수 있다. 철의 핵($A = 56$)은 어떤 무거운 핵보다 안정적이지만, 핵분열은 쿨롱 장벽에 의해 억제된다. 핵분열 자극이 억제되지 않는 이상, 중성자는 우라늄-233, 우라늄-235, 플루토늄-239와 같이 홀수 수의 중성자를 가

but a neutron can provide the required extra fillip to an exceptionally heavy nucleus with an odd number of neutrons, such as uranium-233, uranium-235, and plutonium-239. Fast neutrons can cause heavy nuclei with an even number of neutrons to fission too[10]. Only if this key is inserted into this lock – a neutron is the key and these relatively rare isotopes are the lock – can nuclear energy be released by fission. No greater safety is imaginable, I maintain.

Inherent physical safety

Fire can catch and spread to make an enlarged conflagration; so can disease, which multiplies and spreads by infection. As described on page 166, radioactivity cannot do this: it can be transported from one place to another, but not increase.

In fact it can only diminish with its own particular half life. Each radioactive nucleus emits radiation just once as it changes to a lower energy nucleus – and that is it – finish (unless the daughter nucleus happens to be radioactive in its own right).

The rate of decay is unaffected by temperature, pressure, chemical agents – in fact it was this property that impressed Marie and Pierre Curie most of all, and made them realise that the radiation was coming from somewhere deeper inside the atom than had ever been studied before. Their observation has other more practical consequences that are seldom appreciated by those outside the field. Because nuclear decay is unaffected at all by any other influence, it does not matter if the radioactive material melts or boils. A nuclear meltdown, an idea so central to many nuclear horror films, has no effect whatever on nuclear decay. It might spill or disperse the radioactivity into the environment, but it does not increase the amount of radioactivity or the rate at which it decays. The popular reaction to nuclear accidents would be more restrained if this was explained, even though it might spoil the shock-horror impact

진, 유난히 무거운 핵에 필요한 추가적인 자극을 제공할 수 있다. 또한 고속 중성자는 짝수의 중성자를 가진 무거운 핵에도 핵분열을 일으킬 수 있다. 상대적으로 희귀한 이 동위원소들이 잠금장치라면, 중성자는 유일한 열쇠로 원자력은 핵분열을 통해 에너지를 방출할 수 있다. 나는 이보다 더 안전한 것을 상상할 수 없다고 주장한다.

본질적인 물리적 안전

불은 번지고 확산되어 더 큰 화재를 만들 수 있다. 질병도 감염에 의해 번질 수 있다. 하지만, 방사능은 확산될 수 없다. 방사능은 한 장소에서 다른 장소로 이동할 수는 있지만 증가하지 않고, 특정한 반감기에 따른 붕괴로 감소된다.

각 방사성 핵은 낮은 에너지의 핵으로 변화할 때, 딸핵이 방사능을 띠지 않는 한, 단 한번 방사선을 방출한다. 그리고 그게 끝이다. (딸핵이 자체적으로 방사능을 띠는 것은 제외한다)

마리 퀴리와 피에르 퀴리는 방사능의 붕괴속도가 온도, 압력, 화학물질에 영향을 받지 않는 성질에 가장 깊은 인상을 받았고, 방사능이 이전에 연구되었던 것보다 훨씬 더 깊은 원자 내부에서 나오고 있다는 것을 깨달았다. 원자핵붕괴는 다른 어떤 요소에도 영향을 받지 않기 때문에 방사능 물질은 녹거나 끓어올라도 전혀 문제가 되지 않는다. 즉, 많은 핵 공포영화의 중심이 되는 원자로 노심 용융은 사실 핵 붕괴에 어떤 영향도 끼치지 않는다. 외부 환경으로 방사능을 유출하거나 분산시킬 수 있지만, 방사능의 양이나 방사능이 붕괴하는 속도를 증가시키지 않는다. 만약 이 사실이 알려졌다면, 그것이 원자력과 방사선의 파괴적 위력을 강조한 많은 B급 공상영화들의 흥행을 망쳤을지는 몰라도 원자력발전소 사고에 대한 대중들의 공포 반응과 언론의 잘못된 설명은 막을 수 있었을 것이다. 방사능 붕괴는 비소나 납과 같은 화학적 독극물이 영구적으로 독성을 유지하는 것과는 전혀 다르다.

of many fictional stories – and the mistaken descriptions by the press of actual incidents too. The decay of radioactivity is unlike the persistence of chemical poisons, such as arsenic or lead, that remain hazardous indefinitely.

There were sad stories in the Japanese press in the months following the Fukushima accident of people being ostracised on the basis that they had been irradiated and might infect others. The same happened to the Hibakusha, the survivors of Hiroshima and Nagasaki.

In their apprehension people worry that ionising radiation might cause a particular disease or type of damage. But as explained in Chapter 5 radiation is quite indiscriminate. It is not tuned to damage any particular molecule and its energy is much larger than the energy that keeps ordinary molecules together. The damage is purely molecular and electronic, and the nuclei of the material take no active part in the impact of the radiation and the damage it causes.

Waste from an ancient reactor

The nuclear reactor built by Enrico Fermi in Chicago in 1942 is often described as the world's first, but, interestingly, that is untrue by a wide margin. In the 1970s the remains of a uranium reactor that operated more than 2,000 million years ago were discovered at Oklo in Gabon, West Africa. It was a natural reactor that ran by itself, and when its fuel ran low the nuclear waste that it had created stayed put where it lay. The fascinating story is told in a Scientific American Report[11].

In uranium ore the concentration of uranium-235 in the majority uranium-238 is 0.720%. But when a rich deposit of uranium was discovered by French geologists at Oklo, it was found that the concentration was only 0.717%. Further detective work proved what had happened. Uranium-235 decays by alpha emission with a half life of 700,000 years, so 2,000 million years ago the concentration of

후쿠시마 사고가 일어난지 몇 달 후에 방사능에 노출된 사람들이 다른 사람들에게 영향을 줄 수 있다는 이유로 배척당했다는 안타까운 사연이 일본 언론에 보도되었다. 히로시마와 나가사키의 생존자인 히바쿠샤도 같은 일을 겪었다.

사람들은 오해 속에서 전리방사선이 특별한 질병이나 손상을 일으킬 수 있다고 걱정한다. 하지만 4장에서 설명한 것처럼, 방사선은 아주 무차별적이다. 방사선은 어떤 특정한 분자를 손상시키도록 조정되지 않는다. 손상은 순전히 분자와 전자에 의한 것이며, 물질의 원자핵은 방사선의 충격과 방사선이 일으키는 손상에 어떤 관여도 하지 않는다.

고대의 자연 원자로에서 나오는 폐기물

1942년 시카고에 엔리코 페르미가 건설한 원자로는 종종 세계 최초라고 설명되는 경우가 많지만, 흥미롭게도 이는 사실이 아니다. 1970년대 서아프리카 가봉의 오클로에서 무려 20억년 전 가동된 우라늄 원자로의 잔해가 발견됐다. 이 원자로는 스스로 작동되는 천연 원자로로, 원자로의 연료가 소진됐을 때 연료가 생성한 원자력 폐기물은 그것이 발생한 곳에서 그대로 남았다. 이 흥미로운 이야기는 사이언티픽 아메리칸 리포트에 실려 있다.

우라늄-238은 우라늄 원석의 대부분을 차지하며, 우라늄-235는 약 0.720%를 차지한다. 그러나 프랑스 지질학자들이 오클로에서 풍부한 우라늄 침전물을 발견했을 때, 그 농도는 0.717%에 불과했으며, 이후 진행된 조사 업무에서 그곳에서 무슨 일이 일어났었는지 증명할 수 있었다. 우라늄-235는 70만년의 반감기로 알파 방출에 의해 붕괴되기 때문에, 20억년 전 우라늄-235의 농도는 현재보다 약 3%포인트 높은, 오늘날 많은 원자로에서 사용되는 농축 연료와 거의 유사했을 것이다. 또 다른 원자로의 중요한 요소는 물로, 오랜 세월동안 오클로에서 계절이 변화함에 따라 지하수면이 오르고 낮아지면서 원자로를 조절했던 것으로 밝혀졌다. 과학자들은

uranium 235 must have been about 3%, much higher than today and about the same as the enriched fuel used in many of today's reactors. The other crucial ingredient for such a nuclear reactor is water, and at Oklo all those years ago as the seasons came and went, the water table rose and fell, regulating the reactor. The rare isotopes in the waste left behind have enabled scientists to reconstruct what happened.

There is an important message in this discovery: it is wrong to suppose that radioactive waste is just released into the environment like carbon dioxide from combustion: the evidence shows that it may stay where it lies for half the age of the Earth. Worries about nuclear waste leached by ground water should be seen in proportion. There is little danger of it leaving even a therapeutic spa for our successors.

남겨진 폐기물 중 희귀 원소를 통해 오클로에서 일어난 일을 재구성할 수 있었다.

오클로 원자로는 중요한 메시지를 제공한다. 바로, 방사능 폐기물이 이산화탄소처럼 환경에 그냥 방출된다고 생각하는 것은 매우 잘못된 생각이라는 것이다. 방사성 폐기물이 지구 나이의 절반 가까이 동안 외부로 퍼져나간 것이 아니고, 한 곳에 그대로 머물렀다는 사실을 보여주는 증거가 있다. 따라서 지하수를 통해 유출되는 핵 폐기물에 대한 우려는 반드시 위 사실과 연관지어 생각해야 한다. 치료용 온천을 우리의 후손에게 계승하는 것은 위험이 거의 없다.

Chapter 8:

Protected by Natural Evolution

Take no thought for your life, what ye shall eat, or what ye shall drink; nor yet for your body, what ye shall put on. Is not the life more than meat, and the body than raiment? ... Consider the lilies of the field, how they grow; they toil not, neither do they spin: And yet I say unto you, That even Solomon in all his glory was not arrayed like one of these.

- St Matthew's Gospel, Chapter 6

Reaction of nature to radiation

Game changing

It can take a long time for the appropriate reaction to a sudden unexpected event to become clear. Immediate conclusions reached in a state of shock can be inept and injurious. So, it was with the reaction to the terrorist attack on the Twin Towers in New York in 2001. It was immediately assumed by the US administration that this was a game-changing event, and that the rules and guidance for the conduct of society, provided by justice and diplomacy and built up over past centuries, no longer applied. More than a decade later – a decade that saw

제8장

자연 진화의 보호막

너의 삶에서 먹을 것과 마실 것 그리고 너의 몸에 걸칠 것에 대해 걱정하지 마라. 목숨이 음식보다 중하지 아니하며 몸이 의복보다 중하지 아니하냐? 들판의 백합화가 어떻게 자라는가 생각하여 보라. 수고도 아니하고 길쌈도 아니 하느니라. 그러나 내가 너희에게 말하노니 솔로몬의 모든 영광으로도 입은 것이 이 꽃 하나만 같지 못하였느니라

- 마태복음 6장

방사선에 대한 자연의 반응

판도를 바꾸다

돌발적인 상황에 대한 반응이 적절했는지 밝혀지기까지는 오랜 시간이 걸릴 수 있다. 정신적으로 충격을 받은 상태에서 즉각적으로 내린 결론은 부적절하고, 해로울 수 있다. 2001년 뉴욕 무역센터의 테러 공격이 바로 그 사례이다. 미국 행정부는 이 사건을 국가 역할의 판도를 바꾼, 획기적인 사건이라 판단했으며 지난 세기들 동안 쌓아온, 정의와 외교에 기초한 규칙과 치침을 더 이상 적용하지 않기로 했다. 그로부터 10년 동안 재판 없는 투옥, 국가가 주도한 거리낌 없는 감시활동 그리고 이길 수 없는 전쟁을 치르

imprisonment without trial, unrestrained state-sponsored surveillance and wars that could not be won – it is widely agreed that the initial flash judgement was misguided.

The detonation of the two nuclear bombs on Japan in 1945 had a similarly profound and unbalancing effect. Suddenly the rules of life seemed to have changed and the spirit behind the bombs appeared all-powerful. So, when it came to matters of safety, whatever physics and physicists seemed to say was treated with priority. The power of nuclear energy was seen to be alarming and extra caution was readily added to match public concern, with which those scientists not knowledgeable in nuclear physics could only agree. Only clinical medicine continued, fearlessly and undeterred, to follow the legacy of Marie Curie in the use of moderate and high levels of radiation for real health benefits for many millions of people.

Natural and responsive biological protection

The effect of making health decisions based exclusively on energy needs, as described by physical rather than biological science, may be illustrated with a story.

A physicist and a biologist enter for a marathon to be held in three month's time. The physicist argues that he will need to store up as much energy as he can and so stays in bed to ensure that his bodily reserves peak on the day. The biologist applies more common sense knowing that life is generally adaptive in its response to stress. Each day he runs for exercise, going a little further every time and building up to the marathon distance. When the day of the race comes, the biologist runs a good race but the physicist collapses well short of the half way mark and is taken off to hospital.

The message is so obvious, but does it apply to the stress caused by radiation? Unfortunately the authorities' view of its safety is to follow

면서 초기의 갑작스러운 판단이 잘못되었다는 사실에 모두 동의했다.

1945년 일본에 투하된 두 개의 핵폭탄이 폭발한 것은 이와 비슷한 영향을 미쳤다. 삶의 규칙이 갑작스레 바뀐 것 같았고, 폭탄 뒤에 있는 정신은 아주 전능해 보였다. 물리학과 물리학자들이 안전에 관해 무엇을 말하던 가장 우선권이 주어졌다. 원자력의 위력은 두려움을 불러일으켰고, 핵 물리학에 정통하지 않은 과학자들은 사람들의 우려에 대응하기 위해서 추가된 유의 사항들에 그저 동의할 수밖에 없었다. 오직 수백만 명의 사람들에게 실질적인 건강상의 혜택을 제공했던, 마리 퀴리의 유산인 저·중준위 임상의학만이 두려움없이 지속되었다. ·

자연적으로 그리고 즉각적으로 반응하는 생물학적 보호

필요한 에너지만을 기초로 건강상의 결정을 내렸을 때 발생하는 효과는 물리학자가 주장한 다음과 같은 이야기로 설명될 수 있다.

> 물리학자와 생물학자는 3개월 후에 열리는 마라톤에 참가한다. 물리학자는 대회 당일 신체 저장량이 최고조에 달하려면 가능한 많은 에너지를 축적해야 하며, 대회 전까지 침대에 누워 있어야 한다고 주장한다. 반면, 생물학자는 생물체가 스트레스에 대한 반응에 일반적으로 적응한다는 상식을 적용한다. 매일 그는 운동을 위해 달리며, 거리를 조금씩 늘려서 실제 마라톤과 같은 거리까지 계속 뛴다. 대회 당일, 생물학자는 멋진 경주를 해내지만 물리학자는 절반도 못간 채 병원으로 옮겨지게 된다.

이 메시지는 아주 명확하다. 과연 이 메시지를 방사능에 의한 스트레스에도 적용할 수 있을까? 불행히도 안전성에 대한 당국의 관점은 물리학자를 따라 침대에 누워 있음으로써 피폭선량을 최소화한다는 것이다. 물리학보다 생물학이 상식적인 견해를 더 많이 고려하지만, 생물학은 지난 70년 동안 대체로 무시되었다.

자연 생물학적으로 방사선의 위협으로부터 우리를 보호한다는 것은 이

the physicist and minimise the dose by staying in bed, or rather the equivalent. A common sense view would look at the biology more than the physics – but the biology has been largely ignored for the past 70 years.

Natural biological radiation protection is as significant as that provided by the constraints of physical science, described in the previous chapter. The two are complementary and the combination is outstandingly effective. Only under exceptional circumstances is there any justification at all for adding a third level of protection, such as regulation. The biological response ensures that most current safety prescriptions should be redundant – such as those put in place by authorities with an eye on the public political reaction to the bombs of 1945 and the Cold War propaganda that followed. Unfortunately, few physicists have any appreciation of the role of biology, and many biologists are in awe of the physics expressed in a mathematical logic that they are not able to follow because their education never prepared them. Meanwhile, popular opinion, guided by politicians and the media who have little or no understanding of either discipline, remains confused and easily frightened.

So for many decades nuclear power has been seen as mysterious and unsafe, and therefore to be avoided whenever possible. In reality its safety is outstanding and second to none.

Biology designed for survival

The business of life is survival, and life searches for the best design for the prevailing conditions by trial and error. In principle, life might have existed as a single vast organism, for instance as envisaged by the astronomer Fred Hoyle in his novel, The Black Cloud[1] – but that would make it very vulnerable. Biology found that survival is best assured when its chances are divided statistically into a large number of similar elements, so that if some happen to fail, there will be others that succeed. If some are unlucky, there will be lucky ones too. In life this design feature

전 장에서 설명한 것처럼, 물리학적으로 핵에너지 방출이 제약돼 있는 것만큼이나 중요하다. 이 두 가지는 상호 보완적이며 둘의 조합은 아주 효과적이다. 오직 예외적인 상황에서만 규제와 같은 제3의 보호를 추가해야 할 것이다. 생물학이 보여주는 반응은 현재의 안전 처방이 불필요하다는 것을 확인시켜준다. - 1945년의 원자폭탄 폭발과 그 뒤에 나타난 냉전의 과도한 선전에 대한 대중의 정치적 반응을 고려해서 정부가 실행한 안전처방들이 그 예들이다.

불행히도 생물학의 역할에 공감하는 물리학자는 거의 없고, 많은 생물학자는 배우지 않았기 때문에 이해할 수 없는 물리학의 수학적 논리에 경외심을 갖고 있다. 한편, 이 두 학문을 거의 이해하지 못하는 정치인과 언론에 이끌리는 대중은 혼란스러운 가운데 쉽게 공포에 질리게 된다.

결과적으로, 원자력은 수십 년 동안 불가사의하고 안전하지 않으며, 가능한 한 피해야 하는 존재로 여겨졌다. 하지만, 실제 원자력관련 산업의 안전성은 뛰어나며 현대 산업의 그 어떤 분야의 안전성에도 뒤지지 않는다.

생존을 위해 설계된 생물학

생명이 하는 일은 생존이며, 생명체는 시행착오를 겪으며 주변의 여러 조건에 알맞은 최상의 생존방식을 찾아낸다. 원칙적으로 생명체는 하나의 거대한 유기체로서 예를 들어, 천문학자인 프레드 호일이 그의 소설 블랙 클라우드에서 상상했던 것처럼 존재했었을지도 모른다. 하지만, 그렇게 되었다면 생명체는 매우 취약해졌을 것이다. 생물학은 통계적으로 생존의 가능성이 다수의 성공가능 요소들로 나누어져 있을 때 가장 잘 보장된다는 것을 발견했고, 만약 일부가 실패하더라도 일부의 성공요소 또한 존재한다는 사실을 발견했다. 어떤 요소가 좋다면, 나쁜 요소들도 있다. 생물체에서 이런 설계상의 특성은 두 가지 뚜렷한 차원에서 일어난다-즉 개체적인 차원과 세포의 차원에서 일어난다. 사회, 혹은 생명 전체는, 모듈들-개체들-로 이루어지며, 각 개인도 역시 모듈식이라고 할 수 있는 세포로 이루어져 있다.

is realised on two distinct scales – the scale of individuals and the scale of cells. Society, or life as a whole, is made of modules – individuals – and each individual is made of cells that are also modular. A child playing with LEGO bricks quickly learns the versatility and potential for strength that such a modularity brings. Unlike the design of nature realised in physical science, biological realisations in nature are not simple, unique or universal. They come in many forms – the vast array of different animals, plants, fungi, fishes, insects, viruses and bacteria, each competing for viability in the given local environment.

The expression of life as multiple individuals allows each to survive on its own, and also to cooperate and work together in herds, packs or families. They may also compete or fight one another with the benefit of internally selecting the strongest and fittest within the group. This improves the chances for the herd as a whole by culling the oldest and weakest, and maximising resources for the survivors. However, mutual help and communication between individuals, especially within family groups, can also improve the survival prospects for the herd as a whole.

On a microscopic scale and within each individual, the design of life repeats the statistical strategy by building individuals from many cells. These cover different functions, but, as with individuals, a spread of risk is achieved by having large numbers of them that are more or less interchangeable. The provision of master copies of the DNA, the individual's unique genetic barcode, within every cell makes for resilience in the face of external attack. It also acts as a personal identification system that minimises incidents of friendly fire between cells. The affiliation of cells is policed by the immune system which attacks any seen as foreign. Communication between cells within an individual by chemical messaging is as highly developed as it is between individuals in a group by speech, written and electronic means.

On each scale the design is honed to maximise survival, and everything gets reproduced and replaced: cells are copied and die in the cell cycle;

레고 블락을 가지고 노는 아이는 모듈화가 제공하는 다양성과 힘의 잠재력을 쉽게 배울 수 있을 것이다. 생물학에서 인식한 자연의 설계는 물리학이 인식한 자연의 설계와 달리 단순하거나 보편적이지 않다. 생물학의 경우는 다양한 형태로 나타난다- 주어진 지역 환경에서 생존을 위해 경쟁하는. 광범위한 집합체로서의 동식물, 곰팡이, 물고기, 곤충, 바이러스와 박테리아가 그 예이다.

생명을 다수의 개체들이라고 표현하는 것은 각 개체가 스스로 생존하면서도, 한 무리, 떼, 가족들 속에서 협력하고 함께 일한다는 의미이다. 또한, 그들은 내부적으로 강자와 약자를 선택함으로써, 얻을 수 있는 이익을 위해 서로 경쟁하고 싸우기도 한다. 대부분, 가장 오래되거나 약한 개체를 도태시켜 생존자들을 위한 자원을 극대화함으로써 전체 무리에 더 많은 기회를 준다. 하지만, 상호 도움과 개인 간의 의사소통은, 특히 가족 집단 간의 의사 소통은 오히려 집단 전체의 생존 가능성을 향상시킬 수도 있다.

각각의 개체 안에서 그리고 미시적인 규모에서, 생물체의 설계는 많은 세포에서 개체들을 만드는 통계적인 전략을 반복한다. 이 세포들은 다른 기능들을 담당한다 그러나, 개체들에서처럼 위험의 분산은 정도의 차이는 있으나 상호 교환이 가능한, 많은 수의 세포들을 보유함으로써 달성된다. 개인의 고유한 유전자 바코드인 DNA의 복제품을 공급함으로써, 외부 공격에 대한 복원력을 키울 수 있다. 또 세포 간의 아군 오폭을 최소화하는 개인 식별 시스템의 역할도 수행할 수 있다. 세포간의 제휴는 이물질을 공격하는 면역체계가 감시한다. 한 개체 안에서, 화학적 메시지를 통해서 세포간에 이뤄지는 의사소통은 그룹안에서 개인들 사이에 음성, 서면, 전자적 수단에 의해 의사소통이 발달되는 것처럼 고도로 발달될 수 있다.

각 규모에서 디자인은 생존을 극대화하기 위해 다듬어지며, 모든 것은 재생산되고 대체될 수 있다; 세포는 세포 주기에 따라 복제되고 사망하며, 개체들은 유성 또는 무성생식으로 번성하며 사망한다. 만일 세포가 공격받아 살아남지 못할 경우에 세포의 대체물이 존재한다. 만일 개체가 죽으면, 다른 것이 그 자리를 대체한다. 생명은 한 개인의 생존이 아닌 종의 생

individuals reproduce, sexually or asexually, and die. If a cell is attacked and does not survive, there are replacements that do. If an individual dies, there are others to take its place, because life aims for the survival of the species, not the survival of the individual. The sanctity of life, the survival of the individual, is not part of the scheme, and nature endures losses of individual lives on a massive scale, which is salutary for us to remember as we face a challenging future. Until now there has always been another distinct civilisation to take over when one fails. But with globalisation the strategy of survival for human society through plural diversity appears to have reached its limit.

Active response to an attack

When life is attacked, either at the cellular or individual scale, it does not simply rely on its passive design but has active responses as well. At a social level, there are all the familiar defence mechanisms of individuals, separately or jointly, including concerted military action. At the cellular level the proteins and other working molecules of biochemical life when damaged can be replaced by reference to the DNA as master record. When the DNA itself is damaged it can usually be repaired without introducing an error.

This is relatively straightforward in the case of a Single Strand Break (SSB) because the famous double stranded helical structure of DNA means that the other strand remains attached and error-free correction is normal. If both strands are severed, a Double Strand Break (DSB), correction is still possible and recent work has shown how this is done[13]. Most errors that might be introduced into the DNA during the DSB repair process would prevent it being copied in the cell cycle, so the mutation does not propagate. Furthermore, a cell with damaged DNA may be selectively killed, a process called apoptosis. The choice between repair and replacement as the best way to remove the damage is determined

존을 목표로 하며, 삶의 존엄성은 계획의 일부에 해당되지 않는다. 우리는 도전적인 상황에 직면할 때, 자연이 대규모의 개체 손실을 견뎌낸다는 유익한 사실을 기억해야한다. 지금까지, 문명의 실패는 또 다른 문명의 대체로 이어졌지만, 세계화로 인해 다원적 다양성을 통한 인간사회의 생존전략은 이제 한계에 도달한 것으로 보인다.

공격에 대한 능동적 반응

생명체가 세포나 개체 규모로 공격을 받을 때, 단순히 수동적인 설계에만 의존하지 않으며 능동적인 반응도 취한다. 사회적 차원에서는, 합동 군사 행동을 포함하여, 개별적이거나 연합한 익숙한 방어체계가 존재한다. 세포 차원에서는 단백질 및 다른 생화학적 생명체의 작용 분자가 손상되었을 때, 원판 기록인 DNA를 참조해서 대체될 수 있으며, DNA 자체가 손상되었을 때에도 대개 오류 없이 복구될 수 있다.

이것은 단일 가닥 절단(SSB)의 경우에 상대적으로 간단하다, 왜냐하면 DNA의 훌륭한 이중 나선 구조는 다른 가닥이 붙어 있고 오류 없는 수정이 가능하다는 것을 의미하기 때문이다. 두 가닥이 모두 절단된 이중 가닥 절단 DSB의 경우에도 복구가 가능하며 최근 연구는 이 작업이 어떻게 수행되는지 보여주고 있다. DSB 수리 과정에서 DNA에 유입될 수 있는 대부분의 오류는 세포 주기에서 복제되는 것을 막기 때문에 돌연변이가 유전되지 않는다. 게다가 손상된 DNA를 가진 세포는 선택적으로 스스로 사망할 수 있으며 이 과정을 '세포 자살(Apoptosis)'이라고 한다. 손상을 제거하기 위한 최선의 방법으로 복구와 교체 사이의 선택은 사용 가능한 자원을 어떻게 효과적으로 이용하는가에 따라서 결정된다. 그럼에도 불구하고, 만약 돌연변이가 성공적으로 복제된다면 면역 체계는 정상이 아닌 세포를 계속해서 살핀다. 이는 이식 수술의 중요한 문제로 이질 세포는 면역체계가 억제되지 않는 한 쉽게 거부될 수 있다.

by making the optimum use of the resources available. Nevertheless, if the mutation does get copied successfully, the immune system continues to scan for any cell that shows signs of not belonging. This is a major problem in transplant surgery; such foreign cells are liable to be rejected unless the immune system has been suppressed.

What happens when biological protection fails

The protection system has two failure modes, described in Chapter 6:

First there is a shortterm functional breakdown of organs caused by having too few operational cells; typically, there may be insufficient resources to maintain both the repair of damaged cells and the cell cycle that produces new ones by copying.

Such widespread cell death first affects systems with rapid cell cycle activity, notably the central nervous system and the gut. This condition is Acute Radiation Syndrome (ARS) which may be fatal within a few weeks. Otherwise, recovery is usually complete once the cell cycle has been re-established.

Then there is longer-term failure through undiagnosed repair errors that can give rise to uncontrolled growth of cells, injurious to the health of the organism as a whole. Such growth, unchecked by the immune system, is what we know as cancer. If not treated, this can develop and spread elsewhere in the organism, hijacking resources and leading eventually to death.

Cancer induced by radiation is not generally distinguishable from cancer initiated by other oxidative agents. Such agents occur naturally in the absence of radiation when reactive oxidant species (ROS) leak from the mitochondria that provide energy to cells for muscular activity, nervous communication and the process of thinking.

We may imagine analogous failures in an army of men. The first such failure mode is when the army is defeated through a loss of men and resources in battle. The army is united, but the defeat is quick

생물학적 보호가 실패할 때 발생하는 현상

보호계통에는 두 가지의 실패 방식이 존재한다.

첫째로, 활동적인 세포가 부족해서 나타나는 장기들의 단기적 기능 저하이다; 전형적으로, 손상된 세포를 복구하거나 세포를 복제해서 새로운 세포를 생산하는 세포 주기를 모두 유지하기에 충분한 자원이 없을 경우 발생한다.

광범위하게 퍼진 세포사는 세포 주기가 빠른 시스템, 특히 중추신경계와 내장에 영향을 끼친다. 이 상태는 급성 방사선 증후군(ARS)으로, 몇 주 안에 치명적인 영향을 끼칠 수 있다. 하지만, 세포 주기가 재설정된다면 이는 복구될 수 있다.

두번째는 손상세포의 회복 오류로 인한 장기적 실패인데, 이로 인해 유기체 전체 건강을 해로운 통제할 수 없는 세포 증식이 발생할 수 있다. 면역체계에 의해 억제되지 않은 이러한 세포의 성장이 바로 우리가 알고 있는 암이다. 이것은 치료하지 않으면 유기체의 다른 곳으로 전이되어 성장하고 영양분을 가로채서 결국 유기체를 죽음에 이르게 할 수 있다.

방사선에 의해 유발된 암은 다른 산화제에 의해 유발된 암과 일반적으로 구별할 수 없다. 이러한 산화제는 근육활동과 신경계의 소통, 사고 과정 등에 에너지를 공급하는 미토콘드리아에서 활성산소(ROS)가 누출될 때 방사선이 없어도 자연적으로 발생한다.

우리는 군대에서 비슷한 실패를 상상할 수 있다. 먼저 첫번째 실패 방식은 인력과 자원의 손실로 인한 패배로, 군대는 단결되어 있었지만 패배가 빠르고 결정적인 경우이다. 두번째 실패 방식은 서서히 퍼져나가는 부정부패, 사기 저하, 탈영 또는 반란이다. 이 두가지 실패 유형은 각각 급성 방사선 증후군(ARS)에 의한 죽음과 암에 의한 죽음으로 비유될 수 있다.

일반적으로 일정 문턱값 이상의 방사선에 노출되면 그 부위가 붉게 변하며 염증을 일으키는데 이런 과다한 세포의 죽음이 며칠만에 기능을 상실하게 만든다. 방사능의 피해가 더 깊이 침투하긴 하지만, 이는 햇볕에 탄 것

and decisive. The second mode is through an insidious loss of morale, desertion or mutiny with men turning on one another. As an illustration, these may be likened to death by ARS and by cancer, respectively.

Historically, it was found that an exposure to radiation above a certain threshold gave rise to a reddening and inflammation of the exposed tissue where excessive cell death caused a loss of function in a few days. This is like familiar sunburn, although the radiation and damage penetrate deeper.

This early reaction is still sometimes referred to as tissue reaction today. Then there is late reaction, an alternative name for radiation-induced disease like skin cancer.

Other names for the two reactions, deterministic and stochastic, suggest, deceptively, that there is more than one kind of causality at work; the data simply show outcomes with high and low probabilities, respectively. For example, among those who received high whole-body doses of internal Cs- 137 in the Goiania accident, half of those with more than 100 million Bq died of ARS, including one person with 1,000 million Bq and a dose of 4,000 mGy. But another who did not die of ARS survived until 1994 before dying of alcoholic liver failure, not directly related to radiation, in spite of an accumulated dose of 7,000 mGy. In biology the effect of a dose varies from patient to patient, and the label deterministic appears inappropriate.

Stabilisation and adaptation

Examples of stability and its characteristics

Illustration 8-1 shows an example of a curve that might describe the stabilised response to a stress. It could apply in many different contexts, like the management of a company, for example. Any small stress should have no noticeable effect on the company, provided everybody concerned

과 유사하다.

이러한 초기 반응은 보통 조직 반응이라고 하며, 반면에 피부암과 같이 방사선에 의한 질병은 후기 반응이다.

위 두 가지 반응의 또다른 명칭으로 각각 결정론적 반응과 확률론적 반응아고 하지만, 그 이름 자체가 한가지 이상의 인과관계가 작용하고 있음을 시사한다. 실제 환자 발생 자료는 단지 높은 확률과 낮은 확률로 결과만을 나타낼 뿐이다. 원전 사고에서 7,000 mGy의 누적 흡수량에도 불구하고 한 환자는 ARS로 사망하지 않고 방사선과 직접 관련이 없는 알콜성 간기능 저하로 사망한 사례가 있다. 생물학에서 선량의 영향은 환자에 따라 다양하며 결정론적이라는 꼬리표를 붙이는 것은 부적절하게 보인다.

안정화 및 적응

안정성의 특징과 예

다음 〈그림 8-1〉은 스트레스에 대한 안정된 반응을 설명하는 그래프이다. 이 그래프는, 예를 들면, 기업 경영과 같은 많은 다른 맥락에도 적용될 수 있다. 만약 관련된 모두가 무엇을 해야 하는지 알고, 그에 상응하는 조치를 한다면, 어떤 조그만 스트레스도 회사에 눈에 띌 만한 영향을 주지 않는다. 그러나 예를 들어 대처할 직원이 없다거나 대처할 자금이 부족한 것, 혹은, 아마도 전화선 또는 창고 용량이 부족한 것을 넘어서는 문턱값이 존재한다.

실패의 의미에 대해 정확히 말할 필요는 없다-실패의 맥락은 보통 분명하다. 어쨌든, 이 경우에는 대개 그래프가 문턱값의 오른쪽으로 올라간다. 그래서 문턱값을 넘는 스트레스나 과부하의 경우 실패률은 상대적으로 가파르게 상승한다.

피드백에 의해 안정화되는 앰프도 유사한 모습을 보인다; 수정 신호를

knows what to do and takes action accordingly. However, there is a threshold beyond which there are not enough staff, or not enough money, for example, to cope. Or, perhaps, there are not enough phone lines, or warehouse capacity.

There is no need to be precise about the meaning of failure – in each context it is usually clear. Anyway, this is where the curve rises to the right of the threshold, and for a stress or loading that exceeds the threshold, the failure rate rises relatively sharply.

An electronic amplifier stabilised by feedback behaves in a similar way; there is only so much current available to provide the correcting signal, so that above a certain threshold the feedback is no longer effective. We could look at many more examples, but all have similar features, and there is no reason to suppose that the response of living tissue to the stress of different radiation doses is any different. If there is, why should that be? There is nothing different about radiation, it is just another stress. Contributions to the response come from the initial effect and then the correction and repair effects, that together reduce or eliminate on-going damage.

In each example there is a time element to the story. The stress that matters accumulates in a short time window needed for repair or feedback to act. For the biological impact of radiation, as in the management or electronic examples, what happens outside this recovery period is less important. As always, empirical evidence should be the arbiter of whether this picture is qualitatively correct or not. We need to look at further details but it is significant that the mortality curve for Chernobyl workers (Illustration 6-2 on page 345) has the same generic shape as Illustration 8-1 and is not a straight line.

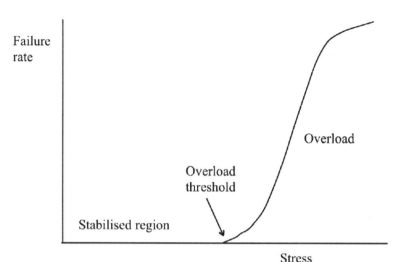

그림 8-1: 그래프는 전형적으로 전자 장치, 관리 및 엔지니어링과 특성 과부하 문턱값에서 확인된 스트레스에 대한 안정된 반응(또는 실패율)을 보여준다.

제공하는데 이용 가능한 전류가 너무 많아, 특정 문턱값을 초과하면 더 이상 효과적인 피드백을 얻을 수 없다. 다양한 예가 존재하지만 모두 유사한 특징을 갖고 있기 때문에 방사선량의 스트레스에 대한 생체 조직의 반응이 전혀 다르다고 생각할 이유는 없다. 만약 다르다면, 그 이유는 무엇인가? 방사선에는 차이점이 존재하지 않으며 이는 그저 또 다른 스트레스일 뿐이다. 반응에 대한 기여는 초기 효과와 수정 및 회복 효과들에서 오고 이들이 함께 진행중인 손상을 줄이거나 제거한다.

각각의 사례에는 시간적 요소가 존재한다. 문제가 되는 스트레스는 회복이나 피드백이 작용하는데 필요한 짧은 시간 내에 누적된다. 생물학적 영향의 경우, 경영 또는 전자장비와 관련된 사례에서와 마찬가지로 복구 기간 외에 일어나는 일은 중요하지 않다. 언제나 그렇듯이 경험적 증거는 이러한 현상이 옳은지, 아닌지에 대한 결정 인자가 되어야 한다. 자세한 내용은 살펴봐야 하겠지만, 체르노빌 근로자들의 사망자 곡선(345쪽의 그림 6-2)이 직선의 형태가 아닌, 〈그림 8-1〉과 동일한 일반적 형태를 가지고 있다는 사실은 굉장히 중요하다.

Adaptation, when the response learns

But the generic feedback or repair description shown by a stress-response curve like Illustration 8-1 is seldom a complete description of what happens. As a result of a stress failure or a near-miss, the shape of the curve may adapt or change. In this way the curve itself may depend on the history of recent stresses. For the example of a company, recent experience may persuade the management to hire more staff, increase financial provision, install more phone lines, or acquire more warehousing, so that next time there is an unusual stress there will be less chance of a failure. In terms of Illustration 8-1, that means the curve would be shifted to the right and the threshold raised. Such dynamic adaptation increases the likelihood that the company survives. That is what good management does.

Indeed survival is central to the function of biology too, and it would be surprising if such adaptation played no part in its strategy. Adaptation is what is happening in any fitness regime. Exercise, taken each day below the threshold of real harm, encourages the body to improve cellular repair resources and blood flow. Provided exercise is not excessive and damage is not done, the improvement means that the threshold at which damage occurs is actually increased each day. Then the exercise taken each day can be extended without harm – there is a limit, but it is very much higher than the limited exercise that can safely be taken by someone who lives a sedentary lifestyle.

As explained in Chapter 5 oxidative stress plays a crucial part in physical and mental activity, and the adaptive benefit of exercise and cognitive activity is effective in overcoming oxidative attack.

We should expect that radiation too would stimulate the cellular repair and replacement mechanisms, so that following a radiation exposure, cells would increase their inventory of antioxidants, DNA repair enzymes and other defences against oxidative damage. Indeed there is evidence

적응, 반응이 학습할 때

그러나 〈그림 8-1〉과 같이 스트레스-반응 곡선에서 보여주는 포괄적인 피드백과 회복에 대한 설명은 일어나는 일을 완벽히 설명하지 못한다. 응력 파괴 또는 위기 일발의 결과로 곡선의 모양은 조정되거나 변할 수 있으며, 곡선 자체 또한 스트레스의 최근 기록에 따라 달라질 수 있다. 기업을 예로 들자면, 최근의 경험을 거울 삼아 경영진들이 더 많은 직원들을 고용할 수 있고, 재정 지원을 늘리거나, 전화선을 더 설치하거나 더 많은 창고를 얻도록 할 수 있다. 그래서 특이한 스트레스가 있을 경우에도 실패의 가능성은 줄어들 것이다. 이것을 〈그림 8-1〉로 나타내 보면, 곡선은 오른쪽으로 이동되며 따라서 문턱값은 상승할 수 있다. 이렇게 역동적으로 적응하는 것은, 회사의 생존가능성을 높여준다. 이것이 좋은 경영이 하는 일이다.

실제로, 생물학에서도 생존은 그 기능의 중심이며, 적응이 생존전략에 아무런 역할을 하지 않는다고 하면, 이는 놀라운 일일 것이다. 적응은 어떤 체력관리 체제에서도 일어나고 있는 일이다, 매일 실제 위험 문턱값 아래로 운동하는 것은 신체가 세포 회복 자원과 혈류를 증가시키도록 장려한다. 향상된다는 것은 운동이 너무 과하지 않고, 손상이 발생하지 않는다면 실제로 손상이 발생할 수 있는 문턱값이 상승하는 것을 의미한다. 매일 하는 운동은 손상없이 계속할 수 있다-그러나 한계가 있다. 그러나 이 한계는 앉아서 생활하는 사람이 안전하게 할 수 있는 제한적인 운동보다 훨씬 높다.

5장에서 설명한 것처럼, 산화적 스트레스는 육체적, 정신적 활동에 결정적인 역할을 하며 운동과 인지적 활동에 적응해서 얻어지는 이점은 산화 공격을 극복하는 데 효과적이다.

우리는 방사선도 세포의 회복과 교체 메커니즘을 자극할 수 있다는 것을 반드시 예상해야 하며, 그래서 방사선에 노출된 이후, 세포는 항산화제의 재고와 DNA 회복 효소등 산화성 손상에 대한 다른 방어 기제의 재고를 늘여야 한다. 실제로, 세포들이 그렇게 한다는 증거가 존재하고 면역력을 위한 자원도 늘려준다. 이것을 근거로 우리는 후속 방사선 노출에 대한

that they do, and they add to resources for immunity, too. On this basis we expect that the damage threshold would increase for subsequent radiation exposures. Do real data suggest such adaptation to radiation actually occurs? We shall see that they do[2, 3, 4].

Chemical nature of initial radiation damage

Exposure to radiation and muscular activity seem very different, but that is not true of the damage they inflict. Some damage to DNA caused by radiation is a direct collision of the radiation with the DNA molecule itself, but since the DNA forms a small fraction of total body weight, and half of that is water, most of the broken molecules left by radiation are fragments of water, such as H, OH, O and H_2O_2, in electrically charged and uncharged states. These hot radicals, the ROS mentioned in Chapter 5, are also made by a cell's mitochondria, its power source. In fact it is estimated that in a single cell, 109 ROS per day are produced by normal metabolic activity – that is just over 11,000 per second[5]. Is that reasonable? In the box on the next page we calculate how well the biology is designed.

All ROS are highly destructive, and every cell has to keep a supply of anti- oxidants whose business is to mop up and quench the ROS before they use their high activity to break and ionise further, otherwise undamaged, DNA. In recent years it has been popular to take antioxidants to enhance the suppression of early pre-cancer conditions. However, this is found to be ineffective, probably because it is the concentration of oxidants that triggers inter-cellular chemical messages. By taking extra antioxidants such messages about oxidative attack are suppressed and other cellular defence mechanisms are stood down.

손상 문턱값이 증가할 것으로 예상한다. 실제 데이터가 그러한 방사선에 대한 적응이 실제로 발생한다는 것을 암시하는가? 우리는 데이터가 그렇게 하는[2,3,4] 것을 보게 될 것이다.

초기 방사선 손상의 화학적 특성

방사선에 대한 노출과 근육운동은 매우 다르게 보이지만, 실제 그들이 일으키는 손상에 대해서는 그렇지 않다. 방사선으로 인한 DNA의 일부 손상은 DNA분자와 방사선이 직접 충돌해 발생하지만, DNA는 전체 체중의 굉장히 작은 부분을 이루고, 체중의 절반은 물이기 때문에 방사선에 의해 남겨진 부서진 분자의 대부분은 하전되거나, 하전되지 않은 상태의 H, OH, O, H_2O_2와 같은 물의 파편들로 남는다. 이러한 활성 라디칼들은, 5장에서 언급한 ROS 즉 활성산소로서 세포의 동력원인 미토콘드리아에 의해 만들어진다. 단일 세포에서 하루에 109개의 활성산소가 정상적인 대사 활동에 의해 생성되는 것으로 추정되며, 이는 초당 11,000개를 약간 넘는 수치이다[5]. 과연 이것이 합리적일까? 다음 쪽의 상자에서 생물이 얼마나 잘 설계되어 있는지 계산할 수 있다.

모든 활성산소는 파괴력이 강하기 때문에 모든 세포는 손상되지 않은 DNA를 이용하기 전에 활성산소를 소탕하고 가라앉히는 항산화제의 공급을 유지해야 한다. 근래에는 암의 전 단계의 조건을 더욱 강하게 억제하기 위해서 항산화제 복용이 유행하고 있지만, 이는 세포간 화학적 메시지를 촉발하는 산화제의 농도 탓인지, 효과가 없는 것으로 밝혀졌다. 항산화제를 추가로 섭취함으로서, 산화 공격에 대한 화학적 메시지가 억제되고, 다른 세포 방어 메커니즘 또한 거부될 수 있다.

We can do a rough calculation to check that these numbers are reasonable:

If the mass of a cell is about 10^9 g, that is 10^{-12} kg, then this leakage rate is 1.1×10^{16} ROS per kg per second.

If one ROS carries an energy of about 10 eV, that is 1.6×10^{-18} J, so all these ROS comprise a power loss of 0.0018 watt per kg.

A resting human produces about 2 watts/kg. So for every 2 watts generated, the energy lost by leakage of ROS is 0.002 watts, roughly.

So biology has evolved a power source with an inefficiency of 1 part per 1,000. That seems reasonable. Much worse would waste energy. Much better would suggest a waste of resource and over-design.

The message to take away is that the ROS from a radiation dose and from normal metabolic activity are chemically rather similar for many purposes, including carcinogenesis, the tendency to initiate cancer. What is important for control of ROS is their uniformity in space and time – short acute bursts in time and high concentrations in space are not easily quenched.

War games of evolution

However, it is not only the response to a threat that may change and adapt, but the threats themselves. Consider first the political world of individuals and nations. (We will come back to the microscopic world of cellular life later.) In that case responses to military threats are frequently explored and evolved by engaging in war games, to find ways to out-wit the other side. An actual engagement might go either way, depending who is the stronger or cleverer. But if one side sticks to a never-changing strategy, then eventually the other side should find a way to win, whatever their relative strengths.

And so it is in the microscopic world too. In the battle between cells and viruses there are no certain outright winners – both sides are

숫자들이 합리적인가를 입증하기 위해, 다음과 같은 대략적인 계산을 할 수 있다.

만약 세포의 질량이 10^{-9}g, 즉 10^{-12}kg이라면, 이 누출율은 초당 kg당 1.1×10^{16} ROS이다.

한 개의 ROS가 약 10 eV의 에너지를 운반할 경우, 1.6×10^{-18} J이므로 모든 ROS는 kg당 0.0018 와트의 전력 손실을 차지한다.

휴식을 취하는 사람은 약 2 watts/kg를 생산하므로, 2watt가 만들어질 때마다 ROS의 누출로 인해 손실되는 에너지는 대략 0.002watt이다. 따라서, 생물학은 1000분의 1의 비효율성을 가진 동력원을 진화시켜 왔으며, 이는 타당해 보인다. 더 나쁜 것은 에너지를 낭비하는 것일 것이다. 자원의 낭비나 과잉 설계를 제안하는 편이 훨씬 낫다.

방사선량에서 나온 활성산소와 정상 대사활동에서 나온 활성산소가 암 유발 경향을 포함한 여러 목적에서, 화학적으로 다소 유사하다는 사실은 고려하지 않아도 된다. 활성산소를 제어하는 데 중요한 것은 공간과 시간의 일률성이다 −시간상 짧은 급성 폭발과 공간적으로 높은 농도는 쉽게 소멸되지 않는다.

진화의 기동훈련

하지만, 이는 변화하고 적응할 수 있는 위협에 대한 대응일 뿐만 아니라 위협 그 자체가 되기도 한다. 개인과 국가의 정치 세계를 생각해보자. (이후 세포의 미시세계를 다시 고려할 것이다.) 군사적 위협에 대한 대응은 기동훈련을 통해 상대방보다 앞서 나갈 수 있는 방법을 찾는 방향으로 진화된다. 실제, 교전은 누가 더 강한지, 똑똑한지 여부에 따라 양측에서 진행될 수 있으며 어느 한쪽이 같은 전략을 계속 고수한다면, 결국 상대방은 상대적인 강점이 무엇이든 간에 승리할 수 있는 방법을 찾을 수 있을 것이다.

이는 미시적인 세계에도 마찬가지이다. 세포와 바이러스 사이의 싸움에서 확실한 승자는 존재하지 않는다. 양측은 돌연변이와 면역학적 적응에

constantly changing strategy by mutation and immunological adaptation. The battle goes on. Sometimes the virus wins and there is an epidemic. Sometimes the immune system with its antibodies wins, often with active help from health programmes too.

But in the battle between physical ionising radiation and life, the situation is quite different. The effect of the radiation is set and fixed by physical science– it never changes. But living organisms and their cells are free to evolve and find a defence against radiation that is more or less complete. This is true in spite of the overwhelming fire power on the radiation side and the extraordinary frailty of life on the other.

Biology has had over 3,000 million years to come up with its defence strategy against the seemingly all-powerful ionising radiation.

This is the point that mankind has failed to realise. In formulating our attitude to radiation, we have been too readily impressed by the imbalance of fire power without noticing the overwhelming effect of the strategic design of life.

Energy, mitochondria and keeping fit

Keeping fit encourages the body to maintain adequate resources ready to repair its working cells. Regular exercise is a simple way in which to raise the norm of what the cells of an organism expect and are prepared for. At the microscopic level the damage to be repaired is due to the oxidative processes that we have been discussing. Energy is provided to cells by the mitochondria, which burn nutrients taken from the blood stream using oxygen carried by the red blood cells and make the energy available to the rest of the cell by means of molecules of adenosine tri-phosphate (ATP). This process or metabolism produces about one watt of energy per kg of body weight, enough to keep the body warm and provide the basic physical and mental energy it needs, and where extra energy is required it provides more.

의해 끊임없이 전략을 변화시키며, 전투는 계속된다. 때론 바이러스가 승리해 전염병이 돌기도 하지만 때론 건강 프로그램의 적극적인 도움과 항체를 가진 면역체계가 승리하기도 한다.

그러나 물리적인 전리방사선과 생명체의 싸움은 사뭇 다르며, 방사선의 영향은 자연 과학에 의해 설정되고 고정되며, 절대 변하지 않는다. 반면, 살아있는 유기체와 세포는 자유롭게 진화하기 때문에 방사선에 대한 어느 정도 완전한 방어를 찾을 수 있다. 방사선의 압도적인 화력과 생명체의 허약함에도 불구하고, 이는 명백한 사실이다.

생물학은 전능해 보이는 전리방사선에 대한 방어 전략을 마련하는데 30억 년이나 소요했다.

이는, 인류가 아직 깨닫지 못한 점이다. 그동안 인류는 방사선에 대한 태도를 형성함에 있어, 생명의 전략적 설계의 압도적인 효과를 알지 못한 채 전투력의 불균형에 대해 지나치게 쉽게 탄복해왔다.

에너지, 미토콘드리아 및 건강 유지

건강을 유지한다는 것은 신체로 하여금 일하고 있는 세포를 회복하는데 필요한 적절한 자원을 유지하도록 하는 것이다. 규칙적인 운동은 유기체의 세포가 예측하고 준비할 수 있는 기준을 높이는 간단한 방법이다, 미시적인 단계에서 복구해야 할 손상은 그동안 논의해온 산화작용으로 인해 생긴다. 에너지는 미토콘드리아에 의해 세포에 공급되는데, 미토콘드리아가 혈류에서 채취한 영양소를 적혈구가 운반한 산소로 연소시켜 만들어진 에너지를 아데노신 삼인산 (ATP) 분자를 이용하여 세포의 나머지 부분에서 활용하게 한다. 이 대사 과정은 체중 kg당 약 1와트의 에너지를 생산하며 이는 몸을 따뜻하게 유지하고 필요한 기본적인 육체적, 정신적 에너지를 공급하기에 충분한 양으로, 여분의 에너지가 필요한 곳에는 더 많은 에너지를 공급한다.

이 과정에서 산화제인 활성산소는 미토콘드리아에서 새어 나와 세포핵

In so doing oxidative agents (ROS) may leak from the mitochondria and inflict damage on the DNA in the cell nucleus that is indistinguishable from the damage caused by the ROS released in the radiolysis of water – that is the break-up of H_2O by radiation.

However the energy per second absorbed from any ionising radiation is remarkably small compared to one watt per kg, the power of metabolism when resting. A patient receiving a course of radiotherapy gets a high radiation dose each day: the energy deposited in healthy tissue is 1,000 mGy per day, that is one joule per day per kg. That means that in one second the metabolic process delivers as much energy as the patient receives in a whole day in radiotherapy treatment. The ratio, the number of seconds in a day, is a factor of 86,400, so it is no wonder that ionising radiation does not make the patient feel hot – it is extremely weak. Natural background radiation at an average 1 mGy per year is even weaker, less than the metabolic rate by a factor of one billion. It is the leakage of ROS from the mitochondria that is responsible for most of the natural oxidation of DNA. Adaptation, as a response to moderate physical or mental exercise, stimulates and strengthens protection against ROS and their effects. Radiation is no different because the ROS and their effects are very similar, especially at low LET. This is probably why low-dose radiotherapy, usually as whole-body or half-body, can be effective at stimulating the body's resistance to cancer.

It may be why treatment in health spas that offer radioactive waters brings welcome relief, even in an era when fear of radiation dominates the lives of many people. Somehow people have allowed themselves to imagine that radiation health from natural and artificial sources are quite unrelated. For instance, the radiation in the onsen in Japan, and the Baden in Germany, is the same as the radiation that comes from the radioactivity released at Fukushima Daiichi. In fact both are harmless at the levels encountered, but cultural perceptions have prevented people seeing the connection.

의 DNA에 손상을 입힐 수 있는데 이는 물의 방사선 분해radiolysis, 즉 방사선이 H_2O를 분해할 때 방출된 활성산소에 의한 손상과 구별하기 어렵다.

그러나, 매초당 전리방사선으로부터 흡수되는 에너지는 휴식을 취할 때 대사량 kg당 1와트에 비해 현저히 적다. 방사선 치료를 받는 환자는 매일 높은 방사선량을 받으며, 건강한 조직에 축적된 에너지는 하루에 1,000mGy로 약 하루당 kg당 1줄이다. 즉 대사 과정은 하루 동안 방사선 치료로 받은 에너지 양을 1초에 전달하는 것이다. 그 비율은 하루 당 초 수인 86400이므로, 전리방사선은 매우 약하고 환자가 뜨거움을 느끼지 못하는 것은 당연하다. 연평균 1mGy의 자연 방사선은 대사율보다 10억배 더 약하며, 미토콘드리아에서 유출된 활성산소가 DNA 자연 산화의 대부분을 일으킨다. 적당한 육체적 운동, 또는 정신적 운동에 대한 반응인, 적응은 활성산소와 그 영향에 대한 보호를 자극하고 강화한다. 방사선 또한 차이가 없다 왜냐하면 활성산소와 그 효과는, 특히 저 LET 방사선에서 아주 유사하기 때문이다. 이는 전신 또는 반신으로 진행되는 저선량방사선치료가 인체의 암에 대한 저항성을 자극하는데 효과적일 수 있는 이유이다.

이는, 방사선공포가 많은 사람들의 삶을 지배하던 시대에도 방사성 물을 사용하는 건강스파요법이 안락함을 주는 이유일 것이다. 사람들은 자연 선원과 인공 선원에 의한 방사선 건강이 전혀 무관하다는 생각을 스스로에게 주입해왔다. 예를 들어, 일본의 온센과 독일의 바덴에서 나오는 방사선은 후쿠시마 다이이치에서 방출된 방사선과 동일하며 사실, 두 경우 모두 우리가 접촉하는 수준에서는 무해하지만 문화적 인식이 이런 관계에 대한 시각을 방해해왔다.

Evidence for adaptation to radiation

The effectiveness of regular stimulation by moderate doses of radiation applies to the immune system as well as to the inventory of antioxidants and DNA repair enzymes. As early as 1915 and 1920 the results of simple but clear experiments on mice were reported by Murphy and published in the Proceedings of the National Academy of Science[6, 7]. The experiments were carried out on two groups of mice. Those in the first were given a single small exposure to X-rays and a week later were injected with transplantable cancer. Those in the second were treated in the same way but without the exposure to X-rays. The experiment was repeated three times. In each case the cancer infection rate for the group given the X-rays was a factor three smaller than for those given no X-rays, as shown in Table 8-1.

Reference[5]	Exp 1	Exp 2	Exp 3	Average
Infection rate in mice after X-rays	25.0%	29.0%	28.6%	27.5%
Infection rate in mice without X-rays	77.8%	87.5%	60.0%	75.1%

Table 8-1: Effect of X-rays on infected mice observed by Murphy (1915).

The experimenters found a similar stimulation by five minutes of exposure to dry heat at 55-60°C in place of the X-rays. Evidently the increased lymphocyte count responsible for the improved immunity could be stimulated in different ways. The beneficial effect was not immediate and did not persist; they found that one week was optimal. Further, if the X-ray dose was increased even more, there was a negative effect on the lymphocyte count.

Hormesis – the by-product of adaptation

A recent general review traces the history of the beneficial effects of low doses of radiation back to the original discovery of X-rays[8]. As an

방사선에 대한 적응의 증거

적당한 방사선량에 의한 정기적 자극의 효과는 면역 체계뿐만 아니라 항산화제와 DNA 복구 효소의 재고에도 적용된다. 1915년과 1920년에 진행된 간단하지만 명확한 쥐 실험들의 결과가 머피에 의해 보고되고 국립과학원 자료집[6,7]에 수록되었다. 실험은 두 그룹의 쥐를 대상으로 진행되었으며, 첫번째 그룹은 X선에 한번 작게 노출되었고 일주일 후 이식가능한 암이 주입되었다. 두번째 그룹도 같은 방식으로 진행했지만, X선에 노출되지 않았으며 이 실험은 3번 반복되었다. 각각의 경우에서, X선에 노출된 집단의 암 감염률은 〈표 8-1〉에서 보여주는 것처럼, X선에 노출되지 않았던 집단의 암 감염률보다 3배 적었다.

대상[5]	실험 1	실험 2	실험 3	평균
X선에 노출된 생쥐의 감염률	25.0%	29.0%	28.6%	27.5%
X선에 노출되지 않은 생쥐의 감염률	77.8%	87.5%	60.0%	75.1%

표 8-1: 머피(1915)가 관찰한 감염된 쥐에 대한 X선의 영향

실험자들은 X선 대신 55-60℃의 건조한 열에 5분동안 노출되었을 때 X선과 유사한 자극을 발견할 수 있었으며, 이는 분명 면역력을 향상시키는 림프구 수의 증가가 다른 방법으로도 자극될 수 있음을 시사했다. 이런 편익 효과는 즉각적이지 않았지만, 오래 지속되지 않았고 1주일의 기간이 최적이라는 것을 밝혀냈다. 또한, X선 선량이 늘어날 경우에는 오히려 림프구 수치에 부정적인 영향이 나타났다.

건강편익(Hormesis) 효과- 적응의 부산물

최근에 이루어진 종합적인 재검토에서, X선을 처음 발견했던 순간으로 돌아가, 저선량 방사선이 제공하는 편익 효과의 역사를 추적했다[8]. 이런 긍정적인 관점을 보여주기 위해 우리는 가능한 선량-편익 곡선 〈그림 8-2〉

illustration of this positive view we sketch a possible dose-benefit curve, Illustration 8-2, where the damage threshold is at point B and there is benefit in region A. To emphasise the benefit instead of the damage, this diagram is shown upside down compared to Illustration 8-1. There is a popular saying You can have too much of a good thing. So it is with the health effect of most agents – the right amount may be healthy, even essential, but too much is harmful, whether it is a drink of water or a dose of aspirin.

The principle also applies to physical exercise; some is much better than none, but an excess causes injury. This idea was described five centuries ago by Paracelsus, the physician and botanist (1493-1541), who wrote, Omnia sunt venena, nihil est sine veneno. Solo dosis facit venenum, which translates Everything is poisonous, nothing is without poison, but it's only the dose that makes it poisonous.

With exercise or regular stimulation the point B moves to the right – each day the damage threshold increases a little. That is, it adapts. So studying curves misses the point – response is a live parameter, not easily tamed by mathematics or simple diagrams. The benefit of adaptation may only last for a certain time and may need to be stimulated again. As an example, the efficacy of regular exercise for general health is well known[9], although fitness does not last very long. So it is back to the gym.

But what about the body's response to radiation? That is not likely to be a simple matter of studying straight lines or even curves, either – radiation response seems likely to be a matter for flexible pragmatism rather than cautionary dogma. Because the initial effect on cells of exercise and radiation includes the chemical action that increases production of ROS, these two elicit the same protective and adaptive responses. Thus a history of past exercise and past radiation are both effective at stimulating adaptation. Doses of ionising radiation at low rates suppress cancer incidence to below what would have occurred from background oxidation in the absence of radiation, just as exercise does.

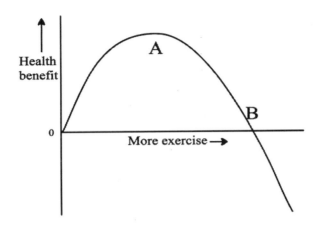

그림 8-2: 건강 운동 곡선의 그래프. 적당한 운동량은 이로운 점이 있지만, 이를 초과하면 손상을 초래할 수 있다는 것을 보여준다.

를 소개한다. 여기서. 손상 문턱값은 B점이며, A점에는 편익이 존재한다. 손상보다 편익을 강조하기 위해, 〈그림 8-2〉는 〈그림 8-1〉과 달리, 도표를 거꾸로 표시했다. 맛있는 음식도 많이 먹으면 물린다라는 말이 있듯이, 대부분 약품의 치료 효과도 마찬가지이다. 적당한 양은 건강할 수도 있고, 심지어 필수적일 수도 있지만, 너무 많은 양은 물이건 아스피린이건 해로울 수 있다.

이 원칙은 신체운동에도 적용된다. 약간의 운동은 아무것도 않는 것보다 훨씬 낫지만, 지나치면 부상을 초래할 수 있다. 이 발상은 5세기전 의사이자 식물학자였던 파라켈수스(1493-1541)에 의해 설명되었는데, 그는 "모든 것이 독성이 있고, 독이 없는 것은 없지만, 독을 만드는 것은 오직 복용량일 뿐이다."라는 말을 남겼다.

운동이나 규칙적 자극을 통해, B점은 오른쪽으로 이동할 수 있으며, 이에 따라 손상 문턱값은 매일 약간 증가한다. 이것이 바로 적응이다. 따라서 곡선을 연구하는 것은 요점을 놓칠 수 있다 - 반응은 살아있는 변수이며 수학이나 단순한 도표로 쉽게 길들여지지 않는다. 적응의 이점은 일정 시간 동안만 지속되며, 다시 자극을 필요로 할 수 있다. 예를 들면, 신체 단련

In summary, because of adaptation to past history, a response curve like Illustration 8-1 tells only part of the story. For a dose below damage threshold, beneficial adaptation does not just reduce the incidence of any cancer that might have been caused by radiation, but it reduces the incidence of cancers from other causes too. This effect is called hormesis, although it is of secondary importance as far as safety is concerned. The primary question concerns the dose rate at the threshold of damage, point B, the No Adverse Effect Level (NOAEL), as Jerry Cuttler has called it. In summary, the point B moves as the organism adapts.

Effect of chronic radiation doses on dogs

We are interested to find the damage threshold for a lifetime dose received as a steady chronic dose rate. To date the most thorough experiments to answer this question have used dogs. For a single acute radiation dose the mortality of Chernobyl workers, shown in Chapter 6, was similar to that for a large numbers of rats. But rodents are not suitable for whole-of-life studies of chronic doses because they have much shorter lives than humans. But dogs live longer than rodents and a fair fraction of a human lifetime.

Lifespan and mortality data for dogs, given a chronic 3 mGy daily gamma radiation dose throughout life, are shown in Illustration 8-3[10]. This also shows similar data for dogs who received no dose. Each plotted symbol represents the death of a dog (some are omitted to improve clarity where they coincide);

- the horizontal position of the symbol on the plot gives the age in days at death (and, on the upper scale, for the irradiated dogs, the corresponding accumulated lifetime dose at death);
- the vertical position gives the mortality of that group of dogs at that time;
- the choice of symbol shows whether the dog died of a fatal tumour; (F) or another disease (O).

은 오래 지속되지 않음에도 일반 건강에 대한 규칙적 운동의 효과는 잘 알려져 있다. 그래서 다시 체육관으로 돌아가게 된다.

하지만 방사선에 대한 신체의 반응은 어떨까? 이는 직선이나 곡선을 연구하는 단순한 문제가 아니므로, 방사선 반응은 주의해야 할 독단보다 유연한 실용주의의 문제일 가능성이 높다. 왜냐하면 운동과 방사선의 세포들에 대한 초기 효과는 활성산소의 생산을 증가시키는 화학 작용을 포함하기 때문에, 두 가지는 동일한 보호 및 적응 반응을 이끌어 낸다. 따라서, 과거의 운동과 과거의 방사선의 역사는 둘 다 적응을 자극하는 데 효과적이다. 낮은 수준의 전리방사선의 선량은, 운동과 마찬가지로, 방사선이 존재하지 않을 때, 배경 산화(background oxidation)로부터 발생할 수 있었을 암 발생률을 더 낮게 억제한다.

요약하자면, 과거 역사 적응 때문에 〈그림 8-1〉 같은 반응 곡선은 현상의 일부만 말하고 있다. 손상 문턱값 미만의 선량의 경우, 편익 적응은, 방사선으로 인한 암 발생뿐만 아니라 다른 원인에 의한 암 발생도 감소시킨다. 비록 안전에 관한 한 2차적 중요성을 갖지만, 이 효과를 건강편익, 호르메시스라고 한다. 1차적 질문은 제리 커틀러가 최대무독성용량No Adverse Effect Level (NOAEL)이라고 한 손상 문턱값 B점의 선량률에 관한 것이다. 요컨대, B점은 유기체가 적응함에 따라 움직인다는 것이다.

개에 미치는 만성 방사선량의 영향

우리는 꾸준한 만성 선량률로 인한 평생 선량의 손상 문턱값을 찾는데 관심이 있다. 지금까지 이 질문에 대답하기 위한 가장 철저한 실험들은 개를 이용해왔다. 6장에 제시된 바와 같이, 단일 급성 방사선량으로 인한 체르노빌 근로자의 사망률은 다수의 쥐의 사망률과 유사했다. 그러나 설치류는 인간보다 수명이 훨씬 짧기 때문에 일생의 만성 선량 연구에는 적합하지 않다. 그러나 개들은 설치류보다 수명이 길고, 인간의 수명의 상당 부분을 산다.

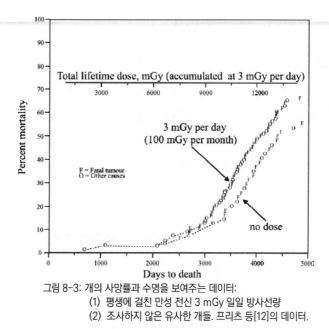

그림 8-3: 개의 사망률과 수명을 보여주는 데이터:
(1) 평생에 걸친 만성 전신 3 mGy 일일 방사선량
(2) 조사하지 않은 유사한 개들. 프리츠 등[12]의 데이터.

The data show that the mortality of the 92 dogs who received 3 mGy per day is not significantly different from the un-irradiated dogs until they have received a lifetime dose of somewhere between 6,000 and 9,000 mGy. So for dogs, this is an estimate of the threshold we want, and, interestingly, the symbols do not suggest that fatal cancers predominate. Such data do not exist for humans, but the numbers are indicative for this high chronic dose rate. We will need more such indications before we can suggest convincing safety thresholds for dose rate and for whole-of-life dose in humans. This we do in Chapter 9.

There is another but more sensitive way to look for changes that may give rise to cancer, perhaps many years later. Instead of examining data on mortality or morbidity we can look instead at the actual genetic changes induced by the radiation. There is an important study of this kind on genetically identical mice[11, 12]. The mice were irradiated chronically for 5 weeks at a rate of 3 mGy per day, and compared with mice a) that

다음 〈그림 8-3〉은 평생 동안 일일 만성 감마선 선량 3 mGy를 받은 개의 수명및 사망률 데이터와 방사선을 받지 않은 개들의 데이터를 제공한다. 또한, 각 기호는 개의 죽음을 나타낸다(일부 기호는 일치하는 경우 선명도를 높이기 위해 생략되었다.)

- 그림에서 기호의 수평적 위치는 사망 일 수와 나이를 나타낸다. (상부 척도는 방사선을 쏘인 개의 경우 사망 당시, 이에 상응하는 누적 평생 선량을 나타낸다).
- 수직 위치는 당시 해당 개 집단의 사망률을 제공한다.
- 기호 선택은, 개가 치명적인 종양(F)으로 인해 사망했는지 아니면 다른 질병(O)으로 사망했는지를 보여준다.

자료에 따르면, 하루 3mGy의 선량을 받은 92마리의 개들의 사망률은 6,000~9,000mGy의 평생 선량을 받기 전까지는 방사선을 받지 않은 개와 크게 다르지 않다는 사실을 알 수 있다. 이는 우리가 개 실험을 통해 찾고자 했던 문턱값의 추정치이며, 흥미롭게도 기호들은 치명적인 암의 우세를 보이지 않는다. 인간에 대한 이런 데이터는 존재하지 않지만, 수치는 이처럼 높은 만성 선량률을 시사하는 것으로 보인다. 우리는 선량률과 평생 선량에 대한 설득력있는 안전 문턱값을 제시하려면 더 많은 징후를 필요로 하며 이는 9장에서 다루게 된다.

암을, 아마도 여러 해 후, 유발할 수 있는 변화를 찾는 다른, 더 세밀한 방법이 있다. 우리는, 사망률이나 질병에 대한 데이터를 조사하는 대신, 방사선이 유발한 실제 유전적 변화를 볼 수 있으며, 이런 종류로는 유전적으로 동일한 쥐에 대한 중요한 연구가 있다[11, 12]. 생쥐는 하루 3mGy의 비율로 5주 동안 만성적으로 방사선을 쬐었고 a) 전혀 처치되지 않은 생쥐와, b) 동일한 방사선량이지만 단일 급성 선량(100mGy)으로 받은 생쥐와 비교되었다. 저자들은 만성적으로 처치된 쥐에서는 전혀 유전적 효과를 발견하지 못했고, 급성으로 처치된 생쥐에서는 외가닥 절단(SSB)이 성공적으로 회복되었음을 보여주는 이중 절단(DSB)에만 관련된 유전적 효과만 관

were not treated at all, and b) that had received the same radiation but as a single acute dose (100 mGy). The authors found no genetic effect at all for the treatment of the chronically treated mice. The acutely treated mice showed genetic effects linked to DSB only, showing that the SSB had been repaired successfully. Evidently both the SSB and the DSB were correctly repaired for the mice receiving the chronic dose, confirming that for mice a chronic dose of 90 mGy per month for 5 weeks is harmless.

This genetic observation is more sensitive than a test for cancer as it is looking before the immune system deteriorates later in life.

Furthermore, recent research on mice has successfully explained and shown how DSBs are repaired[13]. This is a field in which understanding is progressing rapidly. As far as safety regulations are concerned, the important point is that for a chronic dose delivered at 90 mGy per month, there is no detectable genetic damage after five weeks – and if there is no genetic damage there can be no link to subsequent cancer. It is true that this conclusion is for mice, not humans. But we can say that the risk of cancer for mice is reduced by at least a factor of 50, if the dose is given chronically, instead of acutely. ICRP guidance acknowledges no more than a factor 2 relaxation of risk for a dose delivered chronically. In the LNT model this factor is called the Dose and Dose Rate Effectiveness Factor (DDREF)[14].

Low-level radiation protection by regulation

From the dawn of cellular life, biology has had to cope with attack by oxygen and by radiation. Step by step it has evolved methods of protection that are extraordinarily effective, as the accident at Fukushima and other similar evidence have shown. None of these methods calls on the sensory system or the brain of a living organism to do anything at all – for most of the evolutionary span the organisms that needed protection had no such sensory system anyway.

찰하였다. 이로써 만성 선량을 받은 생쥐에서는 SSB와 DSB 모두가 올바르게 회복되었음이 분명해져, 생쥐에게는 5주 동안 월 90 mGy의 만성 선량이 무해하다는 것을 확인했다.

이렇게 유전자를 관찰하는 것은 면역체계가 말년에 악화되기 전에 진행될 수 있으므로 암에 대한 검사보다 더 세밀하다.

뿐만 아니라, 쥐에 대한 최근 연구는 DSB가 어떻게 회복되는지 성공적으로 설명하고 보여주었다. 이는 지식이 빠르게 진전되고 있는 분야이다. 안전 규정에 관한 한 중요한 점은, 월 90mGy로 전달되는 만성 선량의 경우, 5주 이후 검출 가능한 유전적 손상이 없고 이 경우 후속 암과 연관될 수 없다는 것이다. 물론 이 결론은 인간이 아닌 쥐에 해당되는 것이다. 그러나 방사선이 급성이 아닌 만성적으로 조사된다면, 쥐의 암 발병 위험이 최소 50배는 감소한다고 말할 수 있다. ICRP(국제방사선보호위원회)지침은 만성적으로 전달된 선량에 대한 위험 완화는 인자 2 이하라고 알리고 있으며, LNT모델은 이 인자를 선량선량률효과인자(DDREF)라고 부르고 있다.

규제에 의한 저준위 방사선방호

세포 생명의 새벽부터 생명활동은 산소와 방사선 공격에 대처해야 했다. 후쿠시마 사고와 다른 유사한 증거들이 보여주듯이, 생명활동은 점진적으로 비상할 정도로 효과적인 보호방법을 발전시켰으며, 이들 중 어떤 방법도 살아있는 유기체의 감각 체계나 뇌에 어떠한 행동도 요구하지 않는다. - 대부분 진화 기간 동안 보호가 필요한 유기체들은 그러한 감각 체계를 가지고 있지 않았기 때문이다.

하지만, 지금 뭔가 심각하게 잘못되었다. 무슨 일이 일어난걸까? 20세기 중반, 국제사회는 갑작스럽게 방사능으로부터 생명을 보호해야 하는 난관에 봉착했다. 1934년에는 방사선 생물학에 대한 제한적 데이터와 대단할 것 없는 이해를 바탕으로 안전 수준들을 결정했다, 그럼에도 불구하고 이 안전 수준들은 오늘날 과학이 받아들일 수 있는 수치에 꽤 근접했었다. 하

But now something has gone seriously wrong. What has happened? In the middle of the twentieth century the international community suddenly engaged with the problem of protecting life from radiation. Initially, that is in 1934, safety levels were chosen based on limited data and modest understanding of radiobiology. Nevertheless they were quite close to those that science would justify today. In the meantime, in the names of conservatism and precaution it was decided to use the LNT and ALARA philosophy, ignoring completely the understanding of modern radiobiology, in particular the evolved protective provision that has been in place since life began.

Illustration 1-5 on page 35 is a comment on the relative efficacy of the regulatory safety system and the natural evolved one. The latter has been honed to do the job of providing actual and immediate protection; the former offers only bureaucratic regulation, but no active protection at all. It is time to stop denying nature and trusting solely in regulation.

Medical treatment with ionising radiation

Life out of warranty

Evolution has delivered life designed to survive so effectively that we may wonder why there is any need for humans to study their own survival any further. It is true that often the best medical treatment is to not intervene and let natural protection apply its remedy. But this ignores the fact that evolution has worked to ensure the survival of species, not individuals

If mankind wants individuals to survive, medical intervention will sometimes be necessary. Evolution has little interest in the life of individuals beyond the reproductive and parenting age. After that individual life is out of warranty, as it were. Only through education, the useful ongoing transfer of knowledge from older to younger individuals,

지만 그 사이, 보수성과 예방이라는 명목으로, LNT 모델과 ALARA 철학을 이용하기로 결정했다. 이는 현대 방사선생물학에 대한 이해, 특히 생명이 시작된 이래로 진화를 통해 형성되고 자리 잡아온 자연 보호 방책을 완전히 무시한 것이다.

35쪽의 〈그림 1-5〉는 규제 안전 시스템과 자연적으로 진화된 시스템의 상대적 효과에 대해서 언급하고 있다. 후자는 실제적이고 즉각적인 보호를 제공하도록 연마되어 왔으나, 전자는 관료적인 규제만 제공할 뿐, 실질적인 보호는 전혀 제공하지 않는다. 이제, 자연을 부정하고 오로지 규제만을 신뢰하는 것을 그만둘 때가 됐다.

전리방사선을 이용한 치료

보증 기간이 끝난 생명

진화는 굉장히 효과적으로 생존하도록 설계된 생명을 낳아왔기 때문에 왜 더이상 인간의 생존에 대해 연구할 필요성이 있는지 의아해 할 수 있다. 물론, 종종 가장 좋은 치료는 개입하지 않고 자연적 보호가 치료를 맡도록 하는 것이지만 이것은 진화가 개체가 아니라, 종의 생존을 보장하기 위해서 일해왔다는 사실을 무시하는 것이다.

만약 인류가 각 개인의 생존을 바란다면, 때때로 의학적인 개입이 필요할 것이다. 진화는 생식 가능연령과 육아연령을 넘어선 개인의 삶에 거의 관심이 없다. 말하자면, 보증기간이 끝난 개인의 생명에는 관심이 없는 것이다. 오직, 계속해서 늙은 세대가 젊은 세대에게 유용한 정보를 전달하는, 교육을 통해서만, 생명을 노년으로 연장하는 것의 진화상 이점을 찾을 수 있다. 따라서, 의학적 치료는 자연이 할 수 있는 일에 보탬이 된다.

〈표 8-2〉의 숫자로 알 수 있듯이, 최근 수십 년 동안 사망률과 기대수명은 빈부의 차별없이 극적으로 개선되었다. 질병의 통제, 임상 의학의 발전,

is there any evolutionary advantage in the extension of life into old age. So medical treatment adds to what nature can do.

Mortality and life expectancy have improved dramatically in recent decades for rich and poor alike, as shown by the numbers in Table 8-2. Control of disease, advances in clinical medicine, improved standards of living and better availability of food and clean water are responsible.

Diagnostic imaging including CT scans

For most of its evolutionary development, life had a very basic nervous system, if any. As a result the powerful brain that man has today remains poorly informed about those processes that are active in his own body and evolved long ago to be able to work unsupervised. Undoubtedly, given the power of the brain, life could have evolved a broadband diagnostic network that allowed each individual a much higher degree of self diagnosis. On the other hand, perhaps, giving such power to the worried well to fret over their potential ailments does not help their survival by selection. When a patient presents himself to his physician, he has little to say because his brain often has only vague ideas about his complaint. The physician needs more diagnostic information than the patient can give. Apart from what he can learn from a superficial examination and the patient's own account, he needs scientific aids to probe the body using the penetration of sound waves, radiowaves or ionising radiation[18]. These have been developed to image both the anatomy and how it is working – a functional image.

The physician can select a method from the simple and readily available, to the finest and most sensitive, from a low technology X-ray photography, through ultrasound and MRI scans, to CT and radionuclide scans. All but the simplest are in 3-dimensions, and today these can be combined to produce composite images. They are described in accessible terms in Radiation and Reason[see Selected References on page 279, SR3]. These advanced techniques are becoming more and more widely available in

소득별 국가	사망, 나이 < 5세, %[15]			사망, 나이 15-60세, %[16]			60세 시 기대 여명, 년[17]		
	1990	2011	변화	1990	2011	변화	1990	2012	변화
호주	0.9	0.5	-0.4	9.6	6.3	-3.3	21	25	+4
일본	0.6	0.3	-0.3	8.1	6.5	-1.6	23	26	+3
러시아	2.7	1.1	-1.6	21.8	24.1	+2.3	18	17	-1
미국	1.2	0.7	-0.5	13.2	10.5	-2.7	21	23	+2
독일	0.9	0.4	-0.5	11.8	7.4	-4.4	20	24	+4
영국	1.0	0.5	-0.5	10.4	7.4	-3.0	20	24	+4
중국	5.4	1.5	-3.9	15.0	9.7	-5.3	18	19	+1
인도	12.9	5.9	-7.0	27.4	20.5	-6.9	15	17	+2

표 8-2: 최근 몇 년간의 사망률과 기대수명의 변화

향상된 생활 수준, 음식 그리고 깨끗한 물의 가용성의 덕분이다.

CT 스캔을 포함한 영상 진단

진화의 발달 과정에서, 대부분의 생명체는, 있었더라도, 매우 기본적인 신경 체계밖에 가지지 못했다. 결과적으로 현재 인간의 강력한 뇌는, 오래 전부터 아무런 감독 없이 작용될 수 있도록 진화해온, 자신의 몸에서 활발히 활동하고 있는 과정들을 거의 모르고 있다. 두뇌의 힘을 감안하면, 의심의 여지 없이, 생명은 각 개체가 훨씬 더 높은 수준의 자기 진단을 허용하는 광대역 진단 네트워크를 발달시켰을 수도 있었을 것이다. 그런 반면, 잠재적인 질병에 대해 초초해하는, 건강 염려증을 가진 사람들에게 그런 힘을 주었더라도, 아마도 그들은 그들의 생존에 도움이 되는 선택을 하지 못했을 것이다. 환자가 의사의 진찰을 받을 때, 환자들은 머릿 속에 질병에 대한 모호한 생각만을 갖고 있기 때문에, 말할 것이 거의 없을 것이다. 따라서, 의사는 형식적인 검사와 환자의 설명에서 배울 수 있는 것 외에도, 음파, 방사선, 또는 전리방사선의 침투를 통해 신체를 탐색할 수 있는 과학적인 도움이 필요하다. 이러한 방법들은 해부학과 작동 방법을 영상화 할 수

spite of the high cost and expertise required. The reason is that physicians find them effective and so money is made available to pay for them. It is a good example of what public confidence in science can achieve when the benefits are properly appreciated.

On the public side, patients are reassured to see the pictures, even though some worry whether the methods themselves are dangerous in some way – although they are not, and we shall see why. The radiation involved in MRI is in the radio range and non-ionising. This has not caused the same concern about safety as methods using ionising radiation – CT scans and isotope scans. In fact, the power used in an MRI scan is far higher than used in a scan based on ionising radiation. As discussed in Chapter 5, the former is measured in watts per kg – it can only heat tissue and its safety limit is set by comparing with the regular metabolic heating rate, a few watts per kg. The power of an ionisation scan is measured in microwatts per kg, a million times smaller.

As explained in Chapter 5, its safety is not related to heating, but to its effect on a minute number of individual molecules.

The number of MRI and CT units has grown very rapidly in recent years. The extent of current provision can be judged from the data shown in Table 8-3.

	MRI		CT	
	촬영기 수량	년간 1백만명 당 검사 회수	촬영기 수량	년간 1백만명 당 검사 회수
OECD	12	47	23	132
호주		23	39	94
독일	10	17	17	49
아일랜드		16	15	69
일본	43		97	
영국	6	39	7	73
미국	26	91	34	228

표 8-3: 2009년 또는 최근년에 인구 백만 명당 스캐너 수와 연간 검사 횟수[19].

있도록 -즉 기능적 영상으로 발전되었다

의사는 간단하고 쉽게 이용할 수 있는 방법, 가장 정밀하고 세심한 방법, 낮은 단계의 X선 사진 기술부터, 초음파 및 MRI 스캔, CT 및 방사성핵종 스캔 등 다양한 방법을 선택할 수 있다. 가장 간단한 기술을 제외한 모든 기술은 3차원이며, 이들을 결합하여 합성 이미지를 만들 수 있다. 방사선과 이성에서는 위 기술들을 이해하기 쉬운 용어들로 설명하고 있다[SR 3: 279쪽을 보라]. 위 기술들은 높은 기술과 전문지식의 필요성에도 불구하고 점점 더 널리 보급되고 있다. 그 이유는 의사들이 돈을 지불할 만큼의 뛰어난 효과를 보여주는 것을 알게 되었기 때문이며, 이는 과학의 이점이 제대로 인정될 때 과학의 공신력이 어떤 성과를 거둘 수 있는지를 보여주는 좋은 사례이다.

공공의 입장에서, 일부 환자들은 위험성을 걱정하지만 사진을 보고 안심하곤 한다. 비록 위험한 방법이 아니지만, 우리는 그 이유를 알아야 한다. MRI에서 사용하는 방사선은 전파 범위 안에 속하는 비전리방사선이며, CT 스캔 및 동위원소 스캔 같이 전리방사선을 사용한 촬영과는 달리, 안전성에 대한 우려를 낳지 않는다. 실제로, MRI 촬영에 사용되는 전력은 전리방사선을 기반으로 한 촬영에 사용되는 전력보다 훨씬 높다. 5장에서 논의한 바와 같이 전자는 kg당 와트로 측정되며 오직 조직만 가열할 수 있으며 안전 한계는 주로 일반 대사 가열률과 비교해 설정된다. 이온화 촬영의 전력은 100만배 작은 kg당 마이크로 와트이다.

5장에서 설명했듯이, 안전성은 가열과 관련 있는 것이 아니라 미미한 수의 개별 분자에 미치는 영향과 관련이 있다.

MRI와 CT 촬영기의 수는 최근 몇 년간 매우 빠르게 증가하고 있다. 현재 공급된 범위는 〈표 8-3〉의 데이터를 바탕으로 판단할 수 있다.

미국 당국은 CT 스캔의 연평균 방사선량이 미국 인구당 약 3 mGy로 증가했으며 이는 평균 자연 방사선량과 유사하고, 인공 선원의 연간 제한치의 3배라고 보고했다. 이 보고에는 두 가지 주목할 점이 있다. 첫째로, 자연 발생원의 선량과 의료 또는 다른 인공 발생원의 선량의 효과는 차이가 없

The US authorities have reported that the mean annual radiation dose from CT scans has risen to about 3 mGy per member of the US population, comparable with the mean natural background and three times the suggested limit for artificial sources of 1 mGy per year. There are two points to note. Firstly, there can be no difference between the effect of doses from natural sources and from medical or other artificial sources. Secondly, there is no evidence that doses hundreds of times larger than these figures have any negative health effects whatever. Many concerns would be laid to rest by comparisons with information for much higher doses or by simple statistical scrutiny. (Mistaken claims in the fields of biology and public safety often arise from a naive use of statistics. For instance, they treat as established any result with 95% confidence level, without accounting that 1 in 20 such conclusions is false. Such methods cause misunderstandings and publicity disasters that do not occur in fields with more discipline in their use of statistics.)

Isotope imaging

The radiation of a CT scan is transitory. It passes through the body in a flash. What is left are the broken molecules, as already described, but the radiation itself has gone. The case of isotope imaging is different. The radioactive isotope is injected into the patient's body and radiation is emitted as the isotope decays. In this way the radiation is spread out by the delay of the decay process.

There are two technologies, Single Photon Emission Computed Tomography (SPECT) and Positron Emission Tomography (PET). The half life of commonly used isotopes are: two hours for fluorine-18 in a PET scan, or six hours for technetium-99 in a SPECT scan. The way these methods work is described in Radiation and Reason[SR3]. The story of the Goiania accident, told in Chapter 6 of this book, is a graphic demonstration that delay does not worsen the effect of a radiation dose;

을 수 있으며 둘째로, 이 수치보다 수백 배나 더 큰 선량이 건강에 어떤 부정적인 영향을 미친다는 증거는 존재하지 않는다는 것이다. 간단한 통계 정밀조사나, 더 높은 선량에 대한 정보와의 비교를 통해 많은 우려가 잠재워질 수 있다. (생물학과 공공 안전 분야에서 잘못된 주장은 종종 통계를 단순하게 사용하는 것에서 비롯된다. 예를 들어, 통계는 1/20의 확률로 오류를 발생시킬 수 있다는 것을 계산에 넣지않고, 95%의 신뢰도를 가지고 모든 결과를 확립된 것으로 취급한다. 이 방법은 오해와 홍보상의 재해를 야기할 수 있는데, 통계를 사용하는데 더 많은 규율이 적용되는 분야에서는 이런 일은 일어나지 않는다).

동위원소 촬영

CT촬영의 방사선은 순식간에 몸을 통과하기 때문에, 굉장히 일시적이다. 이미 기술한 바와 같이, 부서진 분자만 남게 되며 방사선 자체는 사라진다. 하지만, 동위원소 촬영은 다르다. 동위원소는 환자의 몸에 주입되고 이후 붕괴되면서 방사선이 방출된다. 이 과정에서, 방사선은 붕괴과정이 지연됨에 따라 퍼지게 된다.

단일 광자 방출 컴퓨터 단층 촬영 (SPECT)과 양전자 방출 단층 촬영 (PET) 두 가지 기술이 있다. 일반적으로 사용되는 동위원소의 반감기는 PET 스캔의 불소-18이 2시간이며 SPECT 스캔의 테크네튬-99는 6시간이다. 위 기술의 작동 방식은 방사선 및 이성[SR 3]에 기술되어 있으며, 이 책 6장에서 언급한, 고이아니아의 사고는 이 붕괴의 지연이 방사선량의 영향을 악화시키지 않는다는 것을 그래프로 보여주고 있다. 실제로, 초기 손상을 확산시키면 회복 및 교체 메커니즘이 활성화되어 장기적인 손상을 훨씬 효과적으로 줄일 수 있다.

PET는 낮은 선량에서 SPECT보다 더 나은 영상을 제공하지만, 더 비싸다. 한 가지 문제는 짧은 반감기로 인해 불소-18을 몇 시간 안에, 이 물질이 만들어지는 가속기로부터 가져와야 한다는 것이다. 하지만, 테크네튬-99

in fact, by spreading out the initial damage, the repair and replacement mechanisms are enabled to reduce long-term damage far more effectively.

The PET method of imaging gives better images at lower doses than SPECT, but is more expensive. One problem is that, because it decays so quickly, fluorine-18 has to be brought within a couple of hours or so from the accelerator where it is made. On the other hand, technetium-99 comes from the decay of molybdenum-99 that is produced in nuclear fission, with a useful half life of a week, which eases the logistics of supply. Readers worried about nuclear waste should note that molybdenum-99 is just one of a number of valuable components of fission waste. Although PET gives better images, its higher cost means that its use is spreading more slowly and 80% of isotope imaging uses SPECT[20]. There are some 30 million examinations per year, including 6-7 million in Europe, 15 million in North America and 6- 8 million in Asia/Pacific.

Cancer as a class of diseases has proved particularly difficult to diagnose and to treat. As other diseases have been controlled or their incidence reduced, cancer has become a more prominent cause of death. Ionising radiation, far from being a significant cause of cancer, is a major tool in its diagnosis, and most effective in its cure. Just as diagnosis is often more effective when methods are used in combination, for instance PET plus MRI, so cancer therapy often combines radiation therapy with surgery, or more often with chemotherapy. Improved success with therapy has come with the use of real- time imaging to target the tumour and then monitor the progress of its demise.

Radiotherapy – the use of radiation to cure cancers

Human society is regrettably coy about talking of things thought to be unpleasant. The hope is that someone else will deal with them, unseen by sensitive society. For example, sewage must be reprocessed and recirculated in a densely populated environment. It is a luxury to be

는 핵분열을 통해 생성되는 약 1주일이라는 유용한 반감기를 갖는 몰리브덴-99로부터 나오기 때문에 물류 공급을 쉽게할 수 있다. 원자력 폐기물에 대해 우려하는 독자들은 몰리브덴-99가 핵분열 폐기물의 귀중한 구성요소 중 하나라는 것에 주목해야 한다. 비록 PET는 더 나은 이미지를 제공하지만, 높은 비용 때문에, 동위원소 촬영의 80%는 SPECT를 사용한다. 유럽 6~700만건, 북미 1500만건, 아시아·태평양 6~800만건을 포함해서, 연간 3000만건의 검사가 이루어진다.

암은 특히 진단과 치료의 어려움이 입증된 질병의 일종이다. 또한, 다른 질병들이 점차 통제되고 발병률이 감소하면서, 암은 더욱 중요한 사망 원인이 되었다. 전리방사선은 암의 중요한 원인이 되긴커녕, 암 진단의 중요한 도구로 사용되며 치료에도 가장 효과적이다. 예를 들어, 암의 진단이 PET와 MRI 같은 방법을 조합해 사용했을 때 더 효과적이듯, 암 치료에도 수술, 방사선 치료 또는 더 자주 화학치료요법과 결합되어 사용된다. 종양을 타겟으로 삼거나, 종양의 사멸 진행상황을 모니터하기 위해 실시간 영상을 사용하게 되면서 치료의 성공율이 향상되고 있다.

방사선 치료 – 암을 치료하기 위한 방사선 사용

인간 사회는 유감스럽게도 불쾌하다고 생각되는 것을 말하는데 소극적이다. 민감한 사회에서는 눈에 보이지 않는 다른 누군가가 그것들을 해결해 줄 것을 바란다. 예를 들어, 오물은 인구 밀도가 높은 환경에서 반드시 재처리 및 재순환 되어야 한다. 이를 무시할 수 있다는 것은 사치이다. 그러나 기후 변화에 직면한 세상에서 우리는 더 많은 불쾌한 문제들을 처리해야 할 수도 있다. 우리가 처음 해야 할 중요한 과제는 우리가 무시하고 싶어하는 모든 문제를 찾아내는 것이다. 그 리스트에는 죽음과 암이 쉬 포함되고, 많은 사람들이 핵 방사선도 추가하려 할 것이다. 우리가 그 각각의 문제들을 연구한다면, 우리는 강해지고 더욱 잘 대비할 수 있을 것이다. 예를 들면, 암에 대해 주저하는 태도가 많은 종양을 너무 늦게 진단하게 하는 원인

able to ignore it, but in a world facing climate change there may be more unpleasant matters that we will have to attend to. An important early task is to identify all those matters we prefer to ignore. The list is likely to include death and cancer, and many people would add nuclear radiation too. In each case we are stronger and better prepared if we study them. For instance, being hesitant about cancer is responsible for many tumours that are diagnosed too late.

Radiotherapy is used in the treatment of cancer care not only with the aim of achieving complete remission, but also in palliative care to reduce pain and slow the advance of a cancer that may already have spread or metastasised. A diagnosis of cancer is a shock to the patient, but in fact the prognosis for many cancers today is usually good, and a majority of those receiving therapy go home to further productive years of life. At the end of their treatment they shake the hands of their clinician and nurses, warmly and with thanks. This is in spite of the fact that during the 4-6 week treatment they will have received a radiation dose to large parts of their healthy body that may be more than 1,000 times that from a CT scan or from the radiation experienced at Fukushima, incorrectly thought by many to be dangerous.

The radiation used in normal high-dose radiotherapy (RT or HDRT) comes either from a radioactive source or from a beam of electrons from an accelerator. The latter is essentially an X-ray gun, as used in a dentist's surgery but at higher power. Ideally the radiation shines onto the tumour and kills its cells. The difficulty is that the gamma radiation cannot be focussed – at best it travels in straight lines, at worst it is scattered and wanders about, some getting absorbed by the healthy tissue in front of the tumour (unless the tumour is on the surface) and some behind. It is this poor delivery of the radiation dose that gives rise to the friendly fire or collateral damage inflicted on nearby healthy tissue during the treatment of the tumour itself.

There are various ways in which the delivery can be optimised:

이라는 것이다.

방사선 치료는 암의 완치를 목표로 할뿐만 아니라, 통증을 줄이고 이미 전이되었거나 전이될 수 있는 암의 진전을 늦추는 완화치료에도 사용된다. 암을 진단받은 환자들은 굉장한 충격을 받지만, 사실 오늘날 암의 예후는 대개 좋으며, 치료를 받은 대다수는 집으로 돌아가 더 생산적인 삶을 살기도 한다. 그들은, 치료가 끝날 때 임상의와 간호사에게 따뜻한 감사의 의미로 악수한다. 많은 사람들이 위험하다고 잘못 생각해왔던 CT 스캔이나 후쿠시마에서 경험할 수 있는 방사선량의 1,000배이상을 4-6주 간의 치료 동안 그들의 건강한 신체의 여러 부분에 투사하게 될 것임에도 불구하고 말이다.

일반 고선량방사선치료(RT 또는 HDRT)에서 사용되는 방사선은 방사선원이나 가속기의 전자 빔에서 나온다. 후자는 더 높은 전력에서 사용되는 것 말고는 근본적으로 종종 치과 수술에 사용되는 X선 총과 다름없다. 이상적으로, 방사선은 종양에 쏘여져서 세포를 죽이는데, 감마선은 초점을 맞추기 어려워 기껏해야 직선으로 움직이며, 최악의 경우 흩어져서 돌아다니기도 하여 일부 감마선은 (종양이 표면에 있지 않은 한) 종양 앞에 있는 건강한 조직에 흡수될 수 있다. 바로 이 종양 치료 중의 방사선 배달 사고는 근처의 건강한 조직에 아군 오폭 혹은 부수적 피해를 일으키기도 한다.

전달을 최적화할 수 있는 다양한 방법이 존재한다.

- 1 MeV를 훨씬 넘는 고에너지 감마선을 사용해 산란과 심층 침투 중 흡수를 줄인다.
- 다양한 빔 각도를 사용해 종양에 선량이 겹치게 조사하여 종양 주변의 건강한 조직에는 펼쳐지게 하여 선량을 줄인다.
- 전달 선량을 세밀하게 3-차원 매핑하여 치료계획이라 불리는 전산 프로세스의 빔 프로파일 형성용 자동 콜리메이터에 연결한다.
- 저 에너지 감마선 또는 짧은 범위의 베타 방사선원을 사용하는 근접치료(brachytherapy)를 이용해 외부방사선 빔 대신 종양 안이나 근처에 방사선원을 일시적으로 이식한다. 요오드의 방사성 동위원소는,

- By the use of gamma rays with energy well above 1 MeV to reduce scattering and absorption for deep penetration;

- By using a number of different beam angles to deliver doses that overlap at the tumour but spread out around to reduce the dose to healthy tissue;

- By carefully mapping the delivered dose in 3-dimensions linked to automatic collimators that shape the beam profile, a computerised process called treatment planning;

- By brachytherapy, the use of low-energy gamma or beta radioactive sources of short range, temporarily implanted in or near the tumour, instead of an external radiation beam. Iodine radioisotopes are used to treat thyroid cancer, one of the most successful kinds of cancer treatment – even though at Chernobyl exposure to such isotopes may have caused the cancer in the first place. The efficiency with which any iodine in the body becomes concentrated in the thyroid, and nowhere else, is responsible for both effects. The iodine has only to be injected into the bloodstream and does not need to be surgically implanted. Brachytherapy is also used to treat non-malignant thyroid disorders. Iridium-192 implants are used especially in the head and breast.

- They are produced in wire form and are introduced through a catheter into the target area. After administering the correct dose, the implant wire is removed to shielded storage. Brachytherapy is designed to give less overall radiation to the body in cases when radiation can be localised to the target tumour, and it is used in particular in the treatment of prostate cancer.

- Unlike gamma rays, energetic beams of charged ions can be focussed and targeted to stop at the depth of the tumour and deliver most of their energy there. Such ion beam therapy is not yet available in every clinic, but is the best for the treatment of deep cancers. In such therapy, the dose can be delivered to the tumour more efficiently. Then the peripheral dose can be reduced while the tumour dose is increased, thereby improving the prognosis for successful treatment.

체르노빌에서 암을 유발했을 수 있지만, 현재, 가장 성공적인 갑상선 암 치료 방법의 하나로 사용된다. 요오드의 체내 어떤 곳도 아닌 갑상 선에만 집중되는 효율성은 두 가지 효과를 나타낸다. 먼저, 요오드는 수술 이식 필요 없이 혈류로 주입될 수 있다. 근접치료는 비악성 갑상 선 질환 치료에도 사용된다. 이리듐-192는 특히 머리와 가슴부위에 주입된다.

- 이리듐-192의 주입은 와이어 형태로 이루어지며, 카테터를 통해 목표 지점으로 유도된다. 삽입된 와이어는 올바른 용량이 조사된 후 차폐 된 저장소로 옮겨진다. 근접치료는, 방사선이 대상 종양에 한정될 수 있을 경우에, 인체에 적은 방사선이 조사되도록 설계되었으며, 특히 전립선암 치료에 사용된다.

- 감마선과 달리, 강력한 대전 이온 빔은 초점을 맞출 수 있고 종양이 위치한 깊이에서 멈추도록 조준할 수 있으며 대부분의 에너지를 종양 에 전달할 수 있다. 아직 모든 병원에서 이온 빔 치료를 이용하지는 못 하지만, 깊이 위치한 암을 치료하는데 가장 좋은 방법이다. 이러한 치 료에서, 이 선량은 종양에 더 효율적으로 전달될 수 있다. 종양의 선량 이 증가하는 동안, 주변 선량을 줄일 수 있어서 성공적인 치료의 예후 가 개선된다.

1차 세계대전 전, 방사선 치료 초기에는 X선 장비의 전력이 한정되어서 일정기간 동안만 선량을 조사해야 했고 환자는 잘 버텼다. 이후, 장비가 개 선되어 1~2회만에 전량을 전달할 수 있었지만, 환자들은 살아남지 못한 것 으로 밝혀졌다. 오늘날 선량은 4~6주에 걸쳐 나뉜 일일 부분 선량으로 주 어진다. 종양 세포는 매일 약간 과도한 방사선량을 받고 점진적으로 죽는다.

건강한 세포는 종양 세포가 받는 양의 절반의 방사선을 받아, 교체, 회복 그리고 적응 메커니즘에 의해 회복된다. 간단한 상식 용어로, 그들은 방사 선에 익숙해짐으로써 ICRP(국제방사선보호위원회)가 환경 내 공공 노출에 권장하는 ALARA 한계치, 월간 0.08 mGy, 또는 연간 1 mGy를 훨씬 초 과하는 하루 1,000 mGy의 만성 선량률에서 살아남는데 도움을 받는다.

이온빔 치료법을 사용하지 않는 한, 종양에 조사할 수 있는 선량은,

In the early days of radiotherapy, before WWI, the dose had to be given over a period because of the limited power of X-ray machines – and patients did well. As the equipment improved, it became possible to deliver the whole dose in one or two sessions, but it was found that patients did not survive. Today the dose is given in daily fractions spread over a period of 4-6 weeks[21]. Each day the tumour cells get slightly too much radiation and die progressively.

Each day the healthy cells get about half as much radiation and just manage to recover by the mechanisms of replacement, repair and adaptation – in simple common sense terms, they get used to the radiation, and this helps them to survive the extended chronic dose rate of 1,000 mGy per day, far in excess of 0.08 mGy per month (1 mGy per year), the ALARA limit recommended for public exposure in the environment by the ICRP[14].

Unless ion beam therapy is used, the dose that can be given to the tumour is limited to about 2,000 mGy per day, by the effect on healthy tissue within 5- 10 cms. In a century of experience oncologists have learned that any tissue that receives much more than 1,000 mGy per day is likely to fail as a result of cell death; they have also learned that if the peripheral dose is reduced much below 1,000 mGy per day, the chance that the tumour receives a sufficient dose for successful treatment falls significantly. As described by the Royal College of Radiologists best practice is rooted in such compromise and empirical guidance rather than in regulation[21].

In spite of scare stories in the press, the medical use of radiation continues to expand. The World Health Organisation (WHO) reports that the number of X-ray examinations worldwide is more than 3.600 billion annually[22]. Currently 37 million nuclear medicine procedures are carried out and 7.5 million radiotherapy treatments are given.

These numbers were posted in 2014 but the use of radiation in medicine continues to increase as the benefit to patients gains further recognition and more equipment becomes available. A directory of radiotherapy

5-10cm 내의 건강한 세포 조직에 끼칠 수 있는 영향을 고려해, 일일 2,000 mGy까지로 제한된다. 한 세기 동안의 경험을 바탕으로, 종양 학자들은 하루에 1,000mGy 이상을 받을 경우, 모든 조직은 세포사로 인해 실패할 수 있다는 사실을 알게 되었다. 또한, 주변 선량이 하루에 1,000mGy 훨씬 이하로 감소한다면, 종양이 성공적으로 치료되기 위한 충분한 선량을 받게 될 확률이 급격히 감소한다는 사실도 알게 되었다. 왕립 방사선 협회에 따르면, 모범 사례는 규제가 아니라 경험적 지침과 절충에 그 뿌리를 두고 있다.

언론이 떠드는 두려운 이야기들에도 불구하고, 방사능의 의학적 사용은 계속해서 확대되고 있다. 세계보건기구(WHO)는 전세계 X선 검사 건수가 연간 36억 건 이상이라고 보고했으며,[22] 현재 3700만 건의 핵의학 시술과 750만 건의 방사선치료가 이루어지고 있다.

이 수치는 2014년에 발표되었지만, 방사선의 의학적 사용이 환자들에게 더 많은 이점을 제공함에 따라, 방사선 치료는 더 많이 인정을 받았으며 더 많은 기술들이 가능해지고 있다. 방사선치료센터(DIREC)의 안내 책자는 1955년부터 사용 가능했으며, 현재는 IAEA에 의해 유지되고 있다. 〈표 8-4〉는 지리적인 위치에 따른 데이터를 요약해서 제시한다.

분명히 자원들은 고르지 않게 분포되어 있다. 저개발국가들은 고비용에 고도로 훈련된 직원을 필요로 하는 전자가속기치료설비를 거의 갖지 못하고 있다. 그러나, 일반적으로, 코발트-60 또는 세슘-137 - 6장에서 다룬 고이아니아 사고는 이들 방사선원과 관련이 있다 - 같은 외부 방사선원에서 나오는 강력한 감마선을 이용하는 기구는 사용할 수 있다. 이온 빔 치료는 더욱 강력한 가속기를 필요로 하지만, 이미 일부 국가는 이온빔 치료를 사용하고 있으며 의심의 여지없이 미래에는 깊은 암 치료에 선호되는 방법이 될 것이다.

마리 퀴리의 전통에 따라, 월 4만 mGy를 초과하는 방사선량은 암을 치료하는데 약 1세기 이상 사용되어 왔으며, 대중들 또한 이를 받아들여 왔다. 이 치료는 고선량방사선치료 (HDRT)로, 주변 건강한 조직을 최대한 살려두면서, 암세포를 제거하는 것을 목표로 한다.

centres (DIRAC) has been available since 1955 and is now maintained by IAEA. Some data are summarised by geographical zone in Table 8-4.

Apparently resources are unevenly distributed. Less developed countries have few electron accelerator therapy units as these are expensive and require more highly trained staff. But units are available that use intense gammas from external radioactive sources, usually cobalt-60 or caesium-137 – the accident at Goiania described in Chapter 6 involved such a source. Ion beam therapy requires a more powerful accelerator, but is already available in some countries and in future it will doubtless become the preferred treatment for all deep cancers.

Radiation dose rates in excess of 40,000 mGy per month have been in use for over a century and accepted by the public to cure cancer in the tradition of Marie Curie[21]. This treatment would be more accurately described as High Dose Radiotherapy (HDRT). It is aimed at the offending tumour with the intention of killing the cancerous cells, while sparing the surrounding healthy tissue as far as possible.

There is a further way in which ionising radiation has been used to combat cancer, and that is called Low Dose Radiotherapy (LDRT). In this case low doses are given over a period of time to the whole body, or sometimes half the body. The dose, perhaps 50 mGy per month, is chosen to stimulate the adaptive reactions described in this chapter.

The effect is to harness the body's natural defences against cancer, particularly the immune system. Success in the use of LDRT has been reported in Japan and elsewhere[24, 25, 26]. Members of the public have some general familiarity with such radiation therapy at a low level through the popularity and benefits of spas, worldwide. However, LDRT has yet to be as widely accepted as it may be in the future.

New second cancers years after radiotherapy

In the previous section it was stated that when planning a course of HDRT radiologists give a tumour as much radiation as the healthy

지역	센터	치료 기획국	치료 기구		
			가속기	외부 방사선원	내부 (근접치료)
북아메리카	2,787	326	4,083	158	885
서유럽	1,039	1,587	2,552	107	427
동아시아	1,934	2,113	2,048	596	222
남아시아	366	287	225	390	185
중앙아메리카	148	134	126	103	53
아프리카	145	166	179	88	58
남아메리카	494	330	560	207	203
중동	188	225	295	102	39
동남아시아	139	111	176	90	46
동유럽 & 북아시아	406	567	487	506	277
합 계	7,646	5,846	21,462	2,347	2,395

표 8-4: 전자 가속기와 외부 및 내부 방사선원을 이용한 방사선 치료 센터 및 기구의 지리적 분포

저선량방사선치료(LDRT)는 암을 퇴치하기 위해 전리방사선을 사용하는 또 다른 방법으로, 일정 기간동안 낮은 선량을 전신 또는 반신에 조사하는 방법이다. 이 장에서 설명한 적응 반응을 자극하기 위해 매달 약 50 mGy의 선량이 선택된다.

저선량방사선치료는 특히 면역체계 같은 암에 대한 신체의 자연 방어력을 활용하는 것으로 다양한 성공사례가 일본 등지에서 보고되었다.[24, 25, 26]. 일반 대중들은 이미 방사선 온천의 인기와, 그 이점을 통해 저선량 요법에 어느 정도 익숙해 있다. 그러나, LDRT는 여전히 미래에 예상되는 만큼 폭넓게는 수용되지 않고 있다.

방사선 치료 후 새로운 2차 암 발생

이 책 앞 부분에서, 방사선 전문의는 일련의 고선량 방사선 치료를 계획

tissue around it can withstand. That means that radiotherapy patients sometimes suffer from peripheral skin burns, and also that the radiation that kills the tumour cells may accidentally cause a new primary cancer in the previously healthy tissue. The chance is said to be about 5%, and the cancer can usually be spotted and treated early. It is important that authoritative data from an international group confirm this description.

This has been provided in a recent paper by Tubiana and his clinical team in UK and France[27]. Five thousand survivors of childhood cancer who had received radiotherapy treatment were studied, and their subsequent health followed for an average of 29 years.

The number who developed a new second primary cancer was 369, or 7.4%. The study asked a very interesting question about these second cancers: What was the total absorbed radiation dose from the first treatment at the site where the second cancer later developed?

They were able to infer the answer from a reconstruction of the original treatment plan. They then plotted the number of second cancers per kg against this dose – the result is shown in Illustration 8-4. Along the bottom on a log scale is the total dose in Gy (the daily dose added up for the whole treatment) at the site where the second cancer turned up. On the left is the cancer incidence for places far removed from the radiotherapy beams. From this plot it is possible to draw the following conclusions:

- there is no evidence of any new primary cancer caused by a radiation dose less than about 5 Gy, that is 5,000 mGy;
- for doses in the range 5 to 40 Gy the risk of a second cancer increases progressively at higher dose – this is evidence for a late response to a very high protracted dose;
- there is evidence of a beneficial suppression of cancer incidence for radiation doses around 0.5 Gy, that is 500 mGy.

할 때 주변의 건강한 조직이 견딜 수 있는 수준의 방사선을 종양에 쏘인다고 명시했다. 이는, 방사선 치료를 받는 환자들이 때때로 주변 피부화상을 입어, 종양세포를 죽이는 방사선이 건강했던 조직에 뜻하지 않게 새로운 초기 암을 일으킬 수 있다는 것을 의미한다. 이러한 가능성은 약 5%로, 암은 대개 초기에 발견되어 치료될 수 있지만 국제적인 그룹의 권위있는 데이터가 위의 내용을 확인하는 것이 중요하다.

이는 투비아나와 그의 영국과 프랑스 임상 팀의 최근 논문에 의해 이루어졌다. 이 연구에서는 방사선 치료를 받은 소아암 생존자 5천명을 대상으로 하였고 치료 이후 건강에 대한 추적은 평균 29년간 이어졌다.

새로운 2차 초기 암에 걸린 사람은 369명으로, 약 7.4%에 달했으며, 이 연구는 2차암에 대해 흥미로운 질문을 제공했다. 2차암이 발병한 부위가 초기 암을 치료하는 과정에서 흡수한 총 방사선량은 얼마였는가?

그들은 원래의 치료 계획을 재구성함으로써 그 해답을 유추할 수 있었다. 그리고 그들은 이 선량에 대해 kg당 2차암의 수를 표시했다 – 그 결과는 〈그림 8-4〉에 나타나 있다. 하단의 로그 척도를 따라, 2차 암이 발생한 자리에서 받은 총 선량(일일 조사량을 총 치료 기간 동안 더한 값)을 Gy 단

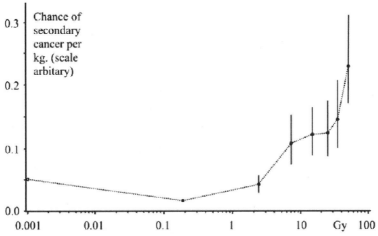

그림 8-4: 초기 암 치료에서 흡수된 총선량과 2차암의 발병률의 연관성을 보여주는 투비아나 등의 데이터의 도면.

Cancer induced by CT scans

Another study, also of children, has claimed that there are health risks for CT scan doses that are 100 times lower than the threshold shown by the radiotherapy work of Tubiana et al. Its authors, Pearce et al[28], conclude:

Use of CT scans in children to deliver cumulative doses of about 50 mGy might almost triple the risk of leukaemia.

Many technical objections that cast severe doubt on this claim have been published[29], but, unfortunately, when the label children is attached to a study, the media are ready to accept any story, in spite of technical objections.

The use of the word might in the Pearce claim is characteristic of publications seemingly designed to influence by suspicion rather than to convey any firm scientific conclusion.

There is a fashion to cast doubt on the efficacy of radiation medicine and to question the goodwill of the medical fraternity. This seems to be driven by a wish to enhance fears of radiation, in line with the media reaction to the Fukushima accident. A casualty is a general and unsubstantiated erosion of trust that is itself dangerous.

But within clinical medicine the dangers are elsewhere, as observed recently by Bill Sacks, a retired radiologist:

The craze that emerged 10[or more] years ago for whole-body screening with CT of asymptomatic patients resulted in a lot of harm to patients and a little benefit. The harm, however, was not from radiation, but rather from incidental findings which were exceedingly common, with follow-up including such things as thoracotomies for lung findings that needed biopsy but turned out to be benign, with all the pain and suffering that such surgery occasioned, plus out-of-pocket expenses. The number of false positives when you go hunting without reason is always large.

위로 표시하였고 왼쪽은 방사선 치료 빔과 멀리 떨어진 곳의 암 발병률이다. 이에 대해서 다음과 같은 결론을 도출할 수 있다.

- 약 5 Gy 미만의 방사선량에 의해 야기된 새로운 1차 암에 대한 증거는 존재하지 않는다.
- 5 - 40 Gy 범위의 선량의 경우, 2차 암의 위험성은 선량이 높아질수록 증가하며, - 이는 장기간 계속되는 높은 선량에 대해서 늦게 반응한다는 증거이다.
- 0.5 Gy, 즉 500 mGy의 방사선량은 암 발생을 억제하는 데에 이롭다는 증거가 존재한다.

CT 스캔에 의해 유발된 암

어린이들을 대상으로 진행된 또 다른 연구는, 투비아나와 연구소에서 제공했던 기준치보다 100배 낮은 CT스캔 선량에 위험성이 존재한다고 주장했다. 연구의 저자인 피어스 등은[28]는 다음과 같은 결론을 제시했다.

CT 촬영을 사용하여 어린이들에게 약 50 mGy의 누적 선량을 전달하게 되면 백혈병 발병 위험성을 거의 3배 가량 증가시킬지도 모른다.

위 주장에 심각한 의문을 던지는 기술적 이의를 표명하는 논문들이 출판되었다[29]. 하지만 불행하게도, 언론은, 기술적 이의제기가 있어도, 어린이라는 꼬리표가 붙을 경우 모든 이야기를 다 받아들이는 경향이 있다.

피어스의 주장에 사용된 '~할지도 모른다'라는 단어(might)는, 확고한 과학적 결론을 전달하기 보다는 의심함으로써 영향을 미치도록 고안된 출판물들의 특징이다.

방사선 의학의 효능에 의문을 던지고, 의학계의 호의에 의문을 제기하는 풍조가 있다. 이는, 후쿠시마 사고에 대한 언론의 반응에 발맞춰 방사능 공포를 높이려는 바램에서 비롯된 것으로 보인다. 사상자는 일반적이고 근거없는, 그 자체로 위험한, 신뢰의 침식이다.

그러나, 은퇴한 방사선 전문의인 빌 삭스가 최근 관찰한 바와 같이, 임상

The small benefit was thought at that time to consist of the much smaller number of patients in whom incidental unsuspected cancers were found at early stages that were treatable. ... the whole-body screening CTs did more harm than good, except for the owners of the imaging centers, who usually were also the ones to do the follow-up imaging for "incidentalomas."

So asymptomatic patients should be worrying about subsequent procedures, not radiation.

Symptomatic patients should not worry about radiation either. For them a radiation scan may resolve doubts about a diagnosis. In such situations there are several risks, some small, some large. In a recent paper Zanzonico and Stabin[30] reported a study of the net benefit of diagnostic radiation scans for several medical treatments. They showed that PET scans save the lives of more than 2,000 suspected lung cancer patients a year in USA, at the expense of a theoretical loss of 60 lives by CT-induced cancer as calculated pessimistically using the false LNT mortality (5% per person per Gy[14]). Similarly, they found that over 30,000 lives of coronary artery disease patients are saved by CT scans for a dose to which the LNT attaches less than 3,000 deaths by CT-induced cancer – although there is no clear evidence for any of these LNT risks. Thus, the net benefit of a scan is quite clear whenever there is the slightest symptomatic concern.

It is remarkable that the public and press worry about trivial risks from radiation scans when the benefits are so evident[31]. The safety of radiation should be a minor consideration in any decision to have frequent asymptomatic scans.

Opposition to CT scans on grounds of safety seldom mentions radiotherapy with its higher doses. Perhaps that is just ignorance; perhaps it is because details of the treatment of those who are more seriously sick, are seen as personal and less suitable for attention-grabbing publicity. Yet people should know that for a radiotherapy dose, a thousand times higher

의학의 위험은 다른 곳에 존재한다.

10년[혹은 더 오래] 전 나타난, 무증상 환자에게 전신 CT검사를 진행하는 유행은 환자에게 많은 해를 끼치고, 이익은 거의 없었다. 하지만, 그 피해는 방사선 때문이 아니라, 지극히 평범한, 우연한 발견에서 온다. 후속검사에서 조직검사가 필요한 어떤 것을 폐에서 발견해 개흉술을 시행했으나 양성으로 판명되어, 수술에 동반되는 고통과 괴로움에 더해서 본인이 부담해야하는 비용을 헛되이 날리는 등이 그런 예이다. 이유 없이 사냥을 가다 보면 오탐(false positive)이 늘기 마련이다.

그 당시에는 치료가 가능한 초기 단계에서, 우연히 예상치 못한 암을 발견한 사람들의 숫자가 적은 것이 이익이라고 생각되었다. … 전신 CT검사는, 보통 "부수적진단병변"을 발견하기 위해 후속 영상을 찍는 사람이기도 한 영상검사센터의 소유자를 제외하곤, 모두에게 이득 보단 해를 끼쳤다.

따라서 무증상 환자는 방사선이 아니라 후속 절차를 걱정해야 했다

유증상 환자들 또한 방사선에 대해 우려하지 말아야 한다. 방사선 스캔은 진단에 대한 의구심을 해소할 수 있다. 이런 경우에 크고 작은 몇 가지 위험이 있다. 잔조니코와 스테이빈[30]은 최근 논문에서 몇 가지 의료 치료를 위한 진단 방사선 검사의 실익에 대한 연구를 했다. 그들은 PET검사가 미국에서 연간 2,000명 이상의 폐암 의심 환자의 생명을 구한다는 사실을 보여주었다. 이는 LNT의 잘못된 사망률(Gy당, 1인당 5%)을 사용해서 비관적으로 계산된, CT검사로 인한 사망 사고가 60명이라는 이론을 훼손해가면서 나온 수치이다. 마찬가지로, 그들은 LNT가 CT검사 때문에 생기는 암으로 3,000의 사망자가 나온다고 주장하는 선량에 대해서 오히려 30,000명 이상의 관상동맥질환 환자가 CT검사를 통해 목숨을 구한다는 사실을 발견했다 - 그러나 LNT가 위험에 처했다는 명백한 증거는 어디에도 없다.

사소한 증상이 있을 때마다 스캔을 하는 데서 오는 실익은 아주 명확하

than CT, the benefit of radiation treatment is overwhelming.

Here are some numbers. Over a month of a radiotherapy treatment the tumour gets more than 40,000mGy and the peripheral healthy tissue as much as 20,000mGy – that is five times the fatal dose experienced by some Chernobyl workers. Evidently, the success of radiotherapy with its fractionated treatment is witness to the biological repair mechanisms. And everyone knows a friend or relative who has experienced this, if they have not done so themselves. So, put simply, radiotherapy treatment of deep cancers would not be effective if LNT were applicable, and every member of the public has the evidence close at hand.

Biological safety of radiation

French National Academy Report

Current radiation safety regulations are based on LNT and ALARA, in part because, in professional memory, they always have been. For most of those with responsibility in the field, it is simply their job to follow them[32] – they may differ somewhat from nation to nation, but by small factors compared with what the scientific data indicate. There has not been any great pressure to update them to match the science, because they are seen to be safe – in respect of litigation, rather than actual danger. As long as safety levels are set with an eye on a court of law, the answers are likely to be highly distorted. But, with job and budget security in mind, few are interested in upsetting the apple cart. Truth can wait – it must be someone else's problem.

However, there are two groups of professionals who have reasons not to be easily impressed by this laissez faire position: the environmentalists and the medical profession, at least those familiar with the science. The environmentalists have serious questions to ask about a new worldwide

다. 방사선 검사의 이점이 너무나 명확할 때, 대중과 언론이 오히려 사소한 위험에 대해 우려하는 것은 주목할 만한 점이다. 무증상 환자를 대상으로 스캔을 진행할 때, 방사선 안전은 심각하지 않게 생각해야 한다.

안전을 이유로 CT스캔에 반대하는 사람들은 방사선 치료의 높은 선량을 언급하지 않는다. 이는 아마도 더 심각한 병을 안고 있는 사람들을 치료하는 방법에 있어서 세부사항을 개인적인 것으로 보고 또 대중의 관심을 끌기에 적합하지 않다고 생각하기 때문일 것이다. 이는 단지 무지함에 불과하다. 사람들은 CT보다 1000배 높은 방사선 치료의 경우에도, 방사선 치료의 이점이 훨씬 압도적이라는 사실을 알아야 한다.

여기 언급해야 할 몇 가지 숫자들이 있다. 한 달 이상 방사선 치료를 받으면 종양은 4만 mGy 이상, 주변 건강 조직은 2만mGy의 방사선량을 받게 되는데, 이는 일부 체르노빌 근로자들이 경험한 사망 선량의 5배에 해당한다. 세분화된 방사선 시술의 성공은 생물학적 회복 메커니즘이 있다는 분명한 증거이다, 모든 사람들은 그들이 직접 경험하지 않았더라도 이를 경험한 친구 또는 친척을 알고 있을 것이다. 간단히 말해서, 만약 LNT를 적용할 수 있다면, 깊이 위치한 암에 대한 방사선 치료는 효과적이지 않을 것이다, 모든 대중들은 여기에 대한 증거를 바로 가까이에 가지고 있다.

방사선의 생물학적 안전

프랑스 국립 아카데미 보고서

현재의 방사선 안전 규정은 LNT와 ALARA에 기초하고 있으며, 그 부분적인 이유는 전문가들이 관행적으로 늘 그래왔기 때문이다. 현장 책임자의 대부분이 LNT와 ALARA를 따르는 것도 그것이 단순히 그들의 일이라고 생각하기 때문이다. 규정은 물론 국가마다 다소 다를 수 있다. 그러나 과학적인 데이터가 나타내는 것과 비교하면 국가간 규정 차이는 매우 사소하

expanded use of nuclear power to replace carbon – there is no other solution that is up to the job of providing liberal energy on the scale required.

Some environmentalists who were previously opposed to nuclear power on political grounds have now understood the technological benefits and safeguards – we met some of them in Chapter 2. Some radiographers, oncologists and radiobiologists know the science and are alarmed that their patients have been affected by a popular wave of radiophobia that discourages them from accepting radiation treatment that would be beneficial to their health. The views of the international committees that firmly resist change are heavily influenced by American concerns – there, threats of litigation seem to be more important than science and the environment. But an initiative has come from the French, a unanimous Joint Report of the Académie des Sciences (Paris) and the Académie Nationale de Médecine, published in 2005 entitled Dose-effect relationships and estimation of the carcinogenic effects of low doses of ionizing radiation[33]. The Report is a technical review of biological evidence that repeatedly contradicts LNT and supports the existence of response thresholds. A conclusion directly relevant to the application of nuclear power is expressed in typically dry terms:

Decision makers confronted with problems of radioactive waste or risk of contamination, should re-examine the methodology used for the evaluation of risks associated with very low doses and with doses delivered at a very low dose rate.

Unfortunately, neither the public nor such decision makers read these reports.

다. 과학적 데이터에 맞게 규정을 수정하라는 강력한 압력은 전혀 없었다. 왜냐하면 소송과 관련해서 실제적 위험보다는 이 두가지 이론이 안전해 보였기 때문이다. 안전 수준들이 법에 주안점을 두고 정해지는 한, 그 답들은 크게 왜곡될 수 밖에 없다. 직업과 예산 확보를 염두에 둔 사람들 중에서 계획을 뒤집는데 관심을 갖는 사람은 거의 없다. 진실은 기다릴 수 있다. 그것은 분명 다른 사람의 문제일 터이니까.

그러나 자유방임적 무간섭주의에 쉽게 공감하지 못하는 두 그룹의 전문가들이 있다. 환경론자들과 의학자들, 적어도 과학에 익숙한 사람들이 그들이다. 환경론자들은 탄소 에너지를 대체하기 위해 세계적인 규모로 원자력의 사용을 더욱 확장하는 것에 대해 심각한 의문을 갖는다. 그러나 필요한 규모로 풍부한 에너지를 공급하는 일을 감당할 만한 해결책은 달리 없지 않은가.

정치적인 이유로 원자력에 반대했던 몇몇 환경론자들은 원자력의 기술적 이익과 안전장치를 이해했으며 생각을 바꾸었다. 그 과학을 아는 일부 방사선 촬영기사, 종양학자와 방사선 생물학자들은 환자들이 방사선 공포증 때문에 그들에게 이로운 방사선 치료를 거부한다는 사실을 염려하고 있다. 변화를 강력하게 거부하는 국제위원회의 견해는 미국의 우려에 따라 심각하게 영향을 받는다. 아마도 소송 위협이 과학과 환경보다 더 중요하게 작용하는 듯하다. 하지만 프랑스의 주도로, 프랑스 의학 아카데미와 프랑스 과학 아카데미의 공동 보고서가 「선량-효과 관계 및 저선량 전리방사선의 발암 유발 효과에 관한 평가」라는 제목으로 2005년에 출간되었다. 이 보고서는 LNT이론과 여러 차례 모순되었던 생물학적 증거를 기술적으로 검토해 대응 문턱값의 존재를 뒷받침했다. 원자력의 적용에 직접적으로 관련된 결론은 전형적인 건조한 용어로 다음과 같이 표현되었다.

방사성 폐기물 또는 오염 위험에 관한 문제에 직면한 의사 결정자들은 매우 낮은 선량 및 매우 낮은 선량률로 전달된 선량과 관련된 위험 평가에 사용된 방법론을 재고해야 한다.

The treatment of pregnant women and children

Many a popular article about the safety of radiation includes a reference to the sensitivity of children. The assumption is made that they are more sensitive than adults, and pregnant mothers and foetuses more sensitive still. Few medical accounts challenge this, but little evidence is offered either. It is usually seen as obvious in any popular discussion. But is it true?

Without getting into details, there is reason to expect that children and foetuses should be different from adults. Their cells divide more frequently because they are growing and developing, rather than simply being maintained as in an adult. However, immune protection slows with age, and it is immune failure, not increased mutations, that increases the likelihood of cancer.

The mutation model of cancer cannot explain the following three observed features of cancers:

- When the immune system is suppressed, as in organ-transplant patients or HIV patients, cancer rates more than double. Hence there is little credibility in the prediction of a small percentage increase in cancer from LDR based on this model.

- When people exercise vigorously and regularly – even 5 minutes of vigorous exercise results in DNA damage[34, 35] – their cancer rates go down considerably for many types of cancers.

- Everyone has mutations in their bodies that are potentially cancerous but no more than half are diagnosed with cancer in their lifetime[36].

New research shows how the immune system controls cells transformed by low levels of radiation[37].

Less than 1% of all cancers are found in young children aged 0-14 years. Predominantly cancer is a disease of the old, not the young, and headline accounts of individual cases of child cancer, with the concern that they

불행히도 대중들과 의사결정자들은 이런 보고서들을 읽지 않는다.

임산부와 어린이들의 치료

방사선 안전에 관한 많은 인기있는 기사에는 어린이들의 민감성을 언급한 기사들도 포함된다. 이 기사들은 어린이들이 성인보다 민감하며, 임산부와 태아는 더 민감하다고 가정한다. 이를 뒷받침하는 증거는 거의 없지만 보통 대중적인 토론에서는 이를 명백한 사실로 간주한다. 정말 그럴까?

세부적인 사항을 고려하기 전에, 어린이와 태아는 성인과 다를 것이라 기대하는 이유가 있다. 그들의 세포는 성인처럼 단순히 유지되는 것이 아니라, 성장하고 발전하기 때문에 더 자주 분열된다. 하지만, 면역체계의 보호 기능은 나이가 들수록 낮아지므로 암 발생 가능성을 높이는 것은 면역 기능 장애이지 돌연변이의 증가 때문이 아니다.

암의 돌연변이 모형은 다음과 같은 암에서 관찰할 수 있는 3가지 특징을 설명하지 못한다.

- 장기이식환자나, HIV환자처럼 면역체계가 억제될 경우, 암 발생률은 두배 이상 증가한다. 따라서, 돌연변이 모형에 근거한 LDR (저용량 방사선 치료)에서 암이 소폭 증가할 것이라는 예측은 신뢰성을 거의 갖지 못한다.
- 사람들이 규칙적으로 힘차게 운동을 할 때-심지어 5분간의 격렬한 운동도 DNA손상을 일으킬 수 있다- 그들의 암 발병률은 많은 종류의 암에 있어서 상당히 낮아진다.
- 모든 사람들은 잠재적으로 암을 유발하는 돌연변이를 몸에 지니고 있지만, 평생 동안 암을 진단받는 사람은 절반을 넘지 않는다.

새로운 연구는 낮은 수준의 방사선에 의해 변화된 세포를 면역체계가 어떻게 통제하는지 보여준다.

모든 암의 1% 미만이 0-14세의 어린 아이들에게서 발견된다. 대부분 암은 주로 노인들의 질병이지 젊은이들의 질병이 아니다. 이런 점들은 특정

naturally raise, should not be seen to override this general observation. This has been checked in particular cases, for instance in careful work based on large populations, to confirm that there is no evidence for an excess of radiation-induced leukaemia cases among children living near nuclear power plants[38]. In any event the size of possible doses is much smaller than variations in the natural background radiation.

The results were recently published of an experiment designed to test the effect of radiation on pregnancy and early development of mice[39, 40]. These were divided into two groups, two weeks before mating.

Throughout the experiment, which lasted for up to 20 weeks from birth, the groups were given to drink either natural water or water containing 20,000 Bq of caesium- 137 per litre. This activity in water is 2,000 times the regulation limit for human consumption imposed in Japan since April 2013. A human drinking a litre of such water per day, every day, would reach a steady whole-body activity of 2.9 MBq[41], which is 30 times less than the smallest whole-body activity that caused any loss of life at Goiania. The mice experiment observed no significant differences in the pregnancies, blood counts and other markers indicative of bone marrow function between the two groups. The number of mice is not made clear, but these results are not inconsistent with the two successful human pregnancies at Goiania and they do not suggest that a chronic dose of caesium at this level is above any threshold that affects foetuses or children (or adults).

Thyroid cancer in children is a special case because any iodine, whether regular or radioactive, that enters the body gets concentrated in the thyroid gland if the food supply was previously deficient – as was the case at Chernobyl, but not at Fukushima. The short lifetime of radioactive iodine means that the radiation dose is acute and confined to a small volume. These are the conditions in which biological protection is most easily overloaded. The same is not true for any of the longer-living caesium, strontium or other environmentally significant radioisotopes

사례들에서 검토되었다. 예를 들면, 대규모 인구에 기초한 주의 깊은 연구에서는, 원자력발전소 근처에 거주하는 어린이들 중 방사선이 야기한 백혈병환자 초과 사례에 대한 어떠한 증거도 없음을 확인했다. 어떤 경우에도, 가능한 선량들의 크기는 자연 방사선의 크기보다 훨씬 작았다.

최근 방사선이 쥐의 임신과 초기 발육에 미치는 영향을 시험하기 위해 고안된 실험의 결과가 발간되었다. 쥐들을 짝짓기 2주 전, 두 그룹으로 나누었다.

태어난 후 20주 동안 진행된 실험 내내, 쥐들에게 리터당 20,000Bq의 세슘-137이 함유된 물과 자연수가 공급됐다. 이 물의 방사능은 2013년 4월 이후 일본에서 시행된 인간 소비 규제 한도의 2,000배에 달한다. 만약 인간이 이 물을 1리터씩 매일 마셨다면, 2.9MBq의 꾸준한 전신방사능에 노출되는 것과 같다. 결과적으로, 생쥐 실험에서는 임신, 혈구 수치 및 골수 기능을 나타내는 기타 표지에서 두 집단 사이의 의미있는 차이를 관찰할 수 없었다. 실험에 도입된 생쥐의 수는 분명하지 않다; 그리고 이 수준의 만성 세슘 선량이 태아나 어린이, 또는 성인에 영향을 미치는 문턱값을 초과한다는 것을 시사하지 않는다.

어린이 갑상선암은 특별한 경우인데, 그 이유는 후쿠시마는 아니지만 체르노빌처럼 식량공급이 부족했던 경우, 체내에 들어온 요오드는 방사성인지 아닌지에 상관없이 갑상선에 집중되기 때문이다. 방사성 요오드의 수명이 짧다는 것은 방사선량이 급성이고, 작은 부피에 국한됨을 의미한다. 이는 생물학적 보호 시스템이 가장 쉽게 과부하되는 조건이다. 인체에서 널리 퍼지고 수명이 긴 세슘, 스트론튬 또는 기타 환경적으로 중요한 동위원소에서는 이런 현상이 일어나지 않는다.

규제가 어린이와 임산부를 성인과 다른 범주로 취급해야 하는지는 그들이 방사선에 의해 다르게 영향을 받는지와는 별개의 문제이다. 과연 성인과 동일한 기준에 따라 방사선 촬영과 치료를 허용해야 할까? 부모들이나 남편들이 그들의 치료를 허락할 때 주의를 기울이거나 특별히 돌봐야 한다는 것은 규제상 중요한 문제가 아니다. 안전 규제가 무어라고 하든 자연스

that get widely spread through the human body.

Whether regulations should treat children and pregnant women as a category distinct from adults is a question separate from whether they are affected differently by radiation. Should they be permitted radiation scans and therapy under the same criteria as adults? That parents and husbands should take special care of them – and exercise that care when giving permission for treatment – is not the issue. Natural affection and bonding ensure that they would do that in any event, whatever any safety regulation might say. But should special care be taken of children and pregnant women at a legal level, as well as a family level, when in fact there is no scientific or medical evidence for a general increase in sensitivity to radiation?

It seems unwise to double count by stacking caution on top of itself, rather than to provide family education and advice – as is given for sunshine and UV. There appears to be no logical case for treating pregnant mothers and children any differently from adults as far as regulation of exposure to radiation is concerned. Unfortunately, nobody seems ready to say this in public – another omission that is a result of radiophobia. This is a case of confusing personal and family care, where sentiment should have free rein, with societal and legal responsibility, which should be rooted in objective evidence.

Social and mental health

If the physiological effects of radiation accidents have been exaggerated by a wide margin, that cannot be said of social and mental health. Feelings of ignorance in the event of an accident cause personal distress that can turn into panic, especially if large numbers of people find themselves in the same situation. If no one is ready to explain what is happening, some feeling of mutual support is given by blaming some individuals or authorities, right or wrong. This is a relief mechanism which gives

러운 애정과 유대감에서 가족들은 언제라도 그렇게 한다. 방사능에 대한 민감도가 일반적으로 증가한다는 과학적, 의학적인 증거가 실제로 없음에도 불구하고, 어린이와 임산부에 대해 가족의 차원에서뿐만 아니라, 법적 차원에서도 특별한 주의를 기울여야 할 것인지는 과학적 시각으로만 판단하기 어려운 문제다.

햇빛과 자외선에 대해 교육하듯이 가족들에게 교육하고 충고를 주기 보다는, 두 가지 차원에 상반된 법적 기준으로 주의를 기울이는 것은 현명하지 못하다. 임산부와 아이를 성인과 다르게 취급하는 방사선 피폭 규제는 비논리적인 것으로 보인다. 하지만, 불행하게도 그 누구도 공적인 장소에서 이 말을 할 준비가 되어 있는 것 같지 않다. 방사능 공포증의 결과로 또 하나의 부작위 태만죄가 발생하는 것이다. 이는 감정의 표출이 자유로워야 할 개인이나 가족의 보살핌과 객관적 증거를 기반으로 해야 하는 사회적 또는 법률적 책임을 혼동하는 경우에 해당된다.

사회적 및 심리적 건강

방사선 사고의 생리적 효과가 크게 과장되었다면, 사회적, 정신적으로 건강하다고 말할 수 없다. 일어난 사고에 대해 무지하다는 것은 특히 많은 사람들이 같은 상황에 처했다면, 공황으로 변할 수도 있는 개인적인 고통을 야기한다. 만약 아무도 무슨 일이 일어나고 있는지 설명할 준비가 되어 있지 않다면, 옳고 그름을 떠나 일부 개인이나 당국을 비난함으로써 상호 지지의 감정에 휩쓸리게 된다. 이것은 우리가 무언가를 하고 있다는 안도감을 주는 완화 메커니즘이며 만약 이것이 없다면, 고통은 다양한 종류의 정신적 또는 사회적 질병을 초래할 수 있다.

노약자와 말수가 적은 사람들은 다른 사람들에게 그들의 감정을 표현하는데 가장 어려움을 겪기 때문에 최악의 영향을 받을 수 있다. 사회적, 정신적 스트레스는 다양한 방식으로 표현될 수 있고 확실한 양적 추정치를 찾기 쉽지 않지만 사회복지사들은 그들이 마주하는 증상을 대체로 의심하지 않

the impression we are doing something. Without it distress can result in mental or social illnesses of various kinds.

The elderly and less articulate are least able to take it out on someone else, and so are worst affected. Social and mental stress may be expressed in many diverse ways and it is not easy to find firm quantitative estimates, but social workers are in little doubt about the symptoms that they encounter. At Chernobyl the result was alcoholism, family break-up and states of hopelessness[42]. At Goiania the number affected was smaller, but the stress was expressed in cases of alcoholism and high rates of depression compared with the national average[43].

At Fukushima there were early deaths among the elderly, bed wetting among children, and a general witch hunt of those in authority who were thought to be responsible. As mentioned above, this acted as a stress-relief mechanism, but built up collectively, with encouragement from the media, into ugly demonstrations and pressure groups which are not easily reassured by factual explanations they do not wish to take on board. Elderly residents in care homes are a particularly vulnerable group. At Fukushima, those who were evacuated at short notice suffered disruption to their normal level of care in addition to feelings of fear. Both contributed to the high mortality recorded for residents at the time of the accident[44]. This is shown clearly in Illustration 8-5 as an increase in mortality from an average of 10-20% to 65% in the period of March 2011.

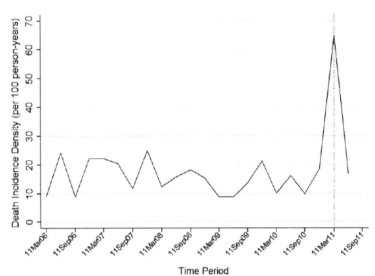

그림 8-5: 일본에서 대피한 노인 요양시설의 거주자 사망률을 보여주는 데이터[44].

는다. 체르노빌에서, 스트레스의 결과는 알코올 중독, 가족 해체 그리고 절
망이었다.

후쿠시마에서는 노인들의 경우 조기사망, 어린이들의 경우 야뇨증, 그리
고 책임이 있다고 생각되는 권력층의 사람들에 대한 마녀사냥이 있었다. 위
에서 언급했듯이, 이는 스트레스 완화 메커니즘으로 작용했지만, 집단적으
로 형성되고, 미디어의 부추김을 받아 추악한 시위와 단체적인 압력 행사
로까지 커졌다. 이들은 그들이 받아들이기 원치 않는 사실에 기초한 설명
으로는 쉽게 진정되지 않는다. 요양시설에 거주하는 노인들은 특히 취약한
집단이며, 후쿠시마에서 긴급히 대피한 사람들은, 공포감에 시달렸고 정
상적 돌봄 서비스를 받지 못했다. 이 두 가지 때문에 사고 당시 거주자들의
사망률이 높아졌다. 2011년 3월 평균 사망률이 10~20%에서 65%로 증가
했다는 것이, 〈그림 8-5〉에서 명확하게 나타나 있다.

Chapter 9:

Society, Trust and Safety

Ah, this is obviously some strange usage of the word 'safe' that I wasn't previously aware of.

- Douglas Adams, Arthur Dent in The Hitchhikers Guide to the Galaxy

Establishing public trust

Earning trust and telling the truth

To the extent that people distrust one another, society fails and large populations become unstable; instability is a euphemism – in reality it brings a likelihood of war, famine and a dramatic fall in world population. Improvements in living standards need individuals to develop new ideas, and that requires imagination and creative intelligence shared with others. The use of imagination alone too often brings apprehension of others and misunderstandings of the natural world. It creates fear of the unknown or ill health that needs to be challenged by evidence and study.

In earlier centuries the public could be persuaded to support national policy through spectacular displays of military colour and fleets of ships

제9장

사회 - 신뢰와 안전

아, 이런 식으로 '안전'이란 단어를 사용하는 것은 분명히 내가 예전
에 알지 못했던 좀 이상한 용법입니다.

- 더글라스 애덤스, 「은하수에 편승해 가는 법」 중의 아서 덴트 편에서

공신력의 확립

신뢰를 얻고 진실을 말하다.

사람들이 서로를 불신하는 만큼, 사회는 무너져 내리고 대다수 주민들
은 불안해진다. '불안하다'는 말은 완곡한 표현이다. - 실제로 그러한 상황
은 전쟁이나 기근, 세계 인구의 급격한 감소 등의 가능성을 초래한다. 생활
수준의 향상을 위해서는 개인들은 저마다 새로운 아이디어를 개발할 필요
가 있으며, 그러기 위해서는 다른 사람과 공유되는 상상력과 창조적인 지성
이 요구된다. 상상력만을 너무 자주 사용하게 되면 타인에게 불안감을 주
고 자연 세계를 잘못 이해하게 된다. 그 결과, 증거와 연구를 통해 밝혀져야
할, 미지의 병마에 대한 두려움이 만들어진다.

수 세기 전에는, 장엄하게 군기를 휘날리거나 대형 깃발을 장식한 함대

decked with outsized flags. But with increased education the public take more persuasion. What they are told needs to foster trust in the authorities, but in times of war, to deceive the enemy, the whole truth is not told. To continue such deception is to live on borrowed time – sooner or later the truth will come out. In the meantime an increasingly tangled web of deception is woven. Hence the advice: Truth To Tell: Tell It Early, Tell It All, Tell It Yourself.[1]

Since World War II the matter of ionising radiation safety has become further and further removed from objective truth. In 1934, the year that Marie Curie died, radiation protection recommendations were based on avoiding burns, called tissue reactions, and the longer term effects known from the discovery of bone cancers among the Radium Dial Painters in 1926. The recommendations were based on a damage threshold set at 0.2 Roentgens per day; in modern units that is 640 mGy per year of gamma rays. In 1951 the safety threshold recommended by the International Commission for Radiological Protection (ICRP) was lowered to 0.3 Roentgens per week, which is 140 mGy per year. In 1955 the ICRP recommended that the use of a damage threshold be discontinued and that the LNT model be used to assess proportional risk all the way to zero dose. From high dose data it was judged that the slope of the LNT straight line corresponded to an increased mortality risk of 5% for each 1,000 mGy of whole-body dose (assumed to be gamma rays or other low LET radiation)[2]. The vital question is why this change was made.

Two reasons are apparent:

- epidemiological evidence of excess cancer malignancies among radiologists, and also among industrial and defence workers;
- indications of excess leukaemia cases in the survivors of the atomic bombings at Hiroshima and Nagasaki, whose probability of occurrence, not the severity, was assumed to be proportional to the size of the dose.

Today neither of these reasons look tenable. As discussed in Radiation

를 전개함으로써 국가 정책을 지지하도록 대중을 설득할 수 있었다. 하지만 교육의 증가로 대중을 설득하기가 더 어려워졌다. 대중들에게 이야기함으로써 당국을 신뢰하도록 해야겠지만, 전쟁 중에는 적을 속이기 위해 모든 진실을 알리지 않는다. 이렇게 계속해서 속이는 것은 의외로 오래 지속된다. – 그러나 조만간 진실은 밝혀질 것이다. 그 사이에 속임수들은 서로 얽히고 설켜 거미줄처럼 엉킨다. 이를 위한 조언이 있다: 사실을 말하려면: 일찍 말하고, 모든 것을 말하고, 직접 말하라[1]

제2차 세계 대전 이후 전리방사선 안전 문제는 객관적인 진실에서 점점 더 멀어지고 있다. 마리 퀴리가 사망한 1934년, 방사선 방호 권고안은 조직 반응이라 불리는 화상을 피하는 것과 1926년 라듐 눈금판 도장공들 사이에서 뼈암이 발견됨으로써 알려진, 보다 장기적 영향을 기초로 만들어졌다. 이 권고안은 하루 0.2 뢴트겐(R)을 손상문턱값으로 설정하였다. 현재 사용중인 단위로 바꾸면 이는 연간 640 mGy의 감마선과 같다. 1951년, 국제방사선방호위원회(ICPR)가 권고한 안전문턱값은 주당 0.3 R 또는 연간 140 mGy로 낮아졌다. 1955년에 ICRP는 손상문턱값 사용을 중단하고 LNT 모델 [1)을 사용하여 제로 선량에 이르는 위험을 비례적 위험으로 평가하기를 권고하였다. 고선량 데이터에서 LNT의 직선기울기는 전신이 노출되었을 때 받는 선량 (감마선 또는 기타 저 LET 방사선으로 가정)[2] 1,000 mGy당 사망 위험이 5% 늘어난다는 증거와 부합한다고 판단되었다 필수적인 물음은 왜 이러한 변화가 이루어졌는가 하는 것이다.

다음과 같은 두 가지의 명백한 이유가 있다.

- 방사선 전문의와 산업 및 방위 산업 종사자의 초과 암 악성 종양에 대한 역학적 증거.
- 심각도가 아닌 발생 확률이 선량 크기에 비례하는 것으로 가정된 히로시마와 나가사키의 원자 폭탄 생존자에서 초과 백혈병 환자의 징후.

---

1) 문턱값 없는 선형 모델 Linear No Threshold model을 의미하고, 낮은 선량 영역에서 '0' 보다 큰 방사선량은 초과 암 및 유전질환 위험을 단순 정비례로 증가시킨다는 가정에 기초한 선량-반응 모델

and Reason[see Selected References on page 279, SR3], the dominant effect amongst groups of radiation workers and ex-workers below the age of 85 is that they have a mortality which is consistently 15-20% lower than other comparable groups[3]. This is true in different countries. Whether there is an undetected selection effect, the so-called Healthy Worker Effect (HWE), or a hormetic effect, cannot be determined from these data. However, claims for small increases in cancer rates of a few percent depending on lifelong accumulated dose have been made[3]. The doses involved are no larger than background variations that show no such effect; the claims are of questionable statistical significance; they cannot be taken seriously while the much larger HWE remains unexplained and uncontrolled.

The incidence of leukaemia at Hiroshima and Nagasaki was also discussed in Radiation and Reason,[SR3]. Among 86,955 survivors there were 296 cases between 1950 and 2000, while data on those not irradiated suggest that there would have been 203 cases in the absence of radiation. There was no evidence of radiation-induced cases for doses below 200 mSv.

But starting in the 1950s there were other forces that began to influence cultural attitudes to radiation, and Chapter 10 follows how these distorted the views of both scientists and politicians from that time.

Popular culture and the Precautionary Principle

General education has provided little appreciation of ionising radiation and nuclear technology. Few people go out of their way to study or attend public lectures on the subject out of interest. Most prefer to avoid matters that they think promise no excitement or stimulation. They are content that practical matters are handled by consulting expert opinion, although that does not build a sense of trust in the way that personal knowledge and experience would. Dismissing this ignorance as a consequence of globalisation is no solution. A few decades ago, most people could tinker

오늘날 위의 이유들은 모두 근거가 충분해 보이지 않는다. 방사선과 이성[참고문헌 279쪽, SR3]에서 논의한 것처럼 85세 이하 전·현직 방사선 작업 종사자를 대상으로 한 조사에서 지배적인 결과는 그들의 사망률이 다른 비교 가능한 근로자 집단에 비해 15-20% 낮다는 것이다[3]. 다른 나라에서도 결과는 동일했다. 물론 이 결과엔 감지하지 못한 선택 효과가 있는지, 이른바 건강 근로자효과(HWE)²⁾ 또는 건강편익 효과가 있는지에 대해선 이 데이터로 판단할 수 없다. 다만 평생 축적된 선량에 따라 몇 퍼센트의 암 발병률이 증가한다는 주장이 제기되어 왔다[3]. 축적된 선량은 아무런 영향을 끼치지 않는 환경 방사능 변화보다 영향이 더 크지는 않다; 이 주장은 통계적인 관점에서 의심스럽다; 더욱 영향이 큰 HWE를 설명하지 않고 고려하지 못한다면 이 주장은 심각하게 받아들여질 수 없다.

히로시마와 나가사키에서의 백혈병 발병률 또한 방사선과 이성[SR3]에서 논의되었다. 히로시마와 나가사키의 총 생존자는 86,955명이었는데, 이 중 1950년부터 2000년 사이에 296명에게 백혈병이 발병하였다. 반면 비조사자 데이터는 방사선이 없는 경우라고 해도 203명은 발병했을 것임을 시사한다. 여기에서 200 mSv 이하의 선량에서 방사선이 유도했다는 증거는 없었다.

그러나 1950년대부터 영향을 미치기 시작한 다른 힘들이 있었다. 바로 방사능에 대한 문화적 태도이다. Chapter 10은 이러한 것들이 그 당시 과학자들과 정치인들 관점을 어떻게 왜곡시켰는지에 대해 다룰 것이다.

대중문화와 사전 예방 원칙

일반 교육은 전리방사선과 원자력기술에 대한 인식을 거의 제공하지 않았다. 자신의 흥미에서 벗어난 공개강좌에 참석하거나 공부를 하느라고 애쓰는 사람은 거의 없다. 대부분의 사람들은 흥미나 자극이 없는 일을 피하

---

2) 건강근로자효과(Healthy Worker Effect)는 일반인구와 비교할 때, 직업을 가지는 인구 집단의 사망 및 질병 수준이 더 낮게 나타나는 것을 말한다.

with their car, and, if it ceased to work, get it going again — but not today. Globalisation has removed individual responsibility for many aspects of life, but some matters like the effect of nuclear energy need to be talked through holistically – and this is harder if the technology is obscure to almost everybody. People should have direct or indirect contact with someone who understands and can answer questions. That is essential to social cohesion and the stability of public opinion.

Popular opinion is impressed by what science achieves. People notice that science frequently consolidates its findings into principles or laws, and these are accepted as analogous to legal laws. Then any conclusion drawn from a generalisation that has been blessed with the title of principle or law assumes an extra legitimacy in the public mind and is seen to need no further questioning.

One may think of the popular Law of Averages or the Law of Unintended Consequences, neither of which deserves such lofty status. Exactly how such a title is conferred is unclear – but its indiscriminate use is not scientific. A significant example is the Precautionary Principle that appeared in the 1980s and has been used intensively in the safety industry ever since, frequently with the effect of obstructing innovation or buttressing restrictive practices.

The pre prefix added to caution, the regular common sense word, implies a sensible policy of additional safety during the introduction of a new technology, for which measurement and monitoring procedures are primitive and understanding is still uncertain. However, application of this idea incurs extra costs and is time consuming; it leads directly to lower productivity and uncompetitive practices in industrial applications; as soon as understanding and information allow, it should be superseded. Its application to nuclear technology with its advanced measuring and monitoring instrumentation, and a century of understanding, has long been entirely inappropriate. It is being used as a cover for public fear and to disguise the ignorance of those supporting it.

고 싶어한다. 비록 전문가의 의견이, 개인의 경험과 지식이 주는 신뢰감을 주지는 못하더라도, 사람들은 실무적인 문제를 전문가의 의견을 참고해서 처리하는데 만족해한다. 하지만 이러한 무지의 문제를 세계화의 결과로 치부하는 것은 좋은 해결책이 아니다. 몇 십 년 전만 하더라도 대부분의 사람들은 차를 고칠 수 있었고, 만약 차가 작동을 멈추면 다시 시동을 걸 수 있었지만, 지금은 그렇지 않다. 세계화는 삶의 많은 부분에 있어서 개인의 책임을 없앴다. 그러나 원자력 에너지의 효과 같은 몇몇의 문제들은 전체적인 논의가 필요하다-만약 이런 기술이 대부분의 사람들에게 모호하다면 논의는 더욱 어려워진다. 사람들은 질문을 이해하고 대답할 수 있는 사람과 직간접적으로 접촉이 있어야한다. 이 점은 사회적 화합과 여론의 안정에 필수적이다.

여론은 과학의 성취에 감명을 받는다. 사람들은 종종 과학의 발견이 원칙이나 법칙으로 통합되어, 법률처럼 받아들여지는 것에 주목한다. 그래서 원칙이나 법이라는 칭호로 축복받은 일반화를 통해 도출된 모든 결론은 대중의 마음에 추가적인 합법성을 부여해 더 이상 질문할 필요가 없는 것으로 여겨진다.

어떤 사람은 널리 알려진 '평균의 법칙'이나 '의도하지 않은 결과의 법칙'을 생각할지도 모르는데, 이 두 가지 모두 그렇게 높은 위치를 차지할 자격이 없다. 정확히 어떻게 그러한 칭호가 부여되는지는 불분명하지만 칭호를 무분별하게 사용하는 것은 과학적이지 않다. 대표적인 예가 1980년대에 등장한 사전예방 원칙[3]이다. 이 원칙은 등장 이후 혁신을 방해하거나 제한적 관행을 뒷받침하는 효과를 발휘하며 안전 산업에서 집중적으로 사용되어 왔다.

보통 상식적인 단어로서 '미리 주의한다'는 뜻을 가진 '사전예방'은, 측정이나 모니터링 절차가 원시적이고 이해가 아직 불확실한 동안에, 신기술 도입 과정에서 추가로 안전을 보장하기 위한 적절한 정책을 의미한다. 그러

---

3) Precautionary Principle "안전을 확신할 수 있을 때까지는 새로운 기술을 받아들이지 말아야 하고, 안전이 입증되기 전까지는 아무것도 하지 말아야 한다."는 원칙

The public believe that understanding radiation is beyond them, but for safety at least, that is incorrect. Although they have never been told the real story of nuclear radiation in accessible every-day terms, it is high time that they were – at school, in public lectures and in the media. Future prospects for world economic prosperity and a sustainable environment depend critically on explanatory education and improved public trust in science. This is essential if the known benefits of nuclear technology – power, clean water, food preservation, advances in healthcare – are to be widely accepted and realised. These are needed if man is to survive on planet Earth in large numbers with good health and a fair standard of living.

Dangers from choice of lifestyle are often discounted relative to those seen to be caused by the irresponsibility of others. Significant external threats to family life may centre on economic stability and social competitiveness, but worries that impact individuals, such as cancer and death, though far more threatening, are personal and do not contribute to collective fear and panic. In crowds overreaction can be reduced if enough individuals show leadership, but others need to trust them. Otherwise, rumour, amplified by uninformed imagination and repetition in personal and public media, becomes unstable with the result that public confidence implodes and the mutual trust that is essential to an effective society is seriously damaged. A similar example is public attitudes to genetically modified (GM) crops, particularly in Europe. Reporting on nanotechnology has had some ill-informed moments too.

As population density increases, the necessity of mutual understanding increases too, and there is no question of going back to the way things once were. More than ever before, it is essential that trains run on time, utilities are delivered reliably, vehicle drivers are trained and disciplined and telephone and internet services are up and running. For the future there is the need to find new opportunities for economic expansion which put yet more emphasis on education and building confidence in the applications of scientific understanding.

나 이 방법을 적용하면 추가 비용이 발생하고 시간 소모가 많아져 산업에 적용시 생산성 저하와 경쟁력 상실로 직결되므로 이해와 정보가 허용하는 즉시 이를 대체해야 한다. 그러나 발전된 측정 및 감시 기구를 사용하고 한 세기 간의 이해가 누적된 원자력 기술에 대한 사전예방의 적용은 오랫동안 완전히 부적절했다. 사전예방은 대중의 공포심과, 공포를 지지하는 사람들의 무지를 가리기 위한 가면으로 사용되고 있다.

대중들은 방사능을 이해하는 것이 자신의 한계를 넘는다고 믿지만, 적어도 안전에 대해서는 잘못된 것이다. 비록 대중들은 늘 쓰는 언어를 통해 핵 방사선에 대한 실제 이야기는 들어본 적이 없지만, 이제 학교나 공개 강연, 언론 등을 통해 이야기를 들을 때가 되었다. 세계 경제의 번영과 지속 가능한 환경에 대한 미래의 전망은 과학을 설명하는 교육과 과학에 대한 대중의 신뢰 향상에 달려있다. 이 교육과 신뢰는 우리가 아는 원자력 기술의 이점들 (전력생산, 정수, 식품 저장, 의료 기술의 발전)이 널리 받아들여지고 실현되기 위해선 필수적이다. 이런 이점들은 많은 사람들이 건강하고 건전한 생활 수준을 유지하며 이 지구에서 생존하려면 필요한 것들이다.

생활 방식을 선택하는 데서 오는 위험은 종종 다른 사람들이 무책임하게 만든 위험보다 더 작게 인식된다. 가정 생활에서의 외적인 위협은 경제적 안정과 사회적 경쟁력이 그 중심에 있지만, 암, 죽음과 같이 개인에게 영향을 미치는 걱정거리들은 훨씬 위협적이기는 해도 개인적이기 때문에 집단적인 공포와 공황에 영향을 미치지 못한다. 군중 속에서 많은 수의 개인들이 리더쉽을 발휘하고 다른 사람들이 그들을 신뢰한다면 과민반응은 줄어들 수 있다. 그렇게 되지 않으면 근거 없는 상상과 이를 개인적 혹은 공적인 대중매체를 통해서 반복함으로써 증폭된 루머가 사회를 불안정하게 만들고 그 결과 공신력이 무너지고 실질적으로 사회에서 필수 요소인 상호 신뢰가 심각하게 훼손될 수 있다. 유사한 예로 유럽에서 유전적으로 변형된 작물(GM)에 대한 대중의 태도이다. 나노기술에 대해서 잘못된 정보를 보고한 것도 그 중 하나이다.

인구밀도가 증가함에 따라 상호 이해의 필요성도 증가하고, 예전의 방식

In the past two centuries such opportunities have come from applications of engineering and medicine, based largely on exploiting the outer (or electronic) part of atoms – that is chemistry, electrical power, electronics, lasers and the science of materials. But the inner (or nuclear) part of atoms has only been exploited for health in the footsteps of Marie Curie a century ago. The use of radiation and nuclear technology in other contexts has been largely avoided, primarily because of the phobia felt by public and political authorities. In an era that includes climate change that is a restriction we can no longer afford.

Innovation, leadership and confidence in science

Science is for participants, not spectators. It should be experienced personally in the real world through study, experiment, prediction and imagination. Everybody on Earth is involved to an extent, and denying this reduces the possible scope of life. Such active experience of science has lifted man above the plants and animals and made him master of his destiny by understanding how to solve the problems that threaten survival, not just at the level of tribe or group but at the individual level too. Rules, customs, laws and habits which ensure the continued existence of a group are cumbersome and apt to change slowly – as anyone who has served on a committee is aware. An individual who is able to deploy rational thought and apply it scientifically to overcome the challenges he encounters, improves the life-chances for all in the group through to an ability to change rapidly and innovate that is excluded by the inertia of committee-land.

If everybody followed the guidance of the official consensus, many advances in the history of mankind would not have occurred. So a balance is needed between innovation and obedience to authority. How has this balance worked for the wider good in the past? Who successfully combined innovation with authority?

으로 돌아가야 한다는 데에 의문의 여지가 없다.[4] 과거에 비해 점점 더, 기차가 제시간에 운행되고, 공익 시설이 안정적으로 공급되며, 차량 운전자들이 거듭된 훈련을 받고, 전화와 인터넷 통신망이 안정적으로 가동되는 것은 필수적이 되었다. 미래를 위해서는 경제를 확장할 새로운 기회를 찾아야 할 필요가 있고, 이를 위해선 한층 더 교육에 중점을 두고 과학적 지식을 적용하는 것에 대한 확신을 키워야 한다.

지난 2세기 동안 그러한 기회들은 공학과 의학을 적용하는 데에서 왔고 주로 화학, 전력, 전자, 레이저와 재료 과학처럼 원자의 외부(혹은 전자) 부분을 개발하는 것에 기반을 두고 있었다. 하지만 원자의 내부(또는 원자핵) 부분은 한 세기 전 마리 퀴리의 발자취 속에서 건강만을 위해 사용되었다. 방사선과 원자력기술을 다른 상황에서 사용하는 것은 주로 정치인들과 대중들이 느끼는 공포증 때문에 회피되어왔지만, 기후 변화의 시대에서, 우리는 그런 제한을 더 이상 두어서는 안된다

혁신, 리더쉽 그리고 과학에 대한 자신감

과학은 참여자를 위한 것이지 구경꾼을 위한 것이 아니다. 개인들은 공부, 실험, 예측, 상상력을 통해 현실 생활에서 과학을 개인적으로 경험해야 한다. 지구 상의 모든 사람들은 어느 정도 참여하고 있으며, 이를 부정하는 것은 삶의 가능성을 축소시킨다. 과학에 대한 이러한 적극적인 경험은 인간을 동식물 위에 군림하게 만들었고 생존을 위협하는 문제들을 해결하는 방법을 단지 부족이나 집단의 수준뿐만 아니라 개인 차원에서도 이해함으로써 인간을 그의 운명의 지배자로 만들었다. 위원회에서 봉사했던 사람이면 누구나 알고 있듯이 집단이 지속적으로 존재하는 것을 보장해주는 규칙, 관습, 법률 및 습관은 서로 얽혀있어서 천천히 변화한다. 합리적인 사고를 사용할 수 있고 그것을 과학적으로 적용해서 자기가 직면한 도전을 극

---

4) 인구밀도가 증가함에 따라 사회가 복잡해지고 불편해진다는 의미이다.

Science is not alone in searching for such figureheads. Think of the banks – the issuers of bank notes denominated in the local currency – they are concerned to impart as much gravitas and respectability as they can muster for their notes, new and used. Whom do they select? Past monarchs and other heads of state, especially those with reputations immutably assured by history, but also great scientists and thinkers. In Illustration 1-6 on page 40 are four such figures, two men and two women: some have much to say about the science with which we are concerned; the others have authority and wisdom that is no less relevant.

It was the breadth of their lives, as well as their incisive technical ideas, that was the key to their success. Certainly none set out as an expert in their field, since that did not exist prior to their contribution, and some of them would have been obstructed from carrying out their work by modern regulations. Many of their applications for research grants would have been rejected by the peer review mechanism and, in fact, they had to overcome substantial obstacles to get their ideas established.

Adam Smith (1723-1790), economist and philosopher, has appeared on the Bank of England twenty-pound note since 2007. He is said to have disliked Oxford and committees, and he lived in Scotland.

Charles Darwin (1809-1882), naturalist, biologist, geologist, and student of divinity, has appeared on the Bank of England ten-pound note since 2000. He had a remarkable eye for geology which seems to have inspired his view of the evolution of life, a synthesis in tune with the writings of the environmentalist, James Lovelock, today – or the other way around, perhaps.

Florence Nightingale (1820-1910), nurse and statistician, appeared on the Bank of England ten-pound note from 1975 to 1994. She wrote

How very little can be done under the spirit of fear.

Marie Curie (1867-1934), physicist, chemist and pioneer radiologist, was born Marie Sklodowska in Poland. Her portrait appeared on the Polish 20,000 zloty note in 1989 and then on the French 500 franc note in 1998.

복하는 개인은, 집단 내의 모든 구성원의 삶의 기회를 향상시키지만, 빠른 변화의 능력을 통해 그것을 혁신까지 하려는 개인은 위원회-나라의 관성에 의해 축출된다.

만약 모든 사람이 정해진 지침을 따른다면, 인류 역사상 많은 발전이 일어나지 않았을 것이다. 그렇기에 혁신과 권위를 따르는 것 사이의 균형이 필요하다. 과거에 어떻게 이 균형이 더 넓은 영역의 선(善)을 위해 작용했는가? 과연 누가 혁신과 권위를 가지고 이 둘을 성공적으로 결합했는가?

과학만이 그런 대표 선수[5]를 찾는 것은 아니다. 예를 들어, 지역 화폐의 발행자인 은행을 생각해보자. 은행들은 새로운 지폐와 쓰던 지폐에 그들이 할 수 있는 한 많은 존엄과 존경을 부여하기 위해 애쓴다. 그렇다면 과연 그들은 누구를 선택할까? 바로 과거의 군주들과 국가의 원수들, 역사상 불변의 명성이 있는 위인들이다. 위대한 과학자와 사상가들도 포함된다. 〈그림 1-6〉(40쪽)에는 4명의 그런 인물이 있다. 남자 2명과 여자 2명이다:

어떤 사람들은 우리가 염려하는 과학에 대해 하고 싶은 말이 많다. 다른 사람들은 그들 못지않게 관련 분야에 권위와 지혜를 가지고 있다.

그들의 성공 비결은 그들의 폭넓은 삶과 날카로운 기술적인 아이디어였다. 확실한 것은 누구든 자신의 분야의 전문가로서 출발한 사람은 없다는 것이다. 왜냐하면 그들의 분야는 그들이 공헌하기 이전엔 존재하지도 않았고, 그들 중 일부는 현대적인 규제에 의해 자신의 일을 수행하는데 방해를 받았을 것이기 때문이다. 그들이 연구 보조금을 신청할 때 많은 부분들이 동료 평가 과정에서 거부되었을 것이고 사실상 그들의 아이디어를 확립하기까지 이러한 커다란 장애물을 극복해야 했을 것이다.

경제학자 겸 철학자인 아담 스미스(1723-1790)는 2007년부터 영국의 20 파운드 지폐에 모습을 보였지만, 옥스퍼드와 위원회를 싫어했다. 그래서 그는 스코틀랜드에 살았다.

---

5) 'figurehead'는 '명목상의 우두머리', '선수상(船首像)'으로 번역된다. 적을 위협하거나 배의 위용을 보이기 위하여 사용한 상징물에서 파생한 말이다. 본문에선 한 집단의 표상 또는 대표로 번역하였다.

Communicating truth and confidence to others

Thinkers like Adam Smith and Charles Darwin achieved new goals by concentrating on fresh data interpreted with common sense and imagination. Florence Nightingale is generally remembered for her pioneering work in nursing at the time of the Crimean War in 1855. However, the method that she used to promote nursing was quite revolutionary. Prior to her work, political and military authorities had concentrated their attention on the supply of fresh troops and munitions for the battle front and paid little heed to the fate of the wounded. In her work she collected data on mortality rates among casualties and analysed them to show how much more effective the war effort would be if greater care were taken to nurse wounded soldiers. To do this she used new graphical techniques to bring life to her data and arguments when trying to make her point to those less gifted in numeracy. She herself, being a

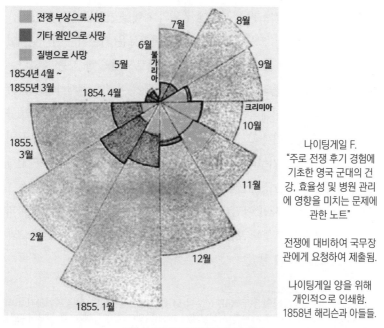

그림 9-1: 나이팅게일의 사망자 차트

자연학자이자 생물학자이며 지질학자이자 신학자였던 찰스 다윈(1809-1882)은 2000년부터 영국은행 10파운드 지폐의 인물이 되었다. 그는 생명의 진화에 영감을 준 지질학에 대한 뛰어난 안목을 가지고 있었는데, 이 두 가지의 조합은 오늘날의 환경론자 제임스 러브록의 글과 거의 같은 논조를 가지고 있다. 어쩌면 그 반대일 수도 있다

간호사 겸 통계학자였던 플로렌스 나이팅게일(1820-1910)은 1975년부터 1994년까지 10파운드의 지폐 모델이었다. 그녀는 다음과 같이 적었다.

공포스러운 정신 아래 이룰 수 있는 것이 얼마나 적은가.

폴란드에서 마리 스콜로도브스카라는 이름으로 태어난 물리학자이자 화학자이며 방사학의 선구자였던 마리 퀴리(1867-1934)는 1989년 폴란드의 20,000 즐로티 지폐의 모델이었고, 그 후 1998년에 프랑스의 500 프랑 지폐의 모델이 되었다.

진실과 자신감을 다른 사람들과 소통하기

아담 스미스와 찰스 다윈 같은 사상가들은 상식과 상상력으로 이해한 가공되지 않은 데이터에 집중함으로써 새로운 목표를 달성했다.

플로렌스 나이팅게일은 1885년 크림 전쟁 중의 간호학의 선구자로 널리 기억되고 있다. 그러나, 그가 간호를 발전시키기 위해 사용했던 방법은 가히 혁명적이었다. 그의 업적 이전, 정계와 군은 전투에 필요한 건강한 병력과 군수품 공급에만 집중하였고, 부상자의 운명에는 거의 신경쓰지 않았다. 그의 연구에서 그는 사상자의 사망률에 대한 데이터를 수집하고 이를 분석하여 부상당한 군인들을 간호하는 것에 더 많은 노력을 기울인다면 전쟁 수행이 얼마나 더 효과적일 수 있는지 보여주었다. 이를 위해 그는 수리적인 재능이 없는 사람에게 자신의 주장을 전달하기 위해 데이터와 주장에 생명을 불어넣는 새로운 그래픽 기법을 사용하였다. 스스로 저명한 초기 통계학자가 되어 비전문가와 정치인에게 자료의 함축된 의미를 전달하였

distinguished early statistician, ensured that lay people and politicians understood the implications of the data. An example of her use of coloured charts is shown in Illustration 9-1. Her method and success provide us with an important example because we try to follow the example of her graphics when trying to bring to life the safety of radiation (Illustration 1-2 on page 31) and when talking of waste (Illustration 1-9 on page 42).

Recent leaders in the science of radiation

The mission to set the record straight on the relative safety of ionising radiation is not new. A number of distinguished scientists, oncologists and engineers who died in recent years made major contributions during their lives to the public understanding of the effect of low doses of radiation:

• Maurice Tubiana (1920-2013), a French medical physicist and oncologist. A leading author of the highly significant 2004 French National Academies report[4], Tubiana championed the safety of nuclear power and wrote the book Arretons d'avoir peur![Stop being frightened!] He was given a military funeral in the Hotel des Invalides in Paris.

• Zbigniew Jaworowski (1927-2011), a Polish physician and chairman of UNSCEAR (1981-2).

• Theodore Rockwell (1922-2013), a nuclear engineer, particularly in submarine propulsion. A tireless campaigner for facts in support of nuclear power.

• Myron Pollycove MD (1921-2013), a radiobiologist whose clinical work and writings contributed to our understanding of the effect of low-dose radiation.

• Don Luckey (1919-2014), a biochemist who surprised the world in 1982 with the message that low-level radiation is good for health and followed it with the first Symposium on Radiation Hormesis in 1985.

• Bernard LH Cohen (1924-2012), a physicist who staunchly opposed the LNT model and wrote six books on nuclear physics and nuclear power.

다. 그의 컬러 차트 사용 예는 〈그림 9-1〉에 나와있다. 그의 방법과 성공은 우리에게 중요한 모범을 제공한다. 왜냐하면 우리가 방사선의 안전(31쪽 그림 1-2)에 생기를 불어넣거나 폐기물 (42쪽 그림 1-9)에 대해 말할 때, 그의 그래픽 사례를 따르려 하기 때문이다.

방사능 과학의 선두주자들

전리방사선의 상대적 안전에 대한 오해를 바로잡아야 하는 임무는 새로운 것이 아니다. 최근 몇 년 동안 사망한, 뛰어난 다수의 과학자, 종양 학자 및 공학자들은 대중들에게 저 선량 방사선의 영향을 이해시키기 위해 일생동안 많은 공헌을 했다.

• 모리스 투비아나 (1920-2013), 프랑스의 의학 물리학자 겸 종양 학자인 그는 영향력이 있는 2004년 프랑스 국립 아카데미 보고서의 주저자이다. 그는 원자력의 안전을 옹호했고 Arretons d'avoir peur[겁내지 마!] 라는 책을 집필하였고 그의 장례는 파리의 부상 군인 기념관에서 군인장으로 치러졌다.

• 쯔비그뉴 자보로브스키 (1927-2011), 폴란드의 의사 겸 UNSCEAR의 회장(1981-2)

• 씨어도르 록크웰 (1922-2013), 잠수함 추진 분야의 원자력 기술자로서 원자력을 지지한 지칠줄 모르는 운동가.

• 마이론 폴리코브 MD (1921-2013), 임상 작업과 저선량 방사선의 효과를 이해하는 데에 기여한 방사선 생물학자.

• 돈 럭키 (1919-2014), 생화학자인 그는 1982년 저준위 방사선이 건강에 좋다는 메시지를 던져 세계를 놀라게 만들었다. 1985년 첫 방사선 호르메시스(건강편익)에 관한 심포지움을 개최했다.

• 버나드 코헨 (1924-2012). LNT 모델쪽을 완강히 반대하며 핵물리학, 원자력 등에 관한 6권의 저서를 쓴 물리학자

• Lauriston Taylor (1902-2004), a physicist. Charter member of ICRP 1928. Founder and chairman for 48 years of NCRP. In a 1980 lecture[5] he made several statements that are still relevant today:

Today[1980] we know about all we need to know for adequate protection against ionizing radiation. Therefore, I find myself charged to ask: why is there a radiation problem and where does it lie?

No one has been identifiably injured by radiation while working within the first numerical standards (0.2 roentgen/day) set by the NCRP and then the ICRP in 1934.

An equally mischievous use of the numbers game is that of calculating the number of people who will die as a result of having been subjected to diagnostic X-ray procedures. An example of such calculations are those based on a literal application of the linear non-threshold dose-effect relationship, treating the concept as a fact rather than a theory. ... These are deeply immoral uses of our scientific knowledge.

Confidence to change an opinion

What is really necessary is to persuade the public that radiation is more or less harmless at a level that anyone is ever likely to encounter – so they should be content to embrace it. The public has a pre-existing view – they believe that they already know that radiation is dangerous. The words of Tolstoy quoted in Chapter 2 are worth repeating here:

The most difficult subjects can be explained to the most slow witted man if he has not formed any idea of them already; but the simplest thing cannot be made clear to the most intelligent man if he is firmly persuaded that he knows already, without a shadow of doubt, what is laid before him.

So the message that tells them that radiation is not dangerous is ignored or treated as unwelcome. Telling people that they have no need to

• 로리스톤 테일러 (1902-2004), 물리학자이자 ICRP[6] 1928의 헌장 회원이며 NCRP[7]의 설립자이자 48년간 회장을 역임했던 그가 1980년 강연에서 이야기한 몇 가지 내용은 오늘날에도 여전히 널리 쓰이고 있다.

오늘날[1980] 우리는 전리방사선에 대한 적절한 보호를 위해 우리가 알아야 할 모든 것들에 대해 알고 있다. 그래서, 나는: 왜 방사능에 문제가 있는가? 어디에 그 문제들이 있는가? 라고 질문하고 싶은 충동을 느낀다.

1934년, ICRP와 NCRP가 적용한 첫번째 기준 수치 일일 0.2 뢴트겐 내의 환경에서 작업하다가 방사능의 영향이라고 확인할 수 있는 부상을 당한 사람은 없었다.

이처럼 악의적으로 숫자 놀음을 이용하는 것은 X선 진단을 받는 과정에서 사망할 사람의 수를 계산하는 것과 같다. 이런 계산의 예로 문턱 없는 선형 선량 효과 관계에 기초를 둔 계산이 있다. 이 계산은 개념이라는 것을 이론이 아닌 사실로 취급하는 것이다… 이런 것들이 우리의 과학지식을 아주 비도덕적으로 이용하는 것이다.

의견을 바꿀 수 있는 자신감

우리가 보통의 상황에서 마주하는 방사능은 무해하다는 것을, 아니 정말 무시할 수 있다는 것을 대중에게 설득하는 것이 가장 필요하다. 대중들은 이 주장을 기꺼이 받아들여야 한다. 하지만 대중들은 방사능이 위험하다는 것을 이미 알고 있다고 믿는 기존의 견해를 가지고 있다. 2장에서 인용한 톨스토이의 말을 다시 한번 반추해 볼만한 가치가 있다.

그들이 그 주제에 대해 아무런 선입견이나 배경지식을 쌓은 상태가 아니라면 가장 어려운 주제라도 가장 멍청한 사람에게 설명할 수 있다; 그

---

6) International Commission on Radiological Protection : 국제 방사선 방호 위원회

7) National Council on Radiation Protection and Measurements : 미국 방사선 방호 측정 심의회

worry is seldom effective.

However, there is an important group of people who have completely changed their minds. That is very difficult to do, especially for those who have been publicly active in their opposition to nuclear technology. Five of them – Stewart Brand, Mark Lynas, Gwyneth Cravens, Richard Rhodes and Michael Schellenberger – have made a documentary, Pandora's Promise[SR6], directed by Robert Stone, in which they explain why they now support nuclear energy. More important than the outstanding reviews that it has received is the example that the film gives of people, not scientists, who have looked at the evidence and stood up for what they now believe. There are others too; a new website offering nuclear generated electricity in Germany[6] went live in December 2014 with the support of former activists, founder members of Greenpeace and other environmentalists, including Patrick Moore, Stephen Tindale, James Lovelock and Stewart Brand.

But most people have busy lives, so difficult and confusing questions, such as whether to use nuclear energy, have to take second place to matters of money, children and employment. And the specialists around the world have their professional standing and reputations to worry about, too. They are anxious to be seen to support their own consensus and do not want to appear to change tack – unless everybody else does too. So they have a considerable inertia.

And the political authorities? Well, they have to face up to difficult questions and ensure that they have the electorate behind them when they do, because woe betide them if the lights go out on their watch. So what are they to do? They must synchronise any change of opinion:

- They need to try to appreciate the balance of the discussion themselves.
- They need to get the backing of the international experts – they can hardly hold out against those who are sanctioned by the UN.
- They need to get the objective facts properly covered for the benefit

러나 그가 이미 자신 앞에 있는 것을 조금도 의심없이 알고 있다고 굳게 믿는다면, 가장 단순한 것이라도 가장 지적인 사람에게 분명하게 설명할 수 없다.

이런 이유로 방사선이 위험하지 않다는 메시지는 무시당하거나 달갑지 않은 대접을 받는다. 따라서 사람들에게 걱정할 필요가 없다고 말하는 것은 좀처럼 효과적이지 않다.

그러나 자신들의 입장을 완전히 바꾼 중요한 사람들이 있다. 이러한 행동은 특히 원자력기술에 대해 반대하는 입장을 표명하는 활동을 한 사람들에게 매우 어려운 일이다. - 스튜어트 브랜드, 마크 리나스, 귀네스 크레이븐스, 리차드 로즈와 마이클 쉘렌버거 - 이들 다섯 명이 만들고 로버트 스톤 감독이 제작한 다큐멘터리 판도라의 약속[SR6]에서는 그들이 왜 현재 원자력 에너지를 옹호하고 있는지를 설명한다. 지금까지 받은 뛰어난 평론보다 더 중요한 것은, 이 영화가, 과학자가 아니라, 증거를 확인하고 현재 그들이 믿는 것을 위해 나선 일반 사람들이 등장하는 예라는 점이다. 다른 것도 있다; 독일에서 원자력 발전 전력을 제공하는 새로운 웹사이트[6]는 패트릭 무어, 스티픈 틴데일, 제임스 러브록과 스튜어트 브랜드를 포함한 그린피스의 창립자, 전 환경 운동가 그리고 다른 환경 운동가들의 지원으로 2014년 12월 가동에 들어갔다.

그러나 대부분의 사람들의 바쁜 삶 때문에, 원자력 에너지를 사용할 것인가처럼 어렵고 혼란스러운 질문들은 돈과 자녀, 취업에 대한 질문보다 뒷자리를 차지해야만 했다. 그리고 전세계의 전문가들은 그들의 직업상의 지위와 명성 또한 걱정해야 하므로 그들은 자신들의 합의를 지지하는 것처럼 보이고 싶어하고, 모든 사람들이 그렇게 하지 않는 한, 자신들의 의견을 바꾸는 것처럼 보이고 싶어하지 않는다. 그래서 그들은 관성[8]을 가지게 된다. .그렇다면 정치 지도자들은 어떨까? 글쎄, 그들은 어려운 질문들에 직면해

---

8) Inertia : 관성, 물리학에선 자기의 상태를 그대로 유지하려고 하는 법칙으로 설명되고 심리학에서는 사람이 일정한 행동패턴을 바꾸려고 할 때, 더 많은 에너지가 필요하다는 진리를 알아야 할 필요가 있다는 뜻으로 설명된다.

of schools, colleges and evening classes – and the teachers who cover these.

- They must ensure that the necessary changes in policy are accepted and supported by a majority of the public.

How such a change should be managed was described in an invited talk at the 1992 World Economic Forum, Davos, by E Schein of MIT School of Management[7]. To introduce a real change of paradigm, as needed here, the existing order has to be seen as increasingly threatening and the new order has to be introduced in a positive and rewarding light. The current world order based on the combustion of carbon (hitherto seen as comfortable and welcoming) needs to be re-presented in its threatening colours of imminent and unavoidable climate change. The new order has to reconfirm the headline that with reworked regulations nuclear-generated electricity should indeed be almost too cheap to meter. This raises an interesting question: which commodities should not be too cheap to meter? We might suggest that water should replace electricity as a suitable utility to be more universally and aggressively metered – but that is another issue.

Using reason to change minds requires hard work and discipline. Evidently the senior environmentalists who have adopted a new view have been able to do this, but most members of the community at large have not. There is an interesting parallel in the therapy treatment of stroke patients that requires similar application. Following an attack, functional MR images show how the existing mental functions of the damaged region of the brain have to be transferred to a different, but undamaged, healthy region. This then needs to be programmed for its new role, and the patient has to work very hard at mental and physical exercises, with the help of therapists, for this to happen successfully. It would seem that embarking on a complete change of opinion on an emotive subject such as nuclear energy is a similar process. It is not just a matter of transferring knowledge – it has to be assimilated and accepted.

야 하고, 유권자들의 지지를 확보해야한다. 유권자들의 관심이 없어지면 그들에게 화가 미치기 때문이다. 그래서 그들은 어떻게 해야할까? 어떤 의견의 변화에도 동조해야한다.

- 그들은 스스로 토론의 균형을 인식하기 위해 노력할 필요가 있다.
- 그들은 국제적 전문가들의 지원을 받아야 한다 – 그들은 유엔이 제재한 사람들에게 거의 저항할 수 없기 때문이다.
- 그들은 학교, 대학, 야간 수업과 –이러한 교육을 진행하는 교사–들의 이익을 위해, 잘 감춰진 객관적인 사실을 파악할 필요가 있다.
- 그들은 정책에서 필요한 변화가 국민 대다수의 지지를 받고 받아들여지는지 확실히 해야한다.

이러한 변화를 어떻게 관리해야 하는지에 대해서는 1992년, 세계경제포럼 다보스에서 MIT 경영대학원의 에드가 샤인이 초청 강연에서 설명하였다. 이 강연에서는 진정한 패러다임의 변화를 도입하기 위해서는 기존의 질서가 점점 위협적이라는 것으로 보여야 하고 새로운 질서는 긍정적인 보상의 빛 속에서 도입되어야 한다고 말했다. (지금까지 편안하고 환영받는 것으로 보인) 탄소의 연소를 바탕으로 한 현재 세계의 질서는 임박하고 불가피한 기후변화의 위협적인 색들로 재조명될 필요가 있다. 새로운 질서는 새로 개정된 규제과 함께 원자력으로 생산된 전기가 실제로 너무 저렴해서 측정 불가일 정도라고 헤드라인을 다시 채워야한다. 이것은 흥미로운 질문을 불러 일으킨다. 어떤 물품이 측정할 수 없을 만큼 저렴해선 안되는 걸까? 보다 보편적이고 과감하게 대체할 수 있는 전력원은 물이라고 할 수도 있겠지만, 그러나 그것은 별도의 논제이다.

이성을 사용해 마음을 바꾸는 것은 고된 노력과 훈련이 필요하다. 분명히 새로운 관점을 채택한 선배 환경론자들은 이것을 할 수 있었지만, 대부분의 공동체 구성원들은 그렇게 하지 않았다. 뇌졸중 환자의 치료법과 이 이야기에는 유사점이 있다. 뇌졸중이 일어난 후에 기능적 MR 영상은 손상을 입은 뇌의 기존의 정신적 기능이 어떻게 뇌의 손상되지 않은 건강한 다른 부위로 옮겨져야 하는지 보여준다. 그리고 나서 옮겨진 부분은 새로운

Making such a transition successfully may be eased by varying the medium in which the case is made. Humour, music, plays, novels, video and poetry could contribute towards establishing a change of culture. In the days of the Cold War an important impression made this way helped to influence a couple of generations of young people, who marched and demonstrated against everything that nuclear energy stood for. To replace that fear and mass dread with a cultural rehabilitation of radiation and a whole new attitude to nuclear technology, will require a new culture that appeals to the identity of another generation – although their loyalty will, hopefully, still be to the environment and world peace, like their grandparents 50 years before.

But time is important. Humans may have a long lifespan, but in 50 years much experience gets lost. Basic knowledge may be recorded, but more subtle skills and the confidence that goes with using them are easily lost. The experience of building railways in the UK, like the skills of ancient Greece and Rome, were all but lost in a few generations. Much of the practical experience of building nuclear power plants has already been lost and must be imported – an expensive thing to do. The rebirth of a nuclear age should not be long delayed, and educational programmes should aim to transplant still-living experience into fresh minds before it is lost.

Rights, duties and the survival of the fittest

The survival of the fittest, the rough melee of evolutionary biology, makes no reference to rights. Rights are additions that we have to give up occasionally to survive, and safety is one of them. Indeed there is a tradition of honouring those who do put aside their own safety for the sake of others on the battlefields of war. But not every such choice is faced on a battlefield. There are other much more prosaic situations where there is a duty to step out of line and expose personal judgement in front

역할에 맞게 프로그램 될 필요가 있다. 이를 성공적으로 해내기 위해서 환자들은 치료사들의 도움을 받아 심신 운동을 매우 열심히 해야 한다. 원자력 에너지 같이, 감정적인 주제에 대한 의견을 완전히 바꾸기 시작하는 것도 비슷한 과정인 것 같다. 두 과정 모두 단순히 지식을 이전하는 것만의 문제가 아니고, 그 지식을 동화하고 받아들여야 한다.

이러한 전환을 쉽게 해주는 것은, 매체를 다양화하는 것이다. 예를 들어 유머, 음악, 연극, 소설, 비디오, 그리고 시는 문화의 변화를 일으키는 데 도움을 줄 수 있다. 냉전 시대에 이런 식으로 만들어진 중요한 인상은 원자력 에너지가 상징하는 모든 것에 대항하여 행진하고 시위하는 두 세대의 젊은 이들에게 영향을 주었다. 그러한 공포와 집단적 두려움이 방사선을 문화적으로 부흥시키고 원자력 기술에 대한 완전히 새로운 태도로 대체되기 위해선, -비록 그들이 50년전 그들의 조부모님처럼 여전히 환경과 세계 평화에 충성을 바칠 것임에도 불구하고 다른 세대의 정체성에 호소하는 새로운 문화가 필요할 것이다-

하지만 시간이 중요하다. 인간은 기대수명이 길어 질 수도 있지만 대개 50년 후에는 많은 경험이 사라진다. 기본 지식은 기록될 수 있지만, 보다 정교한 기술과 그 기술을 사용하는 데 수반되는 자신감은 쉽게 사라진다. 고대 그리스와 로마의 기술처럼 영국에서 철도를 건설한 경험은 몇 세대에 걸쳐 거의 사라졌다. 원자력 발전소 건설도 마찬가지이다. 이를 건설함에 있어 실질적인 경험의 많은 부분이 이미 상실되었고 다른 곳에서 수입되어야 하는데, 이것은 비용이 많이 드는 일이다. 원자력 시대의 재탄생은 오래 지체되어서는 안 되며, 교육 프로그램들은 사라지지 않고 아직 살아 있는 경험을 새로운 정신에 이전하는 것을 목표로 삼아야 한다.

권리, 의무, 적자생존

적자생존, 즉 진화생물학의 거친 난투극은 권리와는 상관이 없다. 권리는 우리가 생존하기 위해 때때로 포기해야 하는 부차적인 것이며, 안전도

of others. That may require a similar mix of bravery and self-confidence to that needed to enter no man's land and rescue a fellow soldier under fire. Here is an example with a stark message. Over many decades the infamous personality, Jimmy Savile, inveigled himself into many people's confidence in UK hospitals and outside in the wider community, and then sexually abused patients, staff and visitors, while enjoying special open access at all times. Many suffered, many more knew, but nobody spoke out sufficiently to question the authorities who claimed they knew nothing about it. Nobody was prepared to put aside their own psychological safety to save others. Duty?

Hans Christian Andersen's tale, The Emperor's New Clothes, is told to children who find it very funny, but also appreciate its seriousness. The vain emperor and his entourage of sycophantic courtiers stick to the official line that he is wearing a magnificent new suit of clothes, when in fact he is wearing nothing at all. Nobody dares to say what all can see – except a small boy from the street who shouts out the truth. The story is a harmless rendition of the Jimmy Savile story – but nobody spoke out in the Savile case! There was silence, and many innocent people suffered for many years in consequence.

Duty includes saying it how it is when everybody else appears ready to deny it. Doing so may risk unpopularity and isolation, but what is obvious should not be denied. If on re-examination and re-testing no flaw comes to light, it remains undeniable.

It is interesting to read Charles Darwin's thoughts about many of the geological rocks and fossils he found in his journey round South America in HMS Beagle in the 1830s[8]. It was obvious to him that these were immensely old, having started below sea level and been pushed up, heated, weathered and broken. To him the Earth was not just old, but very much alive, and the biblical account of the Earth, as young and dead, was entirely mistaken.

그 중 하나이다. 실제로 전장에서 다른 사람들을 위해 자신의 안전을 뒤로 하는 사람들에게 경의를 표하는 전통이 있다. 그러나 전쟁에서만 이런 선택에 직면하는 것은 아니다. 여기 훨씬 평범한 상황들이 있다. 거기에선 선을 벗어나서 다른 사람들 앞에서 일정한 기준없이 개인적인 판단을 노출하는 의무도 있다. 이런 의무는 포격을 받고 있는 동료 병사를 전쟁터에서 구출하는 것과 비슷한 용기와 자신감이 요구될 수도 있다. 여기 훨씬 적나라한 예시가 있다. 악명이 높은 인물인 지미 새빌은 수십 년 동안 영국 병원과 더 넓은 지역사회에서 많은 사람들을 교묘하게 속여 얻은 신뢰를 바탕으로, 개방적으로 접근할 수 있다는 점을 이용해서 환자, 직원, 방문객들을 성적으로 학대했다. 많은 사람들이 고통을 겪었고, 그보다 더 많은 사람들이 그러한 사실에 대해 알고 있었지만, 아무것도 모른다고 주장하는 당국에게 의문을 제기한 사람은 아무도 없었다. 다른 사람들을 구하기 위해 자신들의 심리적 안전을 포기할 준비가 되어 있는 사람은 아무도 없었다. 의무?

한스 크리스티안 안데르센의 동화 '벌거벗은 임금님'을 아이들은 우습다고 생각하지만, 그러나 이야기의 심각성도 알고 있다. 허영심 많은 임금님과 궁중의 아첨꾼들은 그가 사실 아무것도 입지 않고 있음에도 불구하고 그가 웅장한 새 옷을 입고 있다는 그들의 공식적인 입장을 고수했다. 거리에서 진실을 외치는 소년을 제외하고는 누구도 감히 모든 사람이 보고 있는 것을 말할 수 없었다. 이것은 지미 새빌 사건의 무해한 해석이지만, 실제 새빌 사건 [9]에서도 말을 꺼낸 사람은 아무도 없었다. 그 당시에는 침묵만이 가득했고, 그 결과 많은 무고한 사람들이 여러 해 동안 고통을 받았다.

의무에는 다른 모든 사람들이 부인할 것처럼 보일 때, 그것이 어떤 것인가 말하는 것도 포함된다. 그렇게 하는 것은 비호감과 고립의 위험도 있지만, 분명한 것을 부인해서는 안 된다. 만약 거듭되는 검증과 시험에서도 아무런 결함도 드러나지 않는다면, 그것은 부인할 수 없는 것으로 남는다.

---

9) Jimmy Savile은 폐렴으로 입원한 뒤 2011년 10월 사망했다. 사망 1년 뒤, 그가 BBC 내에서 여러 여성 스태프들을 성추행 했다는 사실이 밝혀지면서 논란이 일었다.

Losing trust by offering appeasement

Equally mistaken is the account of risks to life from ionising radiation, described by the LNT model and adopted by the current safety regulations: these imply that all radiation doses be kept as low as possible (ALARA), the basis for safety legislation around the world. Attempting to build public trust by appeasing worries about safety on this basis makes several assumptions that are untrue or damaging to society:

- It assumes that ionising radiation and radioactivity are extremely hazardous to life. As we have seen that is not the case and we have the evidence and explanations to hand.

- It assumes that society at large is too stupid and ill educated to understand the simple scientific situation. This is a denial of democracy and a council of despair – or a case for maintaining a scientific under-class, forever stupid and uninformed, while matters are overseen by a hegemony of safety experts. We must hope that young people will demand to be educated and have the truth explained – hopefully some of them are reading this book.

- It assumes that the general public has no experience of significant radiation doses, let alone the very high doses received beneficially in therapy and the much more moderate doses in scans. Society would benefit from a more open explanation of such treatment by the medical profession.

- The current safety regime assumes that the accident at Fukushima indicated a need for greater safety in the design and operation of nuclear plants. This is untrue. The claim suggests appeasing the media clamour for further safety, which is a waste of resources. New designs should be developed, and should be selected in due course on economic as well as safety grounds. They should burn the existing stockpile of partially used fuel, and be able to burn thorium fuel too, but safety should not be the single priority – it certainly is not in the carbon fuel industries. Most existing reactor designs were seen as

1830년대, 찰스 다윈이 여왕선 비글호[10]로 남미 일대를 여행하면서 발견한 많은 지질학적 암석과 화석에 대한 그의 생각을 읽는 것은 매우 흥미롭다[8]. 바닷속 깊은 곳에서 시작해서 위로 떠밀려 올라가고, 가열되고, 풍화되며, 깨진 암석과 화석들은 엄청나게 오래된 것임이 분명했다. 찰스 다윈에게 지구는 아주 오래된 것만 아니라 생생히 살아있었다. 지구는 젊고 죽어 있다는 성경의 설명은 완전히 틀린 것이었다.

유화정책으로 잃은 신뢰

이와 동일하게 전리방사선이 생명체에 위험하다는 LNT모델의 설명과 그것을 현재의 안전 규정으로 채택한 것 역시 잘못되었다; 이는 모든 방사선량은 가능한 한 낮게 유지되어야 한다(ALARA)[11]는 전 세계 안전 법규의 기초를 내포한다. 이러한 점에 기초하여 안전에 대한 걱정을 잠재우면서 대중의 신뢰를 구축하려고 시도하는 것은 진실이 아니거나 사회에 악영향을 미치는 몇 가지 가정을 한다.

- 전리방사선과 방사능이 생명체에 매우 위험하다고 가정한다. 이는 우리가 본 사실과 다르며, 우리는 이를 뒷받침할 만한 증거와 설명을 손에 쥐고 있다

- 전반적으로 사회는 너무 어리석고 학식이 부족해서 단순한 과학적 상황을 이해할 수 없다고 가정한다. 이것은 민주주의에 대한 부정이며, 절망의 모임이다. 아니면 주도권을 가진 안전 전문가들이 이 문제들을 감독하는 동안, 사회를 영원히 어리석고 정보를 받지못한 과학적 하급반 상태로 유지하려는 경우이다. 우리는 젊은 사람들이 교육을 받고 진실을 설명하라고 요구하기를 바라야 한다 – 그들 중 일부가 이 책을 읽기를 바란다.

---

10) 왕립해군 군함 비글(HMS Beagle)은 영국 해군의 10문포를 탑재한 체로키급 브리그(brig)선(쌍돛대범선)이다.

11) ICRP가 1965년 권고한 방사선 방호의 기본 사고방식을 나타내는 개념. "As Low As Reasonably Achievable"의 첫 문자를 따온 것으로서, 사회적 경제적인 요소들을 감안하여 방사선 피폭의 수준을 합리적으로 달성 가능한 한 감소시킨다는 방호 철학.

acceptably safe before the Fukushima accident, and should be seen as equally safe now.

There are vested interests who have reason not to support any liberalisation of nuclear energy and a reduction in radiophobia: those in the media who have preached against it and taken a stand for many years; those in the safety industry for whom the status quo offers stability of career and reputation; others with long-term commitments to pressure groups, such as Greenpeace. There are more who have thrown in their lot, investment or career, based implicitly on ALARA. Few of these would welcome change, but the young people of tomorrow whose future is at stake have no such baggage.

If the public feel that they can trust neither the science nor the authorities, confidence is eroded and few people feel able to exercise their own judgement. Democracy only works when voters study the actual evidence, not just what others say about it. The voice of science itself is not democratic – that is, its truth is not influenced by any kind of vote. Nor indeed does it bow to authority or any court of law. Nature is the popular face of science, and independent of any green agenda, nature will do what science determines – and intelligent authorities know that.

Illustration 1-7 on page 41 may bring a smile. It tells the story of King Canute, a wise Scandinavian and English king who reigned a thousand years ago. He was pestered by his courtiers who thought only of winning his favour, and that anything he commanded would be done. To show them this was not true, he ordered his throne to be taken to the water's edge on the beach as the tide was coming in. Then he commanded the tide to go out, but his sycophantic followers were surprised to see the tide disobeyed and the water continued to rise, lapping around the king and his throne. Man cannot stop nature, and there is no design of nuclear power station that cannot be overwhelmed, if not in one way, then in another. It is nobody's fault that accidents like that at Fukushima Daiichi happen. Nature has the last word, as King Canute himself understood.

- 일반 대중은 치료에 도움이 되기 위해 받은 매우 높은 선량과 스캔에서 받은 훨씬 완화된 선량은 생각지 않고, 많은 양의 방사선을 경험하지 못했다고 가정한다. 의료계가 그러한 치료에 관해 더욱 공개적으로 설명하면 사회적으로 이익이 될 것이다. .
- 현재의 안전 체제는 후쿠시마 원전사고가 원자력 발전소의 설계와 운영에 있어 더 큰 안전이 필요하다는 것을 의미한다고 가정한다. 이것은 사실이 아니다. 이 주장은 추가적인 안전을 요구하는 떠들썩한 언론의 소리를 가라앉히려는 것이다. 그러나 이것은 자원의 낭비이다. 새로운 설계는 개발되어야 하며, 안전뿐만 아니라 경제적 측면도 고려해서 선택되어야 한다. 이는 부분적으로 사용된 연료의 기존 비축량도 태워야 하고 토륨 연료도 태울 수 있어야 하지만, 안전이 유일한 우선순위가 되어서는 안 된다. - 화석 연료 산업에는 분명히 안전이 우선 순위가 아니다. 후쿠시마 사고 이전에는 대부분의 기존 원자로 설계들이 충분히 안전한 것으로 간주되었고 지금도 똑같이 안전한 것으로 보아야 한다.

기득권자들은 원자력 에너지의 자유화와 방사선 공포증 감소를 지지할 이유가 없다: 그들 중에 대중 매체에 종사하는 사람들이 있다. 그들은 오랫동안 두 가지를 반대해왔고, 그 견해를 견지해 왔다; 현재 안전 산업에 종사하는 기득권자들도 있다. 현상을 유지하는 것은 그들에게 안정된 경력과 명성을 제공한다; 그린피스와 같은 압력단체에 오래동안 헌신하는 사람들도 있다. 많은 사람들은 암암리에 ALARA를 기반으로 자신의 분야에 투자와 경력을 쏟아 부었다. 이들 중에 변화를 반기는 사람은 거의 없다. 그러나, 미래가 위기에 처한 내일의 젊은이들에게 이런 부담은 없다.

만약 대중들이 과학도, 권위도 믿을 수 없다고 느낀다면 신뢰는 잠식되고 자신의 판단력을 발휘할 수 있는 사람들은 거의 없어질 것이다. 민주주의는 다른 사람들이 그것 대해서 말하는 것이 아니라, 유권자들이 실제 증거를 연구할 때만 제대로 작동된다. 그러나 과학의 소리, 그 자체는 민주적이지 않다. 즉, 과학의 진실은 어떤 종류의 투표에도 영향을 받지 않는다. 또한 과학은 어떠한 권위나 법정의 재판에도 굴복하지 않는다. 자연은 인기

There is no tradition that scientists take an Oath of Duty, but perhaps there should be. Physicians traditionally take the Hippocratic Oath to place the health and safety of their patients first. In a similar vein, research scientists should implicitly agree to put truth about nature in first place. Then they might appreciate how nature provides better protection than reliance on regulation. Law, obediently followed and backed by the possibility of redress, is no substitute for active and knowledgeable accident prevention in the first place. A similar observation is that taking out insurance is inferior to good care, and that a successful insurance claim never returns what has actually been lost.

Money and safety – two social inventions of limited worth

Insurance and legal redress come down to money. Like money, safety is a social rather than a physical measure: both relate to contracts involving trust and confidence within society, but both are flawed. Money is not itself beneficial – that only happens when it is given away in exchange for something desirable. All money must be surrendered at death anyway. Similarly, all safety provisions must fail in the end, since death is a given for us all.

At best, money and safety provide choices. The value of money is flexibility in the range of goods for which it can be exchanged. But if many people hoard it or nobody wants it, it enables no contracts and ceases to have any dynamic value for society. Any such reduction of contracts puts a sharp brake on social and economic activity of all kinds. An obsession with safety has a similar effect by reducing human activity or squandering it on unproductive investment. For example, to be safe and avoid the many small risks of the day, to save money even, you might decide to stay in bed, thereby cutting productivity and contributing to a decline in the economy. Safety comes at a price.

But, if instead of a risk-averse attitude towards safety, the population

있는 과학의 단면이며, 어떤 녹색 환경 의제와도 무관하다. 자연은 과학이 결정하는 대로 움직일 것이다 - 물론 똑똑한 지도자는 그것을 알고 있다.

41쪽의 〈그림 1-7〉을 보는 순간 웃음이 나올 것이다. 이 이야기는 약 1000년 전에 영국을 통치했던 현명한 스칸디나비아 출신의 크누트 왕에 대한 이야기이다. 그는 신하들 때문에 고통을 받았다. 신하들은 왕의 호의를 얻으려는 생각으로 가득 차 있었고 왕의 명령이라면 무엇이든 하고자 했다. 자신의 명령이 모든 것을 통제할 수 있는 것이 아님을 보여주기 위해, 그는 바닷가로 그의 왕관을 가져가라고 명령했다. 그러고는 파도에게 가까이 오지 말라고 명령했지만 파도는 계속 밀려왔고 아첨꾼들은 불어나는 물에서 뒹굴고 있는 왕과 왕관를 보며 당혹해했다. 인간은 자연을 막을 수 없고, 어떻게 해봐도 자연에 제압당하지 않는 원자력 발전소는 없다. 후쿠시마 제1원자력발전소에서 발생한 그런 사고는 누구의 잘못도 아니다. 자연이 결정적이었고 크누트 왕은 이것을 알고 있었다.

과학자들이 의무의 선서를 하는 전통은 없지만, 생겨야 한다고 생각한다. 의사들은 전통적으로 히포크라테스 선서를 통해 환자의 건강과 안전을 최우선시하는 자세를 가진다. 비슷한 맥락에서, 연구 과학자들은 자연에 대한 진실을 우선시하는 것에 무조건 동의해야 한다. 그러면 어떻게 자연이 인위적인 규제보다 더 나은 보호를 제공하는지에 대해서 감사할 수 있을 것이다. 법률은, 순종적으로 따라야 하며 공평하게 적용하는 것을 근간으로 하고 있지만, 애당초 적극적이고 전문적인 지식을 요구하는 사고방지 대책을 대신할 수 없다. 비슷한 예가 있다. 좋은 치료를 하는 것이 보험에 가입하는 것보다 나으며 보험 청구를 성공적으로 했다 해도 실제로 잃어버린 것을 돌려주지 않는다는 것이다.

돈과 안전 - 제한된 가치의 두 가지 사회적 발명품

보험과 법률적인 보상은 결국 돈의 문제이다. 안전은 돈과 비슷하게 물리적인 수단이라기 보다는 사회적인 수단이다. 이것들은 모두 사회 내부의

at large is more inclined to take a calculated gamble, ideally by examining the science and reckoning the chance of success or failure, the economy would be stimulated. The social cost of an occasional failure would be more than balanced by the economic uplift.

So, today, how far are we from some sensible compromise or equilibrium? Attitudes to money are poor, but perhaps not completely distorted. However, the view of nuclear safety is so totally unbalanced that to some groups in society, any risk at all is unacceptable, while no one else dares offend this extreme sensitivity. The politics of this situation is stabilised by scientific ignorance, but the economic consequences are dire and will continue to be so. When combined with the growing use of carbon fuels, the environmental consequences are seen to threaten the existence of human civilisation and other forms of life.

The way in which we use safety today is equivalent to a policy of financial liquidity in which we are so frightened that we hand all our money to the government for safe keeping. Such a regime would have no liquidity at all, no risk takers and no prospect of prosperity. That is not hard to see.

신뢰가 수반되는 계약과 관련이 있지만 이들 모두 결함을 지니고 있다. 돈은 갖고 싶은 것과 교환될 때에만 가치를 지니고 그 자체로서는 경제적인 이익을 주지 않는다. 돈은 어쨌든 죽음에 항복해야 한다. 마찬가지로 죽음은 우리 모두에게 주어진 것이기 때문에 모든 안전 장치는 결국 실패할 수밖에 없다.

기껏해야, 돈과 안전은 선택권을 제공하는 것뿐이다. 화폐의 가치는 교환할 수 있는 상품의 범위에 따라 유연성이 있다. 그러나 만약 사재기를 하거나 그 상품을 원하는 사람들이 아무도 없다면, 결국 어떠한 계약도 불가능해지고 사회를 위한 역동적인 가치는 더 이상 존재하지 않게 된다. 이렇게 계약이 축소되면 모든 사회적, 경제적 활동에 급제동이 걸린다. 안전에 대한 강박관념은 사람들의 활동을 감소시키거나 비생산적인 투자에 낭비하게 만들기 때문에 이와 비슷한 효과를 가져온다. 예를 들어 하루 동안 아주 작은 위험을 포함해서 모든 위험을 피하고, 돈을 절약하기 위해 침대에 누워있기로 결심했다면, 이로 인해 생산성이 떨어지고 이는 경제 침체의 원인이 될 수 있다. 결국 안전은 대가를 치른다.

만일 안전에 대한 위험을 회피하는 태도 대신에, 대부분의 사람들이 완벽하게 과학을 조사하고 성공과 실패의 가능성을 계산해서, 위험을 무릅쓴다면 경제는 자극을 받을 것이다. 가끔 실패 때문에 발생한 사회적인 비용은 경제 부양으로 인해 균형을 유지할 것이다.

그렇다면 오늘날, 우리는 합리적인 타협이나 균형으로부터 얼마나 멀리 와 있을까? 돈에 대한 우리의 태도는 형편없다. 하지만 아마도 완전히 곡해된 것은 아닐 것이다. 그러나 원자력 안전에 대한 입장은 너무 균형이 잡히지 않아서 어떠한 위험도 받아들이려 하지 않는 집단이 있는 반면. 그 밖의 사람들은 위험에 대해 이렇게 예민하게 반응하는 것에 반대할 엄두를 내지 못한다. 이러한 상황에서의 정치는 과학적으로 무지하기 때문에 안정될 것이다. 하지만 경제에 가져올 결과는 끔찍할 것이고 그렇게 계속될 것이다. 화석 연료의 사용이 증가할 때, 이에 따른 환경적인 결과는 인류 문명을 포함한 다른 생명체의 존재를 위협하는 것으로 보인다.

Major health consequences of radiation accidents

Cancer from Hiroshima and Nagasaki

There would be no particular excuse for anybody to be frightened of radiation if WWII had not ended with two nuclear bombs being dropped on the cities of Hiroshima and Nagasaki in August 1945. The principal effects of a nuclear weapon are a blast, a fireball and a prompt pulse of radiation. At Hiroshima and Nagasaki these killed at least a quarter of the population of 429,000. In 1950 when reliable records were compiled, only 283,000 survivors could be traced, and their medical health has been followed ever since[9]. Knowing where the bomb detonated, where the individual was and what material there was to shield them from the radiation, enabled individual radiation doses to be calculated for 86,955 of these survivors. These doses were checked against the personal radiation history of individual survivors as recorded by chromosome abnormalities and unpaired electron densities (ESR) in their teeth. The average whole body dose of survivors was 160 mGy from the acute X-ray and neutron fluxes. Most of those who died within days were killed by the blast and the fire, but some succumbed to Acute Radiation Syndrome in a few weeks. Although a few died of cancer before 1950 the majority of such cases would be expected later, in the period 1950-2000 for which data are available. Similar data for inhabitants who lived beyond the reach of the radiation have also been analysed for comparison. This is important because the normal cancer mortality rate in the absence of an artificial radiation dose is not small, and any comparison should be made with groups of inhabitants who are otherwise the same.

Of those survivors with a reconstructed dose, 10,127 died of solid cancers between 1950 and 2000, compared to 9,647 expected based on data for those not irradiated; for leukaemia the numbers are 296 and 203. Together these numbers mean that 93% of cancers would have happened

오늘날 우리가 안전을 이용하는 방법은 금융 유동성 정책과 같다. 이런 정책 아래서는 우리는 잃을 것을 두려워해서 모든 돈을 정부에 넘겨 안전하게 한다. 그런 제도라면 유동성도 전혀 없고, 위험을 감수하는 사람도 없고, 발전할 미래도 없을 것이다. 이런 예는 심심치 않게 볼 수 있다

방사선 사고가 건강에 미치는 심각한 영향

히로시마와 나가사키에서 발생한 암

1945년 8월, 히로시마와 나가사키에 두 개의 핵 폭탄이 투하되지 않고 제2차 세계대전이 종전되었다면 방사능을 두려워할 이유는 없었을 것이다. 핵무기는 폭발, 불덩이, 그리고 즉각적인 방사선 파동을 발생시킨다. 원자 폭탄 때문에 히로시마와 나가사키에 살던 42만 9천 여 명 인구의 적어도 4분의 1에 해당하는 사람들이 사망했다. 1950년에 28만 3천 여 명의 생존자를 관찰한 믿을 만한 기록이 수집되었고 이후 이들의 건강상태는 계속 추적 관찰되고 있다. 폭탄이 어디에서 터졌는지, 그때 그들의 위치, 그리고 방사능으로부터 그들을 보호한 물질은 어떤 것인가를 파악함으로써 생존자 중 86,955명에 대한 개별 방사선량을 계산할 수 있었다. 이 방사선량은 염색체의 변화와 치아 내 전자 밀도[12](ESR - 전자 스핀 공명을 이용)가 기록된 생존자의 개인 방사선 이력과 대조되었다. 급성 X선과 중성자 유출로 인한 평균 전신 선량은 약 160 mGy였다. 대부분의 사람들은 폭발과 화재로 며칠 만에 사망했고, 일부는 급성 방사선 증후군으로 몇 주 만에 사망하였다. 비록 1950년 이전에 몇몇 사람은 암으로 사망했지만, 대부분의 사례는 나중에 - 데이터가 활용 가능한 1950-2000년의 기간 내에 - 밝혀질 것으

---

12) 전자밀도(ESR : Electron Spin Resonance) : 방사선 조사에 의해 생성된 자유 radical(유리기, 遊離基)의 짝 없는 전자는 자기장 하에서 자기 모멘트에 따라 서로 다른 에너지 상태로 존재하므로 단파장 에너지를 흡수하여 낮은 상태에서 높은 상태의 에너지로 여기(勵起)되는 스펙트럼으로 확인하는 방법

anyway and 7% were caused by the radiation. For the 67,794 survivors with doses less than 100 mGy, the numbers are 7,657 and 7,595, and for leukaemia 161 and 157. For this group of survivors the numbers of extra deaths (62 solid cancers and 4 leukaemia) are smaller than the standard random errors calculated by Poisson statistics (90 and 13), and so are not significant measurements. But in this group of 67,794 people the risk is only about 1 in 1,000, anyway. For comparison, the lifetime chance of dying in a road accident varies between 3 and 6 in 1,000. So, for all practical purposes there is a threshold of risk from a dose of acute radiation at about 100 mGy. What happens at lower doses is too small to measure – even among the survivors from the bombing of two major cities whose health is followed for 50 years. Perhaps it is best summed up this way:

Suppose you were unlucky enough to be in Hiroshima or Nagasaki when the bombs were dropped, and you survived until 1950. If you received less than 100 mGy (like 78% of the other survivors), then the chance that you died of cancer between 1950 and 2000 from the radiation would be less than 20% of the chance of dying from a traffic accident in the same period of time.

The dose at Hiroshima and Nagasaki was an acute radiation pulse with little protracted or chronic contribution from residual radioactivity. This is the worst case – the same total radiation dose suffered as a chronic dose due to radioactivity spread over days, months or years would be substantially less dangerous, thanks to biological repair, replacement and adaptation.

로 예상되었다. 비교를 위해 방사선의 영향을 받지 않았던 주민 집단에 대한 유사한 데이터도 분석되었다. 인공 방사선의 영향 없이도 전형적인 암에 걸려 사망하는 비율도 적지 않기 때문에 이를 분석하는 것은 중요하다. 만약 인공 방사능에 노출 된 적이 없었다면 인공 방사능에 피폭됐던 주민 집단과의 비교가 이루어져야 한다.

1950년과 2000년 사이에 피폭 선량이 확인된 사람들 가운데 10,127명이 고형 암으로 사망한 것으로 나타났다. 방사능에 노출되지 않은 사람들이 데이터 분석상 암으로 사망할 것으로 예상된 숫자는 9,647명이었다. 백혈병의 발병은 방사능에 피폭된 사람이 296명 그렇지 않은 사람은 203명으로 나타났다. 이 숫자들을 보면 방사능에 노출된 적이 없었다고 해도 암으로 사망한 사람의 93%는 어차피 암으로 사망할 것임을 의미한다. 여기서 남은 7% 정도가 방사능의 영향이라고 할 수 있다. 피폭 방사선량이 100mGy 미만인 67,794명의 생존자 중 암으로 사망한 사람과 그렇지 않은 그룹에선 7657명 대, 7595명, 백혈병은 161명 대 157명으로 나타난다. 이 생존자의 그룹의 경우 추가적으로 사망한 수 (고형암 62명, 백혈병 4명)는 쁘와송 확률론[13]에 의해 계산된 (고형암 90명 대비 백혈병 13명) 무작위 오차보다 작기 때문에 의미있는 수치는 아니다. 어쨌든, 67,794명의 그룹에서 암의 위험은 1000명 중 1명 정도에 불과하다. 교통사고와 비교한다면, 평생 교통사고로 인해 사망할 가능성은 1000명중에 3명에서 6명 사이이다. 그래서 100 mGy의 급성 방사선으로 인한 실제적인 위험은 한계가 있다. 두 도시에 벌어진 폭발에서 50년동안 추적된 생존자들 사이에서조차 낮은 선량에서 사망한 사람들의 수는 측정할 수 없을 만큼 작았다. 아마도 다음과 같이 요약하는 것이 가장 좋을 듯하다.

정말로 운이 나빠서 폭탄이 떨어졌을 때 히로시마나 나가사키에 있었고, 1950년까지 살아남았다고 가정해보자. 만약 당신이 100mGy 미만의 (다른 생존자의 78%에 해당되는) 방사선을 받았다면, 방사선으로

---

13) Poisson distribution은 확률론에서 단위 시간 안에 어떤 사건이 몇 번 발생할 것인지를 표현하는 이산 확률 분포이다.

Inherited abnormalities caused by radiation

But cancer is not the only worry that people have had about radiation since 1945. Having learned that radiation has the power to modify DNA, there has been concern that radiation might modify the design of human life itself, as inherited by each generation and passed down to later ones. It is clearly possible, but does it happen? At the time of the Cold War, imagining the implications of this possibility increased the nuclear threat – and was, therefore, an effective political weapon. It fuelled decades of horror fiction – stories of two headed monsters, and pets with extra legs, made exciting entertainment and stimulated the imagination. Unfortunately it took a few years before the scientific consensus emerged that there is no such evidence, based on the survivors of Hiroshima and Nagasaki, on data from Chernobyl, or any other source. It does not happen, in humans anyway, but in the 1950s and 1960s before this conclusion was reached, asking the question had major consequences, as we report here in Chapter 10. But in 2007 the ICRP cautiously reduced their risk coefficient for inherited damage to some 20 to 40 times smaller than that for cancers[10]. That inherited genetic damage has never been seen in higher life forms is thanks to the immune system, but that does not mean it can never occur. In principle, any of us could be hit on the head by a meteorite tomorrow, but that is not going to happen either.

인해 1950년에서 2000년 사이에 암으로 사망했을 확률은 같은 기간 동안 교통사고로 인해 사망할 확률보다 20% 낮았을 것이다.

히로시마나 나가사키에서 발생한 방사선은 잔류 방사능에 의한 장기적 혹은 만성적인 영향이 거의 없는 **급성 방사선 파동**이었다. 이것은 피폭자에겐 최악의 상황이다 – 며칠 몇 달 몇 년 동안 나누어진 **방사선의 만성적 선량**은 생물학적인 회복, 교체, 적응 덕분에 실질적으로 훨씬 덜 위험하기 때문이다.

방사선이 일으킨 유전적 기형

그러나 1945년 이후 사람들이 방사능에 대한 걱정은 암 분만이 아니다. 방사선이 DNA를 변형시킬 수 있다는 것을 알게 된 후, 방사선의 영향이 다음 세대로 전달되어 후대에 유전된다는 우려, 즉 인간의 생명 그 자체의 디자인을 변형시킬 수도 있다는 우려가 생겨났다. 이는 분명히 가능하다. 하지만 실제로 그런 일이 일어날까? 냉전 당시, 이런 가능성을 암시하는 영상이 핵 위협에 대한 공포를 증가시켰다 – 따라서 핵무기는 효과적인 정치적인 무기가 되었다. 이 상상은 수 십 년간 공포 소설의 재료가 되었다. –두 개의 머리를 가진 괴물과 많은 다리를 가진 애완동물들의 이야기가 흥미진진한 즐거움을 만들었고 상상력을 자극했다. 하지만 안타깝게도 히로시마와 나가사키의 생존자에 근거한 자료와, 체르노빌과 그 밖의 다른 출처의 자료가 정리된 최근에 들어서 이런 일이 일어난다는 과학적인 증거가 없다는 데에 의견이 일치되었다. 이 책에서 말하고 있는 것처럼, 이제는 이런 일들이 인간에게는 일어나지 않는다는 것을 알지만, 이런 결론이 내려지기 전인 1950년대와 1960년대에는 상황이 매우 달랐다. 2007년 ICRP는 조심스럽게 유전에 대한 위험계수를 암에 대한 위험계수보다 약 20에서 40분의 1 정도로 낮추었다. 면역체계 덕분에 유전적 기형이 고등 생명체에서 발견된 적은 한 번도 없지만 그렇다고 해서 절대 일어날 수 없다는 것을 의미

Civil nuclear safety and radiological protection

In the context of a nuclear power plant and far away from the blast and fire caused by the explosion of a nuclear weapon, the idea of safety covers two quite separate concerns: the control of the reactor and the protection of people, the latter usually described as radiological protection.

Shutting down a reactor by absorbing all free neutrons stops all further nuclear fission, but leaves unquenched the 7% of its power output that comes from radioactive decay, the decay heat. At Fukushima the consequences of being unable to remove this decay heat resulted in the destruction of several reactors. Stabilising the operation of a reactor and providing cooling to remove the decay heat are important and expensive engineering tasks. At Fukushima Daiichi they were overwhelmed by exceptional conditions beyond the design specification of the reactors. The result was an accident of the kind usually labelled an Act of God in discussion of insurance risk. Put another way, there is no human design that cannot be overwhelmed by nature. Nobody was to blame for this and, furthermore, nobody was hurt, not even those who worked at the plant under very difficult circumstances and took important decisions, such as to release the excessive reactor pressures. For that they deserve praise and thanks.

But we can ask,

Among the workers at Fukushima how many deaths due to radiation might there be as a result of the accident in the next fifty years?

Thirty workers are reported to have received doses as high as 100-250 mGy, but the lowest dose suffered by any worker at Chernobyl who died of ARS was 2,000 mGy – and they died within three or four weeks. So it is not surprising that no death from ARS has been reported at Fukushima, and none will be in the future. What about cancer in years to

하진 않는다. 이론적으로는 우리 중 누구라도 내일 머리에 운석을 맞을 수도 있다. 그러나 그런 일 또한 일어나지 않는다.

민간의 핵 안전과 방사선 방호

원자력 발전소와 핵무기의 폭발로부터 멀리 떨어진 곳이라는 상황에서 안전이라는 개념은 서로 다른 두 가지, 원자로의 제어와 인명 보호 문제를 다루고 있다; 이 중 후자는 보통 방사선 방호라고 부른다.

원자로의 경우, 모든 자유 중성자를 흡수하고 원자로를 정지하면 핵분열은 멈춘다. 하지만 방사성 붕괴로 인해 이전 출력의 7%에 해당하는 붕괴열이 나오게 된다. 후쿠시마에서는 이 붕괴열을 제거할 수 없었기 때문에 여러 개의 원자로가 파괴되었다. 원자로의 작동을 안정시키고 붕괴열을 제거하기 위해 냉각수를 제공하는 것은 매우 중요하고 비용이 많이 들어가는 공학적 작업이다. 후쿠시마 제1원전에서 원자력 발전소는 원자로 설계 기준을 뛰어넘는 예외적인 조건에 압도당했다. 결과적으로 이러한 사고는 사고보험에서 보통 불가항력조항이라고 분류된다. 다르게 말하면, 자연에 압도되지 않는 인간의 디자인은 결코 없다. 이 사고로 아무도 비난받아서는 안 된다. 게다가 원자로의 과도한 압력을 방출하는 것처럼 발전소에서 중요한 결정을 하는 사람들, 극한의 상황에서 근무를 하는 사람들은 감사와 칭송을 받을 자격이 있다. 그런데 이들 가운데 다친 사람은 아무도 없다. 우리는 조심스럽게 물어 볼 수 있다,

후쿠시마의 근로자 중 방사능으로 인한 사망자가 앞으로 향후 50년 동안 얼마나 될 것인가?

30명의 근로자들은 100~250 mGy의 높은 선량을 받은 것으로 보고되고 있지만, 급성 방사선 증후군 (ARS)으로 사망한 체르노빌의 근로자가 피폭된 선량은 최저 2,000 mGy였으며 3, 4주 이내에 사망했다. 따라서 후쿠시마에서 ARS에 의한 사망은 보고되지 않았고, 앞으로도 ARS로 인

come? Of the 5,949 survivors of Hiroshima and Nagasaki who received doses in this range (100-250 mGy), 732 died of solid cancer (and 14 of leukaemia) against expected numbers of 691 (and 15) in the absence of radiation (calculated from those there but not irradiated). The difference, 40, is a measure of the number of cancer deaths caused by radiation – as a proportion, it is one person in 150. At Fukushima there were just 30 workers who received a dose in this range, and 1 in 150 of those is 0.2. That is less than one person on average, meaning that it is unlikely that any worker at Fukushima will die of cancer from radiation, even in the next 50 years. The public have received far lower doses than the workers and are in no danger from radiation-induced cancer whatever.

The evacuation criterion and public exposure limit at Fukushima were based on 20 mGy per year, but there was great public pressure to lower the figure to 1 mGy per year. Such a limit could only be interpreted as additional to natural levels that show large variations anyway with soil type, altitude and latitude. Even 20 mGy per year as a chronic dose is 10,000 times lower than the monthly dose to healthy organs accepted by radiotherapy patients in Japan – and standards of medical care in Japan are among the highest in the world, as confirmed by life expectancy figures. The dose rate of 20 mGy per year is 60 times lower than the conservative safety threshold of 100 mGy per month suggested later in this chapter. Unfortunately the evacuation and clean-up regime imposed at Fukushima has had serious socio-economic consequences for the inhabitants of the whole region, without benefit of any kind, and was a tragic mistake. To this should be added the major economic and environmental cost of failing to restart the existing nuclear power plants and the related importation of fossil fuel.

The accident at Chernobyl was more than 25 years ago and questions about safety have been answered – what happened, who suffered and how, has been extensively reported in publications by the World Health Organisation, the United Nations and the International Atomic Energy

한 사망자가 없을 것이란 예측은 놀랍지 않다. 앞으로 몇 년 후에 암은 어떻게 될까? 100-250 mGy의 선량을 받은 히로시마와 나가사키의 생존자 5,949명 중 732명이 고형암 (14명은 백혈병)으로 사망하였는데, 방사선에 노출되지 않은 사람들 중 (그곳에 있었으나 피폭받지 않은 것으로 계산된) 691명이 고형암 (15명은 백혈병)으로 사망했을 것으로 추산된다. 여기서 40명의 차이는 방사선에 의한 암 사망자의 수를 나타내는 척도로, 이는 150명 중 1명 꼴이다. 후쿠시마 근로자 30명이 100 −250 mGy의 선량에 피폭되었는데, 이를 150대 1의 비율로 계산하면 0.2명이 죽는 것이다. 이는 평균 한 명도 안되는 것으로, 후쿠시마의 근로자가 향후 50년 안에 방사능 피폭에 의한 암이 발생하여 사망할 가능성은 거의 없다는 것이다. 후쿠시마 원전 인근에 거주했던 일반인들은 위의 근로자들보다 훨씬 낮은 선량을 받았기 때문에 방사선 영향에 따른 암이 발생할 가능성은 전무하다.

후쿠시마 사고에서 피난 기준과 공공 피폭 한도는 연간 20 mGy였지만, 연간 1 mGy로 기준치를 낮춰야 한다는 국민적 압력이 컸다. 하지만 그런 제한치는 토양 유형, 고도, 위도에 따라 큰 변화를 보이는 자연 선량의 변화로 해석될 수 있을 정도에 불과하다. 심지어 연간 20 mGy의 만성 선량도 일본 방사선치료 환자의 건강한 장기가 받는 양에 비교하면 보다 10,000분의 1이다. − 일본의 의료 수준은 기대수명에서 확인되듯이, 세계 최고 수준이다. 연간 20 mGy는 이 장 후반부에서 제시한 보수적인 안전 기준인 월 100 mGy의 60분의 1이다. 하지만 불행히도 후쿠시마에서 적용된 피난과 정화 체계는 어떤 종류의 이득도 주지 못했고 그 지역 주민들에게 심각한 사회 경제적 손실을 가져왔다. 이는 비극적인 실수였다. 여기에다 이 지역의 원전 가동을 모두 중단함으로써 상당한 경제, 환경적 비용이 추가됐고 화석연료 수입 비용까지 추가되어야 했다.

체르노빌 사고는 25년 이전에 일어났으며 안전 문제에 대한 답을 얻었다. 무슨 일이 일어났었으며, 누가 고통을 받았고, 어떻게 고통을 겪었는지는 세계보건기구(WHO)와 UN, 국제원자력기구(IAEA)의 간행물에 광범위하게 보고되었다. 체르노빌에서 알려진 방사선 피폭으로 인한 인명피해

Authority. The known loss of life as a result of radiation exposure includes the 28 firefighters who died of ARS and 15 children who died from thyroid cancer. These reports conclude that there is no firm evidence for any other loss of life due to radiation, either individually identified or statistically shown. The higher numbers sometimes quoted are paper calculations that use LNT-based risk coefficients (such as 5% risk of death per Gy) combined with measurements of Collective Dose. If the low doses of a large number of people received over many years are all added up, the result is a Collective Dose. This is without meaning except in the LNT model. Since 2007, even the ICRP, that still champions LNT, has cautioned that such calculations should be avoided.

Radiation doses As High As Relatively Safe

Acute, chronic and lifelong thresholds of risk

Suppose that you are building a bridge. Everybody agrees that it should be cost-effective and safe. But how safe? You would not advertise the bridge weight limit as the lowest that you might imagine by using the argument that the lower the weight limit applied the safer is the bridge in use. By lowering the weight limit you might incur greater risks by sending heavier trucks on a long diversion route. Rather, safety thresholds should be set As High As Relatively Safe (AHARS) – conservative but mindful of other risks, which is where the relatively comes in. No extraordinary case should be made for radiation – the record shows that there are other aspects of life that are considerably more hazardous, and the risks and safety of radiation should be reckoned alongside other considerations. Nuclear is not a special risk and in fact is rather safe.

Following the discussion in Chapter 8, a sensible safety regime, conservative and based on modern radiobiology, might place safety

는 ARS로 숨진 소방관 28명과 갑상선암으로 숨진 어린이 15명이다. 위의 간행물에서는 이 사망자를 제외한 개별적으로 확인되거나 통계적으로 나타난 방사선에 의한 사망의 증거가 없다고 결론지었다. 가끔 인용되는 더 높은 숫자는 LNT에 근거한 위험계수 (예: Gy 당 사망 위험 5% 등)를 측정된 집합 선량, 즉 저선량을 다수 사람들이 수 년에 걸쳐 받은 피폭을 모두 합한 선량인 집합 선량과 조합하여 계산한 종이 상의 숫자에 불과하다. 이 계산은 LNT 모델의 단순한 반복을 제외하면 아무런 의미가 없다. 2007년 이후, LNT의 최고 권위자인 ICRP조차 그러한 계산은 피해야 한다고 경고해 오고 있다.

상대적으로 안전한 최대치의 방사선량

급성, 만성, 평생에 걸친 위험의 문턱값

당신이 다리를 짓고 있다고 해보자. 모든 사람들이 다리를 짓는 것은 경제적으로 효율적이며 안전해야 한다고 생각한다. 과연 얼마나 안전해야 할까? 만약 다리를 광고한다고 하자. 다리의 중량 제한치가 낮을수록 안전하다는 주장을 하면서 교량의 중량 제한치가 가장 낮다고 광고할 것인가? 전혀 아니다. 중량 제한을 낮추면 무거운 화물트럭을 긴 우회로로 보내 더 큰 위험을 초래할 수 있다. 따라서 안전 문턱값은 상대적으로 안전한 만큼 높게 As High As Relatively Safe (AHARS)를 적용해야 한다. − 보수적이긴 하지만 발생할 수 있는 상대적인 다른 위험을 염두에 두는 조치이다. 방사선에 대해서도 예외를 만들어서는 안된다 − 우리는 이 세상이 온갖 잠재적인 위험으로 가득차 있음을 알고 있다. 그래서 방사선의 위험과 안전성은 다른 고려 사항과 함께 계산되어야 한다. 원자력은 별난 위험이 아니며 오히려 안전하다.

앞서 8장에서 논의된 것에 이어서, 보수적이고 현대 방사선 생물학에 기

thresholds on:

1. a maximum single acute dose;
2. a maximum chronic dose rate averaged in any month;
3. a maximum lifelong accumulated dose to limit damage, if any, that never gets repaired and escapes monitoring by the immune system.

The value of these high limits should be a matter for discussion based on conservatively interpreted scientific data. If people want to impose tighter limits in their own lives or in the care of their own families, they should be free to do so. What they should not be permitted to do is restrict the lives of others because of their own angst or that of a their chosen pressure group.

In 1951 the dose -rate safety level was set at 3 mGy per week (12 mGy per month, 150 mGy per year). Although the civil nuclear radiation safety record has remained exceptionally good since 1951, for no identifiable scientific reason the maximum dose recommended for the general public has been reduced by a factor 150, in pursuit of ALARA, whereas in the light of current knowledge of the effect of radiation on human life, the 1951 recommended value might reasonably have been increased by a factor of about eight. That would set the limit back close to 700 mGy per year, the value set by ICRP in 1934, before the era of angst and distrust began.

Now, 70 years after Hiroshima and Nagasaki, what should we say of the safety of radiation? It certainly can be deadly at high dose, especially if given to the same living tissue in a short period. An acute whole-body dose of 5,000 mGy, given all at once, has the same fatal effect on cells as more than 10 times that dose, spread out over six weeks in a course of radiotherapy treatment.

Wherever the line is drawn between what is safe and what is not, the safety mechanism should be understood. There should be evidence to confirm the threshold of damage, and the public should have confidence in how this is determined. The most simply justifiable safe limit is the

초를 둔 합리적인 안전 체제는 안전 문턱값을 다음과 같은 기준 위에 설정할 수 있을 것이다.

1. 최대 단일 급성 선량
2. 월 평균 최대 만성 선량률
3. 만약 있다면, 면역체계의 추적을 탈출한, 손상을 제한하는 최대 평생 축척 선량

이런 상한값은 보수적으로 해석된 과학적 자료를 바탕으로 논의되어야 할 문제임에 틀림없다. 만약 사람들이 자신의 삶이나 가족들의 안녕에 더 엄격한 제한을 두길 원한다면, 하고 싶은 대로 해야 한다. 그들이 해선 안 되는 일은 그들 스스로의 불안감이나 그들이 선택한 압력 단체들의 불안감 때문에 다른 사람들의 삶을 통제하는 일이다.

1951년에 선량률 안전 수준은 주당 3 mGy (매월 12 mGy, 연간 150 mGy)로 설정되었다. 비록 민간 핵 방사선 안전 기록(Civil Nuclear Radiation safety record)은 1951년 이후 이례적일 정도로 양호했지만, 이 안전규제 기준은 뚜렷한 과학적 이유 없이 ALARA에 따라 150분의 1로 축소됐다. 방사선에 대한 불안과 불신의 시대가 시작되기 전인 1934년, ICRP가 설정한 기준값은 연간 700 mGy이었다.

히로시마와 나가사키에 원자폭탄이 투하된지 70년이 지난 지금, 우리는 방사선의 안전성에 대해 뭐라고 말해야 할까? 높은 선량의 방사능이 짧은 시간에 살아있는 조직에 조사된다면 이는 분명히 치명적일 수 있다. 한꺼번에 5,000 mGy의 방사선의 급성 전신 선량은 6주 동안 진행되는 방사선 치료 과정과 비교하면 10배 이상 많은 세포에 치명적인 영향을 미친다.

안전한 것과 그렇지 않은 것 사이에 선을 그으려면, 안전의 메커니즘을 이해해야 한다. 손상의 문턱값을 확인할 수 있는 증거가 있어야 하고, 이것이 어떻게 결정되는지에 대한 국민적 신뢰가 있어야 한다. 가장 간단하게 타당성을 입증할 수 있는 안전 한계는 위해를 일으키지 않는 한 가장 높은 수준이다. 이보다 한계치를 더 높게 잡는 것은 보수적이지도 않고 신뢰할

highest that can be shown to cause no harm. To put it higher would not be conservative and responsible. If it is put much lower the stricter regulations incur extra costs without any known benefit.

Worse, when the public do receive a dose rate that is above the regulation level but below that which is harmful, there will be upset, claims for compensation, even panic, without reason. To set a safety limit As Low As Reasonably Achievable (ALARA) in a misguided attempt to appease public radio-phobia, is to invite public unrest, mistrust and misery, as happened at Chernobyl and Fukushima – as well as precipitating unjustifiable added costs and environmental impact.

Radiation dose rates compared using a picture

We may wonder what diagram Florence Nightingale might have drawn at this point to make the relative sizes of different dose rates plain for all to appreciate. Illustration 9-2, copied on page 564 with a more quantitative caption, shows monthly radiation dose rates as the areas of circles. The largest is the red circle describing the dose rate which is fatal to tumour cells given at 2,000 mGy in each daily treatment; the yellow circle at 1,000 mGy daily is the peripheral dose that carries a 5% risk of causing further cancer, as described in Chapter 8. There is no evidence for any life-threatening damage from an acute dose of 100 mGy and, as the clinical experience of radiotherapy has shown, a dose divided into daily doses spread over a month is substantially less harmful than a single acute dose. It follows that a chronic dose rate of 100 mGy per month should be even less harmful than the acute 100 mGy threshold found for survivors of Hiroshima and Nagasaki. So we show this monthly rate, the AHARS chronic dose rate safety threshold level as the green circle in Illustration 9-2. Also shown, in sharp contrast, is the ALARA safe dose rate limit recommended by ICRP, 1 mGy per year[10] – the area of the tiny black dot within the green circle. This is so small that it has also been drawn in a magnified view. The AHARS dose rate is 1,000 times larger than the ALARA value but comparable with the safety threshold set in 1934.

수도 없다. 만약 규제를 엄격히 시행해서 한계치를 더 낮게 잡으면, 아무런 이득도 없이 추가적인 비용을 발생시킨다.

더 나쁜 것은, 대중들이 규제 수준보다 크지만 유해한 수준 이하의 선량을 받는 경우에 처할 경우 이유 없이 화를 내거나, 배상 청구, 심지어 공황 상태까지도 이를 수 있다는 것이다. 안전 제한치를 가능한 한 가장 낮게 (ALARA) 설정하여 대중의 공포증을 달래려는 잘못된 시도는 체르노빌과 후쿠시마에서 일어났던 것처럼 대중의 불안, 불신, 불행을 불러일으킬 뿐 아니라 정당화될 수 없는 추가비용과 환경에 악영향을 끼치는 결과를 초래한다.

그림을 이용하여 비교한 방사선량

플로렌스 나이팅게일은 1885년 크림 전쟁 중에 부상자의 운명은 아랑곳없이 신규 병력과 군수품 공급에만 집중하고 있던 정계와 군 관계자들에게 부상자를 간호하는 것이 전쟁 수행에 얼마나 더 효과적일 수 있는지를 보여주고 설득하기 위해 사상자의 사망률 자료를 분석하여 그래프로 만들었다. 그러한 성공적인 설득 사례를 따라 방사선량의 상대적 크기를 모든 사람들이 쉽게 알아볼 수 있도록 도표로 만들었다. 다음 〈그림 9-2〉는 월별 방사선량을 해당 선량에 대한 설명과 함께 원의 면적으로 보여 준다. 가장 큰 부분은 일일 치료에서 2,000 mGy가 조사된 종양 세포에 치명적인 선량을 나타내는 빨간색 원이다; 일일 1,000 mGy의 노란색 원은 다른 암을 유발할 위험이 5%인 주변 선량이다. 이를 보면 100 mGy의 급성 선량이 생명을 위협할 정도로 손상을 입힌다는 증거는 없으며, 방사선 치료의 임상 경험에서 보듯이 한 달에 걸쳐 분산되어 일일 선량으로 나누어지는 선량은 한꺼번에 조사되는 급성 선량보다 현저히 덜 유해하다. 월 100 mGy의 만성 선량은 히로시마와 나가사키의 생존자들에게서 발견된 급성 100 mGy 문턱값보다 훨씬 해롭지 않다는 뜻이다. 〈그림 9-2〉의 녹색 원은 AHARS(상대적으로 안전한 최대치의) 만성 선량 안전 문턱값 수준을 보여

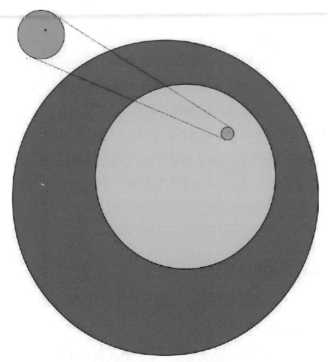

그림 9-2. 원의 면적으로 월간 방사선량율을 나타낸 그림

- 붉은 원, 월 40,000 mGy, 종양을 죽이는 방사선요법 선량보다 적다.
- 노란 원, 월 20,000 mGy, 치료받는 종양 근처의 건강한 조직이 피폭된 후 보통 회복되는 선량율.
- 녹색 원, 월 100 mGy, 양호하며 관례적으로 안전한 선량율, 상대적으로 안전한 만큼 높은 선량, AHARS(As High As Relatively Safe)
- 작은 검은 점, 월 0.08 mGy (년 1 mGy), 부당할 정도로 주의깊은 선량율, 합리적으로 달성할 수 있는 한 낮은 선량율, ALARA(As Low As Reasonably Achievable) - (확대해야 보일 정도다)

This factor of a thousand is a measure of the extent to which ALARA exaggerates risk. Neglect of this factor is responsible for the socio-economic damage of recent nuclear accidents. Only a couple of weeks was needed to make an initial assessment of radiation exposures at Fukushima on this scale[SR8]. With an AHARS safety level, all the evacuated residents from the Fukushima region might then have returned to their homes to resume productive lives. Similarly power plants in Japan might then have restarted, and the rest of the world should then have returned to business as usual. Actually the first did not restart until 11

준다. 또한 극명한 대조를 이루는 ALARA 안전 선량 제한은 ICRP가 권장하는 연간 1 mGy −녹색 원 내의 작은 검은색 점 영역이다. 이 영역은 너무 작아서 확대되어 그려졌다. AHARS 선량률은 ALARA 값보다 1,000배 크지만 1934년 설정된 안전 문턱값과 유사하다.

이 1,000이라는 숫자는 ALARA가 위험을 과장하는 정도를 나타내는 척도다. 과장된 위험을 그대로 방치한 것이 최근 원전사고에서 엄청난 사회경제적 피해가 일어난 원인이다. 후쿠시마의 방사선 피폭에 대한 초기 평가를 하는 데에는 겨우 2주밖에 소요되지 않았다. AHARS가 제시한 안전기준을 토대로 한다면 후쿠시마 지역에서 대피한 모든 주민들은 생산적인 생활을 재개하기 위해 집으로 일찍 돌아왔을 수도 있다. 일본의 발전소는 빠른 시일내에 재가동했을 수도 있고, 그 후 세계의 여러 원전들도 쉽사리 일상에 복귀할 수 있었다. 실제로 2015년 8월 11일 되어서야 다시 일본 원전의 발전기가 가동되었고 그에 따라 원전가동 반대 시위도 뒤따랐다. 당연히 손상된 원자로 3기의 잔해는 제대로 치워야 했다. 하지만 이러한 사례 때문에 사고 발생지를 제외한 다른 지역에서 원전가동을 중단해야 할 이유는 없다.

안전한 생애 최대 방사선량

살아있는 조직이 평생 견딜 수 있는 방사선 총량에는 한계가 있을까? 이 수치가 실제로 필요한지는 알 수 없다고 해도 데이터를 활용해 한계를 둬야 한다. 이 한계는 세월이 흐를수록, 더 많은 데이터와 더 훌륭한 생물학적 이해가 가능해짐에 따라 높아져야 한다. 확실히 염색체의 변이는 축적되지만 결정적인 것은 면역체계의 건강이다. 어쨌든 우리는 사망률 데이터로 위의 질문에 답해야 한다. 현재 이용 가능한 데이터가 제시하는 수치는 무엇인가? 우리는 제6장에서 라듐 눈금판 도장공들 중 암에 대한 생애 선량 문턱값은 10,000 mGy이며, 이 알파 방사선은 베타 또는 감마선보다 Gy당 20배 더 많은 피해를 주는 것으로 간주된다. 따라서 10,000 mGy는 베타

August 2015, still accompanied by protests. In due course the wreckage of the three damaged reactors has to be cleaned up properly but there is no reason why that should stop activity in the rest of the world.

Largest lifelong dose that is safe

But is this too hasty? Is there a limit to the total dose that living tissue can withstand in a lifetime? Even if we do not know if that is really necessary, we should use data to put a limit on it. As the years go by, this should be raised as further data and greater biological understanding become available. Certainly chromosome abnormalities accumulate, but it is the health of the immune system that is crucial. Anyway we should let mortality data answer the question. What figure do presently available data suggest? We saw in Chapter 6 that the threshold lifetime dose for cancer among the Radium Dial Painters is 10,000 mGy, a whole-body dose delivered chronically by the radium in their bones, although this alpha radiation is considered 20 times more damaging per Gy than beta or gamma radiation. So 10,000 mGy should be an underestimate of the lifetime tolerance for beta and gamma by a large margin.

There are two other estimates that are relevant. There is the threshold for a second cancer seen at about 5,000 mGy, Illustration 8-4 on page 495, although that dose is received locally in six weeks, not to the whole body in a lifetime. That means that the threshold 5,000 mGy, considered as a whole-of-life figure, could be a significant underestimate.

Finally there are the beagle data for a lifelong chronic dose rate of 100 mGy per month that showed no sign of life shortening until the dogs had received a total whole-body dose of between 6,000 and 9,000 mGy, Illustration 8-3 on page 472. This is the threshold value we are looking for, except that it is measured for dogs rather than humans.

Nevertheless there is some consistency between these three sets of data that suggests that 5,000 mGy would be a conservative value for a whole-of-life dose limit – it is as low as any of them. It corresponds to more than

및 감마선에 대한 평생 저항력을 큰 폭으로 과소평가한 것이다.

관련성이 있는 두 가지 다른 추정치가 있다. 〈그림 8-4〉를 보면 평생 동안 전신이 아니라 일부 조직에 6주간 조사된 선량인데 2차 암(암을 치료하기 위해 사용한 항암제나 방사선 등에 의해 새로 발생한 암)의 문턱값은 약 5,000 mGy이다. 이는 일생에 걸쳐서 받은 양으로 간주되는 문턱값 5,000 mGy가 상당히 저평가됐다는 것을 의미한다.

마지막으로 〈그림 8-3〉에는 월 100 mGy의 비율로 평생 만성 선량을 받은 비글의 데이터가 있다. 비글들은 총 6,000~9,000 mGy의 전신 선량을 받기 전까지는 수명이 단축될 기미를 보이지 않았다. 이것은 인간이 아닌 개에서 측정된다는 점을 제외하면 우리가 찾고 있는 문턱값이다.

그럼에도 불구하고 이 세 세트의 데이터 사이에는 일관성이 있는데, 5,000 mGy가 평생 선량 한계에 있어서 보수적인 값이 될 것이라는 것이다. − 이는 어느 것 보다 낮은 숫자이다. 이는 월 100 mGy의 AHARS 최대 조사율로 4년 이상 조사된 양과 동일하다.

위와 같은 안전 문턱값은 특별히 주의를 기울여야 한다. 왜냐하면 이것은 암에 대한 저항성을 자극할 수 있는 저선량 방사선의 유익한 적응 효과를 고려하지 않았기 때문이다. 이와 같은 중요한 가능성은 의약품의 관점에서의 문제이지 안전 규제의 문제가 아니다. 그러나 일반적으로 양성 자극이 음성 발암물질의 균형을 맞추는 선량률이 있을 수 있다는 것을 의미한다. 이것을 무독성량[No Observed Adverse Effects Level (NOAEL)]이라고 부른다. 그러나 이것을 곡선 위의 한 점으로 보는 것은 너무 단순하다. 시간적으로 선량을 전달하는 움직임과 이에 따른 사망률도 중요할 것이다.

four years of receiving the AHARS maximum monthly dose rate of 100 mGy per month.

These safety thresholds are particularly cautious because they take no account of the beneficial adaptive effect of low-dose-rate radiation that can stimulate cancer resistance. This important possibility is really a matter for medicine, not safety regulation. But it does mean that in general there may be dose-rate at which the positive stimulation balances the negative carcinogenesis. This has been called the No Observed Adverse Effects Level (NOAEL). However, it is too simplistic to see this as a single point on a curve. Its movement with the time profile of dose delivery and any subsequent morbidity will be important too.

Origin of currently recommended safety limits

Where did ALARA, the current ultra-cautious safety guidance, originate? As we shall see in Chapter 10, it is a product of history and politics, not considerations of science or safety. Its parentage has ensured that it carries the full weight of a UN recommendation that leaves limited choice to national authorities. Only the bravest government would ignore the guidance provided by the ICRP, backed by the IAEA – and this guidance is to keep all radiation doses As Low As Reasonably Achievable. Any government that ignored such advice would risk being pursued by a frightened populace and soon be out of office. Worse, faced with any case brought to a court of law, any authority might wish it had played safe, as the law might see it. However, a court of law is a most inept forum in which to contest science. Education of the populace is a cheaper and more positive way ahead, but that takes time.

So, if national authorities are not to blame, it must be the fault of the ICRP who made such recommendations. Well, yes, but the original fault should be laid at the door of all those around the world who from the 1950s to the 1980s and even today, demonstrated, marched, sat in, chanted

현재 권고되고 있는 안전 범위의 기원

현재 극도로 신중한 안전 지침인 ALARA는 어디에서 유래되었는가? 10장에서 보게 되겠지만, 그것은 역사와 정치의 산물이지 과학이나 안전관리의 산물이 아니다. 이런 지침은 UN의 권고안이 권위를 가지고 있기 때문에 각 나라의 지도층은 쉽게 이에 따르게 된다. 웬만큼 강한 용기가 없이는 특정 국가가 IAEA의 지지를 받는 ICRP의 지침을 무시할 수 없다. ICRP의 지침은 모든 방사선량을 달성할 수 있는 최저 수준으로 낮추라는 것이다. 이러한 지침을 무시하는 정부 당국자는 겁에 질린 국민의 압력으로 공직에서 물러날 위험을 감수해야 한다. 더 나쁜 것은, 법정에 회부된 어떤 사건에 직면하면, 어떤 권위자도 법률상으로 조용하게 해결되기를 바란다는 것이다. 법정은 과학에 이의를 제기하는 가장 서투른 토론회장이다. 대중들을 교육하는 것은 앞으로 점점 비용이 절감되는 긍정적인 방법이 되겠지만, 시간이 많이 걸린다는 단점을 가지고 있다.

그러므로 국가 당국의 책임이 없다면, 그러한 권고를 한 것은 ICRP의 잘못임에 틀림이 없다. 음... 하지만 본질적인 잘못은 1950년대부터 1980년대까지 그리고 심지어 오늘날까지도 세상에 최소한의 방사능마저도 말끔히 치워버려야 한다고 소리치고, 시위하고, 행진하고, 투표한 전세계 모든 사람들의 탓으로 돌려야한다. ALARA는 결과물일 뿐이고, 그 당시 자신의 견해를 그런 식으로 강하게 피력한 모든 사람들의 잘못이다. 하지만 이제 사람들은 다시 생각해야 한다 – 그리고 많은 사람들이 그렇게 했다. 정치인과 확고한 견해를 가진 사람들은 시대가 변했다는 것과 방사선 공포증이 애초에 과학에 근거한 것이 아니라는 것을 깨달아야 한다.

이제 어떻게 해야 하는가? 오염된 대기를 포함한 전 세계적인 재난에 굴복하지 않으려면 방사능에 대한 대중의 인식을 뒤집고 가능한 한 빨리 원자력에너지에 관심을 가져야 한다. 이는 방사선에 대한 대중의 신뢰를 얻는 문화를 필요로 한다 단 이 문화는 방사선 과학에 대한 활발하고 호의적인 교육 프로그램에 기초해야 한다. 과연 그게 어려울까? 대중들은 이미 태

and voted with a popular voice for a world with minimal radiation. ALARA is the result and it is the fault of everybody who expressed their views so strongly at that time. However, now they should think again – and many have done so. Politicians and those with entrenched views should realise that times have changed and that radiophobia was never based on science in the first place.

What should be done now? If we do not want to succumb to the worldwide catastrophes that seem likely to accompany an ever more polluted atmosphere, we must reverse public perceptions of radiation and engage with nuclear energy as soon as possible. That will require a culture of public trust, based on a vigorous but sympathetic educational programme about radiation science. Should that be all so difficult? The public already has a fairly balanced attitude to radiation from the Sun and a degree of confidence about radiation in clinical medicine. Public perceptions can switch much faster than many imagine – just think how quickly attitudes to smoking have turned around, not just in one country, but almost universally. Perceptions of refugees change monthly as the public switch between identifying with their plight and otherwise.

New realistic safety regulations should bring major cost savings to any nuclear programme. Cheaper electricity would influence the public view, but first it needs to be offered. While no corners should be cut in respect of the control of reactor stability and its heat output, with justifiable safety standards, large parts of the cost of nuclear power could still be dramatically reduced, whichever flavour of future nuclear technology is chosen. Matters of nuclear waste, reprocessing and decommissioning should take their place lower in the list of priorities alongside other environmental problems requiring responsible and transparent solutions, like the disposal of hazardous chemical and biological waste. We have survived on planet Earth, more successfully than other animals, through an ability to think rationally. In the past 60 years we have stopped thinking and become scared of the solution to our predicament. We

양으로부터의 방사선에 대해 상당히 균형 잡힌 태도를 가지고 있으며 임상 의학계의 방사선에 대한 신뢰도 있다. 대중의 인식은 많은 사람들이 상상하는 것보다 훨씬 더 빨리 바뀔 수 있다 – 한 예로, 흡연에 대한 태도가 한 나라뿐만 아니라 세계적으로 얼마나 빨리 바뀌었는지 생각해 보라. 또한 단적인 예로는 난민에 대한 인식은 난민들의 곤경에 일치감을 느끼거나 그렇지 않거나 사이를 왔다 갔다 하면서 매달 바뀔 수 있다.

새롭고 현실적인 안전 규제는 모든 원자력 관련 프로그램에 있어서 상당한 비용의 절감을 가져다 줄 것이다. 우선 값싼 전기료는 대중의 판단에 영향을 끼칠 것이다. 그러나 먼저 제공될 필요가 있다. 원자로 안정성 및 열 출력 제어와 관련하여 어떠한 부분도 무시하면 안되지만, 타당한 안전 표준이 생긴다면, 어떤 방식의 미래 원자력 기술이 선택되더라도, 많은 영역에서 원자력비용이 극적으로 감소할 수 있을 것이다. 먼저 원자력발전소 폐기물, 재처리와 해체 문제는 유해 화학 물질 및 생물학적 폐기물의 처리와 같이 책임감 있고 투명한 해결책이 필요한 다른 환경문제와 함께, 우선순위 목록에서 낮은 위치를 차지해야 한다. 우리는 이성적으로 생각하는 능력을 통해 다른 동물들보다 더 성공적으로 지구에서 살아남았다. 지난 60년 동안 우리는 생각을 멈추고 곤경에 대한 해결책을 두려워했다. 우리는 실수를 인정하고 방향을 바꾸어야 한다. 이것은 공공 정보, 학교 프로그램, 새로운 국가 정책, 새로운 작업 관행, 새로운 비용 추정 등을 의미한다. 텔레비전이 있고, 소셜 미디어를 자신의 명분을 위해 이용하는 기술이 있다면, 변화를 만드는 것은 충분히 가능하다. 일부는 이 작업이 불가능하다고 생각할 것이지만, 그들은 최근 학술 e-메일의 하단에서 볼 수 있는 조언에 주의를 기울여야 한다: 할 수 없다고 말하는 사람들은 그것을 하고 있는 사람들을 방해해서는 안된다.

should admit our error and turn about. That means public information, schools programmes, new national regulations, new working practices, new cost estimates. With the reach of television and the skills of people to harness social media to a cause that should be seen as theirs, it ought to be possible to make the change. Some will see this task as impossible, but they should heed the advice seen recently at the foot of an academic email: Those who say it cannot be done should not interrupt those who are doing it.

Conscious thought and adaptation

Life is a struggle, sometimes against unseen forces, often against intense competition. To an individual in society, success in life may be expressed in terms of money. Money is but a means of exchange, giving choice and access to the real goals of freedom from fear, access to food, water, warmth and shelter. To the ambitious, what is important may be a position in a virtual pecking order, but for society as a whole, success is marked by a healthy population at peace with itself. Natural calamities, epidemics, internal or external strife, and the effects of over- population endanger this. At a global level money is a means of organising how human effort is distributed and motivated, although it is often not effective at that.

If humans planned to live the simple life on earth, there would be no need for further adaptation of life through cognitive ideas. But that is not the case. We no longer have a small population with short lives limited by the natural diseases of ageing. So we need to understand the biology of life sufficiently well to modify it and understand, too, the social implications of the technologies we use and how they relate to health and the environment. These are questions for which evolution has not already prepared us. Everybody needs a more holistic understanding of life and the environment.

의식 있는 생각과 적응

인생은 때로 보이지 않는 힘에 대항하는 투쟁이며, 격렬한 경쟁에 대항하는 투쟁이다. 사회 속의 개인에게 인생의 성공은 돈으로 표현될 수도 있다. 돈은 교환 수단에 불과하지만, 두려움으로부터의 자유, 음식, 물, 따뜻함, 피난처 같은 진정한 목표에 대한 선택과 접근을 용이하게 한다. 야망이 있는 사람에게 중요한 것은 서열상 높은 지위가 될 수도 있지만, 사회 전체를 놓고 보면, 성공은 평화를 누리는 건강한 인구로 표현될 수 있다. 자연재해, 전염병, 내부와 외부의 분열, 인구과잉의 영향은 사회 전체의 성공을 위태롭게 하는 요인이다. 물론 항상 효과적인 것은 아니지만-세계적인 차원에서의 돈은 인간의 노력이 어떻게 분배되고 동기가 부여되는지를 보여주는 수단이다.

만약 인간이 지구에서 단순한 삶을 살기로 계획했다면, 더 이상 인지적 사고활동을 통해 삶을 적응시킬 필요가 없을 것이다. 그러나 이것은 사실이 아니다. 우리는 더 이상 노화라는 자연적인 질병 때문에 제한을 받는 짧은 수명을 살지 않는다. 그러므로 우리는 생명체에 관한 생물학을 잘 이해하고, 우리가 사용하고 있는 기술이 사회적으로 어떤 의미를 가지고 있는지 또 그것들이 건강과 환경을 어떻게 조화롭게 만드는지에 이해할 필요가 있다. 모든 사람은 삶과 환경을 더욱 전체적인 관점에서 이해할 필요가 있다.

원자력기술에 대한 대중의 태도

특히 우리는 원자력기술, 이것이 건강에 미치는 영향, 그리고 이것이 환경을 위해 무엇을 할 수 있는지에 대해 이해할 필요가 있다. 비록 현재 그것을 이해하는 사람은 많지 않지만 원자력이란 분야가 다른 과학 분야보다 더 불분명하게 보일 이유는 없다. 한 세기 이상, 원자력기술은 암의 치료법으로서 수명을 연장하는 데에 중요한 역할을 담당했다. 하지만 정치와 환경에서 원자력의 역할은 파괴적이고 아무도 관심을 갖지 않는 것처럼 보

Public attitudes towards nuclear technology

In particular, we need to understand nuclear technology, its impact on health and what it can do for the environment. Even though few people currently understand it, there is no reason why the subject should be seen as more obscure than other branches of science. As a cure for cancer it has been an important part of the ability to extend life for over a century. However, its role in politics and the environment has been seen as destructive and in the interest of no one. The science has been shunned by many and the general population has not been encouraged to find out more. The number and status of the international committees who pronounce on nuclear matters has grown because of official and public ignorance. As both officials and the public become more knowledgeable, as they should, these committees and their influence should be pruned.

The present clash of views over the safety of nuclear technology is remarkable, because there is no real danger – at least none comparable to the dangers of fire or road traffic. Reactors may have been destroyed at Fukushima, but there has been no significant detrimental health effect from radiation. Even at Chernobyl, where the reactor was utterly destroyed, there were only 42 known deaths actually caused by radiation. Radiation deaths from nuclear accidents are zero or few, except for theoretical phantoms based on paper calculations with LNT. So it would seem that, while the fire antis of long ago had good grounds for safety concern, the nuclear antis of today have none for low or moderate doses.

What about radioactive waste and nuclear terrorist threats? Public misinformation and panic apart, these are only dangerous to the extent that radiation is dangerous. If the dangers of radiation have been overestimated, then waste is less of a problem, and nuclear terrorism too. Up to now the public have viewed nuclear waste and the threat of terrorism as unbounded horrors. This is not justified by science – it is mistaken. Public fear and panic is a quite different problem that needs a quite different targeted solution. Nuclear waste, though nasty stuff, does not spread or infect like fire or the disease encouraged by biological waste. Because nuclear energy is so concentrated, little fuel is used and

였다. 과학은 많은 사람들로부터 외면받아 왔고 일반 대중들이 더 많은 것을 알아내도록 격려하지 않았다. 대중들과 관료들의 무지로 인해 핵 문제에 대해 발언하는 국제 위원회의 수와 위상은 끝없이 치솟았다. 관료와 국민 모두의 지식이 풍부해짐에 따라, 당연히 그래야 하는 것이지만, 이들 위원회와 그들의 영향력은 축소되어야 한다.

원자력 기술의 안전에 대해서 현재 일어나고 있는 의견충돌은 주목할 만하다. 왜냐하면 실질적인 위험은 존재하지 않기 때문이다 – 적어도 화재나 도로 교통의 위험에 비할 만큼의 위험은 존재하지 않는다. 후쿠시마에서 원자로는 파괴되었을 수도 있지만 이로 인한 방사능은 건강에 큰 해를 끼치지 않았다. 원자로가 완전히 파괴된 체르노빌에서도 방사능에 의한 사망자는 43명에 불과했다. 원자로 사고에서 방사선에 의한 사망은 종이 위에서 LNT로 계산한 것을 근거로 이론적으로 얼기설기 가공한 결과를 제외하면 한 명도 없거나 혹은 매우 소수이다. 그래서 오래 전에 안전에 대한 염려 때문에 불에 대해 반대하는 것은 확실한 근거가 있었지만 오늘날 저선량 또는 보통 선량의 방사선 때문에 원자력에 반대하는 것은 아무 근거가 없다.

방사성 폐기물과 핵 테러 위협은? 공공의 오해나 공황과는 별개로 이것들은 방사능이 위험한 정도로만 위험할 뿐이다. 방사능 위험이 과대평가되었다면 폐기물이나 핵 테러에 대한 염려를 덜어야 한다. 지금까지 대중은 원자력폐기물과 테러위협을 무한한 공포로 보아왔다. 이것은 과학적으로 입증되지 않은 선입견이다. 대중의 공포와 공황은 전혀 다른 해결책을 필요로 하는, 전혀 다른 문제다.

원자력폐기물은, 비록 까다로운 물질이지만 생물학적 폐기물이 일으키는 질병이나 화재처럼 퍼지거나 전염되지 않는다. 원자력에너지는 매우 집약돼 있기 때문에 연료는 거의 들지 않고 폐기물도 거의 배출하지 않는다. 화석연료와 비교하면 그 부피는 약 100만분의 1에 불과하다.

폐기물은 냉각하고 재처리해야 하며(사용되지 않은 귀중한 연료를 보관하기 위해), 나머지 폐기물은 몇 년 후에 매립해야 한다. 독성이 무한정 배

little waste is created – about a millionth as much as for fossil fuel. The waste needs to be cooled, reprocessed (to retain the valuable unused fuel) and the remainder buried after a few years – no bigger a task than handling many chemical waste products whose toxicity persists indefinitely. The effort and expenditure lavished on nuclear waste and plant decommissioning should be reduced; the cost saving should be substantial though vested interests would have their own reasons to argue against that.

If we follow the urgings of the anti-nuclear advocates, our prospects on planet Earth will be no better than animals, a massive reduction in numbers with a low standard of living. So we should study and apply knowledge, as our forbears did with fire. Though they were faced with a finely balanced dilemma, they did a better job at decision-making than we have done recently. Generally, those in authority have little understanding of science, although new prosperity depends on scientific innovation, as it has in the past.

Great rewards will be reaped by the countries that first set aside the legacy of the LNT model and embrace cost effective nuclear technology with sensible safeguards. As well as electric power, this technology can provide large quantities of fresh water by desalination, harmless and cheap food preservation by irradiation without refrigeration, and further advantages in medical care. The world needs these opportunities to expand economically and socially, but the philosophy of ALARA and LNT stands in the way. The great eighteenth century economist, Adam Smith, said:

Science is the great antidote to the poison of enthusiasm and superstition.

He saw clearly that unless excessive activity caused by enthusiasm or the suppression of activity caused by superstition is properly rooted in science, its effect is poisonous. As we have seen fear of nuclear energy is a superstition without scientific foundation that should be exposed for what it is – or its demons exorcised, as the mediaeval church might have expressed it.

출되는 많은 화학 폐기물 처리 절차에 비교하면 그리 어려운 일이 아니다. 핵 폐기물과 폐로에 대한 노력과 지출은 줄여야 한다; 기득권자들은 이에 대해 반대할 이유가 있겠지만, 상당히 큰 규모로 비용을 절감해야 한다.

만약 우리가 반핵 옹호론자들의 주장을 따른다면, 우리 지구의 미래는 야생동물의 세계와 다를 바 없을 것이다. 생활수준이 낮아지고 엄청난 수의 인구 감소가 있을 것이다. 그래서 우리는 우리의 조상이 불에 대해 그랬던 것처럼 공부하고 그 지식을 적용해야 한다. 우리의 조상들은 아주 어려운 딜레마에 직면했지만, 그들은 의사결정이란 부분에서, 우리가 최근에 했던 것보다 훨씬 더 잘 해냈다. 새로운 번영은 언제나 과학 혁신에 의해 일어나지만 일반적으로 권한을 가진 당국자들은 과학에 대한 이해가 거의 없다.

LNT 모델의 유산을 제쳐두고 합리적인 안전장치로 비용 효율이 높은 원자력기술을 수용한 나라들은 먼저 큰 보상을 받을 것이다. 이 기술은 전력생산뿐만 아니라 담수화로 많은 양의 신선한 물 확보에, 냉동을 하지 않고 방사능 처리를 통한 무해하고 싼 값의 식품 보존에, 의료 문제에 더 많은 이점을 제공할 수 있다. 세계는 사회 경제적 확장을 위해 이런 혁신을 필요로 한다. 그러나 ALARA와 LNT 철학이 그 길을 막고 있다. 18세기 위대한 경제학자인 아담 스미스는 다음과 같이 말했다.

과학은 광기와 미신이 끼치는 독에 대한 더할 나위 없는 해독제이다.

그는 광기에서 비롯된 과도한 활동이나 미신에서 비롯된 활동의 금지가 과학에 제대로 뿌리를 두지 않으면 그 효과는 독이 된다는 것을 분명히 알았다. 우리가 보았듯이, 원자력에너지에 대한 두려움은 과학적 근거가 없는 미신이다. 그 미신의 정체는 밝혀져야 하며, 중세 교회식으로 표현하자면 그 두려움을 조장하는 악령을 쫓아내야 한다.

Chapter 10:

Science Distorted by Frightened Men

Evolution after Darwin

Faster development and greater personal threat

To develop productively and peacefully, civilised society needs both trust and knowledge. Marie Curie gave both when she introduced radiation and nuclear technology into medicine. So the public acceptance of ionising radiation started well and she was active herself in organising the use of X-rays for the casualties of battle during WWI[1]. However, later in the twentieth century, when radiation and nuclear technology made an appearance in the form of nuclear weapons, knowledge was explicitly suppressed in the name of security and there was no figure like Marie Curie to instil public confidence. How did this go wrong? We need to go back in time.

In the nineteenth century Darwin introduced his revolutionary biological ideas of variation, selection and survival, as applied to living species. Over time most of human society came to understand and accept these, in spite of their revolutionary effect on our view of ourselves in the world. Perhaps this was because the changes that evolution described acted relatively slow, and an individual's perception of himself and his

제10장

겁먹은 사람들에 의해 왜곡된 과학

다윈 이후의 진화

더 빨라진 발달과 더 커진 개인적 위협

문명사회가 생산적이고 평화적으로 발전하기 위해선 신뢰와 지식 모두를 필요로 한다. 마리 퀴리는 방사선과 원자력 기술을 의학에 도입할 때, 이 모두를 확보했다. 전리방사선은 순조롭게 대중들에게 수용되기 시작했고 그녀는 제1차 세계대전 동안 부상자들을 위해 X선 사용을 체계화하는데 노력했다. 그러나, 20세기 후반, 방사능과 원자력기술이 핵무기의 형태로 등장하자, 보안이라는 이름으로 지식은 명백하게 억압되었고 대중의 신뢰를 심어줄 마리 퀴리와 같은 인물은 어디에도 없었다. 무엇이 잘못되었을까? 과거로 돌아가 봐야한다.

19세기, 다윈은 생물체 종에 적용되는 변형, 선택, 생존에 대한 그의 혁명적인 생물학적 사상을 소개했다. 이는 분명히 우리 자신의 관점에 혁명적인 영향을 미치는 사상이었음에도 불구하고, 시간이 지남에 따라 차차 대부분의 인간 사회가 이 학설을 이해하고 받아들이게 되었다. 이것은 아마도 진화가 만든 변화가 비교적 느리게 작용하고, 자신과 직계 가족에 대한 개인 인식이 크게 영향을 받지 않는다고 느꼈기 때문일 것이다. 그래서 지

immediate family did not feel much affected. So, though knowledge was thinly spread, trust was not seriously impaired and variations in family ancestors, desirable or not, were safely removed to prehistory.

The principle of selective breeding of humans is a natural extension of the improvement of plants and animals, as practised from earliest times. But, independent of Darwin's ideas, the manipulation of human characteristics through planned breeding is widely seen as taboo and excites strong passions. Nevertheless, it was in fact Darwin's relation, Francis Galton, who in 1883, the year after Darwin's death, introduced eugenics, the name for this study.

Darwin developed his ideas to describe the development of populations of organisms – that is whole individuals. Later, the same ideas were applied to populations of cells including viruses and bacteria, where the timescales of change are much faster. With a cycle time of a few weeks cells can turn over hundreds of times in a human generation, and other constituents of microscopic life like bacteria and viruses evolve faster still. Evolution on this scale gave a picture of cellular life that might, even in the short term, be manipulated or artificially engineered for nefarious or political purposes. This picture alarmed the public in a way that Darwin, with his account of the characteristics of the finches observed on the Galapagos Islands, never did. However, what Darwin's theory did not describe was how the genetic record might be systematically changed, that is how mutations might be induced in the DNA. The power to manipulate would depend on controlling these mutations, but the structure of DNA would have to be found first.

It is not widely known that in the years before WWII X-rays were used with some success to control infection[2]. However, this work was cast aside in the enthusiasm for antibiotics when these became available to treat infections on the battlefield. If the current increase of antibiotic resistance continues, perhaps this use of X-rays should be considered again – but that is an aside.

식이 조금씩 단편적으로 전파됐음에도 불구하고 신뢰는 크게 훼손되지 않았고, 바람직하든 말든, 집안 조상들의 변이는 선사시대까지. 안전하게 거슬러 올라갈 수 있었다.

인간의 선별번식[1]의 원칙은 옛날부터 행해져 온 동식물의 개량을 자연스럽게 확장한 것이다. 그러나 다윈의 사상과는 별개로 계획된 번식을 통해서 인간의 특성을 조작하는 것은 강한 열정을 불러 일으켰다. 사실 다윈의 친척이었던 프랜시스 갈톤은 다윈이 죽은 이듬해인 1883년 이 연구의 이름을 우생학으로 소개했다.

다윈은 유기체의 개체군-즉 전체 개체군의 진화를 설명하기 위해 그의 아이디어를 발전시켰다. 이후, 같은 아이디어가 바이러스와 박테리아를 포함한 세포의 개체군에 적용됐다. 이 세포의 시간에 따른 시간 변화 속도는 훨씬 빨랐다. 세포는 몇 주간의 주기로 인간의 한 세대에 해당하는 기간 동안 수백 번 변화할 수 있다. 박테리아나 바이러스 같은 미세 생명체의 구성요소들은 여전히 더 빨리 진화한다. 이러한 속도의 진화라면 세포의 생명이, 단기간에도, 비도덕적이거나 정치적인 목적을 위해 조작되거나 인위적으로 설계될 수 있었다. 이러한 사실로 인해 다윈이 갈라파고스 섬에서 관찰된 핀치새의 특징에 대해 설명할 때 대중은 적지않게 놀랐다. 그러나 다윈의 이론은 유전 기록이 어떻게 체계적으로 바뀔 수 있는지, 즉 유전자에 어떻게 돌연변이를 유도할 수 있는지에 대해 설명하지 않았다. 유전자 조작의 핵심은 이 돌연변이를 제어하는데 달려있겠지만, DNA의 구조가 먼저 발견되어야 했다.

제2차 세계대전 이전 몇 년 동안 X선이 감염을 통제하기 위해 사용되었고 일부 성공했다는 사실은 널리 알려져 있지 않다. 또한, X선의 효용성은

---

1) 자연선택(自然選擇, 영어: natural selection)이란 특수한 환경 하에서 생존에 적합한 형질을 지닌 개체군이, 그 환경 하에서 생존에 부적합한 형질을 지닌 개체군에 비해 '생존'과 '번식'에서 이익을 본다는 이론이다. 자연도태(自然淘汰)라고도 한다. 이 이론은 진화 메커니즘의 핵심이다. '자연선택'이라는 용어는 '인공선택'(artificial selection)과 비교를 하려고 했던, 찰스 다윈에 의해 일반화되었으며, 그의 인공선택이라는 용어는 현재는 품종개량(selective breeding)으로 더 흔하게 사용되고 있다.

After WWI there was increasing disquiet as the Soviet and Nazi authoritarian regimes grew and industrialised military interests expanded with them. The Nazis engaged in experiments in eugenics in pursuit of their racial ideas although with limited success. However, a more significant development dates from the 1920s and even before, when it was shown that X-rays could create random mutations in fruit flies, as first studied by Hermann Muller. It was at this point that ionising radiation first entered the story that later became radiophobia.

When evolution met radiation: Hermann J Muller

Hermann Muller (1890-1967) was an American geneticist with outspoken political beliefs and an early interest in eugenics – he even named his son Eugene. In 1926 he published his experimental results on the production of mutations in fruit flies by X-ray radiation. Later, in 1946 he was awarded the Nobel Prize for this pioneering work. Significantly, in his lecture he claimed that any radiation dose produces genetic damage in direct proportion, all the way down to zero dose[3, 4, 5]. This was the birth of the LNT model, but in making this claim he says these principles have been extended to total doses as low as 400 r. In modern units that is 4,000 mGy – which is a very high dose indeed, high enough as an acute dose to have killed the firefighters at Chernobyl. So he did not establish the LNT model for low or moderate doses found in the environment. Since then, other work has shown that the LNT model does not fit low-dose data for fruit flies[6]. Nevertheless, he continued to claim that the response to such doses is linear all the way down to zero, as now enshrined in the LNT model.

Elsewhere in the middle of the twentieth century, biology became entangled with politics and made other wrong turns. In the Soviet Union, Trofim Lysenko, an agronomist, persuaded Stalin that Soviet agriculture should deny the principles of Mendelian genetics and develop crops

전쟁터에서 항생제로 감염을 치료할 수 있게 되면서 차츰 잊혀져 갔다. 항생제 내성의 증가가 계속된다면, 아마도 X선의 이러한 사용이 다시 고려되어야 하겠지만 – 그러나 그것은 별개의 일이다.

제1차 세계대전 이후, 소련과 나치의 권위주의 정권이 성장하고 군사적 이해관계가 확대되면서 불안감이 커지고 있었다. 나치는 비록 크게 성공하지는 못했지만 그들의 인종적 사상을 추구하기 위해 우생학적 실험을 진행했다. 중요한 발전은 1920년대 허먼 멀러가 처음 시작한 연구를 통해 X선이 초파리에서 무작위 돌연변이를 만들 수 있다는 것을 확인한 때부터 이 시점에서 전리방사선 이야기가 처음 등장했고, 이후 방사선 공포증으로 바뀌었다.

진화가 방사선과 만났을 때: 허먼 멀러

허먼 멀러(1890-1967)는 노골적인 정치적 신념과 우생학에 대해 열정을 가진 미국의 유전학자였다. 그는 심지어 아들의 이름을 유진(Eugene)이라고 지었다. 1926년 그는 X선에 의한 초파리의 유전자변형에 대한 실험 결과를 발표하였다. 이후 1946년 그는 이러한 선구적인 업적으로 노벨상을 수상하였다. 중요한 건, 그 당시 강연에서 그는 어떤 방사선 선량도, 제로 선량까지도, 정비례로 유전자 손상을 발생시킨다고 주장한 것이다. 이것이 LNT모델의 탄생이었다. 하지만 그는 이 원칙이 최저 400r 선량 수준에까지 확장된다고 주장하였다. 이는 현재 단위로 환산하면 4000 mGy로 – 정말 매우 높은 선량이며, 체르노빌에서 소방관들을 죽일 만큼의 급성 선량이었다. 그러니까 그가 자연에서 발견되는 저선량 또는 중간 선량에 대한 LNT모델을 수립한 것은 아니었다. 그 이후, 다른 연구는 LNT 모델이 초파리에 대한 저선량 데이터에 적합하지 않다는 것을 보여 주었다. 그럼에도 불구하고, 그는 그러한 선량에 대한 직접적인 반응이 현재 LNT 모델에 금과옥조로 새겨진 것처럼 선량이 영에 이르기까지 선형이라고 주장했다.

마땅히 배척되어야 할 LNT 모델은 여전히 증거 앞에서도 눈을 감아버리는 열광적인 지지자들을 확보하고 있다. LNT에 대한 맹목적인 추종은

based on the principle of the inheritance of acquired characteristics, as suggested by the Frenchman Lamarck (1744-1829). Unsurprisingly the programme failed and many inhabitants of the Soviet Union died of starvation as a result. The application of this fallacious pseudo-science was not finally halted until 1956.

Although both the LNT model and Lamarckism are mistaken, the former still has vocal supporters who are reluctant to look at the evidence. In the same way, even today, in parts of the USA, opposition to Darwin's ideas is seen as a belief – a political or religious question. Some people, it seems, live their lives knowing the answer as they see it, without ever looking at the evidence, but that is not an effective way to avoid danger.

However, the public perception of physical science was derailed in the middle of the twentieth century by a quite different mechanism, such that it was then seen as a closed book, shrouded in mystery and secrecy.

Nuclear weapons and the Cold War

A year that made history and buried truth

The end of WWII and other events in 1945 coloured how the birth of nuclear weapons was received. In that year the public of every nation were steeped in daily accounts of horror and war that are not easily forgotten, even with the passage of time. On 15 April British troops entered the Bergen- Belsen concentration camp, and in the following few days the public were shown press pictures of piles of naked bodies, evidence of tens of thousands dying of starvation and disease[7]. So the media were already experienced in the transmission of genuinely shocking news when in August the official reports arrived of the two nuclear bombs dropped on Japan. Each nuclear explosion caused a blast wave and a heat wave that destroyed buildings and killed most people within a radius of

심지어 오늘날까지도, 다윈의 이론에 반대하는 신념처럼 – 정치적이고 종교적인 문제로 여겨진다. 어떠한 사람들은 증거 앞에 눈을 감고 그들이 보는 것만이 답이라는 식으로 살아가는 것처럼 보인다. 하지만 이는 위험을 피하는 효과적인 방법이 아니다.

핵무기와 냉전

역사를 만들고 진실을 묻었던 1년

1945년 제2차 세계대전의 종말과 다른 사건들로 핵무기의 탄생에 대해 세계인의 시선과 관심이 집중됐다. 그 해 모든 사람들은 시간이 지나도 쉽게 잊히지 않는 공포와 전쟁의 일상적인 이야기에 흠뻑 젖어있었다. 4월 15일 영국군은 베르겐-벨젠 수용소에 들어섰다. 며칠 후, 사람들은 벌거벗은 사람들의 시체가 산처럼 쌓여있는 사진과 수 만명이 굶주림과 질병으로 사망했다는 증거를 언론을 통해서 보게되었다. 8월, 일본에 투하된 두 개의 핵폭탄에 대한 공식 보고가 도착했을 때, 언론은 4월의 진실로 충격적인 뉴스를 전달한 경험을 이미 가지고 있었다. 핵폭발의 충격파와 열파로 인해 반경 약 1마일 내에 있는 건물은 모조리 파괴되었고 사람들은 소실되었다. 그리고 4.4 평방 마일에 이르는 불의 폭풍이 밀어닥쳤다. 사망자 수는 6개월 전 도쿄에서 일어났던 재래식 소이탄 폭탄 공격 때보다 적은 것으로 알려졌으나, 이 핵폭발의 특징은 X선의 강력한 섬광에 순식간에 수많은 사람들이 숨졌다는 것이다. 원자폭탄이 500~600미터 높이에서 폭발했기 때문에 주민들은 만성적인 방사선 피폭보다는 직접적이고 급성적인 강렬한 방사선에 피폭되었다.

보통 우리가 읽어왔던 역사적인 서술은 승리자들 편에서 씌여졌지만, 더욱 의미가 있는 것은 핵폭탄으로 무릎을 꿇게 된 패자 관점의 서술에 있다. 그들은 심리적으로 가장 위축된 시점에 있었을 때 핵폭탄 공격을 받았고

about 1 mile, and generated a fire storm over 4.4 square miles[8]. The death toll was said to be less than in the conventional fire-bombing of Tokyo six months earlier[9], but peculiar to the nuclear explosion was the intense flash of X-rays and the lesser flash of neutrons emitted from the detonation point at a height of 500-600 metres. Because the explosion was high above ground there was less radioactivity released than would have been the case for a detonation at ground level. As a result, the inhabitants received acute doses of radiation, with less chronic dose from fallout.

The historical narrative that one usually reads is what the victors wrote, but more significant for the subject of this book is what the vanquished thought of the nuclear bomb. They learned of its power when at their lowest psychological point, and their national consciousness has been branded by the thought of it ever since. It is no coincidence that the most visceral reactions to the accident at Fukushima have come from Japan and Germany. But with the passage of years those reactions should be tested against science. When writing the account of Fukushima for the sake of future generations, the world has a duty to ensure the story is honest and scientific, not emotional.

Dissent over nuclear weapons

But after WWII the victors were troubled too. Though a scientist may respect the science and its reliability, his fear of what his fellow human beings may do with the power it gives them is increased by his technical understanding. Fears of Nazi Germany and the Soviet Union were rife in the twentieth century, but there were also worries on the US home front about politicians, military leaders, fellow scientists and foreigners who held a variety of views on how science should be used. Nuclear energy, by its very power, intensified questions of trust, confidence and secrecy[10]. Significant tensions built up between individual scientists, and also between other groups involved; and these were not eased when peace came. Worries

그 이후 그들의 뇌리에는 그 때 상황이 떠나지 않았다.

후쿠시마 사고 이후 이에 대한 가장 감정적인 반응이 일본과 독일에서 나온 것은 우연이 아니다. 그러나 세월이 흐른 후 그런 반응은 과학적으로 검증되어야 한다. 미래 세대를 위해 후쿠시마를 설명할 때, 세계는 감성적인 이야기가 아니라 정직하고 과학적인 이야기를 알릴 의무가 있다.

핵무기에 대한 반대의견

제2차 세계대전 이후 승자들 역시 고민에 빠졌다. 과학자는 과학의 신뢰성을 존중해야 함에도 불구하고, 동료들이 그들에게 주어진 힘으로 무엇을 할 수 있는지에 대해 느끼는 두려움은 날이 갈수록 커졌다. 20세기에 나치 독일과 소련에 대한 두려움도 만연했지만, 과학이 어떻게 이용되어야 하는지에 대해 다양한 견해를 가진 정치인, 군 지도자들, 동료 과학자, 외국인들이 미국 국내에서 큰 목소리를 내는 것에 대한 우려도 있었다. 원자력에너지는 그 자체의 힘으로 신뢰, 자신감 및 비밀 유지에 대한 문제를 심화시켰다. 이 때문에 과학자들 사이, 그리고 관련된 다른 집단들 사이에서도 상당한 긴장이 고조되었다. 그리고 평화가 찾아왔을 때에도 이러한 긴장감은 완화되지 않았다. 전쟁 시기 동맹국들, 특히 소련에 대한 걱정이 커졌다.

과학과는 달리 역사는 종종 다른 관점에서 미로 같은 사건들에 대한 몇 가지 일관된 설명을 내놓는다. 따라서 핵 방사선의 역사에 대한 군사적, 정치적 견해는 과학에 근거하지 않는다. 맨하탄 프로젝트의 존재 이유였던 제2차 세계대전의 핵무기 개발에는 과학자가 아닌 사람들이 요직으로 많이 참여했다. 그들과 물리학자 사이에서 지속적으로 커진 오해는 냉전시대까지 이어졌다. 이 두 집단 사이의 자신감과 상호 신뢰의 결여가 전쟁에 패한 사람들의 뿌리깊은 공포만큼이나 방사선에 대한 공포를 키우는데 중요한 역할을 했다.

맨하탄 프로젝트에 참여한 물리학자 중 상당수는 자신들의 개발품이 가진 엄청난 에너지를 알아차렸을 때 충격에 빠졌고 추축국과의 적대관계 끝

about war-time allies, particularly the Soviet Union, grew too.

Unlike science, history often provides several coherent accounts of a maze of events from different perspectives. Thus the military and political perspectives of the history of nuclear radiation are not based in science. In the development of nuclear weapons in WWII, the raison d'être of the Manhattan Project, there were many major players who were not scientists, and misunderstandings between them and the physical scientists continued to be important into the Cold War era. It could be argued that the lack of confidence and mutual trust between these two groups was as instrumental in the rise of radiophobia as the ingrained fears of the defeated populations

Many of the physical scientists involved were in some shock when they realised the energy of what they had developed, and had little confidence in the readiness of the military to forego the influence of this muscle at the end of hostilities with the Axis Powers. Their concern was well founded, for other nuclear scientists threw themselves, without a second thought, into building the most powerful weapons possible, in particular the fusion device known as the hydrogen bomb. A conventional fission bomb is limited in size and power by the speed at which it is possible to assemble a large super-critical mass of explosive. But a fusion bomb has no such limit, and the Soviets tested a 50-58 megaton device, about 2,000 times the energy of the Hiroshima and Nagasaki explosions.

Political and military concern, particularly in the United States, was focussed on fears that other powers might obtain the secrets of nuclear weapons. As a result the development of the hydrogen bomb was supported amid tight security. Exceptional scrutiny was applied to root out any potential Soviet sympathisers, and the sharing of information with other allies, even the UK, was curtailed. A reign of anti-communist hysteria, verging on paranoia, ensued: there were the Senate subcommittee McCarthy-Army hearings of 1954 about claims of communist infiltration; there were the investigations of the House

에 이 에너지의 영향력을 기꺼이 행사하려는 군을 거의 신임하지 않았다. 그들의 우려는 충분한 근거가 있었는데, 다른 원자력 과학자들은, 두 번 생각할 필요도 없이, 가장 강력한 무기, 특히 수소 폭탄으로 알려진 핵융합 장치를 만들기 위해 열과 성을 다 바쳤기 때문이다. 재래식 핵분열 폭탄은 폭발물의 거대한 초임계 질량을 모을 수 있는 속도에 의해 크기와 힘이 제한된다. 그러나 핵융합 폭탄은 그러한 한계가 없으며, 소련은 히로시마와 나가사키 폭발의 약 2,000배인 50-58 메가톤급 장치를 시험했다.

미국의 정치적 군사적 우려는 특히 다른 강대국들이 핵무기의 비밀을 얻을지도 모른다는 것에 초점이 맞춰져 있었다. 그 결과 철저한 보안 속에 수소폭탄이 개발되었다. 잠재적으로 소련에 동조하는 자들을 근절하기 위해 예외적인 정밀 조사가 시행되었고, 다른 동맹국들, 심지어 영국과의 정보 공유도 축소되었다. 거의 편집증에 가까운 반 공산주의 통치가 뒤따랐다: 1954년 상원 소위원회 맥카시-육군 청문회는 공산주의 침투 주장에 대한 내용이었다. 또한 하원의 반미국활동위원회의 조사와 공산주의 동조자들에 대한 마녀사냥도 있었다; 오펜하이머의 애국심에 대한 조사[2]까지 있었다. 맨하탄 프로젝트의 물리학자였던 로버트 오펜하이머 박사는 주로 수소폭탄 개발을 추진한 헝가리 태생의 이론물리학자 에드워드 텔러에 의해 곤욕을 치렀다. 1940년대 후반과 1950년대 초는 미국의 암흑기였다 -우리가 당연하다고 여기는 많은 자유가 억압되었다. 많은 저명한 사람들의 삶이 심각하게 훼손되었고 그들 중 일부는 전설적인 배우 겸 가수인 폴 롭손과 영화감독이자 코미디언인 찰리 채플린처럼 숨거나 해외로 도피했다. 당대의 과학자와 과학적 견해를 판단할 때 격동의 배경을 이해하는 것이 도움이 된다. - 이러한 배경에서 도출된 과학자들의 견해는 60년 넘게 LNT모델을 확립하고 반대의견을 억압하는 데까지 이어졌다.

과학자들이 자신의 분야를 넘어선 문제에 대해 우려를 표명하는 방식은

---

2) 미국의 원자력정책의 중추에 있었던 그의 사회 및 과학자들에 대한 영향력은 매우 컸으므로 미국 정부는 그의 명예를 실추시킬 목적으로 이른바 「오펜하이머 사건」을 때마침 일어난 광신적인 반공사상인 매카시즘 풍조 속에서 유발시켰다.

Un-American Activities Committee with its witch hunt for communist sympathisers; there was the investigation of the patriotic loyalty of Oppenheimer before the US Atomic Energy Commission. Dr Robert Oppenheimer was the physicist war-time leader of the Manhattan Project whose security status was revoked in 1954, largely on the testimony of Edward Teller, the Hungarian-born theoretical physicist who pushed the development of the hydrogen bomb. The late 1940s and early 1950s were a dark period in the USA – many liberties that we normally take for granted were suppressed. The lives of many eminent people were seriously damaged and they went into hiding, or went abroad, like Paul Robeson, the legendary actor and singer, and Charlie Chaplin, the film director and comedian. It is helpful to appreciate this turbulent background when judging the scientists and scientific opinion of the day – opinion that led to the establishment of the LNT model and the suppression of contrary views for over 60 years.

How scientists express their concern on matters beyond their own immediate field varies, but their natural discipline makes them cautious – in fact considerably more cautious than those unused to scientific argument. Since few physical scientists and engineers appreciate much about biology, and biological scientists know very little of nuclear physics, they are frequently rather over-awed by their shared interdisciplinary questions. That was the case in the Cold War era in the matter of nuclear radiation and its biological effects, particularly genetics. At a crucial time in the 1950s as the official view was forming, the voice of biology was missing. In the confrontations between the main parties, the military and the physical scientists, nobody could speak to the biology with the required authority. There was no biologist on the Manhattan Project with the necessary clout, and the mode of scientific thinking in biology is quite different from that in the physical sciences, as explained in Chapter 4. And into this gap came Hermann Muller, recently anointed Nobel Laureate (1946), with his outspoken support for the LNT model, his concern about

다양하지만, 그들의 타고난 절제력은 그들을 신중하게 만든다. – 사실 그들은 과학적인 논쟁에 익숙하지 않은 사람들보다 훨씬 더 신중하다. 생물학에 많은 고마움을 느끼는 물리학자와 공학자는 거의 없고, 생물학자는 핵물리학에 대해 거의 알지 못하기 때문에, 그들은 종종 그들의 공통된 학술적 질문들에 다소 지나친 두려움을 느낀다.

원자력방사능과 그 생물학적 영향, 특히 냉전시대에서의 유전학의 문제가 이러한 경우였다. 1950년대, 공식적인 입장이 형성되고 있는 결정적인 시기에 생물학의 목소리는 실종되었다. 주요 당사자들, 군대와 자연 과학자들 사이의 대립에서, 아무도 공식적인 권한을 가지고 생물학에 말을 걸 수 없었다. 맨해튼 프로젝트에 필요한 영향력을 가진 생물학자는 없었고, 생물학의 과학적 사고 방식은 물리학적 사고 방식과는 사뭇 달랐다. 그리고 그 틈을 타서 허먼 멀러가 나타났다. 그는 LNT 모델을 지지하고 방사능에 대한 걱정, 그리고 소련의 이념에 대한 반감을 거침없이 표현한 공을 세웠고 노벨상까지 수상하는 영광을 얻었다.(1946)

군비 확장 경쟁의 광풍

전쟁 후에는 미국이 원자력 관련 군비 확장을 정치적으로 지원했다. 이것은 팍스 아메리카나 (미국이 주도하는 세계 평화)를 통해 세계를 감동시키기 위한 수단으로 여겨졌고, 다른 나라들, 친구와 적들은 이를 충분히 알고 있었다. 능력이 있는 나라들은 스스로 핵무기를 개발하고 배치했다. 동맹국인 영국과 프랑스가 그렇게 했을 때, 이는 정치적으로 바람직하지 않고 안보의 위협으로 여겨졌지만 더 이상의 악화는 없었다. 그러나 소련이 시험 장치를 폭발시켰을 때, 미국은 이를 현실적 위협으로 느꼈다.

지난 수십 년 동안 극소수의 나라만이 핵무기를 방해받지 않고 보유해왔다. 핵무기는 회의석상에서는 영향력을 행사할 수 있을지 몰라도, 개발 비용이 매우 비싼데다가 군사적인 관점에서 보면 현장에서는 무용지물이다. 오하이오 주립 대학의 존 뮬러는 그의 연구에서 왜 국가들이 핵무기를

radiation, and his antipathy to Soviet ideology and Lysenko-ism. There was no competition.

The madness of the Arms Race

In the post- war period political backing in the USA for the growth of nuclear armaments was very strong. It was seen as the means to impress Pax Americana on the world, and other nations, friend and foe, were very much aware of that. Those that were able to do so reacted by developing and deploying their own nuclear weapons. When the allies, Britain and France, did so, it was seen as politically undesirable and a loss of security, but no worse. However, when the Soviet Union exploded test devices, that was seen in the USA as an existential threat.

In the intervening decades remarkably few nations have bothered with nuclear weapons. Though they may wield influence at the conference table, they are very expensive in technical manpower and mostly useless in the field from a military perspective. In his work John Muller of Ohio State University has explored why nations consider nuclear weapons such an undesirable waste of resources[see Selected References on page 279, SR4]. Nevertheless, a few have flexed their muscles in practice (China, India, Pakistan) or in theory (Israel, Iran, South Africa), leaving North Korea as the only state likely to consider using a nuclear weapon in anger.

The US paranoia about nuclear weapons was exacerbated by Soviet behaviour in taking over Eastern Europe. So was started the Cold War, as recorded by Churchill in March 1946[11]. As the US nuclear arsenal built up, it was no surprise that the Soviet Union, no stranger to national paranoia, felt threatened and joined the nuclear Arms Race (see Illustration 10-1). For many years the system for delivering nuclear warheads was manned bombers, patrolling around the clock and ready to respond to any attack. Later, these were replaced by missile delivery, at first of limited range. But with the launch of the first satellite, the Russian Sputnik, in 1957, came the realisation that inter- continental rockets

그림 10-1: 서로 다른 날짜에 배치된 미국과 소련의 핵탄두 수를 보여주는 그래프.

그렇게 바람직하지 않은 자원 낭비라고 생각하는지를 탐구했다. 그럼에도 불구하고 몇몇 나라는 실제(중국, 인도, 파키스탄)나 이론(이스라엘, 이란, 남아프리카공화국)으로 자신들이 가지고 있는 힘을 자랑하기 위해 핵무기를 개발했다. 북한은 분노 속에서 핵무기를 사용할 가능성이 있는 유일한 국가로 꼽힌다.

핵무기에 대한 미국의 편집증은 동유럽을 점령한 소련의 행동으로 악화되었다. 처칠이 1946년 3월에 기록한 대로 냉전은 그렇게 시작되었다. 미국의 핵무기가 쌓이면서 국가적인 편집증에 낯설지 않은 소련이 위협을 느끼고 핵무기 경쟁에(그림 10-1 참조) 동참한 것도 놀랄 일이 아니었다. 수 년 동안 핵탄두를 운반했던 시스템은 24시간 공중을 순찰하며 어떠한 공격에도 대응할 준비가 되어있는 유인폭격기였다. 이후 이 시스템은 초기에는 제한된 사거리의 미사일로 대체되었다. 그러나 1957년 러시아 최초의 인공위성 스푸트니크가 발사되면서 대륙 간 탄도탄이 핵탄두를 지구상 어디라도 운반할 수 있게 됐고 소련이 이 기술에서 우위를 점하게 되었다. 이후 여러 개의 탄두를 장착한 미사일과 한 번에 몇 개월씩 물속에 숨어 있는 잠수함에서 발사하는 미사일이 개발되었다. 이로써 상대방이 선제 공격을 감행

would be able to deliver nuclear warheads to anywhere on Earth with minimal delay, and that the Soviet Union had the lead in this technology. Later developments included missiles carrying multiple warheads and missiles launched from submarines that can remain submerged and hidden for months at a time, ever ready to deliver a revenge counter attack should the other side mount a first strike. International politics at this time was dominated by the tension between the USA and the Soviet Union, said to be stabilised by the mutual fear of the consequences of nuclear war and the balance between their arsenals. The end of the Cold War came at a summit meeting in Iceland in 1986, coincidentally six months after the Chernobyl accident. Although technically quite unrelated, the Soviet political self-confidence in nuclear technology seems to have collapsed generally at this time, and by 1991 the Soviet empire, as such, appeared to be no more.

Chronology of nuclear turning points

- 16 July 1945: Trinity test of the plutonium bomb, 21 kiloton.
- 6 August 1945: Uranium bomb dropped on Hiroshima.
- 9 August 1945: Plutonium bomb dropped on Nagasaki.
- 29 August 1949: First Soviet nuclear test.
- 3 October 1952: First British nuclear test.
- 1 November 1952: First US hydrogen bomb test.
- 1 March 1954: The voyage of the Lucky Dragon (more below).
- 9 July 1955: Russell-Einstein Manifesto (more below).
- 1956: Recommendation from the BEIR1 Committee that Radiological Safety should no longer be assessed against a threshold but using the LNT model (for reasons expanded upon later in this chapter).
- 4 October 1957: Soviet Union launch of Sputnik, the world's first Earth-orbiting artificial satellite.
- 1958: Petition to UN by Linus Pauling and others (more below).
- 13 February 1960: First French nuclear test.
- 17 January 1961: President Eisenhower's valedictory speech, in

할 때 언제든 보복 공격을 할 준비태세를 갖추게 되었다. 이 시기에 국제 정치는 미국과 소련 사이의 긴장에 의해 지배되었는데, 핵전쟁의 결과에 대한 상호간의 두려움과 서로의 군사력 균형에 의해 안정을 유지할 수 있었다. 냉전의 종식은 공교롭게도 체르노빌 사고 발생 6개월 후인 1986년 아이슬란드에서 열린 정상회담에서 이루어졌다. 비록 기술적인 문제와는 전혀 상관이 없었지만, 이 시기에 원자력 기술에 대한 소련의 정치적인 자신감은 무너진 것처럼 보였고 소련 제국은 1991년에 붕괴되었다.

<u>핵 전환점의 연대기</u>

- 1945년 7월 16일: 플루토늄 폭탄 트리니티(Trinity)의 시험, 21킬로톤.
- 1945년 8월 6일: 히로시마에 우라늄 폭탄 투하.
- 1945년 8월 9일: 나가사키에 플루토늄 폭탄 투하.
- 1949년 8월 29일: 소련의 1차 핵실험.
- 1952년 10월 3일: 영국의 1차 핵실험.
- 1952년 11월 1일: 미국 1차 수소폭탄 실험.
- 1954년 3월 1일: 후쿠류마루(福龍丸) 호의 항해
- 1955년 7월 9일: 러셀-아인슈타인 선언
- 1956년: 1차 전리방사선의 생물학적 효과 위원회(BEIR1)의 권고사항: 방사선 안전은 더 이상 문턱값에서 평가되지 않고 LNT 모델을 사용하여 평가되어야 한다.
- 1957년 10월 4일: 소련이 세계 최초로 지구 궤도를 도는 인공위성 스푸트니크 발사
- 1958년: 라이너스 폴링 등이 UN에 청원
- 1960년 2월 13일: 프랑스 1차 핵실험.
- 1961년 1월 17일: 아이젠하워 대통령이 고별 연설에서, 대학 내 과학적 학문 연구의 자유로운 활동과 기금배분을 왜곡하고 있는 군산복합체들의 강화된 위력에 대해 경고.
- 1961년 10월 30일: 소련의 사상 최대 규모의 핵무기 실험; 50-58 메가톤.

which he warned of the power of the Industrial Military Complex that had built up, distorting the free exercise and funding of much scientific academic work in universities, as discussed further in Radiation and Reason, Chapter 10.

- 30 October 1961: Largest-ever test by Soviet Union; 50-58 megaton
- March 1962: Letter from Linus Pauling to President Kennedy (see page 248).
- October 1962: Cuban Missile Crisis (see page 250).
- 5 August 1963: Partial Test Ban Treaty (Soviet Union, USA, UK) banning atmospheric nuclear testing.
- 11 October 1986: Meeting in Iceland between Presidents Reagan and Gorbachev, often seen as marking the end of the Cold War.
- 1988: The report of the BEIR IV Committee attempted to close the door on evidence-based thinking, claiming as[12]

   ... a matter of philosophy, it is now commonly assumed that the stochastic effects, cancer and genetic effects, are non-threshold phenomena and the so-called non-stochastic effects are threshold phenomena. Practical limitations imposed by statistical variation in the outcome of experiments make the threshold-nonthreshold issue for cancer essentially unresolvable by scientific study..

   Because the proponents saw the question as untestable, they were not prepared to scrutinise it.

- 10 September 1996: UN Comprehensive Test Ban Treaty banning all nuclear explosions (still not ratified by the USA).
- 2004: Repudiation of the biology of the LNT model in a unanimous joint report by the French academies of science and medicine[26].
- 2007: ICRP Report 103. An excerpt from paragraph 36 indicates their non-scientific thinking[13]:

   At radiation doses below around 100 mSv in a year, the increase in the incidence of stochastic effects is assumed by the Commission to occur with a small probability and in proportion to the increase in radiation dose over the background dose. Use of this so-called linear-non-threshold (LNT) model is considered by the Commission

- 1962년 3월: 라이너스 폴링이 케네디 대통령에게 편지를 보냄.

- 1962년 10월: 쿠바 미사일 위기

- 1963년 8월 5일: 대기권 내의 핵실험을 금지하자는, 부분적 핵실험 금지 조약(소련, 미국, 영국)

- 1986년 10월 11일: 아이슬란드에서 레이건 대통령과 고르바쵸프 대통령의 만남, 냉전의 종말을 알리는 것으로 보임.

- 1988년: BEIR IV 위원회의 보고서는 다음과 같이 주장하며, 증거에 기반을 둔 사고를 받아들이지 않으려고 시도.

  …. 철학의 문제, 이제는 보통 확률론적 효과, 암과 유전적 영향은 문턱값이 없는 현상이라 하고 이른바 비확률적인 효과는 비-문턱값 현상이라고 가정한다. 실험 결과에서 통계적 변동 때문에 생긴 실제적인 한계는 암의 문턱-비문턱 문제를 과학 연구가 본질적으로 해결할 수 없게 만든다.

  찬성론자들은 그 질문을 증명할 수 없는 것으로 보았기 때문에, 그들은 그것을 면밀히 검토할 준비가 되어 있지 않았다.

- 1996년 9월 10일: 모든 핵폭발을 금지하는 유엔의 포괄적 핵 실험 금지 조약 (아직도 미국의 비준을 받지 못하고 있음)

- 2004년: 프랑스 과학 및 의학 아카데미에서 만장일치로 합의된 공동 보고서에서 생물학계는 LNT 모델을 거부함.

- 2007년: ICRP(국제방사선보호위원회) 보고서 103. 아래 발췌문(보고서 36항)은 그들의 비과학적 사고를 나타낸다.

  위원회는 연간 약 100 mSv 미만의 방사선량에서, 확률론적 효과의 발생 증가는 자연 선량에 대한 방사선량 증가에 비례하지만 그럴 확률은 매우 작다고 가정했다. 위원회는 LNT, 소위 문턱 없는 선형, 모델의 사용은 방사선 피폭에 따른 위험을 관리하기 위한 최적의 실무적 접근 방법이고 '사전예방 원칙'에 부합한다(UNESCO, 2005)고 판단했다. 위원회는 LNT 모델이 낮은 선량률과 낮은 선량률의 방사선 방호에 대한 합리적 기준으로 남아 있다고 생각했다.

이 보고서가 시사하는 바와 같이, LNT 모델은 최고의 실용적인 접근법

to be the best practical approach to managing risk from radiation exposure and commensurate with the 'precautionary principle' (UNESCO, 2005). The Commission considers that the LNT model remains a prudent basis for radiological protection at low doses and low dose rates.

Far from being the best practical approach, as they suggest, the LNT model has been used to justify the most inhuman response to nuclear accidents.

Public exposure to radioactivity from weapons

Nuclear testing in the atmosphere

The radiation from weapons testing in the atmosphere was caused by the extreme heat of the detonation carrying radioactive material high into the stratosphere where it spread over the whole Earth and descended gradually, giving an exposure of radioactivity at the surface known as fallout. This was measured, and annual values in the UK are shown in Illustration 10-2. The decrease after 1963, the end of atmospheric testing by the USA, Soviet Union and UK, was due to natural depletion of atmospheric radioactivity by the action of the weather and radioactive decay. The small blip in 1986 is the effect of Chernobyl, evidently far smaller than the effect of weapons testing that lasted for many years. Nevertheless, all these exposures are small, as the scale shows: at its peak the exposure from fallout was 0.14 mGy per year. This may be compared to the average annual natural radiation dose of less than 2 mGy per year, and to 10 mGy from a modern diagnostic scan which is beneficial.

Much more worrying to the world population in those years were the thousands of nuclear warheads that were stockpiled, principally by the Soviets and the United States (see Illustration 10-1). These could have

이기는커녕 원자력 사고에 대한 가장 비인간적인 대응을 정당화하는 데 이용되어 왔다.

무기에서 나온 방사능에 노출된 대중

대기에서 이루어진 핵실험

대기 중 핵무기 실험에서 나오는 방사능물질은 폭발에서 나오는 극한 열로 성층권에 도달한 방사성 물질이 지구 전체에 퍼지고 서서히 지표면에 낙진으로 내려앉으며 방사능 피폭을 일으킨다. 영국의 연간 낙진 측정값은 〈그림 10-2〉에 나타나 있다. 1963년 미국, 소련, 영국의 대기 실험이 종료된 이후 측정값이 낮아진 이유는 날씨와 방사성 붕괴에 의해서 대기 내 방사능이 자연적으로 소멸되기 때문이다. 1986년 살짝 값이 올라간 부분은 체르노빌 효과로, 여러 해 동안 지속된 핵무기 실험의 효과보다는 훨씬 작다. 그러나 그 규모가 보여 주듯이 이러한 모든 피폭은 미미하다. 최고조에 달했을 때 낙진 피폭은 연간 0.14 mGy로 이는 2 mGy 미만인 연간 평균 자연방사선량과, 연간 10 mGy인 의료 진단 스캔의 방사선량과 비교하면 훨씬 작은 값임을 알 수 있다.

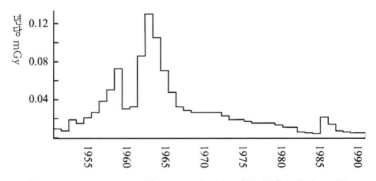

그림 10-2: 영국에서 측정된 핵무기 실험(그리고 체르노빌 1986)의 낙진을 보여주는 그래프

been fired in semi automatic response by a few people in error or in an ill-considered response to an international incident resulting in worldwide fallout on a scale a thousand times larger than testing – that is a few hundred mGy per year. The effect of this global radiation dose would have been in addition to that of the local blast and fire in the regions where the warheads exploded. The need to cease adding more missiles, to cease testing and to decommission these stockpiles was clear; it generated semi-permanent public protest around the world with many scientists taking part. Nevertheless, few people understood the numbers and that the dose from the testing alone was harmless. Although the LNT claim that every dose, however small, is harmful is not substantiated by reliable measured evidence, the belief that it would be harmful was important in the political decision to halt the Arms Race, as will become clear.

Anti-nuclear demonstrations in free countries

Everyone alive at the time of the Cold War may prefer to forget what it was like, and it is seldom explained to later generations what a pall of dread hung over every man, woman and child on Earth who could read a newspaper or listen to the radio. The effect of a nuclear attack was seen as more than just a remote region devastated by blast and fire – in those days everyone could still recall the pictures and news from the total ruins that were Berlin, Hamburg and Tokyo after WWII. A nuclear war was visualised in the media as an escalating tit-for-tat leading to the destruction of thousands of cities, given that the arsenals of the two sides had several tens of thousands of missiles ready to fire (Illustration 10-1).

The result of such a nuclear exchange was seen as even worse, because of the reported effect of the radiation from the fallout, spread far and wide around the Earth, the combined effect of all the warheads – and lasting for centuries.

Anti-nuclear movements started at national level, first advocating

여러 해 동안 세계 인류에게 훨씬 더 걱정스러웠던 것은 소련과 미국이 비축한 수천 개의 핵탄두였다.(그림 10-1 참조) 이는 실수로 몇 명의 사람들이 반자동적으로 반응하면서, 혹은 국제적인 사건을 잘못 판단해서 발사될 수 있었다. 그 결과, 실험할 때보다 수천 배 큰 규모의 낙진이 전 세계적으로 퍼지게 되고 그 피폭량은 연간 수백 mGy에 달했을 것이다. 미사일 확충과 핵실험을 중단하고, 비축한 핵탄두를 없애야 할 필요성은 분명했다; 많은 과학자들이 참여한 가운데 전세계적으로 거의 반 영구적인 대중 시위가 일어났다. 그럼에도 불구하고, 그 숫자들을 이해하는 사람은 거의 없었고, 실험에서 나오는 선량 정도는 무해하다는 것을 알게 되었을 뿐이었다. LNT의 아무리 작더라도 모든 방사선 선량이 해롭다는 주장은 신빙성 있는 증거에 의해 입증되지 않았음에도 불구하고, 모든 선량이 위험할 것이라는 믿음은 군비 경쟁 중단을 정치적으로 결정하는데 중요한 역할을 했다.

자유세계의 반핵 시위

냉전 당시 살았던 모든 사람들은 그것이 어땠었는지 잊어버리길 원할 수도 있다. 따라서 신문을 읽거나 라디오를 들을 수 있는 지구상의 모든 남자, 여자, 어린이들에게 공포의 장막이 어떻게 드리워져 있었는지는 후대에 거의 설명되지 않았다. 핵 공격의 영향으로 황폐화된 지역은 폭발과 화재로 황폐화된 지역 이상으로 여겨졌다 -그 당시 모든 사람들은 여전히 2차 세계대전 이후 황폐화된 베를린, 함부르크, 도쿄의 유적지 사진들과 뉴스를 기억하고 있었다. 양측이 언제라도 수 만개의 핵미사일을 발사할 준비가 되어 있다는 현실을(그림 10-1) 고려해 언론은 양편이 고조되는 보복전으로 수천 개의 도시를 파괴할 수 있다고 보도했다.

그러한 핵무기 공방 후에 나타나는 결과는 지구 전역으로 퍼져 수 세기 동안 지속되는 방사능 낙진의 영향 등 핵전쟁의 모든 복합 효과로 인해 더욱 끔찍할 것으로 여겨졌다.

nuclear disarmament then opposition to nuclear power. They mounted large public demonstrations, marches and occupations, in particular the famous annual 52-mile march from London to the Atomic Weapons Establishment at Aldermaston, which was held from 1958 to 1962 and attracted many tens of thousands of participants. The leading anti-nuclear peace movement organisations around the world at various times – the Campaign for Nuclear Disarmament, Greenpeace and Friends of the Earth – have attracted a large following, including many distinguished intellectuals, church leaders and public figures.

Mobilisation of public opinion on this scale influences political parties in a democracy, and politicians are obliged to take note. In many countries both nuclear energy and nuclear weapons have been made illegal. Nations that are currently opposed to nuclear power in principle include Australia, New Zealand and many EU countries.

Fallout in fact – The Lucky Dragon

The US test of a hydrogen bomb on the Bikini Atoll in the Pacific Ocean on 1 March 1954 was exceptional[14]. It was designed to use lithium deuteride (LiD) as a solid fuel in which the minor component, lithium-6, provides the tritium needed when bombarded by a neutron. It was not known before the test that the major component, lithium-7 (92.5%), would also react with a neutron, thereby increasing the energy released from 6 megatons to 15 megatons, the highest energy test ever detonated by the USA and nearly 1,000 times the energy of the Hiroshima or Nagasaki device. As a result, the area that had been kept clear of shipping to avoid high levels of fallout was far too small. Further, the fallout was particularly large because the device was detonated at ground level, thereby creating much additional radioactive material and propelling it into the upper atmosphere.

Most heavily contaminated by the fallout was the Daigo Fukuryu

반핵운동은 국가차원에서 시작되었는데, 처음에는 핵무기 관련 군비축소를 표방했고, 그 후 원자력에 대한 반대까지 이어졌다. 사람들은 대규모 시위, 행진 - 특히 1958년부터 1962년까지 매년 런던에서는 알더매스톤의 핵무기 제조공장까지 52마일 행진을 벌였고 수만 명의 참가자들이 모여들었다. 이 행진은 세계의 주요 반핵 평화운동 단체들 - 핵 군축 운동, 그린피스, 지구의 친구들(Friends of the Earth) 등 - 저명한 지식인, 교회 지도자, 그리고 공적 인사들을 포함한 많은 추종자들을 불러 모았다.

이런 규모의 여론 몰이는 민주주의에 있어서 여러 정당들에 영향을 미치고 그래서 정치인들은 이에 주목하게 되었다. 많은 나라에서 원자력에너지와 핵무기를 모두 불법화했다. 현재 원자력에 원칙적으로 반대하는 국가는 호주, 뉴질랜드, 그리고 많은 EU 국가들이 있다.

현실에서 일어난 낙진 - 후쿠류마루(福龍丸) 호

1954년 3월 1일 태평양의 비키니 섬에서 예고 없이 미국의 수소 폭탄 실험이 행해졌다. 적은 양의 중수소화리튬(LiD)이 고체 연료로 사용되었고, 리튬-6와 중성자의 충돌은 필요한 삼중수소를 공급하는 역할을 하였다. 실험 전에는 알지 못했던 주요 성분인 리튬-7(92.5%) 또한 중성자와 반응해 에너지를 방출하였고 이는 방출하는 에너지를 6메가톤에서 15메가톤으로 늘림으로써 미국이 시행한 핵실험 가운데 가장 큰 위력을 폭발시킨 실험이었다. 이는 히로시마나 나가사키에 낙하된 폭탄의 약 1000배 가까운 크기였다. 그 결과, 광범위한 지역에 많은 양의 낙진이 뿌려졌다. 이 낙진이 유난히 많았던 이유는 핵무기가 지상에서 폭발했기 때문이다.

낙진으로 가장 큰 피해를 받은 집단은 140t급 일본 어선 후쿠류마루(福龍丸) 제5호의 23명 선원이었다. 폭발 당시 선박의 정확한 위치는 알려지지 않았지만 폭심으로부터 약 80마일 떨어진 곳에 있었던 것으로 추정된다.

Maru , the Lucky Dragon No. 5, a 140 ton Japanese fishing boat with a crew of 23. The exact position of the boat at the time of the explosion is not known, but it is thought that it was about 80 miles away. The crew suffered severe beta burns on their skin and when they reached Japan they were treated for ARS although, unlike those contaminated at Goiania and Chernobyl, none died of it in the next few weeks. One crew member died after seven months of cirrhosis of the liver – radiation is unlikely to have been the prime cause. Like survivors of Hiroshima and Nagasaki, the crew were stigmatized because of the Japanese public's fear of radiation exposure, believing it to be contagious or inheritable. Another crew member reported that when the fallout came down he had licked it to test it – in 2013 he was reported to be alive at 79 years old. In 2014 another crew member was reported to be alive at the age of 87. Many details are missing, but, as in other nuclear accidents, the mortality that many had feared or expected at the time, has not been realised[15].

The incident was a diplomatic disaster for the USA, and did nothing for the reputation of the radiation and its safety either. As often happens, an attempt was made to make amends by paying compensation, although litigation and compensation muddy the water for the scientific record by persuading voices to remain silent or change their story. But after more than 50 years we can say that the effect on human life may have been no more than several cases of intense beta burns, similar to sunburn in fact. However, absolutely nobody believed that at the time, and nobody has corrected the public perception since. No erratum ever makes a good news story.

Fallout in fiction – On the Beach

Fear of nuclear technology has stimulated 70 years of sensational entertainment that has gripped the world. One of the most famous novels, On the Beach by Nevile Shute published in 1957, is set in Australia where

승무원들은 피부에 심한 베타 화상[3)]을 입었고 일본에 도착했을 때 ARS치료를 받았다. 체르노빌 사고와 달리 몇 주 동안 ARS로 인한 사망자는 없었다. 승무원 한 명이 7개월 간의 간경변 투병 끝에 사망했는데, 방사선이 주된 사인(死因)은 아니었다. 하지만 히로시마와 나가사키의 생존자와 마찬가지로 방사능에 노출된 선원들은 방사능에 전염성이 있거나 유전될 수 있다고 믿는 일본 국민의 공포 때문에 낙인이 찍혔다. 낙진이 떨어진 곳을 시험을 위해 핥았다고 보고했던 승무원은 2013년 79세로 살아 있고 2014년에 또 다른 승무원이 87세의 나이로 생존해 있다고 보고되었다. 많은 세부 사항이 누락되어 있지만, 다른 원자력 사고와 마찬가지로, 그 당시 많은 사람들이 우려했거나 예상했던 사망은 현실적으로 일어나지 않았다.

이 사건은 미국에게 외교적 재앙이었고 방사능의 명성과 안전에는 아무런 도움을 주지 못했다. 종종 있는 일이지만 보상금을 지급하려는 시도가 있었고, 이를 통해 소송을 막고 묵비권을 행사하도록 혹은 이야기를 바꾸도록 설득하는 등 과학 기록의 물을 흐리게 만들었다. 그러나 50년이 지난 지금은 우리 인간의 삶에 미치는 영향이 사실 햇볕에 탄 것과 비슷한 몇 가지 강한 베타 화상 사례에 지나지 않았다고 말할 수 있다. 하지만 그 당시에는 아무도 그것을 믿지 않았고, 그 이후 여전히 대중의 인식은 고쳐지지 않았다. 어떠한 오류 정정 부록도 결코 좋은 뉴스거리가 되지는 못했다.

소설 속에서의 낙진 - 『바닷가에서』

70년동안 원자력기술에 대한 두려움 때문에 세계를 사로잡은 무시무시한 오락거리가 난무했다. 1957년에 출간된 유명한 소설 중 하나인 네빌 슈트의 『바닷가에서(On the Beach)』는 호주를 배경으로 하고 있는데, 여기에서. 북반구에서 일어난 전면적인 핵전쟁으로 발생한 방사능이 점차 남쪽

---

3) β선은 체(體)표면에서 비교적 얕은 부분의 조직 특히 피부에 흡수된다. β선에 의한 피부장해를 말한다. 통상의 [열상(熱傷)화상]과 비슷한 증상이 나타난다. 그러나 열상에 비하면 난치성이 많다.

a surviving southern outpost of life watches as the radioactive fallout, liberated by an all-out nuclear war in the northern hemisphere, creeps gradually south, extinguishing all signs of life as it does so. The story is thrilling, and was made into a popular film, but the science is flawed, although that did not prevent it making many conversions to the anti-nuclear cause; notably Helen Caldicott who says that when she read the book as a 12-year old It scared the hell out of me. Since then she has pursued an emotional anti- nuclear campaign which has been heavily attacked for its fear mongering and lack of any scientific basis[16].

No one who lived in the Cold War era could have failed to enjoy the talents of Tom Lehrer, the American singer-songwriter, satirist, pianist, and mathematician. Among his blacker nuclear songs was We will all go together when we go. It was a piece with a typically jolly tune and words about total nuclear death – the Cold War years encouraged such macabre humour. The words nuclear and radiation have entered the popular language as scare words, the adult equivalent of saying BOO! to a small child who then runs away and hides[17].

There were many more expressions of nuclear gloom and horror in the arts, but why should we make note of these here? Because we are going to need to counter them with equal talent if we are to overcome the legacy of 70 years of nuclear phobia. The effects of carbon fuels on our environment and our civilisation may be the alternative. So we need to find the sons of Nevile Shute, sons of Tom Lehrer, daughters of Jane Fonda, and of all those in the arts who performed in the anti-nuclear era. New artistic talents are urgently needed in the coming decades to reverse the message their parents and grandparents gave so brilliantly.

으로 퍼져가면서 모든 생명체를 흔적도 없이 파괴한다. 이 소설은 스릴이 있고 영화로 제작되어 흥행에 성공했으나 과학적인 결함이 있다, 그렇지만 이 허구의 소설과 영화가 많은 사람들을 반핵주의로 만들었다. 특히 헬렌 칼디코트는 12살에 이 책을 읽었을 때, 자신을 몹시 두려워하게 만들었다고 말했다. 그 이후로 그녀는 공포를 조장하고 과학적 근거가 부족하다고 심하게 공격받았던 감정적 반핵 운동을 추구해 왔다.

냉전 시대에 살았던 사람이라면 누구도 미국의 싱어송 라이터이자 풍자 작가, 피아니스트, 수학자였던 톰 레러의 재능을 즐기지 못한 사람은 없을 것이다. 그의 원자력 비방 노래 중 '우리가 갈 때면 모두 함께 갈 거야'라는 노래는 전형적으로 유쾌한 곡조에 완전한 핵 파멸의 가사를 담은 작품이었다. 냉전 시대는 그런 공포의 유머가 유행했다. 핵과 방사능은, 어린 아이로 하여금 두려움을 느껴 도망가고 숨게 하는 놀이가 유행하도록 만들었다.

예술에는 원자력의 암울함과 공포의 표현이 더 많았는데, 우리가 여기서 이것들에 주목해야 하는 이유가 뭘까? 우리가 70년간 이어져 온 원자력 공포증의 유산을 극복하려면 똑같은 재능으로 그들에게 대항할 필요가 있기 때문이다. 그래서 우리는 네빌 슈트의 아들들, 톰 레러의 아들들, 제인 폰다의 딸들, 그리고 반핵 시대에 공연한 모든 예술계 사람들을 찾아야 한다. 부모와 조부모가 그토록 훌륭하게 전했던 메시지를 뒤집기 위해서는 앞으로 수십년 동안 새로운 예술적 재능이 절실히 필요하다.

Warnings from the intellectual elite

Russell-Einstein Manifesto

By 1955 it was widely felt that mankind faced an existential threat from the nuclear powers, and with the prospect that many further nations might also acquire such weapons, the prospects looked dire. Joseph Rotblat, the only scientist to leave the Manhattan Project on moral grounds, remarked that he became worried about the whole future of mankind. In the following years he worked with Bertrand Russell, the eminent British philosopher, on efforts to curb nuclear testing and proliferation. It became apparent that only a joint declaration by a number of respected Nobel Laureates could hope to wield the moral authority needed to head off the danger – although, as will become apparent, even that was not sufficient.

The Russell-Einstein Manifesto was launched at a news conference in London on 9 July 1955. Albert Einstein had died shortly before, but after signing the manifesto. The other signatories were: Max Born, Percy Bridgman, Leopold Infeld, Frederic Joliot -Curie, Hideki Yukawa, Cecil Powell, Hermann Muller, Linus Pauling, Joseph Rotblat and Bertrand Russell. Of the eleven, ten had won, or would win, a Nobel Prize. This is a very distinguished list indeed, but, with the exception of Hermann Muller, not one of them was a biologist or medical scientist.

The manifesto started by calling for a scientific conference:

In the tragic situation which confronts humanity, we feel that scientists should assemble in conference to appraise the perils that have arisen as a result of the development of weapons of mass destruction

and went on:

No doubt in an H-bomb war great cities would be obliterated. But this is one of the minor disasters that would have to be faced. If

지식층으로부터 경고를 받다.

러쎌-아인슈타인 성명서

1955년까지, 인류가 핵 보유국들에 의해서 실존적 위협에 직면했다는 것을 현실적으로 느꼈고, 더 많은 다른 나라들도 그러한 무기를 획득할 것이라는 전망이 나옴에 따라 미래는 더욱 끔찍해 보였다. 도덕적 이유로 맨해튼 프로젝트를 떠난 유일한 과학자인 조지프 로트블랫은 인류의 미래 전체를 걱정하게 되었다고 말했다. 그 후 몇 년 동안 그는 영국의 저명한 철학자 버트란드 러쎌과 함께 핵실험의 확산을 억제하기 위한 노력에 동참했다. 많은 존경을 받는 노벨상 수상자들의 공동 선언만이 그 위험을 막는데 필요한 도덕적 권위를 행사할 수 있다는 것이 명백해졌다-그럼에도 불구하고, 물론 이후에 명확해졌지만, 이것 만으로는 충분하지 않았다.

러쎌-아인슈타인 선언은 1955년 7월 9일 런던에서 열린 기자회견에서 시작되었다. 앨버트 아인슈타인은 성명서에 서명을 한 후 얼마 지나지 않아 사망하였다. 이 성명서에 서명을 한 사람들은 맥스 보른, 퍼시 브리지먼, 레오폴드 인펠트, 프레데리크 졸리오-퀴리, 히데키 유카와, 세실 파월, 허먼 멀러, 라이너스 폴링, 조지프 로트블랫과 버트란드 러쎌이 있다. 이 11명 중 10명은 노벨상을 받았거나 수상 예정자들이었다. 물론 이들은 뛰어난 인물들이지만, 허먼 멀러를 제외하고는 생물학자나 의학자는 없었다.

선언문 작성은 과학자 회의를 소집하는 것으로부터 시작되었다:

인류와 맞서는 비극적인 상황에서, 우리 과학자들이 회의에 모여 대량 살상무기의 개발로 생긴 위험을 평가해야 한다고 생각한다.

그리고 계속된다:

수소폭탄전쟁이 발발한다면, 위대한 도시들은 없어질 것이란 것은 의심할 여지가 없다. 하지만 이것은 직면해야 할 재난 중에서 작은 것이

everybody in London, New York, and Moscow were exterminated, the world might, in the course of a few centuries, recover from the blow. But we now know, especially since the Bikini test, that nuclear bombs can gradually spread destruction over a very much wider area than had been supposed.

It is stated on very good authority that a bomb can now be manufactured which will be 2,500 times as powerful as that which destroyed Hiroshima. Such a bomb, if exploded near the ground or under water, sends radioactive particles into the upper air. They sink gradually and reach the surface of the earth in the form of a deadly dust or rain. It was this dust which infected the Japanese fishermen and their catch of fish.[reference to the Lucky Dragon]

No one knows how widely such lethal radioactive particles might be diffused, but the best authorities are unanimous in saying that a war with H-bombs might possibly put an end to the human race. It is feared that if many H-bombs are used there will be universal death, sudden only for a minority, but for the majority a slow torture of disease and disintegration.

Many warnings have been uttered by eminent men of science and by authorities in military strategy. None of them will say that the worst results are certain. What they do say is that these results are possible, and no one can be sure that they will not be realized. We have not yet found that the views of experts on this question depend in any degree upon their politics or prejudices. They depend only, so far as our researches have revealed, upon the extent of the particular expert's knowledge. We have found that the men who know most are the most gloomy.

The scientific conference that they called became known as the Pugwash Conference which still works today for world peace. With its co-founder, Sir Joseph Rotblat[10], the Conference was awarded the Nobel Peace Prize in 1995.

But scientists can make mistakes, particularly if they take their eye off

다. 만약 런던, 뉴욕, 모스크바의 모든 사람들이 몰살당한다면, 세계는 몇 세기 안에 그 타격에서 회복될 것이다. 그러나 우리는 지금 비키니 실험 이후 핵폭탄이 예상했던 것보다 훨씬 더 넓은 지역에서 파괴를 점차 확산시킬 수 있다는 것을 알고 있다.

히로시마를 파괴한 것보다 2,500배 강력한 폭탄이 제조될 수 있다는 것은 매우 신뢰 있는 자료에 명시되어 있다. 그 폭탄이 만약 땅 근처나 물 밑에서 폭발한다면, 방사능 입자들이 상층 공기로 올라간다. 이 입자들은 천천히 가라앉아 치명적인 먼지나 비의 형태로 지표면에 도달한다. 일본 어부들과 그들의 어획물을 감염시킨 것이 바로 이 먼지였다.

그러한 치명적인 방사능 입자가 얼마나 넓게 확산될지는 아무도 모르지만, 최고의 권위자들은 수소폭탄을 이용한 전쟁이 인류를 종식시킬 수도 있다고 만장일치로 말하고 있다. 만약 많은 수소폭탄이 사용된다면, 소수에게는 급작스럽게 고통을 주고 대다수의 사람들에게는 질병과 분열의 지속적인 고통이 있을 것으로 우려된다.

과학계의 저명한 인사들과 군사 전략가들은 계속 경고를 했다. 그들 중 최악의 결과가 확실하다고 말하는 사람은 아무도 없다. 그들이 하는 말은 이런 결과가 가능하다는 것이고, 아무도 그것이 실현되지 않을 것이라고 확신할 수는 없다는 것이다. 우리는 이 문제에 대한 전문가들의 관점이 그들의 정치나 편견에 어느 정도 좌우된다는 것을 아직 발견하지 못했다. 우리 연구에 의하면 그들은 오직 특정 전문가의 지식에 의존한다. 우리는 가장 많이 알고 있는 사람들이 가장 비관적이라는 것을 발견했다.

이 과학 회의는 퍼그워시 회의로 알려져 있으며, 오늘날에도 여전히 세계 평화에 효과가 있다고 알려져 있다. 이 회의의 공동 창설자인 조지프 로트블랫 경과[10] 이 총회는 1995년 노벨 평화상을 수상하였다.

그러나 과학자들조차 증거에서 눈을 떼는 순간 실수를 할 수 있다. 러셀-아인슈타인 선언의 서명자들은 후쿠류마루호의 선원들이 그들을 뒤덮은 방사능 낙진에 의해 죽을지 아닐지는 알 수 없었지만, 단순히 그렇게 될

the evidence. The signatories of the Russell-Einstein Manifesto did not know whether or not the crew of the Lucky Dragon would die from the radioactive fallout that covered them, but they assumed that they would. Today we know that was pessimistic, although records of the fate of the crew, distorted by litigation and compensation, are not fully available. We have more complete and optimistic evidence from Fukushima, and also from Goiania and Chernobyl. Except for a handful of cases, it seems that radiation is far less injurious to life than anyone expected, even the distinguished signatories to the Russell-Einstein Manifesto.

Linus Pauling to President Kennedy

The aim of the signatories to the manifesto was to stop the Arms Race; stop the testing, stop the stockpiling, then get rid of the stockpiles. What happened showed them that calling for a conference might be a good way to move scientists, but it did not have the desired effect at the political and military level, and so another way to tackle the problem had to be found.

After winning the Nobel Prize in Chemistry in 1953, Linus Pauling had become science's most prominent activist against nuclear weapons testing. He resolved to speak out with the backing of the wider public, and in 1958 with his wife he presented a petition to the UN with 11,000 signatures calling for an end to nuclear weapons. But still the testing and Arms Race continued.

The public initiatives of 1955 and 1958 had not been sufficient to create the magnitude of radiation scare required to stop the nuclear Arms Race. Therefore, Linus Pauling and Hermann Muller, in particular, evidently felt that they needed to raise the rhetoric another notch. The only way they thought might be effective was to exaggerate the evidence for genetic harm to future generations caused by radiation. There was no scientific basis for what they claimed, and today we know that it is factually incorrect.

것이라고 추측했다. 오늘날 소송과 보상으로 왜곡된 승무원들의 운명에 대한 기록들을 볼 순 없지만 비관적이었다는 것을 알고 있다. 우리는 후쿠시마, 고이아니아 그리고 체르노빌로부터 더 완전하고 낙관적인 증거를 가지고 있다! 소수의 사례를 제외하고는, 방사선은 어떤 사람이, 심지어 러셀-아인슈타인 선언에 서명한 저명한 과학자들이, 예상했던 것보다 삶에 훨씬 덜 해로운 것으로 보인다.

라이너스 폴링이 케네디 대통령에 보낸 편지

선언문에 서명한 사람들이 겨냥한 것은 군비 경쟁을 멈추는 것이다; 테스트를 중지하고, 군비 비축을 중지한 다음, 비축물을 제거하는 것이었다. 그러나 실제 일어났던 일들은 회의 개최 요구가 과학자들을 움직일 수 있는 좋은 방법이었지만, 이것이 정치와 군사적인 차원에서는 효과적인 방법이 되지 못했고 결국 이 문제를 해결할 다른 방법을 찾아야 했다.

1953년, 노벨 화학상을 수상한 후, 라이너스 폴링은 핵무기 실험에 반대하는 과학계의 가장 유명한 운동가가 되었다. 더 많은 대중의 지지를 받은 그는 목소리를 내기로 결심했고, 1958년, 핵무기 종식을 요구하는 1만 1000명의 서명을 받아 부인과 함께 유엔에 청원서를 제출했다. 하지만 여전히 핵 실험과 군비 확장경쟁은 계속되었다.

1955년과 1958년의 공공 시책은 핵무기 경쟁을 멈추는 데 필요한 방사선 공포의 규모를 키우기에 충분하지 않았다. 이를 본 라이너스 폴링과 허먼 멀러는, 특히, 이 공포를 묘사하는 미사여구를 한 단계 더 끌어올릴 필요가 있다고 느꼈던 것 같다. 그들이 효과적일 수 있다고 생각한 유일한 방법은 방사능 때문에 나타날 미래의 유전적 해악에 대한 증거를 과장하는 것이었다. 물론 그들이 주장한 것에 대한 과학적 근거는 없었고, 오늘날 우리는 그들의 주장이 옳지 않다는 것을 알고 있다.

그들은 어떠한 급진적인 결정이나 방향을 바꿀 수 있는 주체는 위원회가 아니라 오직 개인이라는 것을 깨달았다. 급진적인 결정이나 방향을 바꾸기

They realised that committees do not make radical decisions or changes of direction – only individuals are likely to do that. To ensure success, they needed to pin the responsibility personally on one person who could stop the testing – and that meant President John Kennedy. Linus Pauling's letter to Kennedy shows the strength of feeling and the lengths to which distinguished scientists were prepared to go. It read:[18]

March 1962 Night Letter Durham NC

President John F Kennedy

Are you going to give an order that will cause you to go down in history as one of the most immoral men of all time and one of the greatest enemies of the human race? In a letter to the New York Times I state that nuclear tests duplicating the Soviet 1961 test would seriously damage over 20 million unborn children, including those caused to have gross physical and mental defect and also the stillbirths and embryonic, neonatal and childhood deaths from the radioactive fission products and carbon-14. Are you going to be guilty of this monstrous immorality, matching that of the Soviet leaders, for the political purpose of increasing the still imposing lead of the United States over the Soviet Union in nuclear weapons technology?

(sgd) Linus Pauling.

He could not substantiate the threatening prospect that he held out in this letter and today we can say that he was wrong in his claims. The concerns that he expressed were based on a political and human agenda, not science, but once such concerns are created, in this instance about the effects of small amounts of radiation, it is very difficult to switch attitudes back, even with the benefit of scientific evidence. Trust is fragile.

The dangerous road chosen by Linus Pauling led to two results: firstly the signing of the 1963 atmospheric test ban treaty; secondly the establishment of fallacies in the public mind, and in the mind of the authorities too, about the effects of radiation on human life. The first

위해, 그들은 시험을 중단시킬 수 있는 한 사람에게 책임을 물을 필요가 있었다 - 그 개인은 바로 존 케네디 대통령을 의미했다. 라이너스 폴링이 케네디에게 보낸 편지는 강력한 감정과 저명한 과학자들이 이를 위해 준비한 기간에 대한 내용을 담고 있다[18].

> 1962년 3월 어느 밤 더럼 노스캐롤라이나에서
>
> 존 에프 케네디 대통령에게
>
> 대통령님을 역사상 가장 부도덕한 사람 중 한 사람, 인류의 가장 위험한 적 중의 한 사람으로 만들 수도 있는 명령을 내리시겠습니까? 제가 뉴욕 타임즈에 보낸 편지에는 소련의 1961년 핵실험을 반복하면 2천만명 이상의 태아들에게 심각한 신체적, 정신적 결함을 유발하는 것을 포함하여 방사성 핵분열 생성물과 탄소-14로 인한 사산아와 배아, 신생아 그리고 유년기의 아이들의 사망에 대한 내용이 포함되어 있습니다. 핵무기 기술에서 소련과 맞서 미국의 우월한 위치를 보이려는 정치적인 목적만을 위해, 소련의 지도자들과 똑같이 이 괴물처럼 부도덕한 악행의 죄를 저지를 겁니까?
>
> 라이너스 폴링 서명

그는 이 편지에서 그가 말한 위협적인 전망에 대해 입증할 수 없었고 오늘날 우리는 그의 주장이 틀렸다고 말할 수 있다. 그가 표명한 우려는 과학이 아닌 정치적 인간적 의제에 근거한 것이었지만 일단 그런 우려가 조성되면, 아주 작은 방사능의 효과에 대해서도, 믿을 만한 과학적인 증거가 있다고 해도, 다시 태도를 바꾸기는 매우 어렵다. 신뢰는 부서지기 쉽다.

라이너스 폴링이 선택한 위험한 길은 두 가지 결과를 초래했다. 첫 번째, 1963년 대기권 실험 금지 조약의 서명이었고 두 번째로는 대중과 정부에게, 방사능이 인간의 삶에 미치는 영향에 대한 오류를 심어줬다. 첫 번째 결과는 그가 원했던 것이었지만, 두 번째 결과는, 후쿠시마에서처럼, 정부에 의해서 반응을 왜곡하는 경향을 만들어 냈다. 이러한 오류의 책임은 주

was what he was trying to achieve, but the second created a mindset that distorted reactions by authorities, for instance at Fukushima. These fallacies were primarily the responsibility of Hermann Muller, for he was the biologist, not Linus Pauling.

A game of nuclear chicken

Cuban Missile Crisis

In a game of chicken each player prefers not to yield to the other, but the worst possible outcome for all concerned occurs when neither player yields.

For 13 days in October 1962 the USA and the Soviet Union came closer to full-scale nuclear war than at any time, before or since. New US missiles in Turkey had put Moscow in range for the first time and the Soviet Union had started constructing missile bases in Cuba, just 90 miles from the coast of the USA. A US U-2 spy plane produced clear photographic evidence of the missile facilities being readied in Cuba, and so a naval blockade was established to prevent further missiles from entering Cuba. The US demanded that the weapons already in Cuba be dismantled and shipped back to the Soviet Union. After tense negotiations and days when the world felt it was living on a knife edge, agreement was reached between Kennedy and Khrushchev. The Soviet Union would dismantle its missiles in Cuba and the US would dismantle those in Turkey and Italy – although this was not known to the public.

It was a chilling time for everybody worldwide, and there can be no doubt that it played a significant part in pressing the case for controlling the Arms Race. The first result was the Partial Test Ban Treaty of 5 August 1963 that ended the testing of weapons in the atmosphere. How much the Pauling letter to Kennedy contributed to this development we do

로 허먼 멀러에게 있었다. 그 이유는 바로 그가 생물학자였기 때문이다.

핵 치킨 게임

쿠바 미사일 위기

치킨 게임에서 양 선수들은 상대방에게 양보하려 하지 않기 때문에, 관련된 사람들에게 최악의 결과는 두 선수 모두 양보하지 않을 때 생긴다.

1962년 10월의 13일 동안 미국과 소련은 역사상 어느 때보다도 전면적인 핵전쟁에 가까워졌다. 터키에 있는 새로운 미국 미사일은 처음으로 모스크바를 사정권에 두었고 소련은 미국 해안에서 불과 90마일 떨어진 쿠바에 미사일 기지 건설에 착수했다. 미국의 U-2 정찰기가 쿠바에서 미사일 시설이 정비되고 있다는 명확한 증거 사진을 찍어왔고, 이에 따라 미사일이 쿠바에 진입하는 것을 막기 위한 해상 봉쇄가 이루어졌다. 미국은 쿠바에 있던 무기들을 해체하고 소련으로 돌려보낼 것을 요구했다. 전 세계가 칼날 위를 걷고 있다고 느끼던 와중에 케네디와 흐루시초프는 긴장된 협상 속에서 합의를 이뤘다. 비록 대중들에게 알려지지는 않았지만 소련은 쿠바에서 미사일을 해체하고 미국은 터키와 이탈리아에서 미사일을 해체하기로 했다.

이 시간들은 전 세계 모든 사람들에게 오싹한 시간이었고, 이 사건이 군비 확산 경쟁을 압박하는 중요한 역할을 했다는 것에는 의심할 여지가 없다. 그 첫 번째 결과가 대기 중 무기 실험을 종료시킨 1963년 8월 5일 부분적 핵실험 금지 조약이었다. 폴링이 케네디에게 보낸 편지가 이러한 발전에 얼마나 큰 기여를 했는지는 알 수 없다. 비록 과학적인 기반이 부족하지만, 반복적으로 방사능에 대한 대중의 두려움을 부추긴 결과들은 아직도 우리 곁에 남아있다.

not know, but the consequences of repeatedly stoking popular fears of radiation, even though they lack a scientific base, are with us still.

Radiological protection and the use of the LNT model

US National Academy of Sciences genetics panel report

After the bombing of Hiroshima and Nagasaki the physical science view of the world was in the ascendency. The power of mathematics and physics had been demonstrated and in case of doubt its supremacy was usually accepted.

This obviously had a profound effect on the judgement of those with research ambitions in biology and in other sciences. Major opportunities opened for those able to work by importing methods and ideas from the disciplines of mathematics and physics into biology, even if they struggled to understand them.

The question of the effects of ionising radiation on life was an important one for biology after WWII, and US science naturally took the lead in establishing international standards, rather as the British had done for maritime and geographical standards in earlier centuries. And so it was that recommendations to the ICRP came from the Genetics Panel of the US National Academy of Sciences, actually its Biological Effects of Atomic (later, Ionising) Radiation Committee (BEAR 1) of which, significantly, Herman Muller was a member.

Edward Calabrese has researched the history of what happened and found copies of original correspondence that suggest the BEAR/BEIR committee saw radiobiology as an appropriate vehicle to build funding for their interest in genetics[19, 20, 21, 22, 23]. In addition, and perhaps more altruistically, there was the Arms Race. By reporting a worstcase conclusion on the negative effects of radiation, they might achieve both

방사선 방호와 LNT 모델의 사용

미국 국립 과학 아카데미 유전자 패널 보고서

히로시마와 나가사키의 폭격 이후 세계에 대한 물리과학적 관점이 우세해졌다. 수학과 물리의 위력이 입증되었고 어떠한 의심의 여지가 있는 경우 대개 수학과 물리가 그 패권을 인정받았다.

이것은 분명히 생물학과 다른 과학 연구에 야망을 가진 사람들의 판단에 심오한 영향을 끼쳤다. 비록 이해가 느린 사람이라 할지라도, 수학, 물리학으로 훈련되어 그 방법과 아이디어를 생물학에 접목시킬 수 있는 사람들에게는 각광을 받을 기회가 열렸다.

제2차 세계대전 이후 생물학에선 전리방사선이 생명에 미치는 영향을 중요한 문제로 여겼으며, 미국의 과학계는, 영국이 수세기 전에 해양과 지리적 기준을 세우기 위해 했던 것처럼, 자연스럽게 국제 표준을 세우는 데 앞장섰다. 그 결과 ICRP에 대한 권고안은 미국 국립 과학아카데미의 유전자 패널에서 나왔는데, 그것은 사실상, 방사선 생물학적 영향 위원회(후에 전리방사선 생물학적 영향 위원회로 바뀐다) 보고서(BEAR 1)에서 나온 것이며, 그리고 의미심장하게도, 허먼 멀러는 그 위원회의 위원이었다.

역사를 연구했던 에드워드 캘러브레스는 일어난 일의 내력을 연구하던 중 원본 통신문의 몇 가지 사본들을 발견했다. 이 사본에는 BEAR[4]/BEIR[5] 위원회가 방사선생물학을 기금 모금의 적절한 수단으로 보아 그들의 유전학 연구에 이용하려고 한 정황이 담겨있었다. 게다가, 아마도 더 이타적인 내용은 군비경쟁이었다. 방사능의 부정적인 영향에 대한 최악의 결론을 보고함으로써, 그들은, 군비 축소와 LNT 모델의 국제적 위상 확립, 두 가지 목표를 달성하려 했었을 것이다. 그렇게 1956년 패널(미국 국립 과

---

4) Biological Effects of Atomic Radiation Committee, 방사선 생물학적 영향 위원회
5) Committee on the Biological Effects of Ionizing Radiation, 전리방사선 생물학적 영향 위원회

goals. So it was that in 1956 the panel recommended that the use of thresholds in radiological protection be discontinued and the LNT model be used instead. Its conclusions were then adopted internationally by ICRP.

Safety not fit for purpose

Because the LNT model makes the administration of risk particularly straightforward, other areas of safety regulation have copied it, without establishing any scientific demonstration that it is appropriate. For example, it is assumed that any toxic chemical poses a risk in proportion to its mass, however small the quantity and however much it is concentrated or dispersed. But toxicity does not work like that – small quantities may be good for health, even essential, while excess may endanger life. This was already well understood by the physician Paracelsus in the 16th Century (see page 188).

Since BEAR1 in 1956 there have been further BEAR/BEIR reports, but none has reversed the adherence to the LNT model, and thence to ALARA, in spite of the overwhelming weight of evidence against it and the serious consequences it has had around the world in human and financial terms. Indeed, in 1988 BEIR IV dug itself further into a non-scientific position, as quoted on page 242. A review in 2014 of the most recent BEIR report by Calabrese and O'Conor brings the discussion up to date[24].

Fortunately, many eminent scientists and physicians are not impressed by the wishful thinking embedded in these reports. Lauriston Taylor (1902-2004), who was a founder member of ICRP (1928) and first president of US NCRP, spoke out expressing his disquiet in an invited lecture as early as 1980[25]. Some passages from his lecture are quoted on page 214. In its 2007 report ICRP condemned the use of the Collective Dose to assess the number of deaths in a large population subjected to

학아카데미의 유전자 패널을 의미함)은 방사선 방호에서 문턱값의 사용을 중단하고 대신 LNT 모델을 사용하라고 권고했다. ICRP는 이 결과들을 국제적 표준으로 채택하였다.

목적에 맞지 않는 안전

특히 LNT 모델은 위험관리를 쉽게 할 수 있기 때문에, 다른 영역에서의 안전 규제는, LNT 모델이 적절하다는 과학적 근거 없이, 이것을 그대로 베꼈다. 예를 들어, 독성 화학 물질은, 양의 다소에 관계없이, 또 농축과 희석에 관계없이 질량에 비례한 위험을 내포하고 있다고 가정한다. 그러나 실제로 독은 그렇게 작용하지 않는다 – 물론 과도한 양은 생명을 위협할 수 있지만 적은 양은 건강에 좋을 수도 있고, 심지어 필수적일 수도 있다. 이것은 이미 16세기에 의사였던 파라켈수스에 의해 잘 설명되었다.

1956년 BEAR 1 이후 방사선생물학적영향위원회/전리방사선생물학적영향위원회 BEAR/BEIR 보고서가 더 많이 발표되었다. 그러나 LNT 모델에 반하는 증거가 압도적으로 많았고 LNT 모델이 인류복지, 재정적 측면에서 전 세계적으로 심각한 손실을 초래했음에도 불구하고, 어떤 보고서도 LNT 모델과 ALARA의 집착을 뒤집은 일이 없었다. 실제로 1988년 BEIR 4는 비과학적인 위치로 더 깊이 파고들었다. 가장 최근의 BEIR 보고서에 대한 캘러브레스와 오코너의 2014년 검토는 이런 논의를 새롭게 불러왔다.

다행히도, 많은 저명한 과학자들과 의사들은 이 보고서들에 내재된 막연한 기대에 별 다른 관심을 보이지 않았다. ICRP(1928년)의 창립위원이었고 미국 NCRP의 초대 회장이었던 로리스톤 테일러 (1902-2004)는 1980년대 초, 초청 강연에서 LNT에 대한 우려를 토로했다. ICRP는 2007년 자체 보고서에서 저선량을 받은 많은 사람들에 대한 사망자 수 평가에 집단 선량의 사용을 금지했다. (집단 선량은 모든 개별 선량의 합계이고 단위는 man-Sv이다). ICRP 위원회 자신이 내린 이러한 조치에도 불구하고 ICRP가 LNT 모델에 대한 지지를 철회하지 못한 것은 완전히 모순이었다.

low doses. (The Collective dose is the sum of all individual doses added together and measured in man-sievert.) This was quite illogical as the ICRP committee failed to withdraw its support for the LNT model which, on its own, provides sufficient simple justification for the use of the Collective Dose in this way.

Internationally, there has also been support for fresh thinking, independent of NAS. In 2004 a unanimous joint report was published by the French Académie des Sciences (Paris) and the Académie Nationale de Médecine[26] that set out the biological case for a complete change in the regulation of radiation. It was highly critical of the use of LNT theory (see further discussion in Chapter 8).

In 2014 a new informal international group of professionals, Scientists for Accurate Radiation Information (SARI), was set up, dedicated to securing change both for radiological safety in general and also for a more enlightened use of radiation in health care. It posts important articles and correspondence[27] and its members make representations for change to major committees around the world, including UNSCEAR, NAS, NRC and the Health Physics Society (HPS). It has also been active in spreading a positive scientific message in Japan in collaboration with the Japanese Society for Radiation Information (SRI)[28].

There is great resistance from an entrenched clique to any change to the belief in LNT concepts that they have worked with all their lives. But like alchemy, ptolemaic epicycles, astrology, Lamarckism and other psudosciences, LNT theory is not supported by the evidence. The necessary changes are:

- firstly, to acknowledge the crucial role of the reactive and adaptive cellular mechanisms in protecting life from attack by radiation which have been an essential feature of all life-forms for billions of years;

- secondly, to accept that the prime cause of cancer is immune failure rather than the generation of mutations that are present in any case and kept in check by the immune mechanisms;

왜냐하면, LNT 모델이 자체적으로 이러한 방식으로 집단 선량을 사용할 충분한 명분을 제공하고 있기 때문이다.

미국 국립 과학원(NAS)과는 별개로, 국제적으로도 신선한 사고방식을 지지하는 기관들이 있었다. 2004년에 프랑스 과학 아카데미 (파리)와 국립 의학 아카데미가 합의한 공동 보고서가 발표되었는데, 이 보고서는 방사선 규제를 완전하게 변화시키기 위해서 생물학적 사례를 이용할 것을 제안했고 LNT 이론을 활용하는 관행을 비판했다.

2014년 방사선 안전규제에 대한 전반적인 개선과 현명한 방사선 의료 활용에 헌신을 목표로 하는 새로운 비공식 국제 전문가 단체인, '정확한 방사선 정보를 위한 과학자들'(SARI)이 발족되었다. 이들은 중요한 기사와 통신문을 발송하였고, 이 단체의 회원들은 유엔 방사선영향과학위원회(UNSCEAR)[6], 국립과학아카데미(NAS), 원자력규제위원회(NRC)[7], 보건물리학회(HPS)를 포함한 전 세계 주요 위원회에게 변화를 촉구하였다. 또한 일본방사선정보학회(SRI)와 협력하여 일본 내에서 긍정적인 과학적 메시지를 전파하는 데에도 적극적이다.

평생 동안 LNT 개념에 대해 연구한 사람들은 자신들의 믿음에 대한 어떤 변화에도 참호에 몸을 숨긴 패거리들처럼 완강하게 저항한다. 그러나 연금술, 프톨레마이오스의 천동설, 점성술 그리고 다른 사이비 과학처럼 LNT 모델은 이를 뒷받침할 증거가 없다. 따라서 다음과 같은 변화가 불가피하다.

- 첫째, 수십억 년 동안, 모든 생명체에 본질적인 특징이었던 방사선에 의한 공격으로부터 생명을 보호하는, 반응하고 적응할 수 있는 세포 메커니즘의 중요한 역할을 인정.
- 둘째, 암 발생의 주요 원인이 돌연변이 때문이 아니라 면역 기능 상실 때문이라는 사실을 수용.
- 셋째, LNT-기반의 안전규정을 과학적 문턱 선량률 및 선량에 기반을

---

6) United Nations Scientific Committee on the Effects of Atomic Radiation
7) Nuclear Regulatory Comission

- thirdly, to replace LNT based safety regulations by ones based on scientific threshold dose rates and doses;
- fourthly, to foster a corresponding reform of public attitudes towards safety that teaches by explanatory education rather than ex cathedra instruction issued by authority.

These are not matters for piecemeal or incremental improvements. Policy should change completely and be re-based on science as soon as possible.

둔 안전규정으로 대체

- 넷째, 당국이 발행한 권위 주도의 지침이 아닌 이유를 밝히는 교육을 통하여 안전을 향한 대중의 태도에 대한 적절한 변혁을 촉진.

위의 내용들은 단편적이거나, 점진적인 개선의 문제가 아니며 정책은 가능한 한 빨리 완전히 바뀌어야 하고 또 과학에 근거해야 한다.

Chapter 11:

Natural Philosophy of Safety

Tis not unlikely, but that there may yet be invented several other helps for the eye, at much exceeding those already found, as those do the bare eye, such as by which we may perhaps be able to discover living Creatures in the Moon, or other Planets, the figures of the compounding Particles of matter, and the particular Schematisms and Textures of Bodies.

- Robert Hooke, Micrographia (1665)

Safety in the world we see

Childhood and safety

As each human being comes to life and takes up his or her ability to think, the questions begin: Where am I? Who am I? What do I want? Why am I here? And such questions must start to be addressed before any sense can be made of the consequential idea of safety. In the early years of life, while parents provide some experience with which to build answers, safety is reduced to the security that comes with a warm parental cuddle. But the questions continue and the answers come with education through

제11장

안전에 관한 자연 철학

맨 눈으로 우리가 이미 발견한 것들을 훨씬 뛰어넘는 사물들을 보게 해줄 여러 기구들이 언젠가 발명될 수 있을 것이다. 우리는 이것으로 달이나 다른 행성에 존재하는 생물체나 물질을 구성하는 입자의 모습, 그리고 인체의 특정 구조나 질감들을 발견할 수 있을 것이다.

- 로버트 훅, 작은 글씨증(症) (1665)

우리가 보는 세계에 있어서의 안전

어린시절과 안전

인간이 태어나고 생각하는 능력을 가지게 됨에 따라 질문이 시작된다: 나는 어디에 있나? 나는 누구인가? 내가 원하는 것은 무엇인가? 내가 왜 여기 있는가? 그리고 이러한 질문들은 안전이라는 중요한 개념에 대한 이해가 형성되기 전에 해결을 시작해야 한다. 인생 초창기에는 부모님이 해답을 얻을 수 있는 경험을 제공해 주지만, 안전은 이러한 따뜻한 부모님의 보살핌에서 오는 보안의 의미로 축소된다. 하지만 질문은 계속되고 이에 대한 답은 공식적인 설명, 개별적인 연구, 개인적 경험, 성찰의 기간과 토론 같은

formal instruction, individual study, personal experience and periods of reflection and mutual discussion. What kind of answers do we find? What do they tell us about safety?

Stimulated by contrast

A serious study can be made of the many coincidences among the fundamentals of physical science without which the universe, the solar system, the Earth, and life as we know them would not have been possible. That these coincidences are realised is called the Anthropic Principle. Although it is called a principle, it is not understood at all. Students seeking a lifetime of stimulation will be kept busy by consulting the Wikipedia entry for the subject[1] and following the references, many written by outstanding cosmological thinkers.

The coincidences of the biological world that enable life are less enigmatic, since evolution has seen to it that life is tailored to its circumstances. However, the development of humans as thinking and studying beings has relied on one particular fortuitous coincidence.

From Earth, every now and again when the clouds part, a window opens and the universe may be seen. Beyond the atmosphere we can see the stars and galaxies of stars, far away and back in time to when it was only 1/40,000 of its present age. On most planets where life might be sustainable in some form, such a view would be permanently obscured by cloud or dust and no such extraordinary window on the universe would ever open. If that had been so for Earth, civilisation would not have developed as it has, and the same sense of wonder would not have been born. Since the dawn of civilisation it has seemed to humans that totally different rules apply to what is seen through that window. There, even the simplest observations display a constancy and regularity completely foreign to the Earth-bound everyday social experience – and modern cosmic data have only reinforced this early impression. From the earliest

교육을 통해 얻어진다. 과연 어떤 답을 찾을 수 있을까? 과연 이러한 답변들이 우리에게 안전에 대해 이야기해 주는 것은 무엇인가?

대조로 인해 자극받다

만약 그것들이 없었다면 우리가 익히 알고 있는 우주, 태양계, 지구, 생명체들의 존재가 불가능했을 자연 과학의 기본 원칙들 중 여러 가지가 우연히 진지한 연구를 만들어낼 수 있다. 이런 우연들에 대한 깨달음을 인간 중심원리[1]라고 한다. 사실 이것이 원리라고 불리지만 전혀 이해가 되지 않는다. 평생 자극을 찾아다니는 학생들은 이 주제에 대해 위키백과 항목을 찾아보고 뛰어난 우주론적 사상가들이 쓴 참고문헌을 따라다니느라 바쁠 것이다.

생명체를 살아있게 하는 생물학의 세계에서 우연들은 그렇게 불가사의하지는 않다. 왜냐하면 진화는 생물체가 상황에 맞게 변화하는 것을 보아왔기 때문이다. 그러나 사고하고 연구하는 존재로서 인간의 발전은 하나의 특별한 행운이라는 우연에 의존해 왔다.

지구에서는 이따금씩 구름이 갈라지고 (대기의) 창이 열릴 때 우주를 볼 수 있게 된다. 대기권 너머에서 우리는 별과 은하를 볼 수 있는데, 멀기도 하고 현재 지구의 나이의 4만분의 1에 불과했던 때로 돌아가는 것이기도 하다. 생명체가 어떤 형태로든 존재할 수 있는 대부분의 행성에서는 위와 같은 시각이 구름이나 먼지에 의해 영구히 가려질 것이고 우주에 있는 그런 특별한 창은 결코 열리지 않을 것이다. 만약 이러한 상황이 지구에서 이루어졌다면 지금과 같은 문명은 발전하지 않았을 것이고 경이로움 같은 감정은 생기지도 않았을 것이다. 문명이 시작된 이래로 인류에겐 창을 통해 보이는 것들에게 전혀 다른 규칙이 적용되는 것처럼 보였다. 우주에서 관찰할 수 있는 가장 단순한 것도 지구와 연결된 일상적인 사회 경험과는 완전

---

1) 인간을 비롯한 생명체들은 많은 우주 중 적합한 조건을 갖춘 곳에서만 존재 가능하며, 생명체 존재를 위한 조건을 통해 다양한 물리적 법칙들을 설명할 수 있다는 원리이다.

historic times human observers recorded these regularities and felt challenged to explain them.

This cosmic view has no connection to earthly success or failure, to life or death, to love or hate, but its constancy has been seen as a model for justice in our disturbingly chaotic social world, indeed for much that we seek in everyday life, but seldom find. The cosmos became the model for the divine, for a supreme being, for religion in its various forms. Among earthly creatures only man was able to appreciate this cosmic constancy and his special relationship to it gave him confidence and superiority, even if life on Earth in its other aspects was played apparently without rules and caused great irrational suffering from time to time. The environment close at hand, in particular the weather and even the seasons, proved unreliable and unpredictable, including the cloud cover that intruded between man and his sight of the heavens. This fluctuating and unreliable environment gave little comfort to early man and he wrestled in a vain attempt to rationalise and prevent it endangering his life and that of his family.

Predictability exploited

Human's unique intelligence allowed us to stumble our way towards a better life and to improve the reliability of the world around us, and its predictability became more apparent as our studies slowly revealed how our surroundings worked, more like the cosmos than first appeared. Improving our standard of living was relatively objective, much of it related to physical science and mathematics, but study of our own being and biological science proved more enigmatic.

In the course of normal biological activity any change of circumstances can present a threat to life, so to survive such a challenge successfully in nature, life tests out many accessible responses, by random trial and error, to reach a viable solution. This basic evolutionary process described by

히 다른 규칙성과 불변성을 보여줬다 - 현대 우주 데이터는 이러한 초기 인상을 강화시켜 주었을 뿐이다. 태초부터 인간 관찰자들은 이러한 규칙성을 기록했지만 이를 설명하는 데에는 어려움을 느꼈다.

이러한 우주의 관점은 지구상의 성공이나 실패, 삶과 죽음, 사랑과 미움과는 별로 연관이 없다. 그러나 그 불변성은, 혼란스러운 우리 사회 세계에서 이상적인 모델로 여겨져 왔다. 그 정의는 우리가 일상 생활에서 추구하지만, 좀처럼 발견하지 못하는 것이었다. 우주는 신이자 절대자, 다양한 형태의 종교의 모델이 되었다. 지구상의 생명들이 많은 면에서 명백한 규칙 없이 움직이고 때때로 커다란 비합리적 고통을 야기했더라도, 지구상의 생명체들 중에서 오직 인간만이 이 우주적 불변성을 감상할 수 있었고 이러한 특별함이 인간에게 자신감과 우월감을 주었다. 우리에게 가까이 있는 환경, 특히 날씨, 심지어 계절도 믿을 수 없고 예측할 수 없는 것으로 판단되었는데, 여기에는 인간과 하늘을 바라보는 시선 사이에 끼어든 구름도 포함된다. 이 변덕스럽고 신뢰할 수 없는 환경은 태초부터 인간에게 위안을 주지 않았고 인간들은 자연히 삶과 가족의 생명을 위태롭게 하는 것을 방지하고 합리화하려고 헛된 시도를 했다.

예측가능성을 이용하다

인간의 독보적인 지능은 우리가 더 나은 삶을 향해 비틀거리며 나아가며 우리를 둘러싼 세계의 신뢰성을 향상시킬 수 있게 하였고, 우리의 주변에 있는 것들이 어떻게 작동하는지에 대한 우리의 연구가 천천히 진전을 이루면서, 처음 보였던 것보다 더 우주 같은, 그것들의 예측가능성은 더욱 분명해졌다. 우리의 생활수준을 향상시키는 것은 비교적 객관적이었는데, 그 많은 부분은 자연 과학과 수학에 관련되어 있었다. 그러나 우리 자신의 존재와 생물학에 대한 연구는 더 수수께끼처럼 되었다.

정상적인 생물학적 활동에서는 어떤 상황의 변화도 생명에 위협을 줄 수 있다. 따라서 생명체는 이런 도전 속에서 성공적으로 살아남기 위해, 시행

Darwin is not a purpose-driven or cognitive search strategy. Indeed, the wasted effort, the loss of individual life and the suffering encountered during this search are certainly not beneficial to the individuals involved. From their point of view, at least, any strategy of change that minimises the risk of personal injury would be seen as good. An organism that has the benefit of a developed central nervous system and brain can record its experiences and from them learn to improve its survival strategy. In its simplest form this additional facility is available to many creatures and gives them substantial advantage in the competition to survive. The larger the brain the more effectively an animal can compare its current situation to its past experiences. This is especially true for mankind. So an individual can recall patterns of experience and so predict the consequences of any development or course of action, and he or she may then make a choice that minimises pain and suffering. So predictability is necessary for safety, but the ability to think and understand is needed too.

That the world is ever predictable is itself quite unexplained. It could so easily be otherwise. A waking experience of an uneducated mind – or of an educated one in a dream – should be quite enough to show that the world could be unpredictable – possibly haunted and malicious, subject to whims of the imagination. But when predictability is harnessed by education and science, real danger can be avoided with some confidence and this is the proper basis of safety. It should be distinguished from an ersatz version of 'safety' that is laid down as a set of rules to be obeyed regardless of understanding; this brings order through coercion but no real confidence.

Real safety depends on the education and experience of an individual who can then make reliable judgements. The principle applies to the safe interaction of an individual with other humans, just as much as his interaction with the physical world and other forms of life. Reliability and predictability are the essence of trust and good personal relationships, and the same is true in wider society all the way up to the level of international

착오를 거쳐, 가능한 해결책에 도달하기 위해 여러가지 접근하기 쉬운 반응들을 시험해본다. 다윈에 의해 기술된 이러한 기본적인 진화 과정은 목적 지향적이거나 인지적인 탐색 전략이 아니다. 실제로 노력의 낭비, 개인 삶의 손실, 그리고 이러한 탐색의 과정 동안에 마주치는 고통은 분명 관계된 개체들에게는 이롭지 않다. 적어도 그들의 관점에서 보면, 신상의 위험을 최소화하는 변화 전략은 좋은 것으로 보일 것이다. 발달된 중추신경계와 두뇌를 가진 유기체는 그 경험을 기록할 수 있고 그 경험들로부터 생존 전략을 향상시키는 법을 배울 수 있다는 장점이 있다. 가장 단순한 형태를 가진 이 추가적인 기능은 많은 생물들에게 도움이 되고 생존 경쟁에서 상당한 이점을 제공한다. 특히 인류에게 그러하듯, 뇌가 클수록 동물은 현재의 상황을 과거의 경험과 더욱 효과적으로 비교할 수 있다. 그래서 인간은 경험의 패턴을 떠올릴 수 있고, 이를 통해 어떠한 발전이나 행동방식으로 인한 결과를 예측할 수 있고, 고통을 최소화하는 선택을 할 수 있다. 이러한 이유로 안전을 위해서는 예측가능성이 필요하지만 사고하고 이해하는 능력도 필요하다.

세상이 예측 가능하다는 것은 그 자체로 충분히 설명되지 않는다. 반대의 경우는 아주 쉽게 설명할 수 있다. 교육받지 못한 사람을 일깨우는 경험이나 배운 사람들의 꿈속에서의 경험은 세상이 예측할 수 없다는 것을 보여주기에 충분하다- 세상은 겁에 질리고 악의적이고, 상상의 나래를 필 대상이 되기도 한다. 그러나 예측 가능성이 교육과 과학의 영역에서 이용될 때, 어느 정도 자신 있게 실질적인 위험을 피할 수 있다 그리고 이점이 안전의 올바른 기초가 된다. 이 안전은, 이해를 하는 것과 상관없이 지켜야 할 규칙 집합으로, 대용품[2]의 관점에서 오는 '안전'과 구별되어야 한다; 이런 안전은 강제성을 통해 질서를 가져오지만 그것에 대한 진정한 신뢰성은 없다.

진정한 안전은 믿을 만한 판단을 내릴 수 있는 개인의 교육과 경험에 달려 있다. 그 원리는 사람과 물질계의 다른 형태의 생명체와의 상호작용만

---

2) Ersatz. 독일어로 대용품, 대체, 대리 등의 의미를 가진다.

behaviour.

Good and bad located

In his inanimate world man first found the predictability that he sought in the sky – the Sun, Moon, planets and stars. He was fascinated to find that their motion was even more regular and predictable than he suspected, quite unlike anything else in his seemingly unpredictable and dangerous environment on the Earth. The experience taught him to be mathematical and scientific, a skill that he has applied in recent centuries to much of the rest of his observations of the physical world. But this experience of the celestial sphere was always the archetype and a model for good. Naturally, heaven, the seat of all that is good and reliable, came to be seen as up there with God as its personification. Unfortunately misunderstanding of this personification has caused much trouble in the history of the world, but there is no reason why it should have done so.

If we found that the world above our heads was reassuring, what was our experience of other directions? A warning cry Look out! brings a reaction to look forward, to the left and right, and then behind. The eyes and ears of animals and birds are positioned on the front or sides of their heads, like ours. Why is that? Sources of danger usually come from these directions. Only as an afterthought do we look upwards in case something threatens from above, and we seldom look down: the last direction worth looking for an impending attack. So a sense of direction has become part of the most basic experience that enhances our ability to survive – of safety, in fact.

Beneath our feet nothing is to be seen – all is hidden, and in this direction our ability to detect an approaching danger has not advanced much since the days of early man. Today we may understand the basic general mechanisms of the inner workings of the Earth, but we are nowhere near being able to predict when these forces might be

큼이나, 개인과 다른 사람들간의 안전한 상호작용에 적용된다. 예측가능성과 신뢰도는 기본이며 좋은 인간관계의 본질이다, 이들은 국제적인 행동의 차원까지 확장되어, 더 넓은 사회에서도 똑같이 적용된다.

선과 악의 위치를 찾아내다

인류는 죽은 것과 같던 세계에서 인류가 갈망하던 예측 가능성을 하늘, 태양, 달, 행성, 별에서 찾아냈다. 인간들은 하늘의 다양한 행성들의 움직임이 그들이 생각했던 것보다 훨씬 더 규칙적이고 예측 가능하다는 것에 매료되었는데, 이것은 예측 불가능하고 위험해 보였던 지구 환경과는 전혀 달랐다. 그 경험은 인류를 수학적이고 과학적이 되게했고 그 기술로 최근 수세기 동안, 물질계에 대한 남은 대부분의 관찰에 적용하였다. 그러나 이 천구[3]에 대한 경험은 언제나 원형[4]이자 선(善)의 모델이 되었다. 자연스레 하늘은 선하고 믿을 만한 모든 것이 있는 곳이고, 저 위에서 하나님의 화신이 함께 하는 것으로 여겨져 왔다. 하지만 불행하게도 이 화신에 대한 오해는 세계사에서 많은 문제를 야기시켰다. 그러나 그렇게 되어야만 할 이유는 없었다.

우리의 머리 위의 세상이 든든하다는 것을 알았다면, 다른 방향에 대한 우리의 경험은 대체 무엇일까? 조심해! 라는 경고의 외침이 상하좌우 모든 방향으로 조심해야 한다는 반응을 불러일으킨다. 동물과 새의 눈과 귀는 우리처럼 머리 앞이나 옆면에 위치한다. 그 이유는 무엇인가? 위험의 원인이 대개 앞이나 옆에서 오기 때문이다. 위에서 위협이 올 경우에만 위를 쳐다본다. 우리는 아래를 거의 내려다보지 않는다; 아래는 임박한 위협이 다가올 때 쳐다볼 가치가 있는 방향이다. 이러한 이유로 방향 감각은 우리의 생존

---

3) 천구는 관측자가 중심에 위치하고 반지름이 매우 큰 가상의 구이다. 관측자가 보는 별은 가깝든지 멀든지 상관없이 천구상의 한 점으로 투영된다.

4) 융(C. G. Jung)이 제안한 개념으로 인간의 꿈, 환상, 신화 및 예술에서 계속 반복해서 나타나는 우리 조상의 경험을 대표하는 원시적인 정신적 이미지 혹은 패턴

unleashed – and the earthquake and tsunami of 11 March 2011 were a demonstration of that. Much of the time the earth is almost totally quiet, but when it does move, great fissures may open up, rocks tumble and otherwise solid structures shake with a terrible noise. Volcanoes may spit sulphurous fumes, fire and great boulders fly high into the air – they may spill rivers of molten rock down mountainsides. And, while we have learnt where these eruptions are likely to occur, their ferocity and unpredictability are extraordinary. No imagination is needed to see that early man would get the message – unpredictability and evil are down there in hell, a place of consuming fire, often personified as the Devil. This divide, the polarisation between hell and heaven, was an early element of basic human culture. Never mind the Higgs Boson and the Big Bang, physical science has some unfinished business improving the predictability of the material world just below our feet.

But we also experience other quite distinct theatres of existence that play to seemingly separate rules. There is the close -by here of everyday life – somewhere between heaven and hell, between the apparent predictability of the stars, and the capricious and wayward destruction of the volcanic Earth. Here are plants and animals, friends and enemies, love and war.

The success of science has spread its predictability into many aspects of life on Earth and rolled back the fear of most natural forces, bringing a harmony and ease to life that those living in earlier times would not recognise. However, the success has not been complete. Science still struggles to predict the weather reliably and to understand long- term influences on the climate. But it has clarified many phenomena such as light, mechanics and electricity, so reducing the scope of the unpredictable and frightening.

That leaves the task of telling more people about it: many are still unaware that hell has retreated and that, if they were to study with care and attention, many worries would be assuaged. To a scientist it

능력-사실상 안전-을 향상시키는 가장 기본적인 경험의 일부가 되었다.

우리의 발 밑에는 아무것도 보이지 않고 모든 것이 숨겨져 있다. 따라서 이 방향에서 다가오는 위험을 감지하는 우리의 능력은 초기 인류 시대 이후로 별로 발전하지 않았다. 오늘날 우리는 지구 내부에서 움직이는 기본적이고 일반적인 메커니즘은 이해할지 모르지만, 이러한 힘이 언제 방출될지는 예측할 수 없다. – 그리고 2011년 3월 11일의 지진과 쓰나미가 그것을 증명했다. 대부분 지구는 조용하지만, 그것이 움직이면, 거대한 균열이 생기고, 바위가 굴러 떨어지며, 단단한 구조물들이 끔찍한 소음과 함께 흔들릴 수 있다. 화산은 유황 가스를 뱉어내고, 불이나 큰 바위가 공중으로 높이 치솟는다. – 용암이 산허리 밑으로 쏟아져 내릴지도 모른다. 그리고 우리는 이러한 폭발이 어디서 일어날지는 배웠지만 맹렬하고, 폭발의 격렬함과 예측 불가능한 점은 예외다. 고대인들이 이 광경을 보고 무슨 메시지를 얻었는지는 상상하지 않아도 알 수 있다. 예측불가능과 악이 저 아래 지옥에 있고 강렬한 불꽃이 있는 곳이고 가끔 악마로 의인화되기도 했다. 이러한 분열, 즉 지옥과 천국의 양극화는 기본적으로 초기 인간 문화의 요소였다. 힉스 입자와 빅뱅은 고사하고, 자연 과학은 우리의 발 밑에 있는 물질 세계를 예측가능하게 만들려는 아직 끝나지 않은 문제를 가지고 있다.

그러나 우리는 외견상으로 독립적인 규칙으로 움직이는, 확실히 구별되는 존재 영역을 경험한다. 천국과 지옥 사이의 어떤 곳, 별들의 분명한 예측 가능성과 변덕스럽고 엉뚱한 화산이 많은 지구의 파괴 사이의 어떤 곳에, 가까운 일상의 여기가 있다. 여기에는 식물과 동물, 친구와 적, 사랑과 전쟁이 있다.

과학의 성공은 지구상 생활의 많은 부분에까지 예측 가능성을 확산시켰고 자연의 힘 대부분에 대한 두려움을 물리쳤기 때문에 태초의 인류가 알아볼 수조차 없을 만큼 조화롭고 안락한 삶을 가져왔다. 하지만 성공은 아직 완성되지 못했다. 여전히 과학은 날씨를 확실히 예측하고 기후에 대한 장기적인 영향을 이해하려고 애쓰고 있다. 그러나 과학은 빛, 역학, 전기와 같은 많은 현상들을 분명하게 만들었기 때문에, 기존에 예측이 불가능하고

seems odd that everybody should not choose to study as much science as they can, for it brings reassurance and confidence that is otherwise not available. This failure of education persists in part because science and the necessary mathematics are thought to be difficult. This is worth challenging and the challenge pays off, as I have seen as a teacher over many years.

Art and society in a wafer

Within the thin shell of the Earth's atmosphere, a tiny region indeed, the world of human society appears self-contained as it encompasses all daily concerns for many people. This existence is portrayed in every popular novel, film and other art forms too. The range of absorbing experiences is driven by competition and money, ambitions and strivings; all the concerns of love and hate, confidence and laziness, honour and disgrace, death, hope, loyalty and many fine and enriching sensations are here, along with suffering and failure. In this society actions have purpose, some objects are beautiful but others ugly, some relationships are simple but many are unfathomably convoluted and complicated. As for centuries past, everything that most people experience in their social existence lies in this wafer. Science shows how this existence is very vulnerable to changing circumstances, and geological evidence confirms that such life-threatening changes have occurred not infrequently in the past. Most are not avoidable but there are others over which civilisation may have some influence – like surviving them, reducing them, or even not triggering them.

두려워했던 것들의 범위가 줄어들었다.

과학은 여전히 더 많은 사람들에게 과학에 대해 말해야 하는 과제를 안고있다: 많은 사람들은 여전히 지옥이 뒤로 물러났다는 것을 모르고 있다. 만약 그들이 주의와 관심을 가지고 공부한다면, 걱정들이 많이 해소될 것이다. 과학자들은 모든 사람들이 과학을 그들이 할 수 있는 만큼 열심히 공부하지 않는 것을 이상하게 여긴다. 왜냐하면 과학은, 그렇게 하지 않으면 얻을 수 없는, 안도감과 자신감을 가져다주기 때문이다. 이러한 교육의 실패가 지속되는 것은 부분적으로 과학과 필요한 수학이 어렵다고 생각하기 때문이다. 하지만, 내가 여러 해 동안 선생님으로서 보았던 것처럼, 이는 도전할 가치가 있고, 이 도전은 결국 결실을 맺게 되어있다.

얇은 껍데기 안의 사회와 예술.

실제로 조그만 지역인 지구 대기라는 얇은 껍데기안에서, 인간 사회는 사람들의 모든 일상적 관심사를 포괄하고 있기 때문에 자족적인 것처럼 보인다. 이런 세계의 존재는 인기 있는 소설, 영화 그리고 다른 예술의 형태로 묘사된다. 흥미로운 경험의 범위는 경쟁과 돈, 야망과 노력에 의해서 정해진다; 사랑과 증오, 자신감과 게으름, 명예와 치욕, 죽음, 희망, 충성심 그리고 많은 섬세하고 풍요로운 감각에 대한 모든 관심들은 실패와 고통과 함께 여기에 존재한다. 사회에서의 행동은 목적이 있고, 어떤 물체는 아름답지만 다른 것은 추하고, 어떤 관계는 단순하지만, 어떤 것들은 헤아릴 수 없이 난해하고 또 복잡하다. 과거 수세기 동안, 대부분의 사람들이 그 사회적 존재로써 경험한 모든 것은 이 얇은 껍데기 위에 존재한다. 과학은 이러한 존재가 변화하는 환경에 있어 얼마나 취약하지를 보여준다. 그리고 지질학적 근거는 그러한 위협적인 변화가 종종 일어난다는 것을 확인시켜주었다. 이러한 위협적인 변화는 대부분 피할 수 없었다. 그러나 문명이 영향을 미칠 수도 있는 다른 변화들이 있다- 자연의 위협에서 살아남는 것, 그 위협을 줄이는 것, 혹은 변화를 촉발시키지 않는 것 등이다.

Safety in unexpected worlds

Further reality in evolution and quantum mechanics

But in addition to the world we see, up, down and around, there are other forms of existence that affect our lives. Few people choose to explore as Alice Liddell did when she stepped Through the Looking Glass and down the rabbit hole into Wonderland. If they did, they would find not just one but two further worlds, reached through scientific curiosity, education and adventure, each with its own topsy- turvy way of explaining and discussing existence. And like the characters that Alice met in her adventures, they have an unshakeable confidence in their own logic, which appears quite weird to those not familiar with them.

There is the world of biology with its cells and evolutionary logic: its subject is life, here and now, including ourselves. If it is realised anywhere else in the universe, it is likely to be radically different. But then there is the world of quantum physics, absolutely universal and all pervasive on every scale in space and time, although some of its most striking consequences are evident in the atom with its central nucleus. This quantum physics is a layer of existence where the rules of logic and description are totally unlike those of either the familiar world or biology. But understanding and working with these two worlds and how they fit together increases predictability and safety and therefore the confidence on which the viability of human civilisation and its economy depends.

Life through the lens

The invention of the telescope and microscope in the sixteenth and seventeenth centuries increased the range of what could be seen. An early leader in the field was Robert Hooke (1635-1703) who published his seminal book, Micrographia, in 1665. The quotation given at the head of

예기치 못한 세계에서의 안전

진화에서 더 나아간 현실과 양자 역학.

그러나 우리가 보는 세계 외에도 위, 아래, 주위에 우리의 삶에 영향을 미치는 다른 형태의 존재들이 있다. 앨리스 리들이 거울의 나라 '에 발을 디디며 토끼 굴에 빠져서 이상한 나라에 갈 때처럼 탐험을 선택하는 사람은 거의 없다. 만약 사람들이 탐험을 했다면, 그들은 하나가 아니라, 각각 존재에 대해 엉망인 방법으로 설명하고 토론하는 과학적인 호기심, 교육과 모험을 통해서, 두 개의 추가 세계에 도달할 수 있었을 것이다. 그리고 그들은 앨리스가 그녀의 모험에서 만났던 인물들 같이, 그것에 익숙하지 않은 다른 사람들에겐 이상해 보이는, 자신의 논리 안에서 흔들리지 않는 자신감을 가지게 되었을 것이다.

생물학의 세계에는 세포와 진화 논리가 있다: 생물학의 주제는, 지금 여기에 있는, 우리 자신을 포함한 생명이다. 만약 이것이 우주의 어느 곳에서 실현된다면, 생물학은 근본적으로 달라질 가능성이 있다. 그러나 양자 물리학의 세계는 우주와 시간의 규모에 있어서 절대적으로 보편적이고 일반적이다 – 비록 양자물리학 세계에서 가장 놀라운 결과가 중심 핵을 가진 원자에서 가장 두드러지고 명백하지만. 이 양자물리학은 우리에게 친숙한 세계나 생물학의 법칙과는 전혀 다른 논리와 서술의 법칙을 가지는 학문이다. 그러나 이 두 세계를 이해하고 같이 일해서, 그들이 어떻게 조화를 이루는지 알아낸다면 예측 가능성과 안전성을 증가시키고 그래서 문명과 그 경제의 생존이 달려있는 신뢰를 증가시킬 것이다.

렌즈를 통한 생명

16세기와 17세기에 망원경과 현미경의 발명은 볼 수 있는 것의 범위를 증가시켰다. 이 분야의 선구자는 1665년 작은 글자증이라는 제목의, 앞으

this chapter is his prescient view of the development of modern science and technology, written 350 years ago. Although the invention of the telescope expanded the view of the heavens by a vast factor, it did not really introduce a fresh theatre of existence. However, the microscope introduced the beginning of something quite new, the biological basis of life and its cellular structure. The typical cells of life can just be seen under a simple microscope, as first described and illustrated by Hooke in extraordinary detail in his book:

> *I ... found that there were usually about threescore of these small Cells placed end-ways in the eighteenth part of an Inch in length, whence I concluded there must be neer eleven hundred of them, or somewhat more then a thousand in the length of an Inch, and therefore in a square Inch above a Million, or 1166400. and in a Cubick Inch, above twelve hundred Millions, or 1259712000. a thing almost incredible, did not our Microscope assure us of it by ocular demonstration; nay, did it not discover to us the pores of a body, which were they diaphragm'd, like those of Cork, would afford us in one Cubick Inch, more then ten times as many little Cells, as is evident in several charr'd Vegetables; so prodigiously curious are the works of Nature, that even these conspicuous pores of bodies, which seem to be the channels or pipes through which the Succus nutritius, or natural juices of Vegetables are convey'd, and seem to correspond to the veins, arteries and other Vessels in sensible creatures, that these pores I say, which seem to be the Vessels of nutrition to the vastest body in the World, are yet so exceeding small, that the Atoms which Epicurus fancy'd would go neer to prove too bigg to enter them, much more to constitute a fluid body in them. And how infinitely smaller then must be the Vessels of a Mite, or the pores of one of those little Vegetables I have discovered to grow on the back-side of a Rose-leaf.*

In the following centuries, as the study of biology by Darwin and others developed, the microscope revealed more of a world where the standards of behaviour prized in the social world count for nothing. In the cellular

로 중대한 영향력을 끼칠, 책을 출판한 로버트 훅 (1635-1703)이다. 이 장의 맨 앞에 제시된 인용문은 350년 전에 쓰여진 현대 과학기술의 발전에 대한 그의 선견지명이다. 비록 망원경의 발명으로 하늘을 보는 시야가 엄청나게 거대한 비율로 볼 수 있을 정도로 넓어졌지만, 실제로 새로운 존재의 영역을 도입하지는 못했다. 그러나 현미경의 발견은 생물학적 기초와 세포 구조와 같은 아주 새로운 것들의 시원(始原)을 등장시켰다. 생명체의 일반적인 세포는 훅의 책에서 처음 이례적으로 상세하게 설명되고 묘사된 것과 같이 단순한 현미경으로도 볼 수 있었다:

나는…이 작은 세포 약 60개의 끝을 이어 놓으면 보통 18분의 1 인치 정도 된다는 것을 알았다. 이에 따라 내가 내린 결론은 세포 약 1100개를 이어 붙이면 약 1인치가 된다는 것이다. 혹은 1인치를 만들기 위해선 거의 1100개의 세포가 필요하다는 것이다. 그렇다면 1 제곱인치에는 1166400개의 세포가 들어가게 되며 1 세제곱 인치에는 총 12597121000개의 세포가 들어가게 된다. 놀라운 점은, 현미경이 우리가 그것들을 시각적으로 보는 것을 보장하지 않는다는 것이다; 아니다 현미경은 우리에게 몸의 땀구멍을, 코르크의 구멍 같은 횡경막의 구멍들을 발견해 주진 않았다. 칙칙한 야채들에서 분명한 것처럼, 1 입방 인치에 10배나 많은 작은 세포를 보게 해주었다; 자연의 작품은 엄청나게 특이하기 때문에 눈에 잘 띄는 땀 구멍들은 숙수스 뉴트리투스(Succus nutritious) 혹은 채소즙이 전달되는 관이나 통로인 것으로 보인다. 이 통이나 관들은 이 똑똑한 생물체의 정맥, 동맥 다른 혈관들에 해당된다; 내가 말하건데. 세상에서 가장 거대한 신체에 영양을 공급하는 혈관같이 보이는 이 구멍들은. 그러나, 너무 작아서 에피크루스Epicurus가 환상을 가졌던 것처럼 원자들이 구멍에 들어가기 너무 크다는 것을, 혈관의 체액을 구성하기에는 훨씬 더 큰 것처럼 보인다는 것을 증명할 수 없다. 혈관이 얼마나 무한히 더 작아져야 하는지 그러면, 진드기의 혈관이나, 내가 발견한 장미꽃의 뒤에서 자라는 작은 식물들의 구멍들이 되려면 얼마나 무한대로 작아져야 하는지 증명할 수 없다.

그 다음 몇 세기 동안, 다윈을 비롯한 다양한 학자들이 생물학 연구를

world, as for whole biological organisms, competition rules, leaving little room for altruism and morality. Individuals are sacrificed to optimise the survival of the species in the competition with other species. Fairness and equality of opportunity carry no weight, neither does simplicity. Indeed, by exploring a myriad of possibilities the selected response often turns out to be highly evolved and far from obvious. The test for a response that is right is that it should work effectively, but there may be many such correct possibilities, each ensuring survival in a particular environment. Each is local to the conditions at a point in space and time – there is no likelihood, even if life exists elsewhere in the universe, that the particular realisations of life that we are familiar with would have any viability elsewhere.

"Curiouser and curiouser", said Alice

Since the end of the nineteenth century the study of the structure and behaviour of matter has penetrated to a scale far deeper than biology. Biological cells are 100,000 times smaller than a metre; the atomic scale is 100,000 times smaller than that and the nuclear scale 100,000 times smaller again. The atomic and nuclear scales have much in common; there the norms of behaviour, that is of cause and effect, seem weird to a human mind familiar with the social or biological world. This is the quantum world. When first met, it seems confusing, but with some experience it is seen to be decidedly simpler than the conventional or classical world. The rules in the quantum world are extremely precise, even though they generally determine (precisely) the probabilities of what might happen, rather than what actually does. Having said that, the quantum world is not too hard to explain: it just seems totally different from what we all learnt on mother's knee as we stretched out with eye-and-hand coordination to grab the biscuit offered to us. The quantum world is always correct and has no exceptions – the familiar classical world is just a convenient approximation. Although he contributed to it

발전시킴에 따라서, 현미경은 사회적으로 소중하게 여겨지던 행동 규범이 보잘것 없다고 생각한 세상에 대해서 많은 것을 드러내 보였다. 세포의 세계에서 생물학적 유기체의 경쟁규칙들은 이타주의와 도덕성의 공간을 거의 남겨두지 않았다. 다른 종과의 경쟁에서 종의 생존을 최적화하여 살아남기 위해 개체들은 무참히 희생된다. 기회의 공정성과 평등, 단순함 따위의 가치는 없다. 실제로, 무수한 가능성을 탐구해서 선택한 대응책은 종종 고도로 진화한 것이나 확실함과는 거리가 멀다. 대응책의 시험에서 옳은 것은 효과적으로 작용해야 한다는 것이다. 하지만 여러가지의 옳은 가능성들이 있을 수 있고 그 각각은 특정 환경에서 생존을 보장하는 것이다. 그 각각은 특정 공간과 시간에서의 조건에 국한된다 – 우주 어딘가에 우리에게 익숙한 특정 생명체가 발현한다고 해도 그 외의 곳에서 생존할 수 있는 가능성은 없다.

"이상하고 이상하군" 하고 앨리스가 말했다

19세기 이후로 물질의 구조와 행동에 대한 연구는 생물학보다 훨씬 더 깊이 연구되어왔다. 생물학적으로 세포는 1미터보다 10만 배 작다; 원자 크기는 그보다 10만 배 작다. 그리고 핵의 크기는 다시 10만 배 작다. 원자와 핵의 크기는 많은 공통점을 가지고 있다; 바로 인과관계의 행동양식이다. 이는 사회나 생물학적 세계에 익숙한 인간에게는 이상하게 보인다. 이것이 양자 세계다. 처음 접했을 때는 혼란스러워 보이지만, 경험하다 보면 전통적인 세계나 고전적인 세계보다 확실히 간단해 보인다. 양자 세계의 규칙은 일반적으로 실제로 일어나는 것보다 일어날 수 있는 일의 확률을 결정(정확히)하고 있음에도 불구하고, 엄청나게 정확하다. 그렇긴해도 양자 세계는 설명하기가 그리 어렵지 않다: 이는 우리에게 건네준 비스킷을 잡기 위해 눈과 손을 조정해서 손을 쭉 뻗는 것처럼, 어머니의 무릎에서 배우는 것과는 다른 이야기이다. 양자 세계는 항상 정확하고 예외가 없다 – 우리에게 친숙한 고전적인 세계는 그저 편리한 근사치일 뿐이다. 비록 아인슈타인

in many important ways, Einstein never really believed that quantum mechanics was correct, but it has been giving the right answers for 90 years now, and most theoretical physicists today think that Einstein was wrong and that the quantum world is here to stay.

Curiously, the way that larger objects behave turns out to be identical in both the familiar classical and quantum pictures, and in the rare cases that they differ, it is the quantum picture that fits with what is seen when we do an experiment. This is not a book about quantum theory, but here is one simple everyday example, as an illustration. When we turn on an electric light, a stream of electrons (which are solid components of ordinary matter like any other) comes sliding through the solid copper wires that join the switch to the electricity generator station. They do this with very little resistance, slowed only by the fine wire of the lamp filament (or equivalent in a more modern bulb), where they deliver up their energy as light. It seems a nonsensical idea that the electrons should pass through the solid copper without hitting anything, but a precise understanding of why this is expected was just the first step in the development of electronics. Quantum mechanics is not just descriptive, but provides the calculated basis of all lasers and modern electronics that form the heart of much of today's prosperity – involving business, employment and all that follows. More people need to understand it if we are not to be left at the mercy of a small band of high priests in the matter.

Individual and collective decisions

The importance of education and trust

It is not realistic to suppose that everybody in society should understand everything. But there is a minimal level of education and professional knowledge required if the citizens of a healthy society are

이 여러가지로 공헌을 했지만, 그는 양자역학이 옳다고 진정으로 믿어본 적은 없었다. 하지만 양자역학은 지금까지 90년 동안 정답을 제시해 왔으며 오늘날 대부분의 이론 물리학자들은 아인슈타인이 틀렸고 양자 세계가 여기 남아있어야 한다고 생각한다.

신기하게도 더 큰 물체가 운동하는 방식은 친숙한 고전과 양자 모델 모두에서 동일한 것으로 밝혀졌고, 드물게 두 모델이 다른 경우에, 우리가 실험을 하다가 보게 되는 것과 일치하는 것은 양자 그림이다. 이 책이 양자 이론에 관한 책은 아니지만, 간단한 일상에서 볼 수 있는 구체적인 예를 들어보자. 우리가 전등을 켜면 스위치와 전기 발전소를 연결하는 고체 구리선을 통해 (다른 것들과 마찬가지로 보통 물질의 확실한 구성 성분인) 전자의 흐름이 미끄러져 들어온다. 이 전자들은 저항에 영향을 거의 받지 않고, 오직 램프 필라멘트(또는 현대적인 전구에서 그에 상응하는 부분)의 미세한 와이어에 의해서만 감속되어, 빛으로써 에너지를 전달한다. 전자가 아무것도 부딪치지 않고 고체 구리를 통과한다는 것은 터무니없는 생각 같지만, 이 과정이 이렇게 예상되는 이유를 정확히 이해하는 것이 전자공학 발전의 첫걸음이었다. 양자역학은 단순히 서술적인 것이 아니라 오늘날 번영의 많은 부분을 이루는 모든 레이저와 현대 전자 제품의 계산된 근거를 제공했다 – 사업, 고용, 그리고 그와 수반되는 모든 것을 포함한다. 우리가 이 문제에 있어서 소수의 권력자들에게 휘둘리지 않으려면 더 많은 사람들이 양자 이론을 이해할 필요가 있다.

개별적이고 집단적인 결정들

교육과 신뢰의 중요성

사회의 모든 사람들이 모든 것을 이해해야 한다고 생각하는 것은 비현실적이다. 그러나 건강한 사회의 시민들이 동의를 얻어 결정을 내릴 수 있으

to be able to make decisions by consent. Just having experts in each discipline is not sufficient. A few citizens, at least, should fully appreciate the overlap of these areas, so that they can speak to the issues that arise when several disciplines are involved – for instance, nuclear, biology or medicine. Without such overlaps of individual knowledge, the trust that is essential to society will be lacking and democratic decision-making will be at risk. The greatest leaps forward in the condition of mankind have occurred at the boundaries between disciplines. Conversely, the Dark Ages, a period of misunderstanding and narrow prescriptive education, coincided with deprivation and economic hard times.

The most effective integration of ideas is achieved initially in the mind of a single person. In this respect narrow specialised education is unhelpful, because it is unlikely to contribute balanced judgements between disparate alternatives. The use of specialised expert opinions inhibits the emergence of a melded view, because experts tend to be possessive and confident about their own narrow fields, while naturally cautious of matters beyond their personal knowledge. Consequently, nobody is in a position to take the far-reaching interdisciplinary decisions, or worse, such decisions are taken managerially or politically without technical understanding and simply on the basis of conflated expert views. A conference or a committee leads naturally to consensus, the least unacceptable conclusion, rather than a far-reaching innovation. Unfortunately, in many modern societies enthusiasm for specialised education is the norm, and many decisions are taken by politicians after expensive expert enquiries. But such experts have their own vested interest in building the exclusivity of their advice, often through emphasising how difficult and demanding their speciality is. What is needed is an overarching view that explains the simplest and most comprehensible solution. On interdisciplinary matters like nuclear power and radiation safety the wrong conclusions have too often been reached – but almost nobody realises that. Here, wrong usually means unnecessary, unscientific

려면 최소한의 교육 수준과 전문적인 지식이 필요하다. 각 분야별 전문가를 두는 것만으로는 충분하지 않다. 적어도. 몇몇의 시민들은, 이런 분야들이 겹치는 부분에 대해 이해야 한다. 그래서 여러 학문들이, 예를 들어 핵, 생물학 또는 의학 등이 관련된 문제에 대해 말할 수 있어야한다. 그런 각각의 분야에 대한 지식이 겹쳐지지 않으면 사회에 필수적인 신뢰가 부족해지고 민주적인 의사결정이 위태로워질 것이다. 인류 상태의 가장 위대한 도약은 학문 간의 경계에서 일어났다. 반대로 오해와 편협하고 권위적인 교육이 만연했던 암흑시대에는 박탈과 경제난이 함께 일어났다.

아이디어를 가장 효과적으로 통합하는 것은 처음에는 한 사람의 마음 속에서 일어난다. 이러한 관점에서 좁은 영역에서의 전문교육은 도움이 되지 않는데, 왜냐하면 이 교육은 이질적인 대안들 사이에서 균형 잡힌 판단을 하는데 도움이 될 것 같지 않기 때문이다. 전문가들은 자신의 좁은 분야에 대해 소유욕이 강하고 자신감이 있는 경향이 있다. 하지만 개인적인 지식의 분야를 넘어서는 문제에 있어서는 조심하는 경향이 있기 때문에 통합적인 견해를 표현하는 것을 꺼린다. 결과적으로, 광범위한 학문사이에서 결정을 내릴 수 있는 사람은 아무도 없다. 더 안 좋은 상황은 기술적으로 이해하지 않고 단지 합쳐놓기만 한 전문가의 의견에 근거하여 경영상이거나 정치적으로 결정하는 것이다. 회의나 위원회에서는 자연스럽게 합의로 이어지는데, 광범위한 혁신보다는 조금도 용납할 수 없는 결론이 도출된다. 불행하게도, 대부분 현대 사회에서는 전문화된 교육에 대한 열정이 일반적이며, 많은 결정이 값비싼 전문가 문의 후 정치인에 의해 이루어진다. 그러나 그런 전문가들은 조언의 배타성을 만드는 자신들만의 기득권을 가지고 있어 종종 자신의 전문분야가 얼마나 어렵고 힘든 것인지 강조한다. 가장 필요한 것은 가장 단순하고 이해하기 쉬운 해결책을 설명하는 전체를 아우르는 견해이다. 원자력과 방사선 안전과 같은 학제간 문제는 잘못된 결론에 너무 자주 도달했지만, 아무도 그것을 깨닫지 못했다. 여기서, 잘못되었다는 것은 대개 불필요하고 비과학적이며 비싸다는 것을 의미하지만, 이는 법적 보호를 얻기 위해 고안된 것이었다. 일반적으로 이러한 방식으로 도출된

and expensive, but designed to achieve legal protection. When conveyed to society at large, decisions reached in this way are defended on the basis that knowledgeable opinion has been consulted and a consensus has been reached. Not surprisingly, society is not always impressed and speculates whether other motives are at work. Issues may be seen as more political than scientific, while those involved hide behind the defence that proper procedures were followed. In a 1966 talk to high-school science teachers Richard Feynman famously said

Science is the belief in the ignorance of experts.

It was a provocative remark and many have been successfully provoked by it: it implies that experts should be more thoroughly cross-examined. That is only possible with more interdisciplinary education – more people to ask the questions and to understand the answers critically.

Taboos, phobias and forbidden fruit

Altering ourselves

So nuclear radiation should be taken off a list of taboos. If it is treated with care and kept isolated in the right place, we do not need to worry about it so much – similar to our attitude to high explosives or rat poison, for example. But what is left by way of forbidden fruit? Are there other items on a list of taboos whose credentials we might usefully question?

In Chapter 10 we referred to the subject of eugenics, the study of human breeding to improve mankind's own stock. From the late nineteenth to the mid twentieth centuries this was a taboo discussed by Hermann Muller and others, but finally put beyond the bounds of the acceptable by the experimental activities of Dr Mengele during the Nazi regime. Since then, the technical possibilities have grown with the

결정들이 사회에 전달될 때, 박식한 의견을 참조하고 합의가 이루어졌다는 이유로 옹호를 받는다. 당연히 사회는 이렇게 이루어진 결정들에 대해서 항상 감명을 받지는 않고 다른 동기가 있었다고 의심한다. 이런 문제는 과학적이기보다는 정치적인 것으로 보일 수도 있다. 반면 관련자들은 적절한 절차를 따랐다는 것을 방패 삼아 그 뒤에 숨어 있다. 1966년 고등학교 과학 교사들과의 대화에서 리차드 파인만[5]은 다음과 같이 말했다.

과학은 전문가들의 무지를 믿는 것이다.

이는 도발적인 발언이었지만 많은 사람들은 이 말에 의해 성공적으로 자극을 받았다: 이 말은 전문가들이 좀더 철저하게 상호 검증되어야 한다는 것을 암시한다. 이를 위해선 더 많은 사람들이 질문을 하고 그에 대한 대답을 비판적으로 이해할 수 있는, 더 많은 학제간 교육이 진행되어야만 가능하다.

금기들, 공포들 그리고 금지된 과일

우리 자신을 바꾸기

그러므로 핵 방사선은 한 목록의 금기 사항을 털어내야 한다. 만약 핵 방사선을 조심스럽게 취급하고 적절한 장소에 격리하려면, ─ 예를 들어 고폭탄이나 쥐약에 대한 우리의 태도와 유사하게, 우리는 이에 대해 그렇게 많이 걱정할 필요가 없다. 그러나, 금단의 열매로 남은 것은 무엇인가? 우리가 자격에 대해서 유용하게 의문을 제기할 만한 다른 항목이 금기사항 목록에 있는가?

---

5) 리처드 파인만은 전자기장과 전자의 상호작용을 양자역학적으로 설명하는 양자전기역학(Quantum Electrodynamics, QED)을 만들고, 아원자 입자(subatomic particle)의 행동을 기술하는 시공간 다이어그램(파인만 다이어그램)을 창안한 뛰어나고 카리스마 있는 이론 물리학자다.

understanding of genetics and the decoding of DNA. The subject is still taboo, but what are we afraid of? If genetic modification is likely to give unpredictable consequences, that is certainly reason to shun it. But is that the situation now?

In the UK, as a result of good communication, there has been public and government approval for the 2015 application to permit the exchange of mitochondrial DNA, thereby correcting certain genetic disorders. This is not actually genetic modification, but the public issues are similar and it demonstrates what can be done if taboos and phobias are set aside and replaced by proper democratic discussion. As the effect of genetic engineering becomes more predictable and reliable, society should have the confidence to decide what is for the best, a step at a time.

The modification and improvement of crops is with us. Do we accept genetically modified food? We need to ensure enough genetic diversity, so that not all our eggs end up in one basket, so to speak. Lack of diversity would open our supplies to attack by a single specific virus or bacterium, and this is already a cause for some concern. Independent biologists rather than commercial interests should answer questions and educate the public at large, including children. We should move forward slowly, but simply saying no on principle, as some do, is short-sighted. The taboo of genetic modification should fade away, but we shall see whether public education is able to come to the rescue.

And the same with nuclear-phobia. There is a precedent for moving public policy that should make us pause. As described in Chapter 10, indiscriminate use of the fear of radiation was used to halt the Arms Race. Indiscriminate use of the fear of climate change should not be used to override radiation phobia. Radiation phobia should be dismissed on its own de-merits, even if climate change encourages us to get the right answers.

10장에서는 우생학, 즉 인류 자체의 비축품을 개선하기 위한 인간 번식에 관한 연구를 언급하였다. 19세기 후반부터 20세기 중반까지 이것은 허먼 멀러와 다른 사람들에 의해 금기로 논의되었지만, 나치 정권 시절 멘젤레 박사의 실험을 통해서 마침내 그동안 용인되어 왔던 범위를 넘어섰다. 이후 유전학에 대한 이해와 DNA 해독과 함께 기술적 가능성이 자라났다. 그 주제는 여전히 금기이지만 우리가 두려워하는 것은 무엇인가? 만약 유전자 변형이 예측할 수 없는 결과를 가져올 가능성이 있다면, 이는 분명히 우생학을 피해야 하는 이유일 것이다. 그러나 지금 상황이 그러한가?

2015년, 영국에서는 긴밀하게 나눈 소통의 결과로, 대중과 정부는 미토콘드리아 DNA 교환을 허가해 달라는 신청을 승인했다. 그래서 특정 유전적 질환을 교정할 수 있었다. 이 사항은 실제로 유전자 변형이 아니고, 공공 문제와 유사하다. 금기와 공포증을 제쳐두고 대신 민주적인 토론만 한다면 무슨 일이 일어날지를 보여준다. 유전공학의 효과가 더욱 예측 가능하고 신뢰할 수 있게 되면서 사회는 한 번에 한 걸음씩 최선의 것을 결정할 수 있는 자신감을 가져야 한다.

우리는 이미 농작물의 개조와 개량과 함께 살아간다. 우리는 유전자 변형 식품을 받아들이는가? 유전적 다양성은 충분히 보장할 필요가 있다. 말하자면. 계란을 한 바구니에 담지 않아야 하는 것이다. 다양성의 부족은 어떤 특정 바이러스나 박테리아에 의한 공격에 취약해지는 결과를 낳고 이는 이미 일부 우려의 원인이 되고 있다. 사업 관계자보다는 독립적인 생물학자들이 이 질문에 답해야 하고, 또 어린이를 포함한 대중을 전반적으로 교육해야 한다. 우리는 천천히 앞으로 나아가야 한다, 그러나 몇몇 사람들처럼 단순히 원칙에 근거해서 아니라고 말하는 것은 근시안적이다. 유전자 변형을 금기시하는 태도는 사라져야 한다. 그러나 과연 공교육이 구원이 될지는 지켜볼 일이다.

그리고 핵 공포증도 마찬가지다. 공공정책을 움직여 우리를 멈추게 한 전례가 있다. 10장에서 설명한 바와 같이 방사선 공포를 무차별적으로 이용하여 군비경쟁을 중단시켰다. 방사선 공포증을 멈추는데 기후변화에 대

Better care for our brains

The fears that we do not have could be as important in the future as those issues on which we lavish undue caution. For example, changing the way we use our brains is not subject to taboos. Mind-altering drugs and alcohol are tolerated – at least they are not the subject of as much fear as they deserve to be, perhaps because any effects are not inheritable. In any case, many of them are not new on the scene. But computers and smart-phones are, and they already invade our personalities and how we communicate and interact. As yet, there is no knowledge of their effects on the organisation of the user's brain and so no idea of any safety requirement that should be applied. This is surprising – a mind that does not need to think hard, will soon become slow and out of condition, like the body. This cannot be healthy. What sort of accident might trigger public awareness of this question? For that matter, what development might motivate more medical work on such questions?

Soon, it is likely that electronic real-time surveillance of our health – what our bodies are doing – will be taken over by digital technology in a similar way. Some developments will be beneficial, others will lead to damaging addiction, but the lack of open public discussion of new developments seems ill-judged. Should we not exercise more caution about the invasion of our innermost thoughts by silicon?

한 두려움을 무차별적으로 이용해서는 안 된다. 방사선 공포증은, 기후 변화가 우리를 부추겨 올바른 답을 얻을 수 있게 한다고 해도, 그 자체의 단점으로 없어져야 한다.

우리의 뇌를 더 잘 보살피기

우리가 가지고 있지 않은 두려움은 우리가 지나치게 주의를 기울이는 문제들만큼 미래에 중요할 수 있다. 예를 들어, 우리가 뇌를 사용하는 방식을 바꾸는 것은 금기의 대상이 아니다. 마음을 바꾸는 약물과 술은 용납되고 있다 – 적어도 그들은 그들이 마땅히 받아야 할만큼의 공포의 대상은 아니다, 아마도 어떤 효과도 유전이 되지 않기 때문일 것이다. 어쨌든 많은 문제들이 현장에서는 새로운 것이 아니다. 하지만 컴퓨터와 스마트폰은 이미 우리의 개성과 우리의 의사소통과 상호작용방식을 침해하고 있다. 아직까지는 스마트폰 사용자의 뇌 조직에 미치는 영향에 대해서 아는 것이 없기 때문에 어떤 안전 요건을 적용해야 할지 모른다. 이것은 놀라운 일이다. – 열심히 생각할 필요가 없는 정신은, 몸처럼, 곧 느려지고 컨디션이 나빠질 것이다. 이러한 것들이 건강할 리 없다. 어떤 종류의 사고가 이 질문에 대한 대중의 인식에 방아쇠를 당길 수 있을까? 그 문제에 있어서, 어떤 국면이 그러한 질문에 답하기 위해서 더 많은 의학적 연구가 이루어 질 수 있게 동기를 부여할 수 있을까?

머지 않아, 우리의 건강– 즉 우리 몸이 하고 있는 것 –의 실시간 전자 감시가 유사한 방법으로 디지털 기술로 대체될 가능성이 있다. 어떤 발전은 유익할 수 있고, 어떤 것은 해로운 중독으로 이어질 수 있다. 그러나 새로운 발전에 대한 공개적 논의가 충분치 못한 것은 바람직하지 않아 보인다. 실리콘 (컴퓨터 기술)이 우리의 가장 깊은 무의식에 침입하는 것에 더 많은 주의를 기울이지 않아도 되는 것일까?

Chapter 12:

Life without Dragons

*Cheap and abundant nuclear energy is no longer a luxury; it will
eventually be a necessity for the maintenance of the human condition*

Alvin Weinberg

Evidence and communication

Selecting sources

In these chapters we have followed most of the major developments
that have shaped views of the effect of radiation on health – Hiroshima
and Nagasaki, the fishing boat Lucky Dragon, Chernobyl, Goiania,
Fukushima and the experience of a century of using moderate and high
radiation doses in clinical medicine to save lives. There are the accounts
of research with mice and dogs who have received lifelong doses and
doses at critical reproductive stages. All of these fit the picture of modern
radiobiology, in which life has evolved over thousands of millions of
years specifically to cope with the dangers posed by oxygen and ionising
radiation.

두려워할 이유가 없는 원자력에너지

값싸고 풍부한 원자력에너지는 더 이상 사치품이 아니다.
그것은 결국 인간성을 유지하는데 필수품이 될 것이다.

앨빈 와인버그

증거와 소통

근원을 선택하다

앞선 장에서는 방사선이 건강에 미치는 영향에 대한 의견을 형성하는데 도움을 준 주요 사건들을 대부분 살펴보았다 ─ 히로시마, 나가사키, 후쿠류마루호 어선, 체르노빌, 고이아니아, 후쿠시마 그리고 한 세기 동안 생명을 구하기 위해 임상의학에서 사용했던 중간 혹은 높은 방사선량의 사용 경험. 임계번식단계에서의 선량과 평생 선량을 받은 쥐와 개에 대한 연구 결과가 있다. 이 모든 것이 현대 방사선 생물학의 그림을 장식한다. 이 그림 속에서 생명은 수십억 년 동안 특히, 산소와 전리방사선이 야기한 위험에 대처하기 위해서 진화해 왔다.

그러나 방사선량이 더 적거나 사람의 수가 더 작아서 결론이 명확히 나

But there are many other results that have been omitted with smaller radiation doses, or a smaller number of people where the conclusions seem less certain. Often these are published and then reported in the press as showing that such-and-such might cause cancer, sometimes quoting a confidence level like 95%, which may sound rather convincing. But a 95% confidence level means that 1 in 20 such results should be wrong on average, and, further, if the experimenters made a few choices of how to analyse the data that emphasised their result – it can happen almost without realising it – the chance of getting the wrong answer can easily rise to 50% or more. In many sciences such results get rejected by referees and are not published. But it would be too much to ask the reader to follow detailed statistical arguments to expose such fallacies here. Fortunately, that is avoidable; if a similar investigation has been carried out with a larger dose or more subjects and no effect of the radiation has been found, then any effect apparent for the smaller, less certain experiment definitely is mistaken. This is why we have chosen the larger or higher-dose experiments, and ignored the others. So, for example, there is no discussion of child leukaemia in the neighbourhood of nuclear plants. The studies that claim there is such an effect involve doses that are very much smaller, even than the natural variation of the background dose from rocks and cosmic rays[1].

Personal and professional voices

It is curious how those in Japan professionally qualified to speak out have been reluctant to do so. As Jerry Cuttler has remarked:

It's so ironic that so much of the best research in radiobiology has been carried out in Japan and the essence of this work has not been communicated to the political leaders of Japan.

We have not simply followed the opinions of individuals or authorities. These are often strident and emotional, and it is more scientific to look

오지 않아 누락된 다른 결과들도 많다. 종종 이런 것들이 출판되고 언론에 보도되면서 여차저차한 것들이 암의 원인이 될 수 있다거나, 신뢰도 95% 같은 언급으로 설득력 있게 들리도록 한다. 그러나 95% 신뢰도는 평균 20개의 결과 중 1개가 틀린다는 것을 의미하며, 더 나아가, 만약 실험자들이 자신의 결과를 강조하는 몇 가지 데이터 분석 방법을 선택했다면 – 현실적으로 거의 보여줄 필요도 없이, 잘못된 답을 얻게 될 확률이 쉽게 50% 이상으로 높아질 수 있다. 많은 과학계에서 이러한 결과는 심사관에 의해 거부되고 발표되지 않는다. 또한 독자들에게 상세한 통계 논거를 따라 여기에서의 그러한 오류를 폭로하라고 요구하는 것은 무리일 것이다. 하지만 다행히도, 이러한 일은 피할 수 있다; 만일 비슷한 조사가 더 큰 선량을 조사하거나 더 많은 실험 대상으로 수행되었고 방사선 효과가 발견되지 않았다면, 어떤 명백한 효과라도 더 작고 덜 확실한 실험의 효과는 분명한 실수이기 때문이다. 이 점이 우리가 더 크거나 더 많은 양의 실험을 선택하고, 다른 실험들을 무시한 이유이다. 그래서, 예를 들면, 원자력발전소 인접지역에서 소아 백혈병에 대한 논의는 없는 것이다. 그러한 영향이 있다고 주장하는 연구는 훨씬 더 작은 선량, 암석과 우주선(Cosmic rays)에서 나오는 자연 선량의 자연적 변화보다도 더 작은 선량에 대한 이야기를 하는 것이다[1].

개인적인 그리고 전문적인 목소리들

왜 일본에서, 말을 할 자격이 있는 전문가들은 그들의 목소리를 외치는 것을 꺼려했는지 궁금하다. 제리 커틀러는 다음과 같이 말했다.

> 방사능 생물학에 대한 최고의 연구들이 일본에서 많이 이루어졌지만 이 연구의 본질이 일본의 정치 지도자들에게 전달되지 않았다는 것은 아이러니가 아닐 수 없다.

우리는 단순히 개인이나 정부의 의견을 따랐던 것이 아니다. 이것은 종종 귀에 거슬리고 감정적이었다. 접근할 수 있는 자료를 직접 보는 것이 더

directly at the data that they have access to. However, the personal testimony of an evacuee is a primary source. The following was written two years after the accident, 10 March 2013:[2]

...these young people, these households with children, will not contemplate going home, they think not of returning to the village, nor will they until the radiation level is below world standards, and it is possible to live safely, with a sense of security, living off the fruits of the land – until that happens, I think it is only natural to stay away from the village, and as a parent of children myself that is the best I can hope for. To avoid having to shut up our children and grandchildren indoors. That seems to be something that the officials, cabinet ministers and bureaucrats in the capital cannot apprehend.

And as a matter of fact, although our village was a high-level radiation zone, we accepted evacuees from Minami-Soma and some of those from Namie whose escape had been delayed, and in each of the village's twenty hamlets, we prepared food for those evacuees, thinking it was aid, but we fed them irradiated food, and unnecessarily increased their dose of internal radiation. The possibility of internal radiation poisoning implies heavy responsibility. We meant well .... We who gave them the emergency

supplies are full of remorse that we knew not of the danger in what we were doing, and we pray from the bottom of our hearts that no harm to health will result.

Nobody seems to have given the public reply that such feelings deserve. A message of unqualified reassurance should have been given – there was no disaster that endangered life at the Fukushima accident.

But who should give this public message? Few people have attempted to explain the reassuring facts to the public and the press prefer to stick with the prevailing view, as they see it. Committees do not readily change their opinions – only individuals are able to do that. Unfortunately, many authors who have written on the subject, even recently, have preferred

과학적이었다. 그러나 피난민의 개인적인 증언이 일차적인 소식통이었고, 다음과 같은 증언이 사고 발생 2년 후인 2013년 3월 10일에 작성되었다.[2]

젊은이들, 아이들이 있는 가정들은 방사능 수치가 세계 기준에 미치지 못할 때까지, 안전하게 생활할 수 있을 때까지, 안정감을 가지고 그 땅의 열매를 먹고 살아갈 수 있을 때까지, 집으로 돌아갈 생각을 하지 않을 것이며, 마을로 돌아갈 생각도 하지 않을 것입니다. – 그렇게 될 때까지, 나는 단순히 마을로부터 멀리 떨어져서 머무르는 것이 당연하다고 생각합니다. 이는 우리 아이들과 손주들을 집안에 가두지 않는 방법이고, 이것이 내가 아이들의 부모로서 바랄 수 있는 최고의 방법입니다. 하지만 이를 정부의 관료들과 각료들은 이해하지 못하는 것으로 보입니다.

그리고 사실 우리 마을은 고준위 방사지역이었지만, 탈출이 지연된 미나미-소마와 나미에 지역에서 피난 온 사람들을 받아들였고, 각 마을에 20개씩의 구역에서 피난민을 위한 음식을 준비하여 원조(援助) 식품인 줄 알았던 방사능에 오염된 음식을 먹었고, 불가피하게 그들의 피폭량을 늘렸습니다. 이는 내부 방사선 중독 가능성에 상당한 원인이 될 수도 있습니다. 우리는 좋은 뜻으로 그들에게 비상용품을 제공했지만 우리는 우리가 했던 일의 위험성을 몰랐다는 자책감으로 가득 차 있고, 그들의 건강에 해를 끼치지 않기를 진심으로 기도하고 있습니다.

아무도 그들이 느낀 이런 감정이 받아야할 공적인 답변을 내놓지 않았다. 후쿠시마 사고에서 생명을 위태롭게 한 재난은 없었으므로 그들에게 안심하라는 내용의 메시지가 전폭적으로 전달되었어야 한다.

그렇다면 누가 이러한 공적인 메시지를 주어야 하는가? 대중에게 안심할 수 있는 사실에 대해 설명하려는 사람은 아무도 없었고 언론은 지배적인 견해를 고수하는 것을 선호한다. 또한 위원회는 그들의 의견을 쉽게 바꾸지 않는다 – 오직 개인만이 자신의 의견을 쉽게 바꿀 수 있다. 하지만 최근까지도 이 주제에 대해 글을 쓴 많은 작가들은 증거를 검토하는 대신에

to persist with the ALARA story instead of examining the evidence[3]. The legacy of 70 years of accepted phobia is a barrier so high and nuclear energy is so inhibiting that writers avoid answering the searching questions. Nobody dares to stick their neck out and say what everyone must know. Take a bow, Hans Christian Andersen – you got the story absolutely right! We all know what happened to the Emperor's courtiers, but have not considered that the same might apply to us personally.

So, it is still true, in spite of the medical evidence, that patients receiving X-ray scans are told by the IAEA:[4]

The risk for radiation induced cancer is low but additive. Each examination the patient undergoes slightly increases the risk. Keeping patient doses minimum while getting images of adequate diagnostic quality is therefore recommended. The probability for radiation induced cancer increases by 5-6% for every 1000 mSv of dose. Cancer risk increase arising from most examinations is relatively small as compared with the risk of naturally occurring cancer which ranges between 14% and 40%.

However, this is a line with which many medical professionals around the world profoundly disagree[5]. Risks from radiation are not cumulative as stated.

People are reluctant openly to acknowledge this message about the safety of radiation, perhaps because its scope stretches beyond the expertise of each individual or the remit of any one committee. An article submitted in response to a request by the UK House of Commons Science and Technology Select Committee in 2011 was posted, but its message was ignored[see Selected References on page 279, SR9], as also have been some presentations to the press[6]. Yet the uncommitted public and the younger generations are interested to hear because it is a story that they have never been told before, and they eagerly ask questions[7]. Authorities in the nuclear industry have their own longer standing views and commitments.

ALARA 방사선 방호 최적화의 이야기를 하는 것을 선호해왔다[3]. 70년 동안 받아들여진 공포증의 유산은 너무나 높은 장벽이고 원자력에너지는 너무 억제되어 있어서 작가들이 이 탐색형 질문에 대답하는 것을 피한다. 아무도 감히 목을 내밀고 모두가 알아야 할 것을 말하지 않는다. 한스 크리스티앙 앤더슨[1]에게 고개를 숙여서 인사하라 - 당신의 말이 전적으로 옳았다! 우리 모두는 황제의 신하들에게 무슨 일이 일어났는지 알고 있었지만, 우리에게도 같은 일이 일어난다는 생각은 하지 않았다.[2]

따라서 의학적 증거에도 불구하고 X선 스캔을 받는 환자들은 IAEA로부터 다음과 같은 말을 듣는다.[4]

> 방사선에 의해 발생하는 암의 가능성은 매우 낮지만 추가될 가능성이 있다. 즉 매번 검사를 받을 때마다 환자의 위험이 점점 증가한다. 따라서 진단에 적합한 영상을 얻는 동안 환자 선량을 최소로 유지하는 것이 권장된다. 방사선 때문에 생기는 암의 확률은 1000mSv의 선량마다 5-6%씩 증가한다. 대부분의 검사에서 발생하는 암 위험 가능성의 증가는 14-40%에 이르는 자연 발생 암에 비해 상대적으로 적다.

그러나, 이것은 전 세계의 많은 의료 전문가들이 극심하게 부정하는 기준치이다[5]. 방사능에 의한 위험은 위의 말처럼 누적되지 않는다.

사람들은 방사선의 안전성에 대한 이 메시지를 공개적으로 인정하기를 꺼린다. 아마도 그 범위가 각 개인의 전문 지식이나 한 위원회의 소관을 넘어서기 때문일 것이다. 2011년 영국 하원 과학기술선택위원회의 요청에 따라 제출된 기사가 게시되었고, 일부 언론에 대한 프레젠테이션도 있었지만

---

1) 덴마크의 동화작가. 《즉흥시인》으로 독일에서 호평을 받아 유럽 전체에 명성을 떨치기 시작하여 아동문학의 최고봉으로 꼽히는 수많은 걸작 동화를 남겼다.

2) Hans Christian Andersen의 동화 중 The Emperor's New Clothes (벌거벗음 임금님) 이라는 동화가 있는데 간단한 줄거리는 다음과 같다. 허영심 많고 옷을 좋아하는 임금님이 있었는데 입을 자격이 없고 어리석은 사람에게는 보이지 않는 특별한 소재로 옷을 만든다는 사기꾼들에게 속아, 있지도 않은 옷을 보이는 것처럼 행동하자 주위의 사람들도 남의 눈을 신경 써 마치 그 옷이 보이는 것처럼 행동한다. 그 옷을 입고 마을을 행진하는 임금님을 본 한 아이가 임금님은 벌거숭이라고 진실을 폭로하자. 그제야 모두 속았다는 것을 깨닫게 되는 이야기이다. 이 이야기는 세상에 진실을 이야기하지 않는 사람들을 비판한다. 위의 구절은 이를 통해 이해하면 될 것이다.

What has happened

Public confidence lost by neglecting education

For many people, for as long as they can recall, the situation seemed clear – nuclear energy is dangerous, unpopular and simply avoidable – or so it appeared until doubts arose about the use of carbon fuels. They may still be alarmed by the possibility of deadly radiation from nuclear weapons of mass destruction (WMD), and such views, taken as scientific facts, are used by unscrupulous world leaders to influence political decisions and echoed in the media without question. Nobody has explained the scientific evidence to the public at large, and the public has stopped asking questions. Decades ago they lost interest and trust in voices that spoke in favour of nuclear energy. As a result, many investors in nuclear technology reached the conclusion that the best financial returns are in contracts to decommission plants, dispose of waste and decontaminate land. In these cases the nuclear industry has been its own worst enemy – it has not spoken out when cornered by unscientific regulations that have driven up costs and inflated the nuclear safety bubble. This bubble will implode when safety is returned to a scientific basis and costs are halved. Only restrictive regulations – and the perceived self-interest of some third parties – stand in the way of realising carbon-free energy that is completely safe and far cheaper[8].

Climate change and the environment

The world's expanding appetite for energy, the extra emissions involved and the evidence for a changing climate are now changing opinions too. If nuclear energy is shown to be both safe and necessary as the only reasonable base-load carbon-free supply, then sooner or later public opinion will demand changes in policy. Although there are different

[6] 그 메시지는 무시되었다. 그러나 미숙한 대중들과 젊은 세대들은 이 이야기가 전에 들어보지 못한 새로운 이야기여서 이를 듣고 싶어하며, 기꺼이 질문하고 싶어한다. 원자력 산업의 권위자들은 그들 자신만의 오랜 견해를 가지고 있고 또 그것에 헌신하고 있다.

무슨 일이 일어났는가

교육을 등한시 하면서 대중의 신임을 잃는 일이 벌어졌다.

많은 사람들에게는 그들이 기억할 수 있는 한, 상황이 분명해 보였다- 원자력 에너지는 위험하고, 인기가 없고, 단순히 피할 수 있다는 것이다. - 혹은 탄소 연료의 사용에 대한 의심이 생기기 전까지는 이런 생각을 지속해왔다. 그들은 여전히 대량살상무기(WMD)에 의해 발생하는 치명적인 방사능의 가능성을 염려할 수 있다. 과학적 사실로 받아들여진 그런 견해는, 비양심적인 세계 지도자들이 정치적 결정에 영향을 주기 위해 사용했고 언론들은 덮어놓고 이러한 상황을 따라했다. 아무도 대중에게 과학적인 증거를 설명하지 않았고 결국 대중들은 질문을 중단했다. 수 십년 전, 그들은 핵에너지를 지지하는 목소리에 대한 관심과 신뢰를 잃었다. 그 결과 많은 원자력 기술 투자자들은 최선의 투자 회수는 공장 해체, 폐기물 처리, 토지의 오염 제거에서 계약을 따내는 거라고 결론을 내렸다. 이러한 경우 그들에게 원자력 산업은 그 자체로서 최악의 적이었다 - 원자력 산업은 비용을 상승시키고 원자력 안전 버블을 부풀린 비과학적 규제로 궁지에 몰릴 때 목소리를 내지 않았다. 안전성이 과학을 기본으로 하는 것이 되고 비용이 반으로 줄어들 때 이 버블은 붕괴할 것이다. 제한적인 규제만이 - 일부 제3자의 사리사욕으로 제정된 규제만이 - 완전하게 안전하고 훨씬 저렴한 무(無)탄소 에너지를 실현하는 데에 방해가 된다.

attitudes to radiation in each nation, with the authorities treating safety questions as matters for local decision, the public view of the threats to the environment is more universal, especially among the younger generation. The incomplete solution offered by renewables makes the case for nuclear energy more urgent. The experience of the French and Canadian electricity utilities has shown that carbon could be almost eliminated from base-load supply with nuclear energy. With the growth in electric rail and road transport, major carbon reductions are possible. This would not halt climate change or the related release of methane by the melting of the permafrost, but it should be the best mitigating solution available.

Regimes such as those in Russia and China are continuing to invest in nuclear power plants, not only in their own countries, but in client countries around the world with less nuclear know-how. In democracies these developments have not been heeded, but only those sections of their industries which participate in building, investing and exporting can hope to avoid being left behind. A lack of know-how and ownership of nuclear energy supply form a threat to future competitiveness that many democracies seem to have ignored.

In the short-term work continues to appease public opinion by investing large sums to make even safer the nuclear plant that has already been shown to be safe, or to decommission it without good reason while burning carbon fuels instead. In the medium term the bubble of this activity will burst as soon as the public learns how the costs are inflating the price of electricity to them and to industry, without benefit. The nuclear industry, rather than working to unnecessary standards on waste and decommissioning, would be more gainfully employed if it were encouraged to build the extra nuclear plant that is needed now.

기후 변화와 환경

현재 전 세계의 에너지에 대한 욕구가 확대되면서, 여기에 따른 추가적인 배출과 기후 변화에 대한 증거들은 여론을 바꾸고 있다. 만일 원자력 에너지가 유일하게 합리적인 기저부하[3] 무(無)탄소발전 전기 공급으로 안전하면서도 필요한 것으로 생각된다면, 조만간 여론은 정책의 변화를 요구할 것이다. 국가마다 방사능에 대한 태도가 다르기는 하지만, 정부가 안전문제를 지역적 의사결정의 문제로 다루는 경우에는 특히 젊은 세대들은 환경을 위협하는 문제에 대한 보편적 시각을 가지고 있다. 재생에너지가 제공하는 불완전한 해결책은 원자력에너지 사용을 더욱 시급하게 만든다. 프랑스와 캐나다의 전력회사는 원자력에너지를 기저부하로 공급하였을 때 탄소가 거의 제거된다는 것을 보여주었다. 전기 철도와 도로교통의 성장을 통해, 많은 양의 탄소를 감축할 수 있다. 이것은 영구동토층[4]이 녹으면서 발생하는 메탄의 방출이나 기후변화를 멈추지는 못하겠지만, 원자력에너지 사용은 사용 가능한 최고의 완화 솔루션이 될 것이다.

러시아나 중국 같은 국가는 자신의 나라뿐만 아니라 원자력관련 노하우가 적은 모든 나라를 고객으로 생각하며 투자를 계속하고 있다. 민주주의 국가에서는 이러한 발전보다는 건설, 투자, 수출하는 산업 부문만이 뒤처지지 않기를 바랬다. 원자력 에너지 공급의 노하우와 소유권 부족은 많은 민주주의국가들이 무시해왔던 미래 경쟁력에 위협이 되었다.

단기적으로는 이미 안정성이 입증된 원전을 더 안전하게 만든다며 거액을 투자하거나, 정당한 이유 없이 원자력발전소를 해체하고 탄소 연료로 발전을 하는 등 여론을 달래는 작업이 계속되고 있다. 앞으로 몇 주 혹은 몇 달에 안에 대중들은 그 비용이 자신들과 산업에 부과되는 전기세를 어떻

---

3) 발전할 때 시간적 또는 계절적으로 변동하는 전발전부하중 가장 낮은 경우의 연속적인 수요발전용량을 말한다.

4) 영구동토층은 지중온도가 일년 내내 물의 어는점 이하로 유지되는 토양층을 일컫는다. 북극이나 남극에 가까운 고위도 지역에 주로 분포한다.

Stability and influence in a society

Effect of runaway fears and fashions

In Chapter 3 we referred to the competition between many individuals that enables a population to survive; this is like the relationship between cells within an individual that helps that individual to survive. The parallel can be taken a step further by likening a society to an organism. A society is an evolutionary product of the circumstances in which it finds itself. It reacts and changes according to the challenges that impinge on it from time to time. It has structure – laws, education, traditions, rights and duties – that it applies to its members, and other norms that it applies externally to others. Its survival depends critically on whether these reactions are fit for purpose – if they fail to support its members, the society as a whole risks being invaded, economically, culturally or militarily. If it is swallowed up in some way, it loses its identity to another.

It is a moot point whether society thinks and acts effectively with purpose in anticipation of attacks upon it – that is a supposition, but does it happen?

Large sections of most societies behave reactively in pursuit of individual and personal objectives only, and an effective society is one that is able to channel such self-centred ambition to the good of the society as a whole. Many activities within the society are benign, even if they are not motivated by the common good. However there are others that increasingly drain the resources of the society, and cause public opinion to polarise in support of an irrational objective. These behave like malignant tumours, weakening the society and making it more likely to fall foul of some different hazard or suffer a steep decline in fortune.

Runaway inflation is an example, and a housing bubble with a building spree is another. Then the imperative is to do what everyone else is doing with all possible speed. This drives instability and leads to disastrous

게 부풀리고 있는지를 알게 될 것이고 즉시 이런 작업의 거품은 아무런 이익없이 꺼질 것이다. 원자력 산업에 있어서, 폐기물 및 폐로에 관한 불필요한 기준을 따르기 보다는, 지금 필요한 추가 원자력 발전소를 건설하도록 장려하는 것이 더욱 이득이 될 것이다.

사회에서 안정성과 영향

끝없는 공포와 관습의 결과

3장에서 우리는 한 집단의 생존을 가능하게 하는 많은 개체들 사이의 경쟁에 대해 언급했다; 이것은 한 개체가 생존하도록 돕는 몸 안의 세포들의 관계와 같다. 한 사회를 유기체에 비유한다면 비슷한 점이 많아진다. 사회는 스스로 찾은 환경의 진화적 산물이다. 사회는 종종 악영향을 주는 도전들에 대해 반응하고 변화한다. 사회는 - 법률, 교육, 전통, 권리, 의무- 같은 구조를 갖고 있고, 사회는 이 구조를 사회 구성원들에게 적용한다. 외부적으로 다른 사람들에게 적용하는 다른 규범도 있다. 사회의 생존은 이러한 반응들이 목적에 맞는지에 따라 결정된다 - 만일 이런 반응들이 사회의 구성원들을 지지하지 않으면 사회 전체가 경제적으로, 문화적으로 또는 군사적으로 침략당할 위험에 처하게 된다. 어떤 식으로든 사회가 사라진다면, 사회는 그 정체성을 다른 무언가에 뺏기게 된다.

사회가 공격받을 것을 예상하여, 목적을 가지고 효과적으로 사고하고 행동하는지 아닌지를 알아내는 것은 논쟁의 여지가 있다 - 그것은 가정일 뿐이다. 과연 이런 일들이 실제로 일어날까?

대부분의 사회는 개인적인 일과 목적만을 좇아서 반응적으로 행동하며, 효과적인 사회는 그러한 자기 중심적인 야망을 사회 전체의 이익으로 전환할 수 있는 사회이다. 사회 내의 많은 활동들은 공동선에 의해 동기부여가 되지 않더라도 무해하다 그러나 점점 사회의 자원을 고갈시키고, 비이성적

results. An irrational horror of radiation is a further example. The cost to the Japanese economy of keeping 50 reactors on stand-by and substituting fossil fuel is 30,000 million dollars per year[9]. The costs of the German policy of closing all their reactors by 2022 is less easy to read since about half continue, weighed down by extraordinary taxes.

When the irrational fear of nuclear energy spreads to a copy-cat fear of mobile phone masts and electricity pylons, because the label radiation is used in their description, then the disease has metastasised, like a cancer, and is liable to infect the perception of any application of modern science.

Social contract for safety and stability

In a society the people may contract to uphold the stability of the society in exchange for the safety that it can provide and for the personal freedom to bargain for the resources to satisfy their reasonable needs for food and shelter. The people also need employment to earn money and fulfil their side of the contract. Either by paying through taxation or by paying directly, people should be able to buy education to optimise their employment, present or future; and in a similar way they need access to health care.

If people are dissatisfied with their contract, the stability of society is at risk. Unemployment and inadequate education are likely causes; so too are disease and ill health. But controlling people through rules and laws does not add to motivation in the way that understanding does; the contribution of rules to stability is authoritarian, while understanding brings resilience and inbuilt assent. Education boosts confidence and provides an understanding of safety, without which it is no more than a set of rules to be obeyed.

Education makes democracy possible, because the people can then understand the issues. Over the decades, as science and technology have moved forward, the education level needed for a stable democracy

인 목표를 지양하면서 여론을 양극화시키는 사람들도 있다. 이들은 악성 종양처럼 작용하여 사회를 약화시키고, 어떤 위험들을 무릅쓰게하고 많은 재물을 잃게 만든다.

천정부지로 치솟는 인플레이션은 한 예이다. 그리고 건물 투기로 인한 주택 버블은 또 다른 예다. 그러면 사람들은 다른 사람들이 하는 것을 가능한 한 빠른 속도로 절박하게 따라하게 된다. 이것은 불안정을 가져오고 비참한 결과를 초래한다. 이에 대한 예로 방사능에 대한 비이성적인 공포를 들 수 있다. 일본은 50개의 원자로를 대기 상태로 유지하고 화석연료로 대체하기로 했는데 이에 대한 비용은 연간 300억 달러이다[9]. 독일이 2022년까지 모든 원자로를 폐쇄하려는 정책의 비용은 이는 어마어마한 세금에 짓눌려 아직 절반밖에 진행되지 않아 정확하게 파악하기가 쉽지 않다.

원자력 에너지에 대한 비합리적인 공포때문에 휴대 전화 안테나나 송전탑을 설명하는데 방사선이라는 꼬리표가 사용되었다는 이유로, 이 두 가지에 대한 모방 공포를 퍼트릴 때, 이 병은 암처럼 전이되어 현대 과학을 응용하는 것에 대한 인식을 오염시키기 쉽다.

안전과 안정성에 대한 사회적 계약

사회에서 사람들은 사회의 안정을 유지하기 위해 사회가 제공할 수 있는 안전과 교환하고, 개인의 자유를 대가로 개인의 음식과 쉼터에 대한 적당한 욕구를 충족시킬 수 있는 자원과 타협하는 계약을 맺는다. 사람들은 그들 편의 계약을 이행하기 위해 돈을 벌 일자리가 필요하다. 세금을 통해 지불하든 직접 지불하든 간에, 사람들은, 최대한 좋은 현재와 미래의 일자리를 만들기 위해 교육을 살 수 있어야 한다; 이와 유사하게 의료 서비스도 이용할 수 있어야 한다.

만약 개인들이 계약서에 불만을 갖는다면 사회의 안정성이 위태로워진다. 실업과 충분하지 못한 교육이 원인일 가능성이 높다; 질병과 나쁜 건강일 수도 있다. 그러나 규칙과 법률을 통해 사람들을 통제하는 것은 이해를

has risen. Insofar as citizens have decided to turn their backs on any understanding of science, democratic opinion has become uninformed and a source of instability.

Motivating people by regulation is less effective than by understanding, but what use can be made of money? Society can control behaviour with money more flexibly than with law. Instead of outlawing waste or litter, we could cost it according to whether it is hazardous. More generally cost would relate to availability, as well as the related enhancement of life or risk of death. This is a childish economic model, but we may learn a little by sketching it. Discharging biological waste would be very expensive. Many would never be able to pay, but this flags up the difficulties of this type of solution. Dumped chemical waste, and any form of carbon burning would be expensive, too, because of the effect on the environment. Fresh water should be expensive, as it is essential and often in seriously short supply. Penalising long-distance travel would cut the spread of diseases and encourage the substitution of electronic communication, which should be free. By these criteria nuclear waste would not be very costly, given that in quantity it is a millionth of fossil-fuel waste per unit of electrical energy, it would have no effect on the environment and would be recycled leaving only the small amount of unusable fission waste to be buried. But what about energy itself? To the extent that it is emission-free it ought to be free at source – energy, too cheap to meter, at last[8]. These suggestions may not currently be feasible but they indicate the direction in which to move.

통해서 하는 것처럼 동기를 부여하지 않는다; 규칙이 안정성에 이바지하는 것은 권위적인 반면 이해는 사회에 회복력과 내장된 동의를 가져온다. 교육은 자신감을 북돋우고 안전에 대한 이해를 제공하지만, 교육이 없다면 안전은 단순히 지켜야 할 일련의 규칙들에 지나지 않는다.

교육은 민주주의를 가능하게 한다. 왜냐하면 사람들은 문제를 이해할 수 있기 때문이다. 수십 년 동안 과학기술이 발전하면서 민주주의를 안정시키는데 필요한 교육 수준이 높아졌다. 하지만 개인들이 과학을 이해하는 것에 등을 돌리기로 결정한 이상, 민주적인 의견은 정보 부재 상태에 놓이게 되고 불안정의 근원이 되었다.

규제를 통해 사람들에게 동기를 부여하는 것은 이해를 통해서 하는 것보다는 덜 효과적이다, 그러나 돈으로 무엇을 살 수 있을까? 이 사회는 법보다는 돈으로 행동을 더욱 유연하게 통제할 수 있다. 쓰레기와 폐기물을 불법화하는 대신, 우리는 그것의 위험 여부에 따라 비용을 치르게 할 수 있다. 보다 일반적으로 비용은 삶의 향상이나 사망 위험이 관련된 문제뿐만 아니라 유용성에 관련이 있을 것이다. 이것은 유치한 경제 모델이지만, 우리는 그것의 윤곽을 알아봄으로써 조금 배울 점이 있다. 생물학적 폐기물을 방출하는 것은 매우 비싸질 수 있다. 많은 사람들은 돈을 지불할 수 없게 될 것이고, 이런 종류의 해결책에 대한 어려움이 제기된다. 버려진 화학 폐기물과 모든 형태의 탄소의 연소는 환경에 영향을 미치게 되므로 이 역시 비쌀 것이다. 우리에게 필수적인 담수는 심각한 공급 난으로 가격이 치솟을 것이다. 장거리 여행을 처벌하면 전염병이 퍼지는 것을 차단할 것이고 여행을 돈이 들지 않는 전자 통신으로 대체하는 것이 장려될 것이다. 이러한 관점에서 보면 핵 폐기물은 화석연료 폐기물에 비해 단위 전기 에너지당 백만분의 일 밖에 되지 않으므로 환경에 미치는 영향이 작고 많은 양의 재활용이 가능해 결국 매립되는 사용할 수 없는 핵분열 폐기물의 양은 매우 작다. 따라서 많은 비용이 들지 않을 것이다. 그렇다면 에너지 그 자체로는 어떨까? 온실가스 배출이 없는 한 원료부터 무료가 되어야 한다. -에너지는, 결국 너무 싸서 측량할 수 없게 된다[8]. 물론 이러한 제안은 현재 실현

The way ahead

New safety standards

Natural radioactive decay heats the Earth and drives tectonic plates, earthquakes and tsunami, creating the real disaster of March 2011 in Japan. The radioactive decay heat of the reactors at Fukushima, a contained local problem, harmed no one and was not a disaster at all. For years scientific opinion has stood by and watched while antinuclear-inspired political fear has run riot, wasting enormous resources and diverting attention from the real global threats to civilisation: socio-economic stability, environmental change, population, food and fresh water. Science should speak, and should have spoken earlier.

Science, not the result of litigation or a popular political vote, is the only firm basis for radiological safety and genuine reassurance. The international authorities (ICRP, UNSCEAR and IAEA) should change the philosophy of their recommendations to relate to real dangers, which would ensure that the world does not continue to be spooked by the one major energy source that could support future socio-economic stability without damage to the environment. They should discard the use of the LNT idea altogether and replace it by the use of thresholds. The science base of the LNT model has been shown to be bogus and incompatible with modern biological science; its predictions do not fit the evidence.

Today it is known that there is no substantial risk for an acute dose less than 100 mGy, nor for chronic dose rates of less than 100 mGy per month. This turns out to be close to the threshold equivalent to 60 mGy per month set by ICRP in 1934. The maximum risk-free lifelong dose is not completely clear, but present evidence suggests that it is at least 5,000 mGy. These thresholds are arguable to factors of two or three, but, used in place of the fearful ALARA/LNT regulations, they should reduce social stress and defuse the exaggerated concerns and expense related to waste

가능성이 없을 수 있지만, 나아가야할 방향을 제시해 준다.

우리 앞의 길

새 안전 기준

자연 방사성 붕괴는 지구를 뜨겁게 만들고 지각판, 지진, 쓰나미를 몰고 다니며 실제로 2011년 3월 일본에서 재앙을 일으켰다. 후쿠시마 원자로의 방사성 붕괴 열은 지역적인 문제를 포함하고 있었지만 그 누구도 해치지 않았으며 전혀 재앙이 아니었다. 수년 동안 과학적 견해는 방관하고 지켜보고 있었다, 반핵 운동에 영향을 받은 정치적 공포가 빠르게 퍼지는 동안 엄청난 자원을 낭비하고 진정한 문명에 대한 위협들: 사회경제적 안정, 환경변화, 인구, 식량, 담수-로부터 주의를 돌려놓고 있었다. 과학은 소리를 내서 말해야 하고, 더 빨리 말했어야 했다.

과학은, 대중들의 정치적 투표 결과 혹은 소송이 아니라, 방사선 안전과 그것을 진정으로 확인시켜주는 유일하고 확고한 근거이다. 국제기구(ICRP, UNSCEAR 및 IAEA)들은 그들의 권고 철학을 실제 위험과 관련되도록 변경해야 하며, 이로써 전 세계가, 환경을 훼손하지 않고 미래의 사회 경제적 안정을 지원할 수 있는 하나의 주요 에너지원에 대해서 겁먹지 않게 해야 한다. 그들은 LNT모델 사용을 완전히 버리고 문턱값 사용으로 대체해야 한다. LNT모델의 기반이 되었던 과학이라는 이름은 거짓이었고 현대 생물학과는 양립할 수 없는 것으로 밝혀졌다; LNT모델의 예측은 증거와 맞지 않는다.

오늘날에는 100 mGy 미만의 급성 선량이나 월 100 mGy 미만의 만성 선량률에 대한 실질적인 위험은 없는 것으로 알려져 있다. 이는 1934년 ICRP가 설정한 월 60 mGy라는 문턱값에 근접한 것으로 밝혀졌다. 위험하지 않은 최대 평생 선량은 완전히 명확하지는 않지만, 현재 나온 증거

and decommissioning. In this way the public would be relieved of the excessive utility charges that arise from irrational regulations that do not contribute to safety in any way.

Equally they should be reassured that any diagnostic radiation scans that might be recommended are without any risk of cancer (up to about 10 per month) and their radiologists should be similarly reassured.

A fresh international outlook is needed that concentrates on climate, the environment and scientific education which includes radiation, biology and nuclear science. Current committees with an obsession for nuclear safety should be replaced by new ones with a remit to engage with actual risks instead of hypothetical ones.

Enlightened education for the twenty-first century

Programmes are needed to educate the public and explain how ionising radiation benefits everybody through medicine, carbon-free power, desalination and food preservation. To build trust this education should best come not from government or industry but through medical, university and school teachers, free of any suggestion of vested interest. A vital first step is to ensure that these teachers themselves are up to speed. Education takes time because it has to spread out from its sources. But social media and the press can speed this process. When informed and motivated, the press can spread understanding and confidence about science that may determine whether civilisation survives the coming challenges. The easy ignorance and reluctance to investigate that have blighted press-reporting of the nuclear story should not be accepted or continue – and the same applies to GM crops and other demanding matters on which our future depends. Still, the main thrust of education should come through schools and universities. This calls for worldwide support from disinterested academic bodies and philanthropic foundations, as well as national governments.

는 최소 5,000 mGy라고 시사하고 있다. 이러한 문턱값들은 두, 세배의 인자에 대한 논쟁의 여지가 있지만, 무시무시한 ALARA/LNT 규제 대신 사용되어야 하고 이 문턱값들은 사회적 스트레스를 줄이고 폐기물 및 폐로 (decommissioning)와 관련된 과장된 우려와 비용을 해소할 수 있을 것이다. 이렇게 된다면 국민들은 어떤 식으로든 안전에 전혀 도움이 되지 않는 불합리한 규제에서 발생하는 과도한 전기료에서 자유로와 질것이다.

이와 마찬가지로, 건강진단을 위해 권장되는 방사선 진단은 (최대 월 10번 정도까지) 암 발생의 위험이 전혀 없다고 안심시켜야 하고 방사선 기사도 같은 방법으로 안심시켜야 한다.

또한 방사선학, 생물학, 핵 과학을 포함하는 기후, 환경, 과학 교육에 초점을 맞춘 새로운 국제 전망이 필요하다. 원자력 안전에 대한 강박관념을 갖고 있는 현 위원회들은 가상적이 아닌 실제 위험에 관여할 수 있는 소신이 있는 새로운 위원회들로 대체되어야 한다.

21세기를 위한 계몽 교육

대중들에게 전리방사선이 의약품, 무탄소 전력, 담수화 및 식품 보존을 통해 어떻게 모든 사람들에게 이익을 주는지를 설명하고 교육하는 프로그램이 필요하다. 신뢰를 쌓기 위해서는 정부나 산업계가 아니라 의료, 대학, 학교 교사를 통해 이 교육이 이루어져야 하며, 기득권의 어떤 의견에서도 자유로워야 한다. 중요한 첫 단계는 교육을 실시하는 교사들 스스로가 속도를 내도록 하는 것이다. 교육은 가장 좁은 바닥에서부터 천천히 넓고 위로 올라가야 하기 때문에 시간이 걸린다. 소셜 미디어와 언론은 이 과정을 가속화할 수 있다. 정보를 얻고 동기를 부여받을 때, 언론은 인류에게 다가올 도전에서 생존을 결정할 수 있는 과학에 대한 이해와 자신감을 확산시킬 수 있다. 원자력 이야기에 대한 언론 보도를 엉망으로 만들었던 편한 무지와 조사하기를 꺼리는 태도는 더 이상 수용되거나 계속되어서는 안되며, 유전자변형 작물이나 우리의 미래가 달려있는 다른 사항에 대해서도 마찬

Deployment of nuclear technology

It is already late to benefit the environment by converting static power generation provided by carbon fuels to nuclear, but it should be done with minimal further delay. Nuclear plants that are idle should be restarted; further questions should be asked about those that have recently been closed on economic or safety grounds – judgements of the finance and the safety of nuclear power are suspect.

In the short term, new power plants should be built to available designs. Which design should be preferred is a commercial decision, but any such decision should be eased, planning and building times reduced and final costs lowered, with a proper relaxation of the present obsession with safety.

In the medium and longer term, fast-neutron reactors should be used to close the fuel cycle. This is not a new possibility, although there are a number of competing designs – earlier ones available now and newer ones that require further development. Some designs are said to be safer, but what is important is the higher rates of fuel burn-up, the ability to use recycled fuel from light-water uranium plants, redundant weapon fuel, plutonium, thorium, and depleted uranium[10]. With recycling and current reserves of uranium and thorium, the world has an abundant supply of fission fuel for hundreds of years. The intense competition between new designs will be resolved by relative cost, reliability and availability – for instance, the economies that come through the use of modular off-site construction techniques. Whichever is chosen, the safety of ionising radiation and uneducated public sensitivity to it should not be the criteria.

Eventually fusion power will be available, but even before that, the pursuit of energy supplies that has dominated world politics and economics for hundreds of years should be over. The resource in shortest supply will be educational. Know-how and scientific understanding are

가지이다. 그래도 교육의 핵심 추진력은 학교와 대학을 통해서 나와야 한다. 이는 정부뿐만 아니라 사심없는 학술 단체와 자선 재단을 포함한 전 세계적인 지원을 필요로 한다.

원자력 기술을 효율적으로 사용하기

탄소 연료를 사용한 발전을 원자력발전으로 전환해서 환경을 이롭게 하는 것은 물론 이미 늦었지만, 더 이상 지연되어서는 안된다. 가동 중지 상태인 원전은 재가동해야 한다; 경제적 또는 안전의 관점에서 최근에 폐쇄된 원전에 대해 더 많은 의문을 가져야한다. - 원자력 발전의 안전성과 재정에 대한 판단이 의심되기 때문이다.

단기적으로는 새로운 발전소를 가용한 설계에 따라 건설해야 한다. 어느 디자인을 선호해야 할지는 상업적 결정이지만, 그러한 결정은 쉬워져야 한다. 계획과 건축 시간은 줄이고, 최종 비용은 낮춰져야 하며, 이는 안전에 대한 현재의 강박관념을 적절히 완화시키는 것과 함께 이루어져야 한다.

중장기적으로 핵연료 사이클을 닫기 위해[5] 고속 중성자 원자로를 사용하여야 한다. 현재 사용할 수 있는 이전 디자인과 추가 개발이 필요한 최신 디자인 등 여러 경쟁 디자인이 있지만 이것은 새로운 가능성을 말하는 것이 아니다. 어떤 설계는 보다 안전하다고 알려졌지만, 그러나 중요한 것은 더 높은 연료 연소도, 경수형-우라늄 원전에서 나오는 재처리 연료, 불필요한 무기 연료, 플루토늄, 토륨 및 열화 우라늄 등을 활용할 수 있는 능력이다[10]. 우라늄과 토륨의 현재 매장량과 재활용할 수 있는 양을 합치면, 세계는 수백 년 동안 핵 연료를 풍부하게 공급을 받을 수 있다. 새로운 설계 간의 치열한 경쟁은 상대적 비용, 신뢰성 및 이용률에 의해 해결될 것이다 - 예를 들어, 현장외 공사 모듈형 건설 기법[6]을 사용한다면 경제적인

---

5) 현재 핵연료 사이클은 재처리를 통한 MOX의 사용을 제외하면 열려있다.

6) Off-Site Construction이란 공장에서 대부분의 자재와 구조체 등을 생산하고 현장으로 운반하여 조립하는 방식의 건축으로 구조재 등을 표준화, 부품화 하여 효율성을 높

not conserved; they can be spread by contact, by teaching, in fact.

Advances in radiobiology and clinical medicine

To support the picture of radiation impacting living tissue, we have tried to give evidence and argument instead of simply quoting authority. The reader has been encouraged to make up his or her own mind without undue reliance on what others have said or written. But now to sum up the biological effect of radiation, we quote Otto Raabe[11], Emeritus Professor at University of California, Davis, in the fields of Radiation Biology and Biophysics. He was President of the American Academy of Health Physics (1989) and President of the Health Physics Society (1997). In 2014 he wrote:[12]

> *Ionizing radiation carcinogenesis is not a stochastic one-cell transformation and is not a function of cumulative dose but rather a whole organ process and a precise function of lifetime average dose rate to the sensitive family of organ cells. It is not a linear function of cumulative dose as is usually wrongly assumed.*

In clinical medicine there is widespread concern at the effect that radiation phobia has on patients who express undue concern about diagnostic scans that would be in the interest of their health and without risk. It is clear that the public education that is needed to provide reassurance about nuclear power is also important for the acceptability of radiation for personal health. There is no need for research on the dangers of diagnostic scanning.

But there is scope for further research on the therapeutic effect of low-dose radiation (LDRT). This is distinct from the usual high-dose radiotherapy (HDRT) used to target and cure an identified cancer. With diffuse beam LDRT cancers may be prevented or suppressed by stimulating the immune system, that is hormesis[13]. More may be learned of the beneficial effects of such doses that many seem to enjoy at

이득이 발생할 수 있다. 하지만 어떻게 되든 전리방사선의 안전성과 그것에 대한 교육을 받지 못한 대중의 민감성이 그 기준이 되어선 안된다. 결국 핵융합 발전이 가능하겠지만 그 이전이라도 수백 년 동안 세계 정치와 경제를 지배해온 에너지 공급의 추구는 끝나야 한다. 최단기간에 공급되는 자원이 이 점에 있어서 유리할 것이다. 노하우와 과학적 이해는 보전되지 않는다; 이 두 가지는 사실 접촉과 교육에 의해서 전파될 수 있다.

임상실험과 방사선 생물학의 발전

방사능이 살아있는 조직에 영향을 미치는 과정을 지원하기 위해 우리는 단순히 권위자의 말을 인용하는 대신 증거와 주장을 제시하려고 노력해왔다. 또 우리는 독자들이 남들이 말하거나 쓴 것에 지나치게 의존하지 않고 자신 스스로 결정하라고 권고해왔다. 그러나 현재의 방사선의 생물학적 효과를 요약하기위해 우리는 방사선 생물학과 생물물리학 분야의 캘리포니아 대학의 명예교수 데이비스 오토 라베[11]의 말을 인용한다. 그는 미국 보건물리학 아카데미 (1989)와 보건물리학회 (1997)의 회장을 역임하였고 2014년에 다음과 같이 썼다:

> 전리방사선 발암은 확률적인 단일 세포 변환이 아니며, 누적 선량의 함수가 아니라, 전체 장기의 과정이며 민감한 장기 세포군에 대한 생애 평균 선량률의 정밀함수다. 그것은 일반적으로 잘못 가정된 누적 선량의 선형 함수가 아니다.

임상 의학에서는 환자의 건강에 도움이 되고 위험이 없는 정밀 검사 스캔에 과도한 두려움을 보이는 환자들에게 방사선 공포증이 미치는 영향에 대한 우려가 널리 퍼져있다. 원자력에 관해 안도감을 주기 위해 필요한 공교육은, 개인 건강을 위한 방사선 진단을 수용하는데에도 중요하다는 것은 분명하다. 진단 정밀 검사의 위험성을 연구할 필요는 전혀 없다.

이고 공사기간을 단축시킬 수 있다.

radon health spas. In any event this is peripheral to radiological safety and the use of nuclear power.

Working for the world or cleaning up

What to do with radioactive waste is a small problem that has exercised the public and over-excited the media. It is small because there is so little of it and also because it has a clean accident record. More importantly, it is valuable, because only about 1% of the fuel in it has been used. It would be better named slightly used fuel. With the advent of more fast- neutron reactors it will be burned up producing more energy. That will leave only the fission waste that really is spent and needs to be buried for a few hundred years before its activity returns to the level found in natural ores. The hullabaloo of vast and expensive spent fuel storage far underground appears to be a make-work project. Almost any mine that is reasonably dry should suffice.

Far more hazardous are some accidents in the fossil-fuel industry. An internet search for the names Centralia, a town in Pennsylvania, USA and Morwell, another in Victoria, Australia, reveal extraordinary stories. The coal seam under Centralia has been burning out of control ever since 1962 when it was carelessly ignited. As a result the entire town, 1.6 square km, has been abandoned and the US Postal Service has revoked its ZIP code, 17927. Such is the power of coal to force a town off the map. The fire at Morwell was ignited in February 2014 and burned for 45 days before it was put out.

Interested parties in the fossil-fuel industries have reason to thank the imposition of radiation safety levels that have suppressed the resurgence of nuclear power (see Illustration 1-10 on page 45). Public reactions in Japan and Germany against nuclear power have come as a bonus for them. But the public and the rest of the economy have the prospect of the higher electricity prices that arise solely from expenditure on absurd

그러나 저선량 방사선(LDRT[7])의 치료 효과에 대한 추가 연구가 필요한 영역이 있다. 이는 확인된 암을 대상으로 하고 치료하는 데 사용되는 일반적인 고선량 방사선 치료(HDRT)와는 다르다. 확산빔 저선량 방사선(LDRT) 경우, 면역 시스템을 자극하여 암을 예방하거나 억제할 수 있는데, 바로 호메시스[8]이다[13]. 라돈 건강 스파에서 많은 사람들이 즐기는 것을 보면 호메시스의 유익한 효과에 대해 더 많은 것을 알 수 있을 것이다. 아무튼 이것은 방사선 안전과 원자력의 사용에 있어서 지엽적인 것이다.

세계를 위해서 일하는 것 혹은 정화작업

방사성 폐기물을 어떻게 처리할 것인가는 작은 문제이지만 대중들을 움직였고 언론을 지나치게 흥분시켜 왔다. 작은 문제라는 말은 방사성 폐기물의 양이 너무 적을뿐만 아니라 깨끗한 사고 기록을 가지고 있기 때문이다. 더 중요한 것은 방사성 폐기물 안에 있는 연료는 약 1%만 사용되었기 때문에 가치가 있다는 것이다. 이것을 사용후 연료보다는 약(弱)사용 연료로 부르는 것이 더 나을 것이다. 더 많은 고속 중성자 원자로의 출현으로 약사용 연료는 태워져 더 많은 에너지를 생산할 것이다. 그렇게 되면 실제로 사용된 핵분열 폐기물만 남게 되고 그 방사능이 자연광석 수준으로 돌아오기까지 몇 백년 동안 묻어두면 된다. 시끌벅적하게 깊은 지하 속에 지어지는 거대하고 값비싼 사용후핵연료 저장소는 그저 일-만들기 프로젝트처럼 보인다. 거의 모든 적절히 건조한 광산이면 충분하다.

화석연료 산업에서의 사고는 훨씬 더 위험하다. 미국 펜실베니아의 센트랄리아와 호주 빅토리아의 모웰을 인터넷에 검색해보면 남다른 사연이 드러난다. 센트랄리아 안에 있는 석탄층은 1962년에 부주의하게 발화한 후 걷잡을 수 없이 타오르고 있다. 그 결과 1.6평방 킬로미터에 달하는 마을

---

7) Low Dose Radiation Therapy

8) 호메시스(Hormesis)란 유해한 물질이라도 소량이면 인체에 좋은 효과를 줄 수 있다는 것이다. '호르몬과 같은 활동을 한다'는 이유로 이런 이름이 붙었다.

nuclear safety levels to cover non existent threats. The international committees retain their status and influence while everybody else suffers and the environment receives elevated carbon emissions.

But surely the nuclear industries object to this situation that prices them out of their market? It seems not. They are powerless to take on the regulators. Only the health scientists and other academics can attempt that. In the meantime, radiation phobia swells the nuclear work force with much extra activity in the name of decommissioning and nuclear waste disposal, and then all the extra safety upgrades to existing plants. It appears easier to the nuclear industry to take contracts for these tasks than to engage with the construction of new plant and the real commercial risks of designing and promoting a new nuclear reactor. As they rightly say some investors will get their fingers burnt by the variety of competing designs and the costs of complying with regulations. The competition is intimidating and the regulation is out of hand because of ALARA safety and the safety payroll.

The following numbers show in a simple way how the majority of talent in the nuclear industry is concerned with safety compliance and decommissioning of nuclear power stations, not with designing and building the new ones that are needed to reduce the damage to the climate. It gives only a crude snapshot but consider the number of members of the LinkedIn Nuclear Safety Group and the interests they are signed up for: 5,998 are interested in nuclear decommissioning, but only 2,666 are interested in new nuclear reactor designs (as of September 2015). The nuclear industry and the regulatory authorities should concentrate on the work that needs to be done and stop living off contracts to mollify public fears.

Consider what would happen in the event of an unlikely repeat of an accident like Fukushima. The owners of the plant would lose their investment, but there would be no human radiation disaster, just as there was no such disaster in March 2011, only an ill-informed panic with inept

전체가 버려졌고 미국 우편국은 우편번호 17927을 삭제했다. 한 마을을 지도에서 지워버리는 것이 화석연료의 힘이다. 모웰 화재는 2014년 2월 발화돼 45일 동안 지속되다가 진화되었다.

화석연료 산업의 이해당사자들은 원자력 발전의 부활을 억제해 온 방사선 안전 수준의 시행에 감사할 필요가 있다(45쪽, 그림 1-10 참조). 원자력 발전에 반대하는 일본과 독일 대중의 반응은 그들에게 보너스로 다가왔다. 하지만 국민들과 나머지 경제 영역에서는 원자력 안전에 대한 존재하지도 않는 위협을 감당하기 위해서 터무니없이 커진 지출때문에 전기 요금이 인상된다는 예상을 하고 있다. 이렇게 다른 사람들이 어려움을 겪고 탄소배출량이 증가하는 동안 국제 위원회는 그들의 지위와 영향력을 유지해왔다.

그러나 과연 원자력 산업은 그들에게 터무니없이 비싼 가격을 매겨 시장에서 퇴출시키는 상황에 대항할 수 있을까? 아니다. 그들은 규제 당국에 대항할 힘이 없다. 오직 보건물리학자들과 다른 학자들 만이 그런 시도를 할 수 있다. 한편 방사선 공포증은 원자로 해체와 핵폐기물 처리 관련 추가 조치와 기존의 모든 발전소에 대한 추가적 안전 개선 적용이라는 명목으로 원자력 노동력을 훨씬 더 부풀린다. 어쩌면 원자력 산업은 새로운 발전소를 건설하고 설계하는 실제 상업적 위험을 선택하는 것보다 이러한 과제 수행을 위한 계약을 체결하는 것이 더 쉬울 것처럼 보인다. 그들이 옳게 말한 것처럼, 일부 투자자들은 다양한 디자인에 대한 경쟁과 규제 준수 비용 때문에 곤욕을 치르게 될 것이다. ALARA의 안전 규제와 안전 급여는 경쟁을 위협적인 것으로 만들고 규제를 통제 불가능하게 만든다.

다음의 숫자는 원자력 산업의 대다수의 인재들이, 기후 피해를 줄이기 위해 필요한 새로운 원자력발전소를 설계하고 건설하는 것이 아니라, 원자력 발전소의 안전 규정 준수와 원자력발전소 해체에만 관심을 가진다는 것을 간단하게 보여준다. 물론 거친 단편적 정보지만, 린크드인(LinkedIn) 원자력 안전 그룹 회원들의 가입 사유를 살펴보면, 원전 해체에 관심이 있는 사람은 5998명이었고 새로운 원자로 설계에 관심이 있는 사람은 2666명에 불과하다. (2015년 9월 기준). 원자력 산업과 규제 당국은 해야 할 일

action by authorities worldwide.

A real disaster? That description matches what happened:

- at the site of the dam failure in 1975 at Shimantan in China with 170,000 casualties;
- at Bhopal in India where in 1984 at least 3,787 were killed and 558,125 were injured by gases leaked from a chemical pesticide plant;
- at Deep Water Horizon in 2010 when an oil-drilling platform exploded, killing 11 crewmen, leaving an ocean-floor well gushing oil out of control for five months and polluting an entire region of the Gulf of Mexico;
- at the coal mine accident at Soma, Turkey, in 2014 with 301 fatalities;
- at Tianjin, China, in August 2015, when 173 died in fires and chemical explosions in a warehouse at the port.

The way the world reacted to the Fukushima accident was a disaster, but the nuclear accident itself certainly was not. We have to do better in understanding dangers because civilisation has bigger problems to worry about.

Professional initiatives

There are professionals around the world who are acutely aware of the mistake that has been made in adopting the LNT model and ALARA. These include medical doctors, engineers, physicists, biologists and senior safety officers. They come from universities, government research laboratories, hospitals and industry. An international ad hoc group is Scientists for Accurate Radiation Information (SARI) with about 70 members from Canada, Poland, USA, Germany, UAE, UK, Japan and Israel, among other countries[14]. Its objectives include publishing appropriate rebuttals to unscientific articles that appear in the press and also in journals. These are often based on LNT ideas and need to be

에 집중해야 하며 국민의 두려움을 달래려는 계약을 체결하고 이를 통해 그들의 생계를 유지하는 것을 중단해야 한다.

가능성이 없지만, 후쿠시마와 같은 사고가 다시 반복될 경우 무슨 일이 일어날지 생각해보자. 발전소 소유주들은 투자금을 잃게 될 것이고, 2011년 3월처럼 방사능에 의한 인명피해는 없을 것이다. 단지 정보 부족의 공황 상태와 전세계 당국자들의 미숙한 조치만 남아있을 것이다.

진짜 재난? 그에 대한 설명은 과거에 일어났던 상황과 일치한다.

- 1975년 중국 시만탄에서 발생한 댐 붕괴 사고 현장에서 17만 명의 사상자 발생
- 1984년 인도, 보팔의 화학 살충제 공장에서 누출된 가스로 인해 최소 3,787명 사망, 558,125명 부상자 발생
- 2010년 딥워터 호라이즌에서 오일 배출 플랫폼 폭발로 11명의 작업자가 사망하고, 해저 유정이 5개월 동안 통제 불능 상태의 원유 유출로 멕시코만 전 지역을 오염시킴
- 2014년 터키 소마에서 발생한 탄광 사고로 301명의 사망자 발생
- 2015년 8월 중국 텐진 항구의 한 창고에서 발생한 화재와 화학 폭발로 173명의 사망자 발생

전 세계의 후쿠시마 사고에 대한 반응은 하나의 재앙이었다, 그러나 원전 사고 자체는 분명히 그렇지 않았다. 문명은 더 큰 문제를 안고 있기 때문에 우리는 위험을 더욱 잘 구분해야 한다.

전문가들의 발의안

전 세계에는 LNT 모델과 ALARA를 채택하면서 생긴 잘못을 예리하게 인식하고 있는 의사, 엔지니어, 물리학자, 생물학자 및 고위 안전 담당자가 포함된 전문가들이 있다. 그들은 대학, 정부 연구실, 병원과 산업체 출신들이다. 캐나다, 폴란드, 미국, 독일, UAE, 영국, 일본 및 이스라엘 출신의 70명의 회원을 보유하고 있는 특별 국제 전문가 그룹 "정확한 방사선 정보를

challenged in writing or in lectures, interviews and debates, whenever an opportunity presents itself. The group is also concerned by the curtailment of low-dose radiation research in USA, the distortion of the nuclear power debate, public education about radiation and the use of safety criteria that are not science-based and encourage fears of beneficial medical procedures and of radon in homes.

Members of the SARI group, individually and collectively, have also taken the initiative by writing to politicians, committees and public bodies. In particular, three petitions have been made to the US Nuclear Regulatory Commission (NRC) to amend its regulation of radiological safety that is currently based on the LNT hypothesis. The first[15] by Carol Marcus, Professor of Oncology at UCLA, describes how the LNT model assumes that all radiation absorbed doses, no matter how small, have a finite probability of causing a fatal cancer and that this enables regulators to feel justified in ratcheting down permissible worker and public radiation levels, either through actual dose limits or use of the ALARA principle, giving the illusion that they are making everyone safer (and creating ever increasing workload for themselves and their licensees). But she says that there has never been scientifically valid support for this LNT hypothesis since its use was recommended by the U.S. National Academy of Sciences Committee on Biological Effects of Atomic Radiation (BEAR I)/Genetics Panel in 1956 and that the costs of complying with these regulations are enormous. Marcus argues that ALARA should be removed entirely from the regulations because it makes no sense to decrease radiation doses that are not only harmless but may be hormetic. For the same reason no distinction should be made in regulations between safety for the public and the workers. Equally no distinction should be made for doses to pregnant women, embryos and foetuses, and children under 18 years of age.

The other two petitions were also from members of SARI. The one submitted by Mohan Doss was signed by 24 members of SARI and made

위한 과학자 (SARI)"[14]의 목적 중 하나는 언론과 저널에 나오는 비과학적인 기사에 적절한 반박문을 게재하는 것이다. 비과학적인 기사들은 종종 LNT 모델에 기초하고 있고 그 기사들은 기회가 있을 때마다 서면이나 강의, 인터뷰, 토론에서 반박될 필요가 있다. 이 단체는 또한 미국의 저선량 방사선 연구의 축소, 원자력 논쟁의 왜곡, 방사능에 대한 공교육, 과학에 근거하지 않고 유익한 의료 절차와 가정의 라돈에 대한 두려움을 조장하고 있는 안전 기준의 사용 등에 대해 우려하고 있다.

SARI의 회원들은 솔선하여, 개인 또는 단체로, 정치인과 위원회, 공공단체에 글을 보내고 있다. 특히 미국 원자력규제위원회(NRC)에는 현재 LNT 가설을 근거로 하고 있는 방사선 안전 규제를 개정해 달라는 3건의 청원을 올렸다. UCLA의 종양학 교수 캐롤 마커스가 신청한 첫번째 청원에서는, LNT 모델이 어떻게 방사선 흡수 선량이 아무리 작더라도 치명적인 암을 일으킬 확률이 한정적이라고 가정하는지에 대해 기술하고 이는 규제기관이, 실제 선량 한계나 ALARA 원칙을 이용해, 작업자와 공공 방사선 허용 수준을 감소시키는 것이 정당하다고 느끼는 구실이 되고 있으며, 그들에게 모든 사람이 안전해진다는 착각을 갖게했다고 설명했다. (그리고 그들 자신과 피인가자들에게 지속적으로 증가하는 업무부하를 창조했다) 그러나 그는 이 LNT 가설이 1956년 미국 국가과학아카데미 원자방사선생물학적효과위원회 (BEAR I)/유전자공학 패널에 의해 권고된 이후, 이 LNT 가설을 지지하는 과학적으로 타당한 근거가 전혀 없었고, 이러한 규정을 준수하는 데 드는 비용이 막대하다고 말한다. 마커스 교수는 ALARA가 규제에서 완전히 제거되어야 한다고 주장하면서 그 이유로 해롭지 않을 뿐만 아니라 건강편익(Hormetic)이 될 수도 있는 방사선량을 ALARA 때문에 줄이는 것은 전혀 이치에 맞지 않기 때문이라고 했다. 같은 이유로 공공과 작업자의 안전 규제에 있어서 어떠한 차이가 있어서는 안되며, 마찬가지로 임산부, 배아 및 태아, 그리고 18세 미만의 어린이에 대한 선량에 대해서도 차별이 있어서는 안 된다고 주장했다.

나머지 2건의 청원 역시 SARI 회원들이 낸 것이었다. 이 중 모한 도스가

additional points. any potential future accident involving release of radioactive materials in the USA would likely result in panic evacuation because of LNT-model-based cancer fears and concerns, resulting in considerable casualties and economic damage such as have occurred in Fukushima. Recognition of a threshold dose by NRC would obviate the need for such panic evacuations, associated casualties, and economic harm when radiation is released in the environment.

On 23 June 2015 the NRC responded by inviting public comment[16]. On 6 September I submitted a comment including the following:

The use of LNT and ALARA is not a domestic US matter. In the 1950s the world looked to the US for scientific leadership. In this case, the institutions of the US have been found wanting, not just by neglect but by deception, as exposed in the published work of Edward Calabrese. The reputation of the US and its scientific integrity is at stake: the US NRC should correct this error and put its house in order for the benefit of the world: its health, environment and socio-economic well-being.

The repudiation of LNT and ALARA would encourage the spread of public education and the realisation that 70 years of cultural fear of nuclear science have had little scientific justification and have restricted opportunities, principally at the expense of the free world.

These and other initiatives are being pressed, and will continue to be pressed. Inevitably there are responses of fear and disbelief from the public. However, these are visceral reactions, not based on science. No doubt there will be responses of extreme caution emanating from various committees who are unable to contemplate the possibility of radical change. These too are expected, but their conservatism has to be measured against the social and economic damage and loss of life that extreme caution causes, as for example at Fukushima and to the environment as a whole.

There are no nuclear dragons to fear – but then there never were. The only dragon is the blind application of the Precautionary Principle.

제출한 청원 문서는 24명의 SARI 회원들이 서명하고 추가 논점을 제시했다: 미국에서 일어날 수 있는 미래의, 방사능 물질 누출이 수반되는, 잠재적 사고는 LNT 모델에 근거한 암에 대한 공포와 우려로 인해 공황 대피로 이어질 가능성이 높으며, 후쿠시마에서 발생한 것과 같은 상당한 사상자와 경제적 피해를 초래할 것이다. NRC가 선량 문턱값을 인정한다면 외부로 방사선이 누출될 때 그러한 공황, 관련 사상자 및 경제적 피해가 없을 수도 있다.

.2015년 6월 23일에 NRC는 대중의 의견을 구했으며, 본인은 9월 6일 다음과 같은 의견을 제출했다.

> LNT와 ALARA의 사용은 미국 내의 문제가 아니다. 1950년대에 세계는 미국의 과학적인 리더쉽을 기대했다. 하지만 이 경우에, 에드워드 칼라브레스의 출판물에서 드러난 것처럼 ,미국의 기관들은 이 문제를 간과해서가 아니라 속임수를 썼기 때문에 부족한 것으로 나타났다. 미국의 명성과 과학적 진실성이 위태롭다 : 미국 NRC는 세계의 건강, 환경, 사회 경제적 안녕을 위해서 이 오류를 바로잡고 집안을 정돈해야 한다.

> LNT와 ALARA와의 절연(絶緣)은 핵과학에 대한 70년 동안의 문화적 두려움이 과학적인 명분없이 자유세계를 희생시키고 기회를 제한했다는 깨달음과 공교육의 확산을 장려할 것이다.

이들을 비롯한 다른 발의안들은 압박을 받고 있으며, 앞으로도 그럴 것이다. 불가피하게 대중들로부터의 두려움과 불신의 반응도 있다. 그러나 이 반응들은 과학에 근거하지 않은 본능적 반응이다. 급진적 변화의 가능성을 고려하지 못하는 여러 위원회로부터 굉장히 조심스러운 반응이 나오는 것은 당연하다. 이런 점 역시 예상되었다. 그러나 그들의 보수주의는, 후쿠시마에서나 환경 전체에서처럼, 극단적인 조심이 야기하는 사회적, 경제적 피해와 인명 손실을 함께 비교하여 평가되어야 한다.

원자력을 두려워할 이유는 없다 – 항상 없었다. 두려워 할 유일한 것은 맹목적으로 사전예방 원칙을 적용하는 것이다.

■ **Postscript – Email from Wade Allison pref.**

Here is the text as a series of bullet points.

- The normal dose rate from background radiation in areas like UK is 2.3 mGyr per year.
- All life is radioactive from 60 Bq/kg of natural potassium-40 (and smaller contribution from Carbon-14).
- Potassium-40 decays with energy 1.3 MeV giving an annual dose of 1.3E6 × 1.6E-19 × 3.1E7 × 60 = 0.36 mGy per year of CHECK the Potassium-40 is just over 10% of total normal dose 2.3 mGy OK
- Tritium decay energy is 5-7keV instead of 1.3 MeV for K-40
- So decay rate of tritium giving the same radiation dose as K-40 is 60 × 1.3E6 / 5.7E3 = 14000 Bq/kg
- If I drink a kg of water and I weigh 70 kg, water is diluted by 1/70 by drinking.
- 1 litre of water at 70 × 14000 Bq/kg is equivalent to the Potassium-40 in my body, that is 1 million Bq/kg
- Such a drink would double effect of K-40 for 12 days only and the flushed out
- But other sources of natural background are already nearly 10 times greater, and 10 greater again in some parts of the world
- Now at Fukushima undiluted water, I understand:

- 영국과 같은 곳에서 자연 방사선량은 연간 2.3 mGy이다.
- 인체는 칼륨-40에서 나오는 방사선에 의해 kg당 60베크렐 (60Bq/kg) 정도의 방사능을 가지고 있다. (탄소-14에 의한 작은 기여도 있지만 무시한다).
- 칼륨-40은 1.3MeV (백만전자볼트)의 방사선(베타선과 감마선)을 내면서 붕괴하며 이로 인한 연간 선량은 1.3E6 x 1.6E-19 × 3.1E7 ×60 = 0.36mGy이다. (정확하게는 0.387mGy) (방사선 1개당 1.3Mev = 1.3E6eV, 1.6E-19Joule/eV, 3.1E7초/년, 60Bq/kg, 1Gy = 1Joule/kg)
- CHECK, 칼륨-40의 총 자연 방사선량 2.3mGy에 대한 기여도는 10%를 약간 넘는 정도이므로 OK! (0.23 ≈ 0.36 으로 보아 대략 OK라는 뜻)
- 삼중수소의 붕괴 에너지는 5.7keV (칼륨-40의 1.3MeV 대신) (삼중수소는 순수 베타선 방출 붕괴를 하는 원소임)
- 칼륨-40의 선량에 해당하는 삼중수소의 붕괴율은 60Bq/kg x 1.3E6/5.7E3 = 14000 Bq/kg이 된다.
- 1kg의 물을 마시면 체중이 70kg일 때 체중 1kg당 물의 질량은 70분의 1로 희석되므로
- 70 × 14000 Bq/kg의 물을 마셔야 내 몸속의 칼륨-40과 동등한 선량을 받을 수 있어 (정확하게는 98만 Bq/kg이지만) 1백만 Bq/kg이라 하자.
- 이런 삼중수소 1백만 Bq/kg을 마시면 12일동안(삼중수소 반감기)은 원래 몸에 있던 칼륨-40의 2배 피폭이 되지만(왜냐하면 마신 삼중수소 피폭이 더해지므로) 이 2배 피폭은 12일 후에는 (절반이) 배출되어 나가버린다.
- 그러나 다른 방사선원에 의한 자연 방사선량은 (칼륨-40에 의한 기여보다) 약 10배 가까이 크고, 더구나 어떤 지역(인도 콜란, 이란 람사르

- 1.2 million tonnes = 1.2E9 kgs of water

- total tritium activity 1E15 Bq

- then activity of undiluted water = 1E15 / 1.2e9 = 0.8 million Bq/ kg

- But this is harmless as shown above.

- I will drink 1 kg of water (or even 10 kg) with no effect.

- The Japanese have said they will dilute the water to just 1500 Bq/ kg, I believe.

- That is quite unnecessary.

- But trying to reassure ignorance is a game that you cannot win!

Wade Allison, MA DPhil wade.allison@physics.ox.ac.uk
Emeritus Professor of Physics and Fellow of Keble College, University of Oxford, UK
Hon. Sec. Supporters Of Nuclear Energy (SONE) www.sone.org.uk
"The Flight of a Relativistic Charge in Matter" 2023 Springer; "Nuclear is for Life" 2015;
"Radiation and Reason" 2009; "Fundamental Physics for Probing and Imaging" 2006 OUP.

등)에서는 영국보다 10배 이상 크다 (그러므로 웬만큼 작은 차이는 무시해도 나의 논지를 검증하는 데는 큰 영향이 없다)

- 내가 알기로 희석 전의 후쿠시마 저장수는 대략 120만 톤 정도다.(2020년 기준)
- 120만 톤은 1.2E9kg의 물이다.
- 저장수 내의 총 삼중수소 방사능은 1E15 Bq이므로
- 희석 전 저장수의 삼중수소 방사능 농도는 1E15/1.2E9 = 80만 Bq/kg이다.
- 이 값과 위에서 보인 (칼륨-40에 의한) 1백만 Bq/kg을 비교하면 80% 더해지는 수준이다.(역주1)
- 그러므로 나는 아무런 영향 없이 1kg (10kg까지도)의 물을 마실 수 있다.^(역주1 & 2)
- 내가 알기로는 일본은 저장수를 1500Bq/kg까지 희석한다고 하는데 그것은 전혀 불필요한 일이다. 무지한 자를 안심시키려고 하는 것은 이길 수 없는 게임과 같다. (무지한 자는 어떻게 설명해도 알아먹지 못하고 불안해 한다)

역주 1. 앨리슨 교수의 논지는 기본적으로 자연 방사선량의 10분의 1 수준인 체내 칼륨-40 방사능 농도의 80%에 해당하는 희석 전 저장수 1kg의 삼중수소의 방사능 농도는 무해한 수준이라는 의미임
역주 2. 10kg까지도 라는 말을 덧붙인 것은 희석 전의 저장수 10kg을 마셔도 자연 방사선량 수준 이하이니 영향이 없다는 의미임

〈권장 도서 및 자료〉

Selected References

[SR1] Book by David MacKay Sustainable Energy – Without the Hot Air UIT Cambridge Ltd 2009 http://www.inference.eng.cam.ac.uk/sustainable/book/tex/cft.pdf

[SR2] Book by Henriksen, Radiation and Health, 2015 edn. http://www.mn.uio.no/fysikk/tjenester/kunnskap/straling/radiation-and-health-2015.pdf

[SR3] Book by Wade Allison Radiation and Reason, the Impact of Science on a Culture of Fear, 2009 http://www.radiationandreason.com

[SR4] Book by John Mueller Atomic Obsession: Nuclear Alarmism from Hiroshima to Al-Qaeda ISBN 978-019983709 (2012) Oxford University Press

[SR5] Reference article by World Nuclear Association Nuclear Radiation and Health Effects http://www.world-nuclear.org/info/Safety-and-Security/Radiation-and-Health/Nuclear-Radiation-and-Health-Effects/

[SR6] Documentary by formerly anti-nuclear environmentalists who have changed their views Pandora's Promise, by Robert Stone http://pandوraspromise.com/

[SR7] Video on Chernobyl wildlife (2012) Discovery Channel http://t.co/puM2rwyBMH, also at https://www.youtube.com/watch?v=IEmms6vn-p8 and triggered pictures of wildlife at Chernobyl (2015) http://www.bbc.co.uk/news/science-environment-32452085

[SR8] Article by Wade Allison We should stop running away from radiation (26 March 2011) BBC http://www.bbc.co.uk/news/world-12860842

[SR9] Submission by Wade Allison to UK House of Commons Select Committee http://www.publicati onsparliament.uk/pa/cm201012/cmselect/cmsctech/writev/risk/m04.htm

[SR10] Book by Mary Mycio Wormwood Forest, a natural history of Chernobyl.

〈각 장별 참고문헌 및 주석〉

[제1장]

[1] In October 2015 a report circulated in the media referring to a Fukushima worker who contracted leukaemia. Such random cases are expected in any population and no causal link was suggested. However, under Japanese law because the worker had received a small dose of 5 mSv he was automatically entitled to compensation. This was misinterpreted by the media.

[제2장]

[1] Statements of environmental and other academic support for German nuclear power (2014) http://maxatomstrom.de/umweltschuetzer-und-wissenschaftler/

[2] This is often described as plain sailing, a spelling that suggests a misunderstanding. The Oxford English Dictionary accepts both spellings.

[제3장]

[1] Report of IPCC (2014) https://www.ipcc.ch/report/ar5/wg3/

[2] The stories of Centralia, Pennsylvania, USA and Morwell, Victoria, Australia show what can go wrong.

[3] Scientists for Accurate Radiation Information (SARI) (2015) http://www.radiationeffects.org

[4] Radiation and Modern Life A book about Marie Curie by AE Waltar, Prometheus Books (2004)

[5] D Ham Marie Skodowska Curie (2003) http://www.21stcenturysciencetech.com/articles/wint02-03/Marie_Curie.pdf

[6] Fundamental Physics for Probing and Imaging An academic book by Wade Allison, OUP (2006)

[7] Facts and Lessons of the Fukushima Nuclear Accident, A Kawano (TEPCO) American Nuclear Society, San Diego meeting, 12 Nov 2012

[8] In addition there is caesium-134 and other radioactive isotopes of iodine. But these make no qualitative difference and we ignore them in this simplified account.

[9] WNA on Chernobyl (2015) www.world-nuclear.org/info/Safety-and-Security/Safety-of-Plants/Chernobyl-Accident/

[10] WNA on Fukushima (2015) www.world-nuclear.org/info/Safety-and-Security/Safety-of-Plants/Fukushima-Accident/

[11] Boron used in the nuclear industry is enriched in boron-10. Since its atomic mass is 10% different to the majority boron-11, this is quite easily achieved by distillation, unlike for the isotopes of uranium that differ in mass by only 1%.

[12] Unfortunately in 2015 the reassurance that nuclear accidents should be made so unlikely as to be impossible still seems to be a political requirement. Seeking this

unrealistic goal is absurdly expensive

[13] UN news report on Fukushima (2013) http://www.un.org/apps/news/story. asp?NewsID=45058

[14] Health Effects of the Chernobyl Accident, WHO (2006) http://whqlibdoc.w ho.int/publications/2006/9241594179_eng.pdf

[15] Health effects - facts not fiction, Thomas GA (2013) http://www.jaif.or.jp/ja/annual/46th/46-s3_gerry-thomas_e.pdf

[16] New Report .... on Chernobyl, UNSCEAR (28 Feb 2011) http://www.unis.unvienna.org/unis/en/pressrels/2011/unisinf398.html 58 Chapter 3: Rules, Evidence and Trust

[17] Nature report on Fukushima (2012) http://www.nature.com/news/fukushima-sdoses-tallied-1.10686

[18] Radon mine (2015) http://www.radonmine.com/why.php

[19] Regarding the Credibility of data ....., Socol and Welch (2015) dx.DOI. org/10.1177/1533034614566923

[20] WNA information on Japan (2015) http://www.world-nuclear.org/info/Country-Profiles/Countries-G-N/Japan/

[21] See United States naval reactors on Wikipedia.

[제4장]

[1] Methane Hydrate Instability/ Permafrost Methane IPCC (2007) https://www.ipcc.ch/publications_and_data/ar4/wg1/en/ch8s8-7-2-4.html

[2] Methane Hydrates and Contemporary Climate Change Ruppel USGS (2011) http://www.nature.com/scitable/knowledge/library/methane-hydrates-and- contemporary-climate-change-24314790

[3] https://robertscribbler.wordpress.com/2015/03/09/cause-for-appropriate-concern-over-arctic-methane-overburden-plumes-eruptions-and-large-ocean-craters/

[4] note deleted

[5] Fifth Assessment Report (AR5) IPCC (2015) http://www.ipcc.ch/

[6] By the same criteria the application of the Precautionary Principle to nuclear technology is unjustified: nuclear technology is understood and mature, and the downside of not using nuclear endangers the environment and the capacity of the Earth to support its growing population.

[7] C Lipsky Atomic Overlook (2012) http://atomic-overlook.com/series.html

[8] Lessons from the Disaster Y Funabashi et al, Japan Times (2011)

[9] Nuclear Accident Independent Investigation Committee Report to the Japanese Diet (2012) http://warp.da.ndl.go.jp/info:ndljp/pid/3856371/naiic.go.jp/en/

[10] Health Effects of the Chernobyl Accident, WHO (2006) http://whqlibdoc.who.int/publications/2006/9241594179_eng.pdf

[11] New Report ... on Chernobyl, UNSCEAR (28 Feb 2011)
http://www.unis.unvienna.org/unis/pressrels/2011/unisinf398.html

[12] Dose-effect relationships and...Tubiana, M. and Aurengo, A. Académie des Sciences & Académie Nationale de Médecine. (2005) http://www.researchgate.net/

publication/277289357_Acadmie_des_Sciences_Aca demy_of_Sciences-
_Acadmie_nationale_de_Mdecine_National_Academy_of_Medicine

[13] Correspondence and articles posted by Scientist for Accurate Radiation Information (SARI) http://www.radiationeffects.org See also Chapter 12.

[14] WHO report on Fukushima (2012) http://whqlibdoc.who.int/publications/2012/9789241503662_eng.pdf

[15] UNSCEAR report on Fukushima (2013) http://www.unscear.org/docs/reports/2013/13-85418_Report_2013_Annex_A.pdf

[16] Rogers Commission on the Challenger Disaster (1986) https://en.wikipedia.org/?title=Rogers_Commission_Report

[17] Feynman's analysis of the Challenger Disaster (1986) http://science.ksc.nasa.gov/shuttle/missions/51-l/docs/rogers- commission/Appendix-F.txt

[18] Nuclear Energy for 21st Century James Lovelock (2005) http://www.jameslovelock.org/page12.html

[19] Environmental and other academic support for German nuclear power (2014) http://maxatomstrom.de/umweltschuetzer-und-wissenschaftler/

[20] A video that challenges Helen Caldicott, McDowell (2014) https://www.youtube.com/watch?v=Qaptvhky8IQ

[21] National Geographic on tourism at Chernobyl (2014) http://ngm.nationalgeographic.com/2014/10/nuclear-tourism/johnson-text

[제5장]

[1] Radiocarbon dating of the Shroud of Turin Damon et al (1989)

https://www.shroud.com/nature.htm

[2] South Tirol Museum of Archaeology http://www.iceman.it/en/node/247

[3] http://www.findingdulcinea.com/news/science/2010/mar/How-Do-You-Spot- Vintage-Wine--It-Has-Fewer-Radioactive-Particles.html

[4] In fact the beta decay energy of tritium is lower than that of any other known nucleus.

[5] The high doses given in radiotherapy are an exception. There differences of a few percent may affect the success of the treatment.

[6] Unlike radioactive decay biological excretion may not follow a simple exponential loss if several mechanisms are involved.

[7] Japanese Government Regulation on Beef (July 2011)

http://www.kantei.go.jp/foreign/kan/topics/201107/measures_beef.pdf

[8] Japanese government regulation for caesium April 1, 2013: foods in general (100 Bq/kg), foods for babies (50 Bq/kg), milk (50 Bq/kg), drinking water (10 Bq/kg). Note that for foods in general the regulations are 1,250 Bq/kg in EU and 1,200 Bq/kg in USA, for milk and drinking water 1,000 Bq/kg in EU and 1,200 Bq/kg in USA

[9] Norwegian food regulation after Chernobyl Harbitz (1998)

http://cidbimena.desastres.hn/pdf/eng/doc10879/doc10879-contenido.pdf

[10] Sixteen years have passed since ...Swedish Radiation Protection Authority Swedish press, Dagens Nyheter (24 April 2002). (English trans.) http://www.radiationandreason.

com/uploads/dagens nyheter C3D.pdf

[11] WHO on levels of radioactivity in drinking water in Japan (2011)
http://www.who.int/hac/crises/jpn/faqs/en/index8.html

[12] TEPCO notice of water discharge at Fukushima (5 April 2011)
http://www.tepco.co.jp/en/press/corp-com/release/11040508-e.html

[13] US NRC on water safety (2014)
http://pbadupws.nrc.gov/docs/ML1326/ML13263A306.pdf

[14] On 2 Sept 2015 TEPCO reported that groundwater discharges to the ocean have been reduced to below 3 Bq/kg (caesium) and 1,500 Bq/kg (tritium). WHO drinking water guidelines are 10 Bq/kg (caesium) and 10,000 Bq/kg (tritium).

[15] Ignoring variations in conditions and the different effects of the UVA, UVB and UVC spectral ranges into which the ultraviolet spectrum is divided.

[16] US statistics on skin cancer (2011) http://www.cdc.gov/cancer/skin/statistics/

[17] US statistics on death by fire (2011) www.usfa.fema.gov/data/statistics/

[18] US statistics on death in highway accidents (2013)
http://en.wikipedia.org/wiki/List_of_motor_vehicle_deaths_in_U.S._by_year

[19] Fundamental Physics for Probing and Imaging Wade Allison, OUP (2006)

[20] Story of plutonium Nuclear Engineering International (2005)
http://www.neimagazine.com/opinion/opinionthe-drama-of-plutonium

[21] Polonium-210 as a poison Harrison J. J Radiol Prot. (2007). http://www.ncbi.nlm.nih.gov/pubmed/17341802

[22] Exercise-induced .... oxidation Fogarty et al. Environmental ... mutagenesis 52, 35 (2011) http://onlinelibrary.wiley.com/doi/10.1002/em.20572/abstract

[23] Notably in 2015 the Nobel Committee gave the Prize in Chemistry for the elucidation of such DNA repair mechanisms.

[제6장]

[1] Health Effects of the Chernobyl Accident, WHO (2006) http://whqlibdoc.who.int/publications/2006/9241594179_eng.pdf

[2] The Radiological Accident in Goiania, IAEA (1988)
http://www-pub.iaea.org/mtcd/publications/pdf/pub815_web.pdf

[3] Dosimetric ... radiological accident in Goiânia in 1987, IAEA (1998) http://www-pub.iaea.org/MTCD/publications/PDF/te_1009_prn.pdf

[4] Protracted irradiation ... in the Goiânia accident. NJ Valverde Brit J Radiol suppl 26: 63-70 (2002)

[5] NJ Valverde (2013) private communication

[6] Internal radiocesium contamination of adults and children in Fukushima measurements. Hayano RS, et al. Proc. Jpn. Acad., Ser B 89 (2013). https://www.jstage.jst.go.jp/article/pjab/89/4/89_PJA8904B-01/_pdf

[7] The banana equivalent dose Wikipedia http://en.wikipedia.org/wiki/Banana_equivalent_dose 8) http://link.springer.com/article/10.1007/s00411-010-0267-3#page-1 One of

several papers from this group. See also http://www.measuringbehavior.org/files/2012/ProceedingsPDF%28website%29/Posters/Lafuente_et_al_MB2012.pdf

[9] These may be seen at http://toxnet.nlm.nih.gov/cgi-bin/sis/search/a? dbs+hsdb:@term+@DOCNO+7389

[10] Monographs on the Evaluation of the Carcinogenic Risk of Chemicals to Man. Geneva: IARC WHO,. V78 478 (2001) http://monographs.iarc.fr/ENG/ Monographs page 478

[11] http://www.washingtonpost.com/opinions/time-to-better-secure-radioactive-materials/2012/03/23/gIQAn5deaS_story.html

[12] Various references including http://en.wikipedia.org/wiki/List_of_accidents_and_disasters_by_death_toll#Industrial_disasters

[13] Health Effects of the Chernobyl Accident, WHO (2006) http://whqlibdoc.who.int/publications/2006/9241594179_eng.pdf

[14] New Report ... on Chernobyl, UNSCEAR (28 Feb 2011) http://www.unis.unvienna.org/unis/pressrels/2011/unisinf398.html

[15] Papers published by Chernobyl Tissue Bank http://www.chernobyltissuebank.com/papers.html

[16] The international safety authorities have expressed concern at the use of the English prefix in- which sometimes, but not always, means not, as in inexpensive. They therefore drop the in- from inflammable and from inheritable too. This text is not an international safety manual and adheres to traditional English usage.

[17] The victims of Chernobyl in Greece: induced abortions after the accident Trichopoulos D, et al BMJ 1987: 295; 1100. http://www.bmj.com/content/295/6606/1100.extract

[18] UNSCEAR 2008 Annexe D on Chernobyl report http://www.unscear.org/docs/reports/2008/11-80076_Report_2008_Annex_D.pdf

[19] Called Low LET radiation its effect is sparse and spread out. Alpha radiation is called High LET and is locally concentrated at the microscopic scale.

[20] Radiotherapy Dose-Fractionation Royal College of Radiologists (2006) http://rcr.ac.uk/docs/oncology/pdf/Dose-Fractionation_Final.pdf

[21] Chen et al. 2007. Dose-Response 5:63-75. http://www.ncbi.nlm.nih.gov/pmc/articles/PMC2477708/S-L Hwang et al, International J. of Radiation Biology 82 (2006), 849-58 http://www.ncbi.nlm.nih.gov/pubmed/17178625

[22] Advice given to house owners by Public Health England http://www.ukradon.org/information/housesales

[23] Report 103: Recommendations International Commission for Radiological Protection. ICRP 2007 http://www.icrp.org

[24] UNSCEAR 2006, Annex E, page 220 http://www.unscear.org/unscear/en/publications/2006_2.html

[25] Cohen B L Test of the linear-no threshold theory of radiation carcinogenesis for inhaled radon decay products (2005) http://www.ncbi.nlm.nih.gov/pubmed/7814250

[제7장]

[1] The Strangest Man A biography of Paul Dirac by Graham Farmelo, Faber (2009).

[2] The strong and electric forces determine the structure of matter. In addition there are

gravity and the Weak Force (related to the electric force).

[3] They are also pushed apart at short range by the Fermi degeneracy pressure, a quantum effect that comes from the lack of distinction between protons (or between neutrons). It also applies to electrons and is related to the Pauli Exclusion Principle.

[4] This is the point that the Churchill quotation at the head of Chapter 4 is trying to make. It seems that he was quite well briefed in 1931!

[5] http://en.wikipedia.org/wiki/Ring_of_Fire

[6] Voyage of the Beagle Charles Darwin, http://www.boneandstone.com/articles_classics/voyage_of_beagle.pdf

[7] A Crack in the Edge of the World by Simon Winchester, Penguin (2006)

[8] A rare exception: a tiny number of free neutrons per year are released at the top of the atmosphere by cosmic radiation, just enough to make the few atoms of carbon-14 whose concentration, about 1 part in 1012, is measured in the process of radiocarbon dating used in archaeology.

[9] Only 1 in 2 million uranium-238 nuclei decays by fission, even though its half life is 4,500 million years. So without neutron stimulation the fission decay rate is 10-16 per year.

[10] The variety of fast neutron reactors, actual and proposed, is summarised, for instance, at https://en.wikipedia.org/wiki/Fast-neutron_reactor

[11] The Workings of an Ancient Nuclear Reactor Meshik AP, Scientific American (2005/9) http://www.scientificamerican.com/article/ancient-nuclear-reactor/

[제8장]

[1] The Black Cloud, a novel by the astronomer, Fred Hoyle, Heinemann (1957)

[2] UNSCEAR Annexe B: Adaptive responses to radiation in cells and organisms pages 185-272 http://www.unscear.org/unscear/en/publications/1994.html

[3] Low-Dose Cancer Risk Modeling Must Recognize Up-regulation of Protection L.E. Feinendegen, M. Pollycove, R.D. Neumann; Dose Response 8: 227 2010, http://www.ncbi.nlm.nih.gov/pmc/articles/PMC2889507/

[4] Hormesis by Low Dose Radiation Effects ... L.E. Feinendegen, M Pollycove, R.D. Neumann. In Baum RP (ed.). Therapeutic Nuclear Medicine. Springer Publ., p. 789 2014 http://radiationeffects.org/wp-content/uploads/2014/08/Feinendegen- 2013-Hormesis-in-Therapeutic-Nuclear-MedicinePDFxR.pdf

[5] Reactive oxygen species in cell responses to toxic agents LE Feinendegen Human & Experimental Toxicology (2002) 21, 85 – 90. het.sagepub.com/content/21/2/85.short

[6] The effect of Roentgen Rays on the rate of growth of spontaneous tumors in mice James B Murphy and John J Morton, Rockefeller Inst (1915) http://www.ncbi.nlm.nih.gov/pmc/articles/PMC2125377/pdf/800.pdf

[7] The Effect of Physics Agents on the Resistance of Mice James B Murphy, Rockefeller Inst, PNAS (1920) http://www.pnas.org/content/6/1/35.full.pdf+html

[8] Radiation Hormesis - Research Compilation http://library.whnlive.com/RadiationHormesis/

[9] Health Benefits of Physical Activity - the Evidence Warburton et al (2006) http://www.canadianmedicaljournal.ca/content/174/6/801.full

[10] The influence of dose, dose rate and radiation quality on the effect of protracted

whole body irradiation of beagles. Fritz TE. Brit J Radiol suppl 26: 103-111 (2002)

[11] Integrated Molecular Analysis Indicates Undetectable Change in DNA Damage in Mice after Continuous Irradiation at ~ 400-fold Natural Background Radiation, Olipitz et al http://ehp.niehs.nih.gov/1104294/ http://newsoffice.mit.edu/2012/prolonged-radiation-exposure-0515

[12] http://www.ncbi.nlm.nih.gov/pmc/articles/PMC3440074/

[13] Evidence for formation of DNA repair centers and dose-response nonlinearity in human cells Neumaier et al PNAS http://www.pnas.org/content/early/2011/12/16/1117849108.full.pdf+html http://newscenter.lbl.gov/news-releases/2011/12/20/low-dose-radiation/ http://www.ncbi.nlm.nih.gov/pubmed/22184222

[14] Report 103: Recommendations International Commission for Radiological Protection. ICRP 2007 http://www.icrp.org

[15] http://data.worldbank.org/indicator/SH.DYN.MORT

[16] http://www.who.int/gho/mortality_burden_disease/mortality_adult/situation_trend s/en/

[17] http://apps.who.int/iris/bitstream/10665/112738/1/9789240692671_eng.pdf?ua=1

[18] Fundamental Physics for Probing and Imaging Book by Wade Allison, OUP (2006)

[19] Data compiled in 2011 by OECD http://dx.doi.org/10.1787/health_glance-2011- en

[20] http://www.world-nuclear.org/info/non-power-nuclear- applications/radioisotopes/radioisotopes-in-medicine/

[21] Report by Royal College of Radiologists (2006) http://rcr.ac.uk/docs/oncology/pdf/Dose-Fractionation_Final.pdf

[22] http://www.who.int/ionizing_radiation/about/med_exposure/en/ [June 2014]

[23] http://www-naweb.iaea.org/nahu/dirac/default.asp

[24] http://www.ncbi.nlm.nih.gov/pubmed/8465019

[25] http://ansnuclearcafe.org/2012/07/11/lnt-examined-at-chicago-ans-meeting/

[26] Therapeutic Nuclear Medicine. Feinendegen, Pollycove and Neumann, Springer 2012 ISBN 978-3-540-36718-5 http://dl.dropbox.com/u/119239051/Feinendegen- 2012_Hormesis-by-LDR_Therapeutic-Nucl-Med.pdf

[27] A new method of assessing the dose-carcinogenic effect ... Tubiana M et al, Health Phys 100, 296 (2011) http://www.ncbi.nlm.nih.gov/pubmed/21595074

[28] Radiation exposure from CT scans in childhood ...Pearce MS et al, Lancet 380, 499 (2012). http://www.ncbi.nlm.nih.gov/pmc/articles/PMC3418594/

[29] Regarding the Credibility of data ....., Socol and Welch (2015) http://tct.sagepub.com/content/early/2015/01/23/1533034614566923

[30] Quantitative Benefit-Risk Analysis.... Zanzonico P and Stabin M, Seminars in Nucl Med 44, 210 (2014) http://www.seminarsinnuclearmedicine.com/ article/S0001-2998(14)00014-2/abstract

[31] McCollough C et al http://www.mayoclinicproceedings.org/article/S0025-6196(15)00591-1/pdf

[32] The US Environmental Protection Agency website and manual (2013) is http://www2.epa.gov/radiation/protective-action-guides-pags

[33] Dose-effect relationships and...Tubiana, M. and Aurengo, A. Académie des

Sciences & Académie Nationale de Médecine. (2005) http://www.researchgate.net/publication/277289357_Acadmie_des_Sciences_Aca demy_of_Sciences-_Acadmie_nationale_de_Mdecine_National_Academy_of_Medicine

[34] Exercise-induced .... oxidation Fogarty et al. Environmental ... Mutagenesis 52, 35 (2011) http://onlinelibrary.wiley.com/doi/10.1002/em.20572/abstract

[35] Low dose radiation adaptive protection... Doss M, Dose Response 12, 277 (2013) http://www.ncbi.nlm.nih.gov/pubmed/24910585

[36] Does everyone develop covert cancer? Greaves M., Nat Rev Cancer. 2014;14(4):209-10. http://dx.doi.org/10.1038/nrc3703 and Doss M, Private communication

[37] The role of radiation quality in the stimulation of... apoptosis ... Abdelrazak et al. Radiat, Res, 176, 346 (2011) http://www.ncbi.nlm.nih.gov/pubmed/21663396

[38] Nuclear plants do not raise child cancer risk Report of Brit J of Cancer study (2013) http://www.bbc.co.uk/news/health-24063286

[39] Biodistribution of Cs-137 in a mouse... Bertho J-M et al Radiat Env Biophys 49, 239 (2010) http://link.springer.com/article/10.1007/s00411-010-0267-3#page-1 One of several papers from this group.

[40] Internal low dose in pregnant mice Lafuente D et al, Proc Meas Behaviour 2012 http://www.measuringbehavior.org/files/2012/ProceedingsPDF(website)/Posters/ Lafuente_et_al_MB2012.pdf

[41] Calculated from 20,000 Bq/litre and mean retention time of 100 days / ln2.

[42] Health Effects of the Chernobyl Accident, WHO (2006) http://whqlibdoc.who.int/publications/2006/9241594179_eng.pdf

[43] Valverde N., private communication

[44] Mortality Risk ..... after the Fukushima nuclear accident. S Nomura et al www.ncbi.nlm.nih.gov/pmc/articles/PMC3608616/

[제9장]

[1] Notes from My White House Education Lanny J Davis (2002) http://www.amazon.com/Truth-To-Tell-Yourself-Education/dp/0743247825

[2] What Becomes of Nuclear Risk Assessment in Light of Radiation Hormesis JM Cuttler (2007) http://www.ncbi.nlm.nih.gov/pmc/articles/PMC2477701/

[3] Mortality and Cancer Incidence ... in the National Registry of Radiation Workers Muirhead CR et al, British Journal of Cancer 100, 206 (2009)

[4] Dose-effect relationships and...Tubiana, M. and Aurengo, A. Académie des Sciences & Académie Nationale de Médecine. (2005) http://www.researchgate.net/publication/277289357_Acadmie_des_Sciences_Academy_of_Sciences-_Acadmie_nationale_de_Mdecine_National_Academy_of_Medicine

[5] Some nonscientific influences on radiation protection standards and practice. Taylor LS The Sievert Lecture 1980. Health Physics 39: 851-874

[6] Environmental and other academic support for German nuclear power (2014) http://maxatomstrom.de/umweltschuetzer-und-wissenschaftler/

[7] How can organisations learn faster? Schein EH, MIT Sloan School of Management http://dspace.mit.edu/bitstream/handle/1721.1/2399/SWP-3409-45882883.

pdf?sequence=1

[8] The Voyage of the Beagle Charles Darwin, http://www.boneandstone.com/articles_classics/voyage_of_beagle.pdf

[9] These data are discussed and tabulated in more detail, including references, in Chapter 6 Radiation and Reason [SR3]

[10] Report 103: Recommendations International Commission for Radiological Protection. ICRP 2007 http://www.icrp.org

[제10장]

[1] Radiation and Modern Life Alan E. Waltar on Curie ISBN 9781591022503 Prometheus Books (2004)

[2] The Roentgen Treatment of Acute Peritonitis and Other Infections with Mobile XRay Apparatus Kelly JF and Dowell DA, Radiology 32 Issue 6 (1939) http://pubs.rsna.org/doi/abs/10.1148/32.6.675

[3] Hermann Muller's Nobel Prize Lecture http://www.nobelprize.org/nobel_prizes/medicine/laureates/1946/mullerlecture.html

[4] Estimating Risk of Low Radiation Doses Calabrese & Connor, Rad Res (2015) http://www.ncbi.nlm.nih.gov/pubmed/25329961

[5] The Big Lie Edward Calabrese interviewed by Steven Cherry on Hermann Muller http://spectrum.ieee.org/podcast/at-work/education/radiations-big-lie

[6] A threshold exists in the dose-response relationship for somatic mutation frequency induced by X-irradiation of Drosophila M Antosh et al, Radiat Res 161, 391 (2004) http://www.ncbi.nlm.nih.gov/pubmed/15038774

[7] http://news.bbc.co.uk/onthisday/hi/dates/stories/april/15/ewsid_3557000/3557341.stm

[8] http://en.wikipedia.org/wiki/Atomic_bombings_of_Hiroshima_and_Nagasaki

[9] A European eye witness report of the bombing of Tokyo http://www.eyewitnesstohistory.com/tokyo.htm

[10] The first hand personal account of Sir Joseph Rotblat makes important reading http://www.reformation.org/joseph-rothblat.html

[11] Winston Churchill at Fulton, Missouri http://history1900s.about.com/od/churchillwinston/a/Iron-Curtain.htm

[12] Health Risks of Radon and Other Internally Deposited Alpha-Emitters BEIR IV Report, National Research Council (1988) http://www.nap.edu/catalog.php?record_id=1026 p. 177

[13] Report 103: Recommendations International Commission for Radiological Protection. ICRP 2007 http://www.icrp.org

[14] The background is described in this archival account which makes reference to the labs "rushing to develop", indicating internal competition in the Arms Race http://nuclearweaponarchive.org/Usa/Tests/Castle.html

[15] Wikipedia entry Daigo Fukury Maru http://en.wikipedia.org/wiki/Daigo_Fukury%C5%AB_Maru [8 Mar 2015]

[16] Helen Caldicott - "Th" Thorium documentary A video by G McDowell

https://www.youtube.com/watch?v=Qaptvhlqy8IQ

[17] I am grateful to Sir John Polkinghorne for this enlightening analogy.

[18] The telegram written in Pauling's hand is shown in Figure 2 of the paper by Cuttler "What becomes of Nuclear Risk Assessment...." Dose Response 5, 80 (2007) http://www.ncbi.nlm.nih.gov/pmc/articles/PMC2477701/254 Chapter 10: Science Distorted by Frightened Men

[19] Origin of the linearity no threshold (LNT) dose-response concept Calabrese EJ, Arch Toxicol 87 1621 (2013) http://www.ncbi.nlm.nih.gov/pubmed/23887208

[20] The road to linearity: why linearity at low doses became the basis for carcinogen risk assessment. Calabrese EJ, Arch Toxicol 83 203 (2009)

http://www.ncbi.nlm.nih.gov/pubmed/19247635

[21] How the US National Academy of Sciences misled the world community on cancer risk assessment: new findings challenge historical foundations of the linear dose response Calabrese EJ, Arch Toxicol 87 2063 (2013)

http://www.ncbi.nlm.nih.gov/pubmed/23912675

[22] The Genetics Panel of the NAS BEAR I Committee (1956): epistolary evidence suggests self-interest may have prompted an exaggeration of radiation risks that led to the adoption of the LNT cancer risk assessment model Calabrese EJ, Arch Toxicol 88 1631 (2014) http://www.ncbi.nlm.nih.gov/pubmed/24993953

[23] On the origins of the linear no-threshold (LNT) dogma by means of untruths, artful dodges and blind faith Calabrese EJ, Env Res 142 432 (2015)

http://dx.doi.org/10.1016/j.envres.2015.07.011

[24] Estimating Risk of Low Radiation Doses Calabrese EJ and O'Connor MK, Radiat Res 182 463 (2014) http://dx.doi.org/10.1667/RR13829.1 with subsequent discussion http://www.rrjournal.org/doi/full/10.1667/RR4029.1 and http://www.rrjournal.org/doi/full/10.1667/RR4029.2

[25] Some nonscientific influences on radiation protection standards and practice. Taylor LS The Sievert Lecture 1980. Health Physics 39: 851-874

[26] Dose-effect relationships and...Tubiana, M. and Aurengo, A. Académie des Sciences & Académie Nationale de Médecine. (2005)

http://www.researchgate.net/publication/277289357_Acadmie_des_Sciences_Academy_of_Sciences-_Acadmie_nationale_de_Mdecine_National_Academy_of_Medicine

[27] SARI http://www.radiationeffects.org

[28] http://www.radiationandreason.com/uploads//enc_SRIConference.jpg in 2014 and 2015. Other links on http://www.radiationandreason.com

[제11장]

[1] Wikipedia Anthropic Principle.

[제12장]

[1] Epidemiological evidence of childhood leukaemia around nuclear power plants Janiak MK Dose Resp 12 349 (2014) www.ncbi.nlm.nih.gov/pubmed/25249830

[2] The Rage of Exile: In the Wake of Fukushima. Shoji Masahiko (trans. T.Gill) The Asia-

Pacific Journal, 9 Dec 2013 http://japanfocus.org/-Tom-Gill/4046

[3] The Age of Radiance. Rise and Fall of the Atomic Era Craig Nelson (2014)

http://books.simonandschuster.co.uk/The-Age-of-Radiance/Craig-Nelson/9781451660449

[4] IAEA advice (2002) https://rpop.iaea.org/RPOP/RPoP/Content/Documents/Whitepapers/leaflet-xrays.pdf

[5] Does imaging technology cause cancer? Debunking the Linear No-Theshold Model Siegel JA and Welsh JS, Tech Cancer Res Treat, (2015 March 30) [epub ahead of print] http://www.ncbi.nlm.nih.gov/pubmed/25824269?dopt=Abstract

[6] Time for the scientific, environmental and economic truth about nuclear power Wade Allison, Foreign Correspondents Club Japan Press Conference 3 Dec 2014

https://www.youtube.com/watch?v=A2syXBL8xG0&list=UUaY31Acbdk1WUQfn304VCZg with summary handout http://www.radiationandreason.com/uploads//enc_FCCJHandout.pdf

[7] Videos and lectures on www.radiationandreason.com

[8] The description Energy too cheap to meter is attributed to Lewis Strauss when he was describing the prospect of fusion power in 1954. In that year as a member of the US Atomic Energy Commission, Strauss lead the opposition to the renewal of Oppenheimer's security clearance.

[9] April 2015 the Institute of Energy Economics, Japan (IEEJ) reported

http://www.world-nuclear.org/info/Country-Profiles/Countries-G-N/Japan/

[10] http://terrapower.c om/pages/technology

[11] http://hpschapters.org/ncchps/Raabe%20Short%20Bio%202012.pdf

[12] http://journals.lww.com/healthphysics/
Citation/2014/12000/Concerning_Radiation_Carcinogenesis.26.aspx

[13] http://www.ncbi.nlm.nih.gov/pmc/articles/PMC2477702/

[14] http://radiationeffects.org

[15] Carol Marcus to US NRC http://radiationeffects.org/wpcontent/uploads/2015/03/Hormesis-Petition-to-NRC-02-09-15.pdf

[16] Nuclear Regulatory Commission Federal Register Vol. 80, No. 120, Tuesday, June 23, 2015 Proposed Rules 10 CFR Part 20 [Docket Nos. PRM-20-28, PRM-20-29, and PRM-20-30; NRC-2015-0057] Linear No-Threshold Model and Standards for Protection Against Radiation

http://www.regulations.gov/#!docketDetail;D=NRC-2015-0057

⟨용어 및 약어 해설⟩

Adaptation 적응

AHARS 안전한 상황에서의 가장 높은 방사선량(As High As Relatively Safe), 방사선 안전 약어본문에 방사선량의 안전 문턱값으로 고안되었다(방사선과 이성, SR3 참조)

ALARA 합리적으로 달성할 수 있는 낮은 수준(As Low As Reasonably Achievable), LNT 아이디어에 기초하고 있고, ICRP, IAEA, UNSCEAR, NRC에서 사용된다.

Alchemy 연금술: 염기 금속을 은이나 금으로 바꾸려는 사이비(似而非) 과학

ANS 미국 원자력 학회(American Nuclear Society)

ARS 급성 방사선 증후군(Acute Radiation Syndrome)

Astrology 점성술: 태양, 달, 행성, 별의 위치에서 지구상의 일을 예언하려는 사이비(似而非) 과학

BEIR or 미국 국가과학아카데미의(NAS) 위원회 이름
BEAR (Biological Effects of Ionising or Atomic Radiation) 1956년 보고서를 포함한 이온화방사선의 생물학적 영향, 유전학 패널

Bq 베크렐: 방사능 단위로써 초당 1회의 방사능 붕괴

brachy-therapy 근접치료: 방사선이 이식된 또는 내부 방사능 선원에서 나오는 방사선 치료

chain reaction 연쇄반응: 불꽃에 의해 불이 점화되어 불이 붙는 것과 같이 점진적으로 스스로 반응하는 것 또한 중성자가 U-235 또는 Pu-239의 핵분열 반응을 초래하는 것을 의미.

Chemo-therapy 항암 화학요법: 약물을 이용한 항암치료

CND 반(反)핵운동(Campaign for Nuclear Disarmament)

CT scan 외부 X선을 이용한 3차원 방사선 촬영

DNA 디옥시리보핵산(de-oxyribonucleic acid)

DSB	DNA 두 가닥 절단(a double strand break of DNA)
ESR	전자스핀공명(Electron Spin Resonance) 예를 들어 NMR처럼 치아나 뼈의 조사로 인해 손상되지 않은 전 자를 측정한다.
Functional image	방사능으로 조직을 구분하는 의학적 이미지.
Gy or gray	누적 방사선 에너지의 선량을 나타내는 단위. 1 Gy = 1 J/kg, 즉 1 W*sec/kg
HDRT	고 선량 방사선 요법(High-Dose Radio Therapy) 재래식 방사선 치료요법
Hibakusha	피폭자. 히로시마와 나가사키에서 살아남은 사람들, 즉 말 그대 로, 폭발로 영향받은 사람들
Hormesis	저방사선량 또는 기타 스트레스 요인에 의해 강화된 자연 보호 자 극, 건강이득
HPS	보건물리학회(Health Physics Society)
IAEA	국제원자력기구(오스트리아, 비엔나) (International Atomic Energy Agency, Vienna, Austria):
ICRP	국제방사선방호위원회(International Commission for Radiological Protection)
INES	국제 원자력 사고 등급(International Nuclear Event Scale)
IPCC	기후 변화에 관한 정부간 협의체(Intergovernmental Panel on Climate Change)
LDRT	저 선량 방사선 요법(Low-Dose Radio Therapy)
LET	선형에너지전달(Linear Energy Transfer) 이온화 트랙을 따라 축적된 에너지 밀도
Linearity	각 원인 물질이 타 영향 없이 독자적인 부가 효과를 기여하는 과 정
LNT	문턱값 없는 선형 가설 혹은 모델로 ICRP 등이 선호하는 모델 (Linear No-Threshold hypothesis or model)
megaton	100만 톤의 고폭탄 TNT에 해당하는 핵무기의 에너지

metastasise 선이. 혈류를 통한 암의 늦은(후기) 확산

mGy 밀리그레이, 1 Gy의 천 분의 일.

morbidity 병적 상태

MRI 자기 공명 영상법(Magnetic Resonance Imaging)
NMR을 사용한 3-D 스캔

mSv 밀리시버트, 1 Sv의 천 분의 일:
LNT 모델에서 조직 손상에 대한 계산값

NAS 미국 국가과학아카데미(National Academy of Sciences)

NCRP 미국 국가방사선보호위원회(National Commission for
Radiological Protection, USA)

NMR 핵자기공명, Nuclear Magnetic Resonance
MRI의 기초

NOAEL 무독성량(No Adverse Effects Level), AHARS의 문턱값과 유
사하다.

NRC 미국 원자력규제위원회(Nuclear Regulatory Commission,
USA)

organelle 리소솜: 특별한 기능을 가진 생물 세포의 하위 세포,
특히 에너지 생산을 위한 미토콘드리아가 이에 속함.

palliative 완화 치료, 암의 확산을 지연시키기 위한 치료법
treatment

PET scan 양전자 방사 단층 촬영법(Positron Emission Tomography)

radiolysis 이온화방사선에 의한 분자파괴

RF 무선주파수(Radio Frequency, 전자기파의 일종)

ROS 반응성 산화 종(Reactive Oxidative Species)

RT 방사선 치료(radiotherapy), 암세포를 죽이기 위한 치료

SARI 정확한 방사선 정보를 위한 과학자들(Scientists for Accurate
Radiation Information), 국제 다학제 전문가 그룹

SMR 소형모듈원전(Small Modular Reactor)

SPECT scan 단일광자 단층촬영(Single Photon Emission Computed
Tomography)

SRI	방사선 정보 협회(Society for Radiation Information), 일본의 과학자와 외부인들의 단체
SSB	DNA의 한 가닥 절단(Single strand breaks of DNA)
Sv or sievert	LNT 가정에 기초한 방사선 손상 단위. 베타 또는 감마의 경우 1 Sv = 1 Gy
TEPCO	도쿄전력(Tokyo Electric Power Company), 다이이치 현의 후쿠시마 제1 원자력 발전소 소유주
Threshold	문턱값, 부정 효과가 없는 최대 자극
UNSCEAR	국제연합 총회 핵방사능 효과에 관한 과학위원회(United Nations Scientific Committee on the Effects of Atomic Radiation)
US FDA	미국식품의약국(US Food and Drug Administration)
UV	자외선(Ultraviolet)
WHO	세계보건기구(스위스 제네바) (World Health Organisation)
WNA	세계 원자력 협회(런던) (World Nuclear Association)

뉴클리어혁명 – 문명을 위한 에너지 대전환

Nuclear is for Life - A Cultural Revolution

처음펴낸날	2024년 2월 5일
지은이	웨이드 앨리슨(Wade Allison)
기 획	사실과 과학 네트웍
번 역	양재영
감 수	정동욱·조규성
펴낸이	박상영
펴낸곳	도서출판 정음서원
주 소	서울특별시 관악구 서원7길 24, 102호
전 화	02-877-3038
팩 스	02-6008-9469
신고번호	제 2010-000028 호
신고일자	2010년 4월 8일
ISBN	979-11-982605-5-0
정 가	28,000원